中国科学院科学出版基金资助出版

“十一五”国家重点图书出版规划项目

现代化学基础丛书　26

胶原物理与化学

汤克勇　主编

科学出版社

北京

内 容 简 介

本书结合国内外有关胶原（蛋白）的最新研究进展，从蛋白质的基础知识入手，借助有关胶原的研究与应用实例，系统介绍与胶原有关的知识。全书图文并茂、深入浅出、信息量大、可读性强。内容包括：蛋白质基础，胶原的分布、存在形态、生物学合成、功能及生理学意义，胶原的提取与结构研究，胶原的物理性质，胶原的化学性质，胶原改性的意义、方法与助剂，胶原、明胶及胶原水解蛋白的应用等。

本书可供与胶原的研究与应用相关领域的大专院校、科研机构的本科生、硕士生和博士生以及从事有关专业研究和生产方面的专家、学者和工程技术人员参考，也适合于对胶原感兴趣的读者阅读。

图书在版编目 CIP 数据

胶原物理与化学 / 汤克勇主编. —北京：科学出版社，2012

（现代化学基础丛书 *26* / 朱清时主编）

ISBN 978-7-03-032705-5

Ⅰ.①胶… Ⅱ.①汤… Ⅲ.①胶原蛋白-研究 Ⅳ.Q512

中国版本图书馆 CIP 数据核字（2011）第 224847 号

责任编辑：周巧龙 韩 赞 张小娟 / 责任校对：桂伟利
责任印制：徐晓晨 / 封面设计：陈 敬

科学出版社出版
北京东黄城根北街 16 号
邮政编码：100717
http://www.sciencep.com
北京凌奇印刷有限责任公司印刷
科学出版社发行 各地新华书店经销
*
2012 年 1 月第 一 版 开本：B5（720×1000）
2020 年 1 月第三次印刷 印张：31 1/2
字数：604 000

POD定价： 178.00元
（如有印装质量问题，我社负责调换）

《胶原物理与化学》编委会

主　编　汤克勇

编　委　郑学晶　刘　捷　秦树法　王　芳　冯文坡

《现代化学基础丛书》序

如果把牛顿发表“自然哲学的数学原理”的 1687 年作为近代科学的诞生日，仅 300 多年中，知识以正反馈效应快速增长：知识产生更多的知识，力量导致更大的力量。特别是 20 世纪的科学技术对自然界的改造特别强劲，发展空前迅速。

在科学技术的各个领域中，化学与人类的日常生活关系最为密切，对人类社会的发展产生的影响也特别巨大。从合成 DDT 开始的化学农药和从合成氨开始的化学肥料，把农业生产推到了前所未有的高度，以致人们把 20 世纪称为“化学农业时代”。不断发明出的种类繁多的化学材料极大地改善了人类的生活，使材料科学成为了 20 世纪的一个主流科技领域。化学家们对在分子层次上的物质结构和“态-态化学”、单分子化学等基元化学过程的认识也随着可利用的技术工具的迅速增多而快速深入。

也应看到，化学虽然创造了大量人类需要的新物质，但是在许多场合中却未有效地利用资源，而且产生了大量排放物造成严重的环境污染，以至于目前有不少人把化学化工与环境污染联系在一起。

在 21 世纪开始之时，化学正在两个方向上迅速发展：一是在 20 世纪迅速发展的惯性驱动下继续沿各个有强大生命力的方向发展；二是全方位的“绿色化”，即使整个化学从“粗放型”向“集约型”转变，既满足人们的需求，又维持生态平衡和保护环境。

为了在一定程度上帮助读者熟悉现代化学一些重要领域的现状，科学出版社组织编辑出版了这套《现代化学基础丛书》。丛书以无机化学、分析化学、物理化学、有机化学和高分子化学五个二级学科为主，介绍这些学科领域目前发展的重点和热点，并兼顾学科覆盖的全面性。丛书计划为有关的科技人员、教育工作者和高等院校研究生、高年级学生提供一套较高水平的读物，希望能为化学在新世纪的发展起积极的推动作用。

朱清时

序

胶原是一种细胞外基质，是存在于动物体内的含量最大的蛋白质，约占动物体内总蛋白质含量的1/3。胶原大量存在并广泛分布在所有多细胞动物的结缔组织，如皮肤、骨、腱、软骨和角膜等器官中。有关胶原的研究与应用历史悠久。5000多年前，当如毛发之类的材料首次作为医用缝合线时，胶原"肠线"便得到了相应的发展，并用于伤口的缝合。人们最初是通过鞣制胶原将皮革和皮毛进行防腐处理，以便得到易于保存、干燥后仍能机械助软的皮革。但是，由于胶原来源、结构与性能的复杂性，加上测试与研究设备的局限性，尽管人们已经广泛使用了胶原，但对其结构与性能的研究仍然不足。近年来，随着现代科学与技术的发展，相关领域的研究不断深入；同时分析与测试设备的日臻完善，也为进行胶原的深入研究创造了条件。另外，在资源、环境及可持续发展面临的问题日益严峻的今天，作为一种可再生资源的胶原，备受人们的关注，表现在人们对胶原所进行的应用开发研究工作逐渐增多，在许多方面均有不少突破。除应用于皮革及其制品领域外，胶原已广泛应用于可食性包装材料、可降解日用品材料、胶原蛋白合成纤维、人体组织工程材料等领域，也有将胶原与药物配伍增效或有医用疗效的活性胶原出现，在药用胶囊、止血材料、烧伤敷料、营养品、保健品、食品、饮料添加剂等领域都具有广泛的应用前景。在文献方面，有关胶原的资料逐年增多，但迄今为止，系统地论述胶原的基础性质及应用原理的学术专著还很少。

《胶原物理与化学》一书的主编者汤克勇教授具有高分子材料与工程、皮革化学与工程等领域的学习、研究与教学工作背景。多年来，他在高分子材料、皮革化学与工程和生物工程等学科的交叉领域，长期从事胶原的提取、改性、结构、性能与应用等方面的研究工作，取得了具有一定学术影响和特色的研究成果，已具有较多的该领域的研究与知识积累。尤其是在皮胶原的结构与性能的研究方面，他的成果具有明显的特色与独到之处。该书编委会成员在各自的分支领域均具有较好的科研积累与研究经验。整体来看，该书具有以下特色：

(1) 内容系统、全面。该书内容涵盖胶原蛋白的各个领域，包括蛋白质基础，胶原的分布、存在形态、生物学合成、功能及生理学意义，胶原的提取与结构研究，胶原的物理性质，胶原的化学性质，胶原改性的意义、方法与助剂，胶原、明胶及胶原水解蛋白的应用等，较系统、全面地介绍了国内外有关胶原方面的主要研究成果。

(2) 深入浅出，通俗易懂。该书从蛋白质基础知识入手，能够使读者在系统了解并具有蛋白质基础知识的基础上，了解胶原的相关知识。

（3）该书既有一定的理论深度和广度，又有可操作性的技术介绍，能使读者在掌握胶原的基础知识之后，进一步了解胶原的改性原理、改性方法与应用之间的关系。

（4）信息量大。全书引用了大量该领域的最新研究文献，内容涵盖胶原研究与应用的新方法和新领域。

（5）结合实际。该书结合作者所在研究组多年来的研究成果，注重理论联系实际，并有较多的实例。因此，该书既具有一定的学术意义，又具有较大的实用和参考价值。

该书可作为与胶原相关领域的大专院校、科研机构的本科生、硕士生和博士生以及从事有关专业研究和生产方面的专家、学者和工程技术人员的参考书，也适合于对胶原感兴趣的读者阅读。相信通过对该书的阅读与学习，读者能对胶原具有较清晰和全面的认识与了解，并在以后的工作、生活中得到不同程度的受益！

中国工程院院士
石　碧
2011 年 2 月于四川大学

前　　言

近几十年来，高分子材料领域的科学研究工作得到了极大的发展，新的品种层出不穷，各种高分子材料产品都在不同的领域得到了广泛的应用。然而，以石油资源为原料来源的合成高分子材料却面临着原料不可再生的问题。预计在未来70年后，随着世界石油资源的逐渐枯竭，合成高分子材料领域将面临日益严峻的资源短缺与价格问题。同时，合成高分子材料的不可降解性也对环境造成了严重的“白色污染”。此外，胶原、纤维素、甲壳素、淀粉、天然橡胶等天然资源是很好的可再生资源，还可进行生物降解。如果能够合理地对其进行处理使其得到充分的利用，不仅可以缓解石油资源短缺的压力，而且能使所得到的材料具有很好的生物相容性和安全性。由此可见，合理地开发和利用这些天然资源，对充分利用资源、减轻对环境的污染、实现可持续发展，都具有重要的理论意义与应用价值。目前，已有众多的科学工作者逐渐将其研究兴趣转移到天然资源的开发与研究上。

人们利用天然材料的历史悠久，在皮革制造、丝绸纺织、食品加工等领域，都早已在自觉或不自觉地利用这些优良的天然资源。随着人们对其认识的逐步深入，这些天然资源得到利用的深度和广度也逐渐被扩展。其中，胶原（或称胶原蛋白）是由动物细胞合成的一种生物高分子，是生物体内的一种具有生物功能的纤维蛋白，是主要的结构蛋白质。胶原广泛地存在于人与动物的皮肤、骨、腱、软骨及其他结缔组织等中，约占哺乳动物体内蛋白质总量的1/3。腱和骨骼的细胞外蛋白质中胶原蛋白占90%以上，皮肤中胶原蛋白含量也超过50%。皮革的加工过程实质上就是对原料皮中胶原的纯化与改性以满足人们的各种需要的过程。

作为一种优良的天然资源，胶原具有资源丰富、可再生和可生物降解的优点，与人体之间也有着无与伦比的生物亲和性和生物相容性，使其在许多领域都具有广阔的应用前景，已逐渐为人们所关注，并被人们高度重视。近年来，随着生物化学、分子生物学、生物医学工程、高分子材料和复合材料等学科的发展、交叉和相互渗透，不断有新的含胶原材料出现，并在生物医学工程等领域得到应用。同时，胶原在食品、日化领域的研究与应用也逐渐增多。由此可见，胶原在国民经济和人民生活中，已起到了相当重要的作用，系统地研究与了解胶原的来源、物理与化学性质、结构与性能，对合理、有效地利用胶原蛋白资源以及人体的保健都具有重要的意义。

要更加有效地研究、开发与利用胶原蛋白资源，有必要对胶原蛋白的相关知识进行必要的认识与了解。但是，目前国内有关全面、系统地介绍胶原及其相关知识的学术专著还很少。因此，有必要结合国内外相关的研究结果，出版一部有关胶原的系统专著，以满足社会和读者的需求。为此，在科学出版社的大力支持下，我们组织编写了《胶原物理与化学》一书。

本书结合国内外该领域的研究进展，尽可能系统地介绍与胶原相关的知识。全书共引用参考文献1000余篇，内容涵盖蛋白质基础、胶原的分布与生物学功能、胶原的提取与结构研究、胶原的物理性质、胶原的化学性质、胶原的改性与应用等。本书从蛋白质的基础知识入手，深入浅出且系统地介绍胶原的有关知识，力图使读者通过阅读本书，对胶原具有比较全面和系统的认识，能够在相关领域的学习、科学研究、产品开发和日常生活保健等中合理地利用这些知识。

本书涉及多个学科的交叉，所涉及的知识也来自于不同的学科领域。但是，科学是相通的，每个学科的知识都可以为其他学科所利用。“他山之石，可以攻玉”，希望本书的内容，能使不同学科、不同背景的读者都有启发和收获，能够加强其在胶原及其相关材料方面的交流、沟通与合作。

参加本书编写工作的有郑学晶博士、刘捷博士、秦树法老师和王芳老师等，部分博士、硕士研究生冯文坡、杨明、尚勇、潘洪波、聂磊、孟凡荣、李杰、裴莹、王堃、吕诚业等也参与并负责了相关资料的收集、整理与校对工作，在此一并致谢！

在本书即将成稿之际，感谢中国工程院院士、四川大学博士生导师、教育部长江学者特聘教授石碧先生在百忙之中给予的关心与支持，并为本书作序！石先生认真、负责的工作态度以及极高的工作效率给我们留下了深刻的印象，令人钦佩！感谢中国工程院院士、中国皮革和制鞋工业研究院的段镇基先生和四川大学博士生导师吴大诚教授推荐本书，并提出了许多宝贵的意见！感谢国家自然科学基金委员会、中国科学院科学出版基金的支持！感谢科学出版社周巧龙编辑为本书的成稿和出版给予的大力支持！

本书的知识内容来源于多个学科，胶原的应用领域也涉及多个行业。不同学科、不同应用领域都有其特色与专业术语，我们力求统一与规范，但在有些方面也难免有不足之处。同时，由于作者水平有限及专业背景的局限性，本书的编写难免有疏漏之处，敬请广大读者批评指正！

汤克勇

2011年10月18日于郑州大学

目　录

第 1 章　蛋白质基础

1.1　蛋白质概述与生理学意义

1.1.1　蛋白质概述

蛋白质是一类重要的大分子，英文名称为 protein，源出自希腊文 Προτο，是“最原初的”、“第一重要的”意思。中文译为蛋白质，有些学者曾根据 protein 的原意建议设新字“朊”表示，但因蛋白质一词沿用已久，“朊”字未得到广泛采用。

蛋白质在生物体内占有特殊地位，是生命的物质基础，与生命及各种形式的生命活动紧密联系在一起；机体中的每一个细胞和所有重要组成部分都有蛋白质参与，占人体质量的 16.3%，一个体重为 60kg 的成年人体内约有 9.8kg 蛋白质。没有蛋白质就没有生命。

蛋白质的基本组成单位是氨基酸，氨基酸通过脱水缩合形成肽链。蛋白质是由一条或多条多肽链组成的生物大分子，每条多肽链有 20 到数百个氨基酸残基，各种氨基酸残基按一定的顺序排列。仅由一条多肽链构成的蛋白质，如溶菌酶和肌红蛋白，被称为单体蛋白质。由两条或多条肽链通过非共价结合而成的蛋白质称为寡聚蛋白质，如血红蛋白有 4 条肽链（两条 α 链和两条 β 链），每条肽链称为亚基或亚单位。许多蛋白质还包含非肽链结构的其他组成成分，这种成分称为配基或辅基。不同的蛋白质具有各种不同的生理功能。

组成蛋白质的氨基酸有 20 种，氨基酸组成的种类、数量、排列顺序和空间结构不同，使蛋白质的结构、功能千差万别，从而形成了生命的多样性和复杂性。

1.1.2　蛋白质的生理意义

生物界中蛋白质的种类在 10^{10}～10^{12}数量级。造成种类如此众多的原因主要是参与蛋白质组成的 20 种氨基酸在肽链中的排列顺序不同。根据排列理论，由 20 种氨基酸组成的二十肽，其序列异构体将有：$A_{20}^{20}=2.4\times10^{18}$。蛋白质的这种序列异构体现象是蛋白质生物功能多样性和物种特异性的结构基础。

蛋白质是生物功能的载体，归纳起来，蛋白质的生物学功能主要有以下几个方面[1,2]：

(1) 构成人体。人体的每个组织,包括毛发、皮肤、肌肉、骨骼、内脏、大脑、血液、神经、内分泌等都是由蛋白质组成的。

(2) 修补人体组织。人体由百兆亿个细胞组成。细胞是生命的最小单位,它们处于永不停息的衰老、死亡、新生的新陈代谢过程中。

(3) 维持肌体正常的新陈代谢和各类物质在体内的输送。载体蛋白可以在体内运载各种物质,对维持人体的正常生命活动至关重要。例如,血红蛋白输送氧(红细胞更新速率 250 万个/s);脂蛋白输送脂肪、细胞膜上的受体等。

(4) 维持机体内的渗透压平衡及体液平衡。

(5) 维持体液的酸碱平衡。

(6) 构成免疫细胞和免疫蛋白。白细胞、淋巴细胞、巨噬细胞、抗体(免疫球蛋白)、补体、干扰素等 7 天更新一次。当蛋白质充足时,这个部队就很强,在需要时,数小时内可以增加 100 倍。

(7) 构成人体必需的、具有催化和调节功能的各种酶。

(8) 激素的主要原料。具有调节体内各器官的生理活性的作用,如胰岛素、生长素等。

(9) 构成神经递质。例如,乙酰胆碱、五羟色氨等能够维持神经系统的正常功能,即味觉、视觉和记忆。

(10) 胶原蛋白。占人体蛋白质的 1/3,构成结缔组织;构成身体骨架,如骨骼、血管、韧带等;决定了皮肤的弹性;保护大脑(在大脑的脑细胞中,很大一部分是胶原细胞,并且形成血脑屏障保护大脑)。

(11) 提供热能。

1.2　蛋白质的元素组成

人们已获得许多蛋白质晶体。对蛋白质进行元素分析发现,它们的元素组成与糖和脂质不同,除含有碳、氢、氧外,还含有氮和少量的硫。有些蛋白质还含有一些其他元素,如磷、铁、铜、碘、锌和钼等。这些元素在蛋白质中的质量分数如表 1.1所示。

表 1.1　蛋白质中各元素含量

元素	质量分数/%
碳	50
氢	7
氧	23
氮	16
硫	0～3
其他	微量

蛋白质的平均含氮量为 16%，这是蛋白质元素组成的一个特点，也是凯氏定氮法测定蛋白质含量的计算基础：

$$蛋白质含量＝蛋白氮\times 6.25$$

式中，6.25 是 16 %的倒数，为 1 g 氮所代表的蛋白质的质量(克数)[1,2]。

1.3　蛋白质的氨基酸组成

蛋白质是生物功能的主要载体，可以被酸、碱或蛋白酶催化水解。在水解过程中，逐渐降解成分子质量越来越小的肽段，直到最后成为氨基酸的混合物。

氨基酸是组成蛋白质的基本结构单位。通常情况下，氨基酸通过肽键彼此相连，并以氢键、静电相互作用和其他分子间作用力形成蛋白质分子，存在于各种生物体中。把参与肽键形成的氨基酸称为蛋白质氨基酸或多肽氨基酸；相应地，未参与肽键形成而单独存在的氨基酸则称为游离氨基酸。生物体及食物中，游离氨基酸所占的比例非常小，只占整个体系所含氨基酸的 1%～2%，但在蔬菜、果品、酱油和腐乳中，游离氨基酸的比例比较大，有的甚至占所有氨基酸的 20%～30%，并对各种食品的风味产生影响。

作为蛋白质氨基酸和游离氨基酸的中间形态，把 2～10 个氨基酸相连的多肽称为低聚肽或寡肽。从数量上说，低聚肽比游离肽还要少，但在生物体中往往起着重要的生理作用。蛋白质可以通过水解得到二肽或三肽，它们在人体内比自由氨基酸易于吸收，比没有水解的蛋白质更易于吸收[3]。

1.3.1　氨基酸的结构

从分子组成上看，氨基酸是分子中含有一个以上氨基($—NH_2$) 和一个以上羧基(—COOH)的化合物的总称。天然蛋白质经水解得到的氨基酸有 20 种，它们的共同特点是羧基邻位 α-C 原子上结合一个氨基，所以称为 α-氨基酸(α-AA)，连接在 α-C 上的还有一个氢原子和一个可变的侧链(R 基)，各种氨基酸的区别就在于

R 基的不同。氨基酸的结构通式为

$$H_3N^+ \quad COO^- \quad C \quad R \quad H \quad \equiv \quad H_3N^+ - \underset{\underset{R}{|}}{\overset{\overset{COO^-}{|}}{C}} - H$$

透视式　　　　投影式

所有结构式中的中心碳原子称为 α-C，侧链原子按离 α-C 的距离顺序称为 β、γ、δ、ε 和 ζ，但通常侧链中的基团是按与它键合的 C 原子的名称来命名的，如赖氨酸中的 ε-氨基。天然蛋白质中的氨基酸的氨基均结合在 α-C 上，也有少数游离氨基酸或低聚肽的氨基结合在 α-C 以外的碳原子上，这样的氨基酸分别称为 β-氨基酸、γ-氨基酸、δ-氨基酸等。

$$R-\underset{\underset{NH_2}{|}}{\overset{\overset{H}{|}}{C}}-\underset{\underset{H}{|}}{\overset{\overset{H}{|}}{C}}-COOH \qquad R-\underset{\underset{NH_2}{|}}{\overset{\overset{H}{|}}{C}}-\underset{\underset{H}{|}}{\overset{\overset{H}{|}}{C}}-\underset{\underset{H}{|}}{\overset{\overset{H}{|}}{C}}-COOH$$

β-氨基酸　　　　γ-氨基酸

另外，当一个分子内含有两个以上氨基或羧基时，要根据其结合位置分别称为 α-氨基、ε-氨基和 γ-羧基等，以便区别。

如果 α-C 上的 4 个取代基各不相同，那么该 C 原子就称为不对称 C 原子，又称手性 C 原子(参照有机化学定义)。天然蛋白质中存在的 20 种氨基酸，除甘氨酸外(它的 R 基团是 H)，都有一个不对称 C 原子——α-C 原子，这 4 个不同的取代基有两种不同的排布形式，彼此呈镜像结构。把彼此成镜像的两个结构分别称为 D 构型和 L 构型。因此，每种氨基酸都有 D 型和 L 型之分。

氨基酸的 D 型或 L 型的命名是以 L-甘油醛或 L-乳酸为参考的，凡是氨基酸的分子结构与 L-甘油醛相同的氨基酸都为 L 型，相反者则为 D 型。

$$HO-\underset{\underset{CH_2OH}{|}}{\overset{\overset{CHO}{|}}{C}}-H \qquad HO-\underset{\underset{CH_3}{|}}{\overset{\overset{COOH}{|}}{C}}-H \qquad H_2N-\underset{\underset{R}{|}}{\overset{\overset{COOH}{|}}{C}}-H \qquad H-\underset{\underset{R}{|}}{\overset{\overset{COOH}{|}}{C}}-NH_2$$

L-甘油醛　　L-乳酸　　L-氨基酸　　D-氨基酸

D 型和 L 型氨基酸的区别在于它们能使平面偏振光向相反的方向转动，但它们的熔点、溶解度和其他物理性质均相同，这种彼此呈镜像的化合物(即 D 型和 L 型氨基酸)，称为对映异构体。等量混合的 D 型和 L 型物质，所得到的混合物为外消旋混合物或 DL 型物质，它没有旋光性。虽然自然界也有 D-氨基酸，但天然蛋白质中的所有氨基酸都是 L 构型，所以天然蛋白质在比较温和的条件下水解所得到的氨基酸都具有旋光性[4]。

如果氨基酸分子中有多于一个不对称 C 原子，则可能存在 2^n 种不同的构型，其中 n 是不对称碳原子的数目。苏氨酸、异亮氨酸、羟脯氨酸和羟赖氨酸都有两个不对称碳原子和 4 种可能的构型。苏氨酸的 4 种构型为

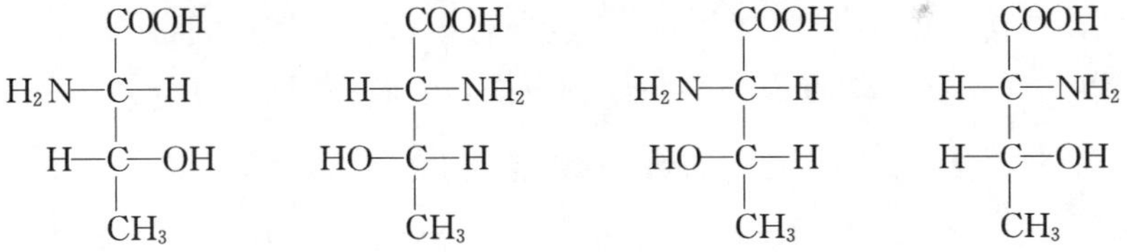

L-苏氨酸	D-苏氨酸	L-别苏氨酸	D-别苏氨酸
COOH	COOH	COOH	COOH
$H_2N—C—H$	$H—C—NH_2$	$H_2N—C—H$	$H—C—NH_2$
H—C—OH	HO—C—H	HO—C—H	H—C—OH
CH_3	CH_3	CH_3	CH_3

其中，只有 L-苏氨酸存在于蛋白质中，自然界也存在 D-氨基酸，是由植物、微生物合成的。细菌产生的几种抗生素，如 D-缬氨酸是放线菌素 D 的结构成分，青霉素里的青霉就含有 D-氨基酸。另外一个有意义的异构体是内消旋胱氨酸，它是由二硫键将两个镜像异构体连在一起形成的。分子中有补偿的不对称中心，没有净旋光性，因为分子的一半很精确地被另一半所补偿。

各种氨基酸的晶体结构的 X 射线衍射分析结果证明，氨基酸有严格的键长和键角。虽然各种氨基酸之间的情况略有差异，但其基本结构为：

(1) 羧基上 C—O 键和 C ═O 键的键长近似相等，约为 1.26 Å(1 Å= 0.1 nm)。

(2) O═C—O—与 α-C 基本在一个平面上，羧基碳与 α-C 之间的键长平均为 1.53 Å。

(3) α-C 与 N 原子之间的键长为 1.50 Å，C 原子与 N 原子基本处于羧基平面上。

(4) α-C 和 R 基团上的 C 原子之间的连线几乎和此平面垂直，α-C 原子的 4 个键是正四面体构型，键角为 109°28′，羧基(O ═C—O⁻)之间的夹角为 125°。

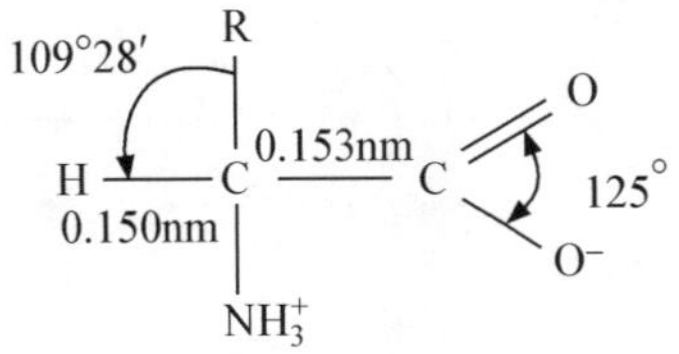

109°28′　R
O
H　C　0.153nm　C　125°
0.150nm
O^-
NH_3^+

氨基酸键长与键角

1.3.2　氨基酸的分类

从各种生物体中发现的氨基酸已经有 180 多种，但参与蛋白质组成的常见氨基酸(或称基本氨基酸)只有 20 种，表 1.2 给出了几种食物蛋白质中一些氨基酸的

含量。此外，在某些蛋白质中还存在若干种不常见的氨基酸，它们都是在已经合成的肽链上由常见的氨基酸经专一酶催化转化而来的。180 多种天然氨基酸大多数不参与蛋白质的组成，这些氨基酸被称为非蛋白质氨基酸。前面的 20 种氨基酸被称为蛋白质氨基酸，在元素组成上还都含有四种元素，即碳元素(C)、氢元素(H)、氧元素(O)和氮元素(N)。有两种氨基酸含有硫(S)元素，即半胱氨酸和蛋氨酸。同类氨基酸，无论在化学方面还是在代谢方面，均具有相同的性质。

表 1.2　几种食物蛋白质的氨基酸组成(g/16g)(以 N 计)

名称	猪肉	牛乳	豆乳	花生	面筋	玉米	鸡蛋
甘氨酸	5.34	2.02	4.00	5.60	3.20	3.70	3.50
丙氨酸	6.24	3.52	4.20	3.90	8.50	7.50	6.72
缬氨酸	5.75	7.01	4.71	4.20	4.30	4.80	7.05
亮氨酸	8.90	10.02	8.00	6.40	6.90	12.50	7.00
异亮氨酸	5.28	7.52	4.90	3.40	4.10	3.70	7.00
丝氨酸	4.29	6.02	4.90	4.80	5.00	5.00	8.15
苏氨酸	5.14	4.70	3.70	2.60	2.50	3.60	4.30
天冬氨酸	9.48	7.44	11.20	11.40	3.10	6.30	9.30
谷氨酸	16.05	23.85	17.40	18.30	18.90	20.90	16.50
赖氨酸	9.50	7.94	5.50	3.50	1.40	2.70	6.30
精氨酸	8.24	3.73	7.20	11.20	3.00	4.20	5.72
组氨酸	6.43	2.39	2.40	2.40	2.20	2.70	2.35
半胱氨酸	—	1.82	1.60	1.20	2.10	1.60	1.30
蛋氨酸	3.58	2.50	1.40	1.20	1.60	1.90	5.20
苯丙氨酸	4.62	4.94	5.00	5.00	5.20	4.90	7.66
酪氨酸	3.57	5.20	3.80	3.90	3.70	3.80	3.68
色氨酸	1.30	1.14	1.40	1.00	1.00	0.70	1.20
脯氨酸	4.81	11.34	4.90	4.40	13.20	8.90	3.60

除上述主要氨基酸外，还有一类氨基酸的衍生物也很重要，它们分别是胱氨酸、羟脯氨酸和羟赖氨酸。

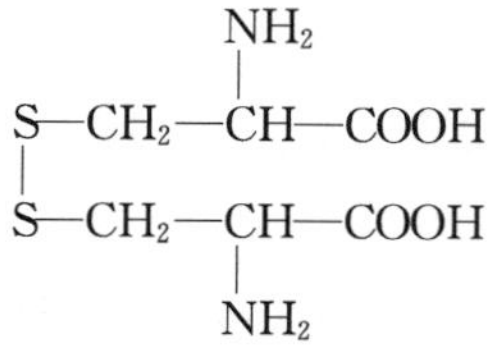

NH_2
S—CH_2—CH—COOH
S—CH_2—CH—COOH
NH_2

胱氨酸

NH—CH—CHOH
CH_2　CH_2
CHOH

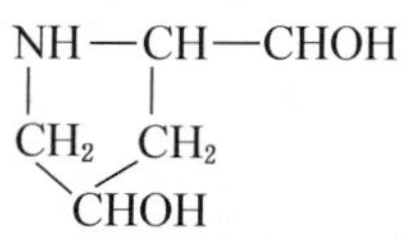

羟脯氨酸

$$\begin{array}{l} H_2N{-}CH_2{-}\underset{\displaystyle OH}{\underset{|}{CH}}{-}CH_2{-}CH_2{-}\underset{\displaystyle NH_2}{\underset{|}{CH}}{-}COOH \end{array}$$

羟赖氨酸

胱氨酸是这些衍生氨基酸中最重要的一种，是由氧化同一个肽链或不同肽链上的两个半胱氨酸的巯基形成的。把两个半胱氨酸连成胱氨酸后就形成了一个二硫桥，这对维持蛋白质的结构具有重要的作用。羟脯氨酸和羟赖氨酸仅存在于胶原和弹性硬蛋白中。

此外，食品中还含有少数特殊的氨基酸和低聚肽，大部分以游离态形式存在。除蔬菜和水果以外，因为含量少，在营养学上几乎没有什么意义。但有时与食品的呈味成分密切相关，低聚肽在生物体内多为生理活性物质。

具有代表性的特殊氨基酸有 β-丙氨酸（存在于肌肉中）、γ-氨基酪氨酸（存在于茶叶、脑髓中）、高丝氨酸（存在于豌豆中）、高半胱氨酸（存在于肝脏中）、蒜黄酸（胡萝卜的臭味成分）、牛磺酸（含硫氨基酸的代谢物，多存在于章鱼、虾等软体动物的肉中，其质量分数为 0.2 %～0.5 %）等。

具有代表性的低肽有：由丙氨酸、组氨酸构成的肌肽（二肽），存在于肌肉中，质量分数为 0.1 %～0.5 %；由丙氨酸、1-甲基组氨酸构成的鹅肌肽（二肽），存在于肌肉中，质量分数为 0.1 %～0.5 %；由谷氨酸、半胱氨酸、甘氨酸构成的谷胱氨酸（三肽），多存在于酵母、胚芽、肝脏中。

1. 常见的蛋白质氨基酸

从蛋白质水解产物中分离出来的常见氨基酸有 20 种。除脯氨酸外，这些氨基酸在结构上的共同点是与羧基相邻的 α-碳原子上都有一个氨基，为 α-氨基酸。其中心碳原子上除结合一个 H 原子外，还分别连接一个氨基（$-NH_2$）和一个羧基（$-COOH$），构成氨基酸的主链，它们在所有的氨基酸中都是相同的。氨基酸的侧链称为 R 基，不同氨基酸的区别就在于其侧链 R 基的化学结构不同。脯氨酸具有类似而不相同的化学结构，它的侧链与主链 N 原子共价结合，形成一个亚氨基酸。

$$\begin{array}{ccccc} & & CH_2 & & \\ & / & & \backslash & \\ CH_2 & & & & CH_2 \\ & \backslash & & / & \\ & NH{-}CH{-}COOH & & & \end{array}$$

脯氨酸

除脯氨酸外，甘氨酸的结构也有特殊性，它的侧链只有一个氢原子。缺乏长侧链的制约使多肽链在甘氨酸残基出现的地方具有显著的构象柔性。在甘氨酸中，α-C 的非对称性消失，使其没有 L 和 D 构型之分，可以在广泛的构象空间中出现。

α-氨基酸除甘氨酸以外，其他氨基酸的 α-碳原子都是一个不对称碳原子或称手性中心，因此都具有旋光性。α-氨基酸都是白色晶体，熔点很高，一般在 200 ℃以上。各种氨基酸都有特殊的结晶形状。利用结晶形状可以鉴别各种氨基酸。除胱氨酸和酪氨酸外，氨基酸一般都能溶于水。脯氨酸和羟脯氨酸还能溶于乙醇或乙醚中。

在实际应用中，为了表达蛋白质或多肽结构的需要，氨基酸的名称常使用三个字母的简写符号表示，有时也使用单字母的简写符号表示，后者主要用于表达长多肽链的氨基酸顺序。这两套简写符号见表 1.3。

表 1.3　氨基酸的简写符号

名称	三字母符号	单字母符号	名称	三字母符号	单字母符号
丙氨酸 Alanine	Ala	A	亮氨酸 Leucine	Leu	L
精氨酸 Arginine	Arg	R	赖氨酸 Lysine	Lys	K
天冬酰胺 Aparagine	Asn	N	甲硫氨酸(蛋氨酸) Methionine	Met	M
天冬氨酸 Aspartic Acid Asn 和/或 Asp	Asp Asx	D B	苯丙氨酸 Phenylalanine	Phe	F
半胱氨酸 Cysteine	Cys	C	脯氨酸 Proline	Pro	P
谷氨酰胺 Glutamine	Gln	Q	丝氨酸 Serine	Ser	S
谷氨酸 glutamic acid Gln 和/或 Glu	Glu Glx	E Z	苏氨酸 Threonine	Thr	T
甘氨酸 Glycine	Gly	G	色氨酸 Tryptophan	Trp	W
组氨酸 Histidine	His	H	酪氨酸 Tyrosine	Tyr	Y
异亮氨酸 Isoleucine	Ile	I	缬氨酸 Valine	Val	V

这些氨基酸连接成多肽时，其主链、侧链共同作为一个基本单位称为氨基酸残基。

从 α-氨基酸的结构通式可知，各种 α-氨基酸的区别就在于侧链 R 基的不同。

这样，组成蛋白质的20种常见氨基酸就可以按照R基的化学结构、极性大小、羧基和氨基的数目以及营养学进行分类。

1) 按R基的化学结构

按R基的化学结构，20种常见的氨基酸可分为脂肪族、芳香族和杂环族三类，其中以脂肪族氨基酸为最多。

A. 脂肪族氨基酸

a. 含一个氨基和一个羧基的中性氨基酸

这类氨基酸的侧链基团是烃基或氢原子，当分子中含有一个氨基和一个羧基时，一般对石蕊试剂呈中性反应，共包括5种。

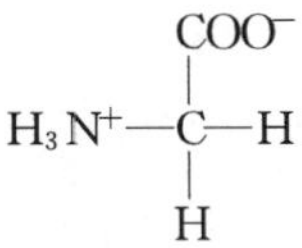

甘氨酸：
COO^-
$H_3N^+—C—H$
H

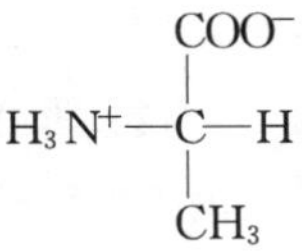

丙氨酸：
COO^-
$H_3N^+—C—H$
CH_3

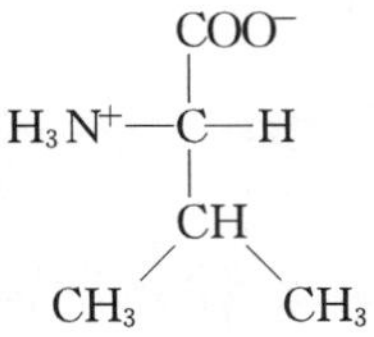

缬氨酸：
COO^-
$H_3N^+—C—H$
CH
CH_3　　CH_3

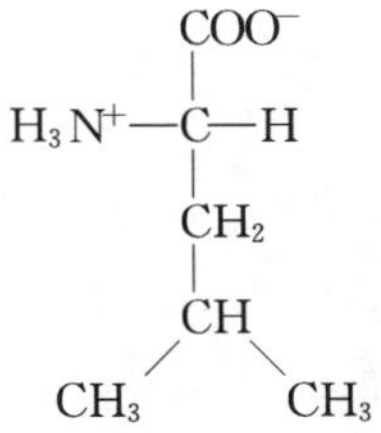

亮氨酸：
COO^-
$H_3N^+—C—H$
CH_2
CH
CH_3　　CH_3

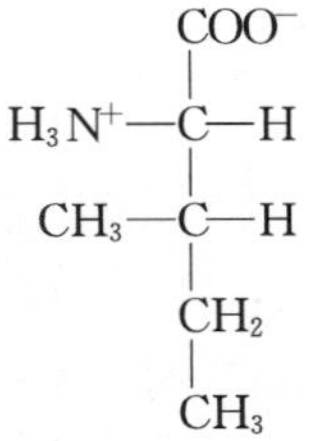

异亮氨酸：
COO^-
$H_3N^+—C—H$
$CH_3—C—H$
CH_2
CH_3

(1) 甘氨酸(氨基乙酸)。它是唯一不含手性碳原子的氨基酸，因此不具有旋光性。它是这五种当中结构最简单的氨基酸，因为其具有甜味，所以命名为甘氨酸。

(2) 丙氨酸(α-氨基丙酸)。在自然界中分布很广，在动、植物体内的新陈代谢中起着重要的作用。

(3) 缬氨酸(α-氨基异戊酸)。

(4) 亮氨酸(α-氨基异己酸)。

(5) 异亮氨酸(α-氨基-β-甲基戊酸)。异亮氨酸与缬氨酸、亮氨酸一样，都是支链氨基酸，是酒精发酵时杂醇油的主要来源，也都是人体必需的氨基酸。

b. 含羟基(—OH)的氨基酸

由于其含有亲水基(—OH)，因此在水中的溶解度较大，并对石蕊试剂呈中性反应。

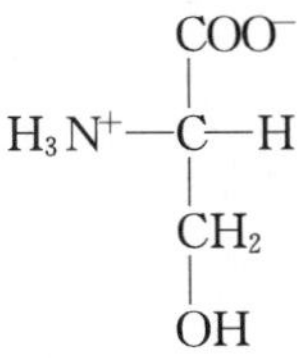

丝氨酸：
COO^-
$H_3N^+—C—H$
CH_2
OH

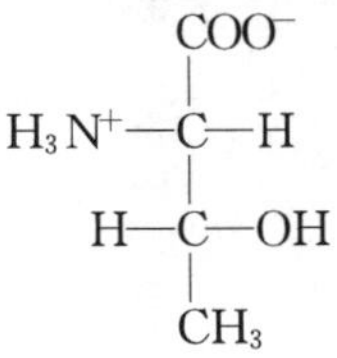

苏氨酸：
COO^-
$H_3N^+—C—H$
$H—C—OH$
CH_3

(1) 丝氨酸(α-氨基-β-羟基丙酸)。在某些蛋白质(如酪蛋白、卵黄磷蛋白)中以磷酸酯形式存在，称为磷酯酰丝氨酸。

(2) 苏氨酸(α-氨基-β-羟基丁酸)。它是人体必需的氨基酸之一。

c. 含硫氨基酸

蛋白质中仅有的含硫元素的氨基酸,对石蕊试剂呈中性反应。

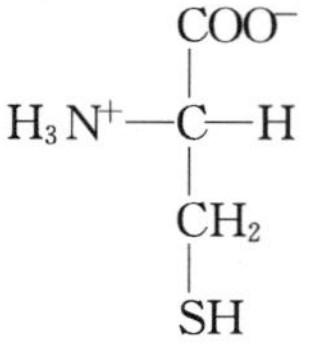

$$H_3N^+-CH(COO^-)-CH_2-SH \qquad\qquad H_3N^+-CH(COO^-)-CH_2-CH_2-S-CH_3$$

半胱氨酸 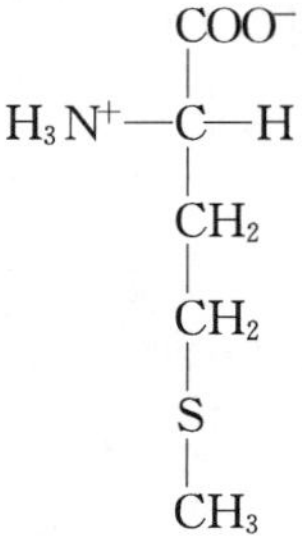　　　　甲硫氨酸

(1) 半胱氨酸(α-氨基-β-巯基丙酸)。在蛋白质中经常以其氧化型的胱氨酸存在。二者在生物体内可以互相转化,半胱氨酸由于含有巯基(—SH),因此增加了氨基酸的活性。在一定条件下,半胱氨酸容易被氧化失去氢原子,结果两分子的半胱氨酸分子由形成的共价键二硫键(S—S)相连构成胱氨酸,反应方程式为

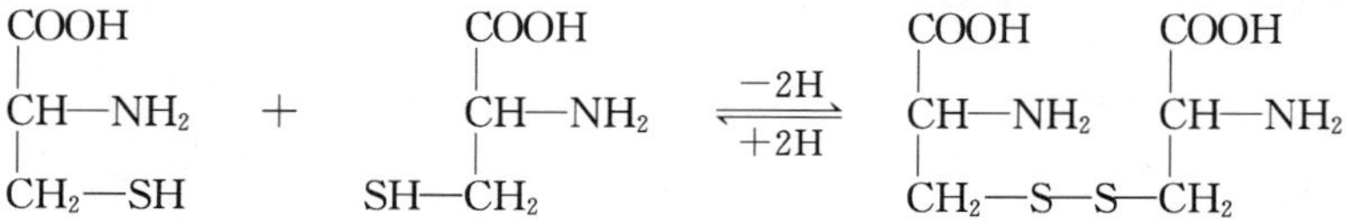

$$HOOC-CH(NH_2)-CH_2-SH + HS-CH_2-CH(NH_2)-COOH \underset{+2H}{\overset{-2H}{\rightleftharpoons}} HOOC-CH(NH_2)-CH_2-S-S-CH_2-CH(NH_2)-COOH$$

L-半胱氨酸　　L-半胱氨酸　　L-胱氨酸

这种二硫桥在蛋白质分子中很多见,特别是在角蛋白(如头发等)中的含量非常高,它可以使蛋白质分子多肽链链间或链内不通过肽键而相互交联或环联,是稳定蛋白质结构的一种方式。

(2) 甲硫氨酸或称蛋氨酸(α-氨基-γ-甲硫基丁酸)。它是体内代谢中甲基的供体,是人体必需的氨基酸之一。

d. 含羧基的氨基酸

侧链基团中含有羧基,对石蕊试剂呈酸性反应,大量存在于一切植物蛋白质内,在动、植物的新陈代谢上起着重要作用。

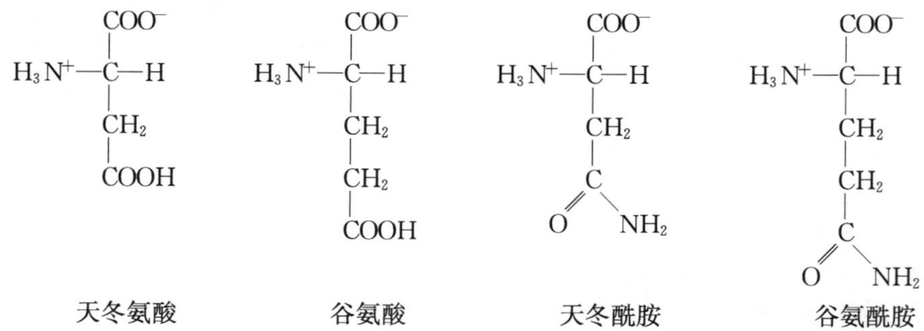

天冬氨酸　　谷氨酸　　天冬酰胺　　谷氨酰胺

(1) 天冬氨酸。

(2) 谷氨酸。白色晶体,其发酵产品(纯制品)在医药上广泛地应用。谷氨酸单钠盐(含 1 分子结晶水)又称为味精,具有强烈的鲜味,是一种重要的调味品,已采用发酵法大量生产。

这两种氨基酸的酰胺化合物分别为天冬酰胺和谷氨酰胺,也是酰胺基氨基酸,普遍存在于蛋白质中。

e. 含一个氨基和一个羧基的碱性氨基酸

对石蕊试剂呈碱性反应。

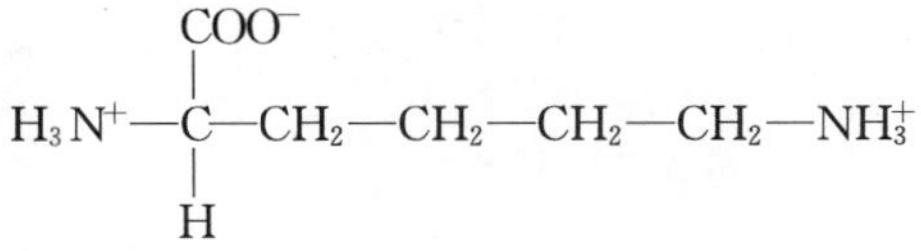

$$H_3N^+—CH(COO^-)—CH_2—CH_2—CH_2—CH_2—NH_3^+$$

赖氨酸

$$H_3N^+—CH(COO^-)—CH_2—CH_2—CH_2—NH—C(=NH_2^+)—NH_2$$

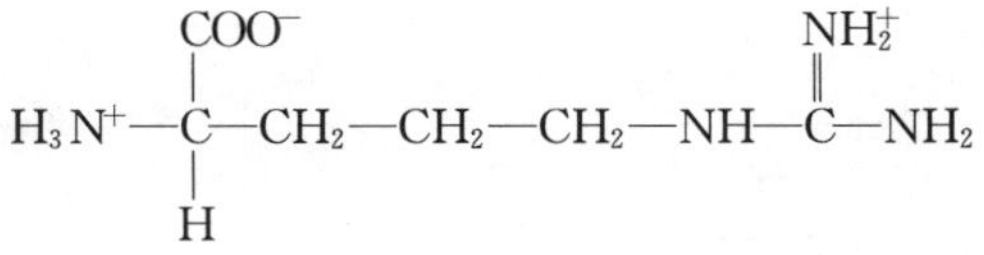

精氨酸

(1) 赖氨酸(α,ε-二氨基己酸)是人体必需的氨基酸之一。

(2) 精氨酸(α-氨基-δ-胍基戊酸) 是动物体尿素形成过程的中间代谢物,在蛋白质代谢中起着重要作用。

B. 芳香族氨基酸

侧链基团中都含有苯环,是芳香族化合物的衍生物,对石蕊试剂呈中性反应,有两种,均为人体必需的氨基酸,也是形成颜色反应的主要成分,二者可以互相转化。

(1) 苯丙氨酸(α-氨基-β-苯基丙酸)。

(2) 酪氨酸(α-氨基-β-对羟苯基丙酸)。

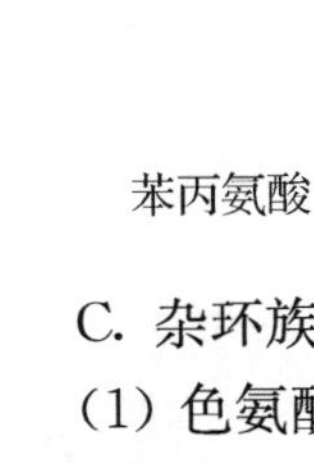

苯丙氨酸 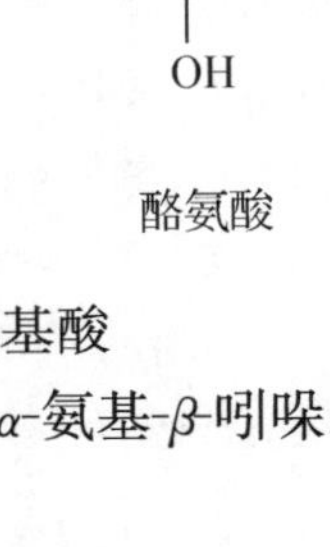　酪氨酸 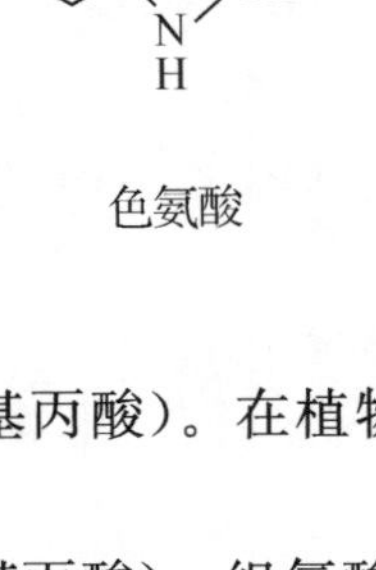　色氨酸 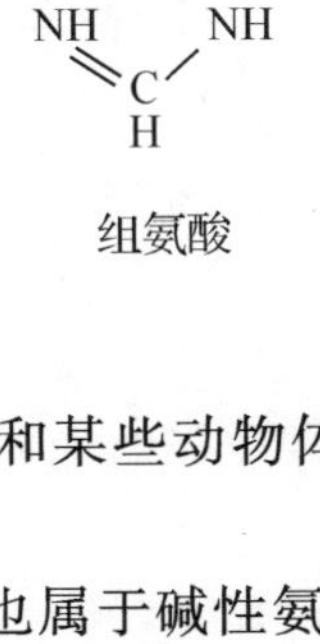　组氨酸 　脯氨酸

C. 杂环族氨基酸

(1) 色氨酸(α-氨基-β-吲哚基丙酸)。在植物和某些动物体内能转变为烟酸(维生素 PP)。

(2) 组氨酸(α-氨基-β-咪唑基丙酸)。组氨酸也属于碱性氨基酸,大量存在于珠蛋白内,是人体半必需氨基酸。

(3) 脯氨酸(β-吡咯烷基-α-羧酸)。与一般的 α-氨基酸不同,它没有自由的 α-氨基,是一种 α-亚氨基酸,α-亚氨基酸可以看成是 α-氨基酸的侧链取代了自身氨基上的一个氢原子而形成的杂环结构。它并不是真正的氨基酸,但是由于代谢中亚胺酸与氨基酸之间有密切的关系,而且它也存在于天然蛋白质中,因而也把它列入了氨基酸的行列中。它对石蕊试剂呈中性反应。

2) 按 R 基的极性性质

按 R 基的极性性质,20 种常见的氨基酸可以分成四组(表 1.4)。

表 1.4 氨基酸按 R 基的极性分类(pH 7)

非极性 R 基氨基酸	不带电荷的极性 R 基氨基酸	带正电荷的 R 基氨基酸	带负电荷的 R 基氨基酸
丙氨酸	甘氨酸	赖氨酸	天冬氨酸
缬氨酸	丝氨酸	精氨酸	谷氨酸
亮氨酸	苏氨酸	组氨酸	
异亮氨酸	半胱氨酸		
脯氨酸	酪氨酸		
苯丙氨酸	天冬酰胺		
色氨酸	谷氨酰胺		
甲硫氨酸			

(1) 非极性 R 基氨基酸。这一组共有 8 种氨基酸。四种带有脂肪烃侧链的氨基酸,即丙氨酸、缬氨酸、亮氨酸和异亮氨酸;两种含芳香环的氨基酸,即苯丙氨酸和色氨酸;一种含硫的氨基酸,即甲硫氨酸;一种亚氨基酸,即脯氨酸。这组氨基酸在水中的溶解度比极性 R 基氨基酸小。以丙氨酸的 R 基疏水性为最小,介于非极性 R 基氨基酸和不带电荷的极性 R 基氨基酸之间。

(2) 不带电荷的极性 R 基氨基酸。这一组中共有 7 种氨基酸,即丝氨酸、苏氨酸、酪氨酸、天冬酰胺、谷氨酰胺、半胱氨酸和甘氨酸。它们的侧链中含有不解离的极性基,能与水形成氢键,溶解度大,比非极性 R 基氨基酸易溶于水。丝氨酸、苏氨酸和酪氨酸中侧链的极性是它们的羟基造成的;天冬酰胺和谷氨酰胺的 R 基极性是由它们的酰胺基引起的;半胱氨酸则是由于含有巯基(—SH) 的缘故。甘氨酸的侧链介于极性与非极性之间,有时也把它归入非极性类,但是它的 R 基只不过是一个氢原子,对极性强的 α-氨基和 α-羧基影响很小。这一组氨基酸中,半胱氨酸和酪氨酸的 R 基极性最强。半胱氨酸中的巯基和酪氨酸中的酚羟基,虽然在 pH 7 时电离很弱,但与这组中的其他氨基酸侧链相比失去质子的倾向要大得多。

(3) 带正电荷的 R 基氨基酸。这是一类碱性氨基酸,在 pH 7 时携带净正电荷,有赖氨酸、精氨酸和组氨酸。赖氨酸除 α-氨基外,在脂肪链的 ε 位置上还有一个氨基;精氨酸含有一个带正电荷的胍基;组氨酸有一个弱碱性的咪唑基。在 pH 6.0时,组氨酸分子的 50 %以上质子化,但在 pH 7.0 时,质子化的分子不到 10 %。组氨酸是 R 基的 pK 值在 7 附近的唯一的氨基酸。因此,组氨酸在某些酶的催化活性和人体内血液 pH 的调节中起着重要作用。

(4) 带负电荷的 R 基氨基酸。属于这一类的是两种酸性氨基酸，即天冬氨酸和谷氨酸。这两种氨基酸都含有两个羧基和一个氨基，并且第二个羧基在 pH 6～7 时也完全解离，因此分子带负电荷。

3) 按羧基和氨基数目分类

按照羧基和氨基数目分类，可以分 3 组：①碱性氨基酸(氨基数目＞羧基数目)，即赖氨酸、精氨酸和组氨酸。②酸性氨基酸(氨基数目＜羧基数目)，即天冬氨酸和谷氨酸。③中性氨基酸(氨基数目＝羧基数目)，即其余的 15 种氨基酸。

4) 按照营养学分类

按照营养学分类，分为 3 组：①必需氨基酸，即缬氨酸、亮氨酸、异亮氨酸、苯丙氨酸、蛋氨酸、色氨酸、赖氨酸和苏氨酸。②半必需氨基酸，即精氨酸和组氨酸(婴儿、生理功能缺陷者、患者等需要)。③非必需氨基酸，即余下的 10 种氨基酸。

2. 不常见的蛋白质氨基酸

蛋白质的组成中，除上述 20 种常见的基本氨基酸外，从少数蛋白质中还分离出了一些不常见的特有氨基酸。这些特有氨基酸都是由相应的常见氨基酸衍生而来的。其中，4-羟脯氨酸(4-hydroxyproline) 和 5-羟赖氨酸(5-hydroxylysine) 都可在结缔组织的纤维状蛋白质——胶原中找到。甲基组氨酸(methylhistidine)、ε-*N*-甲基赖氨酸(ε-*N*-methyllysine) 、ε-*N*, *N*, *N*-三甲基赖氨酸(ε-*N*, *N*, *N*-trimethyllysine)存在于肌球蛋白中，而肌球蛋白是一种行使收缩功能的肌肉蛋白。另外一个重要的特有氨基酸是 γ-羧基谷氨酸(γ-carboxyglutamic acid)，它首先是在凝血酶原中发现的，也存在于某些具有结合 Ca^{2+} 功能的其他蛋白质中。一个结构复杂的特有氨基酸称为锁链素，它是赖氨酸的衍生物，中央的吡啶环结构由 4 个赖氨酸分子的侧链组成。此氨基酸只存在于弹性蛋白中。此外，从甲状腺蛋白中分离出的 3,5-二碘酪氨酸(3,5-diiodotyrosine)和甲状腺素等，都是酪氨酸的衍生物。

```
        COO⁻
        |
H3N⁺—C—H
        |
        CH2
        |
        CH2
        |
        CHOH
        |
        CH2
        |
        N⁺H3
```
5-羟赖氨酸

```
                 COO⁻
                /
H2N⁺——C——H
    /       \
H2C          CH2
    \       /
       C
    /     \
  H        OH
```
4-羟脯氨酸

```
        COO⁻
        |
H3N⁺—C—H
        |
        CH2
        |
        CH2
        |
        CH2
        |
        CH2
        |
CH3—N⁺H2
```
ε-*N*-甲基赖氨酸

```
        COO⁻
        |
H3N⁺—C—H
        |
        CH2
        |
        CH
      /    \
⁻OOC        COO⁻
```
γ-羧基谷氨酸

3. 非蛋白质氨基酸

除参与蛋白质组成的 20 种氨基酸以外，还在各种组织和细胞中找到了 150 多种其他氨基酸。这些氨基酸大多是蛋白质中存在的那些 L 型 α-氨基酸的衍生物。但是也有一些是 β-氨基酸、γ-氨基酸或 δ-氨基酸，并且有些是 D 型氨基酸，如在参与细菌细胞壁组成的肽聚糖中发现的 D-谷氨酸和 D-丙氨酸；在抗生素短杆菌肽 S 中含有 D-苯丙氨酸。这些氨基酸中，有一些是重要代谢物的前体或中间产物。例如，β-丙氨酸是遍多酸（一种维生素）的前体；瓜氨酸（L-citruline）和鸟氨酸（L-ornithine）是尿素循环的中间体。有些氨基酸，如 γ-氨基丁酸是传递神经冲动的化学介质。但大多数非蛋白质氨基酸的功能还不是很清楚，而且不少这类氨基酸的生物学意义还有待进一步研究。

1.3.3 氨基酸的理化性质

组成蛋白质的 20 种氨基酸，虽然各有特性，但是共性也很多。了解氨基酸的这些特性和共性，对于理解有关蛋白质方面的很多问题是非常重要的[5]。

1. *物理性质*

1）晶型和熔点

α-氨基酸都是无色的结晶体，它们各有其特殊的晶型，熔点一般为 200～300℃（表 1.5）。加热至熔点时，氨基酸熔融的同时分解生成胺并释放出 CO_2 气体，说明氨基酸以内盐的形式存在，比相应的有机酸熔点高。例如

$$\underset{\displaystyle NH_2}{\underset{|}{CH_2}}\text{—COOH} \qquad\qquad H_3C\text{—COOH}$$

甘氨酸，熔点为 292℃　　　　乙酸，熔点为 16.5℃

表 1.5 氨基酸的晶型与熔点

氨基酸	晶型	熔点/℃	氨基酸	晶型	熔点/℃
甘氨酸	白色单斜晶	292*	精氨酸	柱状晶 · $2H_2O$	105 脱水，238 变黑
丙氨酸	菱形晶	297*	组氨酸	叶片状晶	277*
缬氨酸	六角形片状晶	292～295	半胱氨酸	晶粉	178
亮氨酸	片状晶	293*	胱氨酸	六角形晶	258～261*
异亮氨酸	片状晶	285～286*	蛋氨酸	六角形片状晶	283*
丝氨酸	六角形片状或柱状晶	223～228*	苯丙氨酸	叶片状晶	283～284*
苏氨酸	斜方晶 · $1/2H_2O$	253*	酪氨酸	丝状钉晶	342.4*
天冬氨酸	菱形叶片状晶	269～271	色氨酸	六角形片状晶	281～282
谷氨酸	四角形晶	247～249*	脯氨酸	柱状晶	220～222*
赖氨酸	六角形片状晶	224～225	羟脯氨酸	菱形叶片或细针	270

* 达到熔点即分解。

2）溶解度

α-氨基酸都具有极性基团，一般可溶于水，为无色透明液体，但溶解度不同，也有个别氨基酸的溶解度很低，如半胱氨酸几乎不溶于水（表 1.6）。在配制溶解性较差的氨基酸溶液时，可加适量的稀盐酸以促进溶解。

表 1.6　一些氨基酸的溶解度(25 ℃)

氨基酸	溶解度/(g/100 g)	氨基酸	溶解度/(g/100 g)	氨基酸	溶解度/(g/100 g)
甘氨酸	24.99	苏氨酸	20.50	精氨酸	71.80*
丙氨酸	16.51	酪氨酸	0.05	组氨酸	4.29
缬氨酸	8.85	苯丙氨酸	2.96	赖氨酸	66.60*
亮氨酸	2.19	半胱氨酸	微溶于水	天冬氨酸	0.50
异亮氨酸	4.12	蛋氨酸	5.14*	谷氨酸	0.84
丝氨酸	25.02*	色氨酸	1.14*	脯氨酸	163.20

* 为 20℃时的测定值。

氨基酸一般不溶于非极性的有机溶剂（如乙醚）中，但脯氨酸、羟脯氨酸易溶于乙醇和乙醚，各种氨基酸均能溶解于强酸、强碱溶液中。

3）旋光性

除甘氨酸外，所有的氨基酸都含有不对称碳原子，都有旋光性。其旋光性用比旋光度（比旋）表示，即单位光程的旋光度和旋光物质单位浓度之比，数学表达式为

$$[\alpha]_D^t = \frac{\alpha}{cL}$$

式中，α 为旋光度；c 为旋光物质的质量浓度(g/mL)；t 为摄氏温度；L 为比色皿宽度（即光程）(cm)；D 为钠光波长，589.6nm。

通常以(+)表示右旋，以(−)表示左旋，氨基酸的比旋光度符号和大小取决于它的侧链基团 R 的性质，还与测定时溶液的 pH 有关，这是因为在不同的 pH 条件下，氨基和羧基的解离状态不同（图 1.1）。比旋光度是 α-氨基酸的热处理常数之一，也是鉴别各种氨基酸的依据之一。在水溶液中，天然氨基酸以左旋者居多，而酸性溶液中以右旋者居多。

4）氨基酸的紫外吸收光谱

参与组成蛋白质的 20 种氨基酸，在可见光区域都无光吸收，在紫外区也只有酪氨酸、色氨酸和苯丙氨酸有吸收，原因是它们的 R 基含有苯环共轭双键系统。酪氨酸的最大吸收波长（λ_{max}）为 275 nm，其摩尔吸光系数 $\varepsilon_{275}=1.4\times10^3 L\cdot mol^{-1}\cdot cm^{-1}$；苯丙氨酸的 λ_{max} 为 257 nm，其摩尔吸光系数 $\varepsilon_{257}=2.0\times10^2 L\cdot mol^{-1}\cdot cm^{-1}$；色氨酸的 λ_{max} 为 280 nm，其摩尔吸光系数 $\varepsilon_{280}=5.6\times10^3 L\cdot mol^{-1}\cdot cm^{-1}$，它们的吸收特性见表 1.7。胱氨酸在 230 nm 处有微弱的吸

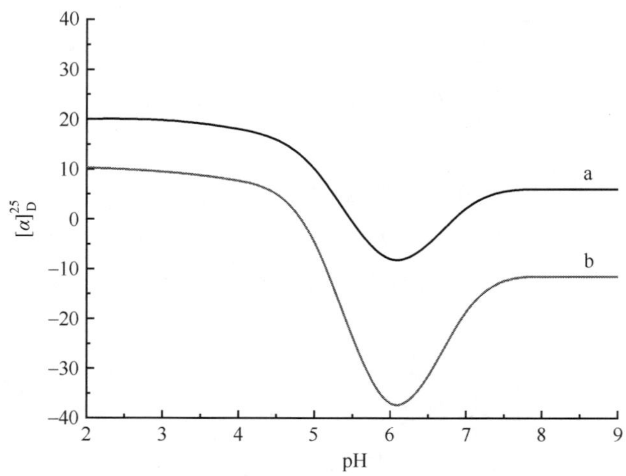

图 1.1 pH 对 L-亮氨酸(a)和 L-组氨酸(b)的 $[\alpha]_D^{25}$ 值的影响

收。根据朗伯-比尔(Lambert-Beer)定律,利用紫外分光光度计可以测定这些氨基酸的含量。酪氨酸和色氨酸的紫外吸收特性是利用紫外分光光度法(波长是280 nm)测定蛋白质浓度的基础。

表 1.7 氨基酸的紫外光谱和荧光光谱特性[6]

氨基酸	紫外光谱吸收		荧光的最大发射波长
	最大吸收波长(λ_{max})/nm	摩尔吸光系数(ε)/[L/(mol · cm)]	(λ_{max})/nm
酪氨酸	274.6	1420	303*
色氨酸	279.8	5600	348*
苯丙氨酸	257.4	197	282**

* 激发光波长为 280 nm;

** 激发光波长为 260 nm。

天然氨基酸中只有酪氨酸、色氨酸和苯丙氨酸在被激发后能产生荧光(表 1.7),甚至肽链中的色氨酸残基经激发后也能产生荧光(激发波长在 280 nm、348 nm 处荧光强度最强)。

这些氨基酸的紫外吸收和荧光性质受它们所处环境的影响,通常可以通过光谱性质的变化来检测蛋白质构象的变化。

5) 呈味性

由于存在不对称碳原子,氨基酸有 D 型和 L 型之分,D 型氨基酸多数带有甜味,而 L 型氨基酸则五味俱全,有酸、甜、苦、咸和鲜 5 种不同的味感。氨基酸在食品中以游离状态存在时,与食品的风味有非常密切的关系。在实际食品体系中,由于浓度、氨基酸之间的相互作用以及其他食品成分的影响,其呈味性较为复杂。

作为一种甜味剂，氨基酸有很好的市场前景。例如，一种通过欧盟管理机构认证的新型甜味剂——Aspartame，又称天冬酰苯丙氨酸甲酯[7]，其甜味为蔗糖的100～200倍，在肠道里易水解，生成相应的氨基酸，参与代谢活动；虽然它是一种非天然多肽，但比食用合成糖精安全；它易于保存，在100 ℃下可以保存一年而不变质，但不太适合用于酸性食品中。

6）氨基酸的疏水性

氨基酸侧链基团的疏水性是影响蛋白质和多肽物理化学性质（如结构、溶解性、持水性、持油性和凝胶性等）的重要因素。疏水性是在相同或相似条件下，一种溶质溶解在水中和有机溶剂中所消耗的自由能之差。测定氨基酸侧链基团相对疏水性最简单的方法就是通过实验测定其溶解在水中和有机溶剂（如乙醇）中自由能的变化。氨基酸侧链基团的疏水性如表1.8所示。

表1.8　氨基酸侧链基团的疏水性（乙醇-水，25 ℃）

氨基酸	ΔG_t/(kJ/mol)	氨基酸	ΔG_t/(kJ/mol)
丙氨酸	2.09	亮氨酸	9.61
精氨酸	—	赖氨酸	—
天冬酰胺	0	蛋氨酸	5.43
天冬氨酸	2.09	苯丙氨酸	10.45
半胱氨酸	4.18	脯氨酸	10.87
谷氨酰胺	−0.42	丝氨酸	−1.25
谷氨酸	2.09	苏氨酸	1.67
甘氨酸	0	色氨酸	14.21
组氨酸	2.09	酪氨酸	9.61
异亮氨酸	12.54	缬氨酸	6.27

2. 化学性质

1）氨基酸的解离

光谱分析表明，结晶状态的氨基酸是离子化合物，即由羧基阴离子（$-COO^-$）和氨基阳离子（$-NH_3^+$）构成的两性离子化合物，这种两性离子是由于其氨基N原子上的孤对电子吸引羧基上的氢原子而形成的。

$$
H_3N^+-\underset{\large H}{\overset{\large COO^-}{\underset{|}{\overset{|}{C}}}}-R \rightleftharpoons H_2N-\underset{\large H}{\overset{\large COOH}{\underset{|}{\overset{|}{C}}}}-R
$$

这种两性离子化合物又称内盐，氨基酸的晶体和盐类的晶体一样，其熔点特别高。根据 Brönsted-Lowry 的酸碱学说理论,酸是质子(H^+)的供体,碱是质子的受体,酸和碱有同一性,它们互为存在。在一定条件下,它们各向着与自己相反的方向转化。酸和碱的相互关系为

$$\underset{\text{酸}}{HA} \rightleftharpoons \underset{\text{质子}}{H^+} + \underset{\text{碱}}{A^-}$$

这里原始的酸(HA)和生成的碱(A^-)称为共轭酸-碱对。氨基酸分子中含有羧基阴离子和氨基阳离子,分别具有接收质子和供给质子的能力。因此,氨基酸具有碱性和酸性的双重性质,是一种两性电解质化合物,能与酸和碱反应形成盐。

$$\underset{\text{氨基酸}}{H_3N^+\text{—}\overset{\displaystyle COO^-}{\underset{\displaystyle H}{C}}\text{—}R} + \underset{\text{盐酸}}{HCl} \longrightarrow \underset{\text{氨基酸盐酸盐}}{R\text{—}\overset{\displaystyle COOH}{\underset{\displaystyle NH_3^+\cdot Cl^-}{C}}\text{—}H}$$

$$\underset{\text{氨基酸}}{H_3N^+\text{—}\overset{\displaystyle COO^-}{\underset{\displaystyle H}{C}}\text{—}R} + \underset{\text{氢氧化钠}}{NaOH} \longrightarrow \underset{\text{氨基酸钠盐}}{R\text{—}\overset{\displaystyle H}{\underset{\displaystyle NH_2}{C}}\text{—}COO^-\cdot Na^+} + \underset{\text{水}}{H_2O}$$

氨基酸在酸性溶液中,解离为带正电的氨基酸阳离子,而在碱性溶液中解离为带负电的氨基酸阴离子。

氨基酸完全质子化时,可以看成是多元酸,侧链不解离的中性氨基酸可看成是二元酸,酸性氨基酸和碱性氨基酸可看成是三元酸。

调节氨基酸水溶液的酸碱性(pH),使其酸性和碱性解离恰好相等,氨基酸在溶液中呈两性离子存在,氨基酸分子内的正电荷与负电荷相等,即净电荷为零时外界的 pH 称为氨基酸的等电点(pI)。处于等电点的氨基酸在电场中受阴极与阳极的吸引力相等,既不向阴极移动,也不向阳极移动。氨基酸在等电点时,由于正负电荷相等,净电荷为零,分子间静电斥力为零,分子间作用力变强,分子间容易聚集成大分子而沉淀析出,此时溶解度最小。

一般氨基酸(主要指中性氨基酸)在不同 pH 水溶液中的解离状态为

$$\underset{AA^+}{R\text{—}\overset{\displaystyle H}{\underset{\displaystyle COOH}{C}}\text{—}NH_3^+} \underset{K_1}{\overset{-H^+}{\rightleftharpoons}} \underset{AA^0}{R\text{—}\overset{\displaystyle H}{\underset{\displaystyle COO^-}{C}}\text{—}NH_3^+} \underset{K_2}{\overset{-H^+}{\rightleftharpoons}} \underset{AA^-}{R\text{—}\overset{\displaystyle H}{\underset{\displaystyle COO^-}{C}}\text{—}NH_2}$$

解离达到平衡时

$$pK_1 = pH + \lg \frac{[AA^+]}{[AA^0]}$$

$$pK_2 = pH + \lg \frac{[AA^0]}{[AA^-]}$$

$$pI = \frac{1}{2}(pK_1 + pK_2)$$

这些算式只适用于含有两个解离基团的氨基酸(氨基-羧基),对于含有几个解离基团的氨基酸,其解离、滴定曲线和等电点都比较复杂。氨基酸的表观解离常数 K 是从能够给出最大数目质子的组分算起,按照解离基团的酸性强度的递降顺序,分别以 K_1、K_2 等来表示(表1.9)。

表1.9　氨基酸的表观解离常数和等电点

氨基酸	pK(—COOH)	pK($—NH_3^+$)	pK(R基团)	pI
甘氨酸	2.34	9.60		5.97
丙氨酸	2.34	9.69		6.02
缬氨酸	2.32	9.62		5.97
亮氨酸	2.36	9.60		5.98
异亮氨酸	2.36	9.68		6.02
丝氨酸	2.21	9.15		5.68
苏氨酸	2.63	10.34		6.53
天冬氨酸	2.09	9.82	3.86(β-COOH)	2.97
谷氨酸	2.19	9.67	4.25(γ-COOH)	3.22
赖氨酸	2.18	8.95	10.53(ε-NH_3^+)	9.74
精氨酸	2.17	9.04	12.48(胍基)	10.76
组氨酸	1.82	9.17	6.00(咪唑基)	7.59
天冬酰胺	2.02	8.80		5.41
谷氨酰胺	2.17	9.13		5.65
半胱氨酸	1.71	8.33	10.78(—SH)	5.02
胱氨酸	1.65	9.85	2.26,7.85	5.06
蛋氨酸	2.28	9.21		5.75
苯丙氨酸	1.83	9.13		5.48
酪氨酸	2.20	9.11	10.07(—OH)	5.66
色氨酸	2.38	10.60		5.89
脯氨酸	1.99	10.60		6.30

2）等电点的计算

根据氨基酸在水中的解离作用和质量守恒定律，可以计算出各种氨基酸的等电点(pI)。一般的计算方法为[8]（以 Lys 为例）

$$\underset{Lys^{2+}}{H_3N^+{-}\underset{\underset{NH_3^+}{|}}{\underset{(CH_2)_4}{\overset{COOH}{C}}}{-}H} \underset{K_1}{\overset{-H^+}{\rightleftharpoons}} \underset{Lys^{+}}{H_3N^+{-}\underset{NH_3^+}{\underset{(CH_2)_4}{\overset{COO^-}{C}}}{-}H} \underset{K_2}{\overset{-H^+}{\rightleftharpoons}} \underset{Lys^{0}}{H_2N{-}\underset{NH_3^+}{\underset{(CH_2)_4}{\overset{COO^-}{C}}}{-}H} \underset{K_3}{\overset{-H^+}{\rightleftharpoons}} \underset{Lys^{-}}{H_2N{-}\underset{NH_2}{\underset{(CH_2)_4}{\overset{COO^-}{C}}}{-}H}$$

其中，$K_1=\frac{[Lys^+][H^+]}{[Lys^{2+}]}$ $K_2=\frac{[Lys^0][H^+]}{[Lys^+]}$ $K_3=\frac{[Lys^-][H^+]}{[Lys^0]}$

$$K_2\cdot K_3=\frac{[Lys^-][H^+]^2}{[Lys^+]}$$

等电点时，$[Lys^+]=[Lys^-]$，所以有 $K_2\cdot K_3=[H^+]^2$，取负对数得

$$pI=pH=(pK_2+pK_3)/2=(8.95+10.53)/2=9.74$$

尽管中性、酸性、碱性氨基酸的等电点计算方法不尽相同，但其基本规律为：pI 都是等电兼性离子两侧的 pK 的平均值(表 1.9)。

3）氨基酸的滴定曲线

氨基酸属于两性化合物，既可被碱滴定，也可被酸滴定。在酸性溶液中时，氨基酸以 R—CH(NH_3^+)—COOH 形式存在，具有两个可解离质子，可以看成是二元弱酸，因此其滴定曲线是弱酸或弱碱曲线。用 NaOH 标准溶液滴定时，其反应终点 pH 很高，用一般的指示剂(如酚酞) 来判断终点误差会很大。因此，为使一般的指示剂能准确判定氨基酸反应的终点，常在氨基酸溶液中加入过量的甲醛，其反应式为

$$\underset{\text{氨基酸}}{R{-}\overset{H}{\underset{COO^-}{C}}{-}NH_3^+} \rightleftharpoons \underset{\text{氨基酸}}{R{-}\overset{H}{\underset{COOH}{C}}{-}NH_2} \overset{HCHO}{\rightleftharpoons} \underset{N\text{-羟甲基氨基酸}}{R{-}\overset{H}{\underset{COOH}{C}}{-}\overset{H}{N}{-}CH_2OH} \overset{HCHO}{\rightleftharpoons} \underset{N\text{-二羟甲基氨基酸}}{R{-}\overset{H}{\underset{COOH}{C}}{-}N(CH_2OH)_2}$$

由反应式可知，甲醛与氨基(—NH_2) 作用，形成了含—$NHCH_2OH$、—$N(CH_2OH)_2$等的羟甲基氨基酸衍生物，降低了氨基的碱性，相对地增加了氨基阳离子(—NH_3^+)的酸性解离，使 pK 减少 2～3 个单位，这样就可用一般的指示剂来判定滴定终点。

以甘氨酸为例，不加甲醛，用 NaOH 标准溶液滴定终点至 pH 13 左右，一般的指示剂根本无法滴定。加入甲醛后，滴定终点移到 pH 9 左右，终点正好在酚酞变色区域内，酚酞指示剂就可以指示终点了。这是甲醛滴定法的基础。

4) 化学反应

(1) 与亚硝酸的反应(van Slyke 反应)。除脯氨酸外,其他氨基酸均可与亚硝酸作用,生成 α-羟基羧酸,并放出氮气。其反应式为

$$\mathrm{R{-}\underset{\underset{COOH}{|}}{\overset{\overset{H}{|}}{C}}{-}NH_2} + \mathrm{HNO_2} \longrightarrow \mathrm{R{-}\underset{\underset{COOH}{|}}{\overset{\overset{H}{|}}{C}}{-}OH} + \mathrm{N_2}\uparrow + \mathrm{H_2O}$$

可用气体分析仪来测定反应放出的氮气量,从而得到氨基酸的含量,这是 van Slyke 法测定氨基氮的基础。这种方法常用来测定氨基酸、蛋白质及蛋白质水解产物中游离氨基酸的含量。需要说明的是,生成的氮气只有一半是来自氨基酸的。

(2) 与水合茚三酮的反应。α-氨基酸和茚三酮的水合物在弱酸性溶液中一起加热,引发氧化脱羧、脱氨反应,生成物呈蓝紫色,在 570 nm 处有最大吸收。此反应在氨基酸的分析化学中具有特殊意义,是比色法测定氨基酸含量的理论基础。茚三酮只与 α-氨基酸反应,且温度过高时茚三酮会被氧化成红色。

脯氨酸和羟脯氨酸与茚三酮反应时并不释放 NH_3,而是直接生成亮黄色化合物,最大光吸收在 440 nm 处。其结构式为

[结构式: O, C, C, $\overset{+}{N}$, C, O^-]

(3) 与金属离子的反应。氨基酸与一些金属离子(如 Zn^{2+}、Cu^{2+}、Ba^{2+} 等)反应生成配合物,如在 pH 6.3 时,谷氨酸与 Zn^{2+} 作用生成难溶于水的配合物。

(4) 与甲醛反应。

$$\underset{\text{氨基酸}}{\mathrm{R{-}\underset{\underset{COO^-}{|}}{\overset{\overset{H}{|}}{C}}{-}NH_3^+}} \rightleftharpoons \underset{\text{氨基酸}}{\mathrm{R{-}\underset{\underset{COOH}{|}}{\overset{\overset{H}{|}}{C}}{-}NH_2}} \xrightleftharpoons{\mathrm{HCHO}} \underset{N\text{-羟甲基氨基酸}}{\mathrm{R{-}\underset{\underset{COOH}{|}}{\overset{\overset{H}{|}}{C}}{-}\overset{\overset{H}{|}}{N}{-}CH_2OH}} \xrightleftharpoons{\mathrm{HCHO}} \underset{N\text{-二羟甲基氨基酸}}{\mathrm{R{-}\underset{\underset{COOH}{|}}{\overset{\overset{H}{|}}{C}}{-}NH(CH_2OH)_2}}$$

(5) 与羰基化合物的反应。氨基酸与单糖及糖的分解产物在常温下可以发生糖氨反应,也称为 Maillard 反应。此反应在高温下特别容易发生,进一步缩合形成黑色的复杂化合物可作为黑色素使用。特别容易发生这种反应的氨基酸有赖氨酸、鸟氨酸、组氨酸,尤其是赖氨酸的 ε-氨基比 α-氨基更容易发生反应。在蛋白质的多肽链中,由于赖氨酸的 ε-氨基呈游离状态,容易发生 Maillard 反应。

(6) 脱羧反应。氨基酸在脱羧酶的催化作用下脱掉羧基,同时生成 CO_2 和伯胺。其反应式为

$$\underset{\displaystyle NH_2}{R-\underset{|}{CH}-COOH} \xrightarrow{\text{脱羧酶}} R-CH_2-NH_2+CO_2\uparrow$$

(7) 脱氨反应。脱氨基的方法有氧化脱氨、还原脱氨和消除脱氨。

氧化脱氨反应是在氧气的氧化作用下使氨基酸去掉氨基生成酮酸，同时生成氨，其反应式为

$$R-\underset{\underset{\displaystyle NH_2}{|}}{CH}-COOH+\frac{1}{2}O_2 \longrightarrow R-\underset{\underset{\displaystyle O}{\|}}{C}-COOH+NH_3\uparrow$$

还原脱氨是氢化酶的还原作用使氨基酸失去氨基生成有机酸，同时生成氨气。该反应在厌氧条件下进行，主要发生在厌氧微生物(如梭状芽孢杆菌及一些碱性厌氧微生物)中。其反应式为

$$R-\underset{\underset{\displaystyle NH_2}{|}}{CH}-COOH+2H_2 \xrightarrow{\text{氢化酶}} R-CH_2-COOH+NH_3\uparrow$$

消除脱氨是在特定酶的作用下消除 α-氨基和 β-氢，同时生成不饱和酸和氨气。其反应式为

$$R-\underset{\underset{\displaystyle NH_2}{|}}{CH}-COOH \xrightarrow{\text{特定酶}} R'-CH=CH-COOH+NH_3\uparrow$$

此反应为可逆反应，也是合成氨基酸的途径之一。在细菌和酵母中都存在这种反应。

(8) 脱氨基、羧基反应。在特定条件下，氨基酸发生水解时脱去氨基和羧基，生成低级醇(少一个碳原子)、NH_3 和 CO_2。其反应式为

$$R-CH_2-\underset{\underset{\displaystyle NH_2}{|}}{CH}-COOH+H_2O \longrightarrow R'-CH_2-CH_2-OH+NH_3\uparrow+CO_2\uparrow$$

这类反应主要发生在某些微生物体内，如细菌或酵母细胞中。这是乙醇发酵(包括各种酒发酵)生成杂醇油的机理，杂醇油是某些高级醇(如正丙醇、异丁醇、异戊醇和活性戊醇等)的混合物。酿酒中一些高级醇、芳香成分的生成，大多来自支链氨基酸的脱氨基、羧基反应。

(9) 转氨基反应。此反应是在生物组织中或生物发酵时容易发生的一种反应。易发生氨基转移的氨基酸有天冬氨酸、丙氨酸、羟基氨基酸、碱性氨基酸、支链氨基酸等。其结果是分别生成相应的酮酸。因为这种反应是可逆反应，所以又可生成各种氨基酸，其中天冬氨酸发生可逆反应的能力最强。

(10) 与邻苯甲二醛的反应。在 β-巯基乙醇存在时，邻苯甲醛(1,2-苯二甲醛)和氨基酸反应生成具有荧光性的衍生物，该物质的最大激发波长是 380 nm，最大发射波长是 450 nm。

(11) 与荧光胺的反应。荧光胺与蛋白质、多肽和氨基酸中的伯胺反应生成一种具有强烈荧光特性的物质，该物质的最大激发波长是 390 nm，最大发射波长是 375 nm。此法灵敏度高，可用来定量分析氨基酸、多肽和蛋白质。

1.3.4　氨基酸的测定与分离

氨基酸的组成和含量是蛋白质的基本性质，氨基酸的分离分析是蛋白质化学、蛋白质组学和食品营养学研究的重要内容。

1. 氨基酸的测定

1820 年，Braconnot 等从明胶的水解物中分离出了甘氨酸和亮氨酸[9]，氨基酸的分析测定技术由此展开。色谱技术的出现为氨基酸的分析测定带来了新的发展机会。1941 年，Martin 等将氨基酸乙酰化之后，应用层析法实现了氨基酸的半定量分析；不久，Moore 和 Stein 应用离子交换色谱实现了游离氨基酸的直接分离；1958 年，Spackman、Stein 和 Moore 发明了自动化氨基酸分析仪[10]，使氨基酸的定量分析进入了崭新阶段。

1) 氨基酸的定性测定

氨基酸的定性分析主要是根据氨基酸与某些化学试剂发生的特殊反应来分析判断的。主要有茚三酮法、吲哚法和邻苯二甲醛法。前两种是经典的常用显色法，后一种是近年来发展起来的荧光显色法，具有灵敏度高的特点。

A. 一般氨基酸的呈色反应

(1) 茚三酮法。将点有样品的层析或电泳完毕的滤纸除尽溶剂，用 0.5 %茚三酮无水丙酮溶液喷雾，充分吹干，置于 65 ℃的烘箱中约 30 min(温度不宜过高，以免发生空气氧化)，氨基酸斑点呈紫红色。

(2) 吲哚法。各种氨基酸与吲哚醌发生呈色反应，根据生成物的不同颜色，可以辨认氨基酸。氨对吲哚醌显色没有妨碍，但其灵敏度较茚三酮稍差，显色不太稳定。颜色只在绝对干燥的环境中才能保存。

(3) 邻苯二甲醛法。邻苯二甲醛是目前纸层析、硅胶薄层层析、荧光显色氨基酸最灵敏的方法之一，也可用于氨基酸溶液的定量测定。

其原理是：邻苯二甲醛在 α-巯基乙醇的作用下，于碱性溶液中与氨基酸作用产生荧光化合物。最适合的激发光波长和发射光波长分别为 340 nm 和 550 nm。

各种氨基酸呈现的荧光强度不同，其相对荧光强度由大到小的大致顺序为

天冬氨酸＞异亮氨酸＞蛋氨酸＞精氨酸＞组氨酸＞亮氨酸＞丝氨酸＞缬氨

酸＞谷氨酸＞苏氨酸＞甘氨酸＞色氨酸＞丙氨酸＞苯丙氨酸＞酪氨酸＞NH_3＞脯氨酸＞半胱氨酸。

B. 个别氨基酸的呈色反应

a. 酚基的显色反应(Tyr)

(1) 米伦(Millon)反应。米伦试剂为亚硝酸、硝酸汞和亚硝酸汞的混合物。蛋白质溶液中加入米伦试剂后即产生白色沉淀，加热后沉淀变成红色。酚类化合物有此反应。酪氨酸含有酚羟基，因此，酪氨酸及含有酪氨酸的蛋白质均呈此反应。值得注意的是，蛋白质溶液必须先呈酸性，否则汞离子将与无机盐或碱先行沉淀析出。

(2) 福林(Follin)反应。酪氨酸的酚基也能将福林试剂中的磷钼酸及磷钨酸还原成蓝色化合物(钼蓝和钨蓝的混合物)。这一反应也常用于蛋白质的定量分析。

b. Tyr，Typ 的黄蛋白反应

凡是含有苯环的氨基酸都能与浓硝酸发生反应。由于苯环上含有羟基(—OH)，加碱则颜色变深，这可能是由于生成了硝醌酸根。该反应也是含有酪氨酸的蛋白质特有的显色反应。

c. Arg 的胍基反应

精氨酸的胍基能与 α-萘酚在碱性次氯酸钠溶液(次溴酸钠)中发生反应，产生红色的产物。在次氯酸钠的缓慢作用下，有色物质继续氧化，氨基破裂，颜色消失，因此过量的次氯酸钠对反应不利。加入尿素可以破坏过量的次氯酸钠，增加颜色的稳定性。酪氨酸、组氨酸、色氨酸和氨都能够降低颜色的深度，甚至阻止颜色的形成。该反应的灵敏度达 $4\mu L/L$，可用来定性鉴定含有精氨酸的蛋白质和精氨酸的定量测定。

d. Trp 的吲哚环显色反应

向混合氨基酸溶液中加入乙醛酸，并用浓硫酸小心加入而不使其混合，在两液面交界处，即有紫色环形成。这种颜色反应为色氨酸吲哚环的特殊反应，可以鉴定是否存在色氨酸。

硝酸根、亚硝酸根、氯酸根及过多的氯离子均能妨碍此反应的发生。有微量的 $CuSO_4$ 或 Fe^{3+} 存在时，可加强色氨酸的反应。

e. 咪唑环的显色反应——重氮化反应(Pauly 反应)

重氮化合物与酚环或咪唑环结合产生有色物质。蛋白质中的酪氨酸和组氨酸也能发生这一反应，酪氨酸产生不十分明显的红色产物，而组氨酸产生鲜红色产物。

f. 巯基的显色反应

(1) 强碱-乙酸铅反应。半胱氨酸在强碱作用下，分解形成硫化钠，而后在乙酸铅作用下形成黑色的硫化铅沉淀，若再加入浓 HCl，则出现 H_2S 的臭味。胱氨酸也极易发生此反应，而含硫的蛋氨酸对强碱相当稳定，不产生此反应。

(2) 亚硝基铁氰化钠反应。在碱性条件下，半胱氨酸与亚硝基铁氰化钠生成紫红色物质。胱氨酸被氰化钾还原成半胱氨酸后，也呈此反应。

2. 氨基酸的定量分析测定

1）甲醛滴定法

在中性溶液，常温条件下，甲醛迅速与氨基酸上的氨基(或亚氨基）结合，促进氢离子的释放，从而使溶液的酸性增加，用酚酞作指示剂，以氢氧化钠来滴定，每释放出一个氢离子，就相当于含有一个氨基酸，因而从测定所用氢氧化钠的量可以计算出样品中氨基酸的含量。该法简单快速，常用来测定蛋白质的水解程度[11]。

2）茚三酮法

茚三酮法[12]是氨基酸定量测定应用最广泛的方法之一。当茚三酮在酸性条件下和氨基酸反应时，氨基酸被氧化，分解成醛，释放出二氧化碳和氢；水合茚三酮则变成还原型水合茚三酮，并与氨及另外一分子的茚三酮进一步缩合生成蓝紫色物质，其最大吸收波长为 570 nm。此反应是一切 α-氨基酸所共有的，反应灵敏。根据反应所产生蓝紫色的深浅，可以测定氨基酸的含量。可测定 0.5～50 μg 的氨基酸。

脯氨酸或羟脯氨酸与茚三酮反应则生成黄色化合物，最大吸收波长为 440 nm。

3）非水滴定法

氨基酸的非水溶液滴定法是氨基酸在冰醋酸中用高氯酸的标准溶液滴定来测其含量。根据酸碱质子学说(Brönsted-Lowry)，一切能给出质子的物质为酸，能接受质子的物质为碱。弱碱在酸性溶液中显得碱性更强，而弱酸在碱性溶液中显得酸性更强。因此，原来在水溶液中不能滴定的弱酸或弱碱，如果选择合适的溶剂增加其强度，则可顺利滴定。氨基酸有氨基和羧基，在水中呈中性，如果在冰醋酸中就显示为碱性，那么可以用高氯酸等强酸进行滴定。

该法适用于氨基酸成品含量的测定，允许测定的范围为几十微摩尔每升。

$$R\text{—}\underset{\underset{NH_2}{|}}{CH}\text{—}COOH + H_3C\text{—}COOH \rightleftharpoons R\text{—}\underset{\underset{NH_3^+}{|}}{CH}\text{—}COOH + H_3C\text{—}COO^-$$

$$HClO_4 + H_3C\text{—}COOH \rightleftharpoons H_3C\text{—}COOH_2^+ + ClO_4^-$$

$$H_3C\text{—}COO^- + H_3C\text{—}COOH_2^+ \rightleftharpoons 2H_3C\text{—}COOH$$

4）三硝基苯磺酸法

三硝基苯磺酸法(TNBS)[13]是定量测定氨基酸的重要试剂之一。在偏碱性条件下，TNBS 与氨基酸反应，先形成中间配合物。其反应式为

$$O_2N\text{—}C_6H_2(NO_2)_2\text{—}SO_3H + H_2N\text{—}\underset{\underset{R}{|}}{CH}\text{—}COOH \xrightarrow{\text{—}OH^-}$$

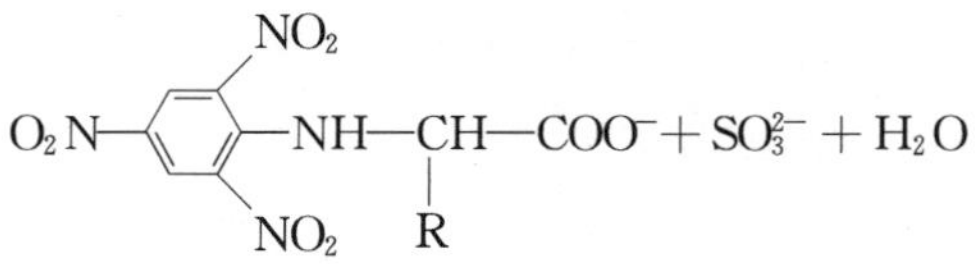

$$O_2N-C_6H_2(NO_2)_2-NH-CH(R)-COO^- + SO_3^{2-} + H_2O$$

中间配合物在光谱上有两个吸收值相近的高峰，分别在 355 nm 和 420 nm 处。当溶液酸化后，中间配合物生成 TNP-氨基酸，在 420 nm 处的吸收显著下降，而 350 nm 处的吸收峰则移至 340 nm 处。

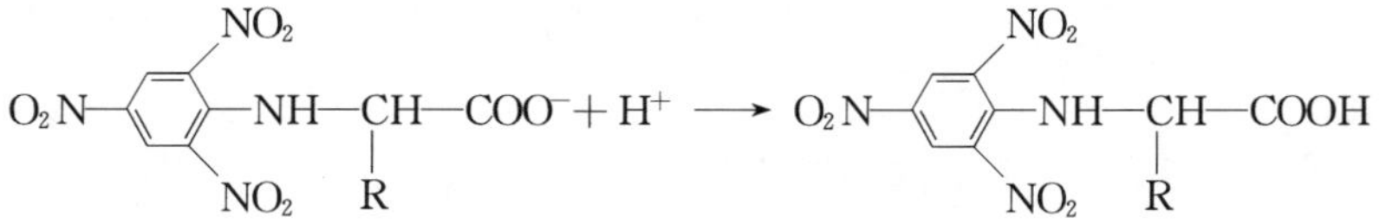

$$O_2N-C_6H_2(NO_2)_2-NH-CH(R)-COO^- + H^+ \longrightarrow O_2N-C_6H_2(NO_2)_2-NH-CH(R)-COOH$$

利用 TNBS 与氨基酸反应的这一特性，可以在 420 nm 处（偏碱性溶液中）或在 340 nm 处（偏酸性溶液中）对氨基酸进行定量测定。该法允许测定的浓度是 0.05～0.4 μmol/L。

5）铜复合物紫外吸收法

在适宜的 pH 条件下，两分子的氨基酸与一分子的铜离子形成氨基酸-铜复合物。此复合物呈蓝色，除在 620 nm 处有吸收峰外，在 230 nm 处有最大吸收，其摩尔消光系数在 230 nm 处为在 620 nm 处的 100 倍左右。因此，利用氨基酸-铜复合物的紫外吸收可以进行氨基酸的测定。

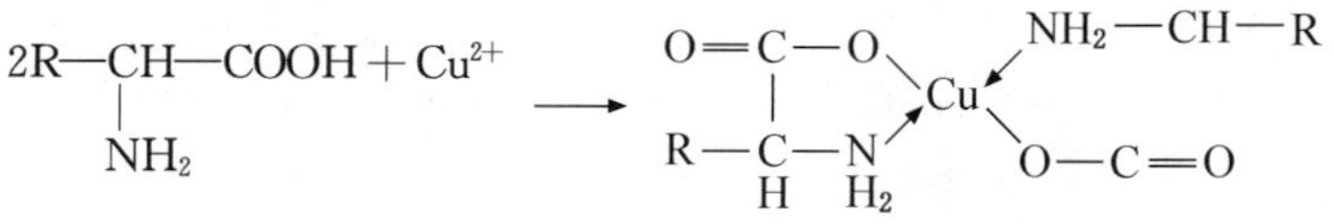

$$2R-CH(NH_2)-COOH + Cu^{2+} \longrightarrow [R-CH(NH_2)-COO]_2Cu$$

该法可允许测定的浓度是 50～500 μmol/mL，适用于蛋白质水解速率及水解程度的测定。

6）量气法

见前面的 van-Slyke 反应部分。

3. 氨基酸的分离

目前，多数氨基酸采用发酵法生产，部分氨基酸则存在多种生产方法。几乎所有的氨基酸分离纯化工艺均利用了氨基酸在不同的 pH 时所带电荷不同这一特性。氨基酸的分离纯化方法主要有：沉淀法、离子交换法、萃取法和膜分离法等。

1）沉淀法

沉淀法分离氨基酸主要包括特殊试剂沉淀法和等电点沉淀法。

（1）特殊试剂沉淀法。某些氨基酸可以与一些有机或无机化合物结合，形成结晶性衍生物沉淀，利用这种性质向混合氨基酸溶液中加入特定的沉淀剂，使目标氨基酸与沉淀剂沉淀下来，从而与其他氨基酸分离。

精氨酸与苯甲醛在碱性和低温条件下，可缩合成溶解度很小的苯亚甲基精氨酸，分离沉淀，并用盐酸除去苯甲醛，即可得到精氨酸盐[14]；亮氨酸与邻-二甲苯-4-磺酸反应，生产亮氨酸的磺酸盐，后者与氨水反应可得到亮氨酸[15]；组氨酸与氯化汞作用，生成组氨酸汞盐沉淀，经硫化氢处理可得到组氨酸[16]。

特殊沉淀法虽然操作简单、选择性强，但是沉淀剂回收困难，废液排放污染加剧，残留沉淀剂的“毒性”较大，食品级和医药级的氨基酸不能采用此法提取[17]。

(2) 等电点沉淀法。等电点沉淀法是根据氨基酸的等电点不同，在等电点处，氨基酸分子的净电荷为零，便于氨基酸彼此吸引形成结晶沉淀下来。目前，国内的味精厂都采用等电点沉淀法使谷氨酸从发酵液中粗结晶出来。采用这种方法可以从生产半胱氨酸的废母液中回收胱氨酸[18]。

2) 离子交换法

离子交换法利用的是各种氨基酸等电点的差异。只有当混合氨基酸之间的等电点相差较大时才能较好地分开。现有的离子交换剂主要有离子交换树脂和离子交换纤维两大类。

离子交换树脂研究得较为成熟，提取氨基酸处理量大，成本低，易于操作与控制。目前，离子交换法在工业应用中已有很多成功的实例，如谷氨酸的分离提取。日本味之素公司[19]研究的氨基酸提纯技术采用逆流连续多级交换，能大幅减少树脂用量和洗涤树脂的用水量。

离子交换纤维法是近年来才兴起的一项技术。和离子交换树脂一样，它含有固定的离子，并有与固定的离子带相反电荷的活动离子。和离子交换树脂相比，它的优点是比表面积较大、交换与洗脱速度快、容易再生，可以以短纤维、无纺布、网、织物等多种形式应用。符若文等[20]研究用强酸性离子交换纤维 PVF-g-SO_3H 对碱性氨基酸 L-组氨酸和 L-赖氨酸进行分离，树脂吸附率和分辨率要高于 732 型树脂，强酸性离子交换纤维 PP-g-St-SO_3H 分离组氨酸和谷氨酸的分辨率达 1.87，两性纤维 PP-g-4VP-SO_3H 分离丙氨酸和谷氨酸的分辨率达 2.69，在相同的条件下，分离效果好于 732 型树脂。

3) 萃取法

(1) 溶剂萃取法。近年来开发出了反应萃取法分离提取氨基酸，即选择适当的反应萃取剂，其解离出来的离子与氨基酸解离出来的离子发生反应，生成可以溶于有机相的萃取配合物，从而使氨基酸从水相进入有机相中。

此外，利用氨基酸在水中的溶解度小而易溶于液氨的性质，发展了液氨萃取技术[21]。应用这种技术，在蒸发了氨之后，可获得氨基酸极好的结晶。可以用此方法分离戊二酸、谷氨酸、天门冬氨酸和亚氨二乙酸等。

溶剂萃取法与离子交换法相似，只有当混合氨基酸之间的等电点相差足够大时才能被萃取分离开。

(2) 反胶团萃取法。反胶团萃取法分离氨基酸是20世纪80年代末兴起的一种分离方法。反向微胶团是在非极性溶剂中,双亲物质的亲水基相互靠拢,以亲油基朝向溶剂而形成的聚集体。

反胶团萃取氨基酸的原理是:氨基酸以带电离子状态被反胶团萃取,不同带电状态下被萃取的程度不同。萃取后的氨基酸可能分布于两种环境下,即反胶团的"水池"中和反胶团的表面活性剂单分子膜中[22]。氨基酸分子的亲水性越强,其在"水池"中的分配比越高;具有较强的亲油基团的氨基酸主要聚集在球粒的界面上。pH通过影响氨基酸在水中的不同离子浓度而影响氨基酸的总分配比,从而影响对氨基酸的萃取。离子强度、盐的浓度和类型等都会影响氨基酸的分配系数[23]。

(3) 液膜萃取法。液膜萃取法兼有萃取和膜渗透两项技术的特点,按其结构可分为乳化液膜(emulsion liquid membrane)和支撑液膜(supported liquid membrane)两大类。

乳化液膜是用第三相(膜相)将能够互溶的内外两相隔离开,利用液膜的选择性迁移作用,使外相料液中被分离组分能够逆浓度梯度转移到内相中富集。在乳化液膜的外相和内相界面上,溶质的萃取和反萃取同时完成。由于乳化液膜分离过程通常在较温和的条件下进行,而且单位体积设备的表面积可达到1000~3000 m^2/m^3[24],因此具有活性损失小、传质速率高、分离和浓缩一步完成、能从低浓度的溶液中有效地回收溶质等优点。Iton等[25]采用NaD_2EHPA为载体,研究了乳化液膜体系中的各种参数,如外相pH、表面活性剂浓度、载体浓度、搅拌速率,以及内相初始盐酸浓度等对L-苯丙氨酸传递的影响,并获得了最优化条件。

支撑液膜法是将起分离作用的液相借助毛细作用固定在多孔高分子膜中,由载体、有机溶剂和多孔高分子膜3个组分组成。其体系由料液、支撑液膜和反萃取液3个联系相组成。支撑液膜可以使萃取与反萃取在液膜的两侧同时进行,从而避免了载体负荷的限制,减少了有机相的使用量,解决了乳化液膜的乳化液稳定条件及破乳等问题。Deblay等[26]用支撑液膜回收、浓缩和纯化发酵生产的氨基酸,发现这种方法对缬氨酸的选择性大约是染料的10倍、葡萄糖的100倍、蔗糖的1000倍。Wieczorek等[27]研究表明,在液膜中加入载体,除能使之与氨基酸离子结合透过膜进入接受相外,还可以提前将氨基酸丹磺酰化,在一定的pH范围内维持电中性,有利于其穿过有机膜进入接受相。

4) 膜分离法

膜过滤法实现混合溶液的分离是因为在膜和溶液的界面处存在以下机理:由亲水性等原因所引起的选择性透过;分子体积大小的分子筛效应;带电分子与荷电膜之间的Donnan效应[28]。

营爱玲等[29]利用NTR7450荷电纳滤膜，将溶液的pH调为5～8，对L-苯丙氨酸和L-天冬氨酸进行了成功的分离。李书良等[30]采用纳滤膜分离发酵液中的谷氨酰胺，研究了不同pH条件下发酵液中谷氨酸和谷氨酰胺的透过性，发现当pH 7时，谷胺酰胺的浓度为1%时，纳滤膜分离谷氨酰胺的提取收率可达65 %以上。

目前，工业生产中大多采用的还是离子交换分离技术。但膜分离、液膜和反胶团萃取研究较多。

1.4　蛋白质的分类、性质与测定

1.4.1　蛋白质的分类

蛋白质的种类繁多，要对每一种蛋白质有一个全面系统的认识，就必须有一个较好的分类方法。这种分类方法应该以蛋白质的化学组成、空间结构及性质为依据。目前，蛋白质的分类方法有按照化学组成分类、按照溶解度分类、按照结合成分分类、按照空间结构分类和按照生理功能分类等方法。

1. 按照化学组成分类

按照化学组成的不同，可以将蛋白质分为简单蛋白质(单纯蛋白质) 和复杂蛋白质(结合蛋白质) 两大类。简单蛋白质是仅由氨基酸组成的多肽链。复杂蛋白质除含有氨基酸组成的多肽链外，还含有非蛋白质部分，如核酸、脂肪、糖和色素等。

1) 简单蛋白质

按照理化性质，特别是溶解性、稳定性的差别，可以把简单蛋白质分为清蛋白、球蛋白、组蛋白、精蛋白、谷蛋白、醇溶蛋白和硬蛋白7类。这种分类方法很早就开始使用，已成为食品加工或进行食用蛋白质分离时的主要依据。大部分食用蛋白质都是由清蛋白、球蛋白、谷蛋白、醇溶蛋白组成的。

(1) 清蛋白。这类蛋白质又称为白蛋白，可溶于水、稀酸、稀碱和稀中性盐溶液，在饱和度为50 %以上的硫酸铵溶液中开始析出，盐或其他变性试剂可使清蛋白变性并凝聚，等电点为4.4～5.5，含Gly很少(如血清蛋白几乎不含Gly，乳清蛋白含0.4 %的Gly，卵清蛋白含1.9 %的Gly)。清蛋白分布很广，在血液、淋巴、肌肉蛋白、乳汁以及植物种子，特别是豆类和谷类种子中，都含有大量的清蛋白。

人们已得到结晶的清蛋白，研究得比较详细的清蛋白有卵清蛋白、α-乳清蛋白和血清蛋白等。

(2) 球蛋白类。球蛋白又可分为优球蛋白和拟球蛋白。优球蛋白不溶于水，溶于稀酸、稀碱和稀盐溶液。在饱和度为 50 %的硫酸铵溶液中可析出，等电点为 5.5～6.5，加热和其他变性试剂可使球蛋白变性并凝聚或沉淀，含 Gly 3.5 %(质量分数)左右。拟球蛋白溶于水，其他性质与优球蛋白相同，如血球蛋白和植物种子球蛋白。球蛋白是一类重要的蛋白质，广泛分布于动、植物体内，如体液、淋巴、肌肉、蛋以及眼球的晶状体中；植物种子中也含有大量的球蛋白。

目前，不少球蛋白已得到结晶，有些已做了详细的研究，如肌红蛋白、溶菌酶、β-乳球蛋白、免疫球蛋白、血纤维蛋白、鸡蛋白的卵球蛋白以及血浆、淋巴中的其他球蛋白等。

(3) 组蛋白类。组蛋白溶于水、稀酸，但不溶于稀氨水，也不溶于氯化铵、氯化钠和硫酸镁的饱和溶液。

大多数组蛋白存在于细胞核中，在蛋白质生物合成中起着重要的作用。现在研究较多的有淋巴细胞、胸腺和肝的组蛋白等。

(4) 精蛋白类。这类蛋白质溶于水和稀酸溶液，不溶于稀氨水，呈碱性。存在于成熟的精细胞内，是天然蛋白质中最简单的一类，相对分子质量为 5000 左右。精蛋白类的氨基酸种类较少，碱性氨基酸的含量较多(占 80 % 以上)，特别是精氨酸含量最高(Arg>Lys>His)，等电点为 12～12.4，是一种碱性蛋白质。这类蛋白质很容易与其他蛋白质形成蛋白-精蛋白复合物，特别容易与核酸形成核酸-精蛋白复合物。这一特性往往用于蛋白质的分离提纯。其中，研究较多的是鱼精蛋白。

(5) 谷蛋白类。这类蛋白多存在于谷物(如小麦、玉米) 的种子中，不溶于水、中性盐溶液，但溶于稀酸、稀碱溶液。加热能够凝固，是非均一蛋白，是多种相似蛋白质的混合物。特点是谷氨酸含量高，有代表性的是米谷蛋白和麦谷蛋白。

(6) 醇溶蛋白类。醇溶蛋白含有大量的谷氨酸、脯氨酸、谷氨酰胺和天冬酰胺以及少量的精氨酸，容易溶解于低脂肪族醇类溶液中，特别是乙醇溶液，不溶于水和无水乙醇。这类蛋白质存在于禾本植物的种子之中，如玉米醇溶蛋白。

(7) 硬蛋白类。这类蛋白质主要存在于动物组织的中层和外层细胞组织中，如皮肤、头发、角、蹄、指甲、爪、羽毛、龟甲、韧带和腱等部位。硬蛋白类可分为角蛋白、胶原蛋白和丝素蛋白。这类蛋白质不溶于水、稀酸溶液和稀碱溶液，很难被蛋白酶水解。

2) 复杂蛋白质

按照非蛋白部分或辅基的不同，复杂蛋白质又可分为核蛋白、糖蛋白、脂蛋白、磷蛋白、色蛋白和金属蛋白六类。

(1) 核蛋白类。核蛋白是核酸与精蛋白、组蛋白或其他蛋白所组成的复合物，存在于所有细胞中。单就一个细胞来说，无论是细胞质还是细胞核，都含有核蛋白。核蛋白是染色体的主要成分，病毒和噬菌体的全部或大部分都由核蛋白构成。

(2) 脂蛋白类。脂蛋白由蛋白质与脂类相结合而成，其中脂类包括磷脂和一些简单脂类。存在于血清、蛋黄、某些组织的抽提液和某些细胞的线粒体、叶绿体以及细胞和病毒之中。在7 %～20 %的甲醇或乙醇溶液中，脂蛋白很容易失去脂类辅基，但一般有机溶剂没有这种作用。

(3) 糖蛋白类。糖蛋白是以糖类为辅基的蛋白质，糖类有二糖、低聚糖和多糖。广泛存在于生物体中，无论是种类还是数量，糖蛋白都是非常复杂的一类蛋白质。这类蛋白质溶于水、盐溶液中，有抗盐析或酸沉淀、乙醇沉淀的能力。

(4) 磷蛋白类。磷蛋白主要存在于乳汁、蛋中。已知的磷蛋白不多，研究较多的是酪蛋白和卵黄磷蛋白。磷蛋白内部的磷酸与丝氨酸和苏氨酸的羟基结合成脂，并具有自由解离的酸性基团。磷蛋白是一种强酸性蛋白，可以溶于盐溶液中。

(5) 色蛋白类。色蛋白由简单蛋白质与色素结合而成，广泛存在于生物体内。如生物体中的氧化还原酶就属于此类。常见的有过氧化氢酶和过氧化物酶等。

(6) 金属蛋白质。金属蛋白由蛋白质与金属元素结合而成，广泛存在于酶、激素及其他蛋白质中。由于金属在辅基中一般呈特殊的颜色，因此又将其作为色蛋白的一部分，如铁蛋白、乙醇脱氢酶、黄嘌呤氧化酶、含锌和铜的超氧化物歧化酶(SOD)等。

2. 按照蛋白质分子的形状分类

按照蛋白质的三维空间结构、分子形状，可以把蛋白质分为球状蛋白质和纤维状蛋白质两大类。

1) 球状蛋白质

动物体内的蛋白质绝大多数属于球状蛋白质。在天然的球蛋白中，多肽链盘绕成紧密的球状结构，内部几乎没有空穴可以容纳水分子，这种小球的直径约为数十微米，氨基酸的非极性疏水基团几乎全部位于球体内部，而极性亲水基团一般都位于球体表面，与水以氢键结合，这就是绝大多数球状蛋白质较易溶于水的原因。球状蛋白质变性后，可转变为纤维状蛋白质，成为不溶于水或稀酸溶液的变性蛋白，用蛋白质制造的人造羊毛就是利用了球蛋白的这种性质。

2) 纤维状蛋白质

根据X射线衍射图或者肽链构象的不同，人们把纤维状蛋白质分为：α-角蛋白(α螺旋型)、丝心蛋白(折叠片层型) 和胶原蛋白(三股螺旋)。这些纤维状蛋白质在动物体内和体表起支撑和保护作用，所以又称为结构蛋白。角蛋白、丝心蛋白和胶原是其中最重要的蛋白质。

(1) α-角蛋白。羊毛纤维是典型的α-角蛋白。已有人对其运用X射线衍射法进行了深入的研究，发现其基本结构单位是右手α螺旋。3个右手α螺旋互相缠绕，形成直径为2 nm的绳状的左手超螺旋(三股螺旋)。这种左手超螺旋又称原纤维。在原纤维中超螺旋之间通过许多二硫键连接，9 个原纤维集合产生了一个直径为 8 nm、电镜下可见的微纤维。几百个微纤维结合成直径为 200 nm 的大纤维，许多大纤维平行排布，生成无生命的细胞。这些细胞平行堆积，生成羊毛纤维。羊毛纤维的特点是能够被拉长，且有弹性。能够被拉长是因为其氢键的破坏导致 α 螺旋转变成为平行的 β 折叠片层的结果，其弹性是由二硫桥在螺旋间的交联作用引起的。

(2) β-角蛋白(如丝素蛋白)。这类蛋白一般不含 Cys 或 CySH，而富含 Gly、Ala 和 Ser，大约占 87 %，且其一级结构非常特殊，含有 Gly-Ser-Gly-Aly-Gly-Ala 的重复单元。

丝素蛋白存在于蚕丝中，具有反平行 β 折叠片层结构。由于没有二硫键交联，仅靠范德华力作用，丝素蛋白具有很大的柔软性。

β-角蛋白不像 α-角蛋白那样能够伸长，而且如果多肽链中的 R 基过大且带有同种电荷，则不能形成 β 折叠。

(3) 胶原蛋白类。胶原广泛存在于各种动物体内，占机体总蛋白的 25%～30%，是皮肤、软骨、动静脉管壁以及结缔组织的主要成分。大部分胶原都含有 35%的 Gly、11%的 Ala。在这方面，胶原与 β-角蛋白相似。胶原蛋白的特点是还含有 12%的 Pro 和 9%的 Hyp。胶原的基本结构是由分子质量为 360kDa 的原胶原蛋白分子组成。原胶原蛋白分子直径为 1.4nm，长 280nm，由 3 条多肽链组成，每条多肽链大约有 1000 个氨基酸残基，分子质量约为 120kDa。这种多肽链不能形成 α 螺旋，因为肽链中 Pro 和 Hyp 的含量很高，而 Pro 和 Hyp 能够破坏 α 螺旋。每条多肽链形成左手螺旋，三条肽链相互缠绕成右手超螺旋。其链间靠氢键联系，氢键垂直于纤维轴。原胶原蛋白分子能聚合成胶原纤维，胶原纤维经重金属盐染色后，在电镜下可以看到明暗相间带。

食品工业上，还有一类常用的蛋白质，就是把天然蛋白质经酶、酸、碱等处理后二次生成蛋白质，称为衍生蛋白质或水解蛋白质(如明胶等)。

3. 按照蛋白质的生理功能分类

根据蛋白质在生物体生命活动过程中所起的不同作用，可将蛋白质分为活性蛋白质和非活性蛋白质两大类，又可以分为如下 9 个小类：

(1) 催化类蛋白质。如蛋白酶、脂肪酶等，催化生物体内的化学反应。

(2) 结构类蛋白质。如胶原蛋白、肌纤维蛋白等，是生物体的结构物质。

(3) 养料和原料类蛋白质。作为生长或发育时使用的营养成分，又称储藏蛋白质，如卵清蛋白、酪蛋白、醇溶蛋白等。

(4) 转运类蛋白质。输送营养成分或特定物质的蛋白质，如脊椎动物的血红蛋白和无脊椎动物的血蓝蛋白，在呼吸过程中起着运输氧气的作用。

(5) 运动类蛋白质。肌肉收缩系统的必要成分，如肌球蛋白质。

(6) 调节类蛋白质。对生物体内的新陈代谢起着调节作用，如胰岛素、受体、阻抑物等。

(7) 保护类蛋白质。免疫球蛋白、凝血酶、血纤维蛋白原等。

(8) 支架类蛋白质。信号传递转录激活剂(STAT)、胰岛素受体底物-1(IRS-1)等。

(9) 异常蛋白质。如应乐果甜蛋白(蔗糖甜度的 200 倍)、节肢弹性蛋白(昆虫翅铰合部)、胶质蛋白(由海洋贝类分泌)。

4. 常见的几种食用蛋白质

1) 肉蛋白质

肉蛋白质称为肌肉蛋白质，大致可分为肌浆蛋白质、肌原纤维蛋白质及基质蛋白质三种。肌肉是肌细胞的集合体，由大量的肌原纤维组成，并被肌鞘包围，肌原纤维的周围充满肌浆，强烈挤压时，肌浆会变成液体流出。连接肌细胞的是结缔组织，构成肌原纤维的蛋白质是肌原纤维蛋白质，占全部肌肉蛋白质的 50%，由肌球蛋白、肌动蛋白、亲肌凝蛋白等蛋白质组成。肌浆蛋白质是肌浆的主要成分，其组分中除可溶于水的肌蛋白、可溶于盐的球蛋白外，还含有肌红蛋白、血红蛋白等色素蛋白质。构成结缔组织的蛋白质，又分为胶原蛋白和弹性蛋白两种。

肌肉所具有的保水机能是由上述肌纤维蛋白质的水合作用所致，水合力因肌肉的种类、部位、pH 或者机体是否成熟而异。如果将肌肉加热，就会失去保水机能，通过挤压或离心可将水分离。肉类加工时，为了提高其保水机能，常添加盐，如聚磷酸盐等。这是利用螯合作用使钙离子脱离，pH 产生变化，肌动蛋白、肌球蛋白发生离解。肌肉一旦加热，蛋白质就会变性凝固，肌肉中的部分水分、汁液被挤出，肉浆收缩变紧，此时再与水一起煮，则胶原变成明胶，肉就会变软。香肠的制作就是利用肉糜加热时不会溶解并同时黏结的性质，之所以其中的水分不分离，是因为肌肉组织受到了一定程度的破坏，而且加热温度也不高。

2) 鱼肉蛋白质

鱼肉蛋白质的种类与一般肉类(畜肉)的蛋白质相同，但基质蛋白质要少得多。鱼肉之所以柔软，其原因就在于此。鱼肉还可以先加工成肉糜再制成水产品。鱼肉用水冲洗，除掉肌浆蛋白质后，添加 3%的食盐，在低温下磨碎，变为黏稠的糊状，这是肌动蛋白与肌浆蛋白反应的缘故。在这种状态下，虽然鱼肉呈现高黏度溶液状态，但如果加热，蛋白质就会吸水形成具有弹性的明胶，这就是水产品具有独特口感的原因。

3) 牛乳蛋白质

牛乳(奶) 中的主要蛋白质是酪蛋白。此外，还有乳清蛋白质，主要由清蛋白、球蛋白组成。酪蛋白是磷蛋白质的一种，但在牛乳中可以和钙结合，生成酪蛋白微胶粒。向牛乳中加酸，当 pH 4.6 时，其沉淀物便是酪蛋白。另外，向牛乳中加入凝乳酶，酪蛋白便生成凝乳，成为干酪蛋白质的主要成分。牛乳除去酪蛋白后，上层澄清液是乳清，含有 α-乳清蛋白、β-乳球蛋白及其他蛋白质。

4）鸡蛋蛋白质

鸡蛋蛋白质中的卵白和卵黄，其性质大不相同。卵白的 90%为水，其余为蛋白质，在 60℃左右开始凝固，80℃以上完成凝固。与此相比，卵黄在 65℃左右开始凝固，而完全凝固的温度比卵白低。卵白蛋白质由卵清蛋白、伴清蛋白、累卵黏蛋白和卵球蛋白等组成，均为水溶性蛋白质，其中累卵黏蛋白加盐后不凝固。另外，黏蛋白对水的溶解度低，在溶液中呈现很高的黏度，在维持浓稠的卵白的组织或在卵白的起泡中起着重要作用。

卵黄含固体成分在 50%以上，蛋白质和脂质比为 1∶2，卵黄蛋白质本身也是脂蛋白，多与脂质结合而存在。这种蛋白质都会因冻结而发生变性，水溶性下降，脂质游离。卵黄和卵白均有乳化性，但卵黄的乳化能力强，多用于制作蛋黄酱，而卵白多用于色拉调味汁的乳化。

5）大豆蛋白质

大豆中蛋白质的含量约为 35%，其中 70%～80%为大豆球蛋白。用水提取后，向提取液中加酸将 pH 调为 4.3 左右，大豆蛋白就会沉淀。上清液中除了含有清蛋白外，还含有生理活性蛋白。大豆用水浸渍后磨碎，加水加热，过滤，即得豆乳，再向豆乳中加钙盐即成豆腐。豆腐中所含的蛋白质与大豆球蛋白基本相同，但由于已经加热过，也可能含有少许其他蛋白质。

6）小麦蛋白质

小麦蛋白质是面筋，面筋是小麦粉与水糅合，洗掉淀粉及其他成分后制得的富有黏弹性的年糕状物。这种蛋白质是麦醇蛋白与麦谷蛋白两种蛋白质在糅合小麦粉时黏结而成。低分子质量的麦醇蛋白与面筋的黏性、可塑性有关，而高分子质量的麦谷蛋白与面筋的弹性有关。如果添加还原剂，面筋就会变软，添加氧化剂，面筋就会变硬，这种特性与二硫键有关。小麦粉中除面筋蛋白质外，还含有清蛋白和球蛋白类蛋白质。

1.4.2 蛋白质的理化性质

1. 蛋白质的酸碱性质

蛋白质分子由氨基酸组成，在蛋白质分子中保留着游离的末端 α-氨基和 α-羧基以及侧链上的各种官能团。因此，蛋白质的化学性质和物理化学性质有些与氨基酸相同，如侧链上官能团的化学反应、分子的两性电解质性质等。

蛋白质也是一类两性电解质，能和酸或碱发生作用。在蛋白质分子中，可解离的基团主要来自侧链上的官能团，还有少数末端 α-氨基和末端 α-羧基，以及结合蛋白质辅基包含的可解离基团。蛋白质分子的可解离基团和游离氨基酸中的相应基团的 pK_a 不完全相同，这是由蛋白质分子受到邻近电荷的影响造成的。

天然球状蛋白质的可解离基团大多可以对其进行滴定。可以把蛋白质分子看成是一个多价离子，所带电荷的性质和数量由蛋白质分子中可解离基团的种类、数目以及溶液的 pH 决定。对某一种蛋白质来说，在某一 pH 下，它所带的正电荷与负电荷恰好相等，即净电荷为零时，这一 pH 称为蛋白质的等电点。表 1.10 列出了几种蛋白质的等电点。蛋白质的等电点和它所含的酸性和碱性氨基酸残基的数目比例有关。表 1.11 给出了几种蛋白质中碱性氨基酸与酸性氨基酸的(酰胺化的氨基酸已减去)残基数目和它们之间的比例，该比例和等电点之间存在一定的关系。测定 pI 时一定要在缓冲溶液中进行，原因是离子强度的改变可使 pI 改变。

表 1.10 几种蛋白质的等电点

蛋白质	等电点	蛋白质	等电点
胃蛋白酶	1.0	α-胰凝乳蛋白酶	8.3
卵清蛋白	4.6	α-胰凝乳蛋白酶原	9.1
血清清蛋白	4.7	核糖核酸酶	9.5
β-乳球蛋白	5.2	细胞色素 C	10.7
胰岛素	5.3	溶菌酶	11.0
血红蛋白	6.7		

表 1.11 蛋白质的酸性氨基酸和碱性氨基酸的含量与等电点的关系

蛋白质	酸性氨基酸（残基数/蛋白质分子）	碱性氨基酸（残基数/蛋白质分子）	碱性残基数/酸性残基数	等电点
胃蛋白酶	37	6	0.2	1.0
血清清蛋白	82	99	1.2	4.7
血红蛋白	53	88	1.7	6.7
核糖核酸酶	7	20	2.9	9.5

2. 蛋白质的扩散和扩散系数

蛋白质溶液平衡时，虽然它的分子仍处于不断的热运动状态，但是分子在整个溶液中的分布在统计学上是均匀的。如果分子在蛋白质溶液中有浓度差，则蛋白质分子将从高浓度区向低浓度区迁移，直到达到平衡为止。这时，蛋白质将均匀地分布在整个溶剂系统中。由浓度差引起的这种溶质分子的净迁移称为平移扩散或扩散。扩散的热力学驱动力是熵的增加。

蛋白质的扩散系数与分子大小、形状和溶剂的黏度有关。扩散系数随相对分子质量 M_r 的增加而降低，但对 M_r 的变化并不敏感。对于球形大分子来说，扩散系数与 M_r 的立方根成反比。扩散过程受到蛋白质分子与溶剂之间的内摩擦阻力，阻力的大小不仅取决于蛋白质分子的质量，而且在很大程度上取决于它的颗粒形状。表 1.12 中列出几种蛋白质的扩散系数。

表 1.12 一些蛋白质的物理常数

蛋白质	相对分子质量	扩散系数($D_{20,w}$)/($\times10^{-7}cm^2/s$)	沉降系数($s_{20,w}$)/($\times10^{-13}s$)
核糖核酸酶 A(牛)	12 600	11.9	1.85
细胞色素 C(牛心肌)	13 370	11.4	1.71
肌红蛋白(马心肌)	16 900	11.3	2.04
胰凝乳蛋白酶原(牛胰)	23 240	9.5	2.54
B-乳球蛋白(山羊乳)	37 100	7.48	2.85
血清清蛋白(人)	68 500	6.1	4.6
血红蛋白(人)	64 500	6.9	4.46
过氧化氢酶(马肝)	247 500	4.1	11.3
血纤蛋白原(人)	339 700	1.98	7.63
肌球蛋白(鳕鱼肌)	52 400	1.10	6.43
烟草花叶病毒	40 590 000	0.46	198

注：$D_{20,w}$是校正到标准条件下的扩散系数。

有多种方法可以测定蛋白质的扩散系数，包括核磁共振、动态光散射及泰勒分散等[31]，其中泰勒分散理论及其扩散系数测定方法[32,33]具有广阔的应用前景。

3. 蛋白质的沉降及沉降系数

蛋白质分子在溶液中受到强大的离心力作用时，如果蛋白质的密度大于溶液的密度，蛋白质分子就会沉降。沉降速率与蛋白质分子的大小和密度有关，而且还与其分子形状、溶液的密度和黏度有关。

在实验室中，研究蛋白质的沉降作用是在能够产生强大离心场的超速离心机中进行的，离心机的转速以每分钟多少转来表示，但文献上常用 g 来表示。g 与转速之间的关系可根据下面的公式计算：

$$g=1.11\times10^{-5}R\cdot n$$

式中，g 为离心力；R 为半径，是指离心机中轴到离心管远端的距离，cm；n 为离心机每分钟的转数，即转速，r/min。

将蛋白质样品溶液放在离心机内特制的离心池中，在离心力的作用下，蛋白质分子将沿旋转中心向外周方向(径向)移动,并产生沉降界面,界面的移动速率代表蛋白质分子的沉降速率。在离心场中,蛋白质颗粒发生沉降,它将受到3种力的作用:

$$F_{\mathrm{c}}(\text{离心力}) = m_{\mathrm{p}}\omega^2 x$$

$$F_{\mathrm{b}}(\text{浮力}) = V_{\mathrm{p}}\rho\omega^2 x = m_{\mathrm{p}}\bar{\nu}\rho\omega^2 x$$

$$F_{\mathrm{f}}(\text{摩擦力}) = fv = f\frac{\mathrm{d}x}{\mathrm{d}t}$$

式中,m_{p} 为分子颗粒的质量,g;ω 为角速度,rad/s;x 为旋转中心至界面的径向距离,cm;$\omega^2 x$ 为离心加速度;V_{p} 为分子颗粒的体积;ρ 为溶剂的密度,g/cm^3;$\bar{\nu}$ 为蛋白质的偏微比容(当加入1g干物质于无限大体积的溶剂中时溶液体积的增量称为偏微比容);f 为摩擦系数;v 为沉降速率,即 $\mathrm{d}x/\mathrm{d}t$。离心力减去浮力即分子颗粒所受的净离心力。

$$F_{\mathrm{c}} - F_{\mathrm{b}} = m_{\mathrm{p}}\omega^2 x - m_{\mathrm{p}}\bar{\nu}\rho\omega^2 x = m_{\mathrm{p}}\omega^2 x(1-\bar{\nu}\rho)$$

当分子颗粒以恒定速率移动时,净离心力与摩擦力(阻力)处于稳态平衡状态

$$F_{\mathrm{c}} - F_{\mathrm{b}} = F_{\mathrm{f}}$$

即

$$m_{\mathrm{p}}\omega^2 x(1-\bar{\nu}\rho) = f\frac{\mathrm{d}x}{\mathrm{d}t} \quad \text{或} \quad \frac{\mathrm{d}x/\mathrm{d}t}{\omega^2 x} = \frac{m_{\mathrm{p}}(1-\bar{\nu}\rho)}{f}$$

可见,单位离心场的沉降速率是个定值,称为沉降系数或沉降常数,用 s 表示。蛋白质、核酸、核糖体和病毒的沉降系数为 $1\times10^{-13}\sim200\times10^{-13}$ s(表1.12)。为方便起见,把 10^{-13} s 作为一个单位,称为斯维得贝格单位(Svedberg unit),用S表示。

4. 蛋白质的胶体性质

蛋白质溶液是一种分散系统。在这个分散系统中,蛋白质分子颗粒是分散相,水是分散介质。就其分散程度来说,蛋白质溶液属于胶体系统。但是它的分散相质点是分子,它是由蛋白质分子与溶剂(水)构成的均相系统,从这个意义上来说,它又是一种真溶液。分散程度以分散相质点的直径来衡量。根据分散程度可以把分散系统分为3类:分散相质点小于1 nm(纳米)的为真溶液,大于100 nm的为悬浊液,介于1~100 nm的为胶体溶液。

分散相质点在胶体系统中保持稳定,必须具备3个条件:①分散相的质点为1~100 nm,这样大小的质点在动力学上是稳定的,介质分子对这种质点碰撞的合力不等于零,使它能在介质中不断地做布朗运动;②分散相的质点带同种净电荷,相互排斥,不易聚集成大颗粒而沉淀;③分散相的质点能与溶剂形成溶剂化层,如形成水化层,水化层使其相互之间不易靠拢而聚集。

蛋白质溶液是一种亲水性胶体。蛋白质分子表面的亲水基团,如—NH_2、

—COOH、—OH 及—CO—NH—等，在水溶液中能与水分子起水化作用，使蛋白质分子表面形成一个水化层。每克蛋白质分子能结合 0.3～0.5g 水。蛋白质分子表面上的可解离基团，在适当的 pH 条件下，都带有相同的电荷，与其周围的反离子构成稳定的双电层。蛋白质溶液由于具有水化层与双电层两方面的作用，因此作为胶体系统相当稳定，如无外界因素的影响，就不至于相互凝集而沉淀。与一般的胶体系统一样，蛋白质溶液也具有丁达尔现象、布朗运动及不能通过半透膜等性质[34]。

5. 蛋白质的沉淀

蛋白质在溶液中的稳定是有条件的、相对的。如果条件发生变化，破坏了蛋白质溶液的稳定性，蛋白质就会从溶液中沉淀出来。蛋白质溶液的稳定性与质点的大小、电荷和水化作用有关，任何影响这些条件的因素都会影响蛋白质溶液的稳定性。如向蛋白质溶液中加入脱水剂，除去它的水化层，或者改变溶液的 pH，达到蛋白质的等电点使质点失去携带的相同净电荷，或者加入电解质，都能破坏双电层，蛋白质分子就会凝聚成大的质点而沉淀。蛋白质的沉淀方法有以下 5 种：

(1) 盐析法。向蛋白质溶液中加入大量的中性盐，如硫酸铵、硫酸钠或氯化钠等，使蛋白质脱去水化层而聚集沉淀。盐析一般不引起蛋白质的变性，一般将其分为两类，即 Ks 分段盐析法(改变离子强度) 和 β 分段盐析法(改变 pH 和温度)[35]。

(2) 有机溶剂沉淀。该法的机理是降低水的介电常数，导致有表面水层的蛋白质相互聚集，最后析出。首选的有机溶剂是能和水混溶的甲醇、乙醇、丙酮等[36]。

(3) 重金属盐沉淀法。当溶液的 pH 大于等电点时，蛋白质颗粒带负电荷，容易与重金属离子(如 Cu^{2+}、Pb^{2+}、Ag^{+}、Hg^{2+} 等)结合成不溶性盐而沉淀。误服重金属盐的患者可口服大量牛乳或豆浆等蛋白质进行解救，就是因为蛋白质能与重金属离子形成不溶性盐，然后再服用催吐剂排出体外。重金属盐能使蛋白质变性可能是重金属盐水解生成了酸或碱的缘故。

(4) 生物碱试剂和某些酸沉淀法。生物碱试剂是指能引起生物碱沉淀的一类试剂，如鞣酸(或称单宁酸)、苦味酸、钨酸、碘化钾等，某些酸如三氯乙酸、磺基水杨酸、硝酸等。当溶液 pH 小于等电点时，蛋白质颗粒带正电荷，容易与生物碱试剂和酸类的酸根负离子发生反应生成不溶性盐而沉淀。

(5) 加热变性沉淀法。几乎所有的蛋白质都会因加热变性而凝固。少量盐类可促进蛋白质加热凝固。当蛋白质处于等电点时，加热凝固最完全、最迅速。加热变性引起蛋白质凝固沉淀的原因可能是由于热变性时蛋白质的天然结构解体，疏水基外露，破坏了水化层。同时，由于蛋白质处于等电点也破坏了带电状态。

1.4.3 蛋白质的测定

1. 蛋白质相对分子质量的测定

1) 蛋白质的大小及相对分子质量

蛋白质是相对分子质量很大的生物大分子，其相对分子质量的变化范围也很大，为 6000～1 000 000 或更大。蛋白质的相对分子质量的上下限是人为规定的。下限一般认为从胰岛素开始，相对分子质量为 5700。有人认为应该从核糖核酸酶开始，因此下限相对分子质量是 12 600。有些蛋白质仅由一条多肽链构成，如溶菌酶和肌红蛋白，这些蛋白质称为单体蛋白质。有些蛋白质由两条或多条多肽链构成，如血红蛋白（两条 α 链和两条 β 链）和己糖激酶（4 条 α 链），这些蛋白质称为寡聚或多聚蛋白质；其中每条多肽链称为亚基或亚单位，亚基之间通过非共价键相互缔合。如果把这些寡聚蛋白质看成是一个大分子，那么蛋白质的相对分子质量可达数百万甚至数千万。

这些寡聚蛋白质或复合体虽然不是由共价键连接成的整体分子，但在一定条件下可以解离成它们的亚基；它们在生物体内相当稳定，可以从组织细胞中以均一的甚至结晶的形式分离出来，并且有一些蛋白质只有以这种寡聚蛋白质的形式存在，其活性才能得到或充分得到表现。

蛋白质中的 20 种氨基酸的平均相对分子质量约为 138，但在多数蛋白质中较小的氨基酸占优势，因此其平均相对分子质量接近 128。由于每形成一个肽键将失去一分子水（相对分子质量 18），氨基酸残基的相对分子质量约为 128－18＝110。因此，对于那些不含辅基的简单蛋白质来说，用 110 除它的相对分子质量即可估计其氨基酸残基的数目。几种蛋白质的相对分子质量及亚基组成见表 1.13。

2) 相对分子质量的测定

蛋白质的相对分子质量很大，且相对分子质量变化为 6000～1 000 000 或更大。因此，测定其相对分子质量相当重要。下面主要介绍测定蛋白质相对分子质量的原理和方法。

(1) 根据化学组成测定其最低相对分子质量。用化学分析法测定出蛋白质中某一种微量元素，如铁的含量，并假设蛋白质分子中只有一个铁原子，则可由此计算出蛋白质的最低相对分子质量。例如，肌红蛋白含铁量为 0.335％，则其最低相对分子质量为

$$\text{最低相对分子质量} = \left(\frac{\text{铁的相对分子质量}}{\text{铁的质量分数}}\right) \times 100$$

$$= \left(\frac{55.8}{0.335}\right) \times 100 = 16\ 700$$

表 1.13 几种蛋白质的相对分子质量及亚基组成方式

蛋白质	M_r	残基数目/链	亚基组成方式
胰岛素*(牛)	5733	21(A) 30(B)	$\alpha\ \beta$
细胞色素 C(马)	12 500	104	α_1
核糖核酸酶(牛胰)	12 640	124	α_1
溶菌酶(卵清)	13 930	129	α_1
肌红蛋白(马)	16 890	153	α_1
糜蛋白酶(牛胰)	22 600	13(α) 132(β) 97(γ)	$\alpha\ \beta\ \gamma$
血红蛋白(人)	64 500	141(α) 146(β)	$\alpha_2\ \beta_2$
血清蛋白(人)	68 500	550	α_1
己糖激酶(酵母)	96 000	200	α_4
γ-球蛋白(马)	149 900	214(α) 446(β)	$\alpha_2\ \beta_2$
谷氨酸脱氢酶(肝)	332 694	500	α_6
肌球蛋白(兔)	470 000	1800(重链 h) 190(α) 149(α′) 160(β)	$h_2\ \alpha_1\ \alpha_2\ \beta_2$
核酮糖二磷酸羧化酶(菠菜)	560 000	475(α) 123(β)	$\alpha_3\ \beta_3$
谷酰胺合成酶(E. coli)	600 000	468	α_{12}

* 胰岛素的两条链是以二硫键共价结合的。有的学者把这样的单链也看成是一个亚基。

用其他物理化学方法测得的肌红蛋白的 M_r 与此极为相近。可见,肌红蛋白分子中只含有一个铁原子。真实的 M_r 是最低相对分子质量的 n 倍,这里的 n 是每个蛋白质分子中铁原子的数目。因为肌红蛋白中 $n=1$,所以其真实 M_r 就是 16 700。又如,血红蛋白中含铁量也是 0.335 %,其最低相对分子质量是 16 700,但根据其他方法测得的 M_r 是 68 000。可见,每一个血红蛋白分子含有 4 个铁原子,即 $n=4$。因此,其真实 $M_r=16\ 700\times4=66\ 800$。

有时,蛋白质分子中某一种氨基酸的含量特别少,应用同样的原理,由这种氨基酸含量分析的结果也可以计算蛋白质的最低相对分子质量。

(2) 渗透压法测定蛋白质的相对分子质量。当用一种半透膜将蛋白质溶液与纯水隔开时，只有水分子能自由地通过半透膜进入蛋白质溶液，而蛋白质分子却不能透过它进入纯水中，这种溶剂分子由纯溶剂（或稀溶液）向溶液（或浓溶液）单方向的净移动现象称为渗透。由于渗透作用，溶液的体积增加，液面升高，直到达到一定的净水压力时维持平衡。这时的净水压力就是溶液在平衡浓度时的渗透压。渗透压是溶液的依数性质之一，它是单位体积内溶质质点的函数，而与溶质的性质和形状无关。在浓度不大时，高分子溶液的渗透压与溶质浓度的关系为

$$\pi = RT\left(\frac{c}{M_r} + Kc^2\right)$$

$$\frac{\pi}{c} = \frac{RT}{M_r} + Kc$$

$$M_r = \frac{RT}{\lim\limits_{c\to 0}\frac{\pi}{c}}$$

式中，π 为渗透压，N/m^2(Pa)；c 为溶质的浓度，g/m^3；T 为热力学温度，K；R 为摩尔气体常量[8.314 J/(K · mol)]；M_r 为溶质的相对分子质量或摩尔质量，g/mol。因此，利用测定的渗透压来计算蛋白质的 M_r 时，实际上都是测定几个不同浓度的渗透压，以 π/c 对 c 作图并外推到蛋白质浓度为 0 时所得的截距，以此代入上式，求出蛋白质的 M_r。对于相对分子质量为 10 000～100 000 的蛋白质，利用渗透压法估算其 M_r 可得到可靠的结果。

测定渗透压的困难是蛋白质的渗透压受 pH 的影响，只有当蛋白质分子处于等电点时，测定的渗透压才不受缓冲液中无机离子的影响。在离开等电点的情况下，带电荷的蛋白质分子需要一些相反电荷的无机离子来平衡它的电荷，这样会由于 Donnan 平衡造成半透膜两侧可渗透的无机离子的不平衡分布，从而增加蛋白质溶液的渗透压。为避免这种情况的影响，在溶解度许可的范围内，尽量采用等电点或接近等电点的缓冲液作为膜内外的溶剂，并增加缓冲液中无机盐的浓度。

渗透压法测定蛋白质 M_r 的优点：所用实验装置简单，准确度不亚于其他方法，因为溶液的渗透压不依赖于蛋白质分子的形状和水化程度。但这个方法不能区别所测的蛋白质溶液中的蛋白质分子是否均一。如果蛋白质样品中含有其他蛋白质，那么由渗透压法测得的结果实际上是代表了几种蛋白质的平均相对分子质量。

(3) 沉降分析法测定蛋白质的相对分子质量。前面提到过，蛋白质分子在溶液中受强大的离心力作用时会发生沉降，其沉降速率与蛋白质分子的大小有关。因此，可用超速离心机对蛋白质进行沉降分析，测定蛋白质的相对分子质量。

利用超速离心机测定蛋白质或其他生物大分子的相对分子质量常用的有两种方法：一种是沉降速度法；另一种是沉降平衡法。

沉降速度法：此方法的依据是斯维得贝格方程：

$$M_r = \frac{RTs}{D(1-\bar{\nu}\rho)}$$

在相同条件下，测得蛋白质的 s 值和 D 值及偏微比容（蛋白质溶于水的 $\bar{\nu}$ 约为 0.74 cm^3/g）和溶剂（一般用缓冲液）的密度即可计算出蛋白质的相对分子质量。

沉降平衡法：利用沉降平衡法测定蛋白质的相对分子质量是在较低速度（8000～20 000 r/min）的离心场中进行的。离心开始时，分子颗粒发生沉降，由于沉降造成了浓度梯度，因而产生了扩散作用，扩散力的作用方向与离心力的方向相反，当净离心力与扩散力平衡时，在离心池内从液面到液底形成一个由低到高的恒定浓度梯度。离心沉淀图解见图 1.2。

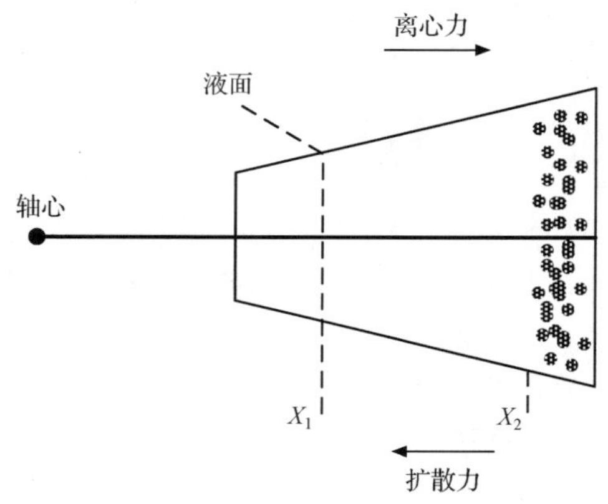

图 1.2　离心沉淀图解

蛋白质的相对分子质量（M_r）：

$$M_r = \frac{2RT\mathrm{dln}(c_2/c_1)}{(1-\bar{\nu}\rho)\omega^2(x_2^2-x_1^2)}$$

式中，R 为摩尔气体常量，即 8.314J/(K · mol)；T 为热力学温度，K；ω 为角速度；$\bar{\nu}$ 为蛋白质的偏微比容；ρ 为溶剂的密度；c_1 和 c_2 为旋转中心 x_1 和 x_2 处的蛋白质的浓度。只要实验测得 c_1 和 c_2 及 $\bar{\nu}$ 和 ρ，即可算出蛋白质的相对分子质量。

（4）凝胶过滤色谱法测定蛋白质的相对分子质量。利用凝胶过滤色谱法可以把蛋白质的混合物按分子的大小分离开来。蛋白质分子通过凝胶柱的速率（洗脱体积的大小）并不直接取决于分子的质量，而是它的斯托克半径。如果某种蛋白质与一理想化球体具有相同的过柱速率，即相同的洗脱体积，则认为这种蛋白质具有与此球体相同的半径，称为蛋白质分子的斯托克半径。因此，利用凝胶过滤色谱法测定蛋白质的相对分子质量时，标准蛋白质（已知 M_r 和斯托克半径）和待测蛋白质必须具有相同的分子形状（接近球体），否则不可能得到比较准确的 M_r。

$$\lg M_r = \frac{a}{b} - \frac{1}{b}\frac{V_e}{V_0}$$

式中，V_e 为洗脱体积；V_0 为外水体积；M_r 为相对分子质量；a 和 b 为常数。实验中，只要测得几种蛋白质的相对分子质量标准物的 V_e，并以它们的相对分子质量的对数($\lg M_r$) 对 V_e 作图得一直线，再测出待测样品的 V_e，即可从图中确定它的相对分子质量(图 1.3)。

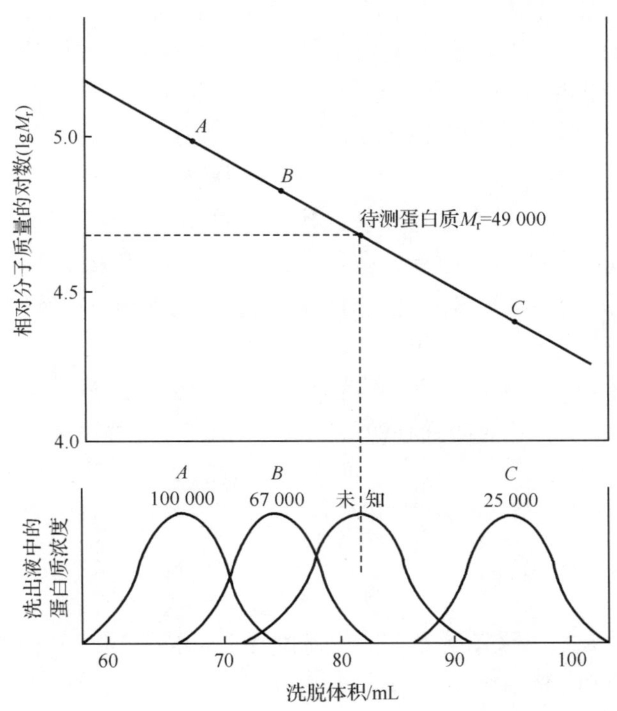

图 1.3　洗脱体积与相对分子质量的关系

利用凝胶过滤层析法测定 M_r 时，待测样品可以是不纯的，只要它具有专一的生物活性，借助活性找出洗脱峰的位置，找出它的洗脱体积即可确定它的 M_r。分子形状为线形的或与凝胶能发生吸附作用的蛋白质，则不能用此方法测定 M_r。

(5) SDS 聚丙烯酰胺凝胶电泳法测定蛋白质的相对分子质量。蛋白质颗粒在各种介质(包括聚丙烯酰胺凝胶)中电泳时，它的迁移率取决于它所带的净电荷以及分子大小和形状等因素。如果在聚丙烯酰胺凝胶系统中加入阴离子去污剂十二烷基磺酸钠(SDS) 和少量巯基乙醇，则蛋白质分子的电泳迁移率主要取决于它的相对分子质量，而与原来所带的电荷和分子形状无关。

SDS 是一种有效的变性剂，它能破坏蛋白质分子中的氢键和疏水能力，而巯基乙醇能打开二硫键。因此，在有 SDS 和巯基乙醇的存在下，单体蛋白质或亚基的多肽链处于展开状态。此时 SDS 以其烃链与蛋白质分子的侧链结合成复合体。

在一定条件下，SDS 与大多数蛋白质的结合比为 1.4 gSDS/g 蛋白质，相当于每两个氨基酸残基结合一个 SDS 分子。SDS 与蛋白质的结合产生两种结果：①由于 SDS 是阴离子，多肽链被覆盖上相同密度的负电荷，该电荷量远超过蛋白质分子原有的电荷量，因而掩盖了不同蛋白质间原有的电荷差别，结果所有的 SDS-蛋白质复合体电泳时都以同样的电荷和蛋白质质量之比向正极移动；②改变了蛋白质单体的分子构象，一般认为 SDS-蛋白质复合体在水溶液中的形状是近似雪茄烟形的长椭圆棒，不同蛋白质的 SDS-复合体的短轴长度（直径）都是一样的，约为 1.8 nm，而长轴长度则与蛋白质的相对分子质量成正比例变化。

由于不同蛋白质的 SDS 复合体具有几乎相同的荷质比，并具有相同的构象，因此它们的净电荷量 q 与摩擦系数 f 之比 q/f 都接近一个定值（具有相近的自由迁移率），即不受各种蛋白质原有的电荷、分子形状等因素的影响。在聚丙烯酰胺凝胶电泳中，电泳迁移率与多肽链相对分子质量之间有如下关系：

$$\lg M_r = K_1 - K_2\mu_R$$

式中，M_r 为相对分子质量；K_1、K_2 都是常数；μ_R 为相对迁移率。

$$\mu_R = \text{样品迁移距离：前沿（染料）迁移距离}$$

测定时，以几种相对分子质量标准的蛋白质的 M_r 的对数值对其 μ_R 作图，根据待测样品的 μ_R，从标准曲线上查出它的 M_r。

2. 蛋白质序列的测定

一般把蛋白质的一级结构看成是氨基酸序列的同义词。1969 年，国际纯粹与应用化学联合会（IUPAC）就曾规定蛋白质的一级结构只指多肽链中的氨基酸序列。

自 1953 年英国学者 Sanger 报道了牛胰岛素两条多肽链的氨基酸序列[37]以来，至今已测定了多种不同的蛋白质的氨基酸序列，其中相当一部分序列是根据 Sanger 首先确立的原理与方法测定的。但是，现在大多数的蛋白质是根据编码蛋白质基因的核苷酸序列推导出来的。

1）蛋白质的测定步骤[1]

蛋白质的测定可以概括为以下 9 个步骤：

（1）测定蛋白质分子中多肽链的数目。根据蛋白质 N-末端残基的物质的量和蛋白质的相对分子质量可以确定蛋白质分子中的多肽链数目。如果蛋白质分子只含有一条多肽链，即单体蛋白质，则蛋白质的物质的量应与末端基的物质的量相等；如果后者是前者的数倍，则说明该蛋白质分子由多条多肽链组成。如果检测到的末端基多于一种，表明蛋白质分子是由两条或多条不同的多肽链组成的。

（2）拆分蛋白质分子的多肽链。如果蛋白质分子由两条或两条以上的多肽链构成，则必须拆分这些链。如果是寡聚蛋白质，多肽链（亚基）是借助非共价键互相缔合的，则可用变性剂如 8 mol/L 的尿素、6 mol/L 的盐酸胍或高浓度的盐处理，拆开寡聚蛋白质中的亚基。如果多肽链间是通过共价二硫键(—S—S—)交联的，则可采用氧化剂或还原剂将二硫键断裂，然后对拆开后的单个多肽链纯化。

(3) 断开多肽链内的二硫键。

(4) 分析每一条多肽链的氨基酸组成。对经分离、纯化的多肽链的一部分样品进行完全降解，测定它的氨基酸组成，并计算出氨基酸成分的分子比或各种残基的数目。

(5) 鉴定多肽链的 N 末端和 C 末端。

(6) 裂解多肽链成较小的片段。

(7) 测定各个肽段的氨基酸顺序是目前最常用的是 Edman 降解法[38]。

(8) 确定肽段在多肽链中的次序。

(9) 确定原多肽链中二硫键的位置。

应该指出，顺序测定中不包括辅基成分分析。

蛋白质的一级结构(也称化学结构)指的是蛋白质分子中氨基酸残基的排列序列，其测定包括蛋白质分子多肽链的数目和多肽链中的氨基酸的精确序列。测定蛋白质的氨基酸序列对了解其结构与功能以及生物进化、遗传变异的关系有重要意义，对生命科学的发展更是起到了推动作用，而当今蛋白质组的研究更需其支持。测定蛋白质一级结构并作出肽谱的重要性在于[39]：① 可用于分子克隆中寡核苷酸探针的制备；② 为 cDNA 推导的氨基酸序列提供证据；③ 为重组 DNA 产生的蛋白质做指纹分析；④ 蛋白质的完整结构鉴定；⑤ 确定翻译后修饰的位点；⑥ 抗原决定簇的定位；⑦ 二硫键的确定。

2) 测定蛋白质一级结构的发展

蛋白质结构的研究可追溯到一个世纪以前，直到 1953 年，才由英国科学家 Sanger 第一个发表了胰岛素的全部氨基酸序列，Sanger 也因此获得了 1958 年诺贝尔化学奖。蛋白质测序的基本思路是先将蛋白质用化学法或酶法水解成肽段，再测定肽段的氨基酸序列。其中，化学法裂解的肽段一般较大，适用于自动序列分析仪测定。化学法常用的试剂有溴化氢、亚碘酰基苯甲酸、羟胺等。酶法中常用的酶有胰蛋白酶、胰凝乳蛋白酶、胃蛋白酶、嗜热菌蛋白酶等。酶法的优点是专一性强，降解后肽段易纯化，产率较高，副反应少。

得到纯肽后，需要对肽段进行氨基酸测序。测定方法主要是化学法，酶法也有一定的意义。化学法以 Edman 降解法最为经典，它对所有的氨基酸残基具有普适性和近乎一定的高产率，使其成为近 50 年来 N 端顺序分析技术的基础。其主要试剂为异硫氰酸苯酯(PITC)，它与 α-氨基酸偶联后，使蛋白质或多肽脱去一个 N 端氨基酸残基，形成乙内酰苯硫脲氨基酸(PTH_2-氨基酸)，并如此循环反应，而 PTH_2-氨基酸可进行 TLC、GC、HPLC 等测定。基于 Edman 机理的液相(旋转杯)

自动蛋白测序仪于 1967 年推出[40]，经过近年来不断地改进，其灵敏度已达到可对 10^{-1}mol 的样品进行常规分析。

20 世纪 70 年代，华裔科学家张瑞耀采用 DABITC 试剂(4-*N*，*N*-二甲基氨基偶氮苯-4′-异硫氰酸酯)，并与 PITC 相偶合[41,42]，使测定技术更加灵敏可靠，现该法已成功应用于微量序列分析，无论是采用液相还是固相，手工或自动的方法测序，都取得了良好的效果。

还有一种新的推导蛋白质序列的方法，即通过测定 DNA 序列推出蛋白质序列[43]。其过程是，将蛋白质样品注射到实验动物体内，产生专一性抗体，然后利用免疫或分子杂交等方法分离出相应蛋白质的 mRNA，通过 mRNA 反转录成 cDNA。经过克隆扩增分离 cDNA，然后分析测定 cDNA 序列。同时，测得蛋白质的 N 端和 C 端的序列，最后依据密码编码规律寻找出 cDNA 序列相对应的部分，从而推测出蛋白质的氨基酸序列。该方法具有简便、快速、准确而且费用低的优点，但也有其缺点。例如，若不知道表达蛋白质 N 端和 C 端的序列，不可能准确找到cDNA内的结构基因；有的真核生物蛋白质 N 端封闭，也只能通过裂解成肽段测定多肽顺序；新生多肽常发生翻译后的修饰作用，其被修饰氨基酸的位点无法测知等。这表明蛋白质序列的测定仍是必不可少的。而把这两者相结合，并将结果互相比较、验证是最佳途径。

3) 蛋白质测序的新技术

近年来，在蛋白质序列的测定方面又出现了一些新的技术手段，简要介绍如下：

(1) 液相色谱(LC)。HPLC 是肽谱分析常用的工具，常用粒度为 5～10 μm 的大孔烷基化硅胶吸附剂为色谱柱的填料，通过增加有机溶剂的浓度进行梯度洗脱，其发展目标是加快分析速度和提高灵敏度[44]。对小肽的分离可选用小孔径($<1\times10^{-5}$mm) C_{18}载体，粒度为 5～10 μm；对于大相对分子质量的肽可采用孔径为 3×10^{-5}mm 的 C_{18}载体柱进行分离。

(2) 微柱高效液相色谱(microcolumn-HPLC)。普通柱直径通常为 4.6 mm，而微柱液相色谱柱直径小于 2.1 mm，由科学家 Ishii[45]首次提出，现已成为Edman降解自动序列分析仪分离低微量蛋白质和肽的基础。它一般重现性好，用样量少，并能快速地进行蛋白质分析。其流速通常为 10～200 μL/min，出峰时间短，峰型尖窄，从而大大提高了检测灵敏度，可达 1 pmol；回收率高，因为微柱的载体少，非专一性吸附少。它通常与微量流动池连接，大大减少了谱带展宽[46]。微柱 HPLC 是目前肽谱分析最灵敏也是最先进的分析技术之一，已广泛应用于肽谱和基因工程产物的分离提纯[47,48]。

(3) 无孔层析短柱。无孔层析短柱常用无孔硅胶，其颗粒直径仅为 1.5 μm，可以快速分离出不同大小的生物分子，如蛋白质、多肽、氨基酸。它常与飞行时间质谱仪(TOF-MS)相连[49]。其优点是:显著改善分析灵敏度;缩短分析时间;减少生物分子的非专一性吸附;样品量少,洗脱体积少,往往只有几微升到 1 mL,避免了许多浓缩步骤,减少了暴露于极端条件的机会;可耐受较高压力,无孔硅胶颗粒填充柱可耐受 30 MPa 的压力[50]。

(4) 毛细管电泳(CE)。CE 是一种微量分析技术。毛细管一般用熔融石英玻璃做成,其内径为 25～100 μm,50 μm、150 μm 的毛细管用于微制备。该方法所需样品量极少(10 nL 以下),灵敏度比 HPLC 高两个数量级,可在 10 fmol (10^{-15}) 水平检测 PTH-氨基酸。CE 与 HPLC 互为补充,一些离子只能在 CE 上鉴别。HPLC 有溶剂和基质峰,掩盖了一些肽,尤其是一些较早出现的物质。此外,一些疏水肽很难从反相液相色谱(RP-HPLC)柱中出来,均要求采用毛细管电泳[51]。同时,CE 较适合用于在 N 端修饰后改变电荷的肽分析[52]。由于 CE 与 HPLC 的谱图峰顺序往往不一致,因此可以作为相互验证的手段[53]。

(5) 质谱技术。质谱测序是对 Edman 降解的一个很好补充,它可对 N 端封闭的肽进行测序,并可以通过碰撞诱导断裂(CID) 得到部分至完全的序列信息后,做出 MS 谱。可对修饰的氨基酸残基定性,并确定其位置,包括二硫键的分布。质谱技术与分离技术直接相连也可相互验证[54],同时还可对混合肽进行测序。此外,它还有快速、灵敏的优点。

(6) 电喷雾质谱(ESI-MS)。ESI-MS 最大的优势是可与 LC、CE 实现液质联用,能使一个蛋白质水解产物在得到 HPLC 肽谱的同时得到一张精确的肽质量谱[55]。

(7) 基质辅助激光解吸质谱(MALDI-MS)。适用于一些分子质量较大($<3\times10^5$ Da) 或疏水性强的蛋白质,且能使一些难于电离的样品电离,并无明显碎裂,得到完整的分子电离产物,特别是用于测定生物大分子如肽类化合物、核酸等并取得了很大的成功[56]。

1.5　蛋白质的分离纯化及其方法

1.5.1　蛋白质分离纯化的意义

随着分子生物学、结构生物学、基因组学等研究的不断深入,人们意识到仅依靠基因组的序列分析来阐明生命活动的现象和本质是远远不够的。只有从蛋白质组学的角度对所有蛋白质的总和进行研究,才能更科学地掌握生命现象和活动规律,更完善地揭示生命的本质。因此,许多学者将生命科学领域的研究焦点从基因转向蛋白质,使蛋白质成为揭示生命活动现象和分子生物学机理的重要研究对象。研究蛋白质首要的步骤是将目的蛋白从复杂的大分子混合物中分离纯化出来,得到高纯度的具有生物学活性的目的物。因此,高效的分离纯化技术是蛋白质研究的重要基础和关键之一。

1.5.2 蛋白质分离纯化的方法

1. 蛋白质分离纯化的一般程序

蛋白质分离纯化一般都要经过前处理、粗分级、细分级和结晶四步。

1) 前处理

分离提取某一蛋白质，首先要把蛋白质从原来的组织或细胞中以溶解状态释放出来，并保持原来的天然构象。为此，应根据不同的情况选择适当的方法对材料进行预处理及细胞破碎，然后选择适当的介质将所需要的蛋白质提取出来。

2) 粗分级

得到蛋白质混合物的提取液后，选用适当的纯化方法使目的蛋白与大量的杂蛋白分离，常用的方法有盐析法、等电点沉淀法、有机溶剂沉淀法。

3) 细分级

细分级是将样品进一步提纯的过程。常用的方法有层析、电泳及超速离心等。

4) 结晶

结晶是提纯蛋白质的最后步骤。蛋白质的结晶不仅是纯度的一个标志，也是判断蛋白质样品处于天然状态的有力指标。蛋白质的纯度越高、溶液越浓就越容易结晶。结晶的最佳条件是使溶液略处于过饱和状态，可借助于控制温度、加盐盐析、加有机溶剂或调节 pH 等方法来达到结晶的目的。

2. 蛋白质分离纯化的常用方法

分离纯化方法的选择和确定要根据不同蛋白质样品的性质和具体的研究目的来确定。主要基于蛋白质在溶解性、带电荷性、相对分子质量大小、吸附性质、亲和特异性等方面的差异来分离纯化蛋白质。

1) 透析和超过滤

透析是利用蛋白质分子的大小对半透膜的不可透过性与其他小分子分离的方法。其方法是将待纯化的蛋白质溶液装在半透膜的透析袋里，放入透析液(蒸馏水或缓冲液) 中进行。更换透析液，直到透析袋里没有无机盐等小分子物质为止。常用的半透膜有玻璃纸、火棉纸和动物膀胱等。

超过滤[57]是根据高分子溶质之间或高分子与小分子溶质之间相对分子质量的差别进行分离的方法。利用压力或离心力，强行使水和其他小分子溶质通过半透膜，而蛋白质被截留在膜上，以达到浓缩和脱盐的目的。

一般来说，胞外产物的回收率较高，而胞内产物从细胞的破碎物中回收，回收率较低。有研究认为，使用非对称膜时，料液从孔径较大的一侧流过，可大大改善目标蛋白质的回收率[58]。

2）密度梯度离心

蛋白质颗粒在超速离心场中的沉降不仅取决于它的大小，还取决于它的密度。如果蛋白质颗粒在具有密度梯度的介质中离心，质量和密度大的颗粒比质量和密度小的颗粒沉降得快，且每种蛋白质颗粒沉降到与自身密度相等的介质梯度时便停滞不前，最后各种蛋白质在离心管中被分离成各自独立的区带。在离心管中的分布在管底的密度最大，向上逐渐减小。常用的密度梯度有蔗糖梯度、聚蔗糖梯度及其他梯度。

3）凝胶过滤色谱

凝胶过滤色谱(gel filtration chromatography，GFC) 是利用具有多孔网状结构的凝胶颗粒的分子筛作用，根据被分离样品中各组分相对分子质量大小的差异进行洗脱分离的一项技术。Porath 等[59]首次用一种多孔网状高聚物——交联葡聚糖凝胶作为固定相，在水系流动相中分离了不同相对分子质量的物质，被称为凝胶过滤色谱。

凝胶过滤色谱技术是蛋白质研究领域内一种高效的分离纯化手段。从理论上说，蛋白质样品在凝胶柱内几乎和固定相基质不发生任何作用；此外，样品洗脱液均为含盐或纯水系缓冲液，而且整个操作过程中洗脱液组成不发生变化。所以，该技术在分离纯化蛋白质时具有操作方便、洗脱条件温和、重复性好、不需要有机溶剂、样品不易变性和回收率高等诸多优点[60,61]。该技术主要用于蛋白质的浓缩纯化、相对分子质量及其分布范围的测定、样品脱盐以及更换蛋白质缓冲液等。近年来，该技术也在蛋白质复性研究中得到了广泛应用。研究中，为得到较高纯度的蛋白质样品，通常将凝胶过滤色谱和离子交换色谱结合使用，凝胶过滤色谱可在蛋白质纯化的任何一个阶段使用。

采用凝胶过滤色谱可将不同分子大小的样品分离开来，这主要归功于固定相基质——凝胶。凝胶是一种具有三维多孔网状结构的珠状颗粒物，具有一定的孔径和交联度，它们不溶于水，但具有吸水膨胀的特性，因此具有一定的膨胀度。同一型号的凝胶颗粒的细微结构和筛孔直径均匀一致，小分子物质可以进入凝胶内部网孔，而大分子物质则排阻于颗粒之外，显示了良好的分子筛功能。

由于凝胶对相对分子质量大小不同的物质的排阻和扩散作用的程度不同，最终导致大分子物质先流出，中等分子物质后流出，最小的分子最后流出的现象，这种现象称为凝胶的分子筛效应。具有多孔网状结构的凝胶就是一种很好的分子筛。当不同分子大小的物质通过由这种凝胶颗粒填装成的色谱柱时，分子直径比凝胶最大孔隙直径大的物质，就会被全部排阻在凝胶颗粒之外，称为全排阻；直径比凝胶最小直径小的小分子溶质和洗脱液分子能自由进出凝胶内部的全部空隙，为全部渗透；而分子大小介于两者之间的溶质分子在其中被部分排阻。所以，在凝胶过滤色谱分离样品的过程中，有三种状况：第一类为大分子，完全不能进入凝胶的任何内部空隙；第二类为大小适中的分子，能部分地进入与其孔径大小相应的凝胶内部空隙中；第三类为小分子，能进入凝胶内部的全部空隙。若样品中的主要组分为大、中、小三类分子，则彼此间比较容易分开，这种分离称为组别分离。第二类样品的分离称为分级分离。分级分离对凝胶和各种色谱条件的要求比组别分离高。但是，每种凝胶都有一定的分离范围，在其分离范围之外的混合分子很难分离。即使两种全排阻的不同大小的分子，也不能进行有效的分离。同样，如果两种分子都能全部渗入凝胶内部空隙，它们即使在分子大小上存在差异，也不能得到有效的分离。

采用凝胶过滤色谱技术分离与纯化蛋白质，主要是根据蛋白质样品相对分子质量大小的差异这一物理特性。在凝胶的相对分子质量分离范围内，几种相对分子质量不同的蛋白质都能不同程度地进入凝胶网孔，但由于它们被排阻和扩散的程度不同，在凝胶柱中所经过的路程不同，最终造成被洗脱出柱子的时间也不同，从而可以达到分离的目的。

当含有不同相对分子质量的混合蛋白质样品加入到用凝胶颗粒填装而成的色谱柱上时，这些物质随洗脱液的流动而发生移动，在柱内存在垂直向下的因重力引起的移动和无规则的扩散两种运动方式。大分子蛋白质由于直径较大，不能进入凝胶颗粒内的微孔，只能在颗粒之间的空隙流动，因此在洗脱时下移速度较快，最先被洗脱出凝胶柱；小分子蛋白质除了可在凝胶颗粒间的空隙中扩散外，还可以渗透到凝胶内孔中，下移过程中在凝胶内部和颗粒间隙之间不断往复运动使其行程较长，最后被洗脱出柱；中等分子蛋白质流出的时间介于大小分子之间，分子越大越早流出，最终实现样品中不同分子大小的蛋白质彼此分离。

作为分离的核心，凝胶首先要具有三维多孔网状的分子筛结构特性，能使各种相对分子质量不同的蛋白质分子得以分离。凝胶介质要具备较大的外水体积和内水体积，亲水性好且具有一定的机械强度、化学惰性和良好的色谱稳定性。在凝胶过滤色谱固定相载体的选择中，得到广泛应用的主要有交联葡聚糖凝胶、琼脂糖凝胶、交联琼脂糖、聚丙烯酰胺凝胶及聚丙烯酰胺和琼脂糖的交联物等。近年来，许多厂家还开发出硅胶质的固定相载体，可实现高通量和高流速分离。

在蛋白质的分离中，凝胶过滤色谱是一种重要的分离手段，因为它是依据样品相对分子质量的不同来分离的，凝胶介质和蛋白质之间不发生任何作用，所以不改变样品的生物活性，而且含盐的水系缓冲液对蛋白质还起到一定的保护作用。一般来说，凝胶过滤色谱通常用在离子交换色谱和亲和色谱之后，以进一步纯化目的蛋白。有时，在存在同工酶，且含量低、相对分子质量很大或很小时，可以在纯化的初期先采用凝胶过滤色谱，以获得所需的酶蛋白，然后进一步纯化此酶蛋白，并分离纯化其他目的蛋白。

使用凝胶过滤色谱分离蛋白质最理想的情况是全排阻蛋白质而允许杂质渗入凝胶内部，或反之。通常情况下，蛋白质的相对分子质量相差两个数量级，需要使用适当的凝胶才能有效分离。

4) 亲和色谱

亲和色谱是利用蛋白质分子的生物学活性，而不是利用其物化特性来进行分离的。即以蛋白质和配体之间的特异性亲和力作为分离的基础，因而具有高的选择性。其纯化程度有时可高达1000倍以上，因此亲和色谱是一种非常高效的蛋白质纯化方法，多用于从大量的复杂溶液中分离少量的特定蛋白质，且这种纯化方法同时具有浓缩的效果。有时，仅用亲和色谱一步分离过程，就能达到快速而且满意的蛋白质纯化效果，这是其他纯化方法无法比拟的。

利用亲和色谱法纯化蛋白质的报道最早见于1910年，Starkenstein[62]用不溶性淀粉同时作为亲和配体和载体来分离和纯化α-淀粉酶。但是，由于亲和吸附载体制备比较困难，阻碍了亲和技术的发展；1951年，Campbell等[63]成功地将抗原作为亲和配体键合到纤维素载体上，对抗体进行了分离和纯化；1953年，Lerman等[64]将间苯二酚共价固定在纤维素载体上，对酪氨酸酶进行分离和纯化；1967年，Axen[65]报道了将含有伯胺的分子连接到溴化氰活化的多糖载体上得到了亲和吸附剂，此后，亲和纯化技术才从实验室研究走向蛋白质分离的实际应用。

在亲和色谱的发展历史中，取得了3个明显的进展：第一，使用重金属离子作为金属配体。Porath[66]以Zn^{2+}、Cu^{2+}等过渡金属的亚氨基二乙酸（iminodiacetic acid，IDA）螯合物为配体，分离血清蛋白获得成功后，许多研究者又将重金属离子（如Al^{3+}、Ca^{2+}、Fe^{3+}等）作为亲和配体，固定在载体上形成螯合物或配合物，用于蛋白质和多肽的纯化。第二，应用单克隆抗体作为配体。Secher[67]首次成功地应用于人体白细胞干扰素的大规模纯化。第三，利用细胞表面受体的生物识别性将受体作为配体。Bailon[68]使用白介素-2受体作为配体，经一步纯化得到均一的具有生物活性的白介素-2。

亲和色谱中蛋白质与配体之间的结合类型主要有：酶的活性中心或别构中心通过次级键与专一性底物、辅酶、激活剂或抑制剂结合，抗原与抗体、激素等与其受体，生物素与抗生物素蛋白、链霉抗生物素蛋白，糖蛋白与凝聚素等的结合。这些蛋白质与其配体之间能够可逆地结合，由此实现蛋白质的分离和纯化。

亲和色谱的操作主要有以下几步：选择合适的配体；将配体固定在载体上，制成亲和吸附剂，而配体的特异性结合活性不被破坏；将特定蛋白质与固定化亲和吸附剂相结合；用缓冲液洗掉杂质；将结合在亲和吸附剂上的特定蛋白质洗脱下来。

在采用亲和色谱进行蛋白质的分离纯化时，首先要制备有效的亲和吸附剂。固相亲和吸附剂是利用合适的化学偶联法，将配体和固相载体经连接臂连接而成的。制备过程包括：选择合适的配体；选择合适的载体和连接臂；用合适的方法将配体化学偶联到载体上。

在进行亲和色谱之前，首先要选择合适的配体，配体的类型主要分为两类：一类是基团特异性配体，它只对某一类蛋白质具有结合活性；另一类是专一性配体，它只对某一种蛋白质具有结合活性。

对于亲和色谱，除了要选择合适的配体外，还要选择一个合适的载体。理想的载体既要对样品不产生非特异性吸附作用，又要有足够的可与配体相结合的功能基团；既要高度亲水，又要不溶于水；要具有化学和物理稳定性、一定的机械强度和均匀性；并且载体必须是孔径较大的多孔性材料，不会阻止蛋白质的通过。亲和色谱的载体多为凝胶，其中琼脂糖是比较理想的载体。另外，聚丙烯酰胺凝胶等也可作为亲和色谱的载体。

选择好合适的配体、载体后，就需要采用适当的化学方法，将载体活化并与配体相偶联，以得到亲和吸附剂。然后，封闭载体上游离的活化基团，并测定偶联配体的浓度。有多种方法可以完成载体和配体的偶联过程。偶联过程通常分为两步：将反应基团结合到载体上，即活化载体；将活化好的载体与配体共价偶联。载体和配体的性质不同，偶联的方法也有差异。常用的方法有溴化氰法、双环氧法、羰基二咪唑法、磺酰氯法、高碘酸盐法、戊二醛法等。

获得合适的亲和吸附剂后，就可以将亲和吸附剂装入色谱柱中进行亲和色谱分析。亲和色谱的操作过程与凝胶过滤色谱和离子交换色谱大体相似，但也有不同之处。其总体过程依然是：装柱、平衡、制备粗样、加样、洗脱。其中，加样过程与离子交换色谱相似。对于亲和色谱，加样过程实质上就是特定蛋白质的吸附过程。洗脱过程分两个阶段，首先是洗去杂蛋白，然后再将待分离的蛋白质洗脱下来。

亲和色谱有很多种类型，如凝集素亲和色谱。凝集素是一类能选择性地结合碳水化合物的蛋白质或糖蛋白，可专门用于分离、提纯含碳水化合物的生物大分子，如糖蛋白。免疫亲和色谱是利用抗原和抗体之间的高特异性亲和力进行色谱分离，它能区分非常相近的抗原，并且只需一步就能从大量的复杂蛋白质中分离出极少量的目的抗原，因此是目前最具选择性和最有效的纯化方法之一。金属螯合亲和色谱，又称为固定化金属离子亲和色谱，对肽或蛋白质表面的特殊基团有特异性。此外，还有疏水作用色谱和环氧乙烷丙烯酰胺珠亲和色谱等。

亲和色谱的应用范围很广，例如，可以采用免疫亲和色谱对抗体和抗原进行分离纯化，采用凝集素亲和色谱法对糖蛋白进行纯化，采用疏水色谱对脂蛋白进行纯化等。

5）共价色谱

共价色谱是应用固定相与溶质之间共价键的形成或断裂来实现分离的，这与离子交换色谱等其他色谱技术相比有很大差异。通常共价色谱是利用巯基的二硫相互作用来进行蛋白质分离的，只有极少数是基于非巯基化合物的共价化学反应而进行分离。

共价结合具有特异性、牢固性并且在适当的条件下可获得较高的回收率和纯度等特点。在一些领域，特别是在蛋白质序列分析过程和结构研究中有特殊作用。主要应用在分离半胱氨酸、含半胱氨酸的肽段和含巯基的蛋白质分离等方面。

蛋白质中常含有巯基基团，并常涉及酶、激素和受体等的功能。蛋白质中巯基反应性的可变以及用化学法引入巯基等，使共价色谱成为一种被广泛应用的技术。

共价色谱的凝胶是利用含巯基分子与固定相所含的二硫基团之间的相互作用，使其附着在固定相上，从而实现巯基蛋白的分离。与其他色谱基质一样，共价色谱要求凝胶基质具有优良的填充性和流动性、低非特异性吸附等特性。交联葡聚糖、纤维素、琼脂糖、聚丙烯酰胺和很多二氧化硅衍生物都被用作共价色谱的基质。其中，最常用的是颗粒琼脂糖凝胶，该基质还具有衍生化时不改变其优良的性质以及在非极性溶剂中不收缩的特性。

共价色谱的早期应用主要是从复杂的蛋白质混合物中分离出含巯基的分子。在特定的条件下，甚至可以分离出不同的含巯基分子，具有很高的特异性。此外，共价色谱还可用于浓缩溶液中浓度很低的巯基化合物。另外一个重要应用是利用巯基活性吸附剂通过二硫键反向固定酶。具有暴露巯基基团的酶可被直接固定，通过温和的巯基化过程可固定被巯基基团掩埋的酶，对于缺少巯基的酶可使用3-(2-吡啶二巯基) 丙酸 *N*-羟基琥珀酰亚胺酯(SPDP) 引入巯基。

现在，作为蛋白质分离技术的有效补充，共价色谱在选择性分离含巯基蛋白上已有广泛的应用。通过调整吸附pH及采用顺序洗脱法，可进一步提高该技术的专一性，因而可应用于纯度相对较低的样品。但是，大规模的应用还受到高成本和再生步骤的限制。典型的共价色谱应用实例有从刀豆中分离脲酶和纯化木瓜蛋白酶。

6) 离子交换色谱

离子交换色谱(ion-exchange chromatography，IEC)是利用离子交换剂作为固定相，根据荷电溶质与离子交换剂之间的静电相互作用力的差别实现溶质分离的一种方法。IEC从20世纪50年代开始应用于生物类大分子的色谱分离。1951年，Moore等[69]用IEC分离氨基酸。Chang等[70]对微孔玻璃的内外表面进行修饰后连接上离子交换基团制成离子交换剂，用于蛋白质的分离。Alpert等[71]在不同的多孔硅胶表面上键合不同种类的胺制成离子交换剂，发现其交换能力高，且能很好地分离酶和蛋白质。Muller等[72]将线形聚合物接枝到载体表面合成的触角形离子交换剂，减少了非离子的相互作用，具有交换能力大、回收率高、选择性好和效率高等优点，适用于生物大分子的分离纯化。还有很多研究者[73-75]将离子交换剂用于多肽和低聚核苷酸的分析。Scott等[76]利用苯乙烯和二乙烯基苯共聚物为基质的阴离子交换剂成功地分离出了白血病细胞 *N*-乙酰基-β-D-氨基葡糖苷酶的各种同工酶。目前，离子交换色谱已成为蛋白质分离纯化中最常用的手段。统计显示，在蛋白质纯化方案中，使用到离子交换色谱的占75%，其次是使用亲和色谱和凝胶过滤色谱，分别占60%和50%[77]。离子交换色谱之所以得到如此广泛的应用，是因为其具有以下特点：

(1) 分辨率高。随着各种高效色谱介质的出现，选择合适的离子交换剂能够确保离子交换色谱良好的选择性和分辨率。

(2) 蛋白交换容量高。有利于放大分离规模和在工业生产中应用，而这一点是凝胶过滤色谱等方法很难达到的。

(3) 应用灵活。通过选择不同的离子交换剂，控制缓冲液的组成和pH、离子强度等条件可以优化分离过程。

(4) 分离原理比较明确。该技术是依据电荷的不同实现而分离的，不过对于蛋白质这样的大分子，除了静电作用外，疏水、氢键等非离子作用以及缓冲离子的性质也会影响到分离行为。

(5) 操作简单易行。在大规模地分离样品而分辨率要求又不高时，对蛋白质的吸附和解吸甚至可以不用在色谱柱中进行。

用离子交换色谱分离生物分子的基础是待分离的物质在特定条件下与离子交换剂带相反电荷，能够与之竞争结合。不同的分子在此条件下带电荷的种类、数量及电荷的分布不同，表现出与离子交换剂在结合强度上的差异，在离子交换色谱时按结合力由弱到强的顺序被洗脱下来而实现分离。

蛋白质之所以能够在离子交换剂上发生吸附，是因为其表面带有电荷。蛋白质分子中的带电基团来源有两种：一种是来自于特定的氨基酸；另一种是蛋白质在修饰过程中引入的。蛋白质由氨基酸组成，组成蛋白质时，氨基酸的α-氨基和α-羧基形成肽键而不再发生解离。但是，很多氨基酸的侧链带有可解离基团，其中有的能进行酸性解离而带上负电荷，如天冬氨酸和谷氨酸的侧链羧基、酪氨酸的酚羟基、半胱氨酸的巯基；有的能进行碱性解离而带上正电荷，如赖氨酸的侧链氨基、精氨酸的胍基、组氨酸的咪唑基。此外，在肽链的N末端还有一个游离氨基，C末端还有一个游离羧基，两者都能发生解离反应。

蛋白质分子所带电荷的种类和数量与溶液的pH直接相关。当溶液的pH较低时，蛋白质能结合更多的氢离子，分子内负电荷减少而正电荷增多；而当溶液pH较高时，蛋白质能解离出更多的氢离子，分子内正电荷减少而负电荷增多。当pH达到某特定值时，蛋白质所带的正负电荷数相等，静电荷为零，此时的pH即为蛋白质的等电点(pI)。当pH>pI时，蛋白质带净的负电荷，而当pH<pI时，蛋白质带净的正电荷。进行离子交换色谱时，选用的起始pH一般与目的分子的等电点之间有一个差值，合理选择这个差值能够保证目的分子带上一定电荷而发生吸附，同时尽可能少吸附杂质分子。

在离子交换色谱中，蛋白质的色谱行为不单取决于所带电荷的种类和数量，还与电荷在蛋白质分子中的分布密切相关。研究发现，有些蛋白质处于 pI、净电荷为零时，仍能与离子交换剂结合，甚至当蛋白质与离子交换剂带同种电荷时也能结合。事实上，处于蛋白质分子内部的电荷对此蛋白质的色谱行为并不产生影响，而是由蛋白质表面的电荷决定其色谱行为。另外，蛋白质表面电荷的分布也不均匀。电荷在某些表面区域内比较密集，决定其色谱行为，它们往往就是在离子交换时与交换剂发生接触的区域，也称为色谱相关区域，此区域的电荷性质决定了蛋白质能与何种离子交换剂结合。磷酸甘油酸激酶之所以在带净的负电荷时仍能与阳离子交换剂结合，就是因为酶分子表面的特定区域内带有一簇正电荷。

离子交换剂由不溶性高分子基质、荷电功能基团和与功能基团电性相反的反离子组成。在水溶液中，与功能基团带相反电荷的离子依靠静电引力能够吸附在其表面。这样，各种离子与离子交换剂结合时存在竞争关系。

无机离子和交换剂的结合能力与离子所带电荷成正比，与该离子形成的水合离子半径成反比。也就是说，离子的价态越高，结合力越强，价态相同时，原子序数越高，结合力越强。

对于蛋白质这样的带电荷的生物大分子，与离子交换剂的结合能力首先取决于溶液的 pH，它决定了蛋白质的带电状态。然后是蛋白质的色谱相关区域，也就是电荷在蛋白质表面的分布情况。此外，还取决于溶液中离子的种类和离子强度。溶液中的无机离子和蛋白质竞争性地与交换剂结合。在起始条件下，溶液中离子强度较低，上样后由于蛋白质带电荷数较多，与交换剂之间的结合能力更强，因此能取代离子而吸附到交换剂上；在进行洗脱时，往往通过提高溶液的离子强度，增加离子的竞争性结合能力，使蛋白质样品从交换剂上解吸，这就是离子交换色谱的本质。

7）电泳技术

电泳(electrophoresis)就是在电场的作用下，带电胶体颗粒向着与其电性相反的电极移动。其分离原理是基于生物大分子的电荷密度。作为一种生化分离手段，电泳已广泛应用于生物大分子的分离、纯化、分析、制备以及用于测定它们的相对分子质量、等电点等。相对于其他蛋白质的分离纯化手段，电泳具有操作温和、特异性强、分辨率高等优点。

电泳技术的分类方法有很多种。按分离原理来分，可分为移界电泳、区带电泳、稳态电泳；按有无固体支持物来分，可分为自由电泳、支持物电泳；按用途及介质来分，可分为常规聚丙烯酰胺凝胶电泳(PAGE)、SDS-聚丙烯酰胺凝胶电泳(SDS-PAGE)、等电聚焦(载体两性电解质和 pH 梯度)电泳、双向电泳、免疫电泳、蛋白质印迹、毛细管电泳。

对于常规聚丙烯酰胺凝胶电泳，蛋白质在电泳过程中仍保持其天然构象及生物活性。PAGE 对蛋白质的分离一方面是基于蛋白质的电荷密度，即在恒定缓冲系统中不同蛋白质间同性净电荷的差异;另一方面是基于分子筛效应,即与蛋白质分子的大小和形状有关[76]。因此,用 PAGE 不仅能分离含各种大分子的混合物,还可研究生物大分子的特性,如电荷、相对分子质量、等电点乃至构象,并可用于蛋白质纯度的鉴定。

1.5.3 蛋白质分离纯化的设计

1. 基本原则[77]

1) 原则

纯化蛋白质通常是为了获得纯蛋白质以便深入研究其活性、结构、结构与功能之间的关系。

首先,必须了解待纯化样品中目的蛋白及主要杂质的性质,尽可能多地收集有关蛋白质的来源、性质(分子大小、等电点)和稳定性(对温度、pH、蛋白酶、氧和金属离子等的耐受性)等信息,这有助于纯化蛋白质的设计。

其次,纯化开始之前必须了解最终产品的用途,从而设计蛋白质的纯化过程;同时要综合考虑纯化产品的质量、数量和经济性三个方面的要求。

最后,充分了解各个分离纯化技术操作单元的大量信息也很重要。

2) 蛋白质的纯度

对目的蛋白纯度的要求取决于纯蛋白质的用途,如果是工业化应用(食品工业或日用化学工业),则需要大量的产品,此时纯度是次要的。如果纯化的蛋白质用于研究,所需数量较少,在酶学研究中 80%～90%的纯度就足够了,在蛋白质的结构研究中,纯度则要在 95%以上。

3) 蛋白质活性的保持

在多数情况下,纯化后蛋白质应尽可能保持活性,要采取尽可能少的纯化步骤以减少蛋白质变性和蛋白质水解。

4) 蛋白质的数量

纯化过程中,每一步中都会损失蛋白质,所以纯化步骤应尽量少,以提高蛋白质的回收率。但是,纯化步骤的减少会降低目的蛋白的最终纯度,需要恰当地选择纯化方法以提高蛋白质的回收率。

2. 过程优化

蛋白质纯化的过程优化就是使蛋白质纯化后回收率及纯度最高、成本最低。

过程优化必须解决两个问题:一是在可替换的操作中做出选择;二是设计理想的色谱顺序,以最少的步骤获得最大的产量。

每一步分离纯化方法都要评估其处理样品的能力、蛋白质的回收率和纯化成本。在纯化初期，高处理量和低成本十分重要，而在后期高分辨率很重要。纯化分离初期要求减小样品的体积，常使用高处理量的沉淀技术。色谱中，吸附法处理量最大，一般不采用凝胶过滤色谱作为纯化初期操作步骤，因为它的处理量小。使用高分辨率技术可以减少纯化步骤，也使蛋白质更纯。沉淀法分辨率低，而色谱法分辨率高，亲和色谱有很高的分辨率。

在纯化技术顺序的选择上，一般先用沉淀技术，然后依次是离子交换色谱、亲和色谱，最后是凝胶过滤色谱。其中，每一种技术利用的蛋白质的性质不同。沉淀技术能处理大量的高浓度蛋白质溶液，离子交换色谱可以除去大部分杂蛋白，以便进入价格高的亲和色谱柱。凝胶过滤色谱用于最后纯化环节，这时处理量已不是问题。但是，这并非是固定不变的纯化蛋白质的最佳方案。例如，有时凝胶过滤色谱就用作最早的分离步骤，以便获得多组分酶中的高或低相对分子质量部分。总之，纯化方案的确定，除考虑利用蛋白质的不同特性外，步骤应尽可能少，尽量使分离产物不需要进一步处理就可以直接进行下一步操作。

1.6　蛋白质的结构

蛋白质是一种生物大分子，基本上是由 20 种氨基酸以肽键连接成肽链。肽键连接成肽链称为蛋白质的一级结构。不同蛋白质其肽链的长度不同，肽链中不同氨基酸的组成和排列顺序也各不相同。肽链在空间上卷曲折叠成为特定的三维空间结构，包括二级结构和三级结构两个主要层次。有的蛋白质由多条肽链组成，每条肽链称为亚基，亚基之间又有特定的空间关系，称为蛋白质的四级结构。所以，蛋白质分子有非常特定的、复杂的空间结构(表 1.14、图 1.4)。

蛋白质的生物学功能在很大程度上取决于其空间结构，蛋白质构象的多样性导致了不同的生物学功能[1,2]。蛋白质分子只有处于自己特定的三维空间结构，才能获得特定的生物活性；三维空间结构稍有破坏，就很可能会导致蛋白质生物活性的降低，甚至是丧失。这是因为特定的结构允许它们结合特定的配体分子。例如，血红蛋白和肌红蛋白与氧的结合、酶与其底物分子、激素与受体、抗体与抗原等。对于蛋白质空间结构的了解，将有助于对蛋白质功能的确定。同时，蛋白质是药物作用的靶标，联合运用基因密码知识和蛋白质结构信息，药物设计者可以设计出小分子化合物，抑制与疾病相关的蛋白质，达到治疗疾病的目的。

一个特定的蛋白质，行使功能的能力通常由其三维结构决定。蛋白质的天然结构取决于 3 个因素：与溶剂分子(一般是水）的相互作用；溶剂的 pH 和离子组成；蛋白质的氨基酸序列。其中，蛋白质的氨基酸序列在决定它的二、三、四级结构及其生物功能方面起着重要作用。例如，镰刀型贫血病在非洲的某些地区十分流行，死亡率高达 40 %，是一种致死性疾病。

表 1.14　蛋白质分子的一、二、三、四级结构对比

	概念	特点	结构中的键及力
一级结构	蛋白质分子中多肽链的氨基酸排列顺序	由基因上遗传密码的排列顺序决定的	肽键主要是共价键，也有二硫键
二级结构	多肽链中主链原子在各局部空间的排列分布状况，而不涉及各 R 侧链的空间排布	主要形式包括 α 螺旋结构、β 折叠和 β 转角等。基本单位是肽键平面或称酰胺平面	稳定二级结构的主要因素是氢键。另外也有肽键
三级结构	上述蛋白质的 α 螺旋、β 折叠以及线状等二级结构受侧链和各主链构象单元的相互作用，从而进一步卷曲、折叠成具有一定规律性的三维空间结构	包括每一条肽链内全部二级结构的总和及所有侧基原子的空间排布和它们相互作用的关系	除主键肽键外，还有副键，如氢键、盐键、疏水键和二硫键等以及范德华力的作用
四级结构	由两条以上具有独立三级结构的多肽链通过非共价键相互结合而成的具有一定空间结构的聚合体	每条具有独立三级结构的多肽链称为亚基	非共价键。其中亚基中有盐键、氢键、疏水键作用和范德华力。以前两者为主

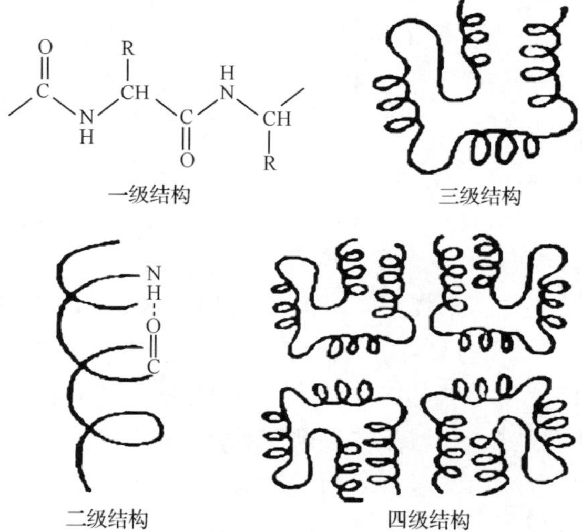

图 1.4　蛋白质分子的一、二、三、四级结构

正常红细胞形态呈双凹圆盘形，细胞大小均一，平均直径为 7.2 μm（直径为 6.7～7.7 μm）；染色为淡粉红色，血红蛋白充盈良好，呈正常色素性；有过渡平滑的向心性淡染，中央部位为生理性淡染区，大小约为直径的 1/3；胞质内无异常结

构。镰刀形红细胞:红细胞外形呈镰刀、线条状或呈L、S、V形等。其形成机理是红细胞所含的异常血红蛋白S(HbS)在缺氧的情况下溶解度降低,形成长形或尖形的结晶体,使细胞膜发生变形,产生大量镰刀形红细胞。

镰刀型贫血病患者的血红蛋白含量仅为正常人(15～16 g/mL)的1/2,红细胞数目也是正常人[$(4.6\sim6.2)\times10^6$ 个/mL]的1/2左右,而且红细胞的形态也不正常,除有大量的未成熟红细胞外,还有许多长而薄的呈新月状或镰刀状的红细胞。当红细胞脱氧时,这种镰刀状红细胞明显增多。它的纯合子患者(50%红细胞镰刀化)有的在童年就死去。它是由遗传基因突变导致血红蛋白分子β链中氨基酸残基由正常成人中的谷氨酸为缬氨酸所代替而引起的。

值得注意的是,在血红蛋白分子的4条肽链的574个氨基酸残基中,只有两条β链中的两个谷氨酸残基分别被两个缬氨酸残基所代替即引起如此严重的疾病。在人类中所发现的300多种血红蛋白变体中,绝大多数都只有一个氨基酸残基被取代,其取代的位置不同,对血红蛋白功能的影响程度也不相同。

1.6.1　蛋白质的一级结构

蛋白质的共价结构有时也称蛋白质的一级结构,但通常将蛋白质的一级结构看成是多肽链的氨基酸残基的排列顺序,也是蛋白质最基本的结构。这种氨基酸的排列顺序决定了它特定的空间结构,也就是蛋白质的一级结构决定了蛋白质的二级、三级等高级结构。

肽是氨基酸的线形聚合物,也常称肽链。蛋白质是由一条或多条具有确定氨基酸序列的多肽链构成的大分子。氨基酸连接的基本方式是肽键,每形成1个肽键,将失去1分子的水,肽键的结构为

$$-\overset{\displaystyle O}{\overset{\|}{C}}-\underset{\underset{\displaystyle H}{|}}{N}-$$

通常将含有不多于12个氨基酸残基的肽链直接称为几肽。由两个氨基酸组成的肽称为二肽,含1个肽键。将含3个、4个、5个氨基酸残基的肽链分别称为三肽、四肽、五肽,分别含有2个、3个、4个肽键。把含有12～19个氨基酸残基的肽链称为寡肽,而将含有20及20个以上残基的肽链称为多肽。一条肽链的主链通常一端含有一个游离的末端氨基,另外一端含有一个游离的末端羧基。有时,这两个游离的末端基团可连接成环肽。例如,α-鹅膏蕈碱是一种毒菌类鬼笔鹅膏(*Amanita phalloides*)所生成的具有双环结构的八肽毒素,它能与真核生物的RNA聚合酶Ⅱ牢固地结合而抑制酶的活性,阻止RNA的合成,但不影响原核生物的RNA合成。

蛋白质的一级结构由基因上遗传密码的排列顺序所决定，各种氨基酸按遗传密码的顺序通过肽键连接起来。

蛋白质的生物活性不仅决定于蛋白质的一级结构，而且与其特定的空间结构密切相关。异常的蛋白质空间结构很可能导致其生物活性的降低、丧失，甚至会导致疾病，如疯牛病、阿尔茨海默病等都是由蛋白质折叠异常引起的疾病。

1.6.2 蛋白质的二级结构

蛋白质的二级结构是指多肽链中主链原子在各局部空间的排列分布状况，而不涉及各 R 基侧链的空间排布。构成蛋白质二级结构(即主链构象) 的基本单位是肽键平面或称酰胺平面。具有以下特征[1,2]：

(1) 肽键中的 C—N 键长为 0.133 nm，比相邻的 C_{α}—N 单键(0.145 nm) 短，而比一般的 C═N 双键(0.125 nm) 长。由此可见，肽键中 C_{α}—N—键的性质介于单、双键之间，具有部分双键的性质，因而不能旋转，而固定在一个平面之内。

(2) 肽键的 C 及 N 周围三个键角之和均为 360°，说明其都处于一个平面上，也就是说六个原子基本上同处于一个平面，这就是肽键平面(图 1.5)。肽链中能够旋转的只有 α 碳原子所形成的单键，此单键的旋转决定两个肽平面的位置关系，于是肽平面成为肽链盘曲折叠的基本单位。

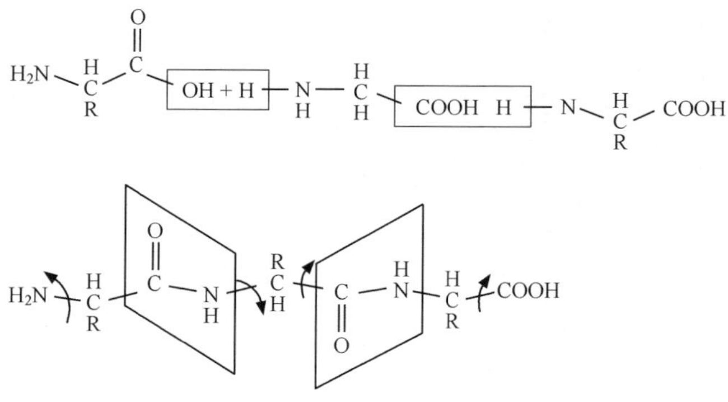

图 1.5 肽键平面示意图

(3) 肽键中的 C—N 既然具有双键性质，就会有顺反不同的立体异构，已证实处于反位。

肽键具有双键性质，不能自由旋转而成平面结构。此平面结构两侧的与 α 碳原子相连的单键则可自由旋转。经过折叠、盘曲可形成 α 螺旋和 β 片层结构。稳定二级结构的主要因素是氢键。在所有已测定的蛋白质中，均有二级结构的存在，主要形式包括 α 螺旋、β 折叠、β 转角等几种形式，它们是构成蛋白质高级结构的基本要素[1,2]。

1. α 螺旋

α 螺旋是蛋白质中最常见、最典型、含量最丰富的二级结构元件。在 α 螺旋中，肽链如螺旋样沿螺旋轴方向盘曲上升，每旋转一圈为 3.6 个氨基酸残基，其中每个氨基酸残基绕轴旋转 100°，沿轴上升 0.15 nm，螺旋上升一圈的高度（即螺距）为 0.54 nm (3.6 nm×0.15 nm)。残基侧链伸向外侧，如果不计在内，螺旋的直径约为 0.5 nm (图 1.6)。

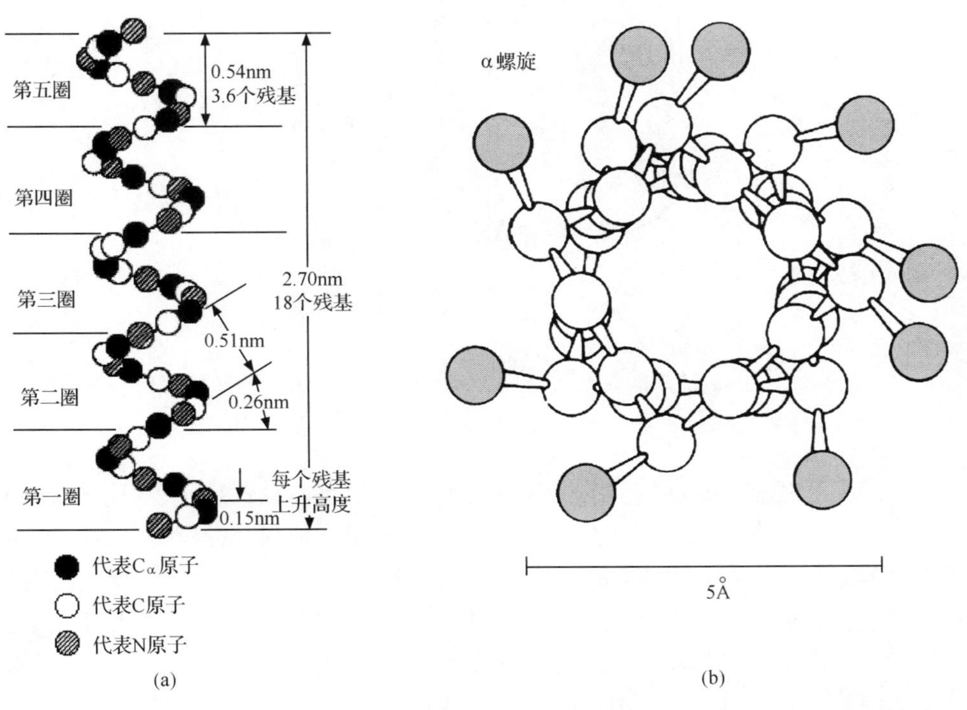

图 1.6　α 螺旋

(a) 立体图；(b) 轴向图

同一肽链上的每个残基的酰胺氢原子和位于它后面的第 4 个残基上的羰基氧原子之间形成氢键。这种氢键大致与螺旋轴平行。由氢键封闭的环是十三元环，因此 α 螺旋也称为 3.6_{13} 螺旋。每个肽键的—C═O 与—NH—都参与氢键的形成，因此保持了 α 螺旋的最大稳定性(图 1.7、图 1.8)。

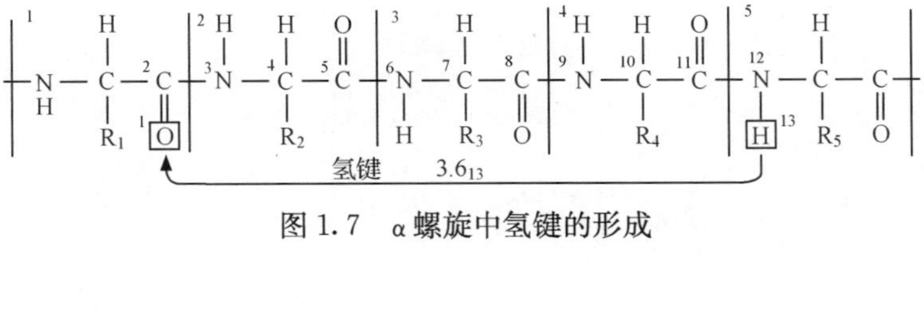

$$-NH-CH(R_1)-C(=O)-NH-CH(R_2)-C(=O)-NH-CH(R_3)-C(=O)-NH-CH(R_4)-C(=O)-NH-CH(R_5)-C(=O)-$$

氢键　3.6_{13}

图 1.7　α 螺旋中氢键的形成

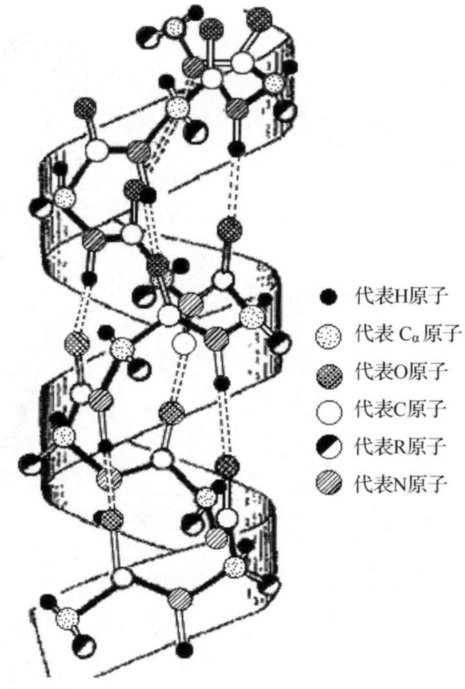

图 1.8 α 螺旋的氢键

一条多肽链呈 α 螺旋构象的推动力是所有肽键上的酰胺氢和羰基氧之间形成的链内氢键。在水中，肽键上的酰胺氢和羰基氧既能形成内部的氢键，也能与水分子形成氢键。如果后者发生，多肽链则呈现类似变性蛋白质的伸展构象。疏水环境对于氢键的形成没有影响，因此更可能促进 α 螺旋结构的形成。绝大多数蛋白质以右手 α 螺旋形式存在。1978 年发现了蛋白质中也有左手 α 螺旋结构。例如，在嗜热菌蛋白酶中就有一段很短的左手 α 螺旋结构，由 Asp-Asn-Gly-Gly（226～229）组成。图 1.9 给出了左手和右手 α 螺旋结构的示意图。

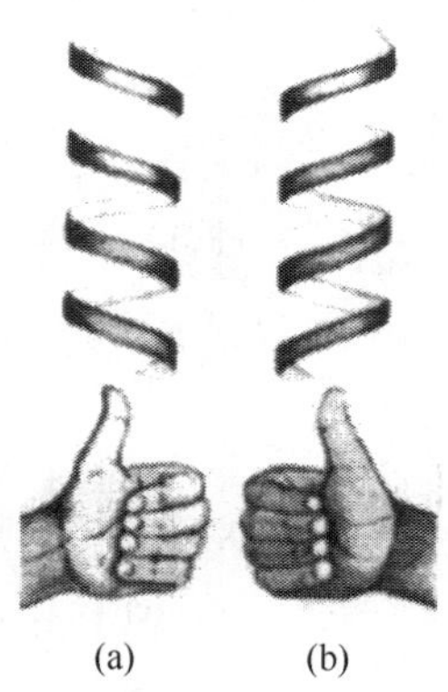

图 1.9 左手(a)和右手(b)螺旋示意图

α 螺旋是有规则的构象,在折叠形成螺旋时具有协同性。一旦形成了一圈 α 螺旋,随后逐个残基的加入变得容易而快速,这是因为第一个螺圈成为相继螺圈形成的模板。

一条多肽链能否形成 α 螺旋,以及形成的螺旋是否稳定与它的氨基酸组成和序列有极大的关系。肽链中,氨基酸侧链 R 分布在螺旋外侧,其形状、大小及电荷都影响 α 螺旋的形成。酸性或碱性氨基酸集中的区域,由于同种电荷相斥,不利于 α 螺旋的形成。

研究发现,R 基小且不带电荷的多聚丙氨酸在 pH 7 的水溶液中能自发卷曲成 α 螺旋。但是,多聚赖氨酸在同样的条件下却不能形成 α 螺旋,而以无规卷曲的形式存在;但在 pH 12 时,多聚赖氨酸自发地形成 α 螺旋。这是因为,多聚赖氨酸在 pH 7 时,R 基带有正电荷,彼此间由于静电排斥不能形成链内氢键。同样,多聚谷氨酸也有类似的性质(图 1.10)。

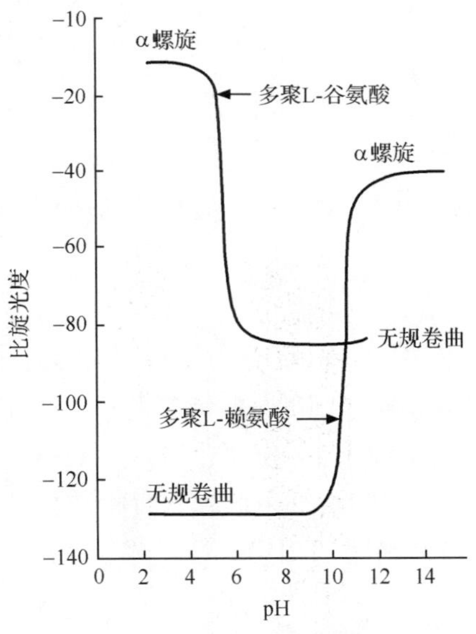

图 1.10　pH 对多聚 L-谷氨酸和多聚 L-赖氨酸构象互变的影响

除 R 基的电荷性质外,其大小对肽链能否形成螺旋也有影响。较大的 R 基(如苯丙氨酸、色氨酸、异亮氨酸) 集中的区域,也妨碍 α 螺旋的形成;脯氨酸因其 α-碳原子位于五元环上,不易扭转,加之它是亚氨基酸,不易形成氢键,所以不易形成上述 α 螺旋;甘氨酸的 R 基为 H,空间占位很小,也会影响该处螺旋的稳定。

在蛋白质中,还发现其他几种螺旋,有 3_{10} 螺旋、π 螺旋(图 1.11)、2_7 二重带。3_{10}螺旋,每螺圈残基数 (n) 为 3.0,每个残基的—C ═O 与其前面第二个残基的—N—H 形成氢键,构成十元环,每残基高度为 0.2 nm,螺距为 0.6 nm,螺旋直径为 0.4 nm,比 α 螺旋紧密。π 螺旋也称 4.4_{16}螺旋,$n = 4.4$,残基高度为 0.12 nm,螺距为 0.52 nm,螺旋直径约为 0.6 nm。每个残基的—C═O 与其前面第四个残基的—N—H 形成氢键,并构成十六元环。π 螺旋不稳定,在蛋白质中极少存在。

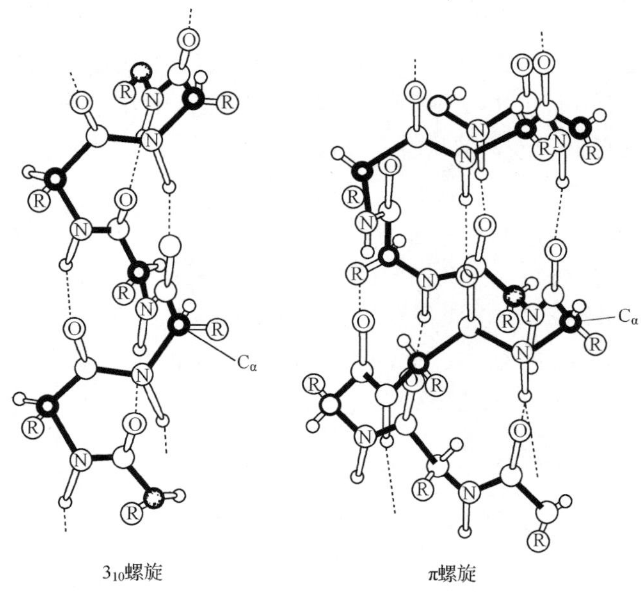

图 1.11　多肽链其他两种类型的螺旋结构

2. β 折叠

β 折叠也是一种重复性的结构,可分为平行式和反平行式两种类型。它是两条肽链或一条肽链内的各肽段之间的—C═O 与—NH—形成氢键而成。可以把它们想象为由折叠的条状纸片侧向并排而成,每条纸片可看成是一条肽链,称为 β 折叠股或 β 股(β-strand),肽主链沿纸条形成锯齿状,处于最伸展的构象,氢键主要是在肽链间而不是链肽内形成(图 1.12)。

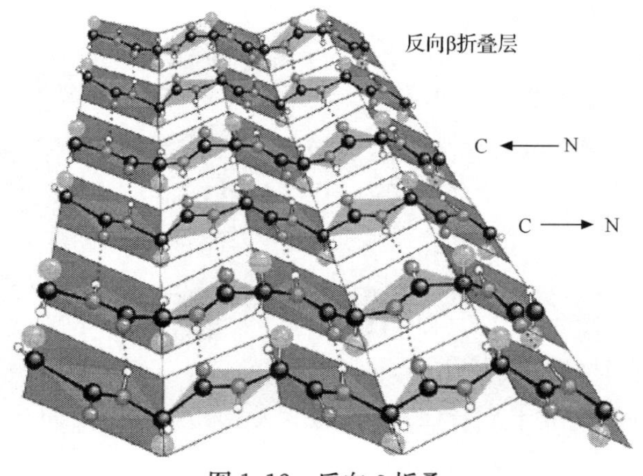

图 1.12　反向 β 折叠

α-碳原子位于折叠线上，由于其四面体性质，连续的酰胺平面排列成折叠形式。在此结构中，氢键主要是在链间。需要注意的是，折叠片上的侧链都垂直于折叠片的平面，并交替地从平面上下两侧伸出。折叠片有两种类型，一种是平行式，另一种是反平行式。在平行β折叠片中，相邻肽链是同向的（都是 N→C 或 C→N）。在反平行β折叠片中，相邻肽链是反向的。平行折叠片比反平行折叠片更规则，一般是大结构，少于5个β股的很少见。而反平行折叠片可以少到仅由两个β股组成。反平行折叠片中，重复周期（肽链同侧两个相邻的同一基团之间的距离）为0.7 nm，而平行折叠片中为0.65 nm。如图1.13所示为平行和反平行β折叠片的结构。平行β折叠片中疏水侧链分布在折叠片平面的两侧，而反β折叠片中通常所有的疏水残基交替排列在折叠片的一侧。

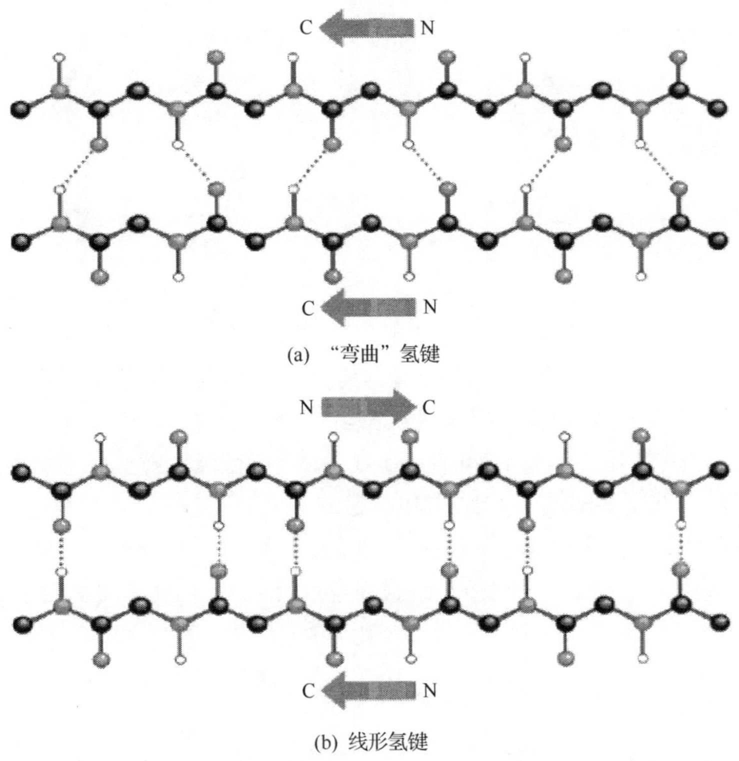

图1.13　在平行(a)和反平行(b)β折叠片中氢键的排列

在纤维状蛋白质中，β折叠片主要是反平行式的，而球状蛋白质中反平行和平行两种方式几乎同样广泛地存在。在纤维状蛋白质中，β折叠片氢键主要是在不同肽链间形成，而在球状蛋白质中，既可以在不同肽链间或不同分子间形成，也可以在同一肽链的不同肽段（β股）间形成。

3. β转角

β转角也称为β弯曲或发夹结构，是多肽链中常见的二级结构。它连接蛋白质分子中的二级结构（α螺旋和β折叠），使肽链走向改变的一种非重复多肽区，一般含有2～16个氨基酸残基。含有5个氨基酸残基以上的转角又常称为“环”。常见的转角含有4个氨基酸残基，主要有两种类型（图1.14）：转角Ⅰ的第一个氨基酸残基的C═O与第四个残基的N—H形成氢键，键合形成一个紧密的环，使β转角成为比较稳定的结构；转角Ⅱ的第三个残基往往是甘氨酸。这两种转角中的第二个残基大都是脯氨酸。

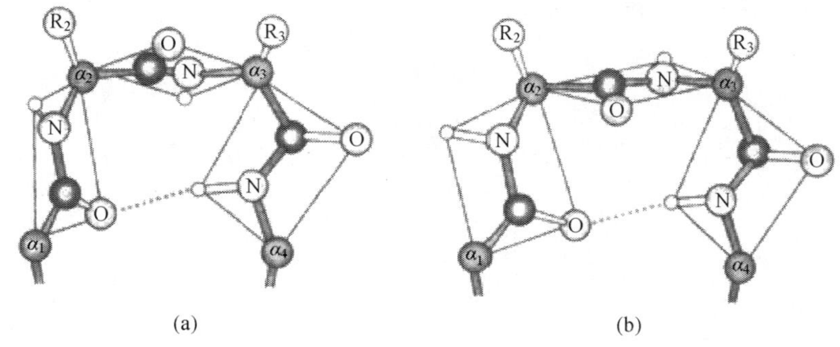

图1.14 两种主要类型的β转角

β转角是一种简单的非重复性结构。其特定构象在一定程度上取决于它的氨基酸组成。某些氨基酸如脯氨酸和甘氨酸经常存在其中，由于甘氨酸的侧链只是一个—H，在β转角中能很好地调整其他残基的空间阻碍，因此是立体化学上最合适的氨基酸；而脯氨酸具有环状结构和固定的Φ角，因此在一定程度上迫使β转角形成，促使多肽链自身回折，这些回折有助于反平行β折叠片的形成。

β转角多处于蛋白质分子的表面，且在球状蛋白质中的含量相当丰富，约占全部残基的1/4。

4. β凸起

β凸起是一种小片的非重复结构，能单独存在，但大多数经常作为反平行β折叠片中的一种不规则情况而存在。β凸起可认为是β折叠股中额外插入的一个残基，它使得在两个正常氢键之间、在凸起折叠股上是两个残基，而在另外一侧的正常股上是一个残基（图1.15）。

凸起股主链额外残基之所以被规则的氢键网所容纳，部分原因是凸起股产生微小的弯曲。因此，β凸起引起多肽链方向的改变，但改变程度不如β转角。

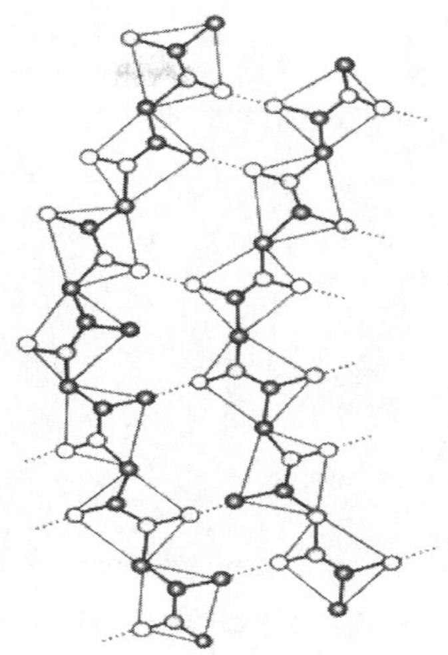

图1.15　一种典型的β凸起

5. 无规则卷曲

无规则卷曲或称卷曲，泛指那些不能被归入明确的二级结构，如折叠片或螺旋的多肽区段。实际上，虽然也存在少数柔性的无序片段，这些区段大多数既不是完全卷曲，也不是完全无规律。也像其他二级结构那样，它们有明确而稳定的结构，否则蛋白质就不可能在其三维空间的每维都形成具有周期性结构的晶体。它们受侧链相互作用的影响很大，经常构成酶的活性部位和其他蛋白质的特异功能部位，如许多钙结合蛋白中结合钙离子的EF手性结构(E-F hand structure)的中央环。

在所有已测定的蛋白质结构中，都有广泛的二级结构存在(图1.16)，但在不同种类的蛋白质中，二级结构的分布和作用都很不一样。在纤维状蛋白质中，二级结构是分子的基本结构，并决定分子的一些基本特性；在球状蛋白质中，二级结构是分子三维折叠的基本要素，对分子的骨架形成具有重要作用，但整个分子错综复杂的三维特征更多地依赖于侧链的相互作用和除氢键以外的其他作用力。在大多数球状蛋白质分子中，兼有各种二级结构，彼此并无一定的比例。

1.6.3　蛋白质的超二级结构

蛋白质的超二级结构也称为基元。在蛋白质中，特别是球蛋白中，经常可以看到由若干相邻的二级结构单元组合在一起，彼此相互作用，形成有规则的、在空间上能辨认的二级结构组合体，并充当三级结构的构件。目前，发现的超二级结构有三种基本形式[1,2]：α螺旋组合(αα)；β折叠组合(βββ)和α螺旋β折叠组合(βαβ)，其中以βαβ组合最为常见。它们可直接作为三级结构的“建筑块”或结构域的组成单

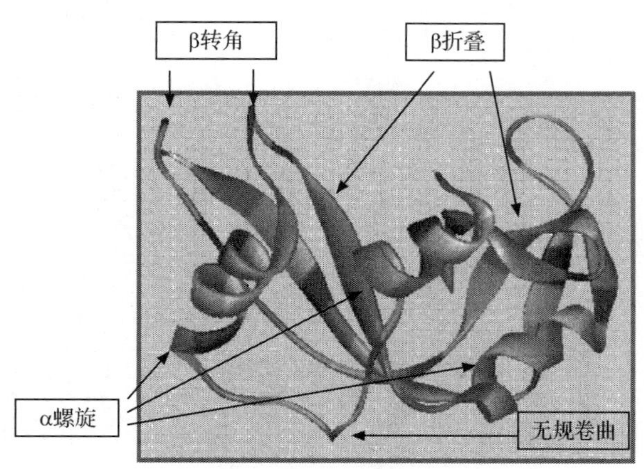

图 1.16　蛋白质二级结构主要形式示意图

位，是蛋白质构象中二级结构与三级结构之间的一个层次，所以称为超二级结构。多数情况下，只有非极性残基侧链参与这些相互作用，而亲水侧链多在分子的外表面。

1. α螺旋组合

α螺旋组合(αα)是一种α螺旋束，经常是由两股平行或反平行排列的右手螺旋段相互缠绕而成的左手卷曲螺旋或称超螺旋[图 1.17(a)]。α螺旋束中还发现有三股和四股螺旋。卷曲螺旋是纤维状蛋白质，如α-角蛋白、肌球蛋白和原肌球蛋白的主要结构元件，也存在于球状蛋白质中，如烟草花叶病毒外壳蛋白(TMV coat protein)等。

球状蛋白质中α螺旋束由同一条链上的一级序列上邻近的α螺旋组成。由于超螺旋每圈螺旋为3.5个残基，而正常α螺旋的残基为3.6个，重复距离从5.4 nm缩短为0.51 nm。超螺旋的螺距约为14 nm，直径约为2 nm。两股α螺旋的轴相距1 nm，使两股α螺旋的侧链能紧密地相互作用以增强螺旋结构。

2. α螺旋β折叠组合(βαβ)

最简单的βαβ组合也称为βαβ单元，它是由两段平行的β折叠股和一段作为连接链的α螺旋组成，β股之间还有氢键相连；连接链反平行地交叉在β折叠片的一侧，β折叠片的疏水侧链面向α螺旋的疏水面，彼此紧密装配[图 1.17(b)]。α螺旋和无规卷曲都可作为连接链。最常见的βαβ组合是由三段平行的β股和两段α螺旋构成[图 1.17(c)]，相当于两个βαβ单元组合在一起，称为Rossman折叠(βαβαβ实际上是两个连续的β-α-β单元共享一个β折叠)。由于L-氨基酸的伸展多肽链(β股)倾向于右手扭曲结构，几乎在所有实例中，连接链都是右手交叉，这是一种拓扑学现象。

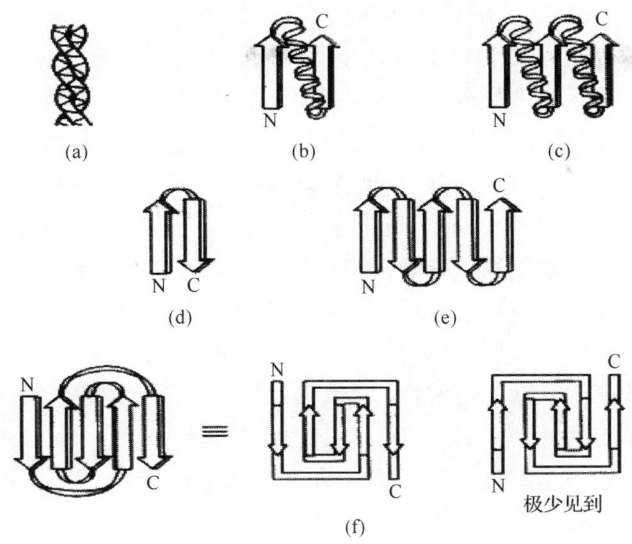

图 1.17 蛋白质中的几种超二级结构

(a) αα；(b) βαβ单元；(c) Rossman 折叠，α螺旋处于β折叠片上侧；(d) β发夹；(e) β曲折；(f) 希腊钥匙拓扑结构

3. β折叠组合(ββ)

折叠组合(ββ)实际上就是反平行β折叠片在球状蛋白质中由一条多肽链的若干段β折叠股反平行组合而成，两个β股之间通过一个短回环(发夹) 连接起来[图 1.17(d)～(f)]。最简单的ββ折叠花式是β发夹结构，由几个β发夹可以形成更大、更复杂的折叠片图案，如β曲折和希腊钥匙拓扑结构。

β曲折是一种常见的超二级结构，由氨基酸序列上连续的多个反平行β折叠股通过紧凑的β转角连接而成，含有与α螺旋相近数目的氢键，具有高稳定性。

希腊钥匙拓扑结构(Greek key topology) 也是反平行β折叠片中常出现的一种折叠花式，这种拓扑结构有两种可能的回旋方向，但实际上只存在其中的一种。当折叠片的亲水面朝向观察者时，从N末端到C末端回旋几乎总是逆时针的。

1.6.4 蛋白质的结构域

结构域是在二级结构或超二级结构的基础上形成三级结构的局部折叠区，一条多肽链在这个域范围内来回折叠，但相邻的域常被一个或两个多肽片段联结。每个结构域通常由 50～300 个氨基酸残基组成，其特点是在三维空间可以明显区分和相对独立，并且具有一定的生物功能[1,2]。

一个蛋白质分子中的几个结构域有的相同，有的不同；而不同蛋白质分子之间肽链中的各结构域也可以相同。例如，乳酸脱氢酶、3-磷酸甘油醛脱氢酶、苹果酸

脱氢酶等均属以 NAD^+ 为辅酶的脱氢酶类，它们各自由两个不同的结构域组成，但它们与 NAD^+ 结合的结构域构象则基本相同。

对于较小的球状蛋白质分子或亚基来说，结构域和三级结构的含意相同。也就是说，这些蛋白质或亚基是单结构域的，如红氧还蛋白等；较大的球形蛋白质分子或亚基，其三级结构一般含有两个或多个结构域，即多结构域，其间以柔性的铰链相连，以便相对运动。

结构域有时也指功能域。一般来说，功能域是蛋白质分子中能独立存在的功能单位，它可以是一个结构域，也可以由两个或两个以上的结构域组成。例如，酵母己糖激酶的功能域(活性部位)是由两个结构域构成的，并处于它们的交界处。许多多结构域的酶的活性中心都在两个结构域之间，原因是通过结构域容易构建具有特定三维排布的活性中心。

结构域的基本类型有反平行 α 螺旋结构域、平行或混合型 β 折叠片结构域、反平行 β 折叠片结构域和富含金属或二硫键结构域 4 种[1,2]。

1. 反平行 α 螺旋结构域

反平行 α 螺旋结构域又称为全 α 结构，又分为几个亚类，最大的也是最简单的亚类是反平行螺旋束。相邻螺旋之间以环相连，形成近似筒形的螺旋束。螺旋疏水面朝向内部，亲水面朝向溶剂，活性部位位于螺旋束的一端，由不同螺旋上的残基构成，如蚯蚓血红蛋白、TMV 外壳蛋白(图 1.18)。

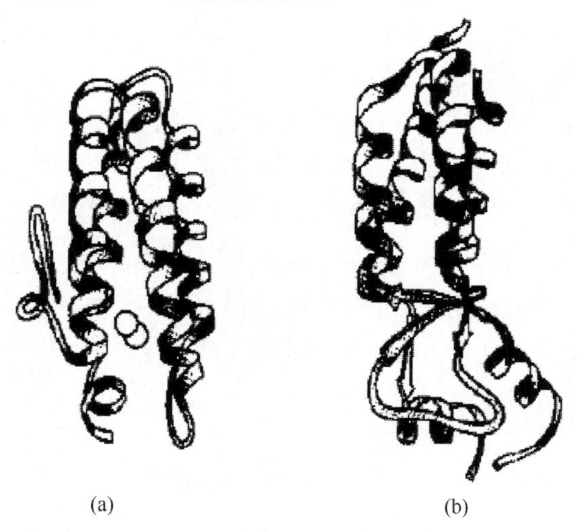

(a) (b)

图 1.18 反平行 α 螺旋结构域

(a) 蚯蚓血红蛋白；(b) TMV 外壳蛋白

反平行 α 螺旋结构域的另外一种亚类是珠蛋白型 α 螺旋蛋白。这类结构中的一级结构上相邻的两个螺旋采取接近相互垂直的取向。

2. 平行或混合型β折叠片结构域

这种结构域以平行或混合型(含平行或反平行β折叠股)β折叠片为基础。该结构一般位于蛋白质的核心部位,很少与溶剂接触。

该结构可分为两个亚类:一类为单绕平行β桶(singly wound parallel β-barrel)或称平行β桶(图1.19);另外一类为双绕平行β片(doubly wound parallel β-sheet)或马鞍形扭曲片(图1.20),也称核苷酸结合结构域(nucleotide-binding domain)。

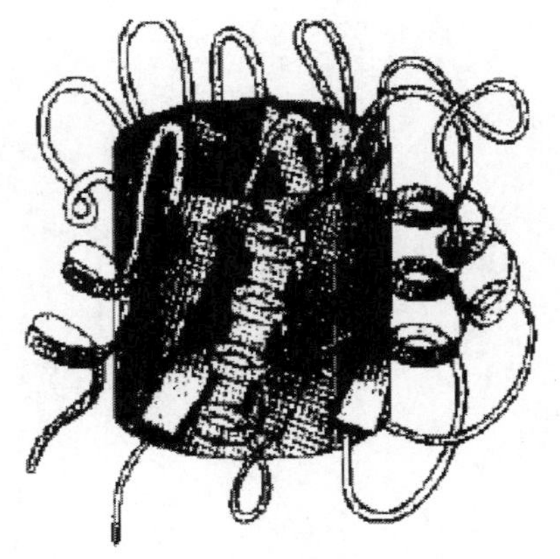

图1.19　平行β桶(磷酸丙糖异构酶侧面)

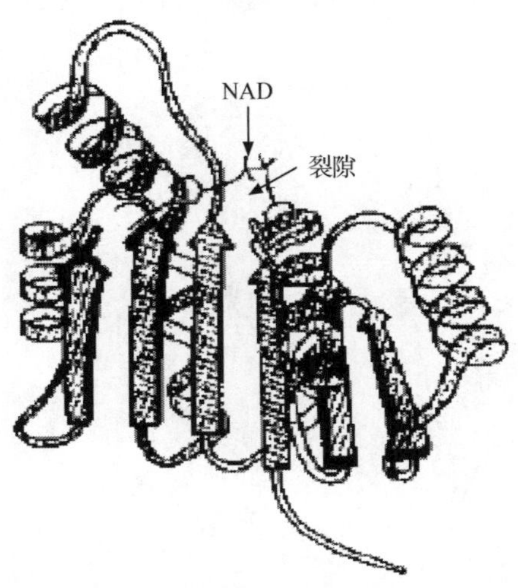

图1.20　马鞍形扭曲片[乳酸脱氢酶(NAD)结构域侧面]

3. 反平行β折叠片结构域

一般是疏水残基在折叠片的一侧,亲水残基在另外一侧。因此,一个反平行β

折叠片蛋白质至少有两个主链结构层：两层β折叠片或一层β折叠片和一层α螺旋。两个β折叠片的疏水面对合形成疏水区，相背的两面暴露在溶剂中。这类结构域由4～10个β折叠股构成，又分为两类：反平行β桶和反平行β片。

反平行β桶通常由偶数个β折叠股组成，其中希腊钥匙形最为常见，如Cu·Zn超氧化物歧化酶亚基（图1.21）、免疫球蛋白结构域（图1.22），另外还有果冻卷β桶（jell roll β-barrel）及上下型β桶（up-and-down β-barrel）。

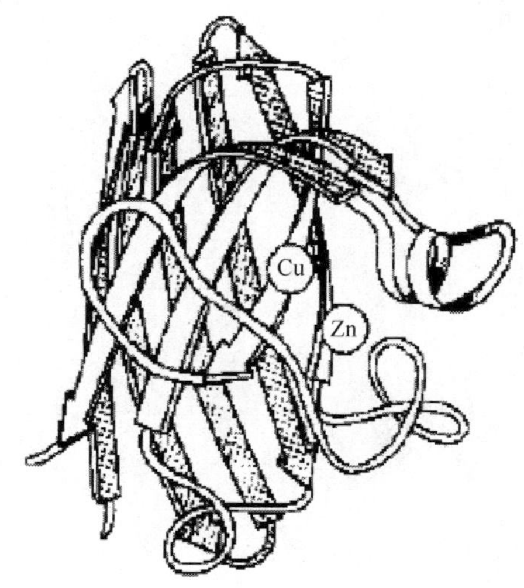

图1.21　Cu·Zn超氧化物歧化酶亚基

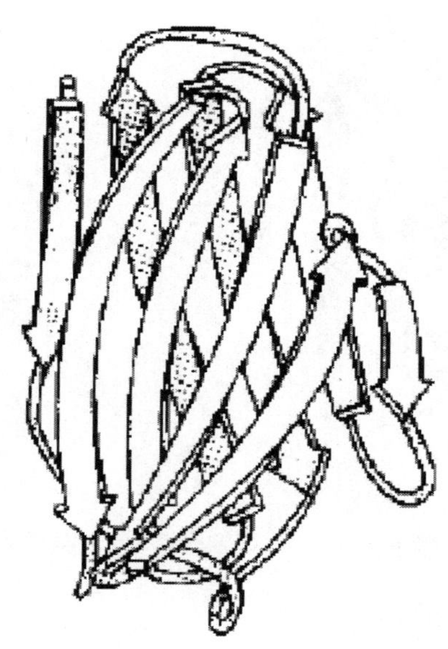

图1.22　免疫球蛋白VL（轻链可变区）结构域

反平行β片也称"露面夹心"(open-face-sandwich) 结构。含有3～15个β折叠股的单层反平行β折叠片,虽扭曲但不闭合成桶。

4. 富含金属或二硫键的结构域

一些小的蛋白质或结构域往往不规则,只有很少量的二级结构,富含金属或二硫键。金属形成的配体或二硫键对蛋白质的构象起稳定作用。富含金属的蛋白质如铁氧还蛋白,富含二硫键的蛋白如胰岛素(图1.23)。

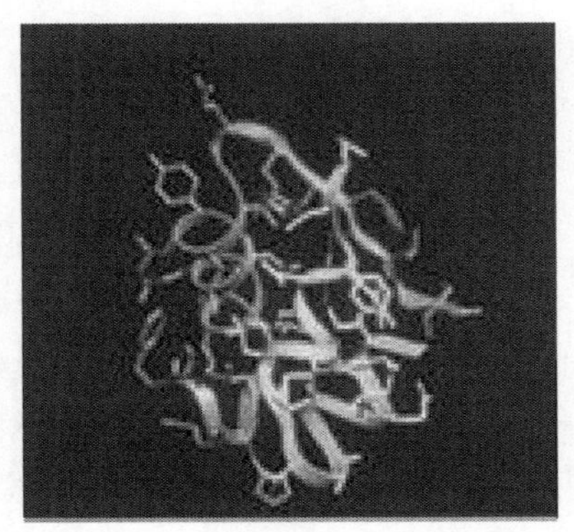

图1.23　胰岛素

1.6.5　蛋白质的三级结构

蛋白质的多肽链在各种二级结构的基础上再进一步盘曲或折叠,形成具有一定规律的三维空间结构,称为蛋白质的三级结构。蛋白质三级结构的稳定主要依靠一些所谓弱的相互作用或称为非共价键或次级键(图1.24),包括氢键、疏水键、盐键(离子键) 以及范德华力等[1,2]。

1. 氢键作用

H原子与电负性大的、具有孤对电子的O、F、N原子直接相连时形成氢键,可以认为是质子从酸转移到碱的中间体,受体原子带有部分吸引氢原子的部分电荷。由于H的电负性小,半径小,在电负性大的原子的强烈吸引下,几乎变成裸露的原子核,这一正电荷氢核遇到另外一个电负性强的原子时,就产生静电吸引,即所谓氢键。在氢键中,一个氢原子被其他两个原子所分享。

O—H…N　或　O…H—N

氢键是稳定蛋白质二级结构的主要作用力。此外,还可在侧链与侧链,侧链与介质水,主链肽基与侧链或主链肽基与水之间形成(图1.24),在稳定蛋白质的结构中起着极其重要的作用。

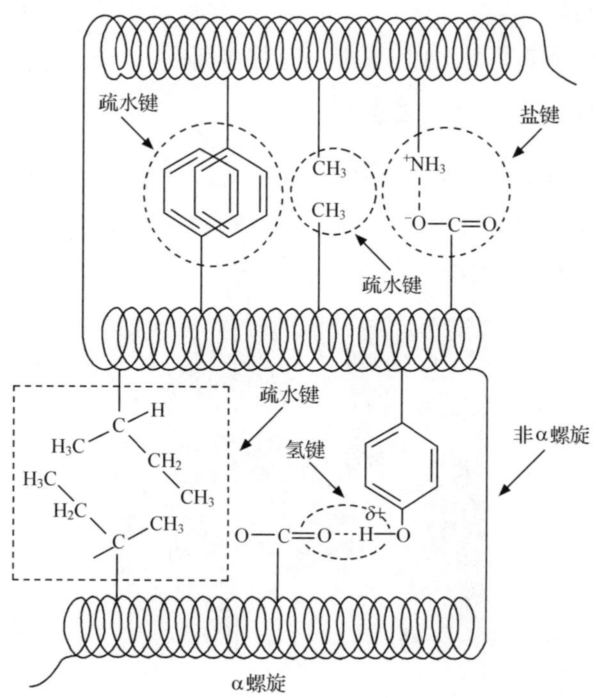

图 1.24　几种稳定蛋白质空间结构的次级键

2. 范德华力的作用

当两个原子相隔 3～4Å 时，它们之间就有非专一性的吸引力，这种相互作用力称为范德华力。广义上的范德华力包括 3 种较弱的作用力：定向效应、诱导效应和分散效应。分散效应是在多数情况下起主要作用的范德华力，它是非极性分子或基团间仅有的一种范德华力即狭义的范德华力。这是瞬时偶极间的相互作用，偶极方向是瞬时变化的。

范德华力包括吸引力和斥力。吸引力只有当两个非键合原子处于接触距离(或称范德华距离)，即两个原子的范德华半径之和时才能达到最大。就个别来说，范德华力是很弱的，但其相互作用数量大且有加和效应和位相效应，因而成为一种不可忽视的作用力。

3. 疏水作用

水介质中，球状蛋白质的折叠总是倾向于把疏水残基埋藏在分子的内部，这一现象称为疏水作用或疏水效应。它在稳定蛋白质的三维结构方面占有突出地位。疏水作用并不是疏水基团之间存在吸引力，而是疏水基团或疏水侧链出自避开水的需要而被迫接近，即水倾向于将非极性分子拥挤在一起。

疏水作用在生理温度范围内随温度的升高而增强，但超过一定温度（50～60 ℃，因侧链而异）后，又趋减弱。非极性试剂、去污剂是破坏疏水作用的试剂，因此是变性剂。尿素和盐酸胍既能破坏氢键又能破坏疏水作用，因此是强变性剂。

4. 离子作用力

离子作用力又称盐桥或离子键，它是正电荷与负电荷之间的一种静电相互作用。吸引力 F 与电荷电量的乘积（Q_1Q_2）成正比，与电荷质点间距离 R 的平方成反比：

$$F=\frac{Q_1Q_2}{\varepsilon R^2}$$

在溶液中，此吸引力随周围介质的介电常数 ε 的增大而降低。在接近中性环境中，蛋白质分子中的酸性氨基酸残基侧链电离后带负电荷，而碱性氨基酸残基侧链电离后带正电荷，二者之间可形成离子键。

这些次级键可存在于一级结构序号相隔很远的氨基酸残基的 R 基团之间，因此，蛋白质的三级结构主要指氨基酸残基的侧链间的结合。次级键易受环境中的 pH、温度、离子强度等的影响，有变动的可能性。二硫键不属于次级键，但在某些肽链中能使远离的两个肽段联系在一起，这对于稳定蛋白质三级结构起了重要作用。

5. 二硫键作用

绝大多数情况下，二硫键是在多肽链的 β 转角附近形成的。二硫键的形成并不限定多肽链的折叠。然而，一旦蛋白质采取了它的三维结构，则二硫键的形成将对此构象起稳定作用。假如蛋白质中所有的二硫键相继被还原，将引起蛋白质天然构象的改变和导致生物活性的丧失。在大多数情况下，二硫键可选择性地被还原。

也有人认为，蛋白质的三级结构是指在蛋白质分子主链折叠盘曲形成构象的基础上，分子中各个侧链所形成一定的构象。侧链构象主要是形成微区（或称结构域）。对球状蛋白质来说，形成疏水区和亲水区。亲水区多在蛋白质分子表面，由很多亲水侧链组成。疏水区多在分子内部，由疏水侧链集中构成，疏水区常形成一些“洞穴”或“口袋”，某些辅基就镶嵌其中，成为活性部位。

具备三级结构的蛋白质从其外形上看，有的细长（长轴比短轴大 10 倍以上），属于纤维状蛋白质，如丝心蛋白；有的长、短轴相差不多，基本上呈球形，属于球状蛋白质，如血浆清蛋白、球蛋白、肌红蛋白。球状蛋白质分子的 80%～90 %的疏水基被埋藏在分子内部，而亲水基则多分布在分子表面，因此球状蛋白质是水溶性的。更重要的是，多肽链经过如此盘曲后，可形成某些发挥生物学功能的特定区域,如酶的活性中心等。所有具有重要生物功能的蛋白质都有严格、特定的三级结构。如果蛋白质分子仅由一条多肽链组成,三级结构就是它的最高结构的层次。

1.6.6 蛋白质的四级结构

四级结构是指在亚基与亚基之间通过疏水作用等次级键结合成为有序排列的特定的空间结构[1,2]。具有四级结构的蛋白质中,每个球状蛋白质称为亚基,亚基通常由一条多肽链组成,有时也称单体,单独存在时一般没有生物活性。仅由一个亚基组成的并因此无四级结构的蛋白质如核糖核酸酶称为单体蛋白质,由两个亚基组成的称为二聚体蛋白,由 4 个亚基组成的称为四聚体蛋白。由两个或两个以上亚基组成的蛋白质统称为寡聚蛋白质、多聚蛋白质或多亚基蛋白质。多聚蛋白质可以是由单一类型的亚基组成,称为同多聚蛋白质,如肝乙醇脱氢酶,烟草花叶病毒的外壳蛋白是由 2200 个相同的亚基形成的多聚体;或由几种不同类型的亚基组成称为杂多聚蛋白质,如正常人血红蛋白是两个 α 亚基与两个 β 亚基形成的四聚体($\alpha_2\beta_2$);天冬氨酸氨甲酰基转移酶由六个调节亚基与六个催化亚基组成。有人将具有全套不同亚基的最小单位称为原聚体或原体。在同多聚体中,原体就是亚基。但在杂多聚体中,原体由两种或多种不同的亚基组成。例如,一个催化亚基与一个调节亚基结合成天冬氨酸氨甲酰基转移酶的原聚体。

蛋白质的四级结构涉及亚基种类和数目以及各亚基或原聚体在整个分子中的空间排布,包括亚基间的接触位点(结构互补) 和作用力(主要是非共价键的相互作用)。大多数寡聚蛋白质分子中亚基数目为偶数,尤其以 2 和 4 居多;个别的为奇数,如荧光素酶分子含 3 个亚基。蛋白质分子亚基的种类一般是一种或两种,少数多于两种。

稳定蛋白质四级结构的作用力与稳定三级结构的作用力没有本质的区别,主要是范德华力、氢键、离子键和疏水相互作用力等。此外,还有一个重要因素是亚基之间形成的二硫键,如抗体是由两条重链和两条轻链组成的四聚体(H_2L_2 或 $\alpha_2\beta_2$),通过亚基间的二硫键将两条重链(H) 联系在一起,另外有两个二硫键分别将两条轻链(L) 与两条重链连接起来。

大多数具有四级结构的寡聚蛋白质分子都有对称结构的特征,并且大多数具有四级结构的蛋白质都有点群对称性。最简单的点群对称是环状对称,它存在于只含有一个旋转轴的寡聚蛋白质中。对称是有四级结构蛋白质的重要性质之一。

1.7 蛋白质的分子结构与功能的关系

1.7.1 蛋白质一级结构与其功能的关系

在生物体内,蛋白质的多肽链一旦被合成之后,即可根据一级结构的特点自然折叠和盘曲，形成一定的空间构象。蛋白质的一级结构是其空间结构的基础，与蛋白质的生物功能密切相关，特别是蛋白质与其他生物大分子的相互作用都是由氨基酸顺序决定的，如红细胞的膜蛋白、血型糖蛋白。

血型糖蛋白的相对分子质量为 31 000，含糖量约为 60 %，由 131 个氨基酸残基组成。分子中含有 16 条寡糖链，其中唾液酸含量很高。血型糖蛋白一部分位于细胞外，为氨基末端部分，含糖残基，是亲水性肽段，中间部分位于细胞膜中央，由疏水性氨基酸残基组成，还有一部分位于细胞内部，也是亲水片段[79]。这三部分氨基酸残基的顺序不同，分别决定了它们各自不同的功能。细胞外侧部分含寡糖链，与细胞识别有关；中间部分，由于由疏水性残基组成，因此能与生物膜的磷脂双分子层紧密结合；细胞内的部分，由于由亲水性残基组成，因此能溶于细胞质中。一般来说，蛋白质的跨膜结构域由 20 个左右的疏水氨基酸残基组成，形成 α 螺旋（长度约为 3nm），其外部疏水侧链通过范德华力与磷脂双分子层的脂肪酸链接并（厚度约为 3.2 nm）相互作用。

蛋白质与核酸的结合也与蛋白质的顺序有关。例如，真核生物的染色体中 DNA 螺旋的磷酸基带负电荷，组蛋白含有 129 个氨基酸残基，在其前面的 36 个氨基酸残基中有 12 个是带正电荷的，因此这部分肽段能与 DNA 的磷酸基紧密结合。

一级结构相似的蛋白质，其基本构象及功能也相似。例如，不同种属的生物体分离出来的同一功能的蛋白质，其一级结构的差别极小，而且在系统发生上进化位置相距越近的差异越小（表 1.15）。

表 1.15　细胞色素 C 分子中氨基酸残基的差异数目及分歧时间

不同种属	氨基酸残基的差异数目	分歧时间/百万年
人-猴	1	50～60
人-马	12	70～75
人-狗	10	70～75
猪-牛-羊	0	
马-牛	3	60～65
哺乳类-鸡	10～15	280
哺乳类-狮	17～21	400
脊椎动物-酵母	43～48	1 100

促肾上腺皮质激素（ACTH）和促黑激素（MSH）均为垂体分泌的多肽激素。α-MSH 和 ACTH 的 4～10 位的氨基酸结构与 β-MSH 的 11～17 位一样，所以 ACTH 有较弱的 MSH 的生理作用（图 1.25）。

在蛋白质的一级结构中，参与功能活性部位的残基或处于特定构象关键部位的残基，即使在整个分子中发生一个残基的异常，那么该蛋白质的功能也会受到明

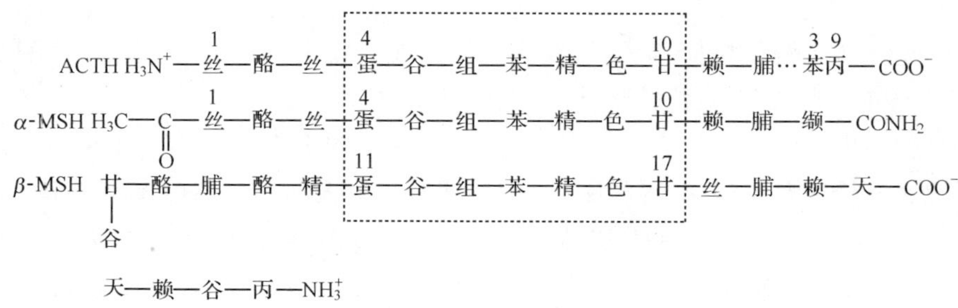

图 1.25 ACTH、α-MSH 和 β-MSH 的一级结构比较

显的影响，如被称为“分子病”的镰刀型红细胞性贫血症。

1.7.2 蛋白质的空间构象与功能活性的关系

蛋白质多种多样的功能与各种蛋白质特定的空间构象密切相关。空间构象是蛋白质功能活性的基础，构象发生变化，其功能活性也随之改变。蛋白质变性时，由于其空间构象被破坏，因此导致功能活性的丧失，变性蛋白质在复性后，构象复原，活性即能恢复。

在生物体内，当某种物质特异地与蛋白质分子的某个部位结合，触发该蛋白质的构象发生一定变化，从而导致其功能活性的变化，这种现象称为蛋白质的别构效应。具有别构效应的蛋白质称为别构蛋白。别构效应具有协同性，如果第一个配体的结合使第二个、第三个配体的结合更容易，这种效应称为正协同效应。反之，称为负协同性。正协同效应表现为 S 型配体结合曲线，负协同性则不是。蛋白质（或酶）的别构效应，在生物体内普遍存在，对物质代谢的调节和某些生理功能的变化都十分重要。以血红蛋白为例来说明。

血红蛋白（heamoglobin，Hb）[1,2]是红细胞中所含有的一种蛋白质，主要功能是在血液中结合并运输氧气。它的蛋白质部分称为珠蛋白，非蛋白质部分（辅基）称为血红素（图 1.26）。Hb 分子近似球形，6.4 nm×5.5 nm×5.0 nm，4 个亚基占据相当于四面体的 4 个顶角，整个分子形成 C_2点群对称。每一个亚基结合一分子的血红素。正常成年人的 Hb 分子的 4 个亚基为两条 α 链、两条 β 链。α 链由 141 个氨基酸残基组成，β 链由 146 个氨基酸残基组成，它们的一级结构均已确定。每一个亚基都具有独立的三级结构，各肽链折叠盘曲成一定的构象，β 亚基中有 8 个 α 螺旋区（分别称 A、B、…、H 螺旋区），α 亚基中有 7 个 α 螺旋区。在此基础上，肽链进一步折叠成球状，依赖侧链间形成的各种次级键维持稳定，使之球形表面为亲水区，球形向内，在 E 和 F 螺旋段间的 20 多个疏水氨基酸侧链构成口袋形的疏水区，辅基血红素就嵌接在其中。α 亚基和 β 亚基构象相似。最后，4 个亚基 $\alpha_2\beta_2$ 聚合成具有四级结构的 Hb 分子（图 1.27）。在此分子中，4 个亚基沿中央轴排布四方，两个 α 亚基沿不同方向嵌入两个 β 亚基间，各亚基间依多种次级键联系，使整个分子呈球形，这些次级键对于维系 Hb 分子的空间构象有重要作用。例如，在 4 个亚基间的 8 对盐键，它们的形成和断裂将使整个分子的空间构象发生变化。

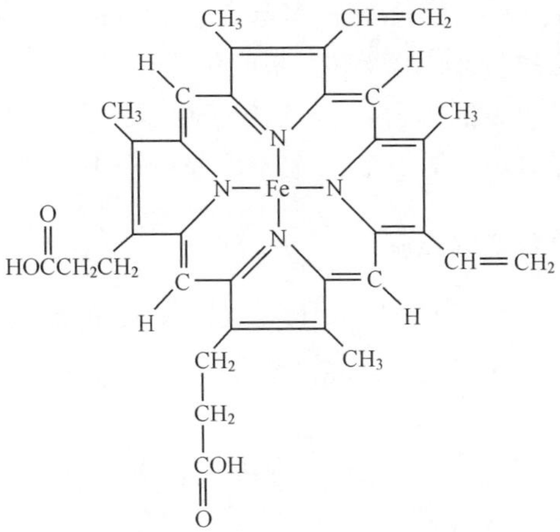

图 1.26　血红素的结构式

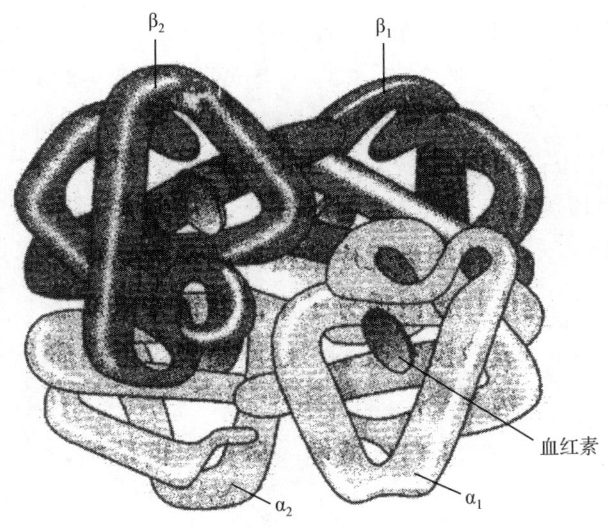

图 1.27　血红蛋白 β 亚基的构象

Hb 在体内的主要功能为运输氧气，而 Hb 的别构效应，极有利于它在肺部与 O_2 结合及在周围组织释放 O_2。Hb 通过其辅基血红素的 Fe^{2+} 与氧发生可逆结合。血红素的 Fe^{2+} 共有 6 个配位键，其中 4 个与血红素的吡咯环的 N 原子结合，一个与珠蛋白亚基 F 螺旋区的第 8 位组氨酸（F_8）残基的咪唑基的 N 原子相连接，空着的一个配位键可与 O_2 可逆地结合，结合后称氧合血红蛋白。

在血红素中,4 个吡咯环形成一个平面,在未与氧结合时,Fe^{2+} 的位置高于平面 0.7Å,一旦 O_2 进入某一个 α 亚基的疏水"口袋"中,与 Fe^{2+} 的结合会使 Fe^{2+} 嵌入四吡咯平面中,也即向该平面内移动约 0.39 Å,铁的位置的这一微小移动,牵动 F_8 组氨酸残基并进而引起 F 螺旋段和拐弯 EF 和 FG 的位移,再波及附近肽段构象,造成两个 α 亚基间的盐键断裂,使亚基间结合变松,并促进第二亚基的变构并氧合,后者又促进第三亚基的氧合,使 Hb 分子中第四个亚基的氧合速度为第一个亚基开始氧合时速度的数百倍。因此,在不同氧分压下,Hb 氧饱和曲线呈"S"型。

1.7.3 纤维状蛋白质与二级结构

蛋白质可分为两大类:纤维蛋白和球蛋白。纤维蛋白是蛋白质的空间结构研究得最早的一种。早在 1931 年,结晶学家 Astbury 就利用 X 衍射技术研究了纤维蛋白的结构。

纤维蛋白广泛分布于脊椎动物和无脊椎动物体内,是动物体的基本支架及保护成分,占脊椎动物体内蛋白质总量的一半或更多。纤维蛋白结构比较简单,呈纤维状或棒状,主要是二级结构。可分为不溶性蛋白和可溶性蛋白两类。前者如角蛋白、胶原蛋白、弹性蛋白;后者如肌球蛋白、血纤维蛋白。在此,主要介绍角蛋白[1]。

角蛋白是外胚层细胞的结构蛋白质,包括皮肤及其衍生物:毛、发、羽、甲、角、爪、喙等。可分为 α-角蛋白和 β-角蛋白。α-角蛋白是毛发中的主要蛋白质,含有大量的半胱氨酸残基,在二级结构(α 螺旋) 之间交联形成大量的二硫键,这种交联键,既可以抵抗张力,又可以作为外力去除后纤维复原的恢复力。

毛发 α-角蛋白中,三股右手 α 螺旋向左缠绕,形成初原纤维的超螺旋结构,直径为 2 nm,再排列为"9+2"的电缆式微原纤维,直径为 8 nm。成百根微原纤维再结合成一个不规则的大原纤维,直径为 200 nm。它们是毛发的结构元件(图 1.28)。大原纤维再黏合,则成为毛发。

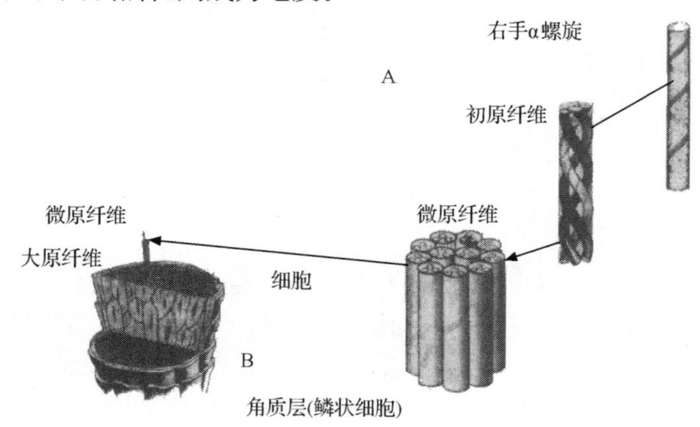

图 1.28 毛发横切面(B)和毛发 α-角蛋白(A)的结构

α-角蛋白的伸缩性能很好。在以湿热破坏其氢键后，毛发可被拉伸到原有长度的2倍，这时α螺旋被撑开，各圈间氢键被破坏，肽链变成了伸展的β折叠构象。但因α-角蛋白的侧链R基一般都比较大，不适于处于β折叠构象状态，而且螺旋间交联的二硫键也是当外力解除后使肽链恢复α螺旋的重要力量，因此，当冷却干燥后，又可自发地恢复原状。通过还原剂破坏旧的二硫键，使毛发卷曲，再用氧化剂恢复二硫键，使卷曲固定，头发就将以所希望的形式卷曲，这就是卷发的生化基础。

1.7.4 酶的结构与催化功能的关系

酶是活细胞内产生的具有高度专一性和催化效率的蛋白质，又称为生物催化剂。生物体在新陈代谢过程中，几乎所有的化学反应都是在酶的催化下进行的。根据酶促反应的性质，国际生物化学学会酶学委员会于1961年将酶分为6大类[1,2]：

(1) 氧化还原酶类。催化底物进行氧化还原反应的酶类，如乳酸脱氢酶、琥珀酸脱氢酶、细胞色素氧化酶、过氧化氢酶等。

(2) 转移酶类。催化底物之间进行某些基团的转移或交换的酶类，如转甲基酶、转氨酸、己糖激酶、磷酸化酶等。

(3) 水解酶类。催化底物发生水解反应的酶类，如淀粉酶、蛋白酶、脂肪酶、磷酸酶等。

(4) 裂解酶类。催化一个底物分解为两个化合物或两个化合物合成为一个化合物的酶类，如柠檬酸合成酶、醛缩酶等。

(5) 异构酶类。催化各种同分异构体之间相互转化的酶类，如磷酸丙糖异构酶、消旋酶等。

(6) 合成酶类。催化两分子底物合成为一分子化合物，同时还必须偶联有ATP的磷酸键断裂的酶类，如谷氨酰胺合成酶、氨基酸-tRNA连接酶等。

根据酶蛋白分子的特点，又可将酶分为单体酶、寡聚酶、多酶复合体。单体酶一般由一条多肽链组成，如牛胰核糖核酸酶、溶菌酶等，有些存在多条肽链，如胰凝乳蛋白酶由3条肽链组成。寡聚酶由两个或两个以上亚基组成。大多数寡聚酶其聚合形式是活性型，解聚形式是失活型。多数寡聚酶是调节酶，在代谢调控中起重要作用。多酶复合体则由几种酶靠非共价键彼此嵌合而成，它们的嵌合有利于一系列反应的连续进行。例如，脂肪酸合成过程中的脂肪酸合成酶复合体由7种酶和一个酰基携带蛋白构成，丙酮酸脱氢酶复合体则由60个亚基、3种酶组成。

1. 酶的化学组成

根据酶的化学组成，可将酶分为单纯蛋白质和结合蛋白质两类。属于单纯蛋白质的酶类，除了蛋白质外，不含其他物质，如脲酶、消化道蛋白酶、淀粉酶、酯酶、核糖核酸酶等。它的催化活性仅决定于其蛋白质的结构。结合蛋白质酶类，除蛋白质部分外，还要结合一些对热稳定的非蛋白质小分子物质或金属离子，即所谓酶的辅助因子，二者结合成的复合物称为全酶，即

全酶＝酶蛋白＋辅助因子

根据酶的辅助因子与酶蛋白结合的紧密程度不同，可将其分成辅酶和辅基两大类。辅酶与酶蛋白结合疏松，可以用透析或超滤方法除去；辅基通过共价键与酶蛋白结合紧密，用透析或超滤方法不容易除去，辅酶和辅基的差别仅是它们与酶蛋白结合的牢固程度不同，并无严格的界限。大多数维生素（特别是B族维生素）是组成多种酶的辅酶或辅基的成分。体内酶的种类很多，而辅酶（基）的种类却较少，通常一种酶蛋白只能与一种辅酶结合，成为一种特异的酶，但一种辅酶往往能与不同的酶蛋白结合构成多种特异性酶。酶蛋白在酶促反应中主要起识别底物的作用，酶促反应的特异性、高效性以及酶对一些理化因素的不稳定性均取决于酶蛋白部分。

2. 酶的活性中心

研究表明，酶的特殊催化能力是由局限于大分子的一定区域的少数特异氨基酸残基参与的，这些特异的氨基酸残基比较集中的地方称为酶的活性部位或活性中心。对于结合酶来说，辅酶或辅基上的一部分结构往往是活性中心的组成成分。活性中心又分为结合部位和催化部位（图1.29）。

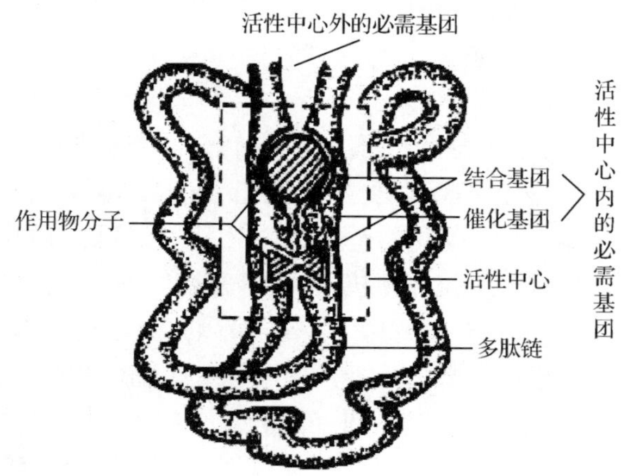

图1.29　酶活性中心示意图

虽然酶在结构、专一性和催化模式上差别很大，但就其活性部位来说，有其共同的特点：

酶的活性部位只由几个氨基酸残基构成。

酶的活性部位是一个三维实体，其氨基酸残基可能相距很远，甚至于不在同一条肽链上，但通过肽链的盘绕、折叠而在空间结构上相互靠近，形成具有一定空间结构的区域。可以说，如果没有酶的空间结构，就不会有酶的活性部位。如果酶的高级结构受到破坏，酶的活性部位遭到破坏，酶即失活。

酶的结构并不是固定不变的，有人认为酶分子(包括辅酶在内）的活性中心与底物的形状原来并非完全互补，当底物分子与酶分子相碰时，可诱导酶分子的构象变得能与底物配合，然后底物才能与酶的活性中心结合，进而引起底物分子发生相应的化学变化，即所谓酶作用的诱导契合学说(图 1.30)。用 X 射线衍射分析的方法已证明，酶在参与催化作用时构象发生了变化。

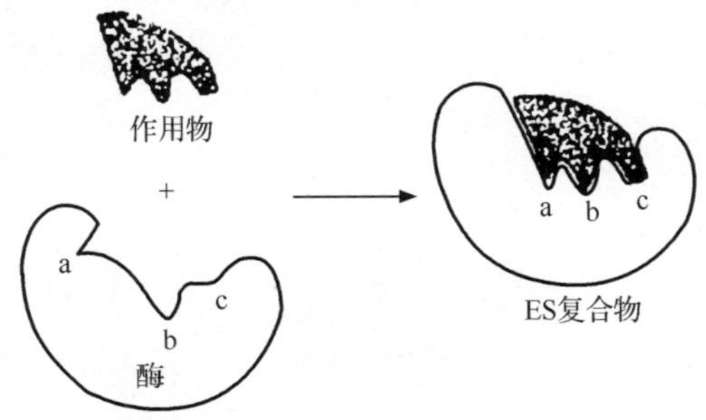

图 1.30　底物与酶相互作用的“诱导契合”模式图

酶的活性部位位于酶分子表面的一个裂缝内，裂缝内非极性基团较多，产生了一个微环境，提高了酶与底物的结合能力，有利于催化。底物通过较弱的次级键结合到酶上。酶的活性部位具有柔性或可运动性。活性部位的形成要求酶具有一定的空间构象，因此酶分子中其他部位的作用可能是次要的，但绝不是毫无意义的，它们为酶的活性部位的形成提供了结构基础。

1.8　蛋白质的合成

蛋白质分子由许多氨基酸组成，在不同的蛋白质分子中，氨基酸有着特定的排列顺序，这种特定的排列顺序是严格由蛋白质的编码基因中碱基的排列顺序决定的。基因的遗传信息从 DNA 转移到 mRNA，再由 mRNA 将这种遗传信息表达为蛋白质中氨基酸顺序的过程就是蛋白质分子的生物合成过程。在此过程中，需要多种生物大分子参加，包括核糖体、mRNA、tRNA 及多种蛋白质因子。其基本过程如图 1.31 所示。

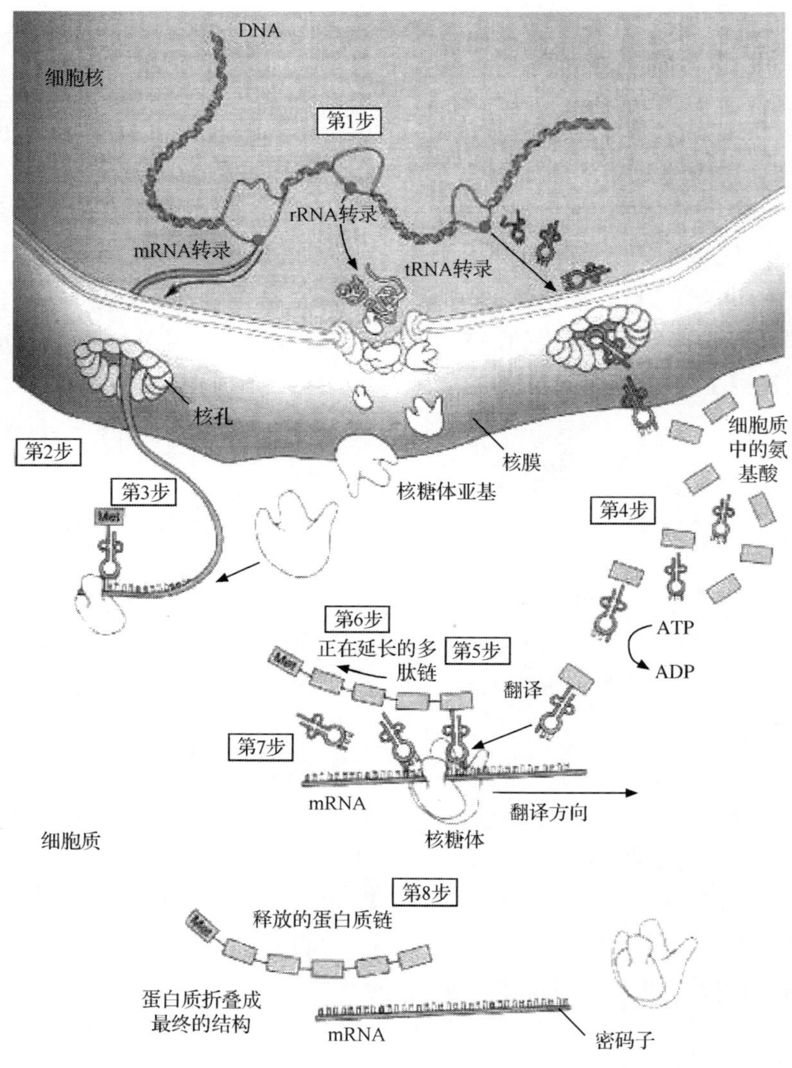

图 1.31　蛋白质分子合成过程示意图

1.8.1　蛋白质合成的物质基础

1. 合成原料

自然界中由 mRNA 编码的氨基酸共有 20 种，只有这些氨基酸能够作为蛋白质生物合成的直接原料。某些蛋白质分子还含有羟脯氨酸、羟赖氨酸、γ-羧基谷氨酸等，这些特殊的氨基酸是在肽链合成后的加工修饰过程中形成的。

2. mRNA

mRNA是合成蛋白质的直接模板。在原核细胞中，每种mRNA分子常带有多个功能相关的蛋白质的编码信息，可指导合成多种蛋白质；而真核细胞中，每种mRNA一般只带有一种蛋白质编码信息。mRNA以它分子中的核苷酸排列顺序携带从DNA传递来的遗传信息，作为蛋白质生物合成的直接模板，决定蛋白质分子中的氨基酸排列顺序。不同蛋白质有各自不同的mRNA。

mRNA分子上以5′→3′的方向，从AUG开始每三个连续的核苷酸组成一个密码子，mRNA中的四种碱基可以组成64种密码子。这些密码子不仅代表了20种氨基酸，还决定了翻译过程的起始与终止位置。每种氨基酸至少有一种密码子，最多的有6种密码子。从对遗传密码性质的推论到决定各个密码子的含义，进而全部阐明遗传密码，是科学上最杰出的成就之一，于1965年编排出了遗传密码字典(表1.16)[1,2]。

表1.16　氨基酸的遗传密码

5′末端(第一位碱基)	中间碱基(第二位碱基)				3′末端(第三位碱基)
	U	C	A	G	
U	苯丙氨酸(Phe)F	丝氨酸(Ser)S	酪氨酸(Tyr)Y	半胱氨酸(Cys)C	U
	苯丙氨酸(Phe)	丝氨酸(Ser)	酪氨酸(Tyr)	半胱氨酸(Cys)	C
	亮氨酸(Leu)L	丝氨酸(Ser)	终止信号	终止信号	A
	亮氨酸(Leu)	丝氨酸(Ser)	终止信号	色氨酸(Trp)W	G
C	亮氨酸(Leu)	脯氨酸(Pro)P	组氨酸(His)H	精氨酸(Arg)R	U
	亮氨酸(Leu)	脯氨酸(Pro)	组氨酸(His)	精氨酸(Arg)	C
	亮氨酸(Leu)	脯氨酸(Pro)	谷酰胺(Gln)Q	精氨酸(Arg)	A
	亮氨酸(Leu)	脯氨酸(Pro)	谷酰胺(Gln)	精氨酸(Arg)	G
A	异亮氨酸(Ile)I	苏氨酸(Thr)T	天冬酰胺(Asn)N	丝氨酸(Ser)S	U
	异亮氨酸(Ile)	苏氨酸(Thr)	天冬酰胺(Asn)	丝氨酸(Ser)	C
	异亮氨酸(Ile)	苏氨酸(Thr)	赖氨酸(Lys)K	精氨酸(Arg)R	A
	蛋氨酸(Met)M (起始信号)*	苏氨酸(Thr)	赖氨酸(Lys)	精氨酸(Arg)	G
G	缬氨酸(Val)V	丙氨酸(Ala)A	天冬氨酸(Asp)D	甘氨酸(Gly)G	U
	缬氨酸(Val)	丙氨酸(Ala)	天冬氨酸(Asp)	甘氨酸(Gly)	C
	缬氨酸(Val)	丙氨酸(Ala)	谷氨酸(Glu)E	甘氨酸(Gly)	A
	缬氨酸(Val)	丙氨酸(Ala)	谷氨酸(Glu)	甘氨酸(Gly)	G

* 位于mRNA起始部位的AUG为氨基酸合成肽链的起始信号。以哺乳动物为代表的真核生物，此密码子代表蛋氨酸；以微生物为代表的原核生物则代表甲酰蛋氨酸。

遗传密码具有以下几个特点：

1）起始码与终止码

密码子 AUG 是起始密码，代表合成肽链的第一个氨基酸的位置，它们位于 mRNA5′的末端。同时，它也是蛋氨酸的密码子，因此原核生物和真核生物的多肽链合成的第一个氨基酸都是蛋氨酸，当然少数细菌中也用 GUG 作为起始密码。在真核生物中 CUG 偶尔也用作起始蛋氨酸的密码。密码子 UAA、UAG、UGA 是肽链合成的终止密码，不代表任何氨基酸，它们单独或共同存在于 mRNA3′的末端。因此翻译是沿着 mRNA 分子 5′→3′的方向进行的。

2）密码无标点符号

两个密码子之间没有任何核苷酸间隔，因此从起始码 AUG 开始，每三个碱基代表一个氨基酸，这就构成了一个连续不断的阅读框，直至终止码。如果在阅读框中间插入或缺失一个碱基就会造成移码突变，引起突变位点的下游氨基酸的排列错误。

3）密码的简并性

一种氨基酸有几组密码子，或者几组密码子代表一种氨基酸的现象称为密码子的简并性。这种简并性主要是由密码子的第三个碱基发生摆动现象而形成的，也就是说密码子的专一性主要由前两个碱基决定，即使第三个碱基发生突变也能翻译出正确的氨基酸，这可以减少有害突变，维持物种的稳定性，如 GCU、GCC、GCA、GCG 都代表丙氨酸。

4）密码的通用性

大量的事实证明，生命界从低等到高等，基本上共用一套密码，也就是说遗传密码在很长的进化过程中保持不变。因此，这张密码表是生物界通用的，也说明生物有共同的起源。然而，出乎人们预料的是，线粒体 DNA 编码方式与通常的遗传密码有所不同。例如，在人的线粒体中，UGA 不是终止码，而是色氨酸的密码子，AGA、AGG 不是精氨酸的密码子，而是终止密码子，加上通用密码中的 UAA 和 UAG，线粒体中共有四组终止码。

3. tRNA

tRNA 是氨基酸的运载工具。tRNA 在蛋白质生物合成过程中起着关键作用，它将 mRNA 携带的遗传信息翻译成蛋白质的一级结构。

tRNA 有两个关键部位，一个是氨基酸的结合位点，另外一个是与 mRNA 的结合位点。对于组成蛋白质的 20 种氨基酸来说，每一种至少有一种 tRNA 来负责转运。与 mRNA 的结合位点上有相应的反密码子并与 mRNA 模板上的密码子之间碱基互补配对，将所携带的氨基酸送入到合成的多肽链的指定位置上。

4. 核糖核蛋白体[80]

核糖核蛋白体简称核糖体，是蛋白质的合成工厂。在结构上，它由大、小两个亚基构成；在化学组成上，它由蛋白质和RNA组成，这种RNA称为核糖体RNA(rRNA)。核糖核蛋白体可分为两类：一类附着于内质网上，形成粗面型内质网，主要参与白蛋白、胰岛素等分泌蛋白的合成；另外一类游离于胞浆中，主要参与细胞固有蛋白质的合成。核糖体是细胞的主要成分之一，含有几个重要的结合位点(图1.32)。

(1) mRNA结合位点：负责与mRNA的结合。

(2) A位点(aminoacyl-tRNA site)：又称为氨基酰-tRNA位，新进入的氨基酰-tRNA的位置。

(3) P位点(peptidyl tRNA site)：又称为肽酰基-tRNA位，结合起始tRNA并向A位给出氨基酸的位置。

(4) 转肽酶的活性部位：位于P位和A位的连接处。

(5) 结合参与蛋白质合成的起始因子、延长因子和终止因子或释放因子。

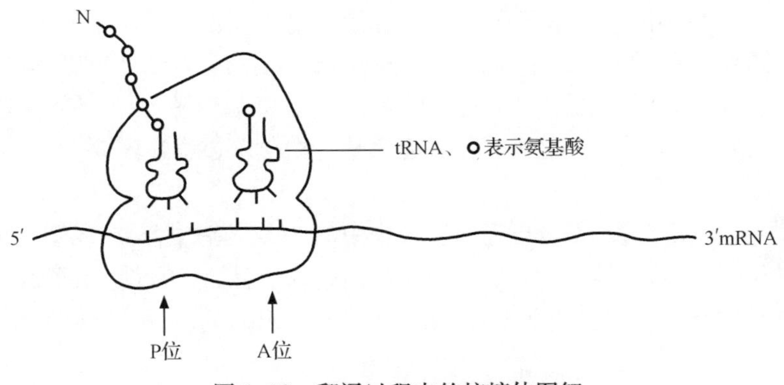

图1.32　翻译过程中的核糖体图解

1.8.2　蛋白质的合成过程

蛋白质的合成也称为翻译，即把mRNA分子的碱基排列顺序转变为蛋白质或多肽链中的氨基酸排列顺序的过程。

蛋白质的生物合成可分为5个阶段：氨基酸的活化；多肽链合成的起始；肽链的延长；肽链的终止和释放；蛋白质合成后的加工修饰。

1. 氨基酰-tRNA的生成

氨基酸在合成多肽链之前，必须先经过活化，才能与其特异的tRNA结合，带到mRNA相应的位置上，这个活化靠氨酰-tRNA合成酶催化。此酶催化特定的氨基酸与特异的 tRNA 相结合，生成各种氨基酰-tRNA。每种氨基酸都靠其特有的合成酶催化，使之和相对应的 tRNA 结合(图 1.33)。

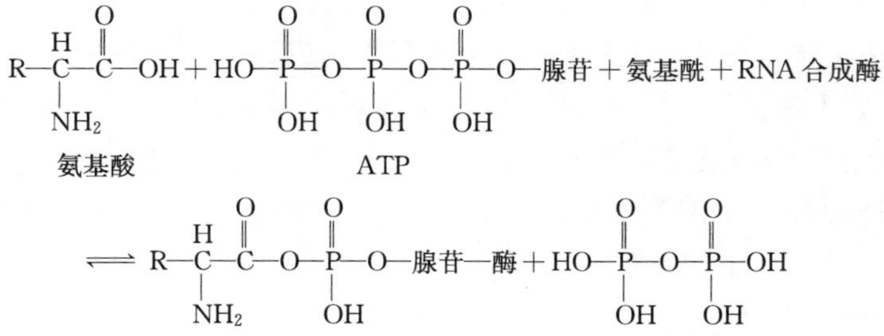

$$\underset{\text{氨基酸}}{R-\overset{H}{\underset{NH_2}{C}}-\overset{O}{\overset{\|}{C}}-OH} + \underset{\text{ATP}}{HO-\overset{O}{\overset{\|}{\underset{OH}{\underset{|}{P}}}}-O-\overset{O}{\overset{\|}{\underset{OH}{\underset{|}{P}}}}-O-\overset{O}{\overset{\|}{\underset{OH}{\underset{|}{P}}}}-O-\text{腺苷}} + \text{氨基酰} + \text{RNA 合成酶}$$

$$\rightleftharpoons R-\overset{H}{\underset{NH_2}{C}}-\overset{O}{\overset{\|}{C}}-O-\overset{O}{\overset{\|}{\underset{OH}{\underset{|}{P}}}}-O-\text{腺苷}-\text{酶} + HO-\overset{O}{\overset{\|}{\underset{OH}{\underset{|}{P}}}}-O-\overset{O}{\overset{\|}{\underset{OH}{\underset{|}{P}}}}-OH$$

图 1.33 氨基酰-tRNA 的生成

2. 多肽链合成的起始

多肽链合成的起始形成翻译起始复合物。核糖核蛋白体的大小亚基、mRNA、起始 tRNA 和起始因子共同参与该过程。以原核细胞为例，肽链合成的基本步骤如下：

(1) 核糖体的小亚基附着于 mRNA 的起始信号部位。每一个 mRNA 都具有与其核糖体结合的位点，这个位点称为核糖体结合序列，位于核糖体的小亚基(30S)上，使 mRNA 与核糖体的小亚基结合，接着甲酰甲硫氨酰-tRNA 的反密码子识别并与 mRNA 的 AUG 配对形成起始复合物。该过程还需要 GTP 及起始因子参与。

(2) 核糖体大亚基(50S)与起始复合物中的 30S 亚基结合，形成 70S 的完整的核糖体与 mRNA 起始复合物。GTP 水解，起始因子释放，甲酰甲硫氨酸分子占据核糖体的 P 位点(肽酰位)并通过其反密码子和 mRNA 上的起始密码配对，确定读码框架。

3. 多肽链的延长

在多肽链上，每增加一个氨基酸都需要经过进位、转肽和移位三个步骤。

(1) 为密码子所特定的氨基酰-tRNA 结合到核蛋白体的 A 位，称为进位。

(2) 转肽-肽键的形成。在起始复合物形成的过程中，核糖核蛋白体的 P 位上已经结合了起始型甲酰蛋氨酰-tRNA，当进位后，P 位和 A 位上各结合一个氨基酰-tRNA，两个氨基酸之间在核糖体转肽酶的作用下，P 位上的氨基酸提供 α-COOH 基，与 A 位上的氨基酸的 α-NH_2 形成肽键，使 P 位上的氨基酸连接到 A 位氨基酸的氨基上，这就是转肽。转肽后，在 A 位上形成了一个二肽酰-tRNA(图 1.34)。

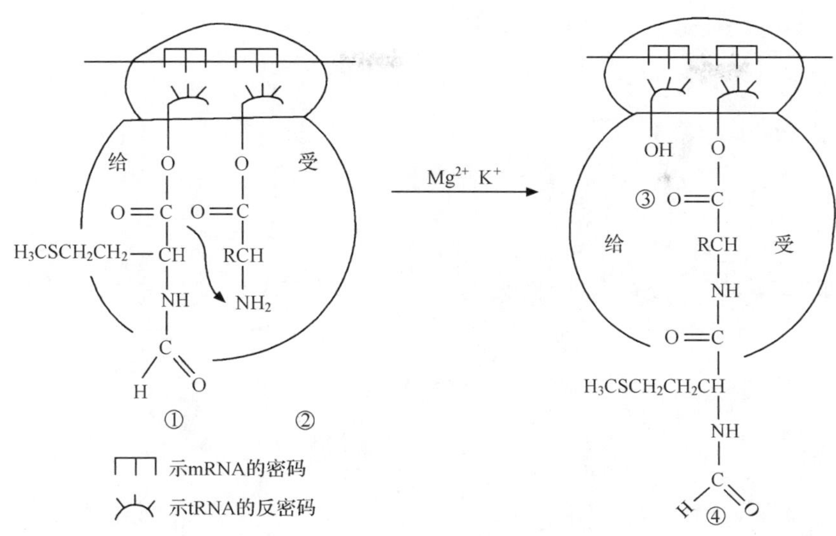

图 1.34　肽键的形成

① 核蛋白体"给位"上携带甲酰蛋氨酰基(或肽酰) 的 tRNA;② 核蛋白体"受体"上新进入的氨基酰-tRNA;③ 失去甲酰蛋氨酰基(或肽酰)后,即将从核蛋白体脱落的 tRNA;④ 接受甲酰蛋氨酰基(或肽酰)后已增长一个氨基酸残基的肽链

转肽作用发生后,氨基酸都位于 A 位,P 位上无负荷氨基酸的 tRNA 就此脱落,核蛋白体沿着 mRNA 向 3′端移动一组密码子,使原来结合二肽酰-tRNA 的 A 位转变成了 P 位,而 A 位空出,可以接受下一个新的氨基酰-tRNA。

此后,肽链上每增加一个氨基酸残基,即重复上述进位、转肽、移位的步骤,直至所需要的长度。实验证明,mRNA 上的信息阅读从 5′端向 3′端进行,而肽链的延伸是从氨基端到羧基端。所以,多肽链合成的方向是 N 端到 C 端(图 1.35)[80]。

4. 翻译的终止及多肽链的释放

无论原核生物还是真核生物,都有三种终止密码子 UAG、UAA 和 UGA。当终止密码子进入核糖体的 A 位点时,它们就被释放因子识别,最终将核糖体解离成大、小亚基。解离后的大、小亚基又重新参与新肽链的合成,循环往复,所以多肽链在核糖体上的合成过程又称核糖体循环。

上述只是单个核糖体的翻译过程,事实上在细胞内一条 mRNA 链上结合着多个核糖体,甚至可多到几百个。蛋白质开始合成时,第一个核糖体在 mRNA 的起始部位结合,引入第一个蛋氨酸,然后核糖体向 mRNA 的 3′端移动一定距离后,第二个核糖体又在 mRNA 的起始部位结合,先向前移动一定的距离后,在起始部位又结合第三个核糖体,依次下去,直至终止。两个核糖体之间有一定的长度间隔,每个核糖体都独立完成一条多肽链的合成,所以这种多核糖体可以在一条

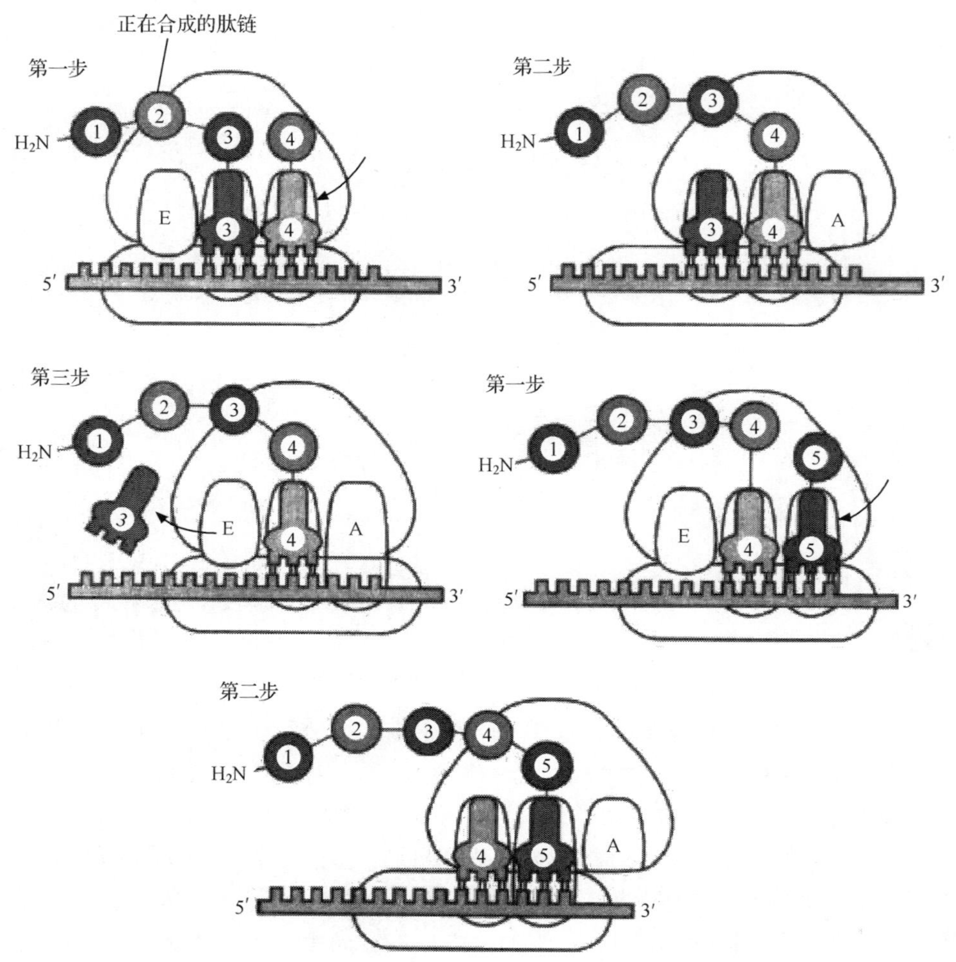

图 1.35　多肽链的合成过程示意图

mRNA 链上同时合成多条相同的多肽链，这就大大提高了翻译的效率。

多聚核糖体的核糖体个数与模板 mRNA 的长度有关。例如，血红蛋白的多肽链 mRNA 编码区由 450 个核苷酸组成，长约 150 nm。上面串联有 5、6 个核糖核蛋白体，形成多个核糖体。而细菌的 β-半乳糖苷酶由 1100 个氨基酸残基组成，其多聚核糖体中约有 50 个核糖体[80]。

5. 蛋白质的运输及翻译后修饰

无论是原核生物还是真核生物，在细胞内合成的蛋白质必须定位于细胞特定的区域，有些蛋白质合成后要分泌到细胞外，这些蛋白质称为分泌蛋白。细菌细胞结构简单，起作用的蛋白质一般靠扩散作用而分布到它们的目的地。真核生物细胞结构复杂,而且有多种不同的细胞器,具有各不相同的膜结构。因此,合成好的蛋白质还要面临跨越不同的膜而到达细胞器的过程,有些蛋白质在翻译完成后还要经过多种共价修饰,这个过程称为翻译后修饰。

细菌细胞的绝大多数跨膜蛋白的N端都有15～30个以疏水氨基酸为主的N端信号序列(或称为信号肽)。该肽段能形成一段α螺旋结构。在信号序列之后的一段氨基酸残基也能形成一段α螺旋,两段α螺旋以反平行的方式组成一个发夹结构,很容易进入内膜的脂双层结构中,一旦分泌蛋白的N端锚在膜内,后续合成的其他肽段部分将顺利通过膜。之后,位于内膜外表面的信号肽酶将信号肽序列切除。当蛋白质全部翻译出来之后,羧基端穿过内膜,在周质中折叠成蛋白质的最终构象(图1.36)。

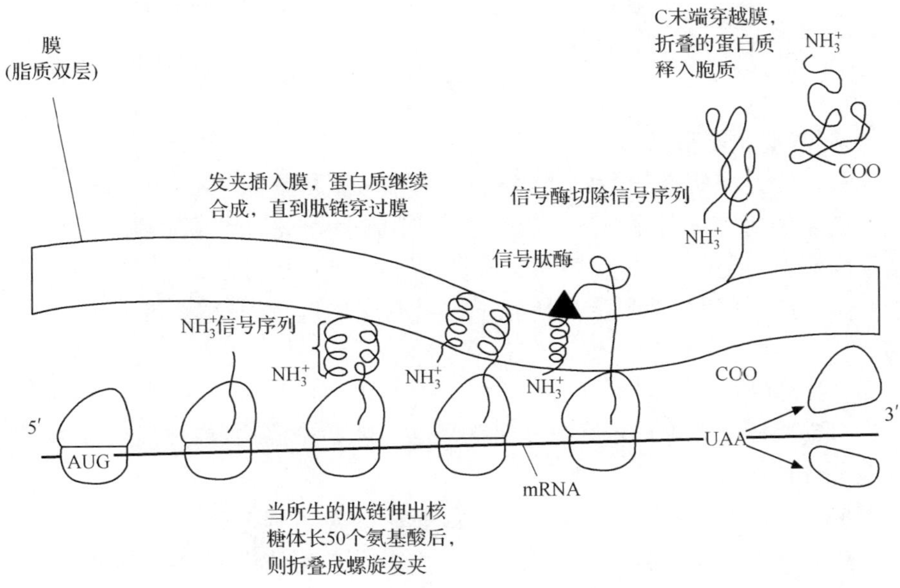

图1.36　蛋白质合成后的分泌过程

真核生物蛋白质的运输目前了解得比较清楚的是分泌性蛋白质的转运。像原核细胞一样,真核细胞合成的蛋白质N端也有信号肽,也能形成两个α螺旋的发夹结构,这个结构可插入到内质网的膜中,将正在合成中的多肽链带入内质网内腔。这一过程中,有信号识别体(singal recognitation particle,SRP)、信号识别体受体等物质的参与。信号识别体能特异地识别信号肽,与核糖体结合,并暂时阻断多肽链的合成。内质网外膜上有信号识别体受体,当信号识别体与受体结合后,信号肽就可插入内质网进入内腔,蛋白质的合成延伸作用又将重新开始(图1.37)[1]。

对于大多数蛋白质来说,多肽链翻译完成后还要进行各种加工修饰才具有生理功能。

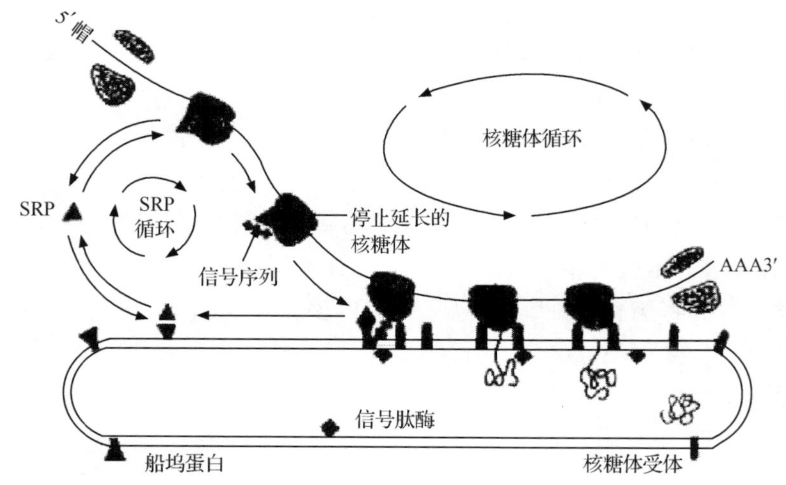

图 1.37　信号肽的识别过程

1）氨基端和羧基端的修饰[1,80]

原核生物几乎所有的蛋白质都从 *N*-甲酰蛋氨酸开始，真核生物从蛋氨酸开始。甲酰基经酶水解而除去，蛋氨酸或氨基端的一些氨基酸残基常由氨肽酶催化而水解除去，包括除去信号肽序列。因此，成熟的蛋白质分子的 N 端没有甲酰基，或没有蛋氨酸。同时，某些蛋白质分子的氨基端要进行乙酰化，羧基端也要进行修饰。

2）共价修饰[1,80]

许多蛋白质可以进行不同类型的化学基团的共价修饰，修饰后可以表现为激活状态，也可以表现为失活状态。

磷酸化：磷酸化多发生在多肽链的丝氨酸、苏氨酸残基的羟基上，偶尔也发生在酪氨酸残基上。这种磷酸化过程受细胞内蛋白激酶催化，磷酸化后的蛋白质可以增加或降低它们的活性。例如，促进糖原分解的磷酸化酶，无活性的磷酸化酶 b 经磷酸化后，变成有活性的磷酸化酶 a。而有活性的糖原合成酶 I 经磷酸化后变成无活性的糖原合成酶 D，它们共同调节糖原的合成与分解。

糖基化：质膜蛋白质和许多分泌性蛋白质都具有糖链，这些寡糖链结合在丝氨酸或苏氨酸残基的羟基上。例如，红细胞膜上的 ABO 血型决定簇。寡糖链也可以与天冬酰胺连接。这些寡糖链是在内质网或高尔基体中加入的。

羟基化：胶原蛋白前 α 链上的脯氨酸和赖氨酸残基在内质网中受羟化酶、分子氧和维生素 C 作用产生羟脯氨酸和羟赖氨酸。如果此过程受到阻碍，胶原纤维不能进行交联，将极大地降低它的抗张强度。

二硫键的形成：mRNA 上没有胱氨酸的密码子，多肽链中的二硫键是在肽链合成以后，通过两个半胱氨酸的巯基氧化而形成的，二硫键的形成对于多种酶和蛋白质的生物活性是必须的。

参 考 文 献

[1] 沈同，王镜岩. 生物化学. 第三版. 北京：高等教育出版社，2002.

[2] 王金胜，王冬梅，吕淑霞，等. 生物化学. 北京：科学出版社，2007.

[3] Pasquale D，Mauro G. Amino Acids and Proteins for the Athlete：The Anabolic Edge. Boca Raton，FL：CRC Press，1997：16～18.

[4] 王大成. 蛋白质工程. 北京：化学工业出版社，2002：5-6.

[5] 莫重文. 蛋白质化学与工艺学. 北京：化学工业出版社，2007：10-17.

[6] Teale F W J，Weber H. Ultraviolet fluorescence of the aromatic amino acids. Biochemical Journal，1957，65(3)：476-482.

[7] Grijspaardt-vink C. Progress and stagnation in EU food legislation. Food Technology，1996，50：10-25.

[8] 宫霞. 肽的等电点计算方法. 曲阜师范大学学报，1998，24(3)：69-71.

[9] Rattenbury J M. Amino Acid Analysis. New York：Halsted Press，1981：17.

[10] Moore S，Spackman D，Stein W H. Automatic recording apparatus for use in the chromatography of amino acids. Fed Proc，1958，17(4)：1107-1115.

[11] 徐英操，刘春红. 蛋白质水解度测定方法综述. 食品研究与开发，2007，28(07)：173-175.

[12] Schwartz T B，Engel F L. A photometric ninhydrin method for the measurement of proteolysis. Journal of Biological Chemistry，1950，(184)：197-202.

[13] Adler-Nissen J. Determination of the degree of hydrolysis of food protein hydrolysates by trinitrobenzenesulfonic acid. Journal of Agricultural and Food Chemistry，1979，27(6)：1256-1262.

[14] 李良铸，由木金，卢盛华. 生化制药学. 北京：中国医药科技出版社，1991：62.

[15] 周骏山. 实用氨基酸手册. 无锡：无锡市氨基酸研究所，科技情报室，1989：264.

[16] 张伟国，钱和. 氨基酸生产技术及其应用. 北京：中国轻工业出版社，1997：168.

[17] 白云峰，丁玉，张海燕. 氨基酸分离纯化的研究进展. 食品研究与开发，2007，28(2)：175-178.

[18] 李燕，张关永. 从生产半胱氨酸的废母液中回收胱氨酸的工艺研究. 氨基酸和生物资源，1998，20(2)：27-29.

[19] Itoh H. Method for purification of an amino acid using ion exchange resin，US，5279744，1994：1-18.

[20] 符若文，杜秀英，林远道，等. 强酸型离子交换纤维 PVF-g-SO_3H 对碱性氨基酸的分离研究. 中山大学学报(自然科学版)，2001，40(2)：45-49.

[21] 张德隆，廖史书. 溶剂萃取法分离氨基酸的最近进展. 氨基酸和生物资源，1995，17(3)：51- 54.

[22] Rabie H R，Vera J H，Rabie H R，et al. Counterion effect of amino acids in reverse micelles. Fluid Phase Equilibria，1997，135(2)：269-278.

[23] Cardoso M M，Viegas R M C，Crespo J P S G. Extraction and re-extraction of phenylalanine by cationic reversed micelles in hollow fibre contactors. Journal of Membrane Science，1999，156(2)：303-319.

[24] Juang R S，Wang Y Y. Amino acid separation with D_2EHPA by solvent extraction and liquid surfactant membranes. Journal of Membrane Science，2002，207(2)：241-252.

[25] Iton H，Thien M P，Hatton T A，et al. A liquid emulsion membrane process for the separation of amino acids. Biotechnology and Bioengineering，1990，35：853-860.

[26] Deblay P，Minier M，Renon H. Separation of L-valine from fermentation broths using a supported liq-

uid membrane. Biotechnology and Bioengineering，1990，35:123-131.

[27] Wieczorek P. Extraction of dansylated amino acids using the supported liquid membrane technique. Jonsson J A，Mathiasson L. Analytica Chimica Acta，1997，337(2)：183-189.

[28] Timmer J M K，Speelmans M P J，Vander H. Separation of amino acids by nanofiltration and ultrafiltration membranes. Separation and Purification Technology，1998，14(3)：133-144.

[29] 营爱玲，王建，王晓琳. 纳滤膜对氨基酸的分离研究. 北京科技大学学报，2004，26(6)：641-644.

[30] 李书良，李春，高毅，等. 纳滤分离提取谷氨酰胺过程的研究. 高等化学工程学报，2003，6(17)：715-719.

[31] Tyrrell H J V，Harris K R. Diffusion in Liquids. London：Cambridge University，1984：104-234.

[32] Bello M S，Rezzonico R，Righetti P G. Use of taylor-aris dispersion for measurement of a solute diffusion coefficient in thin capillaries. Science，1994，266：773-776.

[33] Grushka E，Maynard V R J. Measurement of diffusion coefficients of octane isomers by the chromatographic broadening method. Journal of Physical Chemistry，1973，77(11)：1437-1442.

[34] 杨丰科. 系统有机化学. 北京：化学工业出版社，2003:433-435.

[35] Gelazka V B，Smith D D S，Ledward D A，et al. Influence of high pressure on protein-polysaccharide interactions. Pros Int Conf，1998，24:397- 400.

[36] 李冬梅，张锦茹，田园. 蛋白质沉淀分离. 粮食与油脂，2007，7：9-11.

[37] Sanger F. A disulphide interchange reaction. Nature，1953，171：1025-1027.

[38] Edman P. Method for determination of the amino acid sequence in peptides. Acta Chemica Scandinavica，1950，4：283-238.

[39] 坎普 R M. 蛋白质结构分析：制备、鉴定与微量测序. 施蕴渝，饶子和，陈常庆，等译. 北京：科学出版社，2000:33：50-51.

[40] Edman P，Begg G. A protein sequenator. European Journal of Biochemistry，1967，1(1)：80-91.

[41] Chang J Y，Creaser E H. A novel manual method for protein-sequence analysis. Biochemical Journal，1976，157(1) ：77-85.

[42] Chang J Y. Amino-terminal analysis of polypeptide using dimethylaminoazobenzene isothiocyanate. Analytical Biochemistry，1980，102(2)：384-392.

[43] Sanger F. Determination of nucleotide sequences in DNA. Bioscience Reports，1981，1(1)：3-18.

[44] Kalghatgi K，Horváth C. Rapid peptide mapping by high-performance liquid chromatography. Journal of Chromatography，1988，443(1)：343-354.

[45] Ishii D，Asai K，Hibi K，et al. A study of micro-high-performance liquid chromatography：I. development of technique for miniaturization of high-performance liquid chromatography. Journal of Chromatography，1977，144(1)：157-168.

[46] Mock K，Hail M，Mylchreest I，et al. Rapid high-sensitivity peptide mapping by liquid chromatography-mass spectrometry. Journal of Chromatography，1993，646(1)：169-174.

[47] Heine G，Raida M，Forssmann W G. Mapping of peptides and protein fragments in human urine using liquid chromatography-mass spectrometry. Journal of Chromatography，A，1997，776(1)：117-124.

[48] 周俊岭，方向东，王泽仿，等. 微柱高效液相色谱分析基因工程药物 rhG-CSF 肽谱的应用研究. 第一军医大学学报，1998，18(2)：138-140.

[49] Bands J F，Gulcicek E E. Rapid peptide mapping by reversed-phase liquid chromatography on nonporous silica with on-line electrospray time-of-flight mass spectrometry. Aanlytical Chemistry，1997，69(19)：

3973-3978.

[50] Macnair J E, Lewis K C. Ultrahigh-pressure reversed-phase liquid chromatography in packed capillary columns. Analytical Chemistry, 1997, 69(6): 983-989.

[51] Figeys D, Oostveen I V, Ducret A, et al. Protein identification by capillary zone electrophoresis/microelectrospray ionization-tandem mass spectrometry at the subfemtomole level. Analytical Chemistry, 1996, 68(11): 1822-1828.

[52] Messana I, Rossetti D V, Cassiano L, et al. Peptide analysis by capillary (zone) electrophoresis. Journal of Chromatography, 1997, 669(1-2): 149-171.

[53] Grossman P D, Colburn J C, Lauer H H, et al. Application of free-solution capillary electrophoresis to the analytical scale separation of proteins and peptides. Analytical Chemistry, 1989, 61(11): 1186-1194.

[54] Andersen J S, Svenson B, Roepstorff P. Electrospray ionization and matrix assisted laser desorption/ionization mass spectrometry: powerful analytical tools in recombinant protein chemistry. Nature Biotechnology, 1996, 14(4): 449-457.

[55] 沈漪，方文仪. 蛋白质一级结构测定的新进展. 中国医药工业杂志，2002，33(10)：514-518.

[56] 宁永成. 有机化合物结构鉴定与有机波谱学. 北京：科学出版社，2000:242-246.

[57] 孙彦. 生物分离工程. 北京：化学工业出版社，2005:60-61.

[58] Le M S, Atkinson T. Crossflow microfiltration for recovery of intracellular products. Process Biochemistry, 1985, 20: 26-31.

[59] Porath J, Flodin P. Gel filtration: a method for desalting and group separation. Nature, 1959, 183: 1657-1659.

[60] 马歇克 D R，门永 J T，布格斯 R R 等. 蛋白质纯化与鉴定实验指南. 朱厚础 译. 北京：科学出版社，2000:94.

[61] 夏其昌. 蛋白质化学研究技术与进展. 北京：科学出版社，1999:39.

[62] Kahn R H, Starkenstein E. Die Störungen der Herztätigkeit durch Glyoxylsäure (Pulsus alternans) im Elektrokardiogramme. Pflugers Archiv European Joumal of Physiology, 1910, 133(11-12): 579-596.

[63] Campbell D H, Leuscher E, Lerman L S. Immunologic adsorbents: I. isolation of antibody by means of a cellulose-protein antigen. Proceedings of the National Academy of Sciences of the United States of America, 1951, 37(9): 575-578.

[64] Lerman L S. A biochemically specific method for enzyme isolation. Proceedings of the National Academy of Sciences of the United States of America, 1953, 39(4): 232-236.

[65] Axen R, Porath J, Ernback S. Chemical coupling of peptides and proteins to polysaccharides by means of cyanogen halides. Nature, 1967, 214(5095): 1302-1304.

[66] Porath J, Carlson J, Olsson I, et al. Metal chelate affinity chromatography, a new approach to protein fractionation. Nature, 1975, 258(5536): 598-599.

[67] Secher D S, Burke D C. A monoclonal antibody for large-scale purification of human leukocyte interferon. Nature, 1980, 285(5765): 446-450.

[68] Bailon P, Weber D V. Receptor-affinity chromatography. Nature, 1988, (335): 839-840.

[69] Moore S, Stein W H. Chromatography of amino acids on sulfonated polystyrene resins. Journal of Biological Chemistry, 1951, 192(2): 663-681.

[70] Chang S H, Gooding K M, Regnier F E. Use of oxiranes in the preparation of bonded phase supports.

Journal of Chromatography，1976，120(2)：321-333.

[71] Alpert A J，Regnier F E. Preparation of a porous microparticulatee anion-exchange chromatography support for proteins. Journal of Chromatography，1979，185：375-392.

[72] Muller W. New ion exchangers for the chromatography of biopolymers. Journal of Chromatography，1990，510：133-140.

[73] Irvine R F，Letcher A J，Lander D J，et al. Inositol trisphosphates in carbachol-stimulated rat parotid glands. Biochemical Journal，1984，223(1)：237-243.

[74] Meek J L. Inositol bis-，tris-，and tetrakis(phosphate)s：analysis in tissues by HPLC. Proceedings of the National Academy of Sciences of the United States of America，1986，83(12)：4162-4166.

[75] Chew C S，Brown M R. Release of intracellular Ca^{2+} and elevation of inositol trisphosphate by secretagogues in parietal and chief cells isolated from rabbit gastric mucosa. Biochimica et Biophysica Acta，1986，888(1)：116-125.

[76] Scott C S，Patel M，Stark A N，et al. Fast protein liquid chromatography (FPLC) of leukaemic cell N-acetyl β-d hexasaminidases. Leukaemia Research，1987，11(5)：437-444.

[77] 陆健. 蛋白质纯化技术及应用. 北京：化学工业出版社，2005:54 .

[78] 张玉奎. 现代生物样品分离分析方法. 北京:科学出版社，2003:148-149.

[79] Tomita M，Marchesi V T. Amino-acid sequence and oligosaccharide attachment sites of human erythrocyte glycophorin. Proc Natl Acad Sci U S A，1975，72(8)：2964-2968.

[80] 翟中和，王喜忠，丁明孝. 细胞生物学. 北京：高等教育出版社，2000.

第 2 章　胶原的分布、存在形态、生物学合成、功能及生理学意义

2.1　胶原概述

胶原(collagen),最初的含义是"生成胶的产物[1-3]"。胶原一般为白色、透明、无分支的原纤维,具有四级结构。1893 年,牛津大词典给胶原的定义是"结缔组织的组成成分,煮沸时产生胶质"。1956 年,Gross 首先将构建胶原纤维的蛋白质单元命名为原胶原(tropocollagen)。

现在胶原的科学定义是细胞外基质(EMC)的结构蛋白质,分子中至少应该有一个结构域具有 α 链组成的三股螺旋构象(即胶原域)。从生物化学的观点来看,它的基本结构大约由 1000 个氨基酸组成,是由 3 条分子质量约为 95 000 Da(道尔顿,Dalton)的肽链,以三股螺旋方式互相缠绕而形成的分子质量达300 000 Da 的巨型蛋白质分子,即原胶原分子(图 2.1、图 2.2 为其结构示意图和雕塑造型图)。这些原胶原分子再相互聚合联结成网状结构,形成富有弹性的组织构造。

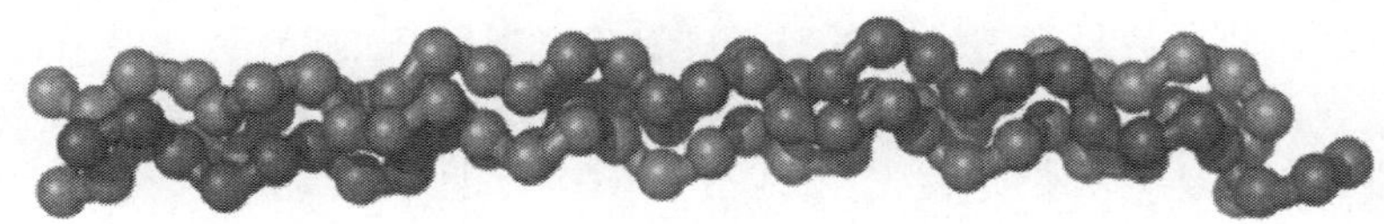

图 2.1　原胶原分子的三股螺旋结构示意图

作为制作明胶或动物胶的原料,胶原广泛地分布在所有的多细胞动物中。人们使用胶原已有数千年的历史,有关胶原的研究历史悠久,除作为食物使用以外,最初是通过鞣制方法将皮革和皮毛进行防腐处理,以便得到易于保存、干燥后仍能机械助软的皮革。约在 5000 多年以前,当类似毛发之类的材料首次作为医用缝合线时,胶原"肠线"也得到了相应的发展,并用于伤口的缝合。近年来,尤其是近 200 年内,人们对胶原的研究在多个方面均有突破,胶原在各个领域的应用研究已有很大的进展。

1900 年,人们将明胶和其他蛋白质用酸(先硫酸后盐酸)煮沸处理,分离出了 13 种氨基酸,从而产生了蛋白质是氨基酸聚合体的概念。19 世纪 20 年代,人们在研究蛋白质水解产物的过程中,分离出了一种新物质,因为它有甜味,所以被称为"明胶糖"。通过进一步的研究分析,发现它的结构与糖不同,从此就将它命名为甘

图 2.2 胶原的雕塑示意立体图[①]

氨酸。通过对明胶的进一步研究，人们发现了羟脯氨酸和羟赖氨酸，并在以后的很长一段时间内，人们逐渐意识到这两种氨基酸并不是直接整合进入蛋白质中，而是通过二级修饰形成的[①]。

20 世纪四五十年代，人们逐渐确定了胶原分子的氨基酸组成和独特的构象特征，同时还了解了胶原纤维的结构。胶原的组成不同于其他任何已知的蛋白质，其中最显著的区别是胶原含有大量的甘氨酸和亚氨基酸(即脯氨酸)。人们将胶原的部分酸水解产物作为研究对象，尝试着确定胶原的一级结构。结果表明，胶原的序列结构具有规律性，在分子链中每三个氨基酸残基中就有一个是甘氨酸。对胶原与明胶的比较则表明，二者在原子组成上非常相似。人们还发现，在成年的脊椎动物胶原中，存在着低含量的碳水化合物(一般低于 1%)。随后，证明这些碳水化合物是结合到羟赖氨酸羟基上的半乳糖或葡萄糖基半乳糖。

20 世纪 50 年代中期，基于对胶原独有的氨基酸组成特征的理解，加之胶原纤维的 X 射线晶体衍射的研究结果，科学家们首次提出了胶原的三股螺旋结构。与任何其他纤维蛋白质不同，尾腱胶原纤维的衍射图像显示出在 0.29nm 处有一强轴向反射，而在 1.1～1.6nm 有一强赤道反射，并且与水合作用的程度有关。通过拉伸而得到的衍射图像显示了螺旋对称的棒状结构的转变。Ramachandra 和 Kartha 提出了一个三螺旋模型，用于解释胶原的 X 射线晶体衍射图像特征及其独特的氨基酸组成。在该模型中，三条左手螺旋链交织在一起，形成一个右手三股超

① 2005 年塑造，不锈钢质地，高 3.40m，坐落于加利福尼亚州圣弗朗西斯科市南部的橙色公墓雕塑花园。高级摄影师 Julian Voss-Andreae 所摄。

螺旋[2]。这种结构中，三条分子链以同一中心轴排列，在其内部核心处，没有可容纳 C_β 原子的空间，所以必定由甘氨酸残基占据，脯氨酸残基则可占据非甘氨酸的位置而不至于使分子链扭曲。Rich 和 Crick 指出，最初的模型不符合立体化学的位置限制要求，但若对基本的三链概念做出修正，则能够使之在空间上得到满足[3]。

在此阶段，对胶原的结构研究也取得了较大的进展，其中包括对胶原纤维分子结构的测定。对天然胶原纤维或从可溶胶原中重组的原纤维进行的透射电子显微镜(TEM)观测结果表明(图 2.3)，原纤维存在着有横向条纹的简单带状周期，重复距离是 60～70nm，这与 Bear 用小角度 X 射线衍射观察到的 67nm 周期相近，这种轴向重复一般被称为 D 周期。研究者同时观察到胶原聚集体的两种交替方式。更进一步的研究表明，错位 D=67nm，分子长度为 4.4 个 D 周期[3-5]。

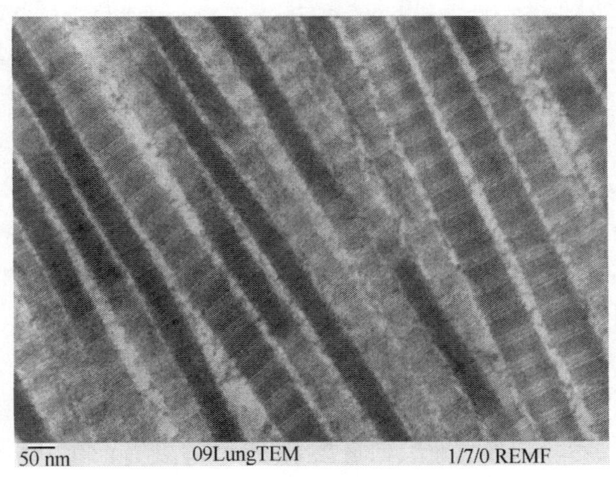

图 2.3　Ⅰ型胶原的 TEM 图像

酶的应用使胶原的大规模提取变得简便易行。进一步的研究表明，α 成分是一些单条多肽链；β 成分和 γ 成分分别由两条和三条多肽链组成，它们通过共价键交联在一起，从而在变性过程中保留了下来。1972 年，人们得到了第一个完整的链序列，即牛胶原的 α_1(Ⅰ)链。直到 20 世纪 70 年代，人们才认识到胶原不是一个单一的实体。随着研究的进一步深入，到 2003 年 5 月为止，已经确认的胶原有 27 种类型[2]，每一种胶原在结缔组织中都扮演着不同的角色。在已发现的胶原类型中，以Ⅰ型胶原的含量最多，约占全部胶原的 90%，它也是被应用最广的胶原。

作为动物组织器官中存在的蛋白质，胶原在提取、分离时，根据提取的方法和条件的不同，可以产生胶原、明胶和水解胶原蛋白 3 种产物[3]。能被称为胶原或胶原蛋白的，必须是其三股螺旋结构没有改变的那类蛋白质，它还保留其原有的生物活性。

明胶是胶原变性的产物，虽然氨基酸的化学组成相同，但是在制备过程中其胶原的三股螺旋结构大部分已被破坏。在向明胶转变的过程中，胶原规则的三股螺旋结构向无规卷曲转变，从而在性能上发生了巨大的变化：易于溶解、不耐酶解、许多生物性能丧失。明胶的结构和性能与胶原相比发生了明显的变化[4]，具体表现在：

(1)胶原束的长度急剧地缩短变粗；

(2)分子链规律、整齐的排列结构消失；

(3)由低弹性向高弹性转变，但在失水后，高弹态又消失；

(4)机械强度降低；

(5)用发酵可以增大胶原的可消化性。

胶原的进一步水解产物便是胶原蛋白水解物（水解胶原蛋白或胶原水解物）[3]，胶原的三股螺旋结构彻底松开，成为三条自由的肽链，且降解成多分散的肽段，其中包括小肽。因此，胶原蛋白水解物是多肽的混合物，相对分子质量从几千到几万，相对分子质量分布较宽，没有生物活性，能溶于冷水，而且能被蛋白酶分解。从广义上说，明胶也属于胶原蛋白水解物，只是明胶的相对分子质量比胶原蛋白水解物高一些，而且明胶的肽链之间还有少量的氢键。

胶原蛋白水解物的化学组分及氨基酸的组成与胶原和明胶无大的区别，但是相对分子质量一般比明胶小，不存在胶原原有的三股螺旋结构，极易溶于水，也没有明显的生物活性。

胶原保留其特有的天然螺旋结构和性质，使得胶原有着广泛的用途。胶原纤维是动物皮肤组织的主要纤维，具有特殊的立体网状结构。生皮经过一系列的物理和化学的处理，去除其他非胶原组分后，通过鞣制以提高其耐湿热稳定性和机械强度，使其变成革，再通过整理工序赋予革特殊的性质和风格，从而成为用途广泛的皮革产品。如图 2.4 所示为现代化制革厂及生产的成品革。

胶原是构成动物机体的重要功能物质，遍布于动物体内的各处器官中，并在各器官正常生理功能的调节方面起着举足轻重的作用。某些疾病与胶原发生的病变有着内在的联系[5,6]。在医学应用方面，因为胶原蛋白是人体组织的主要成分，它与人体各器官组织及细胞有着不可分割的关系。因此，胶原可用于人体器官组织的修复及再生。

作为一种重要的生物材料，胶原具有其他合成材料无可比拟的安全性，广泛地应用于组织生长、整形、烧烫伤敷料、发炎治疗、伤口愈合等领域。但是，作为一种生物材料，胶原也存在不足的方面，如它在体内降解过快，机械强度较低[7,8]，在组织内易钙化[9,10]，随着 pH 的升高，酸溶胶原的溶解性会降低，甚至沉淀析出等。因此，在应用时，应根据需要选择适当的方法改性胶原，克服其应用的局限性，扩展胶原的应用空间。

(a)

(b)

图 2.4　现代化制革厂(a)及成品革(b)

此外,作为生物材料,胶原还具有其他合成材料无法比拟的优良性能[11],如生物相容性、可生物降解性及生物活性等。经特殊处理以后,胶原可用于烧伤和创伤治疗、美容、矫形、组织修复和创面止血等医药卫生领域。目前,胶原已应用于临床中。例如,用于烧伤、创伤治疗的胶原膜;用于美容矫形的胶原医用注射剂;用于创伤止血的胶原止血海绵和伤口缝合的胶原缝合线等(图 2.5)。胶原结构在一定程度上决定了其应用性能。例如,胶原止血海绵的止血性能优于明胶海绵[12],作为澄清剂使用的鱼胶原如果变性则沉降能力明显降低[13]。作为一种皮肤结构蛋白质,胶原在护肤品中起着滋润、调理和保湿等作用。因此,作为一种重要的天然生物资源,胶原可以广泛地应用于食品[14,15]、医药[16]、组织工程[17]、化妆品[18]等领域。在很多领域中,要将胶原制备成可溶性胶原才能应用,其制备的方法一般有酸法、碱法、盐法、酶法以及它们的结合法。

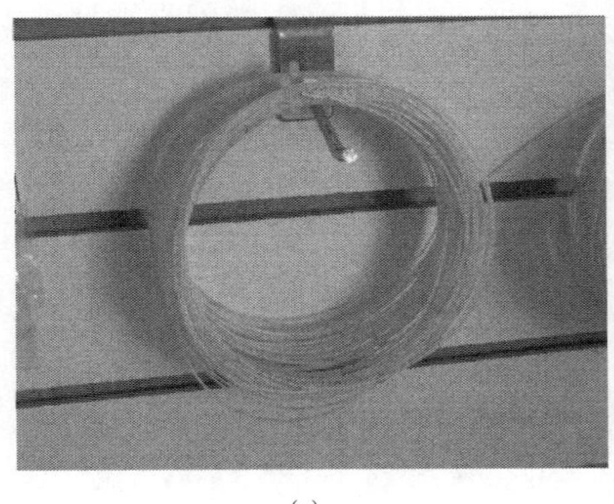

(a)

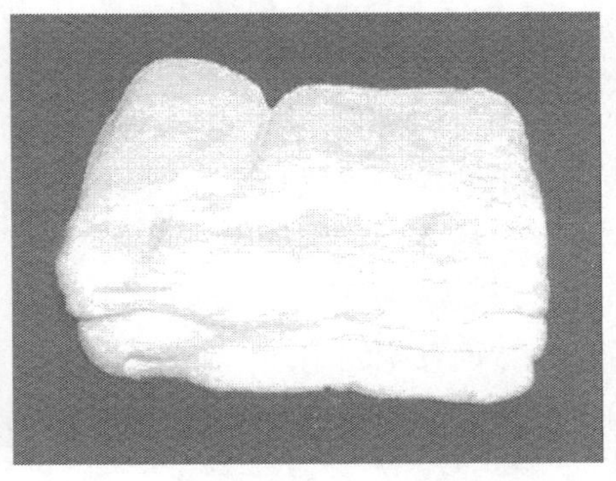

(b)

图 2.5　胶原缝合线(a)和医用胶原海绵(b)

胶原蛋白的相关医学应用包括胶原蛋白海绵、丝线、薄膜(外科止血,用于心脏血管、神经、口腔、骨科、皮肤、妇产手术等)、伤口敷料、人工皮肤、血管、心脏瓣膜、眼角膜保护材料、注射式胶原蛋白(用于除皱、软组织丰满填补、治疗尿失禁、尿液回流、骨科组织再生填料等)、药物载体、胶原蛋白基质模板等。

但是,近年来由于传染海绵性牛脑病及口蹄疫的出现,人们对来自于陆生动物的胶原以及胶原基产品产生了忧虑[19]。另外,由于宗教方面的因素,一部分人不使用从猪身上所获得的胶原产品[20]。

2.2 胶原的分布、分类及存在形态

2.2.1 胶原在生物体内的分布

自然界可再生的资源有两类,一类是碳水化合物,其中包括纤维素、木质素、淀粉、胶质等;另外一类是蛋白质,其中最重要的就是胶原。胶原约占动物总蛋白质量的 30%。结缔组织中,除含 60%～70%的水分以外,胶原占 20%～30%。因为有高含量的结构性胶原,结缔组织才具有一定的结构与机械力学性质,如强度、拉力、弹力等,以达到支撑、保护器官的功能。胶原是细胞外蛋白质,它是细胞外基质的主要成分之一[3]。

在显微镜下观察发现,胶原约占真皮结缔组织的 95%,由直径为 2～15μm 的胶原纤维组成,大都成束。胶原在乳头层内较细,排列疏松,在网状层内较粗。胶原束的排列无一定方向,互相交织呈网状。在切片中,因不同的切面,而使胶原束呈圆形、类圆形或条形。

在电子显微镜下观察发现,胶原纤维由许多原纤维组成。原纤维直径约为 100nm(70～140nm),横切面呈圆形,纵切面呈带形,有明暗相间的周期性横纹。原纤维平行排列,形成粗细不等的胶原纤维[5]。

最初人们认为,所有组织、器官中的胶原都是一样的。但是,随着人们对胶原研究的不断深入,特别是近年来基因工程和克隆技术的飞速发展,研究结果表明并非如此。目前,已分离出的 27 种天然胶原,不仅氨基酸残基序列有很大的差别,而且在其形态结构、分布、物理性质以及生物生理功能方面也有很大的不同。下面就这几个方面分别叙述。

胶原是动物体内含量最多、分布最广的蛋白质,在动物细胞中,扮演着黏结功能的角色,它广泛地存在于从低等脊椎动物线虫到哺乳动物机体的一切组织中(简单的多细胞有机体,如水母和海绵[3]中也有胶原存在),尤其富含于动物的结缔组织、皮、骨骼、肌腱、内脏细胞间质、韧带、血管、巩膜等部位之中,角膜则几乎完全由胶原组成。脊椎动物体内所有的蛋白质中,天然胶原占据了总量的 30%,是主要

的结构蛋白质。腱和骨骼的细胞外蛋白质中，含有胶原达 90％以上，骨和软骨里含有胶原 10％～20％，血管里含有胶原 7％～8％。动物的皮肤是胶原的主要原料来源。像这些有大量胶原存在的组织称为结缔组织，除骨、软骨、真皮、血管外，还包括牙、腱、脂肪等。胶原拥有特殊的三股螺旋肽链结构，赋予了它可降解性、组织相容性和止血性等许多优良的生物学特性，从而使其在皮肤替代物、人工血管和人工软骨等组织工程领域得到了广泛的应用[21,22]。

哺乳动物体内，含量最多的蛋白质便是胶原，相当于体重的 6％。动物的新鲜生皮中，60％～75％的成分是水；蛋白质占据的分量次之，为 30％～35％；其余的是脂类(2.5％～3.0％)以及 0.3％～0.5％的无机盐和约 2％的糖类。动物的生皮由三部分组成即表皮、真皮和皮下层。表皮及其毛发的蛋白质主要是角蛋白，真皮的蛋白质则主要是纤维状胶原，占 80％～85％。生皮中，还有一些其他种类的蛋白质，如弹性蛋白、网硬蛋白、白蛋白、球蛋白和类黏蛋白等。这些蛋白质的含量会因动物的种类、性别、老幼和生活条件的不同而有所变化。

胶原是鱼、虾、甲壳类等肌肉结构中的特性物质[3]。鱼肉中的胶原较少，占蛋白质总量的 3％。鱼鳞中也含有丰富的蛋白质，如人工养殖的美国红鱼、大黄鱼和野生的白姑鱼，鱼鳞的粗蛋白含量分别为 65.02％、58.64％和 60.34％，这些粗蛋白中，也含有胶原，含量分别为 32.78％、22.54％和 25.65％[23]。

到目前为止，分离和发现的 27 种胶原存在于动物体内的各个组织中，起着不同的生理作用。表 2.1 和表 2.2 分别从不同的角度列出了主要类型的胶原在动物体内的分布。

表 2.1　各主要类型胶原在动物体内组织的分布[24]

胶原类型	胶原的分布
Ⅰ	皮、肌腱、骨、肌肉、大动脉、神经、肝、胎盘
Ⅱ	软骨、脊椎
Ⅲ	皮、肌肉、大动脉、胎盘、肺、肝
Ⅳ	基膜、EHS 肿瘤
Ⅴ	皮、肌腱、肌肉、肝、肺、肾、胎盘、角膜
Ⅵ	皮和肌肉等
Ⅶ	真皮和表皮间的黏结纤维
Ⅷ	内皮细胞
Ⅸ	在软骨中，具间断三股螺旋的原纤维连接胶原
Ⅹ	骨和软骨间的转换带
Ⅺ	软骨
Ⅻ	在皮和骨中，具间断三股螺旋的原纤维连接胶原

续表

胶原类型	胶原的分布
XIII	表皮、肌肉、软骨
XIV	在皮和软骨中,具间断三股螺旋的原纤维连接胶原
XV	皮细胞、子宫、肺、平滑肌、多种胶原区
XVI	皮、骨
XVII	皮、mRNA
XVIII	皮、心、脑、肝、mRNA、多种胶原区

表 2.2　部分胶原在动物体内的分布

胶原类型	分子聚集组装及特点	组织分布
I	大直径交叉条状纤维	皮肤、骨、角膜、肌腱、肿瘤
II	小直径交叉条状纤维	软骨、玻璃体
III	小直径交叉条状纤维	皮肤、子宫壁、血管壁
IV	非纤维网状结构	基底膜、胎盘
V	小直径纤维,或和XI型链形成分子(三聚体)	皮肤、胎盘、羊膜
VI	念珠状小纤维	子宫壁、皮肤、角膜
VII	锚定纤维	羊膜、皮肤
VIII	非纤维网状结构	内皮组织
IX	FACIT 族	软骨
X	非纤维网状结构	软骨
XI	小直径纤维,或和XI型链形成分子	软骨、脊椎盘
XII	FACIT 族	皮肤、腱
XIII	不明	内皮组织
XIX	FACIT 族,5 个亚域三螺旋区	血管、神经元、间质及上皮基质膜区
XX	FACIT 族	角膜上皮、胸软骨、肌腱
XXI	不明	毛发滤泡
XXIII	不明	角膜
XXIV	原纤维蛋白	有可能调节胶原原纤维三聚体
XXV	含有类胶原 Gly-X-Y 三重复式样,与XIII胶原部分相同	与β-淀粉样形成和神经变性有关的跨膜蛋白
XXVI	不明	睾丸、卵巢

在人体中,蛋白质约占人体质量的 16%,其中胶原约占人体内蛋白质总量的 30%。在成年人体内,大约有 3kg 的胶原,主要存在于皮肤、肌肉、骨骼、牙齿、内

脏(如胃、肠、心肺、血管与食道)与眼睛等部位,在筋腱和骨头的有机质中占 90%以上。胶原也是组成人体皮肤的主要结构性蛋白质,占其含量的 50%以上,主要存在于真皮层中,提供支持、保护及各种机械性质,并赋予皮肤一定的弹性与强度。

人体胶原共有 13 种类型,其中皮肤中有 6 种,均由纤维细胞生成,并具有组织特异性。由于皮肤是身体最大的组织器官,而胶原又是皮肤中最重要的蛋白质之一,因此说胶原对人体的重要性可见一斑,是人体内不可或缺的蛋白物质。胶原在皮肤中的主要生理机能是作为结缔组织的黏合物,能将水分保留在真皮层中,它是提供皮肤结缔组织保湿、保持弹性及紧缩性的主要物质。

骨中的蛋白质也是胶原,称为骨胶原。在人体正常骨骼的有机质中,80%为胶原[5],其功能主要是将钙、磷、矿物质等成分黏着,然后构成骨质。软骨几乎全部由胶原组成,肌腱、筋组成成分的 80%也都是胶原物质。在肌肉中也含有约 2%的胶原,这些胶原沿着整个肌肉膜的长轴形成高度交联且具有拉伸强度的网状结构,赋予肌肉足够的强度和韧性,同时对于肉类制品质地的形成也具有重要作用。例如,在 80℃的条件下烹调肉类,肉的硬度会明显增强,这是由胶原纤维变性引起的皱缩造成的。人或动物衰老后,胶原的交联度会明显增加,溶解度明显降低,对细胞间液和肌肉蛋白产生较大的压力,会增加肌肉的硬度并降低生命机体的弹性,老年人皱纹的出现即源于此[3]。

人体胶原和动物胶原结构类似。因此,借助于生化科技处理,就可从多种动物体内取得高纯度、高生物相容性及低免疫排斥性的胶原。依其溶解性,可将胶原分为:原生态胶原(如纤维状胶原)、酸溶性胶原、水溶性胶原(又称可溶性胶原)和水解性胶原(也称明胶)。前三种胶原的合成较为复杂,价位较高,主要应用于生物医学材料方面,如人工皮肤、止血剂、人工血管、护肤化妆品等。第四种胶原不具有三股螺旋结构,合成过程较为简易,是一种由真皮或其他组织以酸、碱、热或酶水解后的产物,相对分子质量小,价位较低。

虽然胶原的来源很多,但目前工业上生产的胶原主要来自于牛、猪、鸟及鱼的皮肤、骨骼与筋肉等。由于胶原普遍存在于动物体内,在选用胶原产品时,要综合考虑其来源、结构、效能性及安全性[9]。

2.2.2　胶原的分类与存在形态

1. 胶原的分类

不同类型的胶原,按照所发现的先后顺序分别被称为Ⅰ型胶原、Ⅱ型胶原、Ⅲ型胶原等。它们是用罗马数字来进行命名的。胶原链通常指的是 α 链。对于一些胶原,所有的三条 α 链都不相同(如Ⅵ型胶原),还有一些胶原的两条 α 链相同,一条 α 链不同(如Ⅰ型胶原)。按照惯例,分子的不同链被称为 α_1、α_2 等;如果附属于不同类型的胶原，则在其后附带罗马数字，如Ⅰ型胶原的 α_1 链，称为 α_1(Ⅰ)，α_2 链被称为 α_2(Ⅰ)。三条 α 链均相同的Ⅱ型胶原被称为[α_1(Ⅱ)]$_3$，而具有三条不同链的Ⅵ型胶原被称为 α_1(Ⅵ)α_2(Ⅵ)α_3(Ⅵ)，Ⅰ型胶原两条不同的链被称为[α_1(Ⅰ)]$_2\alpha_2$(Ⅰ)。

目前，已被人们所认知的 27 种胶原中，其中有一些属于近亲。表 2.3 列出了表征得最为清楚的一些胶原，每一种胶原家族都有其特殊的组织分布、功能及特有的不同长度的三股螺旋结构域。

表 2.3 表征较明确的胶原家族及其分子的组装特征、胶原类型和所在组织

胶原家族	分子组装形式	胶原类型	组织分布	三联体数目(断点数)①
原纤维形成	67nm D 周期的原纤维	Ⅰ型	腱、骨、皮肤	338(0)
		Ⅱ型	软骨、玻璃体	338(0)
		Ⅲ型	血管、皮肤	342(0)
		Ⅴ型	较少，与Ⅰ型胶原共存	338(0)
		Ⅺ型	较少，与Ⅱ型胶原共存	338(0)
基底膜	网状物	Ⅳ型	肾小球、晶状体囊	437(21)
断续三股螺旋的原纤维缔合胶原(FACIT)	原纤维表面	Ⅸ型	软骨	197(5)
		Ⅻ型	含Ⅰ型胶原的组织	85(4)
短链	六角网状物	Ⅷ型	后弹性层膜	146(8)
		Ⅹ型	肥大软骨	150(7)
锚定原纤维	反平行聚集	Ⅶ型	上皮连接组织	472(20)

① 给定分子肽链中的 Gly-X-Y 三肽单元的数目，括号中的数字表示 Gly-X-Y 重复结构的断点数。

根据胶原结构的复杂多样性，可将其分为如下几种：纤维胶原、微纤维胶原、锚定胶原、六边网状胶原、非纤维胶原、跨膜胶原、基膜胶原和其他具有特殊作用的胶原[25]。作为一种具有很强的抗拉性和热稳定性的蛋白，胶原家族的 90%都是纤维胶原，它们的分类、组成及在组织中的分布如表 2.4 所示。

表 2.4 20 种不同类型胶原的组成及组织分布

胶原所属种类	类型	分子组成	在组织中的分布
纤维胶原	Ⅰ	[α_1(Ⅰ)]$_2\alpha_2$(Ⅰ)	骨骼、皮肤、肌腱、韧带、角膜
	Ⅱ	[α_1(Ⅱ)]$_3$	软骨、玻璃体、髓核
	Ⅲ	[α_1(Ⅲ)]$_3$	皮肤、血管壁、网状纤维
	Ⅴ	α_1(Ⅴ)α_2(Ⅴ)α_3(Ⅴ)	肺、角膜、骨骼
	Ⅺ	α_1(Ⅺ)α_2(Ⅺ)α_3(Ⅺ)	软骨、玻璃体

续表

胶原所属种类	类型	分子组成	在组织中的分布
基膜胶原	Ⅳ	$[\alpha_1(Ⅳ)]_2\alpha_2(Ⅳ)$	基膜
微纤维胶原	Ⅵ	$\alpha_1(Ⅵ)\alpha_2(Ⅵ)\alpha_3(Ⅵ)$	真皮、软骨、胎盘、肺气、静脉血管壁、椎间盘
锚定胶原	Ⅶ	$[\alpha_1(Ⅻ)]_3$	皮肤、口腔黏膜、子宫颈
六边网状胶原	Ⅷ	$[\alpha_1(Ⅷ)]_2\alpha_2(Ⅷ)$	内皮细胞等
	Ⅹ	$[\alpha_1(Ⅹ)]_3$	增生软骨
	Ⅸ	$\alpha_1(Ⅸ)\alpha_2(Ⅸ)\alpha_3(Ⅸ)$	软骨、玻璃体、角膜
	Ⅻ	$[\alpha_1(Ⅻ)]_3$	软骨膜、韧带、腱
非纤维胶原	XⅣ	$[\alpha_1(XⅣ)]_3$	真皮、腱、静脉血管壁、胎盘、肺、肝
	XⅨ	$[\alpha_1(XⅨ)]_3$	横纹肌肉瘤
	XX	$[\alpha_1(XX)]_3$	角膜上皮细胞、胎盘皮肤、胸骨软骨、腱
跨膜胶原	XXI	$[\alpha_1(XXI)]_3$	静脉血管壁
	XⅢ	$[\alpha_1(XⅢ)]_3$	表皮、毛囊、肌内膜、肠、肺、肝
	XⅥ	$[\alpha_1(XⅦ)]_3$	表皮
其他	XⅤ	$[\alpha_1(XⅤ)]_3$	纤维原细胞、平滑肌肉细胞、肾、胰腺
	XⅣ	$[\alpha_1(XⅤ)]_3$	纤维原细胞、胞衣、角化细胞

根据序列同源性及结构组成，可将已发现的 27 种胶原划分为几个亚家族。表 2.5为不同亚家族胶原的分布及其超家族的装配结构[26]。

表 2.5　不同亚家族胶原的分布及其超家族的装配结构

分布	胶原类型	超家族的装配结构
基底膜	Ⅳ型胶原	
相关胶原	α_1(Ⅳ)P02462	
	α_2(Ⅳ)P08572	
	α_3(Ⅳ)Q01955	
	α_4(Ⅳ)P53420	
	α_5(Ⅳ)P29400	
	α_6(Ⅳ)Q14031	
	Ⅷ型胶原	短链胶原
	α_1(Ⅲ)P27658	六角网状结构
	α_1(Ⅲ)P2506	
	XⅤ 型胶原	多种用途
	α_1(XⅤ)P39059	超分子的组装未知

续表

分布	胶原类型	超家族的装配结构
	XVIII型胶原	多种用途
	α_1(XVIII)Q14035 TrEMBL	超分子的组装未知
膜胶原	XIII型胶原	II型膜蛋白
	α_1(III)	
	XVII胶原	II型膜蛋白
	α_1(XVII)Q9NQK9	
	Q9UMD9	
	XXIII型胶原	II型膜蛋白
	α_1(XXIII)Q86Y22 TrEMBL	
	XXIII型胶原	II型膜蛋白
	α_1(XXIII)Q99MQ5 TrEMBL(鼠)	
普遍存在	VI型胶原	珠状丝
	α_1(VI)P12109	
	α_1(VI)P12110	
	α_1(VI)P12111	
真皮表皮	VII型胶原	锚原纤维(anchoring fibrils)
接合处	α_1(VII)Q02388	
肥大性软骨	X型胶原	短链胶原,六角网状结构
	α_1(X)Q03692	
卵巢	XXVI型胶原	超分子的组装未知
睾丸	α_1(XXVI)Q96A83	

在结缔组织中,不同类型的胶原具有不同的功能。按照其是否能够形成带有周期性横纹的胶原原纤维分类,可以将胶原分为两大类:一类是原纤(成纤维)胶原;另外一类是非原纤(非成纤维)胶原。其中,原纤胶原包括I、II、III、V、VI、VII和VIII型胶原,其余的属于非原纤胶原。非原纤胶原可进一步分为如下6种[3]:

(1) FACIT族胶原(包括IV、VI、XIV、XVI、XIX、XX和XXI型);

(2) 网状结构胶原(包括IV、VIII和X型);

(3) 念珠状原纤维胶原(VI型);

(4) 锚定原纤维或纤丝胶原(VII和XVII型);

(5) 跨模区胶原(XIII、XXIII和XXV型);

(6) 结构尚未明确的胶原(XV、XVII、XXII、XXVI和XXVII)。

非原纤胶原的α链既含有三螺旋域(胶原域,COL),又含有非三螺旋域(非胶原域,NC)。胶原区内由于基因缺失、插入或置换,又存在数量不等、长短不同的非 Gly-X-Y 序列。

按其溶解能力,又可将胶原分为两种:①可溶性胶原;②不溶性胶原。可溶性胶原又可分为酸性可溶胶原、碱性可溶胶原和中性盐可溶胶原。另外,还有基因可溶性胶原。最新发现并表征的 XIX ～ XXVII 型胶原特点概述见表 2.6[27]。

表 2.6　XIX ～ XXV 型胶原特点概述

类型	链大小	特点	注释/来源
XIX	1142 个氨基酸	属 FACIT 族,5 个亚域三螺旋区	与 XV 型胶原相同,存在于血管、神经元、间质及某些上皮基质膜区,与血管形成和病理过程有关
XX		属 FACIT 族,类似于 XII 型和 XIV 型胶原,但比它们中的最小者小	存在于角膜上皮、胸软骨、肌腱,不是富源组分。通过 C 终端与 N 终端连接在胶原的原纤上,并向外伸展。存在于心脏、胃、肾脏、骨骼肌及胎盘中
XXI	不明	属 FACIT 族,N 终端信号序列,跟随血管性血友病因子 A-域(1 个),血小板凝血酶敏感蛋白域(数个)以及断续三螺旋	
XXII	不明	不明	毛发滤泡
XIXIII	不明	不明	角膜
XXIV	含有与 V 型和 XI 型类似的 *N*-肽(547 个氨基酸),一个信号肽(250 个氨基酸)N 终端类血小板凝血酶域,一个带有变化对乙酰氨基酚区以及一个小三螺旋	属原纤胶原、与 V 型和 XI 型胶原接近	有可能调节胶原原纤三囊体
XXV	不明	含有类胶原 Gly-X-Y 三重复式样,与 XIII 型胶原部分相同	与 β-淀粉样形成和神经变性有关的跨膜蛋白
XXVI		不明	睾丸和卵巢
XXVII		克隆成原纤胶原	

注:FACIT——不连续三股螺旋结构的纤维相关胶原。

1) 成纤胶原

目前，已发现的纤维状(由原纤维组成)胶原有以下 5 种：Ⅰ型胶原$[\alpha_1(\mathrm{I})]_2\alpha_2(\mathrm{I})$，它是异三聚体，主要存在于皮肤、骨、肌腱、角膜和韧带中，其含量最高可占体内所含胶原的 90%；Ⅱ型胶原$[\alpha_1(\mathrm{II})]_3$ 是同三聚体，主要存在于软骨、玻璃体和脊索中，形成原纤维；Ⅲ型胶原$[\alpha_1(\mathrm{III})]_3$ 也是同三聚体，通常与Ⅰ型胶原共存于可伸展组织的胶原纤维中；Ⅴ和Ⅺ型胶原是杂和三体(α_1、α_2、α_3)，它们都是不常见的异三聚体，与Ⅰ型、Ⅱ型、Ⅲ型胶原一起，共存于原纤维中。

目前，公认原纤维中胶原分子交错排列长度具有 67nm 的周期性，长为 280nm 的胶原分子间彼此轴向错位 67nm，即 324 个氨基酸的长度(定义为 D 周期)。胶原分子的长度为非整数的 4.4 个周期，导致在一个分子的末端和第二个分子的起始端之间有一个间隙。这种间隙-交叠特征用电子显微镜就能观察到，每个 D 轴向在重复周期中交替出现暗带和亮带。序列相互作用和实验研究证实，胶原分子中 D 轴向错位的存在是由静电和疏水的相互作用而引起的。

这类胶原规则地以 $4D$ 交错排列形成纤维[28]，它们的空间排列方式是首先形成呈正五角形的微纤维，如图 2.6 所示。

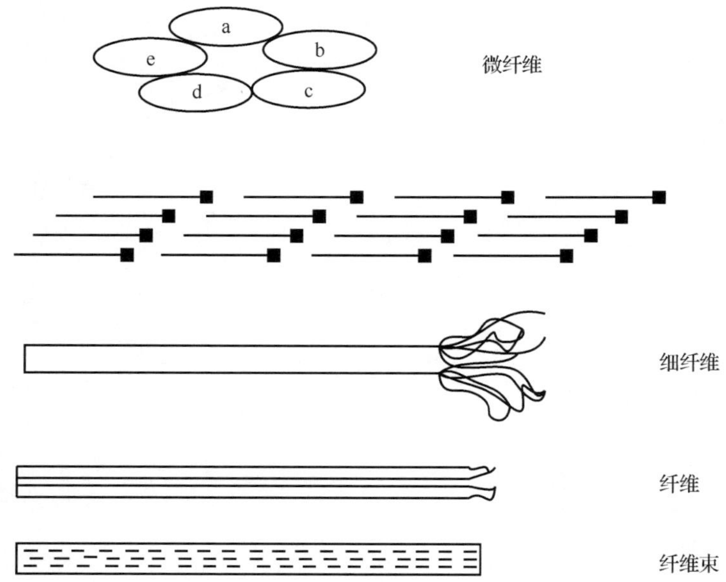

图 2.6　成纤胶原纤维的空间排列方式

a、b、c、d、e 分别表示 5 个胶原分子，每个微纤维的直径为 4nm，多束微纤维集合成细纤维，细纤维再集合在一起形成纤维，最后纤维缠绕在一起形成纤维束。

在典型的纤维胶原分子中，三股螺旋部分占分子链的 95%以上，在其结构中起决定作用，而其他类型的胶原，虽然也有一个或多个三股螺旋部分，但只占胶原分子链的一部分。

三股螺旋链由 3 条 α 链组成，每条 α 链含有特定的氨基酸排布序列，形成高度有序的螺旋结构，纤维胶原分子依靠分子间所形成的氢键而稳定存在。这些氢键在受热或在化学变性过程中会被打断，导致分子三股螺旋结构的破坏。实验已证明，三股螺旋结构对普通的蛋白酶有较强的抵抗力，但如果胶原分子发生了变性，胶原分子链就易被酶水解成小分子多肽[3]。

在胶原一级结构，即在其氨基酸序列结构中，对胶原三股螺旋结构起稳定作用的氨基酸主要是脯氨酸和赖氨酸。在纤维胶原中，约有 50％的脯氨酸被酶作用转变成羟脯氨酸。有代表性的酶是脯氨酰羟化酶，这种酶作用于构成多肽链的脯氨酸残基（Y 位置处），在 α-酮戊二酸、辅助因子维生素 C 以及 Fe^{2+} 存在的环境中，使脯氨酸转变成羟脯氨酸，羟脯氨酸的形成是胶原螺旋链稳定的必需条件。此外，在 Y 位置处的赖氨酸受赖氨酰氧化酶的作用而转变成羟赖氨酸，酶对赖氨酸的作用也需要辅助因子，如铁、α-酮戊二酸、维生素酸等。但是，赖氨酸的羟基化反应也出现在非螺旋部分，在 N 端和 C 端端肽处的羟赖氨酸要参与分子间的共价交联，因而对胶原结构来说显得较为重要。羟赖氨酸再进一步受到酶的作用，发生糖基化和氧化糖基化反应，从而提供糖的结合位点，生成半乳糖羟赖氨酸和糖基半乳糖羟赖氨酸。这些糖基化衍生物的浓度可能对纤维胶原的结构有一定的影响。

构成原纤维的 5 种胶原成为一个紧密相关的家族，所有胶原都含有一个不间断的三股螺旋 $(Gly\text{-}X\text{-}Y)_n$ 结构域，每条肽链大约含 1000 个氨基酸，长度约为 280nm。在这些胶原中，即使只有一个 Gly 残基被其他氨基酸残基所取代，都将影响重复的三肽连接而导致病理状态的出现[29]。不同链的氨基酸序列，特别是在带电荷残基的分布上有足够的同源关系。所有原纤维胶原都由前胶原转变而来，前胶原带有球形的 N 端和 C 端前肽，从这些前肽区域中也可发现氨基酸序列的同源性。

胶原具有完整的四级空间结构[30]，具体内容将在第 3 章中做详细的介绍。

胶原原纤维的结构功能和力学性能与原纤维的直径、分子间交联程度和特征、原纤维所组成的更高级有序的结构以及原纤维与其他基质成分之间的相互作用有关。肌腱中的肌原纤维直径变化范围比较大（50～500nm），它们高度交联并平行堆积形成纤维束，然后扭转成束。这些肌原纤维的特征使肌腱具有高抗张强度和不同的应力-应变曲线。在皮肤中，直径大小较为均一的原纤维（接近 100nm）具有独特的三分子交联，意味着分子被轴向剪切，从而形成了曲折地穿过真皮的较大原纤维。在角膜中，可以观察到分布较窄的小直径（约为 40nm）原纤维，以 90°的夹角交替堆积以形成层状结构。原纤维直径及堆积排列方式的一致性，使得纤维仅出现很小的散射现象，从而产生该组织所需要的透明性。尽管人们已经认识到，原纤维及其在组织中的高度有序堆积的决定性因素涉及前肽、细胞和其他基质成分，但详细情况目前仍然有待确定。

近年来，人们研究并了解了结合到三股螺旋肽的 $\alpha_2\beta_1$ 整合素Ⅰ区的晶体结构，表明了 Gly-Phe-Hyp-Gly-Glu-Arg 结合序列中 Glu 残基激活了位于整合素Ⅰ区的一个与金属结合的 MI-DAS 基序，胶原纤维与整合素之间的相互作用大部分定位在三股螺旋的中心链[31]。

2）非成纤胶原

除前面所述的 5 种成纤胶原外，其他类型的胶原都是非成纤胶原。虽然在特定组织中非成纤胶原可能占主要地位，但是总体来说它们并不多。非成纤胶原的 α 链既含有三螺旋域(胶原域，COL)，又含有非三螺旋域(非胶原域，NC)。不同类型的非成纤胶原具有不同长度的三股螺旋区域，并在典型的 $(\text{Gly-X-Y})_n$ 重复模式中均有一个或多个断点。许多非成纤胶原看起来可以与自身结合以形成一些更高级的结构，而不形成错位的原纤维。

2. 胶原的存在形态[32-58]

1）Ⅰ型胶原

Ⅰ型胶原是动物体内含量最多的一类胶原，是脊椎动物结缔组织中最重要和最常见的胶原类型，其在组织工程领域的应用也最为广泛。Ⅰ型胶原分子由 3 条 α 肽链组成。两条 α 链形成的二聚体肽链称 β 肽链，3 条 α 链构成的三聚体肽链称 γ 肽链，即原胶原分子。原胶原分子的 3 条肽链相互缠绕形成右手超螺旋的形式，形成细长的棒状结构，分子直径为 1.5nm，长 300nm 左右[图 2.7(a)、(b)]。其精细结构为[32]：①分子由 1014 个氨基酸残基组成；②三肽序列为(-Gly-Pro-Y-)和(-Gly-X-Hyp-)；③末端肽为 16 个 N 端残基和 26 个 C 端肽构成的三股螺旋伸展部分；④具有周期横纹结构；⑤胶原分子为 4.4D 的长度，分子间的间隙为 0.6D，柔性段尺度大约为 300nm×1.5nm[5]。

Ⅰ型胶原属于间质胶原，组成Ⅰ型胶原的三条肽链中，每条肽链的相对分子质量约为 100 000，α_1(Ⅰ)链和 α_2(Ⅰ)链的主体部分含有 338 个 Gly-X-Y 重复序列。在 α_1(Ⅰ)链的两端分别有一个短的氨基酸序列，其排列顺序不规则，与主体部分不同。每条 α 链均为左手螺旋，螺距为 0.87nm，每圈有 3.3 个氨基酸。三条肽链又相互缠绕形成一个长右手螺旋，螺距为 9.6nm，每圈有 36 个氨基酸，形成了胶原分子特有的三螺旋结构[图 2.7(b)]。

Ⅰ型胶原在细胞内以多聚分子结构即纤维的形式存在。电子显微镜观察证明，胶原分子先聚合成微纤维，在每根纤维里，从横断面上看可知其含有 5 个胶原分子。可将微纤维看成是Ⅰ型胶原大分子结构中的基本单位。胶原的微纤维再进一步经过横向聚合、轴向聚合，最终形成胶原纤维[图 2.7(c)]。胶原纤维直径的大小和形态因胶原类型而异，同类胶原在不同的器官和组织中也常不相同。Ⅰ型

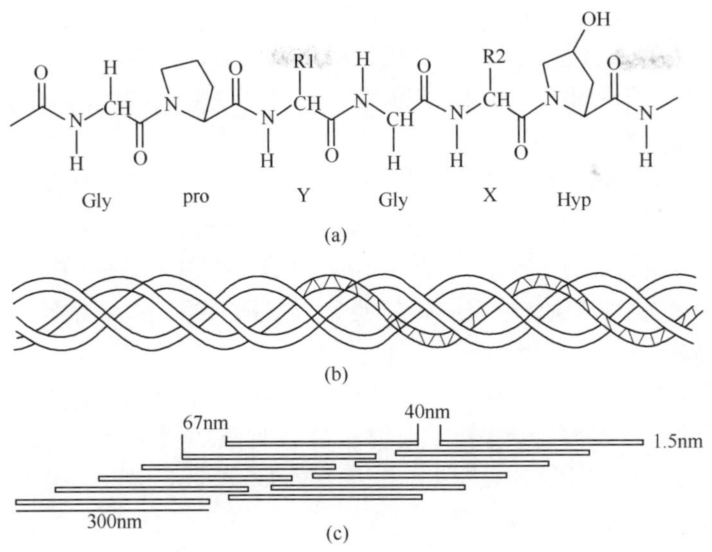

图 2.7　Ⅰ型胶原的化学结构示意图

(a)氨基酸序列;(b)三螺旋结构;(c)胶原纤维的排列

胶原的纤维束较其他间质纤维粗大。以纵向错位方式聚合在一起的微纤维通过形成分子间的交联键而稳定,两个分子中的 α_1(Ⅰ)链之间可形成两对交联键,第一对交联键在一个分子里的 α_1(Ⅰ)链的氨基端(N 端)非螺旋区内的第 5 位赖氨酸残基与另外一个分子中的 α_1(Ⅰ)链的羧基端(C 端)的第 930 位羟赖氨基残基之间形成;另外一对交联键在一个分子中的 α_1(Ⅰ)链的 C 端非螺旋区的第 16 位赖氨酸残基与邻近分子中的 α_1(Ⅰ)链的 N 端的第 87 位羟赖氨酸之间形成。这些分子间的交联键正好是在彼此纵向错位"D"距离的相邻胶原分子间形成的,所以分子间的这种交联键的形成不仅稳定了微纤维间的横向聚合,也稳定了分子间的纵向聚合,使纤维多聚体加粗而且延长,并得以稳定。

Ⅰ型胶原能活化上皮细胞,促进上皮细胞增生,也可促进胶原酶生成,赋予皮肤一定的张力和弹性。它主要分布在皮肤、骨骼、肌腱、血管壁和牙齿等部位,并广泛地分布于结缔组织的间质中,是体内一些重要脏器如肺脏、肝脏、肾脏间质组织中的重要成分。胶原在肾脏中的正常分布,已通过胶体电镜技术在超微结构水平得到确认[3],其中Ⅰ型胶原仅存在于肾间质和肾脏较大的血管壁中,肾小球内未发现Ⅰ型胶原。

Ⅰ型胶原以胶原纤维的形式发挥作用,主要功能是作为组织支持物,赋予组织以张力。过去人们更多地注意到了它的支持和保护作用,而忽视了它对细胞、组织乃至整个机体的生理和病理过程的影响。不过,近几年来,这种趋势正得到扭转,已有许多研究者开始注意到其在肾间质纤维化中的作用,甚至在肾小球疾病中的变化和作用。不过，目前尚处于不成熟阶段。

此外，Ⅰ型胶原还能淡化眼纹和消除眼袋及阴影，而且对维持骨结构的完整及骨生物力学特性非常重要，还与细胞的生长、分化、增生、组织损伤的修复及炎症反应、硬化、纤维化等密切相关。

在同类动物的不同器官中，Ⅰ型胶原分子是不相同的。例如，世界上的每一块牛皮中，其 α_1 链都是相同的，且在肌腱和骨头的 α_1 链也是相同的。但是，在皮和肌腱的成熟蛋白(mature protein)间有微小的差别，这一差别是分子链组装成细胞后造成的，如赖氨酸残基氧化成羟基赖氨酸时的差别。这些差别致使在肌腱和皮肤中形成的交联键不同。

Ⅰ型胶原在组织工程领域的大量使用，使得从动物组织内提取Ⅰ型胶原成为近年的研究热点。多数文献报道了研究从牛跟腱、鼠尾中提取Ⅰ型胶原[33-35]。这样，不仅原料来源有限，还存在“疯牛病”的潜在危险，不适合市场化的需求。而猪与人之间的同源性较牛、鼠好，且潜在疾病源少，加之中国是产猪大国，拥有丰富的、质优价廉的猪皮资源，用猪皮提取Ⅰ型胶原可能会成为一种更加经济、实用的方法。

2) Ⅱ型胶原

Ⅱ型胶原由三条 α_1 肽链组成，组成方式为$[\alpha_1(\mathrm{II})]_3$。Ⅱ型胶原分子非螺旋区的重要特征也与Ⅰ型胶原一样，α_1 肽链的 N 末端的第 9 位是赖氨酸残基，C 末端的第 16 位也是赖氨酸残基。Ⅱ型胶原的 α_1(Ⅱ)链，富含羟赖氨酸，并且糖化率高，含糖量可达 4%。Ⅱ型胶原被胶原酶切割的位点是甘氨酸-异亮氨酸肽键。

Ⅱ型胶原与一些蛋白质聚糖结合，是软骨和玻璃液中的主要胶原，可加强皮肤的保水能力，以及填补皮肤内胶原纤维之间的空隙，起到保湿、自然美白的作用。另外，Ⅱ型胶原也是关节软骨中的主要细胞外间质之一，多种风湿性疾病的发生与Ⅱ型胶原异常有关。现已知的类风湿关节炎发病与Ⅱ型胶原自身免疫反应有关，用Ⅱ型胶原免疫某些动物可诱导出关节炎[11]。

3) Ⅲ型胶原

Ⅲ型胶原由三条 α_1 肽链(亚基)组成，即$[\alpha_1(\mathrm{III})]_3$。$\alpha_1$(Ⅲ)链中含有半胱氨酸，因而肽链间存在少量的双硫键，其本身可以形成细纤维，而其他类型的胶原肽链间的共价交联键主要是由赖氨酸残基或羟赖氨酸残基的侧链形成的。Ⅲ型胶原分子的非螺旋区的重要特征也与Ⅰ型胶原一样。

Ⅲ型胶原在血管中的含量较高，主要见于肺泡间质内，分布非常杂乱，构成了一个错综复杂的网络，这种结构特征使肺内组织，特别是肺泡间隔保持了良好的柔韧性。Ⅲ型胶原在皮肤中较少，它与Ⅴ型胶原同属重建型胶原，能强化微血管的强度和弹性，可为细胞提供充足的养分，并直接与血管母细胞结合促进新血管的形成。它们是维持皮肤饱满、润滑、有光泽的重要因素[3]。

4) Ⅳ型胶原

Ⅳ型胶原是基质胶原，属非纤维胶原。Ⅳ型胶原分子由三条α(Ⅳ)肽链组成，为三股螺旋结构。除中央螺旋区外，其氨基端为7S区，羧基端为终端膨大的非胶原NC1区。Ⅳ型胶原长约为400nm，直径约为1.5nm。

Ⅳ型胶原中，每条α链约含1700个氨基酸残基，其中主要为胶原性氨基酸，即甘氨酸、脯氨酸、羟脯氨酸和羟赖氨酸，在肽链中组成重复的Gly-X-Y序列。但是，Ⅳ型胶原肽链中的Gly-X-Y重复与其他胶原分子不同（Ⅰ型胶原、Ⅲ型胶原），不具有较强的连续性，而且在个别片段，如肽链的羧基末端基本上没有Gly-X-Y序列。根据肽链本身和氨基酸组成的不同，Ⅳ型胶原α链可分为三个结构域：①7S结构域，长约为60nm，该区域富含二硫键，区域中有一相对于羧基末端的非胶原氨基酸片段(NC2)；②胶原区域：由914个氨基酸组成，序列中主要是重复的Gly-X-Y，但常被2～11个氨基酸长度的非胶原氨基酸所打断，从而具有较强的柔韧性；③非胶原羧基末端区域(NC1)：主要由非胶原氨基酸组成，含12个半胱氨酸残基，可自身形成二硫键，使该区域呈球状[3]。

已分离得到的单肽链根据其一级结构的不同，可分为α_1(Ⅳ)、α_2(Ⅳ)、α_3(Ⅳ)、α_4(Ⅳ)、α_5(Ⅳ)、α_6(Ⅳ)6种[36]。对α链的研究主要集中在NC1结构域。目前，所认识的这6条不同α链之间的区别，主要是在NC1结构域。Ⅳ型胶原分子的基因产物不经任何细胞内的加工修饰即可构成完整的Ⅳ型胶原分子，不同的Ⅳ型胶原α链的基因分布可能有特殊的病理意义。令人感兴趣的是，编码基因位置的不同并没有使其基因编码产物的结构序列产生大的差别，不同的α链反而有较强的同源性[α_1(Ⅳ)、α_3(Ⅳ)、α_5(Ⅳ)的氨基酸序列相似；α_2(Ⅳ)、α_4(Ⅳ)、α_6(Ⅳ)的氨基酸序列相似]，表现为近似的理化性质。α_1(Ⅳ)、α_2(Ⅳ)链构成经典的Ⅳ型胶原分子，即三聚体[α_1(Ⅳ)]$_2$$\alpha_2$(Ⅳ)，而$\alpha_3$(Ⅳ)和$\alpha_6$(Ⅳ)只构成Ⅳ型胶原的异构型。α链在形成空间三螺旋和大分子之后，不同α链的组成却显示出较大的差异，由此直接影响着Ⅳ型胶原大分子的结构和功能。

Ⅳ型胶原大分子α链有特定的组织分布。α_1(Ⅳ)和α_2(Ⅳ)出现在所有的基膜中，肾小球基底膜和肺基膜中α_3(Ⅳ)含量高，α_4(Ⅳ)链同样分布在肾小球基底膜，在肾小球基底膜和晶状体前囊基膜中α_5(Ⅳ)含量高[37]，α_6(Ⅳ)在肾内也有存在，但在食道中含量更高，这种特定的组织分布可能对于维持组织结构的功能具有重要的意义。此外，这种分布也将导致同一病理状态下不同部位基膜损伤程度的差异，且可能出现某些链的改变而只累及一个器官。

应用免疫组化方法发现[37]，Ⅳ型胶原的各α链在肾组织中的分布具有高度的选择性。α_1(Ⅳ)及α_2(Ⅳ)分布于所有基底膜结构中，而在肾小球内主要分布于肾小球基底膜内皮侧、膜基质及包氏囊基膜中；α_3(Ⅳ)及α_4(Ⅳ)主要分布在肾小球基底膜和远端小管基膜中；α_5(Ⅳ)除分布于肾小球基底膜、包曼氏囊基膜外，还分布

于远端小管及集合管基膜中；而 α_6（Ⅳ）则分布于包氏囊、远端小管及集合管基膜中。

胶原的主要成分为胶原糖蛋白，即纤维粘结蛋白（FN）和板层黏结蛋白（LAminin）。在细胞基底膜中的Ⅳ型胶原多为 LAminin 成分[38]。作为非纤维型胶原的一员，Ⅳ型胶原是基底膜的主要成分，它以片层而不是以纤维的形式存在于基底膜中，主要在肝脏内合成与代谢。在肝脏中，Ⅳ型胶原存在于血管内皮细胞、胆管和神经纤维周围的基底膜中以及实质区。Ⅳ型胶原可以弥补皮肤基底膜的功能，帮助表皮层与真皮层的结合，将水分与养分保送至真皮层。Ⅳ型胶原能够促使生命机体结构的完整性，让皮肤更加紧实并增加皮肤的抗氧化性，防止机体的老化及皮肤出现皱纹。

5）Ⅴ型胶原

Ⅴ型胶原的肽链由两条 α_1 和 1 条 α_2 链或由 3 条 α_1 链组成，组装有 3 种形式：$[\alpha_1(\text{V})]_3$、$[\alpha_1(\text{V})]_2\alpha_2(\text{V})$和 $\alpha_1(\text{V})\alpha_2(\text{V})\alpha_3(\text{V})$，其中以$[\alpha_1(\text{V})]_2\alpha_2(\text{V})$形式为主，每条肽链的相对分子质量为 95 000。氨基酸分析表明[5]，Ⅴ型胶原肽链含有丰富的 3-羟脯氨酸和糖化的羟赖氨酸。Ⅴ型胶原纤维具有间隔为 67nm 的横纹区，整个分子是一个连续的三螺旋杆状结构，中间不夹有球蛋白样结构区。Ⅴ型胶原可能在基膜和结缔组织之间起着“桥梁”的作用。Ⅴ型胶原的 α_3（Ⅴ）链对胶原酶有一定的抵抗能力，所以Ⅴ型胶原不能被胶原酶降解。

Ⅴ型胶原存在于主要由Ⅰ型胶原组成的纤维中，为Ⅰ型胶原纤维形成支架，如骨骼、腱、角膜、皮肤和血管，与Ⅲ型胶原同属重建型胶原。Ⅴ型胶原在组织中的分布形式有两种：一种表现为类似间质性胶原的纤维束状结构，可以分布在组织间质中或围绕在细胞周围；另外一种与基膜性胶原相似，主要分布在基膜或基膜附近。它与Ⅰ型胶原之间有着密切的关系。

6）Ⅵ型胶原

Ⅵ型胶原是由 3 条不同的 α 肽链组成的异三聚体，含有 α_1（Ⅵ）、α_2（Ⅵ）和 α_3（Ⅵ）链，通过链内、链间二硫键的形成，构成稳定的纤维结构。

Ⅵ型胶原存在于大多数的间质性连接组织中，具有高度的免疫性，有利于抗Ⅵ型胶原抗体的产生。由于它作为珠状细丝结构存在，用电子显微镜很难辨别其形成的周期。Ⅵ型胶原高度的免疫原性，使越来越多的细胞生物学家产生了浓厚的兴趣。

7）Ⅶ型胶原

Ⅶ型胶原是固着原纤维的主要成分，对表皮起连接和支持作用，并与大疱性表皮松解症的发生有关。Ⅶ型胶原是由 3 条 α_1（Ⅶ）链形成的反平行二聚体[3]，α 链中氨基端和羧基端包括 NC1(150kDa)、COL1(170kDa)和 NC2(32 或 34kDa)三部分。COL1 有 1530 个氨基酸残基，长达 424nm，其次是 NC1，有 1245 个氨基酸残基，包括 1 个软骨基质蛋白序列、9 个连续的纤连蛋白Ⅲ型序列和 1 个 WFA 型序列。胶原单体中 NC1 形成顶端有球状结构的三条臂、单体间经 NC2 相互聚合形成二聚体，许多二聚体聚合就形成了固着原纤维。

Ⅶ型胶原及固着原纤维除存在于皮肤中外，还存在于消化道等其他器官的上皮组织，参与细胞的分化、黏附和基底膜的滤过等功能。Ⅶ型胶原合成与聚合的许多环节发生障碍，都可能引起固着原纤维的缺乏或功能异常，导致真皮与表皮之间连接的破坏，从而出现表皮松解的病理变化。

8）Ⅷ型胶原和Ⅹ型胶原

本组胶原的 α 链最短，分子质量只有 60kDa 左右，包括 NC1、COL1 和 NC2。Ⅹ型胶原为同三聚体，Ⅷ型胶原的结构为两条 α_1(Ⅷ)和 1 条 α_2(Ⅷ)构成的异三聚体，即$[\alpha_1$(Ⅷ)$]_2\alpha_2$(Ⅷ)，可形成六边晶格状结构。三条 α 链，尤其是 NC1 和 COL1 的基因结构、氨基酸序列都极其相似。两种胶原单体在羧基端(NC1)聚合成多聚体，多聚体在氨基端(COL1、NC2)结合，形成六角形网格结构。Ⅷ型胶原分布于角膜后界层，是角膜内皮细胞基底膜的主要组成成分；Ⅹ型胶原主要由软骨骨化过程中过度肥大的软骨细胞合成，它与钙的亲和力较高，短期地存在于软骨内成骨过程的肥大区，随骨化而消失，说明它参与了软骨的钙化作用[5]。

Ⅹ型胶原是非原纤维形成性胶原[38]，合成于中胚层发育时期的软骨发生阶段，存在于Ⅱ、Ⅳ型基质网络中，短期内分布在软骨肥大区和骨头修复过程的骨痂中。Ⅹ型胶原是由 3 条相同的 α 肽链组成的短链非微纤维形成性胶原，长度仅是间质胶原(如Ⅱ型胶原)的一半，其分子组成是$[\alpha_1$(Ⅹ)$]_3$。完整的Ⅹ型胶原包括 3 个部分，即三螺旋区(COL)、C 端非胶原(NC1)区和 N 端非胶原(NC2)区。NC1 和 NC2 区含有较多的芳香族氨基酸，因此不易被水解，具有独特的功能。不同种属的Ⅹ型胶原基因的结构有很大的差异，主要体现在Ⅹ型胶原基因各个区域的种属有所不同。Ⅹ型胶原特异地在肥大软骨细胞中合成，这种特异性是在转录水平被控制的。研究发现[38]，对于Ⅹ型胶原转录的严格控制，是通过正负两种调节因素起作用的，在Ⅹ型胶原基因片段中主要有 3 个部位：首先，在转录起始位置上游的 2.4～2.8 kb① 的负性调节，主要表现在非软骨生成细胞和肥大前软骨细胞；另外，在－2.4～0.9 kb 的组织特异性的正性调节；还有非组织特异性的正性调节定位于Ⅹ型胶原基因的第一个内含子上[39]。

9）Ⅸ型胶原

Ⅸ型胶原有 3 条不同的 α 链，属于异三聚体结构。α 链的非胶原区(NC1 至 NC4)和胶原区(COL1 至 COL3)依次沿羧基端向氨基端方向交替排列。由于存在可变启动子，软骨的 α_1(Ⅸ)NC4 有 243 个氨基酸残基，呈碱性，可与富含阴离子的

① 1kb 表示 1000 个碱基对。

糖胺多糖结合，而在角膜初级基质和玻璃体中只有两个氨基酸残基。此外，α_2(Ⅸ)NC3 比 α_1(Ⅸ)NC3 多出了 5 个氨基酸残基，序列为缬氨酸—谷氨酸—甘氨酸—络氨酸—丙氨酸，能与硫酸软骨素或硫酸皮肤素结合。因此，Ⅸ型胶原也是一种蛋白多糖，其侧链在软骨内较短，在鸟类的玻璃体内则很长。

Ⅸ型胶原的 3 条 α 链均以 COL2 的氨基端与 α(Ⅱ)的 N 端肽形成共价交联，交联形式为吡啶或羟基吡啶，α_3(Ⅸ)COL2 还与 α_1(Ⅱ)C 端肽结合。COL3 和 NC4 伸出胶原原纤维，与细胞外间质中的糖胺多糖结合，使细胞外间质具有整体性和稳定性，使软骨能较好地承受外部挤压和内部膨胀所产生的应力。

Ⅸ型胶原以Ⅱ型或者Ⅰ型胶原作为其主要的纤维形式形成结构，实际上是一种蛋白多糖。Ⅸ型胶原的主要功能是，通过大的糖胺多糖的侧链黏附于Ⅱ型胶原纤维上[3]，在软骨及其他一些组织中，这种黏附是通过共价交联形成的，因此十分稳定。

10）Ⅺ型胶原

Ⅺ型胶原也是异三聚体，其组成为 α_1(Ⅺ)α_2(Ⅺ)α_3(Ⅺ)，微量存在于细胞基质中，可在软骨组织中和身体的其他位置发现与Ⅱ型胶原和与Ⅸ型胶原结合的Ⅺ型胶原；它与Ⅴ型胶原有许多相似的特点，二者可以形成复合的胶原分子。Ⅺ型胶原只局限于直径小于 25nm 的细纤维中，在软骨胶原纤维的形成和软骨基质本身的组成过程中起着重要的作用。

11）Ⅻ型胶原和ⅩⅣ型胶原

Ⅻ型胶原结构为$[\alpha(Ⅻ)]_3$，是同三聚体，有ⅫA 和ⅫB 两种亚型。α 链包括 COL1-COL2 和 NC1-NC3，NC3 很长。Ⅻ型胶原的分子构型包括三部分：NC1-COL2 形成长 75nm 卷曲的尾、由 NC3 形成的球形中心及三个末端有小型球状结构，是长度为 80nm(ⅫA)或 60nm(ⅫB)的指状结构。α_1(Ⅻ)COL1 与 α_1(Ⅸ)COL1 的氨基酸残基数目相近，氨基酸和核苷酸的相同序列有 50%，羧基末端都有一个半胱氨酸残基，两个非 Gly-X-Y 序列的位置也相似，二者具有部分同源性。α_1(Ⅻ)NC3 中的 213 个氨基酸残基相同的也有 34%，都有 4 个半胱氨酸残基处于相似的位置，因此也有一定的同源性。

Ⅻ型胶原可与Ⅰ型、Ⅱ型胶原的原纤维相互作用，也可以与Ⅸ型胶原相互作用。在 6 个月大的鸡胚中，含有丰富的Ⅻ型胶原，但到胚胎晚期，Ⅻ型胶原仅在一些致密的结缔组织中存在[2,3]。

ⅩⅣ型胶原的结构与ⅫA 型胶原的结构极为相似。两种胶原的分布有组织特异性。在皮肤中，Ⅻ型胶原以ⅫB 为主，分布于网状层和血管周围；ⅩⅣ型胶原分布于乳头层、结缔组织和软骨等组织内，Ⅻ型胶原以ⅫA 为主，局限分布于关节面、软骨管周围、软骨膜及软骨膜下层；ⅩⅣ型胶原的分布则较为广泛。两种胶原的分布在胚胎发育时期都存在动态变化。与Ⅸ型胶原不同，Ⅻ型和ⅩⅣ型胶原与胶原纤维的结合缺乏共价交联，主要由氢键和二硫键完成。软骨内的Ⅻ A 型和 XIV 型胶原还结合有硫酸软骨素，结合部位在Ⅻ型胶原中为 NC3，在 XIV 型胶原中可能是 NC1 或 NC2。

12） XIII 型胶原和 XVII 型胶原

二者并不具有同源性，但二者有相同的结构特征：①氨基端有跨膜区而无信号肽；②外显子发生可变拼接使其 α 链(包括胶原区域在内)呈现结构的多样化。

α_1(XIII)肽链很短，包括 3 个胶原区域和 4 个非胶原区域，COL1、COL2、NC2 和 NC4 的氨基酸残基数目因可变拼接变化较大。 XIII 型和 XVII 型胶原的产生以间充质细胞为主，分布广泛，从胚胎到成人的多种组织中都有 mRNA 表达。 XVII 型胶原的 α 链有 13 个胶原区和 14 个非胶原区，氨基酸总数为 1433 个。两种胶原的结构和功能还需进一步研究[3,5]。

13） XV 型胶原和 XVIII 型胶原

XV 和 XVIII 型胶原的发现较晚，其同源性较高，且二者在结构上具有高度的相似性，胶原三螺旋和非胶原功能区交替出现，在组织分布及生物活性上也十分相似。二者还有如下的共同点：①胶原区很多，分别为 9 个和 10 个；②分子两端都是大型球状结构；③糖胺多糖和寡糖结合位点多；④ 分布广泛，以内脏器官较多[25]。

XV 型胶原分布较广，主要出现在血管、外周神经元、间充质和某些上皮基底膜区域。 XVIII 型胶原主要存在于肠绒毛、脉络丛、皮肤、肝脏、肾脏等组织中的基底膜区，但它的基因有两个可变启动子，其中一个启动子的转录产物中编码 NC1 的外显子发生可变拼接。因此， XVIII 型胶原还有不同的亚类，并且两种亚型胶原的分布不尽相同，有一定的组织特异性。 XV 型胶原和 XVIII 型胶原共同出现在肾、胎盘和骨骼肌中，但 XVIII 型胶原在肝组织中大量表达，而 XV 型胶原在肝组织中几乎没有表达。在骨骼肌和心肌中， XV 型胶原对肌细胞与细胞外基质的稳定连接起重要作用，甚至可能与阻抑癌细胞的侵袭有关。 XVIII 型胶原的羧基末端可以水解出 NC11 的内部片段，称为内皮抑制素，它能抑制血管的增生。

14） XVI 型胶原

XVI 型胶原存在于成纤细胞内，其基因代码为 COL16A。 XVI 型胶原在胶原原纤维与细胞或其他基质成分之间起分子间架桥的作用，可能与信息的传递有关[40]。

15） XIX 型胶原

XIX 型胶原的发现较晚，目前，它和原纤维胶原的关系还不清楚，在结构上它与 IX 、 XI 、 X 、 IV 型胶原都有不同程度的相似性。α_1(XIV)有 10 个胶原区，α_1(XIX)有 5 个胶原区，α_1(XIX)NC11 和 α_1(XIX)NC6 较长，成为胶原纤维与细胞外间质等其他成分相互作用的桥梁[55]。

16）XX 型胶原

XX 型胶原位于血管中层，由血管平滑肌细胞所分泌，很可能与心血管疾病的发生有关联。血小板生长因子（PDGF）能促进第 XX 型胶原基因在血管平滑肌细胞中的表达。因此，XX 型胶原可能与血管的生成以及血管受伤后的修补有密切关系[3,55]。

17）XXI 型胶原以及其后类型的胶原，目前还未能将其详细地描述出来。

2.2.3 胶原蛋白的编码基因[55]

从结构角度看，胶原蛋白是一类由不同亚基组成的糖蛋白，是细胞外基质的主要成分。虽然各种类型的胶原蛋白的高级结构具有相似的特征，但组成胶原蛋白的各种亚基的结构却有很大的差别。因此，了解胶原蛋白各种亚基的结构特点是研究胶原蛋白的结构与功能相互关系的基础。每一种胶原蛋白，都由 3 个不同的亚基组成，或称之为 α 链多肽。胶原蛋白之间的差异，就是组成各种胶原蛋白的亚基，或称之为 α 多肽链的一级结构的不同（第 3 章）。到目前为止，已发现 30 余种胶原蛋白亚基的编码基因。本章前一部分已提及胶原蛋白的亚基，下面将详细介绍Ⅰ～Ⅵ型胶原的亚基。

1. Ⅰ型胶原蛋白中的亚基

1）α_1 链[25,55]

构成Ⅰ型胶原蛋白的主要亚基有 α_1 链和 α_2 链。Ⅰ型胶原蛋白的组成有两种方式：一种是由两个 α_1 链与 1 个 α_2 链组成的异三聚体形式（表 2.4）；另一种是由 3 个 α_1 链组成的同三聚体形式。根据有关检测结果，现已得知：人的Ⅰ型胶原蛋白的 α_1 链的编码基因，其编码区长达 4392 个核苷酸，编码产物是由 1464 个氨基酸残基组成的多肽分子，相对分子质量达 138 731。在这个多肽分子中，含有由 22 个氨基酸残基组成的信号肽序列，它是一种可分泌表达的蛋白质分子。在其一级结构中，冯·威勒布兰德因子 C 型重复序列位于 35～103 位氨基酸残基区，胶原位点 2 位于 109～159 位氨基酸序列区。其螺旋位点结构区位于179～1192 位氨基酸残基区。赖氨酸/羟赖氨酸的 4 个交联位点分布在 170、265、1108 和 1208 等氨基酸残基位点上。位于 1365 位上的氨基酸残基是 1 个潜在的 N 糖基化位点。613～616 位的氨基酸残基区是 DGEA 细胞的黏附位点，哺乳动物胶原酶的裂解位点位于 953～954 位氨基酸残基区。

其 α_1 链基因的编码产物是由 1464 个氨基酸残基组成的多肽前体分子，需要进行一系列的加工，才可形成成熟的 α_1 链多肽分子。α_1 链多肽前体合成完毕，在分泌表达的同时，先由信号肽酶催化，切除其氨基末端的 22 个氨基酸残基组成的信号肽序列。N 末端蛋白酶裂解位点和 C 末端蛋白酶裂解位点分别位于 161～

162 位和 1218～1219 位氨基酸残基区。裂解以后，分别产生由 23～161 位的氨基酸组成的 N 多肽前体序列和由 1219～1464 位的氨基酸残基组成的 C 多肽前体序列。1139～1218 位和 162～178 位分别为 Ⅰ 型胶原蛋白的 α_1 链成熟蛋白两端的蛋白质序列，称为 N 末端肽和 C 末端肽。

胶原蛋白的特殊氨基酸序列是由其特殊的基因所决定的，α_1 多肽前体分子是由单一的基因进行编码的，其基因组 DNA 位于 17q21.3～22 位点上。Ⅰ 型前胶原蛋白的 α_1 链的编码基因，含有 51 个外显子，其中 46 个外显子相对较小，它们位于编码胶原蛋白的左手螺旋区域。46 个外显子中的一半仅含 54 个碱基对，编码 6 个甘氨酰-脯氨酰-X(Gly-Pro-X)的重复序列，称为基本单位。每个重复序列大致上形成一个螺距，因此一个基本单位产生 6 个螺距。最大的外显子为外显子 39，含 162 个碱基对，可编码 18 个螺距。胶原蛋白基因的 1 位、2 位、49 位、50 位和 51 位外显子以及 3 位和 48 位部分外显子并不编码 Gly-Pro-X 的重复序列。因此，在 N 端和 C 端并不形成螺旋。在原胶原的形成过程中，经蛋白酶水解除去 N 端和 C 端不形成螺旋的肽段。

2) α_2 链

α_2 链也是 Ⅰ 型胶原蛋白的重要组成亚基。它是通过 1 个 α_2 链与另外两个 α_1 链结合成的三聚体来构成 Ⅰ 型胶原蛋白的。人的 Ⅰ 型胶原蛋白的 α_2 链的编码基因具有单一的开放读码框架，长度为 4098 个核苷酸。编码的 α_2 链前体多肽由 1366 个氨基酸残基组成，相对分子质量为 129 357。α_2 链前体多肽蛋白质也含有 1 个由 1～22 个氨基酸残基组成的信号肽序列，胶原位点 2 位于 33～77 位氨基酸残基区，螺旋位点则位于 91～1102 位氨基酸残基区。α_2 链分子中的 84、177 和 1023 位上的 3 个氨基酸残基位点都是赖氨酸/羟赖氨酸交联的位点结构。组氨酸的交联位点位于 182 位氨基酸残基位点上，羟赖氨酸的糖基化位点位于 177 和 264 两个氨基酸残基位点上，在 1267 位氨基酸残基位点上有一个潜在的 *N*-糖基化位点。哺乳动物细胞的胶原酶裂解位点位于 865～866 氨基酸残基区，N 末端蛋白酶裂解位点与 C 末端蛋白酶裂解位点分别位于 79～80 位和 1119～1120 位氨基酸残基区。在这两个位点上，对 α_2 链蛋白前体分子进行裂解，可产生 23～29 和 1120～1366 氨基酸残基区的两段多肽前体序列。N 末端的末端肽与 C 末端的末端肽则分别位于 80～90 位和 1103～1119 位氨基酸残基序列区[25,55]。

α_2 多肽前体分子也是由单一的基因进行编码的。其基因组 DNA 位于 7q21.3～22 位点上。α_1 的编码基因片段由 51 个外显子组成，而 α_2 的编码基因片段由 52 个外显子组成。编码三螺旋位点的所有外显子，都是甘氨酰-X-Y 三肽序列编码基因的 9bp 的整倍数，一般是 54bp 为一组。α_1 编码基因的 7～47 位外显子与 α_2 编码基因的 7～48 位外显子，都是连续的三螺旋结构位点序列，二者序列完全相同，与Ⅱ型胶原蛋白的 α_1 链的编码基因的 9～50 位外显子也几乎完全相同。鸡的Ⅰ型胶原蛋白的 α_2 链的基因在第一外显子序列中具有不同的转录位点，导致另外的 96bp 的核苷酸序列代替Ⅰ型胶原蛋白的 α_2 链的基因中外显子 1 和 2 的编码基因序列。这一转录产物中有数种开放读码框架，但没有一种是Ⅰ型胶原蛋白的 α_2 链的编码序列的框架结构，因而编码的不是胶原蛋白，其中编码一种 DNA 结合蛋白质。至于以三聚体形式组成的Ⅰ型胶原，是由 3 种相同 α 亚基组成的同三聚体，还是由不同的 α 亚基组成的异三聚体，至今尚无定论。

2. Ⅱ型胶原蛋白中的亚基 α_1 链

构成Ⅱ型胶原的亚基是 α_1 链。α_1 链的前胶原蛋白经过体外 N 末端蛋白酶与 C 末端蛋白酶的消化裂解作用，可以产生由 234 个氨基酸序列之间相互缠绕而成的三聚体，直径为 67nm。这些原纤维蛋白之间借助赖氨酸与羟赖氨酸之间的相互交联，形成原纤维蛋白分子之间的联合，因而能够形成稳定的同三聚体的结构。赖氨酸与羟赖氨酸残基之间的交联，也可以发生在两种原纤维蛋白分子结构的螺旋位点区和末端肽结构区。由于Ⅱ型胶原蛋白的 α_1 链的前胶原蛋白编码基因的转录产物存在着剪切加工现象，特别是 N 末端肽结构区的剪切加工，因而形成相对分子质量大小不同的Ⅱ型胶原原纤维蛋白以及Ⅱ型胶原糖蛋白。Ⅱ型胶原蛋白质分子中的胶原位点 1 与整合素受体，特别是 $\alpha_2\beta_1$ 受体分子进行结合，也可以与非整合素型结合蛋白即锚蛋白 CⅡ进行结合。在体内，Ⅱ型胶原糖蛋白还借助其分子中的 N 末端与 C 末端的末端肽非螺旋结构区的赖氨酸/羟赖氨酸残基与Ⅸ型胶原蛋白质分子中的胶原位点 2 之间的交联而形成一种复合体。纤维状的Ⅱ型胶原蛋白还可与蛋白聚糖分子如纤维调节蛋白和装饰蛋白结合[26,55]。

Ⅱ型胶原蛋白的 α_1 链编码产物的信号肽由氨基末端的 1～25 位氨基酸残基组成。在 N 端多肽前体序列 26～181 位的氨基酸残基序列区，未经剪切的转录物的编码产物第 29 位的氨基酸残基为 Q，而剪切加工的转录物的编码产物第 29 位的氨基酸残基则为 R。冯·威勒布兰德因子 C 型重复序列位于 29～97 位氨基酸残基区。胶原位点位于 179～298 位氨基酸残基区，螺旋位点位于 201～1214 位氨基酸残基区。N 末端肽、C 末端肽序列分别位于 182～200 位和 1215～1241 位氨基酸残基区。赖氨酸/羟赖氨酸交联位点分别位于 190、287、1130 和 1231 位点上。位于 1283 和 1289 位点上的半胱氨酸残基可以形成链间二硫键。N 末端与 C 末端蛋白酶裂解位点分别位于 181～182 位和 1241～1242 位氨基酸残基区。哺乳动物细胞胶原酶裂解位点位于 975～976 位氨基酸残基区。在 194～195 位和 198～199 位氨基酸残基区，存在着两个基质裂解素裂解位点。

Ⅱ型胶原蛋白是由单一的基因编码的。人Ⅱ型胶原蛋白的 α_1 链的基因组 DNA 位于人染色体的 12q13.11～12 位点上，基因组 DNA 总长度达 30kb，含有 54 个外显子序列，其中一些外显子序列是由 Gly-X-Y 三肽编码序列的 9bq 单位组成的，共 54bq。Ⅰ型和Ⅲ型胶原基因的第 2 外显子是二者之间高度保守的核苷酸序列，编码多肽前体 N 末端的部分序列，也是这两种胶原基因转录产物发生剪切加工的序列所在处。

3. Ⅲ型胶原蛋白中的亚基 α_1 链[32,55]

Ⅲ型胶原蛋白亚基是 α_1 链，它是由 3 个相同的前 α_1 链组成的同三聚体形式的前胶原蛋白，在细胞外由 N 末端与 C 末端蛋白酶的水解作用下，产生单体 α_1 链胶原蛋白。三分子单体形式的 α_1 链胶原蛋白借助羧基末端链间二硫键的形成，组成三螺旋结构形式的分子，直径为 67nm。但是，N 末端蛋白酶的裂解作用常是不完全的，因而一部分前胶原蛋白质分子的存在影响了纤维的形成过程。胶原蛋白的三分子单体 α_1 链之间的结合，除依赖于羧基末端链间二硫键的形成外，分子间的赖氨酸/羟赖氨酸残基之间也可以发生交联。位于螺旋区以及非螺旋区的赖氨酸/羟赖氨酸残基都可参与链间交联的结合。

前 α_1 胶原链蛋白质分子中的信号肽序列由氨基末端的 1～23 位氨基酸残基组成，N 末端与 C 末端前体肽结构区分别位于 24～148 位以及 1206～1466 位氨基酸残基区。冯·威勒布兰德因子 C 型重复序列位于 27～96 位氨基酸残基区，胶原位点 2 位点位于 103～141 位氨基酸残基区，N 末端与 C 末端的末端肽序列结构分别位于 149～167 位和 1197～1205 位氨基酸残基区。螺旋位点结构区位于 168～1196 位氨基酸残基区，可形成链间二硫键的半胱氨酸残基，分别位于 141、144、1196 和 1197 四个残基位点上。酪氨酸硫酸化位点位于 151、155 和 158 三个残基位点上。赖氨酸/羟赖氨酸 3 个交联位点分别位于 161、263 和 1106 残基位点上。羟赖氨酸糖基化位点位于第 263 位氨基酸残基位点上，在 1367 位点上有 1 个潜在的 *N*-糖基化位点。N 端与 C 端蛋白酶裂解位点分别位于 148～149 和1205～1206 位氨基酸残基区，哺乳动物细胞胶原酶裂解位点位于 951～952 位氨基酸残基区。

前 α_1（Ⅲ）胶原蛋白链由单一的基因编码，位于人染色体 2q24.3～31 位点上。基因组 DNA 由 52 个外显子组成，超过 38kb。每一个外显子都是编码三肽 Gly-X-Y 的 9bq 核苷酸的重复序列组成，一般为 54bq。

4. Ⅳ型胶原蛋白中的亚基[5,25,55]

1）α_1链

Ⅳ型胶原是由 α_1～α_6 6 个胶原蛋白单体链中的 3 种组成的 1 个胶原蛋白三聚体分子，分别由胶原位点 COL4A1～COL4A6 6 个基因进行编码。最常见的Ⅳ型胶原蛋白的结构是$[\alpha_1]_2\alpha_2$，其他亚基组成的Ⅳ型胶原蛋白的含量少，而且具有组织特异性。所有 6 个胶原蛋白单体链中的非胶原位点 NC1，都有一个高度保守的半胱氨酸残基,该半胱氨酸残基与链内、链间的二硫键的形成有关。Ⅳ型胶原三聚体中的CB3溴化氢片段是由二硫键结合在一起形成的结构,通过与细胞的整合素$\alpha_1\beta_1$以及$\alpha_2\beta_1$之间的相互作用,以支持细胞与基底膜之间的黏附作用[55,57]。

在Ⅳ型胶原蛋白的α_1链多肽结构中,信号肽序列位于1～27位氨基酸残基区,氨基末端的非胶原位点位于28～42位的氨基酸残基序列区,7S位点形成结构位于28～172位的氨基酸残基序列区,三螺旋结构位点位于43～1440位氨基酸残基区,羧基末端的非胶原位点位于1441～1669位的氨基酸残基区,第126个氨基酸残基位点是α_1链多肽分子结构中唯一潜在的糖基化位点。肝素/细胞结合序列包括531～543位和1263～1277位两段氨基酸残基区。

2) α_2链

Ⅳ型胶原蛋白前体的α_2链由1712个氨基酸残基组成,其相对分子质量为167 347。信号肽序列位于1～25位氨基酸残基区,氨基酸末端的非胶原位点序列为28～57位氨基酸残基组成的序列,7S位点位于26～183位氨基酸残基区,三螺旋位点位于58～1484位氨基酸残基区,羧基末端的非胶原位点位于1485～1712位氨基酸残基区。Ⅳ型胶原蛋白前体分子中的α_2链中仅有1个潜在的*N*-糖基化位点,位于第138位氨基酸残基位点上。

3) α_3链[55,57]

已从人及牛的组织中分别克隆了Ⅳ型胶原蛋白的α_3链的编码基因片段,已克隆了其羧基端的序列,但对其氨基末端的编码基因序列还不十分清楚。

4) α_4链

对于Ⅳ型胶原蛋白的α_4链编码基因的研究,仅获得了几个羧基末端序列的编码基因,其他尚不明了。

5) α_5链[55]

Ⅳ型胶原蛋白的α_5链由1685个氨基酸残基组成,其相对分子质量为160 998。α_5链前体蛋白质分子的信号肽序列位于1～26位氨基酸残基区,氨基末端非胶原位点序列位于27～41位氨基酸残基区,三螺旋位点结构区位于42～1456位氨基酸残基区,羧基末端的非胶原位点位于1457～1685位氨基酸残基区。α_5链前体蛋白质分子中仅有1个潜在的糖基化位点,位于125位氨基酸残基位点上。

6) α_6链

关于Ⅳ型胶原蛋白的α_6链的结构及其特点,目前仅克隆了氨基末端序列的三分之一,大部分序列还没有弄清楚。

5. Ⅴ型胶原蛋白中的亚基[55,57]

1) α_1链

Ⅴ型胶原蛋白亚基有α_1和α_2链,可以组成同三聚体以及异三聚体两种不同的形式，由两个前 α_1 链与 1 个前 α_2 链组成的异三聚体结构是Ⅴ型胶原蛋白的主要存在形式。但是，在特殊的组织类型中，如子宫、胎盘组织中，则是以第二种形式，即由 α_1、α_2 和 α_3 各 1 条链组成的Ⅴ型胶原为主。Ⅴ型胶原蛋白主要参与较细的纤维丝的形成，作为一种构件部分，可以控制Ⅰ型胶原蛋白纤维的直径大小。

Ⅴ型胶原蛋白的 α_1 链由 1838 个氨基酸残基组成，其相对分子质量为 183 415。α_1 链蛋白的信号肽序列位于 1～37 位氨基酸残基区，N 多肽前体序列与 C 多肽前体序列分别位于 38～558 位与 1606～1838 位的氨基酸残基区，C 末端肽结构位于 1573～1605 位氨基酸残基区。富含脯氨酸与精氨酸的蛋白(PARP)重复序列结构位于 38～224 位氨基酸残基区，胶原位点 2 结构区位于 444～538 位氨基酸残基区，螺旋位点结构区位于 559～1572 位氨基酸残基区。赖氨酸/羟赖氨酸交联位点有两个，即位于 642 和 1482 两个氨基酸残基位点上。156、1259 以及 1397 三个位点上的氨基酸残基是潜在的 *N*-糖基化位点，C 末端蛋白酶的裂解位点位于 1605～1606 位氨基酸残基区。Ⅴ型胶原蛋白的 α_1 链前体由单一的基因进行编码，编码基因位于人染色体 9q34.2～34.3 的位点上。

2) α_2 链

α_2 链以两种形式组成Ⅴ型胶原蛋白，即：1 条 α_2 链与两条 α_1 链组成第一种类型的Ⅴ型胶原；α_1、α_2 和 α_3 各 1 条链组成第二种类型的Ⅴ型胶原。

Ⅴ型胶原蛋白前体分子的 α_2 链的氨基末端的信号肽序列位于 1～26 位氨基酸残基区。N 端前体肽序列与 C 端末端肽序列分别位于 27～212、1224～1226 位氨基酸残基区，C 端前体肽序列则位于 1227～1496 位氨基酸残基区，冯·威勒布兰德因子 C 型重复序列位于 36～104 位氨基酸序列区，胶原位点 2 位于 110～188 位氨基酸残基区，α_2 链的螺旋结构区位于 213～1223 位氨基酸残基区。赖氨酸/羟赖氨酸交联位点位于 201、229、1127 位上的 3 个氨基酸残基位点上。在 1259、1397 位上的两个氨基酸残基位点是两个潜在 *N*-糖基化修饰位点。C 蛋白裂解位点在 1226～1227 位氨基酸残基区。

3) α_3 链

到目前为止，仅克隆了Ⅴ型胶原蛋白的 α_3 链三螺旋结构位点区的编码基因序列。

6. Ⅵ型胶原蛋白中的亚基[55,57]

1) α_1 链

Ⅵ型胶原蛋白的亚基有 α_1、α_2、α_3 3 种链，其主要结构形式是由 α_1、α_2、α_3 各 1 条链组成的异三聚体分子，这种结构形式的Ⅵ型胶原蛋白占总的Ⅵ型胶原蛋白的绝大部分。尽管可能存在着由 α_3 链或 α_1/α_2 链组成的Ⅵ型胶原蛋白分子，但这些类型的Ⅵ型胶原蛋白的结构不是十分稳定的。α_1 与 α_2 链的长度相似，而 α_3 链则要长得多，主要是由于 α_3链的氨基末端的序列很长，而它们在 α_1、α_2 两条链中是不存在的。α_3 链的羧基末端仅以未修饰加工或略加修饰的方式存在。Ⅵ型胶原纤维通过链内、链间二硫键形成稳定的主体结构。与其他胶原蛋白结构不同的是，Ⅵ型胶原蛋白并不通过赖氨酸/羟赖氨酸残基之间的交联来加强其立体结构的稳定性。

α_1 链和 α_2 链中的非胶原位点 NC1 和 NC2 分别是由两个和 1 个重复序列结构组成的。这些重复序列与冯・威勒布兰德因子 A 型重复序列之间是高度同源的。α_3链中也含有两个 A 型重复序列及其他 3 种重复序列，1 个与几种唾液蛋白同源性的赖氨酸/ 脯氨酸富含重复序列，含有苏氨酸的重复序列，1 个纤维粘连蛋白Ⅲ型重复序列以及 Kunitz 型丝氨酸蛋白酶抑制剂高度同源的重复序列。含有丝氨酸残基的重复序列是一段潜在的 *O*-糖基化修饰位点。NC2 位点至少含有 10 个冯・威勒布兰德因子 A 型重复序列。α_3链的氨基末端的 NC2 位点存在着多种形式的剪切位点结构，产生至少 4 种不同结构的 α_3 链。通过羧基末端不同方式的剪切，α_2 链也有不同的结构形式。

α_1 链胶原蛋白前体分子由 1028 个氨基酸残基组成，其相对分子质量为 108 522。其信号肽序列位于氨基末端的 1～19 位氨基酸残基区，NC1 和 NC2 位点分别位于 593～1028 位和 20～256 位氨基酸残基区，螺旋结构位点位于 257～592 位氨基酸残基区，冯・威勒布兰德因子 A 型重复序列位于 30～216、609～783 与 801～1003 位氨基酸残基区。所有的 Gly-X-Y 三肽结构中，Y 位点上的氨基酸残基都是羟赖氨酸的糖基化位点。在 212、516、804 和 896 位的氨基酸残基都是潜在的 *N*-糖基化位点，与二聚体形成有关的半胱氨酸残基位于 345 位点上，515～516 位和 559～565 位的两段氨基酸残基序列并不是经典的 Gly-X-Y 三肽结构，但却是二聚体分子超螺旋结构形成的基础。人Ⅵ型胶原蛋白的 α_1链的编码基因位于人染色体的 21q22.3 位点上。长度约为 36 kb，大约由 30 个外显子组成。

2）α_2 链[55]

由于 α_2 链的编码基因存在着转录物的剪切加工机理，因而由 α_2 转录物不同的剪切产物，可以编码不同的 α_2 链糖蛋白前体分子。由 α_2 基因编码的产物大致分为 3 个类型，主要的 α_2 链胶原糖蛋白前体分子由 1018 个氨基酸残基组成，其相对分子质量为 108 354。另外，还有 C2a 和 C2α 两种形式，分别由 917 个和 827 个氨基酸残基组成，相对分子质量分别为 97 219 和 87 092。这两种结构形式的 α_2 链仅占少数。在主要的 α_2 链胶原糖蛋白前体分子结构中，信号肽序列位于 1～20 位氨基酸残基区，NC2 位点位于 21～254 位氨基酸残基区，螺旋结构位点位于 255～589 位氨基酸残基区。主要的 α_2 链中 NC1 的结构位点位于 590～1018 位氨基酸残基区，C2a 链中 NC1 的结构位于 590～917 位氨基酸残基区，C2α 链中 NC1 的结构则位于 590～827 位氨基酸残基区。冯・威勒布兰德因子 A 型重复序列位于 36～218 位、606～783 位与 818～995 位氨基酸残基区。羟赖氨酸糖基化位点位于所有的 Gly-X-Y 三肽结构的 Y 位点上。主要的 α_2 链胶原糖蛋白前体分子中的 *N*-糖基化位点序列位于 140、326、629、784、896 和 953 等位点上，C2α 链的 855 也是 1 个潜在的 *N*-糖基化位点。与二聚体形成有关的半胱氨酸残基位于第 343 个氨基酸残基位点上。

3）α_3 链

Ⅵ型胶原蛋白的 α_3 链由 3175 个氨基酸残基组成，其相对分子质量为342 960。信号肽序列位于氨基末端 1～25 位氨基酸残基区，NC2 位点位于 26～2036 位氨基酸残基区，螺旋结构位点位于 2037～2372 位氨基酸残基区，NC1 位点位于 2373～3175 位氨基酸残基区，冯· 威勒布兰德因子 A 型重复序列位于 26～230、239～425、432～632、636～827、834～1020、1026～1212、1230～1419、1433～1625、1636～1823、1835～2027、2399～2582 和 2616～2863 位氨基酸残基区。2864～2985 位氨基酸残基的序列是一段富含赖氨酸/ 脯氨酸的残基序列。纤维粘连蛋白Ⅲ型重复序列位于 2985～3074 位氨基酸残基区。Kunitz 型丝氨酸蛋白酶抑制剂重复序列位于 3110～3160 位氨基酸残基区。选择性剪切加工重复序列有 4 段，即 1433～1625(N3)、636～827(N7)、239～425(N9)和 26～230(N10)位的氨基酸残基序列。所有的 Gly-X-Y 三肽序列结构中的 Y 位点残基，都是羟赖氨酸糖基化修饰的位点。潜在的 *N*-糖基化位点位于 102、110、196、250、791、1149、2078、2330、2557、2676、2860、3035 等氨基酸残基位点上。位于 2163～2166 和 2299～2300 位的氨基酸残基序列不是经典的 Gly-X-Y 三肽重复序列结构，但是这些结构位点却是 α_3 链二聚体形成超螺旋结构的结构基础。与 α_3 四聚体形成有关的二硫键形成的半胱氨酸残基位于 2086 氨基酸残基位点上。

人Ⅵ型胶原蛋白的 α_1 链基因位于 21q22.3 位点上。α_2 链基因的定位与 α_1 基因相似，长约 36 kb，由 30 个外显子组成。组成 α_1 与 α_2 链三螺旋结构位点的序列几乎完全相同。人Ⅵ型胶原蛋白 α_3 胶原链的基因位于人染色体的 2q37 位点上。

2.3　胶原的生物学合成

2.3.1　胶原中氨基酸的基本特征

如前所述，像所有的蛋白质一样，胶原分子也是由较小的氨基酸单元自发进行相互连接而形成的。氨基酸是蛋白质的基本组成单位，存在于自然界的氨基酸有 300 余种，其中生物体中有 180 多种，但组成人体蛋白质的氨基酸仅是 20 种基本的氨基酸。所有的氨基酸分子都包括一个羧基和一个氨基基团以及一个标记为“R”的侧链(图 2.8)。不同的氨基酸，其侧链基团各异，氨基酸性质的各异性仅是由不同的侧链的性质来决定的。在这 20 种氨基酸中,除甘氨酸外,其余的均是 L-α-氨基酸(图 2.9)。连接在—COO^-上的碳称为 α 碳原子(C_α),它是一种不对称的碳原子(甘氨酸中的 C_α 是对称性的)。

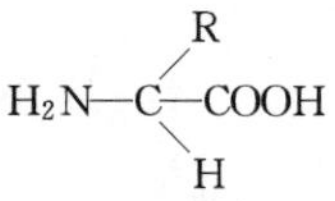

$$H_2N—\overset{R}{\underset{H}{C}}—COOH$$

图 2.8 氨基酸的结构

$$R—\overset{COO^-}{\underset{H}{C_\alpha}}—NH_3^+ \qquad H_3C—\overset{COO^-}{\underset{H}{C_\alpha}}—{}^+NH_3$$

(a) (b)

图 2.9 L-氨基酸(a)与 L-丙氨酸(b)通式

组成蛋白质的 20 种基本氨基酸,根据其侧链基团的结构和理化性质可分为 4 类:

1) 非极性疏水性氨基酸(Ala、Val、Leu、Ile、Phe、Met、Pro)

非极性疏水性氨基酸有 7 种,其中有 4 种是带有脂肪烃侧链的氨基酸,即丙氨酸、缬氨酸、亮氨酸和异亮氨酸;1 种含有芳香环氨基酸,即苯丙氨酸;1 种含硫氨基酸,即甲硫氨酸;1 种亚氨基酸,即脯氨酸。侧链的性质使得这类基团在水中的溶解度较小。

2) 极性中性氨基酸(Ser、Thr、Tyr、Trp、Gln、Asn、Cys、Gly)

极性中性氨基酸有 8 种,其中 R 基团有极性但不能解离,易溶于水。它包括两种含羟基氨基酸,即丝氨酸和苏氨酸;两种芳香族氨基酸,即酪氨酸和色氨酸;两种酰胺类氨基酸,即谷氨酰胺和天冬酰胺;以及含硫基的半胱氨酸和 R 基团只有一个氢,但仍能表现出一定极性的甘氨酸。

3) 酸性氨基酸(Glu、Asp)

酸性氨基酸有两种:谷氨酸和天冬氨酸,其中 R 基团含有羧基,羧基解离使分子带有负电荷。

4) 碱性氨基酸(Lys、Arg、His)

碱性氨基酸有 3 种:赖氨酸、精氨酸和组氨酸,其中 R 基团含有氨基、胍基或咪唑基,这些基团质子化而使分子带正电荷。

组成蛋白质的氨基酸有 20 种,但胶原中只含有 19 种氨基酸。具体来说,胶原的氨基酸组成有如下特征[3]:

(1) 胶原中缺乏色氨酸,所以它在营养上为不完全蛋白质,但也有一些文献中列出的胶原氨基酸组成并不缺少这种氨基酸,只是量少而已。

(2) 甘氨酸几乎占总氨基酸残基的 1/3,即每隔两个其他氨基酸残基(X-Y)即有一个甘氨酸,所以其肽链可用$(Gly\text{-}X\text{-}Y)_n$来表示。

(3) 含有较多在其他蛋白质中少见的羟脯氨酸和羟赖氨酸残基。在其他蛋白质中,不存在羟赖氨酸,也很少有羟脯氨酸。羟脯氨酸不是以现成的形式参与胶原的生物合成的,而是从已经合成的胶原肽链中的脯氨酸经羟化酶作用转化而来的。

在胶原中，脯氨酸和 4-羟脯氨酸含量高达 15%～30%。同时，胶原中还含有少量的 3-羟脯氨酸和 5-羟赖氨酸。羟赖氨酸经常被糖基化，形成羟赖氨酸-半乳糖基-和羟赖氨酸-半乳糖基-葡萄糖部分，羟脯氨酸残基可通过形成分子内氢键而稳定胶原分子。例如，正常胶原在 39℃时变性，而在缺乏脯氨酸的羟化酶的条件下合成的胶原在 24℃ 即变性成为白明胶。羟赖氨酸上可结合半乳糖-葡萄糖苷，与特定组织功能相关。例如，在基底膜胶原（Ⅳ型）中含 Hyl 较多，含糖也较多，可能与基底膜的过滤功能有关。由于胶原富含甘氨酸及一般较少存在于其他蛋白质中的脯氨酸、羟脯氨酸等氨基酸，因此衡量胶原的纯度高低，有时会以羟脯氨酸含量作为纯度指标。

(4) 绝大多数蛋白质中脯氨酸含量很少，而胶原中脯氨酸及羟脯氨酸的含量是各种蛋白质中最高的，这两种氨基酸都是环状氨基酸，锁住了整个胶原分子，使之很难拉开，所以胶原具有微弹性和很高的拉伸强度。由于胶原中脯氨酸含量高，因此一般可以通过酸水解胶原来分离提取脯氨酸。

(5) 胶原 α 链 N 端氨基酸是焦谷氨酸，它是谷氨酸酰胺脱去一分子氨而闭环产生的吡咯烷酮羧酸，它在一般的蛋白质中很少见到。

2.3.2　胶原的生物合成过程

与其他分泌蛋白质相似，胶原的生物合成过程较为复杂，包括从细胞染色体对胶原基因的转录、基因加工、将基因翻译成胶原分子，以及胶原单体的分泌和聚集成动物组织中具有生物功能的微纤维等步骤。其中，最为复杂的是对信使核糖核酸（mRNA）的加工过程。但是，胶原也具有其特有的反应过程，除上述步骤以外，胶原的生物合成在后期还要经历多种修饰、改性等步骤。

关于胶原的生物合成步骤的划分，现在存在两种说法：

一种是胶原生物合成的两阶段说法[3]，它认为胶原的生物合成可分为细胞内和细胞外两大阶段，前期在细胞内，后期在细胞外。首先，是细胞内合成前胶原 α 肽链，接着是前胶原 α 肽链的羟基化和糖基化，然后是前胶原 α 肽链的连接，并由细胞内分泌到细胞外，最后由前胶原转变为原胶原分子，由原胶原聚合、共价交联形成胶原微纤维，进而聚合形成胶原纤维和纤维束。

另外一种是胶原生物合成的三步法[40]，这种说法认为胶原首先是在生物体细胞内合成，细胞中蛋白质合成的过程称为翻译，是遗传信息从 mRNA（信使核糖核酸）传递给蛋白质的过程。在这个过程中，蕴藏于 mRNA 分子中的遗传信息被翻译成蛋白质多肽链中氨基酸的序列。胶原的生物合成分为三步：

第一步：胶原的各个肽链所对应的遗传基因信息，由 mRNA 将编码蛋白所需的信息转录到核糖体，在核糖体上合成多肽链的过程。

第二步：在合成的多肽链侧链的羟基化（羟脯氨酸、羟赖氨酸的生成）和糖基化作用后,生成 3 条多肽链的过程。

第三步:分泌到细胞外的前胶原分子,被切断形成通常的胶原分子,形成纤维,并在纤维分子内引入交联键的过程。

为了能更清楚地描述胶原的生物合成过程,在此以两阶段说法[3]为基点来进一步地说明胶原的生物合成过程。

1. 细胞内的合成阶段

核糖体是细胞中蛋白质生物合成的场所,在蛋白质的合成中起着重要的作用。它把合成蛋白质所需的各种组分,包括 mRNA、tRNA、各种蛋白质因子和酶等集中在一起,形成一定的空间排布。随着核糖体沿 mRNA 遗传信息合成一条完整的多肽链,DNA 的遗传信息从 mRNA 分子传递到蛋白质中。

基于携带遗传基因信息的 mRNA 在核糖体上合成的胶原多肽链,实际是比通常所指的胶原 α 链分子更大的多肽链,被称为前胶原多肽链(pro-α 链)。前多肽链是在核糖体上合成的。该多肽链的 Gly-X-Y 序列的 Y 位置处的脯氨酸和赖氨酸,受羟基化酶的作用,发生羟基化反应,转变成羟脯氨酸和羟赖氨酸。羟赖氨酸还受半乳糖转化酶和葡萄糖转化酶的作用,发生糖基化反应。该反应首先是半乳糖基与葡萄糖基结合,然后羟赖氨酸的羟基再与半乳糖基结合。

前胶原多肽链的一条 pro-α 链的合成,约需 6.7min。Ⅰ型胶原,则是由两条 pro-α_1 链和 1 条 pro-α_2 链缠绕在一起形成螺旋状的前胶原分子。螺旋的形成是在细胞的内质网中进行的。

如前所述,在细胞粗面内质网上,通过相应的 mRNA,形成前胶原 α 肽链,并转入内质网腔中。前胶原 α 肽链有 6 个区,自氨基端向羧基端依次为信号肽、N 前肽、N 端肽、三螺旋区、羧基端肽和羧基端前肽。三股螺旋区为连续的 Gly-X-Y 重复序列,信号肽与前胶原 α 肽链在细胞内的转运和前胶原的分泌有关。新合成的前胶原 α 肽链在氨基端和羧基端都有附加肽段,在氨基端多 100 个左右的氨基酸残基,其中有甘氨酸、脯氨酸及羟脯氨酸残基,还含有半胱氨酸和色氨酸,在羧基端多 200～300 个氨基酸残基。

从形成原纤维的Ⅰ型和Ⅲ型胶原的生物合成和链折叠形态的研究中发现[41],除了三股螺旋区域,所有的胶原在合成时都在 N 末端和 C 末端带有疏水性的多肽链,分别称为 N 多肽和 C 多肽。其中,N 末端的多肽链含有链内的双硫键结合,而 C 末端的多肽链则含有链间的双硫键结合,它们分布在三股螺旋的两侧。当三个球状 C 端前肽彼此识别形成二硫键以连接成三聚体时,成纤胶原开始折叠。目前已经确定了 C 端前肽中的识别区域,此识别区域负责链的选择以及决定形成异三聚体还是同三聚体。在 C 端前肽形成三聚体之后,三股螺旋在 C 端富含 Gly-Pro-Hyp 的区域成核,然后螺旋像拉链一样从 C 端向 N 端延伸,但亚氨基酸的顺反异构化却限制了反应的顺利进行。

胶原在内质网中折叠成固有的三股螺旋状态后，伴侣分子 hsp47 与之结合[42]，这种结合可能增加了胶原的热稳定性或阻止胶原分子在成熟前聚集。当前胶原进入到高尔基体后，释放 hsp47，并横向聚集。随着 N 端前肽和 C 端前肽的特异性酶切的进行，胶原分子以通过分泌泡的形式离开细胞。此时的胶原分子只是在长的中心三股螺旋的两端含有一些短的非螺旋端肽，它们以错位的方式自发地相互结合形成原纤维。图 2.10 为胶原的生物合成过程示意图[1]。

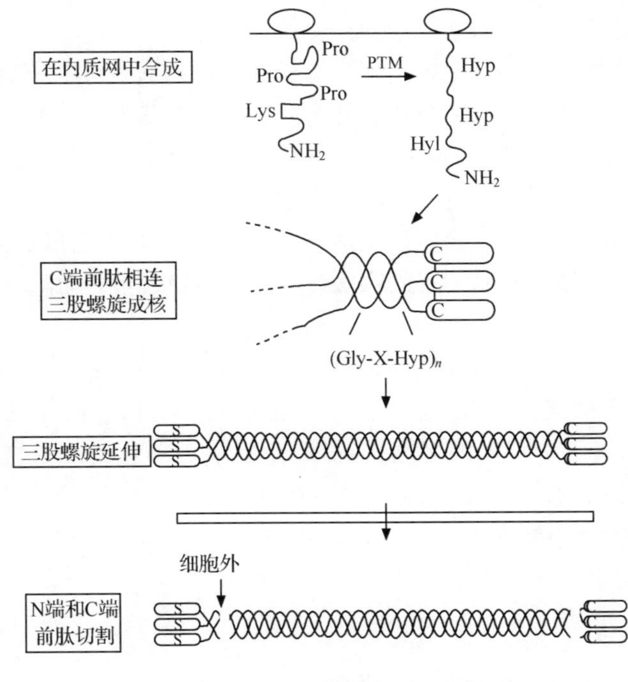

图 2.10　胶原生物合成过程示意图

合成出的前胶原分子，从细胞内分泌到细胞外。在细胞外，前胶原分子 N 端和 C 端的多肽链 N 多肽和 C 多肽，受到酶的作用被切断，逐渐生成胶原分子。

1) 羟基化修饰[3]

胶原分子中含有羟脯氨酸和羟赖氨酸，这两种氨基酸并无遗传密码、反密码及 tRNA 引导入肽链，而是在内质网中，由脯氨酸、赖氨酸残基经羟化生成的。由脯氨酸羟化酶和赖氨酸羟化酶催化，此酶为加单氧酶，需 Fe^{2+} 和维生素 C 为辅因子，α-酮戊二酸作辅底物，如脯氨酸的羟化反应(图 2.11)：

此羟化反应中需要分子氧，缺氧会影响脯氨酸羟化酶的活性，进而妨碍胶原的生成，所以在临床上缺氧会使伤口愈合延迟。而维生素 C 是维持羟化酶活性所必需的，缺乏维生素 C，胶原合成不能形成正常的纤维，可出现皮肤结节、血管脆弱及

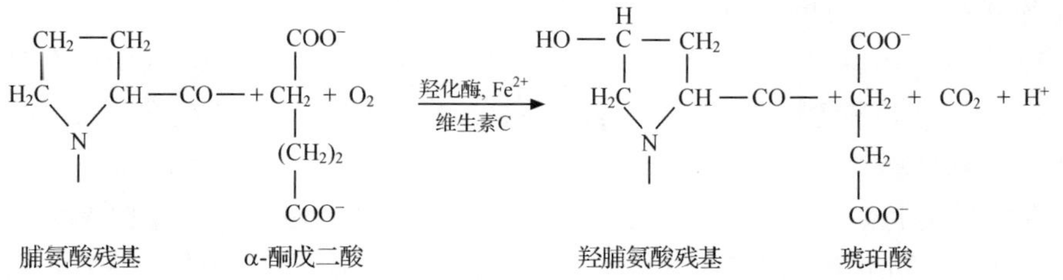

脯氨酸残基 + α-酮戊二酸 + O_2 $\xrightarrow[\text{维生素C}]{\text{羟化酶, }Fe^{2+}}$ 羟脯氨酸残基 + 琥珀酸 + CO_2 + H^+

图 2.11　脯氨酸的羟化反应

伤口愈合缓慢等症状。乳酸也有激活羟化酶的作用。

前胶原 α 肽链在核糖蛋白体上逐步增长的同时，羟化作用也在逐步进行，脯氨酰残基的羟化作用随着 α 肽链合成的终止而完成。脯氨酰羟化酶是胶原合成的关键酶，控制其活性是调节胶原合成的关键，因为羟脯氨酸能在肽链之间形成氢键，使 3 条前胶原 α 肽链相互结合并扭转成三股螺旋，然后才以前胶原的形式借助高尔基体从细胞内分泌出去。羟化作用对三股螺旋的坚固性有重要作用，羟化不足的链在体温下不能形成坚固的三股螺旋，从而不能从细胞内排出。

2) 糖基化修饰[3,55]

紧接羟基化之后就是糖基化，糖基化的位点在三股螺旋区的羟赖氨酸和 C 端前肽的天冬酰胺，通过 *O*-糖苷键把半乳糖或葡萄糖-半乳糖连接到羟赖氨酸的羟基上(图 2.12)，富含甘露糖的寡糖链则以 *N*-糖苷键结合到天冬酰胺上。胶原分子中含有共价连接的糖基，根据组织的不同，糖含量可达 0.4%～12%。其中，糖基主要为葡萄糖、半乳糖及它们的双糖。在内质网中，由半乳糖基转移酶及葡萄糖基转移酶催化将糖基连接于 5-羟赖氨酸残基上。

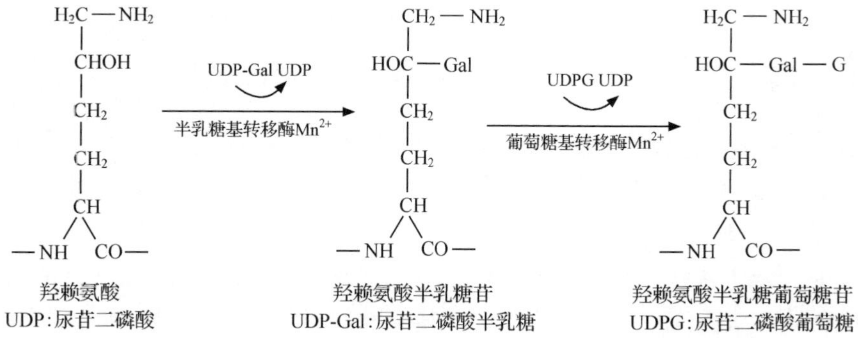

图 2.12　胶原生物学合成的糖基化过程示意图

糖基化的作用目前尚未完全阐明。研究发现，这些糖基位于胶原纤维中原胶原的接头处。推测糖基化与纤维的定向排列有关。

经羟基化和糖基化修饰的可溶胶原，形成三股螺旋而排出细胞外。

3）前胶原的分泌

胶原需要分泌到细胞外基质中，但其生物合成过程发生在内质网中，所以需要转移到高尔基体后从细胞中分泌出来。合成完成的前胶原从内质网进入高尔基复合体，再进入分泌胞体，带着前胶原向细胞表面靠近，并通过胞吐作用释放出原胶原。研究发现，原胶原在分泌胞体中已经发生聚集，糖是以聚集态的形式被释放到细胞外间质的。

分泌到细胞外间质的前胶原通过内切酶作用，水解氨基端和羧基端附加肽链，形成原胶原。羧基端内肽酶能使前胶原羧基端带有二硫键的3个附加肽段一起水解下来，使前胶原转变为仅带有氨基端附加肽段的P胶原，而氨基端内肽酶能使P胶原中氨基端附加肽段水解而形成原胶原。

2. 细胞外胶原纤维的成熟阶段

分泌到细胞外的可溶胶原由内切酶作用，水解N末端和C末端的附加肽链，形成原胶原。原胶原分子可在中性pH条件下，借分子间各部分不同电荷的相互吸引而自动聚合成胶原纤维，此种聚合不稳定，经共价交联成网使之进一步固定。胶原纤维的共价交联由赖氨酸氧化酶催化，此酶含Cu^{2+}，是参与交联反应过程的唯一酶，能将赖氨酸转变为醛赖氨酸，醛赖氨酸与另外一个α肽链的ε-赖氨酸发生醛胺缩合生成ε-醛赖氨酸醛酸，再与组氨酸反应生成醇醛组氨酸，后者再与5-羟赖氨酸进行醛胺缩合形成席夫(Schiff)碱结构，可使4条α肽链间共价交联。通过共价交联，胶原微纤维的张力加强，韧性增大，溶解度降低，最终形成不溶性的胶原纤维。

胶原不同于其他蛋白质的合成，胶原三聚体的形成不是从N端开始，而是从C端成核化开始的，然后类似拉链一样形成胶原的三聚体结构，存在于内质网的蛋白质二硫键异构酶(PDI)能够催化胶原上的半胱氨酸之间形成的二硫键，而这些二硫键又是C前肽形成的球状NC结构域稳定的必要条件。ER(内质网)中的另外一种酶PPI(肽基脯氨酸顺反异构酶)与原胶原特异分子伴侣蛋白Hsp47则是原胶原三聚体正确构象形成的保证。胶原体外折叠的实验显示，当PPI活性受到抑制时，胶原无法折叠形成三聚体结构[43]，Nagata等进行了小鼠的Hsp基因敲除实验研究，发现Hsp基因敲除后的小鼠发育严重受阻，突变体小鼠平均在出生11.5h内死亡，剖检发现其间充质组织与基底膜组织中所含有的胶原分子结构严重异常，根本无法自组装成胶原纤维。在这些突变的小鼠个体中，几乎没有检测到基底膜组分。由此可见，没有Hsp47的协助，Ⅰ型胶原无法自发形成一种刚性的三股螺旋结构[44]。在内质网中，Hsp47在帮助原胶原折叠成正确的构象之后，一直结合在原胶原分子上，然后通过高尔基体顺面成熟的方式，而不是以分泌泡的形式进入高尔基体，接着Hsp47从原胶原三聚体的分子上解离下来，再返回内质网。

这个过程中 Hsp47 上的一段称为 ER 驻留信号，多肽序列 KDEL(内质网滞留信号)帮助这一目的的实现[45,46]。ER 中还有一些分子伴侣蛋白具有抑制错误折叠的原胶原的分泌，引导错误折叠的原胶原在细胞质中降解的特殊功能。例如，Bip 与 GPR94 能够将未折叠或者错误折叠的原胶原多肽链阻滞在 ER 中，从而有助于这些错误折叠或者未折叠的原胶原再次折叠或者正确折叠；而对于那些突变的，或者无法重新折叠形成正确构象的原胶原多肽链，Bip 会识别并引导它们在细胞质中以泛素化的蛋白小体的方式进行降解[47]。经过 ER 中的伴侣蛋白及一些专一酶的处理，具有正确构象的三股螺旋的原胶原分子在 Hsp47 的“护送”下进入高尔基体，排列整齐后，以分泌小泡的形式分泌到细胞外空间。在细胞外的细胞表面基质中，原胶原多肽链经过 N 端蛋白酶与 C 端蛋白酶的作用，将 N 前肽与 C 前肽切除，从而形成胶原单体，而酶反应中参与前体切除的这两种蛋白酶都是 Zn^{2+} 依赖性金属蛋白酶(metalloproteinase)家族的成员。在胶原构象的形成过程中，胶原单体之间的疏水作用及静电作用有助于胶原单体之间形成 1/4 嵌入结构，这种结构再聚积成链的纤维结构，在此基础上形成更高级的纤维结构。而具有高级纤维结构的纤维在不同的组织中存在不同的取向。在肌腱中，Ⅰ型胶原纤维彼此平行排列形成纤维束；而在皮肤中，胶原纤维的取向就要随机得多，胶原纤维相互交织形成一种复杂的网状结构。一般平行排列的纤维分子之间靠共价键交联稳固这种纤维结构，并且这种方式对于纤维的韧性也具有相当大的作用。另外，在成熟胶原分子的多肽链中，端肽上的赖氨酸的羟基化程度对于形成纤维的分子之间的交联也起到关键性的作用。这些交联主要是相邻端肽上的赖氨酸残基的醛基缩合而成的席夫碱结构，这些交联结构形成了典型胶原纤维的物理与机械特性，构成了复杂的网状结构[25]。

无论是在体外还是体内，单个胶原分子都能自装配成有序的纤维结构，胶原分子的氨基酸序列包含了使胶原形成天然纤维状结构的所有信息。多肽链在体内的加工程度，装配时不同类型胶原多肽链的比例，以及其他基质分子的存在对胶原纤维在体内的形成起着调节作用。对于Ⅰ型胶原，切去 N 端和 C 端原肽，才能形成正常的纤维形态。而 Ⅲ 型胶原则需保留 N 端原肽才能使产物成为组织的正常组分。

在生理条件下，胶原分子以 $4D(1D = 67\text{nm})$交错排列的规则形成胶原纤维。此外，在胶原分子的两末端处，存在非螺旋的部分，在该处的赖氨酸和羟赖氨酸的 ε-NH_2，受赖氨酰氧化酶的作用形成醛基。该醛基又可与周围的 ε-NH_2 发生缩合反应，形成席夫氏碱基，经过这样的反应，形成交联键。交联键的形成使胶原纤维更稳定、强度更好。

Ⅰ、Ⅱ、Ⅲ型胶原在生物体内以纤维的形式存在。采用电子显微镜观察腱的Ⅰ型胶原纤维，发现胶原以 67nm 的周期重复出现，被称为 $4D$ 交错的分子排列方式。

胶原分子的长度为 $D\times4.4 = 4.4D(67\times4.4 = 300\text{nm})$,$D$ 的长度以氨基酸残基数计算,相当于约 234 个氨基酸残基。同列上的胶原分子间距是 $0.6D$ 的间隙,被称为空隙区。两列分子重叠的部分是 $0.4D$,被称为交叠区。

以上所述的 $4D$ 交错的排列是指平面的排列方式,那么胶原的空间排列方式又是怎样的？目前,被大家公认的是 Smith 提出的微纤维模型(图 2.6)。按照此模型,微纤维的断面呈正五角形。五角形的各个顶点即是胶原分子。这 5 个胶原分子按照 $4D$ 交错的方式排列形成微纤维,每个微纤维的直径为 4.0nm。一个微纤维分子是胶原纤维的 1 个结构单位,多束微纤维集合就形成原纤维。原纤维的断面呈扇形张开。这些张开着的细纤维就是微纤维。原纤维再集合在一起就形成纤维,纤维再进一步缠绕在一起形成纤维束。皮肤等组织就是由纤维束形成的。

3. 交联键的生成

胶原分子内和分子间交联键的形成,是动物成长过程中胶原纤维强度不断提高所必需的生化反应。这个交联反应的第一步,是赖氨酸及羟赖氨酸的 ε-NH_2 氧化脱胺反应,生成 ε-醛基赖氨酸和 ε-醛基羟赖氨酸。该反应是由赖氨酰氧化酶催化反应形成的。赖氨酰氧化酶对胶原有很强的作用,即使在生物体外,于 37℃、中性条件下,仍可能生成对应的醛。该酶尤其对胶原端肽处的赖氨酸和羟赖氨酸有很强的作用,在端肽处分别生成醛基赖氨酸和醛基羟赖氨酸。

胶原分子间形成的特殊共价键对组织中胶原原纤维起到了稳定作用[48]。赖氨酰氧化酶催化端肽的特殊残基形成 Lys-衍生醛和 Hyl-衍生醛,即醛基赖氨酸和醛基羟赖氨酸。这些醛与端肽链内相邻的赖氨酸残基,或与三股螺旋区域的特定赖氨酸残基发生了一系列缩合反应,形成了最初的交联。通过硼氢化钠还原,可使这些交联稳定,进而用于分析[40]。进一步的自发反应,将会形成很多其他在成熟组织中特有的多官能交联,但已经表征的交联屈指可数。不同交联的数量和比例表现出了组织特异性,这可能是由分子间的立体关系、共聚的胶原类型和交联氨基酸残基的糖基化和羟基化来调节的。在成熟的组织中,非酶催化的糖基化作用可以通过不同位置的非特异性交联反应而使胶原进一步交联,导致胶原溶解度的下降以及一种特征性荧光的产生。这种附加的交联,将使组织僵硬而不能正常发挥功能,也可能影响到肾小球基底膜的过滤功能。

醛基赖氨酸和醛基羟赖氨酸与微纤维中胶原分子内及胶原分子间交联键的形成有关。交联键的形成有两条主要路线:其一是醛基与周围的 ε-NH_2 反应生成席夫碱基(图 2.13),其二是醛基与其附近存在的醛基的反应,生成 Aldol 醇醛(图 2.14)。醛醇结合主要呈分子内交联,发生在 N 末端的端肽,而席夫碱基结合则主要呈分子间交联。醛醇交联和席夫碱基交联还存在于更复杂的反应中,不仅是两条链的交联,还能形成多条链的交联结合。Ⅰ型胶原的 α_1 链在 N 末端端肽的第 9

位置处和C末端端肽的第16位置处都有赖氨酸，这些赖氨酸侧链受赖氨酰氧化酶的作用生成醛基。按照4*D*交错排列的方式，N末端端肽第9位置处的醛基与相邻分子的螺旋链部分的第930位置处的羟赖氨酸，以及C末端端肽第16位置处的醛基与相邻分子的螺旋链部分的第87位置处的羟赖氨酸分别反应，形成分子间交联键。这种组合结合，对于4*D*交错排列的结构起着稳定化作用。

另外，人们经研究还发现有以下6种作用来共同维持螺旋的稳定性：①肽键；②氢键；③脯氨酸，阻止了N—C键的旋转；④羟脯氨酸，可以与水发生桥连作用；⑤甘氨酸，由于甘氨酸是最小的氨基酸，可以使分子间形成近距离的连接；⑥侧链相互作用[40,41]。

在形成稳定胶原状组织的过程中，分子间的交联起着重要的作用。交联使纤维具有了力学性能，使胶原纤维有了抗张强度，从而可以行使在结缔组织中应有的功能。形成交联的引发阶段是高度特异性的，起因于一种含铜酶——赖氨酸氧化酶。该酶作用于端肽中单个赖氨酸或羟赖氨酸残基。这一酶作用过程中产生的缩合反应，最后形成多种分子间和分子内的交联。在这一过程中，涉及的其他赖氨酸，对于特定的胶原链和序列位置也具有高度特异性。不同组织中交联的数量与分布是不同的，这种现象可能与生理需要有关。这样，胶原就被合成出来。

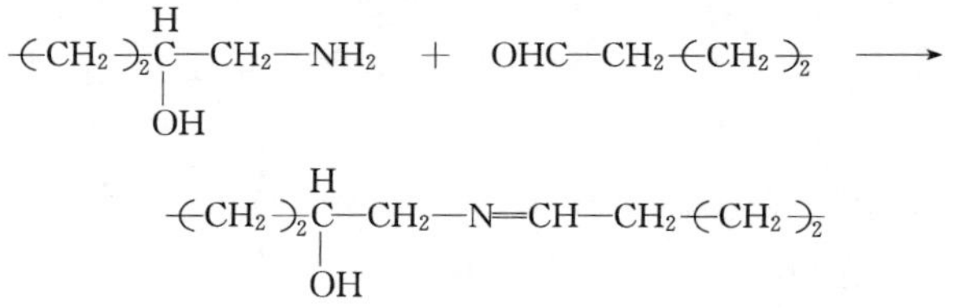

$$\text{-(}CH_2\text{)}_2\underset{\substack{|\\ OH}}{\overset{H}{C}}—CH_2—NH_2 \quad + \quad OHC—CH_2\text{-(}CH_2\text{)}_2 \longrightarrow$$

$$\text{-(}CH_2\text{)}_2\underset{\substack{|\\ OH}}{\overset{H}{C}}—CH_2—N{=}CH—CH_2\text{-(}CH_2\text{)}_2$$

图2.13 席夫碱基的形成反应式

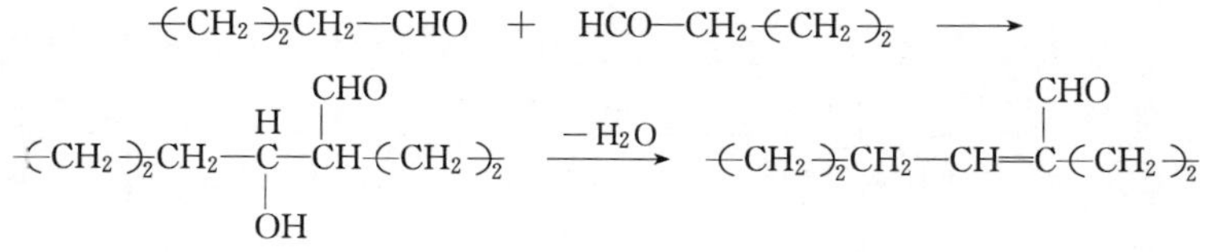

$$\text{-(}CH_2\text{)}_2CH_2—CHO \quad + \quad HCO—CH_2\text{-(}CH_2\text{)}_2 \longrightarrow$$

$$\text{-(}CH_2\text{)}_2CH_2—\underset{\substack{|\\ OH}}{\overset{H}{C}}—\overset{\substack{CHO\\ |}}{CH}\text{-(}CH_2\text{)}_2 \xrightarrow{-H_2O} \text{-(}CH_2\text{)}_2CH_2—CH{=}\overset{\substack{CHO\\ |}}{C}\text{-(}CH_2\text{)}_2$$

图2.14 醇醛缩合反应生成交联键的反应式

2.3.3 胶原分子的键接方式

1. 分子内的键接

胶原的线团结构使三条链聚在一起，然而使得三股螺旋结构更加稳定的是三条链之间的化学交联作用。

在胶原的N—H基团和邻近的C═O基团之间形成了氢键(图2.15)。氢键是极性键，且其稳定性的高低取决于活性基团之间距离的大小，距离越大，氢键越弱。三条链在分子内需要紧密地聚集，以使得氢键能够发挥作用。甘氨酸拥有最小的侧基，并且在主链上每隔两个氨基酸分子就会出现一个甘氨酸。邻近链的排列需要这样进行：甘氨酸的小侧基链段部分朝向分子的中心，而大侧基链段部分则朝向外部。

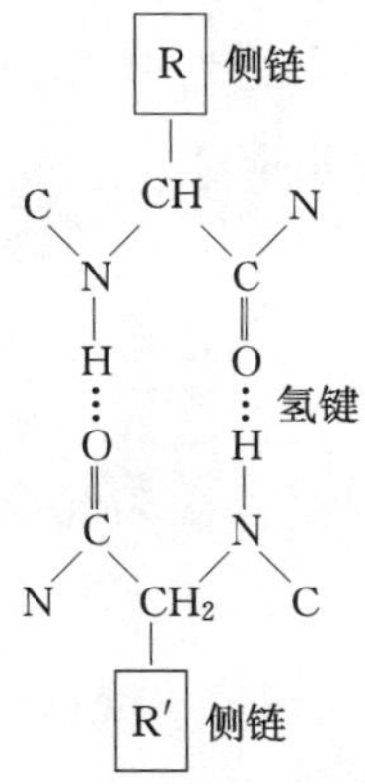

图 2.15　相邻多肽间的氢键键合

为了使甘氨酸进入到螺旋结构内所需的位置，分子模型已经显示出应获得最大数量的氢键和最少的大基团所带来的阻碍作用，需要三股螺旋结构中的每一条链错开一个氨基酸分子后再与其相邻的分子链发生作用。

2. 分子间的键接

大量的分子聚集在一起形成了原纤维。原纤维是在透射电子显微镜下所观察到的胶原分子中最小的单元。原纤维的稳定性取决于邻近分子在形成过程中的交联作用，如分子内的键接作用。

1) 成盐性连接

每个分子的极性侧基均朝向外侧，当这种链的酸性与碱性末端基团在一直线上时，静电性质的成盐性连接就会出现(图 2.16)。

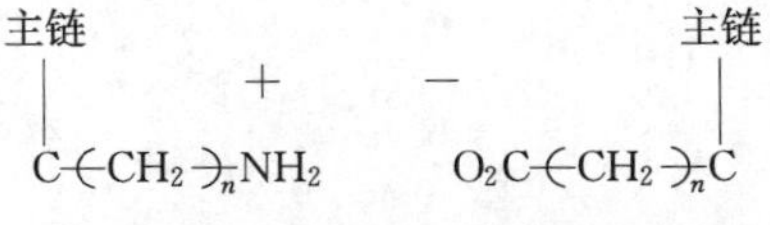

主链　　　　　　　　　　　　　　　　主链

$$C\text{-}(CH_2)_n\text{-}\overset{+}{N}H_2 \qquad \overset{-}{O_2}C\text{-}(CH_2)_n\text{-}C$$

图 2.16　相邻多肽间的成盐性连接

人们已经检测出三螺旋链中的每一个链上的氨基酸的序列。序列显示具有极性或非极性侧基的不同且交替出现的氨基酸分子，使得分子链上出现仅是极性基团或非极性基团发生反应的区域。把胶原原纤维浸入一种具有富集电性的金属性染色剂中，几分钟以后(发生了阳极性染色)，极性侧基带电的末端基团就会与金属发生反应，这使得它们的序列结构在透射电子显微镜下得以显现出来。以这种方式染色的原纤维在显微镜下显示出一系列的细条纹(图 2.17)。这些细条纹表明，构成原纤维的分子如此的平行，呈线形排列，以至于那些极性侧基占优势的区域能够聚集在一起，这使得临近分子间最大数量的成盐性连接得以出现[3,40]。

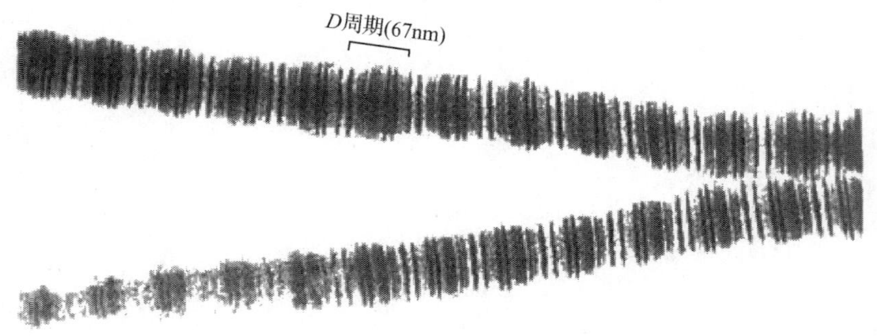

图 2.17　阳极性染色的胶原纤维

2) 分子间的共价键接

若将胶原原纤维仅浸入金属性染色剂中几秒钟(阴极性染色)，这样染色剂则仅描绘出胶原表面形态的轮廓，如空穴。以这种方式染色的原纤维呈现出一个有规律的、以 67nm 长为间隔(被称为 *D* 周期)的暗带谱(图 2.18)。胶原分子长为 300nm，即是一个带长的 4.4 倍。

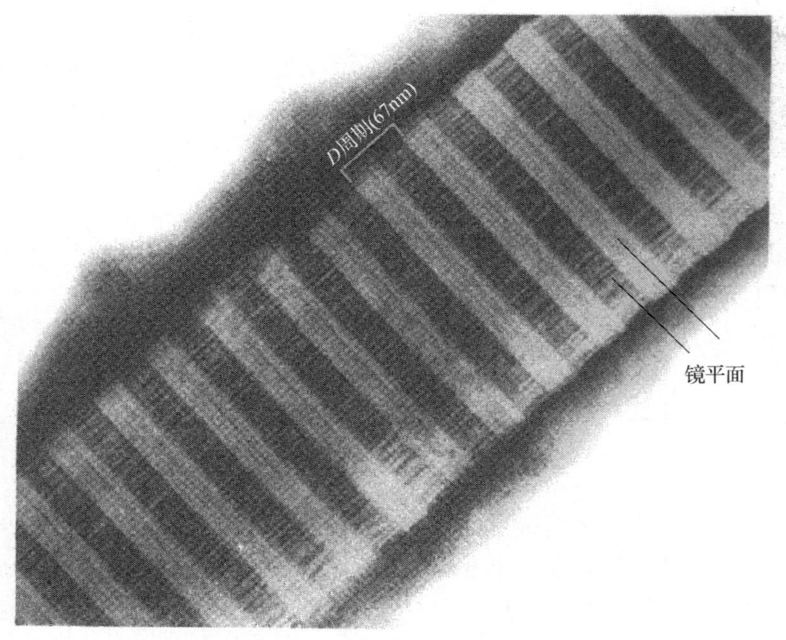

图 2.18　阴极性染色的胶原纤维显示的特色性暗带谱

由于带间隔长度的总数与分子的长度不相等，因此在一个分子的末尾与接下来的那个分子的头部会出现一个缝隙，这些缝隙受到染色剂的影响，所以呈现为暗带。

带谱图也促使了邻近分子在它们的四分之一处发生替代反应这一理论的出现，如图 2.19 所示。人们将这种呈直线形的排列描述为分子的“四分之一交错”(错列)，有 27nm 的重叠区域。

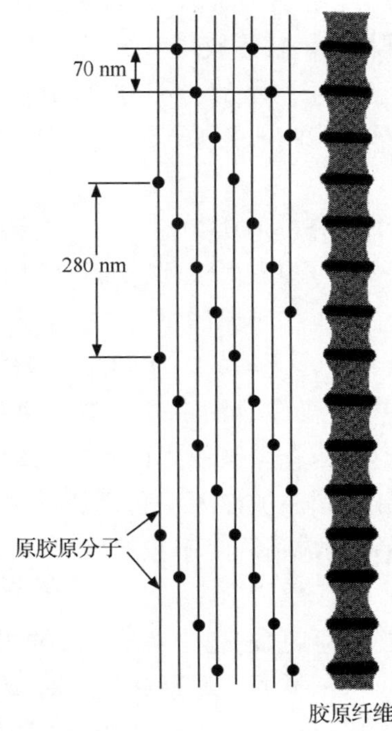

图 2.19　邻近胶原分子间的四分之一交错示意图

在重叠区域内，还发生着其他方式的交联。在每个三股螺旋链的末尾都有着一个被称为末端肽的非螺旋区域，在一个分子的末端肽区域和邻近分子的螺旋区域就形成了共价键(图 2.20)，这样的排列方式使得原纤维的每一个部分都能抵抗相应的压力。

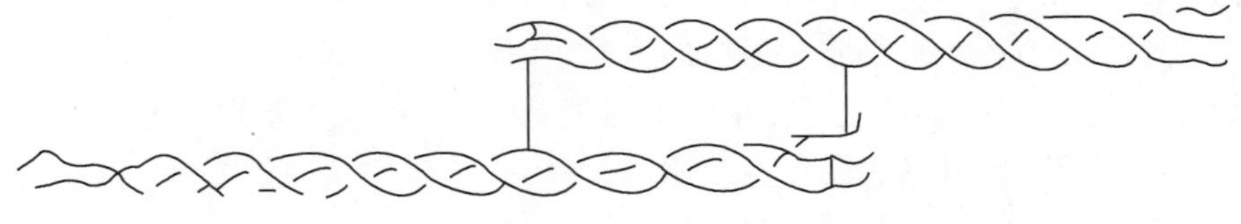

图 2.20　端肽区域的共价键示意图

2.4 胶原的生理学意义及生物学功能

2.4.1 胶原的生理学意义

胶原主要的生理机能是，作为结缔组织的黏合物质，以提供给相关的结构一个稳定有力的支撑架构。当结缔组织与肌肉或其他器官一起负责新陈代谢的机能时，胶原会发挥相关的生理机能。在形成结缔组织的结构中，胶原纤维的功能是作为蛋白质和蛋白多糖的相互作用网络的一部分，构成了细胞外基质的主要成分。通过整合素和其他细胞受体与细胞的关系，影响细胞内的细胞骨架网络以及介导细胞黏附和细胞迁移。

各型胶原蛋白在组织中的分布和功能各异。一般认为，Ⅰ型胶原蛋白分布最广，量最大，起支架作用，分布于皮肤、血管、脏器间质和包膜等中，由成纤维细胞等产生。Ⅲ型和Ⅰ型胶原蛋白是皮肤胶原的主要类型，与皮肤张力密切相关。Ⅲ型胶原蛋白的比例，在不同疾病中是不同的。在创伤愈合的早期，Ⅲ型胶原蛋白含量高于正常值，随着创伤组织的逐渐愈合而恢复正常。Ⅱ型胶原蛋白只分布于软骨和玻璃体中，由软骨细胞产生，与Ⅹ型胶原蛋白等共同构成软骨基质，具有促进软骨细胞分化的作用。Ⅳ型胶原蛋白被称为基底膜胶原，由内皮、上皮及平滑肌细胞产生，与Ⅴ型胶原蛋白等共同构成基膜。基膜有滤过、屏障及渗透等作用，还与细胞再生及肿瘤生长有关。Ⅴ型胶原蛋白主要分布于肺、各实质器官和血管等，是上皮细胞的外骨架。皮肤表皮再生时，需先分泌Ⅴ型胶原蛋白作为支架，然后表皮细胞才可能向前移行、再生。此外，Ⅴ型胶原蛋白还具有抗凝血作用，并参与一些病理组织的纤维化。Ⅵ型胶原广泛地分布于皮肤浅层、内膜等处的结缔组织中。Ⅶ型胶原蛋白也分布于皮肤浅层，与基膜致密层有关系，起固定表皮的作用[55]。

胶原既然是人体内相当重要的一种蛋白质，它在生理上扮演哪些重要角色呢？一般来说，胶原的生理功能有：可以作为细胞与细胞间的连接剂，使细胞能固定在身体组织上；提供皮肤的保护与支持功能，使其有弹性与光泽；让骨骼坚硬而具有弹性；提供保护内脏的功能；强固毛发；帮助伤口愈合与组织复原；修复皮肤疤痕；保持真皮层内的水分，供应表皮层及表皮附属器官的营养[52,55]。

在胚胎的发育阶段，细胞和组织的生长、代谢均十分旺盛，此时的胶原蛋白起到了维护和稳定组织器官发育完整的作用（Ⅰ型和Ⅲ 型胶原蛋白），并且还促进了增生细胞的分化过程（基底膜Ⅳ型胶原）。在组织修复阶段，胶原蛋白首先可以诱导各种来源的生长因子，包括上皮生长因子、血小板衍生的生长因子、转化生长因子以及类胰岛素生长因子等多种生长因子。长期的研究与实践表明[38]，所有这些生长因子对于上皮和软组织的再生和功能恢复均有重要的意义。同时，胶原蛋白还可以调节成纤维细胞的趋化作用、调节上皮细胞的分化以及调节内皮细胞移行和形成血管的作用。此外，胶原蛋白在组织再生过程中最主要的作用，是维持合成作用与降解作用之间的动态平衡，从而将新生的组织进一步改造成为具有特定功能的组织或器官。例如，如果成纤维细胞的合成作用过于旺盛，而胶原蛋白酶的降解作用低下，就会导致胶原蛋白的异常聚集，从而形成了不正常的组织结构。

另外，胶原在动物体内的存在方式不同，其生理机能也有不同的特点[49]。例如：

(1) 在动物的皮肤中，胶原存在于整个真皮内，造出皮肤的形状，对形成覆盖于整个身体、保护身体的皮肤来说，胶原起着主要的作用。

(2) 在软骨里，胶原确保了软骨细胞栖息的场所，造出了致密的、立体的网状结构，不仅是细胞的边界，而且形成了整个软骨。

(3) 在消化器官中，如小肠，胶原造出了小肠的形状，并形成黏膜层、肌肉层和浆膜，形成一个个的绒毛突起和皱纹状的膜。

(4) 在眼球处，胶原像一块木板一样，呈致密的结构，而与此相对应，角膜的胶原则存在很多空隙，呈不规则状。角膜胶原不仅造出了角膜特殊的形状，而且赋予了角膜透明性的特殊功能。

胶原对人体主要的生理作用及胶原与组织的关系主要有以下几种[6]。

1. 骨组织中胶原的生理作用[50,51,55]

骨的重要功能之一是支持和保护人体，保证人的正常生理运动功能。由于代谢、年龄、药物和环境等因素引起骨变形和断裂行为的异常对骨科疾病的预防、发生、治疗和康复都会产生重大的影响。一般认为，骨是一种天然复合材料，去水后的骨干重，除了 65%的无机成分外，还包括 24%的有机成分[50]。这些有机成分中的 90%～95%为胶原纤维，而其中的 90%为 Ⅰ 型胶原。无机成分则主要为纳米尺度的羟基磷灰石(HAP)微晶，沿胶原纤维长轴规则排列，并通过骨黏蛋白的黏合，沉积在胶原纤维之间。有机成分(主要对骨的韧性有贡献)与无机成分(主要对骨的硬度有贡献)的紧密结合，使骨既坚又韧，因而骨组织中所含有的胶原对骨的变形和断裂行为的影响不容忽视，对骨有重要的加固作用。如前所述，Ⅰ 型胶原可以 $[\alpha_1]_3$ 和 $[\alpha_1]_2\alpha_2$ 两种形式存在，但骨组织中的 Ⅰ 型胶原为后者。因此，α_1 或 α_2 基因的突变均可造成骨生成缺陷，导致脆骨病。严重时，可导致死胎或新生儿夭折，幸存者也难免跛足等残疾。据推测[51]，骨生成缺陷可由 α_1 基因的缺失和部分序列的丢失而引起。Mansell 等[52]的研究也显示，骨组织的性能不只取决于骨密度，同时还取决于其中胶原的状态。此外，胶原在肌腱和韧带与骨的接头处，也发挥着十分重要的作用。

骨中胶原的生理作用也反映在其变性对骨骼健康的影响。Ⅰ 型胶原蛋白不仅是使骨骼具有弹性和韧性的主要结构成分，也是骨盐栖息的场所；Ⅰ 型胶原的代谢状况与骨骼代谢密切相关[53]。随着年龄的增长，骨胶原过度降解或合成减少，均可导致骨弹性和韧性的降低，骨盐失去依附，溶解增多，骨小梁稀疏、变细、穿孔，股骨颈皮质变薄，哈氏管扩大，骨胶原纤维排列紊乱并出现腔隙，胶原稳定性降低易变性，继而会导致骨的抵抗变形和断裂性能变差[50]，即骨质疏松。因此，胶原在对维持骨结构的完整性、骨的生物力学特性以及防止骨的变形和断裂方面都起着非常重要的作用。

当胶原代谢发生异常时，可引起类风湿性关节炎。Ⅱ型胶原是一种自身抗原，在类风湿性关节炎的发病机理中起着重要的作用。一方面，Ⅱ型胶原可以诱导类风湿性关节炎的病理改变和症状；另一方面，口服Ⅱ型胶原又可以显著抑制由Ⅱ型胶原诱导的类风湿关节炎。

激素在骨的代谢调节方面起着重要作用，不同激素对骨中钙的吸收、成骨细胞的活动和Ⅰ型胶原的合成起不同的作用。糖皮质激素可阻碍骨中钙的吸收和抑制成骨细胞的活动、增加骨质吸收和抑制Ⅰ型胶原的合成，从而减少骨的形成，导致骨质疏松。甲状腺素能导致钙磷代谢的紊乱，使钙丢失量增加，从而呈钙的负平衡，骨吸收大于骨形成，骨代谢呈高转换型加速进行，使骨骼脱钙。总之，它们能导致胶原的更新率降低，胶原代谢加快。

相反，有一些激素则可起到促进胶原合成等的作用。例如，维生素 C、维生素 D 和有机酸对骨的生长有直接的刺激作用，能增加骨胶原的合成，促进钙、磷沉积于骨，促使骨钙化；降钙素和二磷酸盐类可迅速抑制骨质吸收；甲状旁腺激素可促进活性维生素 D 的合成，有利于钙的吸收，并能减少尿钙的排出，从而有利于胶原的合成和骨的形成，有益于钙的吸收利用及增加骨质密度和骨胶原的转换，并可加强降钙素的作用。

由于不同的激素对骨中钙的吸收、成骨的细胞活动和Ⅰ型胶原的合成起着不同的作用，因此由一些疾病，如甲状腺功能亢进或甲状旁腺切除者和糖尿病患者等引发的某种激素的缺失，或是为了治疗疾病所服用的一些药物，如地塞米松等带来的副作用将会影响胶原的合成。相反，由那些能促进胶原合成的激素制成的药物(如补肾方药、阿仑膦酸钠、黄芪复方制剂、骨化三醇和麦角骨化醇、氟化物和皮质类、固醇类替代药物等)则可用来防治骨质疏松症。

虽然哺乳动物中机体骨架的绝大部分是由胶原蛋白所组成的，但是许多结缔组织的性质并不仅取决于胶原蛋白。结缔组织的功能取决于胶原蛋白的数量、性质、相应比例以及其他基质成分，如纤维结合蛋白、粘连蛋白及胶原蛋白本身，或者多种大分子之间的相互作用等。

2. 胶原的凝血作用

天然的胶原聚集体是一种有效的止血剂，有关胶原诱导止血的机理已是很多研究的主题。从研究中得到的普遍结论是，血小板在胶原表面的聚集，形成血栓止血。众所周知，血小板对于维持人体中正常的血流，以及在血管发生损伤后的出血与止血过程中，都起着十分重要的作用。当血管发生损伤后，在损伤处会有大量的血小板累积。这是因为，血管损伤以后，血管内皮细胞下层形成血栓。血管内皮细胞下层由一系列的细胞外基质蛋白组成，而其中的纤维胶原则是诱导血栓形成的主要基质蛋白，即纤维胶原是触发血小板血栓形成的一个重要因素。黏附于胶原的血小板会被胶原激活，从而达到凝血的作用。因此，胶原的止血活性依赖于胶原聚集体的大小和分子的天然结构，而变性的胶原(如明胶)诱导止血则是无效的，这也是胶原的独特性质之一。在血液凝固后，胶原蛋白还可以通过刺激组织的再生与修复来防止再次出血的发生。

胶原蛋白不仅在局部刺激了血小板的黏附与聚集，还激活了凝血系统，从而有效地达到了局部止血的目的。由此可见，胶原蛋白在局部止血过程中起着至关重要的作用。然而，在大多数情况下，特别是在一些病理情况下(如创面较大、创面较深、血小板数量或活性不足以及凝血功能障碍等)，生理学的止血过程难以达到控制出血的目的。此时，适当地补充外源性的胶原蛋白，对局部止血有明显的促进作用，从而获得满意的止血效果。

有文献表明，胶原同时还具有缓解疼痛的功能。Ⅰ型胶原除上述止血功能之外，其缓解疼痛的功能，仅有临床现象，尚未得到合理的解释，值得进一步研究[54]。

3. 胶原对心脏和心血管的生理作用

心脏是由以心肌细胞为主的各种细胞和以胶原为主的细胞外基质组成的。胶原不仅是主血管系统正常结构的重要构成成分，而且对于维持心脏正常的生理功能具有决定性的作用。

正常的心脏是由心肌细胞及其周围的心脏间质组成的。心脏中的间质主要由纤维胶原和弹性蛋白等组成。在心脏中，胶原基质围绕在心肌细胞的周围，支持着心肌细胞的正常结构和功能。因此，当胶原成分或结构发生变化时，将破坏心肌的力学性质以及心室的结构和功能。在正常情况下，心肌中的胶原网状结构具有的生理功能主要有：

(1) 使正常心肌细胞排列正常，支持血管、淋巴管的结构，并将其连接在一起，维持心肌正常的厚度以及正常的心肌结构；

(2) 防止肌纤维和心细胞的动力传递损耗；

(3) 将心肌收缩所产生的机械力传递给心室腔；

(4) 防止心肌细胞过度伸展；

(5) 协助心肌细胞收缩以后的复原过程；

(6) 纤维性胶原网状结构是决定舒张期心肌僵直的结构基础；

(7) 防止由于心肌的张力过大所导致的心脏破裂。

当心脏内的血管周围发生纤维化倾向,出现纤维性胶原的累积时,将导致心肌细胞产生的收缩力下降,从而诱发高血压、心脏病和心肌梗死。心肌梗死发生后,可导致心肌缺血,引起胶原的损伤,可能出现更为广泛的心肌梗死。

血管壁中的细胞外基质蛋白,如胶原蛋白、弹性蛋白、弹性连接蛋白等,都是构成血管壁的主要成分,与血管疾病之间有着十分密切的关系。

4. 肺中胶原的生理作用

肺中的主要细胞外基质蛋白就是纤维胶原,约占肺干重的 1/5。肺组织中各种类型的胶原蛋白与其他类型的非胶原细胞外基质蛋白,如弹性蛋白、蛋白聚糖、纤维粘连蛋白以及层粘连蛋白等构成了三维网状结构,作为肺组织的主要骨架。在肺发育和衰老的过程中,胶原蛋白基因的表达处于持续状态。胶原在肺中的沉积速度与降解速度之间的平衡,对于维持肺的正常结构和功能具有十分重要的作用。一旦这种平衡状态被打破,将会造成肺纤维化[55]。

肺中胶原蛋白的沉积由胶原蛋白的生物合成所控制,如胶原基因的转录、翻译以及翻译后的修饰加工。肺中胶原蛋白的降解由一系列的金属蛋白酶及其抑制物来决定。胶原在肺中的沉积和降解速度之间的平衡状态,对于维持肺的正常结构和功能具有十分关键的作用。一旦这种平衡状态被打破,肺中胶原的产生将增加,或者胶原的降解将下降,甚至这两种情况同时存在,都将造成肺纤维化的发生。在肺的纤维化过程中,胶原的产生水平上升,降解速度下降,胶原蛋白在肺中不断沉积,而且这种胶原蛋白的沉积是不规则的,从而使肺泡壁变厚,通气功能显著降低。

5. 肾脏中胶原的生理作用

肾脏的包膜以及肾小球的基底膜主要由Ⅳ型胶原构成。研究发现,Ⅳ型胶原的 α 链的结构与不同类型的肾脏疾病之间有着极为密切的关系。当Ⅳ型胶原的 α 链发生基因突变时,基因序列发生改变,将导致肾功能不全、自身免疫性肾炎等。

Ⅳ型胶原是肾小球、肾小管基底膜的主要蛋白质成分之一。Ⅶ型胶原在肾小球、肾小管的基底膜中含量虽然很少,但也发挥着十分重要的作用。在糖尿病、各种类型的肾小球肾炎中,胶原的结构和功能都会发生显著的变化。肾小球基底膜的结构对于维持肾小球的正常功能具有十分重要的意义。在糖尿病的肾病发展过程中,肾小球基底膜的增厚十分显著,这是由Ⅳ型胶原的生物合成增加或降解减少所造成的。

6. 肝脏中胶原的生理作用

胶原作为细胞外基质(ECM)的主要蛋白质成分,在肝脏中对肝细胞的分化肝小叶的结构与功能的维持等有重要影响。慢性肝炎、肝硬化等慢性肝病均存在着以胶原为主的 ECM 增生沉积的病理变化，即肝纤维化。

在人体正常的肝脏中，胶原占总蛋白质量的 5%～10%。但是，在发生肝硬化时，胶原可占肝脏蛋白质量的 50%以上。肝脏中胶原的类型较多，主要是Ⅰ型和Ⅲ型胶原，分别占胶原总质量的 42.5%和 39.5%，Ⅳ和Ⅴ型胶原质量分数分别为 6.9%和 10.6%，其他还含有Ⅵ型胶原(约为 0.6%)。Ⅳ型胶原存在于肝门静脉血管区，中央静脉周围，沿着窦状隙分布，Ⅳ型胶原主要分布在肝血管、淋巴管、神经和胆管的基底膜中。正常肝脏与纤维化肝脏中，各种类型的胶原蛋白所占比率是不同的(表 2.7)，其中以Ⅰ型胶原的显著增加为特征。

肝纤维化或肝硬化的形成，就是分布在肝脏中的胶原在质和量的方面发生改变而导致的病变，肝纤维化过程中胶原蛋白的累积是一个突出的特征。研究表明，肝星状细胞(hepatic stellate cell, HSC)在肝损伤后，活化为肌成纤维样细胞(myofibroblast like cell, MFB)，大量合成与分泌间质性胶原等细胞外基质是肝纤维化的细胞学基础。肝纤维化时，胶原等 ECM 成分的数量与分布位置均发生改变，表现为数量增加 3～5 倍，内皮下间隙(狄氏间隙)细胞外基质成分从正常的低密度基底膜样基质向以纤维胶原为主的间质性胶原转变。这种胶原的数量与分布的改变，明显影响肝脏的结构与功能[55]。

表 2.7　正常肝脏和纤维化肝脏中主要胶原蛋白所占比率[56]

胶原蛋白类型	正常肝脏/%	纤维化肝脏/%
Ⅰ	40～50	60～70
Ⅲ	39～50	20～30
Ⅳ	1	1～2
Ⅴ	2～5	5～10
Ⅵ	0.1	0.2

7. 胶原蛋白与创伤修复

在创伤的愈合中，损伤处有大量的成纤维细胞出现，而成纤维细胞的主要功能是合成和分泌胶原蛋白。机体通过胶原蛋白的合成和降解，对组织创伤的愈合和愈合后的修饰，使组织修复得以完成和完善，使胶原、胶原团块重组成为较有拉伸强度、收缩性能和一定弹力的瘢痕组织。伤口愈合的拉伸强度与胶原蛋白的合成、吸收直接相关。胶原决定正常组织和伤口的拉伸强度，如真皮、肌腱和筋膜等含胶原较多，拉伸强度最大；肝、肾等器官含胶原较少，拉伸强度也小。3～5 天的早期伤口的拉伸强度很小，后期因胶原合成、纤维增加而使拉伸强度迅速增大。

胶原蛋白是瘢痕和真皮结缔组织的主要结构蛋白。瘢痕表现为丰富的胶原沉积及胶原构型的紊乱。在皮肤创伤愈合的过程中，多种细胞外基质发挥着重要的作用。在烧伤创面愈合的过程中，Ⅰ、Ⅲ、Ⅳ型胶原的组成比例与愈合后皮肤的质量密切相关。若纤维细胞粗面内质网丰富，说明其功能处于活跃状况，则胶原合成率高。研究发现，瘢痕疙瘩Ⅰ、Ⅲ型胶原前体的 mRNA 比值高达 22∶1，而正常比例为 6∶1[55]。Ⅰ型胶原原纤维长度为 100～500nm，Ⅲ型长度为 40～60nm。创面修复中，Ⅲ型胶原含量越高，纤维束越细，则瘢痕愈合的创面质量越好。研究还表明，有时Ⅰ型与Ⅲ 型之比尚未达到 22∶1，是因为在转录后由于某种机理降低了Ⅰ型胶原的生成。胎儿创伤后常不留瘢痕，说明Ⅰ型与Ⅲ型胶原的比例失衡对愈合质量有影响，Ⅰ型胶原数量的增加不会导致创面瘢痕的增生。要利用胶原保养皮肤，必须先了解皮肤的构造，才能找到让它进入皮肤的方式，到达目的地以发挥其作用，取得满意的效果。皮肤是人体最大的器官，主要是提供保护及养分运送的功能，皮肤的构造由外而内可分为表皮层、真皮层及皮下组织三大部分。表皮层可再细分成角质层、颗粒层、棘皮层及基底层；真皮层则可再分为乳头层及网状层，胶原主要存在于真皮层中，提供皮肤弹性。一般来说，表皮内基底细胞的更新周期约为 28 天，而角质层的更新周期约为 14 天。

皮肤溃疡是临床上的常见疾病，以往一般使用纱布、棉垫等敷料和辅助的局部用药来进行治疗。但是，由于创面易感染、生长缓慢等因素而导致大多数时候不能获得理想的疗效。异种胶原敷料是一种局部外用的胶原制剂。它一般是从牛跟腱中提取的，并且仍保留其原有的网状结构，是一种无菌、无毒性、无抗原性、组织相容性好、仍保留原有结构和生物学活性的局部外用敷料。其对于血管性皮肤溃疡的治疗作用，主要表现在改善患者的局部症状，既能起到覆盖创面、防止感染的作用，又具有促进组织再生、创面愈合的作用。此外，在人和动物身上进行的生物学和药理方面的研究显示，异种胶原敷料在局部治疗中可起到类似药物的特殊作用。

基于胶原的生物学功能，局部外用胶原还可对一些组织结构产生影响：①可刺激血管的生成，并形成新生毛细血管生发中心；②增加肉芽组织中巨噬细胞的活性，产生更多的淋巴细胞因子；③减少水肿样物质和局部慢性炎症(为浅表吸收)的形成；④刺激纤维生成新生的胶原束，并且可以调节成纤维细胞的活动，以及影响早期的浅表色素沉积；⑤促进纤维生成的作用；⑥刺激生物基础物质的积累和增加，并且伴有多糖物质的生成。所有这些对于胶原材料的评价结果表明，胶原蛋白敷料的局部应用不仅有利于自然的创面愈合过程，而且对一些临床上老、大、难的溃疡病变也可起到较好的局部治疗作用。胶原蛋白敷料可以有选择地治疗微血管病，对皮肤的微循环动力学也可产生积极的影响，甚至产生较大规模的改观，从而进一步促进组织的再生和创面的愈合。组织学检查则显示，伴随着胶原蛋白溶解现象的出现，在组织修复的不同阶段中出现了早期结构性物质的释放，同时在溃疡面中出现了可以形成血管的细胞和成纤维细胞，进而表现出显著的修复作用。

8. 心血管中胶原蛋白的生理作用

正常的心脏是由心肌细胞及其周围的心脏间质组成的。心脏中的间质主要由纤维胶原和弹性蛋白等组成。在心脏中，间质性胶原基质围绕在心肌细胞周围，以支持心肌细胞的正常结构，以及冠脉的微循环结构与功能的完整性。此外，间质性胶原还决定着心室舒张功能及心室体积大小；协调由心肌细胞产生的收缩力向心室腔中的传导；防止心室壁瘤和心室破裂；防止心肌水肿。心脏中的纤维性胶原网状结构是心脏维持其正常结构的重要组成部分。在正常情况下，其功能是：①使正常心肌细胞排列正常，支持血管、淋巴管的结构，并将其连接在一起；②维持心肌正常的厚度以及正常的心肌结构；③防止肌纤维和心肌细胞的动力传递损耗；④将心肌收缩所产生的机械力传递给心室腔；⑤防止心肌细胞过度伸展；⑥协调心肌细胞收缩以后的复原过程；⑦纤维性网状结构是决定舒张期心肌僵直的结构基础；⑧防止因心肌的张力太大，导致心肌破裂。高血压心脏病、心肌梗死及胶原血管性疾病，都存在不同程度的心肌纤维化倾向。胶原在这些病理条件下的代谢，对于心肌纤维化的过程具有重要的影响，起着决定性的作用[55]。

血管壁中的细胞外基质蛋白，如胶原蛋白、弹性蛋白、弹性连接蛋白等，都是构成血管壁的主要成分，与血管疾病之间有着十分密切的关系。胶原血管病有：与L-色氨酸相关的嗜酸性粒细胞增多——肌痛综合征(LTEMS)，在晚期病变中，上皮层变薄、并有胶原蛋白沉积，破坏了皮肤的基本结构；目前认为一种自身免疫性疾病的亚急性皮肤红斑狼疮，与皮肤中的胶原组织的破坏有关。

9. 胶原蛋白与疾病研究

胶原遍布人体内的各种器官，并对其生理功能的调节起着举足轻重的作用。因此，研究各功能组织中胶原的种类、结构和数量等方面的改变，胶原与各功能组织之间的生理关系，将有助于我们了解和认识各种因胶原功能失调而导致病变形成的机理，为探讨与疾病治疗相关的研究方法与治疗方法提供必要的理论依据。

胶原蛋白在肿瘤的发生、发展过程中起着十分重要的作用，特别是乳腺癌、肝癌与结肠直肠癌。在它们的致癌性转化过程中，胶原蛋白的含量下降，转移瘤细胞合成的Ⅰ型胶原蛋白具有低致瘤性，但其通常很少合成或者不合成Ⅰ型胶原，而且合成的是已经发生变化的胶原，这种胶原更容易发生降解，更容易导致肿瘤细胞的浸润和转移[57]。

纤维状胶原具有减少 E 钙黏素基因的表达及诱导 E 钙黏素粘连复合体破裂的作用。细胞间的黏附会影响到组织结构的完整性，使细胞更有利于迁移及癌细胞的浸润。细胞内酪氨酸磷酸化发生改变，与钙黏蛋白相关联的蛋白被认为在胶原诱导的 E 钙黏素粘连复合体裂解中是一个重要的调节因子。其分子机理与胶原诱导的细胞转化有关，包括细胞黏附分子的激活，成簇黏附激酶的激活与向 E 钙黏素/连环蛋白复合体的靠近，以及抑制 PTEN（人第 10 号染色体缺失的磷酸酶及张力蛋白同源的基因）的磷酸酶活性[58]。

编码Ⅰ型胶原前 α 链：Ⅰ型胶原主要存在于大部分的结缔组织里，也存在于骨、角质层、真皮及肌腱中。其中的基因如果出现缺失或突变，会导致Ⅰ、Ⅳ型的成骨不全，ⅦA 型、经典型埃勒斯-当洛综合征、卡菲病和特发性骨质疏松；如果在 17 号和 22 号染色体上[COLIA1（Ⅰ型胶原 α_1 链）]基因与 PDGF-B（血小板衍化生长因子-B）基因发生重组，可导致隆凸性皮肤纤维肉瘤，这是一种特殊类型的皮肤肿瘤[59]。

Ⅰ型胶原 α_2 链上的第 459 位的脯氨酸对胶原蛋白的稳定有重要作用。如果发生突变，将有可能导致家族性颅内动脉瘤，它们二者之间有显著的相关性，这是该病的一个危险因素[60]。

编码Ⅱ型胶原蛋白 α_1 链：该类型胶原分布在软骨、玻璃体内，其突变易引发软骨成长不全、软骨发育不全、早发性家族性骨关节炎、先天性脊柱骨骺发育不良（SED）、Langer-Saldinome 软骨成长不全、Kniest 发育不良、Ⅰ型 Stickler 综合征、Strudwick 型脊椎干骺端发育不良[61]。

编码Ⅳ型胶原的一个亚单位，是基底膜的主要成分。其突变体与伴 X 遗传的奥尔波特综合征有关，是一种家族性出血性肾炎。这种疾病是由Ⅳ型胶原的 α_3、α_4、α_5 链发生突变引起的[61]。

低免疫抗原性、生物相容性、止血作用和可生物降解性是胶原作为生物医学材料的优势所在。近年来，英、美等国采用注射性胶原来修复面部软组织的各种损伤。中国研制的胶原注射剂已广泛应用于美容界，在延缓皮肤衰老、重建受损肌肤等方面取得了良好的效果，是一种理想的医用材料[55]。Ahmed 等[62]使用胶原制成的交联管状神经导管成功地实现了神经的再生；Gopinath 等[63]用姜黄素交联胶原膜，使抗氧化剂缓慢释放以改善创口的愈合性能；Cheng 等[64]用丙烯酸和胶原改善 PCL（聚己内酯）表面的亲水性以及细胞-生物材料间的相容性。目前所使用的美容胶原大部分是从健康人体（如胎盘）中提取的，所以需要开发出更多的胶原产品，进而推广使用。

人们在对胶原材料进行研究的同时，对结缔组织中诸多胶原的病理变化及其相关的疾病、基因家族及疾病的防治和临床检测的研究也相继展开。研究表明，胶原与动脉粥样硬化、肝纤维化、矽肺纤维化、突出椎间盘、胃癌播散转移、银屑病皮损和皮肤恶性黑素瘤等疾病密切相关。在不同疾病中，各种胶原的含量、分布、表达、生理代谢及其动态变化各有其独特性。现已有用牛Ⅲ型前胶原免疫获得抗血清，建立了肝纤维化放射免疫检测方法[65]。制备的抗Ⅰ型胶原、抗Ⅳ型胶原的单克隆抗体对于肝脏病理检查，预测肿瘤的良、恶性及探讨肿瘤浸润机理有重要的意义[66,67]。同时，人们又把目光投在胶原基因家族的研究。胶原基因的突变可引起多种显性遗传性骨和软骨的发育异常，如成骨不全、软骨发育不良和 Alport 综合征等。目前，对Ⅱ、Ⅳ、Ⅵ、Ⅶ、Ⅷ、Ⅸ和Ⅹ型胶原基因的定位以及Ⅰ、Ⅱ、Ⅲ和Ⅳ型胶原基因中的调控序列已作初步研究，对胶原转录反式调控因子的研究表明，晚期肝纤维化的主要细胞外间质成分之一的Ⅰ型胶原的转录激活主要与 SP-1、NF-1、AP-1、NF-KB 及 JunB 等胞核转录因子有关[66]。人Ⅰ型胶原 α_1(Ⅰ)链(COLIA1)基因内所含的子序列在不同细胞内有不同的转录调节活性，陈俊杰等[68]研究了含人 COLIA1 基因内含子Ⅰ序列的不同区段的重组质粒的构建并转染人胚肌腱成纤维细胞和舌癌细胞，用地高辛标记抗 CAT-ELISA 检测，分析了内含子Ⅰ序列的转录调节活性。研究该内含子在人体细胞内的调节转录活性，对了解Ⅰ型胶原基因的表达调控及其相关的成骨不全等遗传性疾病发病的机理具有重要的理论和医学价值，对基因治疗研究及从基因水平上探讨有关疾病的本质有着重要的意义。以上有关研究为人们了解和阐明有关疾病的发病机理、寻求早期诊断、检查以及探索新的防治途径提供了大量的实验依据。

2.4.2　胶原的生物学功能

1. 胶原的生物学功能

胶原蛋白的主要生物学作用如表 2.8 所示。

表 2.8　胶原蛋白的主要生物学作用[55]

序号	作　用
1	稳定结构的作用
2	成纤维细胞定向的组织结构，并起着停留的支架作用
3	减少上皮基底膜氨基多糖降解的能力
4	调节胶原酶的产生
5	诱导纤维粘连素、氨基多糖和生长因子

2. 胶原的生物学性质

胶原蛋白在表现出生物学作用的基础上体现出的生物学性质主要有以下几个方面：

1）低免疫原性

胶原的抗原性相当低。在 1954 年以前，人们甚至认为胶原不具有抗原性。20 世纪 90 年代的研究发现，胶原具有低免疫原性，其免疫原性来自于端肽及变性胶原和非胶原。在提取胶原时,除去端肽及纯化分离掉变性胶原和非胶原,能得到极弱免疫原性的胶原材料,而不溶性胶原的免疫性甚至更低。因此,异体胶原组织器械如猪和牛的心包、心脏瓣膜是用于长期植入人体的可接受的器械。研究表明,胶原有 3 种类型的抗原因子:第一类是由胶原肽链非螺旋的端肽引起的;第二类是由胶原三股螺旋的构象引起的;第三类是由 α 链螺旋区的氨基酸顺序引起的。第二类抗原因子仅存在于天然胶原分子中,第三类只出现在变性胶原中,而第一类抗原因子在天然和变性胶原中均存在。20 世纪 90 年代以来,人们发现Ⅰ型胶原的免疫原性比Ⅲ、Ⅴ、Ⅵ型胶原低得多,其组成胶原的端肽的免疫原性比螺旋微区以及其他微区都要强。因而,在制备可溶性胶原医用产品时,应除去胶原的端肽;但对于应用于组织工程领域的胶原材料,则应保留其端肽,目的是保存其交联位点,赋予组织材料所需要的完整结构。研究发现,用戊二醛交联,可部分降低胶原材料的免疫原性。对胶原的低抗体反应的原因目前还不清楚,可能与不同种属的胶原结构的同源性或与胶原有关的一定的结构特征相关[69]。

2) 细胞-基质间的相互作用

胶原蛋白是结缔组织中普遍存在的成分,是器官和组织必不可少的构造骨架。胶原蛋白作为细胞生长的依附和支架物,胶原基材料与宿主细胞及组织之间有良好的相互作用,并成为细胞与组织正常生理功能的一部分,能诱导上皮细胞等的增殖、分化和移动。作为细胞外间质的主要成分,胶原与其他成分以特定的形式排列结合,形成细胞外间质的网状结构。这种结构不仅对细胞起到锚定和支持作用,并且为细胞的增殖生长提供适当的微环境。在生理或病理机制的调控下,胶原有机地参与细胞的迁移和代谢,从而使细胞更准确地发挥其功能。研究发现,许多的细胞如上皮和内皮细胞滞留在胶原表面或胶原基质内,如许多结缔组织细胞的基质。在胚胎发育以及成年人的伤口愈合和组织塑型期间,胶原蛋白和细胞的相互作用是细胞活动的一个必不可少的特征,后者可能是正常过程或者是由恶性肿瘤所造成的。在正常和转化细胞的各种细胞劳损和组织的移植中,发现在大部分情况下,细胞在水合胶原蛋白凝胶上的生长比在玻璃衬底上生长得要好,并且胶原蛋白在体内具有促进细胞发育的能力。胶原蛋白对上皮的形成起促进作用,甚至起诱导作用。

3) 与血小板的相互作用

前面已经谈及胶原的凝血作用,胶原使血小板凝聚的能力似乎来源于游离的氨基,尤其是赖氨酸侧链氨基。因此,封闭胶原侧链羧基,不会造成凝聚能力的明显下降,不过会减弱胶原促使血浆结块的作用[70]。胶原的天然结构,尤其是足够发达的四级结构,是胶原具有凝聚能力的基础。胶原对血小板的凝聚作用,可形成血栓阻止流血,因而可用于制备凝血材料。例如,胶原/壳聚糖复合膜的止血性能比明胶等一般材料好得多。

4）纤维的再形成性

经纯化的可溶性胶原，可在体外再次形成与天然胶原纤维相似的有序纤维结构。在制备可溶性胶原时，虽然已通过酶的作用除去了胶原分子的端肽，但可溶性胶原在体外的再形成过程仍然存在。在其免疫原性被大大减弱的同时，可溶性胶原又能形成纤维，获得与原有结构相似的堆砌，从而有利于细胞-基质间相互作用的过程。利用其这一性质，可制成适合于移植用的膏状注射物或海绵等[12,55]。

5）机械性能

胶原纤维之所以具有很高的机械强度在于胶原的交联。胶原分子间和分子内有很多次级键，如氢键等。这些次级键对维持胶原的构象起重要的作用；而分子内和分子间的共价交联，是赋予胶原高度化学和物理稳定性的重要因素，这种交联方式有 3 种：酰胺缩合、羟醛缩合、羟醛组氨酸交联；胶原分子间的侧向交联使胶原表现出高强度的力学行为。研究表明，在按四分之一错列排布的原胶原分子的头、尾部重叠区段，通过赖氨酸或羟赖氨酸形成共价交联，分别在氮端尾肽的第 9 个残基位置(N9)和碳端尾肽的第 17 个残基位置(C17)。以这种方式交联起来的原胶原分子，可以形成很长的、具有很好机械强度的原纤维。在制备的过程中，尽可能保留蛋白多糖，以维持胶原固有的卷曲。在受到外力作用时，胶原的这种结构有利于组织内部在受到外力作用时能量的及时耗散，避免使其破裂。

6）生物可降解性

天然胶原紧密的螺旋结构使得大多数蛋白酶只能打断胶原的侧链，削弱胶原分子的交联。而胶原肽键只有在胶原酶的水解作用下，才会被打断。胶原肽链的断裂，造成其螺旋结构的破坏，这样胶原就可以被蛋白酶彻底水解。可以通过在胶原分子侧链之间引入新的交联键合作用来减小或抑制胶原的生物降解性，皮革工业中的鞣制就是起这样的作用。生物材料最常用的鞣剂(交联剂)是戊二醛，它具有无毒、鞣性持久的特点。

3. 胶原的生理化学性质

胶原的生理化学性质主要表现在：

1）静电学性能

胶原分子大约有 240 个赖氨酸、羟赖氨酸和精氨酸的 ε-氨基和胍基，以及 230 个天冬氨酸和谷氨酸的羧基。这些基团在生理条件下都带电荷。在天然的纤维中，大部分基团通过分子内或分子间相互作用形成盐键，为胶原纤维提供很大的稳定能。其中，只有少量的带电荷的基团是自由的。然而，通过改变环境的 pH 可以改变胶原纤维内的静电性质。氨基的解离常数(pK)大约是 10，而羧基是 4，在低于 4 或高于 10 时，其静电相互作用被大大地扰乱。pH 改变的最终结果是，减弱胶原分子内和分子间的静电作用，生成溶胀的纤维。化学诱导分子间的共价交联可以阻止纤维的溶胀。能够与氨基、羧基和羟基反应的任何试剂都可作为交联剂。诱导分子间的共价交联，可以固定纤维结构的物理性能，并平衡任何由 pH 改变而引起的溶胀压力。改变胶原纤维静电状态的另外一个方法是化学修饰静电侧基。例如，赖氨酸和羟赖氨酸上的带正电荷的 ε-氨基用乙酸酐进行化学修饰，将 ε-氨基转化为中性的乙酰基。修饰的结果是，增加了纤维最终的负电荷数量。相反，天门冬氨酸和谷氨酸上的带负电荷的羧基通过甲基化可以化学修饰成中性基团。因此，通过调节溶液的 pH 和应用化学修饰方法，能得到一系列胶原的静电性能。

2）离子和大分子结合能

在自然状态和生理条件下，胶原分子只有大约 60 个自由羧基。这些自由羧基有结合阳离子(如钙)，形成蛋白质—COO—C_α 的能力，同时释放大约 5.02kJ/mol(1.2 kcal/mol)的能量。这些能量，对于完成结合盐键的相互作用是不够的，因为形成它所吸收的能量大约是 6.70kJ/mol(1.6kcal/mol)。然而，离子结合的程度在易溶盐(如硫氰酸钾)的存在下会提高，因为它能破坏盐键，或改变 pH 偏离胶原的等电点。大分子借助于共价键结合，以及离子键合、包埋、缠结等方式能与胶原结合。修饰胶原的电荷会大大提高带电荷的离子和大分子的结合能力。例如，胶原的完全 *N*-乙酰化，能够减少所有带正电荷的 ε-氨基，因此增加了带负电荷的自由基团。另外，胶原的甲基化作用将减少带负电荷的羧基，增加其带正电荷的自由基团。因此，甲基化的胶原增强了带负电荷的离子与大分子的结合能力[3]。

3）成纤性能

在组织中，天然的胶原纤维以其特定的顺序组织起来，从酶消化胶原类组织或用盐溶液抽提组织，然后通过胶原的重组，可得到多晶型胶原。重组环境对胶原多晶型有很大的影响，改变分子间相互作用的状态可获得各种多晶型分子聚集体。例如，在高浓度的中性盐或非水条件下聚集胶原分子，胶原分子的联合方式为随机排列，在电子显微镜下检测没有特殊的规则。胶原分子能被诱导成其他多晶型，如长间隔的片段(SLS)形式，其所有的头平行排列以及长间隔纤维(FLS)形式，分子以头-尾、尾-尾、头-头的方向随机排列[3,5]。

赵涛、Jiang 和钟朝辉[71,72,73]等分别研究了来源于小牛皮、猪皮和鱼鳞的胶原蛋白分子的自组装成纤聚集行为。结果表明，不同来源的胶原蛋白在微观结构和溶液性质方面存在明显差异。胶原蛋白的自组织行为与样品的质量浓度、溶液 pH 以及溶液的类型密切相关，而热处理导致的胶原变性能直接影响其聚集，使其丧失自组织成纤行为。AFM 技术可以用来研究鱼鳞胶原蛋白经 40℃处理 1h 前后聚集行为的改变情况。研究发现，热处理后聚集体由线形变为球状，这主要是由温度的升高、分子间氢键作用减弱引起的。而经 80℃处理后，胶原蛋白严重变性，其高级结构基本被破坏，AFM 图上只能看到少许不规则分布的团状聚集体。

图 2.21 是采用吸光光度法测定的胶原蛋白吸光度的变化情况[6]。胶原蛋白

表现出明显的体外成纤能力；ASC(acid soluble collagen，酸溶胶原)和 PSC(pepsin soluble collagen，酶溶胶原)分别在数分钟内即可达到最大吸光度。实验也表明，所有的明胶都不具备成纤维能力。这是由于胶原溶液在生理条件下，胶原分子之间能再度相互连接形成纤维，导致吸光度上升。ASC 包含完整的非螺旋末端，而 PSC 的非螺旋末端则在制备过程中被胃蛋白酶限制性切除，而非螺旋末端对胶原蛋白的成纤维能力具有一定的影响(成纤维能力的关键影响因素为三螺旋结构)。因此，二者在体外的成纤维能力具有一定的区别。而明胶和水解胶原蛋白则因为三螺旋结构的破坏，不再具备成纤维能力。

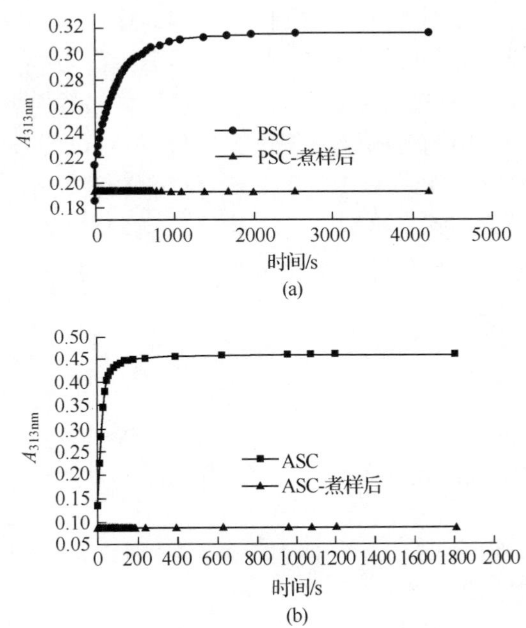

图 2.21　吸光光度法测定的胶原蛋白的吸光度变化情况

4) 结合多种因子

胶原能结合多种因子，并调节细胞的生长。例如，拔牙创面的止血及愈合过程受很多因素的影响，临床常通过加压或使用明胶海绵来止血，但有时效果不佳。动物实验和临床实验结果表明，复合胶原海绵能缩短止血时间，有明显促进拔牙创口止血的作用。重组人碱性成纤维细胞生长因子是很好的促进创伤愈合的细胞因子，是强烈的促有丝分裂原，对创面的愈合、血管和神经的再生具有强的促进作用。它与胶原蛋白结合，能够更好地发挥其功效：一方面，二者冻干成为海绵体，重组人碱性成纤维细胞生长因子被固定在胶原蛋白载体上，因而能更好地附着在创面上发挥作用；另一方面，有利于重组人碱性成纤维细胞生长因子的缓慢释放，在胶原海绵的包裹下，它可以随着胶原海绵被酶解而逐步释放，达到一定的缓释作用，从而能更好地发挥拔牙创口止血和促进创口愈合的作用。暨南大学医学院附属广州市红十字会医院口腔科及创伤研究所通过对 60 例拔牙患者的 238 个拔牙创口的对照观察，证实结合有重组人碱性成纤维细胞生长因子的胶原蛋白海绵未发现过敏反应及排斥反应，能被人体组织降解和吸收，与动物实验结果相似。实验组的伤口有明显的血痂形成，且拔牙创面周围游离龈呈现向心性收缩，而对照组则无此表现，而且渗出液还较多。可见，采用的复合胶原海绵，无论在生物学性能，还是对创口的止血和愈合作用均优于明胶海绵[55]。

5）支架作用

胶原是器官和组织必不可少的构造骨架，是结缔组织的主要结构成分，可作为细胞外基质纤维支架，起到稳定结构并塑形的作用。组织工程支架材料是指能够与组织活体细胞结合，并能植入生物体的材料，它是组织工程化植入体最基本的构架。依据胶原的支架作用制备的组织工程支架材料，可以为细胞提供黏附、生长、迁移、增殖和分化的环境，在人工组织的构建中起着关键作用。组织工程支架材料最基本的特征是与活体细胞直接结合。此外，与生物系统结合也是组织工程支架材料的基本特征。除应满足各种理化性质要求外，组织工程支架材料还必须具备细胞相容性和组织相容性。

参 考 文 献

[1] 法内斯托克 R S，斯泰因比歇尔 A. 生物高分子（第 8 卷）. 邵正中，杨新林译. 北京：化学工业出版社，2005 ：109-120.

[2] Pace J M，Corrado M，Missero C. Identification，characterization and expression analysis of a new fibrillaar collagen gene. Matrix Biology，2003，22(1)：3-14.

[3] 蒋挺大. 胶原与胶原蛋白. 北京：化学工业出版社，2006：21-30.

[4] 徐润，梁庆华. 明胶的生产及应用技术. 北京：中国轻工业出版社，2000：15-16.

[5] 李国英，张忠楷，付强，等. 胶原的形态分类及生理机能. 陕西科技大学学报，2004，22(3)：80-82.

[6] 李国英，张忠楷，雷苏，等. 胶原、明胶和水解胶原蛋白的性能差异. 四川大学学报(工程版)，2005，37(4)：54-58.

[7] Ma L，Gao C Y，Mao Z W，et al. Enhanced biological stability of collagen porous scaffolds by using amino acids as novel cross-linking bridges. Biomaterials，2004，25(15)：2997-3004.

[8] Kikuchi M，Matsumoto H N，Yamada T，et al. Glutaraldehyde cross-linked hydroxyapatite/ collagen self-organized nanocomposites. Biomaterials，2004，25(1)：63-69.

[9] Lee C H，Singla A，Lee Y. Biomedical applications of collagen. Int J Pharm，2001，221：1-22.

[10] Suh H，Park J C. Evaluation of calcification in porcine valves treated by ultraviolet ray and glutaraldehyde. Materials Science and Engineering C：Biomimetic and Supramolecular Systems，2000，13(1)：65-73.

[11] 李国英. 胶原的生理作用. 中国皮革，2002，31(19)：20-21.

[12] 武继民，李荣，王岩. 胶原海绵作为止血和创面敷料的临床实验. 生物医学工程与临床，2003，7(3)：

152-154.

[13] Hickman D, Sims T J, Miles C A, et al. Isinglass/collagen: denaturation and functionality. Journal of Biotechnology, 2000, 79: 245-257.

[14] 陈秀金, 曹健, 汤克勇. 胶原蛋白和明胶在食品中的应用. 郑州工程学院学报, 2003, 23(1): 66-69.

[15] 唐传核, 彭志英. 胶原的开发和利用. 肉类研究, 2000, (3): 41-43.

[16] Friess W. Collagen-biomaterial for drug delivery. Eur J Pharm Biopharm, 1998, 45: 113-136.

[17] Pachence J M. Collagen-based devices for soft tissue repair. J Biomed Res(Applied Biomaterials), 1996, 33: 35-40.

[18] Li G Y, Fukunaga S, Takenouchi K, et al. Comparative study of the physiological properties of collagen, gelatin and collagen hydrolysate as cosmetic materials. International Journal of Cosmetic Science, 2005, 27: 101-106.

[19] Jongjareonrak A, Benjakul S, Visessanguan W, et al. Isolation and characterization of acid and pepsin-solubilised collagens from the skin of brownstripe red snapper(Lutjanus vitta). Food Chem, 2005, 93: 475-484.

[20] Sadowska M, Kolodziejska I, Niecikowska C. Isolation of collagen from the skins of Baltic cod(Gadus morhua). Food Chem, 2003, 81: 257-262.

[21] Lee C H, Anuj S, Lee Y. Biomedical applications of collagen. International Journal of Pharmaceutics, 2001, 221: 1-22.

[22] 任高宏. 组织工程化皮肤的研制与临床应用. 中国矫形外科杂志, 2002, 13(12): 934-936.

[23] 罗红宇. 海鱼鱼鳞营养成分的分析. 食品研究与开发, 2003, 24(3): 63-66.

[24] Dublet B, Rest M. Type XIV collagen, a new homotrimeric molecule extracted from fetal bovine skin and tendon, with a triple helical disulfide-bonded domain homologous to type IX and type XII collagens. Biol Chem, 1991, 266: 6853-6858.

[25] Gelse K, Pòschl E, Aigner T. Collagens-structure, function, and biosynthesis. Advanced Drug Delivery Reviews, 2003, 55(12): 1531-1546.

[26] Richard-Blum S, Ruggiero F. The collagen super family: from the extra celluar matrix to cell membrane. PAT BIO, 2005, 314: 1.

[27] Deyl Z, Mike I K, Eckhardt A. Preparative procedures and purity assessment of collagen proteins. Journal of Chromatograph B, 2003, 790(1-2): 245-275.

[28] Nimni E M. The cross-linking and structure modification of the collagen matrix in the design of cardiovascular prosthesis. Biochemistry, 1988, 3(4): 523-533.

[29] Byers P H, Cole W G. Killing the messenger: new insights into nonsense-mediated mRNA decay. Molecular, Genetic and Medical Aspects, 2002, 109(1): 3-6.

[30] 哈泊 C A. 生物化学. 宋惠萍译. 北京: 科学出版社, 2003: 67-69.

[31] Dilullo G A, Sweeney S M, Jarmo K, et al. Mapping the ligand-binding sites and disease-associated mutations on the most abundant protein in the human, type I collagen. J Biol Chem, 2002, 277(6): 4223-4231.

[32] Taylor M M, Cabeza L F, Marmer W N, et al. 革屑酶法提取胶原蛋白交联反应制备高分子量产物 I. 明胶的提取(英文). 皮革科学与工程, 2005, 2: 26-28.

[33] 张铁良, 屠军波, 杨壮群, 等. 以鼠尾胶原为支架的真皮类似物的建立. 中国美容医学, 2006, 15(2): 131-133.

[34] 赵苍碧,黄玉东,李艳辉. 从牛腱中提取胶原蛋白的研究. 哈尔滨工业大学学报,2004,36(4):515-519.
[35] 李亚非,张晶. 应用胃蛋白酶消化的牛腱胶原作为骨形态发生蛋白的缓释载体. 中华骨科杂志,1996,16(1):53-55.
[36] Laping N J,Olson B A,Ho T,et al. Hepatocyte growth factor: a regulator of extracellular matrix genes in mouse mesangial cells. Biochem Pharmacol,2000,59(7):847-853.
[37] 赵贞,吴金玉. Ⅳ型胶原在糖尿病肾病中的作用. 深圳中西医结合杂志,2009,19(2):121-123.
[38] Hatz R A,Niedner R,Vanscheidt W,et al. Wound healing and wound management. Springer-Verlag,1994,13(8):286-289.
[39] Beier F,Vornehm S,Poschl E,et al. Localization of silencer and enhancer elements in the human type Ⅹ collagen gene. J Cell Biochem,1997,66(2):210-218.
[40] 李国英,陈利. 胶原的生物合成过程. 中国皮革,2004,33(5):14-15.
[41] Bulleid N J. Interaction of the thiol-dependent reductase ERp57 with nascent glycoproteins. Cell Div Biol,1997,7:667-672.
[42] Thomson C A. Semantic lexicon acquisition for learning natural language interfaces. Ananthanarayanan V S. Biochem,1998,349:877-883.
[43] Steinmann B,Bruckner P,Superti-Furga A. Cyclosporin A slows collagen triple-helix formation in vivo: indirect evidence for a physiologic role of peptidyl-prolyl cis-trans-isomerase. J Biol Chem,1991,266(2):1229-1230.
[44] Nagai N,Hosokawa M,Itohara S,et al. Embryonic lethality of molecular chaperone Hsp47 knockout mice is associated with defects in collagen biosynthesis. J Cell Biol,2000,150(6):1499-1506.
[45] Satoh M,Hirayoshi K,Yokota S,et al. Intracellular interaction of collagen-specific stress protein HSP47 with newly synthesized procollagen. J Cell Biol,1996,133:469-483.
[46] Sauk JJ,Norris K,Hebert C,et al. Hsp47 Binds to the KDEL receptor and Cell surface expression is modulated by cytoplasmic and endosomal pH. Connect Tissue Res,1998,37(1-2):105-106.
[47] Lamande R S,Bateman J F. Procollagen folding and assembly: the role of endoplasmic reticulaum enzymes and molecular chaperons. Cell Deve Biol,1999,10:455-456.
[48] Bailey A J. Chemistry of collagen cross-links: glucose-mediated covalent cross-linking of type-Ⅳ collagen in lens capsules. Ageing Develop,1993,296(2):489-496.
[49] Ausar S F. Characterization of casein micelle precipitation by chitosans. Rheumatol Int,2001,84(21):361-369.
[50] 廖颖敏,冯祖德,张其清. 胶原变性对骨的变形与断裂的影响. 国外医学生物医学工程分册,2004,27(4):224-228.
[51] Hiroki U, Liu H, Masaya Y, et al. Use of collagen sponge incorporating transforming growth factor-β_1 to promote bone repair in skull defects in rabbits. Biomaterials, 2002, 23: 1003-1010.
[52] Mansell J P,Bailey A J. The increased metabolism of bone collagen in post-menopausal female osteoporosis femoral heads. Int J Biochem Cell Biol,2003,35:522-529.
[53] Fledelins C,Riis B J,Overgaard K,et al. The diagnostic validity of urinary free pyridinolines to indentify women at risk of osteoporosis. Calcif Tissue Int,1994,54:381-384.
[54] 但卫华,但年华,林海,等. 动物皮及其在烧伤材料中的应用前景. 西部皮革,2010,32(15):21-25.
[55] 顾其胜,蒋丽霞. 胶原蛋白与临床医学. 上海:第二军医大学出版社,2003:52-56.
[56] 刘成海. 肝脏胶原蛋白检测进展与评析. 世界华人消化杂志,2003,11(6):689-692.

[57] Nerenberg P S, Salsas-Escat R, Stultz C M. Collagen—a necessary accomplice in the metastatic process. Cancer Genomics Proteomics, 2007, 4(5): 319-328.

[58] Imamichi Y, Menke A. Collagen type I-induced Smad-interacting protein 1 expression downregulates E-cadherin in pancreatic cancer. Cells Tissues Organs, 2007, 185(1-3): 90-180.

[59] Patel K U, Szabo S S, Hernandez V S, et al. System and method for controlling a voip client using a wireless personal-area-network enabled device. Hum Pathol, 2008, 39(2): 184-193.

[60] Yoneyama T, Kasuya H, Onda H, et al. Collagen Type I α_2 (COL1A2) is the susceptible gene for intracranial aneurysms. Stroke, 2004, 35: 443-448.

[61] Forzano F, Lituania M, Viassolo A, et al. A familial case of achondrogenesis type Ⅱ caused by a dominant COL2A1 mutation and "patchy" expression in the mosaic father. Am J Med Genet A, 2007, 143(23): 2815-2820.

[62] Ahmed M R, Venkateshwarlu U, Jayakumar R. Multilayered peptide incorporated collagen tubules for peripheral nerve repair. Biomaterials, 2004, 25(13): 2585-2594.

[63] Gopinath D, Ahmed M R, Gomathik K, et al. Dermal wound healing processes with curcumin incorporated collagen films. Biomaterials, 2004, 25(10): 1911-1917.

[64] Ziyuan Cheng, Swee-Hin Teoh. Surface modification of ultra thin poly(ε-caprolactone) films using acrylic acid and collagen. Biomaterials, 2004, 25(11): 1991-2001.

[65] 马晓丽，殷蔚荑，王宝恩. 牛Ⅲ型前胶原的提取及抗血清的制备. 生物化学杂志，1987，3(4)：377.

[66] 王赛西，孔宪涛，张国治，等. 抗Ⅰ型胶原单克隆抗体的研制和初步应用. 上海免疫学杂志，1988，8(3)：181-183.

[67] 沈宜. 抗Ⅳ型胶原单克隆抗体 CIv 的研制与鉴定. 免疫学杂志，1994，10(2)：113-116.

[68] 陈俊杰，杨绍华，王若菡，等. 人Ⅰ型胶原基因第一内含子调节转录的研究. 生物化学与生物物理进展，1998，25(4)：350- 354.

[69] Marcel E N. Collagen: molecular structure and biomaterial preperties. *In*: Donald L W. Encyclopedic Handbook of Biomaterials and Bioengineering. New York: Marcel Dekker Inc, 1995: 1229-1243.

[70] 张卓，丛玉隆，涂植光. 血小板-胶原相互作用过程中 GPⅠa/Ⅱa 的功能. 内分泌与代谢疾病，2006，29(5)：428-430.

[71] 钟朝辉，李春美，顾海峰. 原子力显微镜研究鱼鳞胶原蛋白的溶液聚集行为. 精细化工，2006，23(10)：983-987.

[72] 赵涛，胶原蛋白自组装行为以及细胞形态的 AFM 研究. 暨南大学硕士学位论文，2003：24-32.

[73] Jiang F, Horber H, Howard J, et al. Assembly of collagen into microribbons: effects of pH and electrolytes. Journal of Structural Biology, 2004, 148: 268-278.

第 3 章　胶原的提取与结构研究

3.1　胶原的提取

人类制备和利用胶原的历史悠久。早在 1929 年，即有以磷酸溶解动物骨组织来提取胶原的专利技术。1961 年，Peizo 等以动物真皮组织提取胶原溶液。同年，Bloch 等获得了纯化胶原的专利。商业化提取胶原的工艺于 1962 年由 United Shoe Machinary 公司开发成功。

胶原的制备技术比较复杂、步骤繁多。经过近半个世纪的研究，胶原的原料来源逐渐扩大，既具有多样性，也有利于降低成本，并向具有一定规模的工业化生产方向发展。同时，经过多年的发展，胶原的制备方法已经相当成熟，已有多种胶原都可通过市场销售获得。例如，Sigma 公司就有Ⅰ、Ⅱ、Ⅲ、Ⅳ型等多种胶原产品的生产和销售。

近年来，生物技术学家也尝试了以重组 DNA（遗传工程）的方法，将生产胶原有关的基因剪接到牛或羊等家畜细胞中，通过牛乳或羊乳的分泌，可从乳汁中萃取得到胶原。这种以"基因转殖动物"来生产胶原的方法称为"动物工厂"。然而，这种技术目前仍处于研发阶段，尚未实现工业化生产。

3.1.1　胶原的一般提取方法

1. 胶原的提取原理

胶原通常从富含胶原纤维的组织中提取，如皮肤、肌腱、骨骼等。由于胶原是由多条肽链组成的大分子，各分子之间通过共价键搭桥交联，形成稳定的三维网状结构，在水中的溶解度很低。有一部分未能共价交联或者在体内未成熟的胶原可用中性盐或稀乙酸溶液溶解而提取出来，此部分胶原称为可溶性胶原，又称为中性盐溶性胶原或酸溶性胶原。而大部分胶原都以胶原纤维的形式存在，彼此互相交叉成网状，称为难溶性胶原。对于难溶性胶原，可先用胃蛋白酶消化水解，去除末端的非螺旋形区域，再用稀乙酸溶液提取，所以难溶性胶原又称为胃蛋白酶促溶性胶原。

在非变性情况下，从成熟组织中提取Ⅰ型胶原最容易，它可用酸或盐溶液从动物的结缔组织中提取出一部分，而其他类型的胶原则需要通过控制蛋白质的水解作用盐析出(部分胚胎组织例外)。以动物皮、鳞、骨等组织为原料,经酸、碱预处理后,先用乙酸提取,可制得酸溶性胶原,然后用胃蛋白酶消化,可制得酶促溶性胶原。胶原粗制品经反复透析、离心等纯化处理后,经冷冻干燥可制得酸溶性和酶促溶性制品。

以提取皮胶原为例,其一般提取流程如图 3.1 所示[1]。

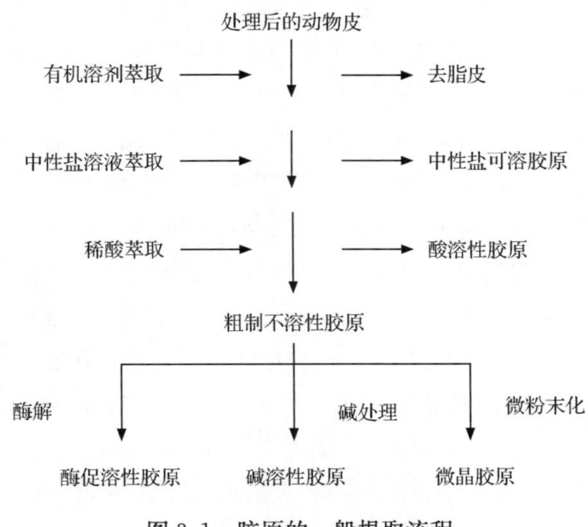

图 3.1　胶原的一般提取流程

2. 胶原的提取方法

胶原的提取一般有两种方法:使用溶剂的化学法和使用酶的生物化学法。在化学法中,根据所用溶剂的不同又可以分为中性盐法和酸性法。

胶原可从相关组织中提取,不同组织所用的提取方法不同;即使是相同的组织,有时也需要不同的方法。例如,同样是从牛皮中提取皮胶原,小牛皮容易提取,老牛皮则不易提取。在提取胶原时,还会发现胶原的提取率有一定的限度,这主要是因为胶原有可溶性胶原和不可溶性胶原之分。胶原的可溶性与不可溶性是相对的,与所采用的提取条件(如溶剂、温度、时间等)密切相关。部分胶原不易溶解,是因为这些胶原与其细胞间质的相互作用紧密。在机体组织生长时,由于胶原与蛋白质多糖及糖蛋白具有特异亲和性,因而具有不溶性。另外,在胶原生长的过程中,在胶原分子间及其他成分之间形成了桥梁,这也在一定程度上增加了胶原溶解的难度。可以说,影响胶原可溶性的主要因素是胶原分子间的共价键交联和非胶原成分。胶原只能被胶原酶降解,而其他蛋白酶是不能切断胶原肽链的。由于胶原的共价键大多数位于胶原分子的 N 端和 C 端的非胶原性肽部分,因此,在中性条件下可以用木瓜蛋白酶处理，在酸性条件下用胃蛋白酶处理，被切除部分非胶原性的胶原分子就具有可溶性[2,3]。随后，经过以下 3 个步骤，可将胶原从组织中提取出来。

(1) 组织材料的选择和预处理。不同类型的胶原在体内的分布是不同的。选择适当的组织材料，是有效提取各类型胶原的首要条件。用于提取胶原的组织材料必须经过认真的预处理，最为重要的是去掉附属在其上的非胶原成分(如碎肉、脂肪等)。特别是要用有机溶剂抽提出其中的脂肪组织，因为胶原中一旦有脂肪混入，无论是进行中性还是酸性提取，都无法除去，最后只能得到乳浊状的胶原溶液。一旦出现这种情况，可向胶原溶液中加入 1% 的氯化钠溶液清洗，再用超声波和匀浆机进一步粉碎细胞，离心收集基膜，然后才能用于提取胶原。

(2) 胶原的提取。经过预处理的组织材料，在某些情况下还需要进一步处理。例如，要将骨组织中的钙和软骨组织中的蛋白多糖除去，一般是先用 0.5mol/L EDTA、pH 7.4 的缓冲液脱钙，再用 1mol/L Tris-HCl(盐酸三羟甲基氨基甲烷，pH 7.5)的缓冲液在室温下提取蛋白多糖，接着用大量的蒸馏水洗涤。对其他软组织，先用水和中性盐提取可溶性的非胶原物质，此时可能会损失一部分胶原，为此可以用含 4.5mol/L NaCl 的 0.05mol/L Tris-HCl(pH 7.5)的缓冲液在含有蛋白酶抑制剂的情况下进行前期提取。在此条件下，各类型胶原均不溶解，因此可去除其中大量的可溶性杂蛋白。经过认真处理的组织材料被切片、粉碎或匀浆后，即可进行胶原的提取。

(3) 盐析。为了分离非胶原物质，在胶原粗提液中加入较多的粉状盐(一般是氯化钠)或浓氯化钠溶液将全部胶原沉析出来，称为盐析。通过分步盐析，还可初步分离不同类型的胶原。在中性或酸性条件下盐析全部胶原，所需盐的浓度是不同的。在中性条件下，氯化钠的浓度需达到 4.0mol/L 或 20%；在酸性条件下，氯化钠的浓度仅需 2.0mol/L 或 10%。利用各类型的胶原在不同 pH 及不同 NaCl 浓度条件下具有不同溶解度的特点，通过分步盐析，可以分离提取出各类型的胶原。

一般不可能只通过一次分离就得到纯的某一类型胶原。例如，在中性条件下，用 1.7mol/L NaCl 溶液沉淀分离Ⅲ型胶原时，会有 10%的Ⅰ型胶原同时被沉淀出来。在酸性条件下，在没有盐存在时胶原也能溶解，当加入盐时胶原就会有沉淀析出。在中性条件下，需要有足够浓度的盐，才能溶解胶原。如果要获得不含糖蛋白的高纯度胶原，必须进一步用 EDTA-纤维素柱进行色谱分离。

从正常的生物基质中提取胶原均需要一定的条件。如果不能满足这一条件，胶原将很快地失去其生物学活性。因此，在胶原蛋白的特性研究中，确定提取的工艺条件是一个关键问题。在已有的研究中，尽管有关胶原提取的资料很多，但是其水解提取的工艺还有待进一步的完善和优化。

胶原的提取与纯化的目标是：尽量使胶原提取的产率、纯度更高；使所提取的胶原能满足不同应用领域的要求。

迄今为止，胶原的提取方法主要有碱法、盐法、酸法、酶法等。

(1) 碱法提取。由于碱容易造成肽键的水解，因此得到水解产物的相对分子质量较低。水解严重时，还会产生 D 型、L 型氨基酸消旋混合物。因为不对称碳原子经过对称状态的中间阶段，发生了消旋现象，并转变为 D 型和 L 型的等物质的量的混合物。其中，若 D 型氨基酸多于 L 型氨基酸，则会抑制 L 型氨基酸的吸收。而有些 D 型氨基酸是有毒的，有的甚至有致癌、致畸和致突变作用。因此，此法不适合用于生物医用材料的胶原蛋白的提取。

(2) 盐法提取。常用于提取胶原的中性盐主要有 Tris-HCl、氯化钠、柠檬酸盐等。在中性条件下，胶原不能溶解在低浓度的盐溶液中；当盐的浓度达到一定量时，胶原就会发生溶解。胶原的溶解和分级受中性盐效应的影响，其影响机理比较复杂。有的盐可提高胶原的稳定性，有的则可降低其构象稳定性，从而不利于天然胶原的提取。总之，盐法提取胶原的工艺不稳定，且提取的胶原分子结构不及酶溶胶原。

(3) 酸法提取。此法主要通过低离子浓度及酸性条件破坏胶原分子间的盐键和 Schiff 键，引起胶原纤维膨胀、溶解，从而达到提取的目的。作为溶剂使用的酸主要有乙酸、柠檬酸、甲酸等。用酸法提取的胶原可以最大限度地保持其三股螺旋结构，适用于生物医用材料及其原料。但是，酸处理后胶原的溶解量很少。与酶法相比，这种方法提取胶原的产率较低。

(4) 酶法提取。酶法具有水解反应快、无环境污染的优点，且提取的水解胶原蛋白纯度高、水溶性好、物理化学性质稳定。胃蛋白酶还可以催化水解胶原的端肽非螺旋区，而对螺旋区无作用，但会引起 α_1 和 α_2 链的展开，这样溶解的胶原仍具有完整的三股螺旋结构，更降低了胶原的抗原性，适用于生物医用材料及其原料。

在机体构建组织时，由于胶原中蛋白多糖及糖蛋白具有特异亲和性，因此其不溶解。另外，随着动物体年龄的增长，胶原分子间及其与其他成分之间也会形成共价键架桥，这种“架桥”的存在，也会阻碍胶原的提取。研究表明，这些共价键架桥大多位于胶原分子 N 端和 C 端的非胶原(尾肽)部分，易被胶原酶切断。若在酸性条件下，以胃蛋白酶处理胶原，不仅会使胶原肽链的末端非螺旋区水解，而且可促使被切断部分尾肽的胶原分子(无尾肽胶原)变得可溶。因此，这是一种较为理想的胶原提取方法。

3.1.2　各种类型胶原的提取

可以利用不同手段从不同组织中提取各种类型的胶原[4]。

1. Ⅰ型胶原的提取

Ⅰ型胶原主要分布于细胞、组织之间及结缔组织间质中，属于间质胶原，在器脏纤维化病理过程中，起着重要的作用[5]。Ⅰ型胶原可从猪皮、人胎盘及成年家兔等中提取[6]。

1) 从猪皮中提取[7]

从猪皮中提取Ⅰ型胶原时，首先要制备Ⅰ型胶原蛋白粗提液。从猪皮组织中分离出皮肤，去除毛发和表皮，脱脂，用绞肉机捣碎。以 2.5g/L 的质量浓度悬浮在 0.5mol/L 的乙酸中进行胃蛋白酶水解。连续搅拌消化 48h，超速低温离心 30min。去除沉淀，在上清液中加入 NaCl 至最终浓度为 4.4mol/L，充分搅拌后再离心沉淀。将沉淀溶解在乙酸中后，继续加入 NaCl 至最终浓度为 1.7mol/L，离心后收集沉淀。将沉淀溶解在乙酸中，通过孔径为 0.45μm 的滤膜过滤，在 4℃下对 0.001mol/L 乙酸溶液透析 24h。

Ⅰ型胶原蛋白粗提液制备好后要进行纯化。可用 RP-HPLC 半制备柱色谱进行纯化。粗样品经 0.45μm 滤膜过滤后，取滤液上样进行色谱分离。色谱条件为：ZORBAX300SB-C18 半制备色谱柱，流动相，A 为水，B 为甲醇。水：甲醇＝85：15(体积比)，采用线性梯度洗脱，流速为 1mL/min；进样量为 500 μL；检测波长为 220nm；柱温为室温。

2) 从人胎盘中提取[8]

从人胎盘中提取Ⅰ型胶原的方法为：取新鲜正常人的胎盘两只，胎盘去脐带和羊膜，捣碎、匀浆；于 4℃下用胃蛋白酶消化 20h(每 20g 湿重组织加入 0.05%的胃蛋白酶、0.5mol/L 乙酸 100mL)；清化上清液(酸性)中加入 NaCl 至 1.0mol/L，沉淀为胶原混合物；随后，在中性条件下分别以 1.5mol/L、2.5mol/L NaCl 溶盐析，反复数次分别得到Ⅰ型胶原和Ⅲ型胶原的初纯品；用 DEAE 52 柱层析去除酸性大分子，得到纯化的Ⅰ型胶原和Ⅲ型胶原。

另外，也可从人胚胎骨中提取Ⅰ型胶原。将脱钙骨粉浸入 0.5mol/L HAc 溶液中 24～48h，取上清液缓慢加入研磨精细的 NaCl(终浓度为 4mol/L)，搅拌过夜。以 35 000g(g 为重力加速度)离心沉淀 20min，弃去上清液，其沉淀物加入 0.5mol/L 的 HAc 透析溶解，离心沉淀。取上清液依次加入 0.1mol/L Tris-HCl (终浓度为 0.01mol/L)，5mol/L NaOH 溶液(调至 pH 7.4)，NaOH 终浓度为 4mol/L，搅拌过夜，离心沉淀，弃去上清液。沉淀以 4mol/L NaCl 溶液及 0.05mol/L Tri-HCl 洗一次，再加 0.05mol/L HAc 透析溶解，离心去沉淀，上清液装入透析袋内，对 NaCl 溶液透析(平衡后 NaCl 的质量分数为 10%)，离心去上清液，沉淀物用 0.5mol/L HAc 透析去盐溶解，离心去沉淀，上清液浓缩冻干。以上所有液体及操作均在 4℃下进行[9]。

3）从成年家兔中提取[10]

将家兔由耳静脉注入空气致死，迅速剥下兔皮，去毛及皮下脂肪。称量，然后将兔皮放入冰中（下述各步骤除特殊说明外，均在 4℃下进行）切碎，用绞肉机将其绞成肉泥状，置入烧杯中，加入 2.5 倍量的中性盐提取液（0.1mol/L Tris，0.2mol/L NaCl，0.1mmol/L EDTA，pH 7.6）。搅拌 2～3h 后，以 12 000*g* 离心沉淀 30min，弃上清液，沉淀部分加入 2.5 倍量的 3%冰醋酸溶液，抽取搅拌过夜；以20 000*g*离心沉淀 90min。所得胶原经盐析沉淀、低离子强度沉淀、加热至凝胶化、超速离心、三氯乙酸-乙醇沉淀 5 个步骤进行胶原纯化。

由于各类型胶原可被不同浓度的 NaCl 所沉淀，将胶原溶液在 pH 7.3 的 0.1mol/LTris 缓冲液中进行透析，更换透析液直至平衡，液体的 pH 仍维持中性；加入 5.1mol/L NaCl 至终浓度为 1.7mol/L，搅拌过夜；以 18 000*g* 离心 30min，弃沉淀（此部分为Ⅲ型胶原）。上清液加入 4.0mol/L NaCl 至最终浓度为2.5mol/L，搅拌过夜。以 22 000*g* 离心 30min，沉淀溶解于 1% HAc 溶液中，对该溶液透析，然后反复此过程。最后所得胶原溶解于 1% HAc 溶液中。对 1% HAc 反复透析，真空冷冻干燥，称量，于－20℃下保存。

4）从仿刺参中提取[11]

把仿刺参除去肠等内脏，用剪刀剔除内壁肌肉层，剩余仿刺参体壁用刀切成碎块（湿重约为 50g），在 500mL 蒸馏水中搅拌 30min，用纱布滤出，加入 500mL 蒸馏水重洗，然后将仿刺参碎块置于 500mL 的 4.0mmol/L EDTA 和 0.1mol/LTris-HCl（pH 8.0）中，搅拌过夜。用纱布过滤后，再用蒸馏水洗两次，置于 500mL 蒸馏水中搅拌过夜，溶液中即充满絮状胶原纤维，用纱布滤出未解离的海参块，将溶液以 9000*g* 转速离心 30min。所得胶原纤维沉淀加入 25 倍体积的 0.1mol/L NaOH，搅拌 3 天。用 9000*g* 转速离心 1h，沉淀水洗至中性，加入 25 倍体积的 0.5mol/L 乙酸和 0.5% 胃蛋白酶，搅拌、消化 2 天。再用 12 000*g* 转速离心 1h，上清液缓慢加入研磨精细的 NaCl（终浓度为 0.8mol/L），搅拌过夜。3000*g* 转速离心 10min，去上清液，沉淀加入少许 0.5mol/L 乙酸溶解，转入透析袋内对 0.02mol/L Na_2HPO_4（pH 8.0）透析，透析时每隔 5h 换一次溶液，透析 2 天。透析液用 3000*g* 转速离心 10min，去上清液，沉淀用少许 0.5mol/L 乙酸溶解，转入透析袋内对 0.1mol/L 乙酸透析 2 天，浓缩，冷冻干燥后即得胃蛋白酶促溶的酸溶性胶原。以上所有操作均在 4℃下进行。将胶原冻干品溶于 0.1mol/L Na_3PO_4（pH 7.2）缓冲液中，过夜，离心，上清液用 SDS-PAGE 分析。

5）从鱼鳞中提取[12]

从鱼鳞中提取胶原蛋白主要采用水提取方法，提取方法如图 3.2 所示。

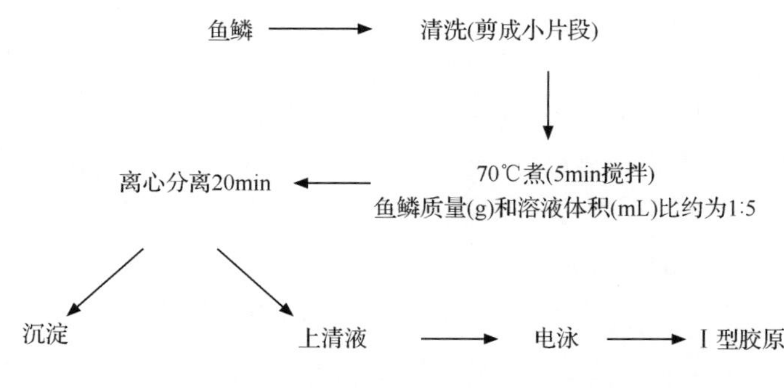

图 3.2　从鱼鳞中提取Ⅰ型胶原蛋白的步骤

2. Ⅱ型胶原的提取

根据 Smith 等[13]的方法，可从 SCS(Swarm 软骨肉瘤)组织中分离出Ⅱ型胶原。首先用 200mmol/L NaCl 提取，于 pH 7.6 下用 20% NaCl 盐析两次，并用二乙氨乙基纤维素色谱进一步纯化。

1) 从人体软骨组织中提取

Ⅱ型胶原是人体软骨基质中的主要有机成分。在脊索、髓核和成人的玻璃体内也含有较丰富的Ⅱ型胶原[14]。取 6 个月以上新鲜死婴的透明软骨，剥净软组织，称湿重，用冷蒸馏水洗净后绞碎，用高速组织捣碎机捣碎，加 10 倍体积的 0.05mol/L 乙酸-乙酸钠缓冲液(pH 5.8)，并加入盐酸胍、碘代乙酰胺和乙二胺四乙酸二钠，使其终浓度分别为 4mol/L、5mmol/L 和 24mmol/L。于 4℃下持续搅拌24h，12 000g离心沉淀 30min。弃上清液，于沉淀中加 10 倍体积的 0.5mol/L 乙酸，按每克软骨加入 2mg 胃蛋白酶计，4℃下持续搅拌 48h，12 000g 离心沉淀30min。取上清液对 0.2mol/L 氯化钠-0.05mol/L Tris-HCl(pH 7.5)缓冲溶液做充分透析，取经预处理的 DEAE 纤维素(DE-52)，用 0.2mol/L 氯化钠-0.05mol/L Tris-HCl (pH 7.5)缓冲溶液透析平衡，和上述透析好的软骨提取液混合(每 100g DEAE 纤维素干粉对 100g 软骨计)，于 4℃下 12 000g 离心 30min，取上清液用氯化钠粉末盐析，使其终浓度达 3.2mol/L，静置 24h 后，于 4℃下 80 000g 离心沉淀 30min。弃沉淀，取上清液对 0.01mol/L 磷酸氢二钠溶液透析，于 4℃下12 000g离心沉淀 30min。取沉淀，用 0.5mol/L 乙酸使之充分溶解，用 0.2mol/L 氯化钠-0.05mol/L Tris-HCl 缓冲溶液做充分透析，再加氯化钠粉末，使其终浓度为 3.2mol/L。静置 24h 后，于 4℃下 80 000g 离心沉淀 30min，弃沉淀，上清液对 0.01mol/L 的磷酸氢二钠溶液做充分透析后，于 4℃下 12 000g 离心沉淀 30min。取沉淀，用 0.5mol/L 乙酸溶解后，先后用蒸馏水和去离子水透析，浓缩后做冷冻干燥。平均每 100g 湿重软骨可获Ⅱ型胶原 100mg[15]。

2) 从牛软骨中提取

取新鲜牛软骨，剥去骨膜，在液氮冷冻下磨成粉，称量。用10倍体积4mol/L的盐酸胍与0.05mmol/L Tris-HCl(pH 7.5)混合后，于4℃下搅拌24h。以12 000g离心沉淀20min，弃上清液。用0.5mmol/L乙酸充分洗涤。沉淀用4倍体积的0.5mmol/L乙酸(内含1g/L胃蛋白酶)混悬，4℃下搅拌48h，以20 000g离心沉淀20min，取上清液。然后用3mmol/L的NaCl沉淀过夜。离心沉淀后，沉淀用0.1mmol/L乙酸溶解，此即为粗制的Ⅱ型胶原蛋白。AEDE-52离子交换柱经0.05mmol/L Tris-HCl-0.02mmol/L NaCl(pH 7.4)缓冲溶液平衡后，装入高度为20cm、体积为120mL的交换柱内，缓缓加入经平衡液透析后的粗制Ⅱ型胶原蛋白。在核酸蛋白检测仪检测下(λ=280nm)，调节流速约为5mL/min，收集第一峰(Ⅱ型胶原)。然后用3mmol/L NaCl于4℃下沉淀过夜。离心沉淀后，取沉淀用0.5mmol/L乙酸重新溶解，透析，此即为纯化的Ⅱ型胶原[16]。Ⅱ型胶原的鉴定可以采用如下方法[16]：①采用SDS-聚丙烯酰胺凝胶电泳(PAGE)，采用50g/L浓缩胶和120g/L分离胶，样品为低分子标准蛋白，M_r(相对分子质量)分别为97.4×10^3、66.2×10^3、43.0×10^3、31.0×10^3、20.1×10^3和14.4×10^3，标准Ⅱ型胶原和不同批次的纯化Ⅱ型胶原按常规电泳；②凝胶采用CS-900薄层扫描仪扫描，λ=580nm。

3) 从乌梢蛇中提取[17]

将1.5～2.0m长的乌梢蛇尸体去除内脏及头部，低温冷冻干燥后粉碎成蛇粉。将蛇粉溶于4mol/L盐酸胍-0.05mol/L Tris-HCl(pH 7.5)溶液中，于4℃下搅拌24h。低温高速离心20min，取沉淀物于0.5%胃蛋白酶-0.5mol/L乙酸溶液中作用48h。低温高速离心20min，取上清液，经3mol/L氯化钠盐析，低温高速离心20min，沉淀物用0.1mol/L乙酸溶解，经DEAE 52纤维素交换柱，在核酸蛋白检测仪检测(λ=280nm)下，调解流速约为5mL/min，用自动部分收集仪收集第一峰，即为乌梢蛇Ⅱ型胶原，收集得到的乌梢蛇Ⅱ型胶原用3mol/L NaCl沉淀过夜，离心，取沉淀用0.5mol/L乙酸重新溶解，透析，即为纯化的乌梢蛇Ⅱ型胶原。

4) 从兔关节软骨中提取[18]

如图3.3所示[4]，取部分兔关节软骨，洗5遍后在10℃下剪碎，每克软骨加入10mL 4mol/L盐酸胍-0.05mol/L Tris-HCl溶液(pH 7.5)，在4℃下搅拌24h，以12 000g离心沉淀30min。沉淀后加入10倍体积的0.5mol/L胃蛋白酶，pH 2.5～3.0，在4℃下搅拌24h，以10 000g离心15min，去上清液，沉淀部分重复用胃蛋白酶酶解。抽提一次，然后用0.2mol/L氯化钠-0.05mol/L Tris-HCl(pH 7.5)缓冲溶液做充分透析，透析内液按对每克已处理的DEAE纤维素混合1h计，在4℃下以12 000g离心沉淀30min，取上清液加入氨基酸，使其浓度达到0.1mol/L。在4℃下，用2.4mol/L NaCl盐析24h，以80 000g离心沉淀30min，沉淀物用蒸馏水溶解，用0.01mol/L乙酸透析2天，每天更换一次透析液蒸馏水，用聚乙二醇 6000 浓缩，在真空下干燥，温度在 4℃下，最后就可获得Ⅱ型胶原。平均每 25g 关节软骨可获得 10mg Ⅱ型胶原。

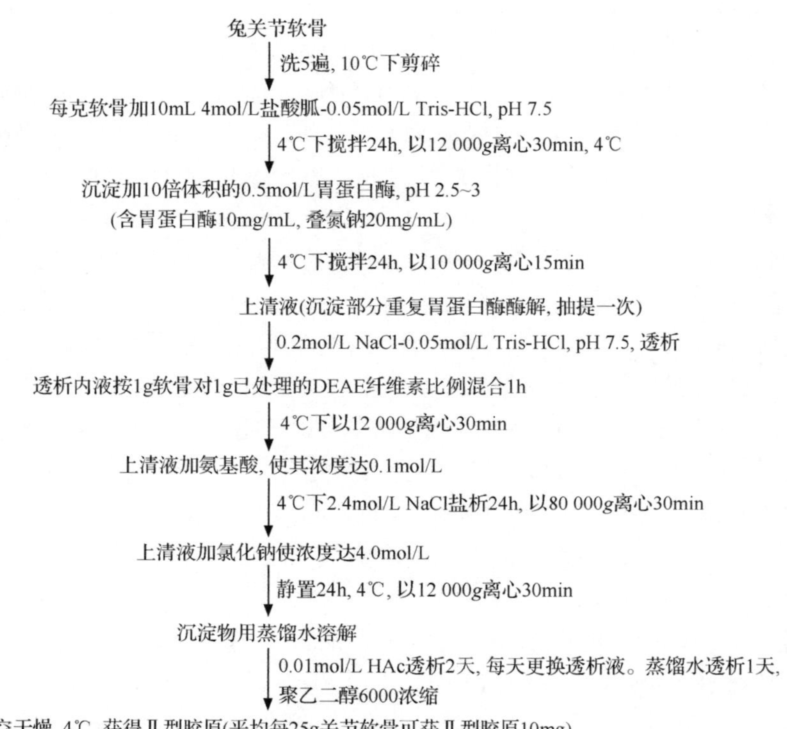

图 3.3　兔关节软骨Ⅱ型胶原提取步骤

5）从猪软骨中提取[19,20]

从新鲜屠宰的猪四肢关节中切取透明软骨，剥去骨膜，用生理盐水洗净沥干后切成薄片，在－20℃保存备用。用 10 倍体积的 4mol/L 盐酸胍（pH 7.5 的 0.05mol/L Tris-HCl 配制）混悬后，粉碎匀浆，于 4℃搅拌 24h，12 000*g* 离心 20min。沉淀用 Tris-HCl 缓冲液和 0.5mol/L 乙酸充分洗涤后，用 5 倍体积的胃蛋白酶消化液（0.5mol/L 乙酸配成 1g/L）混悬，4℃下搅拌 24h。12 000*g* 离心 20min，收集上清液，沉淀加 5 倍体积的胃蛋白酶消化液重复酶解一次。用 5mol/L NaOH 迅速调节上清液至 pH 7.5，加入氯化钠使其浓度为 1mol/L，4℃盐析过夜，离心得到上清液和沉淀。按上法依次用 NaCl 上清液浓度调至 2.4mol/L 和 4.0mol/L，盐析得到沉淀。沉淀用 0.1mol/L 乙酸溶解，2mol/L NaOH 中和至 pH 7.5，用 0.05mol/L Tris-HCl、0.2mol/L NaCl(pH 7.5)进行透析平衡后，即得胶原初提液。按比例向胶原初提液中加入 DE22 纤维素，4℃下搅拌 2h，12 000*g* 离心 20min。上清液经盐析、酸溶、透析脱盐、冷冻干燥，即得纯化的Ⅱ型胶原。

3. Ⅲ型胶原的提取

Ⅲ型胶原主要分布于细胞、组织之间及结缔组织间质中，属于间质胶原[21]。可从大鼠皮、牛皮、鸡皮及家兔中提取。

1) 从大鼠皮中提取[22]

将大鼠皮肤去毛，仔细剥去脂肪，剪成小块，放入丙酮中脱脂 1～2 天。用 0.05mol/L 乙酸反复冲洗，去除丙酮。用打碎机将脱脂后的皮肤搅拌成细末，浸泡于 0.5mol/L 乙酸中，使其为 pH 2.5～3.0，然后加入胃蛋白酶，酶量与组织湿重之比大概为 1∶100，使溶液中酶的浓度为 2mg/mL。加入蛋白酶抑制剂，其用量为 20mmol/L EDTA、2.0mmol/L NEM、1.0mmol/L PMSF(苯甲基磺酰氟)，持续搅拌 24h。以 12 000g 离心沉淀 45min，沉淀后再提取一次，上清液用 0.02mol/L Na_2HPO_4(pH 9.2)充分透析至沉淀形成，然后以 12 000g 再离心沉淀 45min。弃去上清液，所得沉淀为Ⅰ、Ⅲ型胶原混合物。

接下来须将Ⅰ、Ⅲ型胶原混合物进行提纯。将Ⅰ、Ⅲ型胶原混合物悬浮于含 1.5mol/L NaCl 的 Tris-HCl 缓冲液(pH 7.5)中，用匀浆器反复研磨，使分散程度尽可能良好。搅拌 10 h，以 12 000g 离心沉淀 20min，弃去上清液，将沉渣按上述方法反复纯化两次。把初步纯化的Ⅲ型胶原溶解于 0.5mol/L 乙酸中，再对 0.5mol/L 乙酸透析 1～2 天。然后对不含 NaCl 的 Tris-HCl 缓冲液(pH 7.5)透析至平衡，再对含有 1.5mol/L NaCl 的 Tris-HCl 缓冲液(pH 7.5)透析，至沉淀出现，以 12 000g 离心沉淀 20min，沉淀为Ⅲ型胶原制品。经 SDS-PAGE 电泳鉴定，若不出现Ⅰ型胶原电泳条带即为合格。把所得制品溶解于 0.05mol/L 乙酸中冷冻干燥保存。若仍有Ⅰ型胶原存在，则需要重复操作至纯化为止，以上各操作均在 4℃条件下进行。

2) 从牛皮中提取[23]

从新鲜屠宰后的牛皮中获得皮肤中层，在肉研磨机中与冰混合，磨碎并用冰水淋洗。碎末用 5mol/L 乙酸钠处理并再次用水淋洗。酸溶性胶原用 10 倍体积 0.5mol/L 柠檬酸缓冲液(pH 3.7)提取两次，剩余部分冷冻储藏。融化后，皮肤碎末对 0.1%乙酸，在 4℃下渗析，去除柠檬酸缓冲溶液，用 1mol/L HCl 使悬浮物的 pH 降至 2.0(胶原浓度约为 2mg/mL)。加入胃蛋白酶(质量比为 10∶0.5)至胶原溶液中，取悬浮物，25℃下搅拌 24h。此时，再次加入胃蛋白酶(质量比为 10∶1)25℃下保温搅拌 24h。余下操作在 4℃下进行。加入 NaCl 至浓度为 0.9mol/L，使溶解的胶原沉淀。以 15 000g 离心 1h，收集沉淀物。在 1.0mol/L NaCl-0.05mol/L Tris-HCl 缓冲液，pH 7.5 的溶液中重新溶解。保存 4 天使胃蛋白酶钝化，对 1%乙酸彻底渗析。以 35 000g 离心 1h，上清液冷冻干燥。

根据 Chung 和 Miller 的方法[24]用胃蛋白酶处理过的胶原样品溶解于

1.0mol/L NaCl 和 0.05mol/L Tris-HCl 缓冲液，pH 7.5 的溶液中至浓度为 3mg/mL，搅拌 2～3 天。缓慢加入 4.0mol/L NaCl 至浓度为 1.7mol/L。溶液搅拌过夜，以 35 000*g* 离心 1h 后收集沉淀物。上清液用于回收Ⅰ型胶原。沉淀物用 1.7mol/L NaCl-0.04mol/L Tris-HCl(pH 7.5)溶液淋洗 3 次，分散于 1%的乙酸中，并对 1%乙酸渗析。包含Ⅲ型胶原的上清液以 55 000*g* 离心 2h 后，冷冻干燥。另外，Ⅰ型胶原通过增加 NaCl 的浓度(1.7～2.5mol/L)沉淀下来，离心收集，对 1%的乙酸渗析后冷冻干燥。可用羧甲基纤维素色谱(CM-cellulose chromatography)进行分离：胶原样品溶于含 0.02mol/L 乙酸的 8mol/L 的尿素中至浓度为 15mg/mL。在 40℃下加热 5min，用 10 倍体积的初始缓冲液稀释，在 45℃下加热 15min 并过柱。羧甲基纤维素(Whatman CM 52)色谱柱(1.6cm×11cm)采用 Miller 等[24]所述的含 1.0mol/L 尿素的缓冲液。

3) 从鸡皮中提取[25]

剥下鸡皮(8 个月大)，去脂及皮下物质，与冰混合并在肉研磨机上研碎。用 0.15mol/L NaCl-0.05mol/L Tris-HCl(pH 7.5)的缓冲溶液抽提鸡皮 3 天，接着用 0.5mol/L 乙酸抽提两次，除掉大部分溶解的Ⅰ型胶原，以 15 000*g* 离心后，沉淀物重新分散于 0.01mol/L 的 HCl 中，搅拌下加入胃蛋白酶(每 25g 干重加 1g)，保持温度在 4℃。24h 后加入等量胃蛋白酶，保温 24h。以 15 000*g* 离心后，取上清液胶原用 5% NaCl 沉淀、0.5mol/L 乙酸将其溶解并对 0.02mol/L Na_2HPO_4 渗析再沉淀两次。最后一次离心后获得的沉淀物用 1.0mol/L NaCl-0.05mol/L Tris-HCl(pH 7.5)的溶液抽提两次，并对同样的缓冲液渗析。悬浮物以 55 000*g* 离心 2h，接着含大部分Ⅲ型胶原的沉淀物用 NaCl 缓冲液(如上)淋洗两次。溶于 0.5mol/L 乙酸中，渗析并冷冻干燥。从 1.0mol/L NaCl 提取液中，另一级分的Ⅲ型胶原可以通过分步盐析获得。通过连续步骤加 0.1mol/L NaCl，NaCl 的浓度由 1.0mol/L 升至 2.5mol/L。分别在 1.5mol/L、1.9mol/L 和 2.5mol/L 浓度下，以 55 000*g*离心 2h 去除沉淀物，用同一物质的量浓度的缓冲液淋洗。之后，溶解于 0.5mol/L 乙酸中，渗析并冷冻干燥。胶原产率通过氨基酸分析仪对水解物的羟脯氨酸分析检测，得羟脯氨酸的平均含量为 10%。

最后用羧甲基纤维素色谱进行分离纯化。100mg 胶原样品溶于 0.04mol/L 乙酸钠、4mol/L 尿素(pH 4.8)的溶液中。在 40℃下加热 20min 变性，离心分离。在 2.5cm×18cm 柱中进行羧甲基纤维素色谱分析，用同上的缓冲液平衡，运用线性梯度在 1200mL 初始缓冲液中线性梯度洗脱(NaCl 为 0～0.1mol/L)。用 LKB Unicord Ⅲ光度计在 260nm 下连续对流出液的光密度进行监测。

4)从家兔中提取[26]

所有操作均在 4℃下进行。取家兔皮约 350g 左右，将家兔皮切成约 1mm² 大小的碎片，置于 pH 7.4 的含 150mmol/L Tris-HCl、20mmol/L EDTA、10mmol/L

$PHCH_2SO_2F$、10mmol/L PMB的溶液中匀浆，放置于4℃提取48h。以2000g离心10min，上清液中加入质量分数为20%的硫酸铵。以15 000g离心20min，用上述提取液重溶沉淀，加质量分数为10%的NaCl，以30 000g离心20min。用pH 7.6的200mmol/L NaCl及50mmol/L Tris-HCl溶液溶解沉淀，即为Ⅲ型胶原和Ⅲ型前胶原粗提物。

将上述粗提物充分透析后，上DEAE 32纤维素柱层析，用pH 7.0的含2mol/L脲、20mmol/L NaCl、30mmol/L Tris-HCl的溶液平衡。洗脱，以去除酸性糖蛋白。为分离Ⅲ型胶原及Ⅲ型前胶原，再次经DEAE 32纤维素柱层析，用pH 7.0的含2mol/L脲、0.02mol/L NaCl、0.05mol/L Tris-HCl的溶液平衡、洗脱，待穿过峰结束，用0.02～0.2mol/L NaCl梯度洗脱，分别收集Ⅲ型胶原及Ⅲ型前胶原。将Ⅲ型前胶原溶于pH 7.0的含0.2mol/L NaCl、0.05mol/L Tris-HCl、0.005mol/L $CaCl_2$、2.5mol/L PMB的溶液中，加入细菌胶原酶，37℃下作用4h，置冰水中终止酶反应。酶消化产物在pH 8.5的含0.2mol/L碳酸氢铵溶液中透析平衡。再经Sephadex G-50凝胶过滤，分批加上酶消化产物进行洗脱，收集第一峰，超滤浓缩，置于pH 8.6的2mol/L脲、0.05mol/L Tri-HCl缓冲液中透析。过DEAE 52纤维素柱层析，用0～0.35mmol/L NaCl梯度洗脱，收集主峰，即为Ⅲ型胶原。

5）从羊胎皮中提取[27]

取新鲜胎羊，剥皮，刮去皮肤胎脂及毛发，以含蛋白酶抑制剂的提取缓冲液(pH 7.4，Tris-HCl)洗涤两次以除去血液蛋白。用绞肉机将皮肤绞成碎片，在冰浴中以高速捣碎机制成匀浆，按1∶5(质量∶体积)的比例加入提取缓冲液，冷冻于−25℃。24h后，于4℃浸泡提取为48h，在转速为4000r/min下离心10min以除去沉渣。按100mL∶11.2g的比例，在电磁搅拌下，于上层液中缓慢加入碾碎的分析纯硫酸铵，使其迅速溶解，随时用浓氨水调节pH使其稳定在7.4，4℃放置过夜，以15 000g离心20min。在4℃下，将沉淀物用pH 7.6的Tris-HCl缓冲液搅拌溶解，按100mL∶10g的比例加入NaCl进行盐析过夜，以70 000g离心30min。沉淀用pH 7.6的Tris-HCl缓冲液搅拌溶解。用阴离子交换纤维素柱层析，以230nm紫外检测洗脱峰，收集穿过峰，以0.1%的乙酸彻底透析除去盐分，用聚乙二醇浓缩水分，用Whatman DE 52阴离子交换纤维素做0～200mmol/L NaCl梯度柱层析，收集大于100mmol/L NaCl梯度段洗脱液，同前法透析、浓缩，即得到羊Ⅲ型前胶原纯品。

4. Ⅳ型胶原的提取

1）从鸡胗、牛动脉中提取[28]

购买鸡胗或在实验室解剖1月龄大小的鸡作为提取实验原料。抽提前，将其内部和外部的结缔组织层从平滑的肌肉中解剖出来。鸡心(心室)、动脉(颈动脉，全身的和肺部的动脉)、骨骼肌肉(胸部)全部从刚屠宰的鸡中解剖得到。购买冷冻的牛胸主动脉。

所有操作均在 4℃下进行。鸡胗(200g)在含有蛋白酶抑制剂、NaSNET(10mmol/L)和 EDTA(20mmol/L)的 1mol/L NaCl、50mmol/L Tris-HCl、pH 7.5 的溶液中均质化,接着用同样的溶液(48h,两次)和 0.5mol/L 乙酸(72h,3 次)进一步抽提。组织和含有各种浓度的胃蛋白酶 A 的 0.5mol/L 乙酸中(2L)搅拌 2h,接着以 30 000g 离心 30min。上层清液搅拌下用 NaOH 调至 pH 8.0。胶原通过加入硫酸铵(25%饱和度)从混合的上层清液中沉淀下来,静置过夜后,以30 000g 离心 30min 得沉淀物,并重新溶于 0.5mol/L 乙酸(2L)中。在一些实验中,0.5mol/L 乙酸中的胶原溶液用胃蛋白酶(1g/mL,Sigma)重新处理 24h,用 NaOH 调至 pH 8.0,然后在溶于 0.5mol/L 乙酸前加入硫酸铵再次沉淀。在用 1mg/mL 的胃蛋白酶进行简单抽提后,用以上方法从鸡心、血管、胸部、肌肉中抽提出胶原。每种组织的抽提液体积按初始材料的体积减小。牛动脉抽提前不均化而是切成小立方块(1~2mm^3)。另外,对鸡胗运用同样的分离操作。接下来将这两个组织在胃蛋白酶(1mg/mL)的作用下抽提,但抽提出的胶原不再用胃蛋白酶处理。各种胶原级分:根据 Rhodes 和 Miller 所述的方法[29],在酸性条件下通过不同的盐析从Ⅳ、Ⅴ型胶原中初始分离出Ⅰ、Ⅲ型胶原。溶解于 0.5mol/L 乙酸中的胶原在 0.5mol/L 乙酸中对 0.7mol/L NaCl 溶液透析 3 次(48h),通过离心沉淀出Ⅰ、Ⅲ型胶原,上层清液在 0.5mol/L 乙酸中对 1.2mol/L NaCl 溶液透析 3 次(48h),并获得Ⅳ、Ⅴ型胶原沉淀物。在中性条件下,不同的盐析过程从Ⅴ型胶原中分离出Ⅳ型胶原。Ⅳ、Ⅴ型胶原溶于 0.5mol/L 乙酸中并在 50mmol/L Tris-HCl,pH 7.5 的溶液中对 1mol/L NaCl 溶液透析 4 次(72h)。接着对 2.2mol/L NaCl、pH 7.5 的溶液透析 3 次(48h),并沉淀出Ⅳ型胶原成分。离心去沉淀后,Ⅴ型胶原通过对 4.4mol/L NaCl,pH 7.5 的溶液透析 3 次(48h)而从上层清液中沉淀下来。所有的胶原沉淀物溶解于 0.5mol/L 乙酸,彻底对 0.1mol/L 乙酸做透析,冷冻干燥。

胶原的纯化可以用分子筛色谱,含Ⅳ型胶原成分的胶原在通过琼脂糖凝胶(Bio-Gel A-15m,200~400 目)色谱柱(2.5mm×155cm)变性(55℃,30min)后得到。柱用含 1.0mol/L $CaCl_2$ 的 50mmol/L Tris-HCl,pH 7.5 的溶液以 16mL/h 的稳定流速进行洗脱。

2) 从人胎盘中提取

取正常分娩的胎盘,冰水冲去血液,置于－20℃的冰箱中冰冻 2~3h 后剪成小块,制备匀浆。分别用中性盐提取液、0.5mol/L HAc 抽提数次去除杂蛋白和血红蛋白,至组织呈乳白色;用胃蛋白酶消化,沉淀出Ⅰ、Ⅲ型胶原后的上清液中含有Ⅳ型胶原;加 NaCl 至 4.5mol/L,以 1000g 离心 1h,弃上清液。沉淀溶于0.1mol/L HAc 溶液中,再加 NaCl 至 1.2mol/L,离心后弃上清液;沉淀加于 0.5mol/L HAc

中,并进行透析,以 1000*g* 离心 1h,上清液含Ⅳ型胶原粗提物。将此粗提物在起始缓冲液(pH 4.8,0.04mol/L 乙酸钠,2mol/L 脲)中充分透析,加至平衡好的 CM-52 纤维层析柱上,线性梯度洗脱(NaCl 浓度为 0.04～0.4mol/L),于 230nm 监测至吸光值 *D* 到基线。用 0.001mol/L 乙酸分别透析 48h 以上(以上操作均在 4℃下进行)。提取的胶原在冷冻干燥(－50℃)后于冰箱中保存[30]。图 3.4给出了从人胎盘中提取Ⅰ、Ⅲ、Ⅳ型胶原的过程[31,32]。

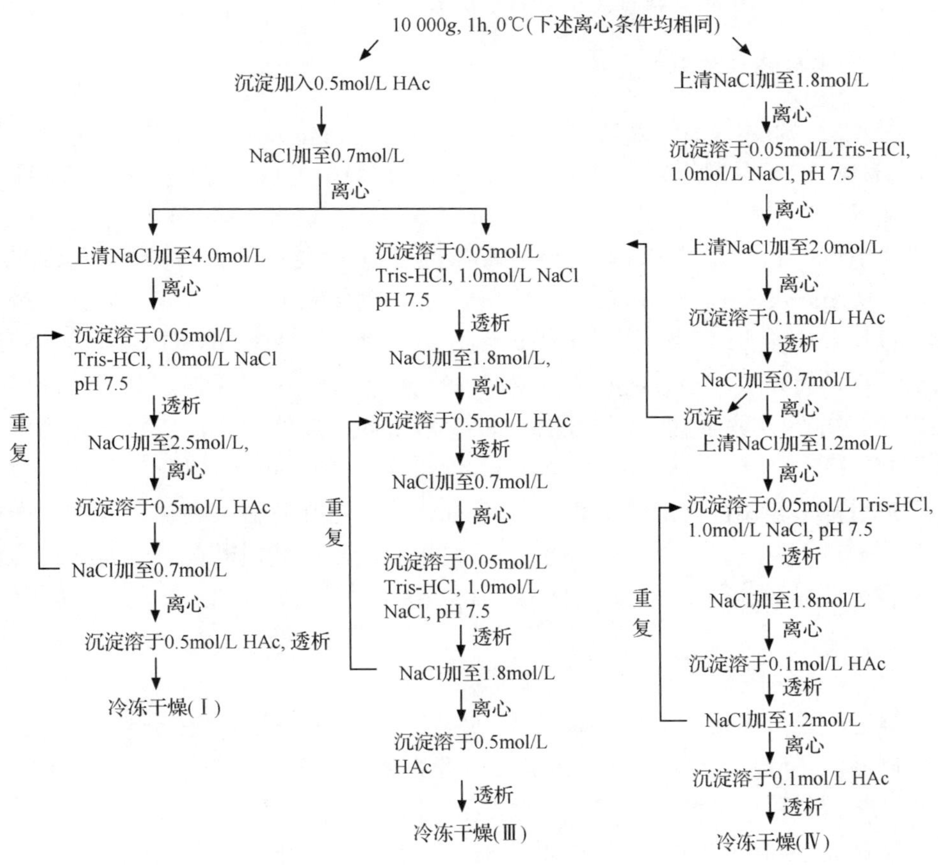

图 3.4 从人胎盘中提取Ⅰ、Ⅲ、Ⅳ型胶原的过程

5. Ⅴ型胶原的提取

Ⅴ型胶原在组织中分布广泛但是含量比较低,溶解性也较差,所以提取有一定的困难[33]。Ⅴ型胶原可以从人胎盘中提取。首先将胎盘去脐带、绒毛膜和羊膜,匀浆,在 4℃下胃蛋白酶消化 20 h(300mg 酶：300g 湿重胎盘,置于 0.5mol/L 甲酸中)。加入 NaCl,离心沉淀,沉淀置于缓冲液 A(0.03mol/L,pH 7.6 的 Tris-

HCl 缓冲液)中。加 NaCl 至 2mol/L,离心沉淀,上层清液加 NaCl 至 4.5mol/L,离心沉淀,沉淀置于含 0.7mol/L NaCl 的 0.1mol/L 乙酸中,离心沉淀。上清液加 NaCl 至 1.2mol/L,离心沉淀后保留沉淀,就可以得到Ⅴ型胶原粗制品[34]。

然后把Ⅴ型胶原粗制品溶于 0.5mol/L 乙酸中,加固体硫酸铵(144.7g/L),离心。上清液浓缩后用 DEAE 52 柱层析(柱床 3.5cm×12cm)。用含 0.02～0.34mol/L NaCl 的缓冲液 B(0.05mol/L,pH 8.6 的 Tris-HCl 缓冲液)梯度洗脱,留梯度洗脱第一峰的前半部分即为纯Ⅴ型胶原。

6. Ⅵ型胶原的提取

Ⅵ型胶原可以从人胎盘、牛子宫、鸡胗及去头带皮的耗子中提取[35]。用 6mol/L 胍-HCl 得到组织提取物,对 0.5mol/L HAc 透析。用 HCl 调节 pH 至 2.5,加胃蛋白酶(0.5mg/mL)在 4℃下酶促消化 3 天。加入固体 NaCl 至 2mol/L,并搅拌上清液 4h。以 10 000g 离心 30min 收集沉淀蛋白质。再溶解于 1mol/L NaCl-50mmol/L Tris-HCl(pH 7.5)溶液中。为确保完全溶解,有必要用 10mol/L NaOH 重新调至 pH 7.5。用 3mol/L NaCl-50mmol/L Tris-HCl(pH 7.5)溶液透析若干次的Ⅲ型胶原通过离心去除。加入酸至 1mol/L 使Ⅵ型胶原从上清液中沉淀出来。用 HCl 调至 pH 2.5,搅拌 3h 后,离心收集胶原。蛋白质在少量水中分散,对含 100mmol/L NaCl,0.2%SDS,1mmol/L EDTA,50mmol/L Tris-HCl(pH 7.2)的溶液透析两次。加热至 60℃持续 3min。样品在室温下通过以缓冲液平衡的 SephacrylS-400 柱,对流入空柱中的等量级分用聚丙烯酰胺凝胶进行分析。含有Ⅵ型胶原的级分用 0.1mol/L HAc 透析 6 次大约需要 3 天时间,最后冷冻干燥。

7. Ⅶ型胶原的提取

Ⅶ型胶原可以从人羊膜中提取[36]。分娩后 4h 内从绒毛膜中分离出羊膜,每一份制品湿重应在 180～200g。沉淀出的膜彻底用磷酸盐缓冲液淋洗,以去除带血物。之后膜用冰水淋洗并在冰中均质化,最后体积大约为 3.5L。

通过离心得到匀浆,重新分散于 3L 冰的含 1mol/L NaCl、50mmol/L Tris-HCl(pH 7.5)的溶液中。悬浮物在 4℃下搅拌 2～3h。离心得到悬浮物中的粒状物料,用 3L 冰水淋洗并再次离心分离。所得物料重新分散于 1L 0.5mol/L 冰醋酸中,并加入微晶胃蛋白酶至 0.8g/100g 湿重,于 4℃下消化 16h。离心去除未消化的物料,澄清的上层清液边搅拌边加入 NaCl 至 10%(质量分数)。沉淀蛋白质 20min,通过离心得到沉淀物。沉淀物重新溶解于 1mol/L NaCl-0.1mol/L Tris-HCl(pH 8.1)的溶液中。溶液在 4℃下搅拌 72h 使胃蛋白酶纯化。通过不同的盐析过程使溶解的胶原部分分级。缓慢加入固体 NaCl 至 2.7mol/L。搅拌数小时后,离心并通过玻璃棉过滤。缓慢加入固体 NaCl 至 4mol/L,搅拌数小时或过夜,离心得到沉淀物。重新溶解于 250mL 0.5mol/L 的乙酸中，于 4℃下搅拌至完全溶解。缓慢加入固体 NaCl 至 4%，离心，加固体 NaCl 至上清液中，使其最终浓度为 8%。离心得到沉淀物，重新溶于 50mL 冰的 DEAE 缓冲液（4mol/L 尿素、0.05mol/L NaCl、0.2mol/L Tris-HCl，pH 8.3）中。

将混合物通过用 0.25mol/L NaCl、0.1mol/L Tris-HCl（pH 8.3）平衡的二乙氨乙基（DEAE）纤维素以去除溶液中的强酸性物质。于流通液中加入乙酸至 0.5mol/L 使其酸化并加入固体 NaCl 至浓度为 14%，离心获得沉淀物。将沉淀重新溶于 50mL 0.5mol/L 冰醋酸中并加入 200mL 无水乙醇沉淀。将得到的沉淀重新溶于2×CMC（羧甲基纤维素）缓冲液（2mol/L 尿素、0.08mol/L 乙酸锂、0.06mol/L LiCl，pH 4.8）并用等量的水稀释。Ⅶ型胶原与Ⅴ型胶原通过羧甲基纤维素色谱分离。图 3.5 给出了人羊膜Ⅶ型胶原的简要纯化步骤。室温下稀释的样品置于用 1×CMC（羧甲基纤维素）平衡的 2.5cm×10cm 柱中。通过叠加线性梯度（0.03～0.28mol/L LiCl）完成洗脱（总线性梯度体积为 1L）。在这些条件下，Ⅶ型胶原会

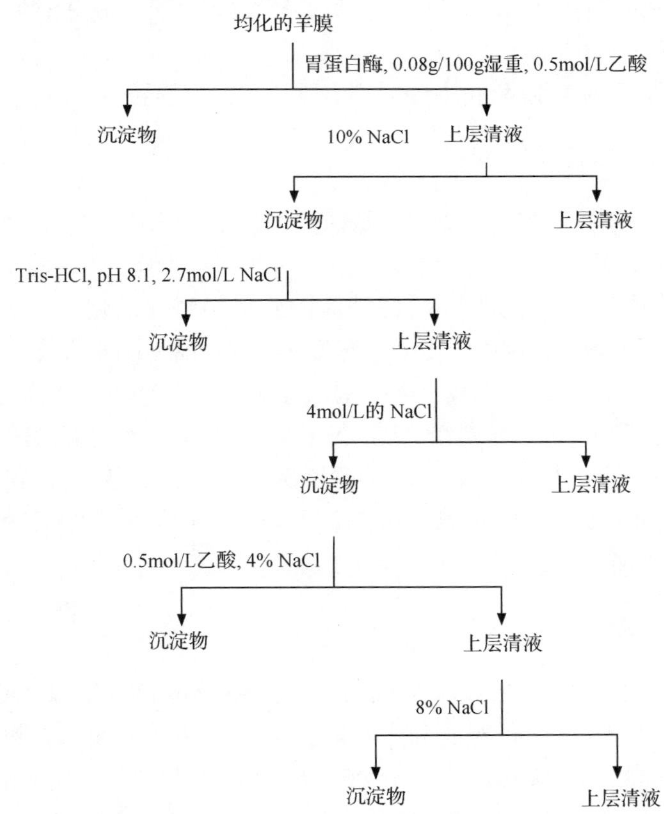

图 3.5　人羊膜Ⅶ型胶原简要纯化步骤[4]

依次分析及纯化：①色谱分析；②DEAE 纤维素；③羟甲基纤维素；④HPLC 反相色谱

在Ⅴ型胶原之前流出，LiCl溶液浓度约为0.12mol/L。柱级分用聚丙烯酰胺凝胶电脉分析，将鉴定的级分沉淀。对0.1mol/L乙酸渗析使其脱盐并冷冻干燥。冻干部分大约有20mg的干重，其中一半是Ⅶ型胶原，其余是未染考马斯蓝的未知成分。Ⅶ型胶原三倍螺旋体区域的最后纯化可在4℃下通过以0.1%三氟乙酸平衡的HPLC-反相色谱C_{14}或C_4柱获得。用0～52%乙腈叠加线性梯度洗脱，将收集的级分维持于冰中，沉淀并冷冻干燥。

8. Ⅷ型胶原的提取

Ⅷ型胶原可从牛眼角膜中提取[37]。将成年牛眼在干冰中保存，使其在含有蛋白酶抑制剂[0.1mol/L乙酸、0.1mol/L EDTA、5mmol/L *N*-乙基马来酰亚胺（*N*-乙基顺丁烯二酰亚胺）、5mmol/L盐酸苄脒（苯甲脒）、1mmol/L $PHCH_2SO_2F$]的水中溶解。解剖出角膜，于4℃下存放于pH 7.4的10mmol/L Tris-HCl溶液中（含蛋白酶抑制剂）过夜。用镊子从角膜叶绿体基质中提取出弹力膜（Descemet's membrane，DM）。通过洗涤剂处理，将与DM缔合的细胞成分溶解出来，不溶的DM用于胶原分离初始原料。

图3.6列出了从牛眼角膜中分离Ⅷ型胶原的简要步骤。

9. Ⅸ型胶原的提取

Ⅸ型胶原可从关节软骨中提取。从两岁大的小牛带骨腿肉的大腿踝得到关节软骨，切成薄片。用4mol/L盐酸胍、0.05mol/L Tris（pH 7.5）的溶液抽提薄片（24h，4℃），从而去除蛋白多糖。将清洗后的残余物经均质化，在3%乙酸中用胃蛋白酶（1∶10干重）消化24h，离心去除不溶物。将不同的胶原级分分别在0.7mol/L、1.2mol/L、1.8mol/L NaCl的酸溶液中沉淀下来。其中1.2mol/L的级分富含α_1、α_2和α_3链。加0.9mol/L NaCl溶液去除残留的Ⅱ型胶原，然后重新溶解于3%的乙酸中，加1.2mol/L NaCl溶液重新沉淀。从1.8mol/L级分中回收Ⅸ型胶原。再一次从去除的物料中在1.2mol/L NaCl溶液中沉淀，并进一步通过从3%乙酸中加1.8mol/L NaCl溶液再沉淀下来[4,38]。

10. Ⅹ型胶原的提取

Ⅹ型胶原可以从胫骨中提取[4,39]。除特殊说明外，提取的操作步骤均在4℃下进行。从1000只17天的鸡胚胎中收集胫骨，并剥下软内膜。去除脑上体，用磷酸缓冲盐水和蒸馏水彻底清洗。分散于含1mol/L NaCl、（1.5mL/g湿软骨）50mmol/L Tris-HCl（pH 7.5）溶液中，并在高速搅拌器中均质1min。在同样缓冲液中通过搅拌悬浮物过夜提取出蛋白多糖（提取4次），以45 000*g*离心下回收软骨，用蒸馏水淋洗，并用6mol/L胍在20mmol/L乙酸缓冲液中（pH 4.8）抽提两次

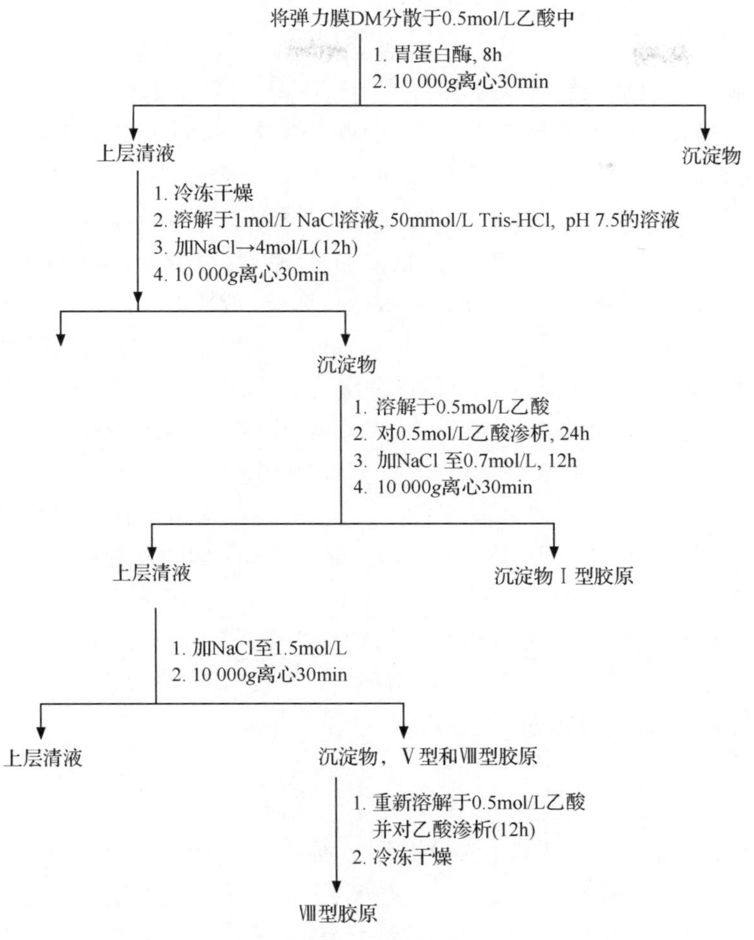

图 3.6　从牛眼角膜中分离Ⅷ型胶原的步骤[4]

(24h)。对 0.5mol/L 乙酸渗析，然后将软骨悬浮物在 45 000*g* 下离心沉淀。将沉淀物分散于含 1mg/mL 胃蛋白酶的 0.5mol/L 乙酸中(1mL 乙酸-胃蛋白酶/骺软骨)。于玻璃/聚四氟乙烯均化器中均化并抽提两次(18h)。每个抽提级分的悬浮物以 45 000*g* 离心，加 4mol/L NaOH 溶液使上清液的 pH 升至 8.5，使胃蛋白酶钝化，并彻底对 0.5mol/L 乙酸进行透析。丢弃形成的沉淀物(包括胃蛋白酶)，上层清液对 0.5mol/L 乙酸-0.9mol/L NaCl 溶液(4 次，4 天)透析以除去Ⅱ型胶原。离心后，上层清液对 0.5mol/L 乙酸-2mol/L NaCl 溶液(4 次，4 天)透析，离心回收沉淀的胶原。将其溶解于 0.5mol/L 乙酸，并彻底对 0.5mol/L 乙酸透析以去除所有的盐。最后对含 1mol/L $CaCl_2$、20mmol/L Tris-HCl(pH 7.5)的溶液进行透析，加热至 42℃并维持 30min。装填 Bio-Gel A 1.5m 琼脂糖柱(Φ1.2cm×200cm，用同一缓冲液平衡)在室温下进行凝胶过滤。

11. Ⅺ型胶原的提取

Ⅺ型胶原可以从鸡筋腱中提取[4,40]。从50只17天的鸡胚胎中解剖出腿筋腱并立即存于液氮中。使用前将筋腱(30g)在−80℃下储存,提取过程在4℃下进行。将1g筋腱样品分散于30mL 0.5mol/L乙酸、0.2mol/L NaCl溶液中,加入胃蛋白酶(15mg)消化,8h后加入5mol/L NaOH溶液调至pH 8.5使消化停止。以12 000g离心30min去除不溶物,上层清液通过不同盐析级分,在0.5mol/L乙酸中通过增加NaCl的浓度(0.9mol/L、1.2mol/L、2.0mol/L、4.0mol/L)进行透析。以12 000g离心45min收集沉淀物。在Spectrapor膜(截留相对分子质量为6000～8000)中对0.5mol/L乙酸进行透析,各种级分在−20℃下冷冻保存。用胶原酶消化过程如下:将1g筋腱中含2.0mol/L NaCl的沉淀物,重新溶解于0.5mol/L乙酸中,在Speed Vac离心蒸发器中浓缩至0.25mL并对含50mmol/L Tris-HCl、0.2mol/L NaCl和5mol/L $CaCl_2$组成的pH 7.6的溶液进行透析。加热至100℃保持1min使样品变性。同样溶液(50 μL)与一等体积的酶溶液(250单位/mL)在同一缓冲液或单独的缓冲液中混合并制成10mmol/L乙基顺丁烯二酰亚胺。在一些实验中,细胞色素作为非专一性蛋白水解的内源控制加入。在37℃下保温5h,偶尔对其进行振荡,加入十二烷基硫酸钠(SDS)至末效浓度为2%,将样品煮沸3min并对电泳样品缓冲液进行透析。

12. ⅩⅣ型胶原的提取

ⅩⅣ型胶原可从鸡筋腱及皮肤中提取[4,41]。

若非特殊说明,所有步骤在4℃或冰上进行。首先是组织提取 。从17天的鸡胚胎中解剖出腿筋腱和皮肤,立即在液氮中冷冻,保持在−80℃下直至使用。屠宰后1h内得到5～7个月的胚胎。剥下皮肤、筋腱,剪成小片,浸渍在液氮中,用研磨机或冷冻磨机磨碎。得到的粉末在−80℃下储存并在12个月内使用。抽提前,粉末分散于冷的10倍体积的等渗压培养基(0.25mol/L蔗糖、10mmol/L的HEPES、pH 7.0,含2mmol/L EDTA、2mmol/L EGTA和1mmol/L苯甲磺酰氟作为蛋白酶抑制剂)中,于冰上放置15min。组织匀浆以7500g离心沉淀30min。残留物分散于10倍体积的抽提缓冲液中(0.275mol/L的NaCl溶液、50mmol/L的Tris-HCl、pH 8.0,含2mmol/L EGTA和1mmol/L苯甲磺酰氟作为蛋白酶抑制剂)使NaCl的浓度为0.25mol/L。在磁性搅拌下保温5h,以20 000g离心沉淀30min,使NaCl抽提液与不溶物分离。立即使用或在−20℃下储存。

随后将粗提取物用羧甲基纤维素色谱进行纯化处理。以下所有步骤均在室温下进行。0.25mol/L NaCl抽提液用蒸馏水稀释4倍,并用浓HCl调至pH 7.4,在温和的搅拌下与羧甲基纤维素(3.5mL凝胶/g鸡皮粉末)相结合,过夜。凝胶注入色谱柱并用含0.1mol/L NaCl、10mmol/L Tris-HCl、1%的异丙醇(pH 7.4)溶液(约10倍凝胶体积)彻底淋洗。洗脱后在含0.5mol/L NaCl的同一缓冲液下进行。对所提取的XIV胶原进行形貌观察,结果如图3.7所示,提纯后大部分的分子均呈现3个手指的形态,其后有一个细细的尾巴。手指直径为40~50nm,尾巴约为80nm,手指与尾巴常扭结在一起。形态观察表明,XIV型胶原与XII型胶原的形状非常相似。

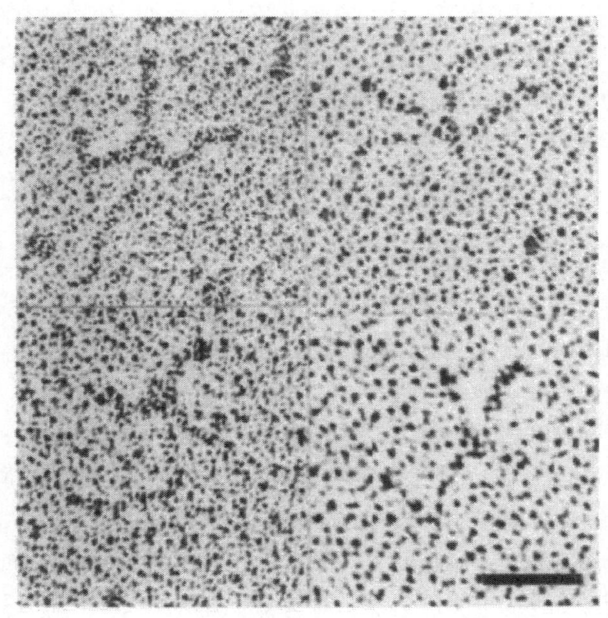

图3.7 XIV型胶原的旋转阴影电镜照片[36]

XIV型胶原可以用Con-A琼脂糖凝胶色谱进行提纯。首先通过SDS-PAGE判断后,富含XII和XIV型胶原的级分沉淀下来并在室温下用Con-A琼脂糖凝胶柱进行色谱分析(0.1~0.25mL凝胶/g初期组织末)。柱用含0.5mol/L NaCl、50mmol/L Tris-HCl(pH 7.4)的缓冲液淋洗(10倍或10倍以上的床体积)。XIV型胶原用溶于同样的缓冲液的甲基-α-D-吡喃甘露糖洗脱。当吸光度从280nm回到基线时,用1mol/L α-D-甲基吡喃葡萄糖洗脱XII型胶原。

3.1.3 从不同物质中提取胶原

1. 从皮革废弃物中提取胶原水解物

从皮革废弃物中提取胶原通常都是将皮革废弃物通过酸、碱或酶等化学物质处理,从中提取胶原纤维。但是此方法存在以下方面的问题:①皮革固体废弃物中的胶原纤维在酸、碱或酶的作用下,会有相当一部分发生降解,变成小分子的胶原蛋白而溶解在溶液中。这不仅造成胶原蛋白资源的浪费,而且对环境造成一定的污染。②用这种方法得到的胶原纤维实际上并没有将铬离子去除。王志杰等[42]研究了用碱酶水解的方法从皮革固体废弃物中提取非纤维形态的胶原蛋白,作为改善纸张性能的助剂。得出胶原蛋白的最佳提取工艺条件为:温度 90℃、液比 15、时间 8h、MgO 用量 4%、胰蛋白酶用量 0.2%。

另外,还可以从废皮革中脱铬,改善工艺来提取胶原。制革厂废铬革屑的主要成分是胶原蛋白,是丰富的蛋白质资源。从皮革废弃物中提取胶原蛋白,国外有近百年的历史,但广泛深入地研究始于 20 世纪 90 年代,主要成果是采用不同的方法提取胶原蛋白,用作动物饲料、花肥和工业明胶等附加值比较低的产品。我国在这方面的研究起步较晚,20 世纪 80 年代后期才相继出现了一些研究报道[43]。其基本工艺流程如下:含铬废料→预处理→脱铬提胶→分离纯化→浓缩→干燥检测→成品包装。

脱铬是胶原蛋白提取工艺中最关键、最重要的一步,脱铬效果的好坏对产品的质量起着决定性的作用[44]。根据提胶时所采用的脱铬剂或处理剂的不同,处理方法可分为以下几种。

1) 碱脱铬法

含铬废料中的铬是以配合物的形式与胶原的羧基配位结合的。羟基(—OH)与铬的配位能力远大于羧基(—COOH)与铬的配位能力,可将胶原的羧基从铬配合物中取代出来,使铬鞣胶原脱鞣。碱处理法正是利用这一性质对铬革屑进行脱鞣。碱处理法常用石灰、氢氧化钠、碳酸钠、氧化镁等。用石灰处理铬革屑提取胶原蛋白是研究最早、最具应用价值的一种方法。王坤余等[45]利用分段法从含铬废料中提取胶原蛋白,先在较弱的提胶条件下(短的反应时间、低的氧化镁和氧化钙浓度及反应温度)处理含铬废料,提取较易溶出的胶原产物,然后逐渐加强提胶条件(提高氧化镁浓度、反应时间及温度)提取较不易溶出的胶原产物,处理 2~4 次后即可完成提胶。这种方法可制得高质量的胶原蛋白。

2) 酸脱铬法

酸法脱铬的原理是:在酸性条件下铬配合物的水解平衡向解聚方向进行,配合物的分子变小,失去鞣制作用,达到脱铬的目的。酸法脱铬最有效的是乙二酸,其次是硫酸。采用酸处理法处理的胶原蛋白提取率远高于碱法与酶法,但胶原分子降解过大,只会得到低级胶原和低聚肽,所得产品的相对分子质量较小,并且所用的酸会腐蚀设备。另外,由于 Cr^{3+} 在酸性条件下处于溶解状态,很难与胶原蛋白彻底分开,从而使蛋白液中含铬量增高,脱铬率较低,因此,此法还有待于改进。

3) 氧化脱铬提取法

氧化脱铬法是在处理过程中加入氧化剂(常用的是过氧化氢),将革屑中的 Cr^{3+} 氧化成 Cr^{6+},使铬革屑脱鞣,再经过漂洗、过滤,将胶原和铬分离。用氧化法脱铬，速度快、对胶原的结构破坏程度小，获得的胶原产物色泽好、相对分子质量较大，脱铬效果好。但在处理过程中会产生 Cr^{6+}。高浓度的 Cr^{6+} 溶液会造成较严重的环境污染，需要进一步处理。这是氧化脱铬法面临的一个重要难题。

4）酶脱铬法

酶处理法也是研究较早的一种方法，它能弥补上述3种方法的各种缺点。酶的专一性强，反应时间短，条件温和，不腐蚀设备，能耗低，收率高，对蛋白质的成分破坏较小，水解物也比较稳定，是高效、清洁、无污染地回收胶原蛋白的较佳方法。国内外许多研究者就酶脱铬法进行了广泛而深入地研究，已见报道的有一步酶脱铬法和两步酶脱铬法[46]。

上述4种方法各有其优缺点。例如，由于酸、碱对胶原链的作用没有选择性，(强)酸法、碱法处理得到的水解胶原的相对分子质量都是呈连续分布的，这会限制其进一步应用，必须在后继的纯化工艺中花费较大的成本，才能得到高附加值的产品。因此，目前在提取胶原蛋白时常结合几种方法使用。

制革固体废弃物中富含的胶原蛋白是一种用途广泛的可再生资源。目前，在皮革工业含铬废料的各种脱铬方法主要存在问题是：处理工艺中胶原蛋白的功能性结构很容易被破坏，产品的含铬量和灰分含量达不到某些应用的特定要求，提胶率不够高，副产品或二次污染问题不能够得到很好的解决；另外，胶原蛋白的耐用性和抗原性有待改进，制备的成本有待降低等。要真正实现制革固体废弃物(特别是较难处理的铬革屑)中的胶原蛋白在卫生医药等领域的绿色化高值利用，还有待进一步地研究。

2. 从动物组织中提取胶原蛋白[47]

1）从跟腱中提取胶原蛋白

由于跟腱中主要含有Ⅰ型胶原，而其他类型的胶原含量很少，便于提纯制备单一类型的胶原。因此，从跟腱中提取胶原也是目前提取胶原比较常用的方法之一。目前研究的在跟腱中提取胶原主要是从牛跟腱和鼠尾跟腱中提取[48]。

2）从骨和软骨中提取胶原蛋白

从骨组织中提取出的胶原主要为Ⅰ型和Ⅱ型。常用的组织有禽类软骨、人胚骨、猪的软骨关节和牛鼻软骨等，由于禽类的骨组织结合了骨组织和连接纤维蛋白组织，从禽类的骨中提取Ⅰ型胶原的工艺更容易生成粉末状的胶原[49]。生成工艺主要包括以下几个步骤：①清洗原纤维组织；②粉碎清洗过的原纤维组织；③将清洗过的组织浸泡在酸中使原纤维组织膨胀(形成含有骨组织和连接组织的膨胀组织)，其中的胶原组织不能变性；④从骨组织分离连接组织；⑤将骨组织脱钙；⑥将脱钙后的骨组织研磨成粉末；⑦在酸中使粉末膨胀形成肿胀的粉末；⑧用 NaOH 调节溶液至 pH 6.0，使胶原成分沉淀下来；⑨干燥。

3. 从结缔组织中提取胶原

在结缔组织中主要可以提取Ⅰ、Ⅲ、Ⅳ型胶原。采用的材料主要为胎盘、巩膜、乳猪肝等组织。为了进一步降低胶原材料的抗原性，人们开始考虑用人的组织来提取胶原。目前，人体胶原最可靠的来源是子宫。

4. 从动物皮中提取胶原蛋白

胶原蛋白广泛地分布于各类动物体内，从脊椎动物到鱼类、两栖类、鸟类和哺乳类等动物的皮肤、腱、软骨、各种内脏器官、血管壁以及食道等处都有胶原。脊椎动物体内的所有蛋白质中天然胶原占总量的 30%，是主要的结构蛋白质。腱和骨骼的细胞外蛋白质中含胶原 90%以上，皮肤含胶原 50%以上，动物的皮肤是胶原的主要原料来源。

由于动物皮的来源丰富、价格低廉，因此其成为提取Ⅰ、Ⅲ型胶原的常用材料。可以利用胃蛋白酶法从猪肌腱和猪皮中提取胶原蛋白。从猪肌腱中提取胶原蛋白时，酶浓度和酸浓度是两个重要的影响因素。胡二坤等[50]用枯草杆菌中性蛋白酶预处理猪皮，再用水抽提的方法提取胶原蛋白，优化酶的浓度和酸的浓度，利用傅里叶变换红外光谱对胶原结构进行鉴定，同时采用高效液相色谱对所提胶原蛋白进行氨基酸组成分析。从猪皮中提取胶原蛋白时，需要进行除杂，油脂是提取胶原前应除去的主要杂质。如果胶原中混入脂质，则最终形成乳浊状的胶原溶液，从而使得脂质难以去除，影响胶原成品的纯度[51]。经过除杂之后就可使胶原溶出，胶原溶出的方法有酸法和酶法。酸法溶出猪皮胶原常用的酸有：乙酸、盐酸、乙二酸、柠檬酸等。酸法溶出生物医用胶原需准确地控制酸度、时间、温度等影响因素。酶法可采用胃蛋白酶、木瓜蛋白酶、胰蛋白酶等，常用的是胃蛋白酶。为提高提取率，应在保持胶原蛋白不变性的前提下，在酶的最适温度和最适 pH 下进行提取操作。各种酶的最适温度不同，但总体来说，动物组织的各种酶的最适温度一般为 35～40℃。也可以利用蛋白酶预处理猪皮之后，采用水抽提的方法提取猪皮中的胶原蛋白。用酶法预处理有利于疏松猪皮的表层结构，除去非纤维蛋白中的球状蛋白质，促使内溶物的溶出，软化胶原蛋白的皮层。因此，可以大大提高胶原蛋白的提取率。

由于皮胶原具有良好的生物学特性，因此其在生物材料领域具有广泛的应用前景。长期以来，研究人员不断地探索、改进皮胶原的提取工艺，但至今仍存在着原料耗量高、生产周期长、产率低等问题，制约了皮胶原的深度开发与应用。因此，如何优化工艺条件提高皮胶原的提取纯度，并且在保证其纯度的前提下尽可能地提高产率，一直是研究及生产方面需要解决的难题。

3.1.4　胶原的分离纯化

由于皮胶原蛋白水解程度的不同，其中所含相对分子质量的大小、分布有所不同，但其中的主要组分是多肽、胶原等蛋白质类的复杂生物分子。只有通过对这些蛋白质分子进行分离和分析，才能对水解程度进行控制，得到含所需相对分子质量的胶原水解液，并且只有通过对这些蛋白质分子进行分离、纯化和制备，才能获得一定质量的纯品，满足结构、物性测定和应用的要求。因此对胶原水解产物进行分离，有着非常重要的意义。胶原的类型不同，其氨基酸组成存在差异，相对分子质量也不同。运用色谱技术和电泳技术，可以有效地对各类型胶原进行分离和纯化。

1. 色谱法

色谱被人们认为是迄今人类已掌握的对复杂混合物分离能力最高的技术。特别是在液相色谱条件下，大都在室温下操作，所用的流动相可以是与生理液相似的具有一定的 pH、含盐的缓冲水溶液，有时也使用某些能与水互溶的有机溶剂，所用填料的表面经过了各种相应的化学修饰和覆盖，这样就为生物大分子的分离提供了温和的条件和“软接触”的表面，所以用液相色谱作为胶原蛋白的分离手段具有广阔的前景[52]。色谱技术不仅广泛地应用于分离纯化单一类型的胶原及其水解多肽，还可用于分离、分析胶原溴化氰断裂肽、交联氨基酸以及尿羟脯氨酸肽等。色谱法在胶原水解产物的分离中，所用方法大多数只能从水解胶原中分离出 α、β、γ 三个链组分或拆分出独立的 α 链，除溴化氰断肽外，至今少见对水解片段的进一步分离。显然这种分离远不够深入。用温和的接近生理组成的缓冲溶液作为流动相，结合多维色谱从组成及其复杂的水解胶原中分离并制备出具有特殊生物功能的胶原多肽，是今后研究的一个方向。

1）离子交换色谱法[1,53]

离子交换色谱是在常压至中压条件下，分离纯化单一类型的胶原及其水解多肽的较好方法。离子交换色谱是利用蛋白质或多肽分子与离子交换剂的静电作用，以适当的溶剂作为洗脱液，使离子交换剂表面的可交换离子与带相同电荷的蛋白质或多肽分子交换，从而进行分离。离子交换剂是带有解离基团的惰性填料。当解离基团带负电荷时，则能结合阳离子，称为阳离子交换剂；当解离基团带正电荷时，则能结合阴离子，称为阴离子交换剂。胶原分子是两性聚电解质，在等电点处分子的净电荷为零，与交换剂之间没有电荷相互作用；当体系的 pH 在其等电点以上时分子带负电荷，可结合在阳离子交换剂上；当体系的 pH 在其等电点以下时，分子带正电荷，可结合在阴离子交换剂上。因为 pH 可改变胶原的带电量，盐浓度可对交换剂的吸附力产生影响以及离子强度对交换剂有较高的选择性，所以用 pH 梯度和盐梯度可把结合在交换剂上的蛋白质按它们各自不同的净电荷洗脱下来。

目前,用于胶原分离的离子交换剂主要有二乙氨乙基纤维素(交换容量0.8mmol/g)和羧甲基纤维素(交换容量0.7mmol/g)两种。离子交换纤维素常含有细颗粒,会堵塞色谱柱的滤板,需经浮选除去。离子交换色谱分离的样品液的离子强度、pH以及离子交换剂装得均匀与否也直接关系到分离的效果。

洗脱是把色谱柱上吸附的蛋白质解析下来。在国外有人在羧甲基纤维素柱上分离胶原溴化氰肽,在pH 3.6的柠檬酸盐缓冲液中,用NaCl溶液作洗脱液进行线形梯度洗脱,对Ⅴ型胶原的α-链溴化氰肽进行分离得到9个组分[54,55]。国内也有人用CM-52阳离子纤维素柱对胶原中的α、β等组分进行了分离[56]。

离子交换色谱可在近中性条件下,利用CNBr肽带电性的不同进行分离纯化。与凝胶过滤色谱相比,分辨率更高,是分离胶原蛋白CNBr肽的优良方法。其缺点是柱变化性大,不太稳定,谱峰间距不易控制。

2) 凝胶过滤色谱法

凝胶过滤色谱法是体积排阻色谱法的一种。体积排阻色谱法的基本原理是根据多孔凝胶固定相对不同体积和不同形状的分子具有不同的排阻能力,从而实现对混合物的分离。通常,相对分子质量大的分子先流出,相对分子质量小的分子后流出;对于同样相对分子质量的分子,线形分子先流出,球形分子后流出。凝胶过滤色谱法常用来分析水溶性蛋白质的相对分子质量及其分布。对于水溶性的胶原蛋白,用此方法也可得到满意的结果。凝胶过滤色谱中,同样包含一个固定相和一个移动相。固定相是凝胶形成的物质,移动相是溶剂。分离胶原使用最多的固定相是琼脂糖凝胶和葡聚糖凝胶。胶原的溴化氰肽在Bio-Gel A或Bio-Gel P柱上可以得到满意的分离。Miksik等成功地在Sephadex G-15柱上分离了Ⅰ型胶原的α_1链、α_2链、Ⅴ型胶原和Ⅰ型胶原溴化氰肽[57,58]。

凝胶过滤色谱是级分蛋白质和测定蛋白质相对分子质量分布的良好方法,其缺点是色谱柱峰容量有限,分离度较低,不宜用于分子大小及组成相似或相差很小的组分的分离,通常只用于复杂混合物的初步分级。在适宜条件下CNBr能定向剪切胶原蛋白,形成α链的有限片段,所以该法是分离胶原CNBr肽和测定其相对分子质量分布的优良技术[53]。

3) 反相色谱

反相高效液相色谱(RP-HPLC)是根据溶质极性流动相和非极性固定相表面间的疏水效应建立的一种色谱模式。一般蛋白质或多肽分子中非极性的疏水部分越大,保留值越高。利用RP-HPLC分离多肽,首先需要确定不同结构的多肽在柱上的保留情况。在反相色谱分离蛋白质和多肽的过程中,离子对非常重要,流动相中离子对的存在能提高蛋白质和多肽在分离时的疏水性。

由反相色谱法分离CNBr肽的报道可知,通常的烷基键合硅胶反相色谱柱稳定性较高，柱效高，对胶原蛋白 CNBr 肽的分离度比其他色谱技术都高，保留机理清楚。但改变流动相时柱平衡慢；梯度洗脱问题较多。

一次色谱法很难将胶原 CNBr 肽进行完全分离，因此开展多维色谱在该领域中的应用研究势在必行。胶原蛋白作为新陈代谢研究的模型蛋白质，利用色谱技术分离分析其 CNBr 断裂肽，对于判断其结构变化具有重要意义。

4）亲和色谱法

与其他分离纯化方法不同，亲和色谱法不是利用待分离化合物之间在物理化学性质方面的差异来实现分离的，而是利用高分子化合物可以与它们相对应的配基结合的可逆性来实现分离的。把相应的一对配基中的一个通过物理吸附或化学共价键作用固定在载体上使它变成固定相，然后装在色谱柱中来提取其相对应的配基。亲和色谱法是依据生物高分子化合物特异的生物学活性来进行分离的，而这种生物学活性是生物高分子特定的一级结构，特别是对于由空间结构所决定的特异性就更高了。在此基础上建立的分离方法选择性很强，提纯效率大大超过了根据物理化学性质的差别来分离提纯的方法。但亲和色谱法对柱的要求苛刻，一般的实验室难以达到所需的要求。现在用亲和色谱法分离胶原所使用的载体主要有伴刀豆蛋白 A-琼脂糖、硫醇活化的琼脂糖、肝素琼脂糖 3 种，分别适用于不同类型的胶原或胶原多肽[1]。

5）区域析出色谱法[1]

正如通过部分盐析能分离出某些单一类型的胶原一样，区域析出色谱也是用于初步分离胶原单一类型的有效技术。20 世纪 70 年代末期，Ehrlich 报道了利用该技术对胶原初步分型的方法，将样品注入预先用 30％的 NaCl 溶液平衡过的 Sephadex G-200 柱上，用含 Tris 缓冲溶液的一定浓度和体积的 NaCl 溶液间断地逐步洗脱，分段收集馏分，结果分离出了Ⅰ、Ⅱ、Ⅲ和Ⅴ型胶原的 4 个组分。他还指出这种分离也可在 Bio-Rad P 柱上完成。区域析出色谱技术不能使胶原完全纯化，所以该技术现已很少使用了。

2. 电泳法

电泳法中主要使用的是聚丙烯酰胺凝胶电泳法。一方面人们用此法对胶原进行了分离，并测试了被分离组分的相对分子质量。另一方面人们采用此法分离胶原用于测其电荷构象。聚丙烯酰胺凝胶电泳法具有较高的分辨力和灵活性，因而被广泛用于蛋白质的分析。由于凝胶的孔径可以在较宽范围内变化以迎合不同的分离需要，改变凝胶或缓冲液的某些组成成分，就可以按照不同的分离机理进行分离，如分别根据蛋白质的电荷、大小或荷质比特性进行等电聚焦、SDS-PAGE 及酸性或碱性凝胶电泳等不同的分离方法[59]。

1）毛细管区带电泳[53]

毛细管区带电泳（capillary zone electrophoresis，CZE）法分离多肽类物质主要是依据不同组分中化合物所带的电荷不同，且分离效果只由带电性决定，此系统比凝胶电泳更准确。Deyl 等[60]先在熔融硅毛细管中，采用 pH 9.2 硼酸钠缓冲溶液，通过毛细管区带电泳法在 15min 内成功地分离了Ⅰ、Ⅱ、Ⅴ、Ⅸ和Ⅺ型胶原的α、β和γ链。该研究组[61]还在 pH 2.5 的磷酸盐缓冲溶液中，成功快速地分离了胶原 CNBr 肽。毛细管区带电泳法分离胶原的α链及 CNBr 肽的谱图与反相色谱法分离谱图十分相似，这支持了毛细管区带电泳法分离疏水区起决定作用的观点。毛细管区带电泳法在该领域的利用目前主要存在的问题是样品易与毛细管硅胶柱上的硅醇发生反应，影响峰形及电泳时间。针对这些问题，Deyl 等[62]做了大量试验进行改进，如调节电泳液的 pH、加入中性表面活性剂（但在电解质中不加）、减少样品与硅醇反应的极性基团、改进毛细管柱材料的组成等。

2）毛细管凝胶电泳[53]

毛细管凝胶电泳法（capillary gel electrophoresis，CGE）实际上是增加了凝胶支持介质的区带电泳，它基于分子筛原理，经十二烷基磺酸钠（SDS）处理的蛋白质或多肽在电泳过程中主要靠分子形状、相对分子质量的不同而分离的，此电泳法适于含疏水侧链较多的肽的分离。毛细管凝胶电泳法分离不同类型胶原的 CNBr 肽与分离完整的胶原α链所用的凝胶浓度系统不同。

与平板凝胶电泳法相比，毛细管凝胶电泳法用于分离胶原和 CNBr 肽的优势在于：可根据各峰的峰面积，对各对应的组分进行定量；提供了在非交联的凝胶上分离相对分子质量不小于 300kDa 的链状聚合物的可能性。此外，迄今还没有一种方法能为分析此类聚合物提供足够的选择性，在平板凝胶电泳法中将以连续的宽色带出现，而色谱法缺乏足够的选择性。

3）胶束电动毛细管层析[53]

胶束电动毛细管层析（micellar electrokinetic capillary chromatography，MECC）的原理是在电泳液中加入表面活性剂如十二烷基磺酸钠（SDS），使一些中性分子及带相同电荷的分子得以分离。对一些小分子肽，阴离子和阳离子表面活性剂的应用都可使之形成带有一定电荷的胶束，从而达到很好的分离效果。

Deyl 等[63,64]分别用 pH 2.5 的含两种不同浓度的十二烷基磺酸钠的磷酸盐溶液作背景电解质，分离了胶原 CNBr 肽。试验发现，在逊胶束溶液中，分离选择性增加；在超胶束溶液中，肽-SDS 结合物存在于胶束中，向阳极移动更快，但选择性更差，可能因该溶液中小分子肽-SDS 结合物在 SDS 中不能形成明显疏水区的缘故，结果导致不同类型胶原的标记肽出峰顺序不严格随疏水区的数量而变化。

在特定条件的毛细管材料中利用酸性或碱性缓冲溶液都可使胶原的α链得到分离。但是，胶原 CNBr 肽可能仅在酸性条件下能得到分离，常用 pH 2.5 的磷酸盐缓冲溶液。在此条件下，相对分子质量较小的肽能在较短的迁移时间内得到分离。

3.2　胶原的四级结构与聚集态结构

3.2.1　胶原的四级结构

蛋白质的空间结构是体现生物功能的基础，结构研究一直是研究的焦点。胶原占哺乳动物总蛋白量的30%左右，不同类型的胶原具有不同的结构，与其生理学功能严格匹配，展示了结构与功能关系的多样性。例如，肌腱中的胶原是具有高度不对称结构的高强度蛋白，皮肤中的胶原则形成松软的纤维，牙和骨中硬质部分的胶原含有钙磷多聚物，眼角膜的胶原则水晶般的透明。蛋白质具有多级结构。通常认为，只有具有三级以上的结构，蛋白质才具有生理功能。胶原具有完整的四级空间结构。胶原是一个大的蛋白质家族，目前已经发现的胶原至少有27种，其中发现的5种最丰富的类型是Ⅰ、Ⅱ、Ⅲ、Ⅴ和Ⅺ型胶原，研究最为清楚的是Ⅰ型胶原。胶原可分为成纤性胶原和非成纤性胶原，前者形成原纤维，后者可呈网状或短链状网状物。胶原中的成纤性胶原含量较多，且研究得较为清楚，下面对成纤性胶原的每一级结构分别进行介绍。

1. 胶原的一级结构

蛋白质的一级结构是指肽键相互连接的线性序列，即组成多肽链的氨基酸的数目、种类、连接方式和排列顺序。每一种蛋白质分子都有自己特有的氨基酸组成和排列顺序，并且这种氨基酸的排列顺序决定着它的特定空间结构，也就是蛋白质的一级结构决定了蛋白质的高等级结构。对于胶原的一级结构进行研究的焦点是如何测定氨基酸的排列顺序。胶原是一类由20种氨基酸合成的蛋白质，但与其他蛋白质相比，在其重复序列模式、翻译后的修饰和特有的分子内交联等方面有显著的特征。

Ⅰ型胶原是脊椎动物结缔组织中最重要和最常见的胶原类型，分子含有3条α多肽链，每条肽链含有约1014个氨基酸。不同的脊椎动物的Ⅰ型胶原α链的氨基酸序列结构只有微小的差别。氨基酸在肽链中重复排列，遵循$(\text{Gly-X-Y})_n$原则。Gly是甘氨酸(glycine)的缩写，在胶原肽链中的含量约为1/3[65]。X和Y代表除甘氨酸之外的任何一种氨基酸。胶原的三股螺旋链结构在很大程度上取决于X和Y的氨基酸残基。X和Y的氨基酸残基虽然是可变的，但不是完全无规则的，亚氨基酸出现的概率很大，其含量大概占肽链氨基酸残基总量的20%～40%。X通常是脯氨酸(proline)，缩写为Pro。Y通常是4-羟基脯氨酸或5-羟基脯氨酸

(hydroxyproline),缩写为 Hyp。甘氨酸-脯氨酸-羟脯氨酸(Gly-Pro-Hyp)是胶原中最为普遍存在的三肽序列。图 3.8 为胶原中最常见的 3 中氨基酸的分子结构式。在肽链中,脯氨酸消除 ϕ 角度的自由旋转,却可以轻微增加 ω 角度的旋转,并且有助于增加链段刚性(图 3.9)。

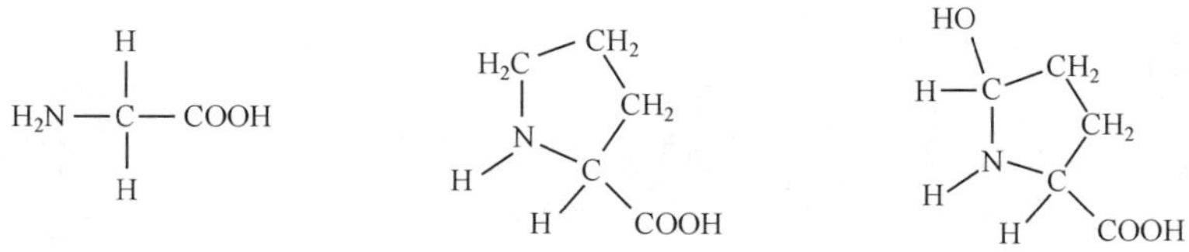

H_2N-CH_2-COOH

甘氨酸　　　　脯氨酸　　　　羟脯氨酸

图 3.8　胶原蛋白质中最常见的 3 种氨基酸

Pro 和 Hyp 中,侧链与氮原子相接形成亚氨基酸

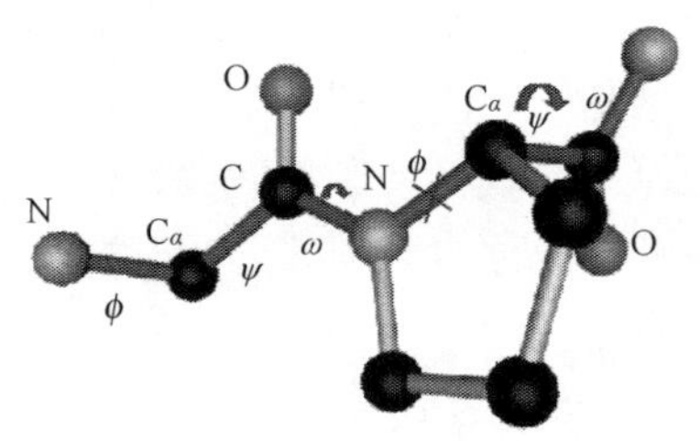

图 3.9　脯氨酸的三维结构图

值得一提的是,羟脯氨酸和羟赖氨酸这两种氨基酸只存在于胶原中,在其他蛋白质中非常少见。这两种氨基酸均由酶促翻译后修饰而成。羟基脯氨酸通常分布在动物蛋白的三股螺旋域,主要通过对脯氨酸进行共价修饰得到。羟脯氨酸是由脯氨酸被脯氨酰羟化酶羟基化作用后演变而来的,羟脯氨酸在肽段内可以为水分子提供结合点(图 3.10),这种水介导的羟基对于氢键的形成以及三股螺旋结构的稳定起着重要的作用。例如,正常胶原在 39℃时发生变性,而在缺乏脯氨酸羟化酶条件下合成的胶原在 24℃就变性成为白明胶。羟赖氨酸是在内质网内通过赖氨酰羟化酶的作用,由赖氨酸的羟基化作用而形成的。羟赖氨酸常被糖化,通过羟赖氨酸残基位点发生 O-糖基化,形成羟赖氨酸-半乳糖基和羟赖氨酸-半乳糖基-葡萄糖基部分。胶原中含大量的丙氨酸、丝氨酸和精氨酸以及少量的甲硫氨酸,不含色氨酸,因此在营养学上胶原属于不完全蛋白质。

胶原序列的另一个特征是某些羟基赖氨酸位置的 O-葡萄糖基化在很多情况下,因后期转换作用,二糖半乳糖和二醇是并在一起的。在Ⅰ型胶原中,这种情况只出现一次,在其他胶原中则会出现多次。在软骨组织中的Ⅳ型胶原被称为蛋白多糖，它有多余的伸长链糖，其质量比为10%。在Ⅲ型胶原的三股螺旋区域存在胱氨酸桥。通常胱氨酸桥出现在前胶原伸长肽部分[66]。

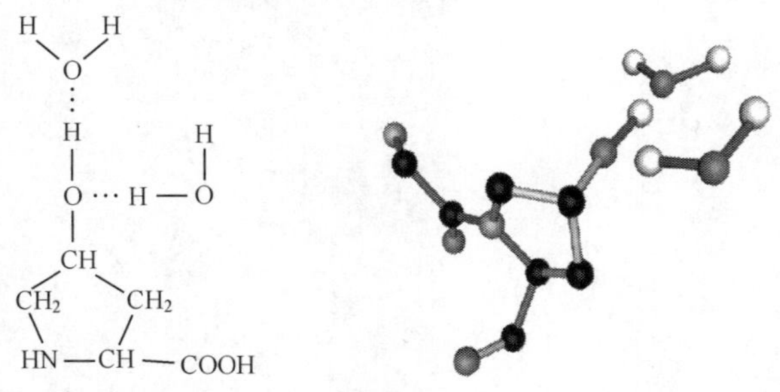

图3.10　羟脯氨酸与水分子的水合作用

2. 胶原的二级结构

蛋白质的二级结构涉及多肽链的局部有规律的折叠，即肽链中相邻氨基酸形成的局部有序的空间结构。蛋白质二级结构的两个最常见的类型是α螺旋和β折叠。胶原的二级结构全部都形成左手α螺旋结构，这种螺旋结构的形成主要是由X位置上的脯氨酸和Y位置上的4-羟脯氨酸之间的静电排斥造成的，因此在很大程度上取决于脯氨酸羟基化的后翻译[67]。肽链形成α螺旋后，侧链上的氨基酸残基全部向外[66]，这些氨基酸残基可以在螺旋链内形成氢键，使胶原多肽链的螺旋结构保持稳定。

3. 胶原的三级结构

胶原的三级结构是在二级结构的基础上，依靠分子中肽链之间次级键的作用进一步卷曲折叠构成的具有特定构象的蛋白质分子。胶原家族的分子结构变化多端，然而所有结构都存在共同的结构要素，这就是胶原的三股螺旋结构。胶原的三级结构是由3条左手螺旋多肽链相互缠绕形成一个右手三股螺旋或超螺旋，称为原胶原(tropocollagen)，如图3.11和图3.12所示。三股螺旋中，沿α链每第3个氨基酸残基位于螺旋中心，此处空间十分狭窄，只有体积最小的甘氨酸适合此位置，由此可以解释其氨基酸组成中每隔两个氨基酸残基就出现一个甘氨酸的特点。而且3条α肽链是交错排列的，使3条α肽链中的Gly、X、Y残基位于同一水平上，借助Gly中的N—H基与相邻X残基上的羟基形成牢固的氢键，以稳定其分子结构。

三股螺旋形成的胶原分子平均相对分子质量约为300 kDa，长度为300nm，直径为1.5nm。由于分子中含有脯氨酸和羟脯氨酸的单位较多，四氢吡咯环的空间阻碍使胶原分子不能按照标准α螺旋的构象盘卷。理想的α螺旋具有如下参数：

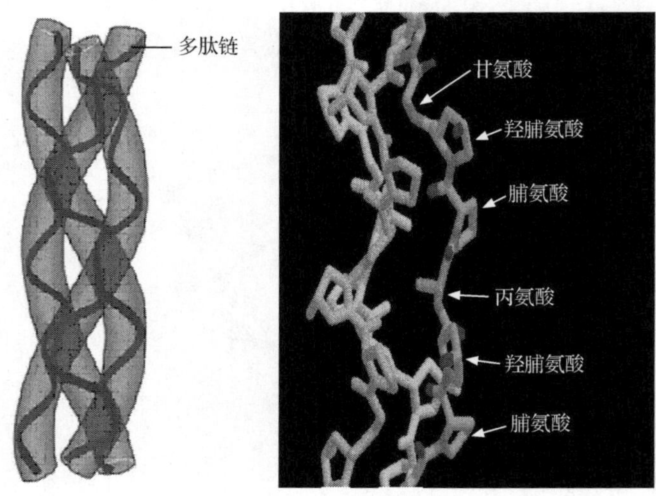

图 3.11　胶原的三股螺旋链结构示意图

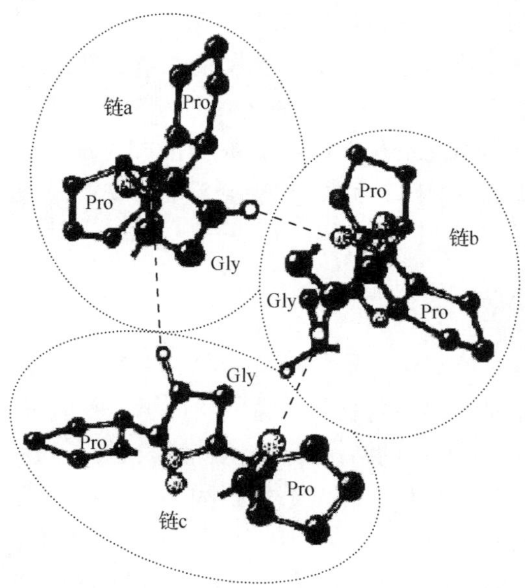

图 3.12　胶原三股螺旋轴的 C 端投影图

每圈螺旋含有 3.6 个氨基酸残基($n=3.6$);螺距为 0.54nm;沿着螺旋中心轴,相邻残基间距离为 0.15nm,旋转角为 100°。胶原中存在的螺旋结构不同于一般的 α 螺旋。然而,胶原螺旋具有如下参数:每圈螺旋含有 3.3 个氨基酸残基($n=3.3$);螺距为 0.96nm,每圈、每股含 36 个氨基酸残基即 12 个 Gly-X-Y 三联体;沿着螺旋中心轴,相邻残基间距离为 0.29nm,旋转角度为 108°。因此,胶原的三股螺旋链已经相当伸展，不容易被拉长。三股这样的螺旋聚肽链相互纠缠形成右手超螺旋胶原单体。螺旋的稳定性依靠多肽链间的氢键维系。由于三股螺旋的旋转方向与构成它们的多肽链的旋转方向相反，因此不易发生旋解，使胶原具有极高的强度，这与胶原的生理学功能相匹配。

在原纤维中发现的 5 种最为丰富的胶原类型是：Ⅰ、Ⅱ、Ⅲ、Ⅴ和Ⅺ型胶原[68]。Ⅰ型胶原是异三聚体，即每个三股螺旋链由两条 α_1（Ⅰ）链和 1 条 α_2（Ⅱ）链组成，是骨、腱、角膜和韧带中的主要胶原，含量最高可达体内所有胶原的 90%。Ⅱ型胶原是均三聚体，由三条 α_1（Ⅱ）链构成，在软骨、玻璃体和脊索中形成原纤维。Ⅲ型胶原也是均三聚体，与Ⅰ型胶原并存于可伸展组织的胶原原纤维中。例如，血管中有大约 60%的Ⅲ型胶原和 40%的Ⅰ型胶原；皮肤原纤维中含有 15%的Ⅲ型胶原和 85%的Ⅰ型胶原。Ⅲ型胶原独具特性，在三股螺旋域的 C 端有连接三条链的二硫键。Ⅴ型胶原和Ⅺ型胶原都是异三聚体，与Ⅰ、Ⅱ、Ⅲ型胶原一起共存于原纤维中。

人们对胶原的三股螺旋结构进行了深入而细致的研究，提出了众多模型对胶原的结构进行分析和模拟，取得了丰硕的成果[69-83]。Ramachandran 和 Kartha 在 1955 年便提出了胶原的三股螺旋结构[69,70]。同年，Rich 和 Crick 通过 X 射线衍射方法得到聚甘氨酸的结构[71,72]，迈出解决胶原结构问题的第一步。1961 年由 Rich 和 Crick 建立的 10/3-helix 模型来解释天然胶原的三股螺旋结构[73]，并被广泛接受。在对氢键的排列进行了重大修改后，此模型被称为 RCⅡ模型。从立体化学的可行性方面考虑，此模型非常合适。1977 年，Okuyama 等提出了 7/2-helix 模型，并得到一部分科研人员的支持[74]。

4. 胶原的四级结构

原胶原（tropocollagen）首尾相接，按规则平行排列成束，首尾错位 1/4，通过共价键搭接交联，形成稳定的胶原微纤维（microfibril），并进一步聚集成束，形成胶原纤维（fiber）。胶原分子通过分子内或分子间的交联形成不溶性的纤维。由于胶原分子的氨基酸组成中缺乏半胱氨酸，因此胶原不能像角蛋白那样以二硫键相连，而是通过组氨酸与赖氨酸之间发生共价交联，一般发生在胶原分子的 C 末端或 N 末端之间。三股螺旋分子间以一定间距、呈纵向对称交错排列形成原纤维。分子间交错距离为 64nm 或 67nm，纵向相邻分子间距为 40nm，如图 3.13 所示。

由于 α 链的氨基酸交替出现极性区和非极性区，以头尾极性较大、相互平行的胶原纵向错开 1/4 分子长度，以相邻分子的极性区和非极性区的静电引力彼此聚合，首尾相接的胶原又保持一定的距离，这样形成了胶原原纤维的疏区和密区，用乙酸铀或磷钨酸染色时，重金属沉积于疏区，用透射电镜进行观察时可见胶原原纤维呈现 64nm 或 67nm 的周期性横纹。由于极性区和非极性区的规律性分布，每周期内又出现几条明暗相同的横纹，见图 3.14[84]。

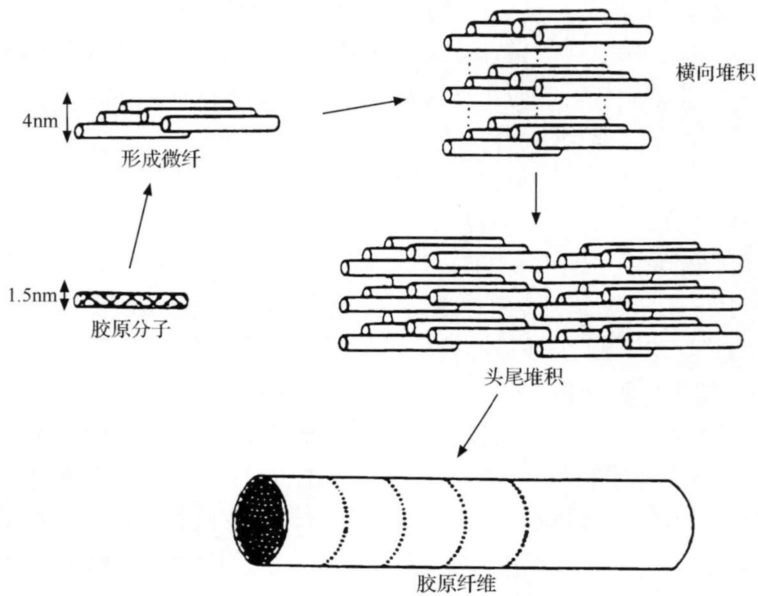

图 3.13　胶原纤维的形成示意图

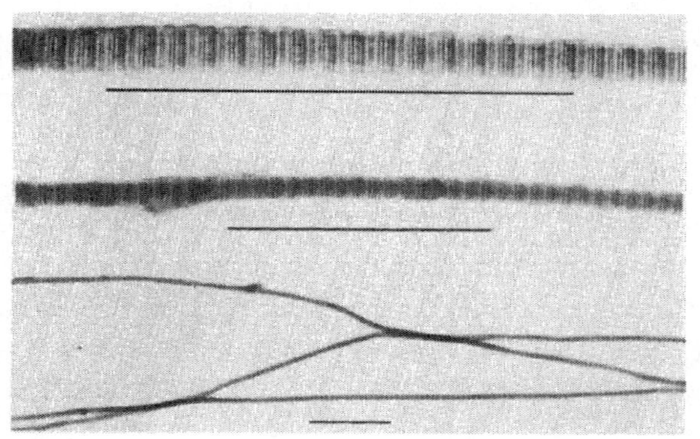

图 3.14　不同放大倍数下的胶原纤维

图中各倍数下的标尺均为 1μm

3.2.2　稳定胶原结构的作用力

胶原中稳定三股螺旋结构的次级键种类很多，主要包括氨基酸残基侧链的极性基团产生的离子键、氢键和范德华力以及非极性基团产生的疏水键等作用力。范德华力是分子之间普遍存在的吸引力。疏水键是多肽链上的某些氨基酸的疏水基团或疏水侧链(非极性侧链)由于避开水而造成相互接近、黏附聚集在一起而形成的相互作用，在维持蛋白质三级结构方面占有突出地位。而氢键和离子键对于稳定胶原的结构与性能也起着关键的作用。除了这些次级键外，胶原分子内和分子间还存在三种交联结构：醇醛缩合交联、醛胺缩合交联和醛醇组氨酸交联。三种交联把胶原的肽链牢固地连接起来，使胶原具有很高的拉伸强度。通过共价交联，胶原微纤维的张力加强，韧性增大，溶解度降低，最终形成不溶性的纤维，因而胶原属于不溶性硬蛋白。

1. 氢键

胶原肽链中含有大量的氨基、羟基、羧基等基团，这些基团中的电负性大的原子 X 共价结合的氢，与另外的电负性大的原子 Y 接近时易产生静电吸引作用，从而在 X 与 Y 之间以氢为媒介，生成 X—H···Y 形的键，即氢键。氢键对稳定胶原的三股螺旋结构具有重要的作用。肽链间主要存在 3 种氢键：

(1) 一条肽链的 Gly-X-Y 中的甘氨酸 Gly 残基上的 H 与相邻的另外一条肽链中的氨基酸残基上的羰基 C═O 之间形成与胶原旋转轴垂直的氢键(图 3.15)[68]；

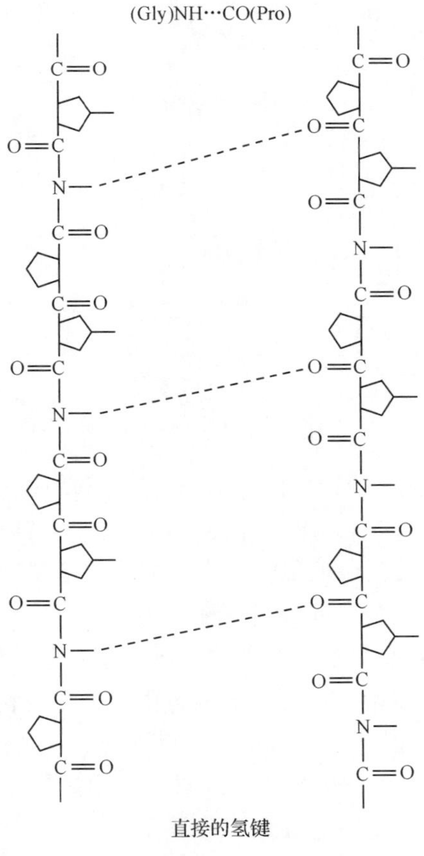

(Gly)NH···CO(Pro)

直接的氢键

图 3.15　Gly 中的 H 与 Pro 中的 C═O 形成直接的氢键

(2) 肽链中的羟脯氨酸 Hyp 的羟基基团之间形成的氢键；

(3) 肽链中的羟脯氨酸 Hyp 的羟基通过与水在肽链内和(或)肽链间形成氢键(图 3.16)[68]。

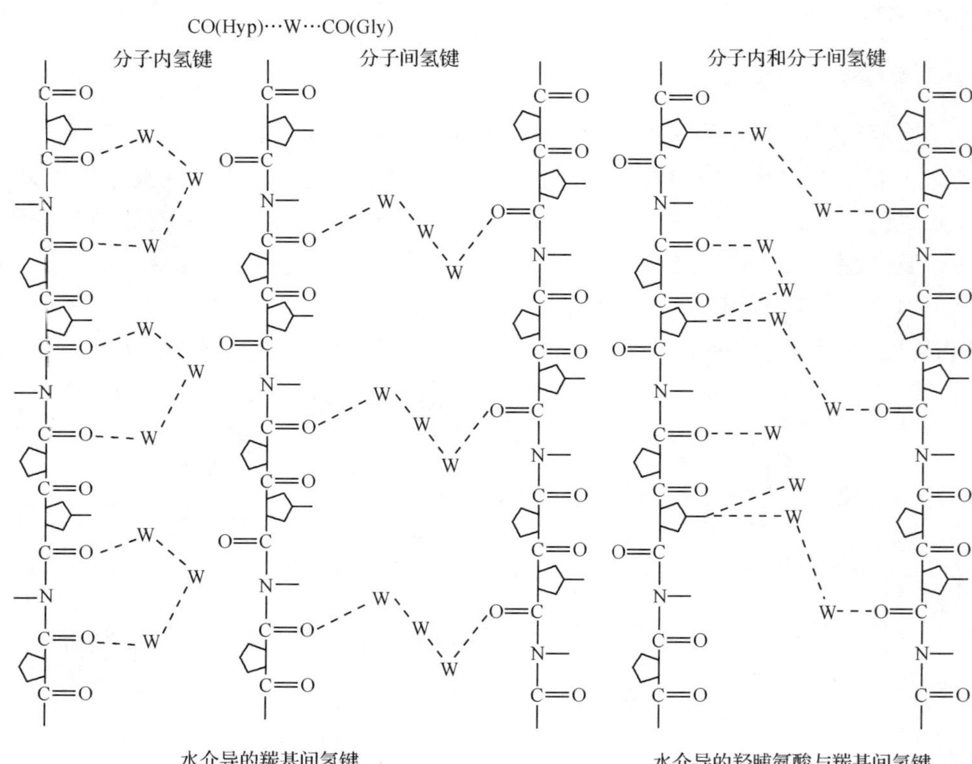

图 3.16 通过水介导在肽链内和(或)肽链间形成氢键

通过水介导的氢键在胶原肽链中起着重要的作用。Berman 等[85-87]、Nomura 等[88]、Fullerton 等[89]、Grigera 等[90]对胶原多肽的水合结构以及胶原中水介导的氢键形式做了大量细致而出色的工作。水合桥接是指在三股螺旋上连接到两个可能形成氢键的不同基团上的氢键水分子的统称。通常的水合桥接能够被描述为 $X\cdots W(\cdots W)_n\cdots Y$ 序列，X 和 Y 是三股螺旋上的氢键基团，包括所有的羰基基团、Hyp 上的羟基基团和甘氨酸与丙氨酸上的自由氨基(只有空隙区域的那些自由氨基才包含到水合桥接里面)。水合桥接可以有不同的种类：①链内——能够连接同一肽链内的锚基团；②链间——能够连接同一三股螺旋上不同肽链上的锚基团；③分子间——能够连接不同的三股螺旋分子。这些水桥对稳定胶原的三股螺旋结构发挥着至关重要的作用。图 3.17 所示为几种水合桥接方式[85]。

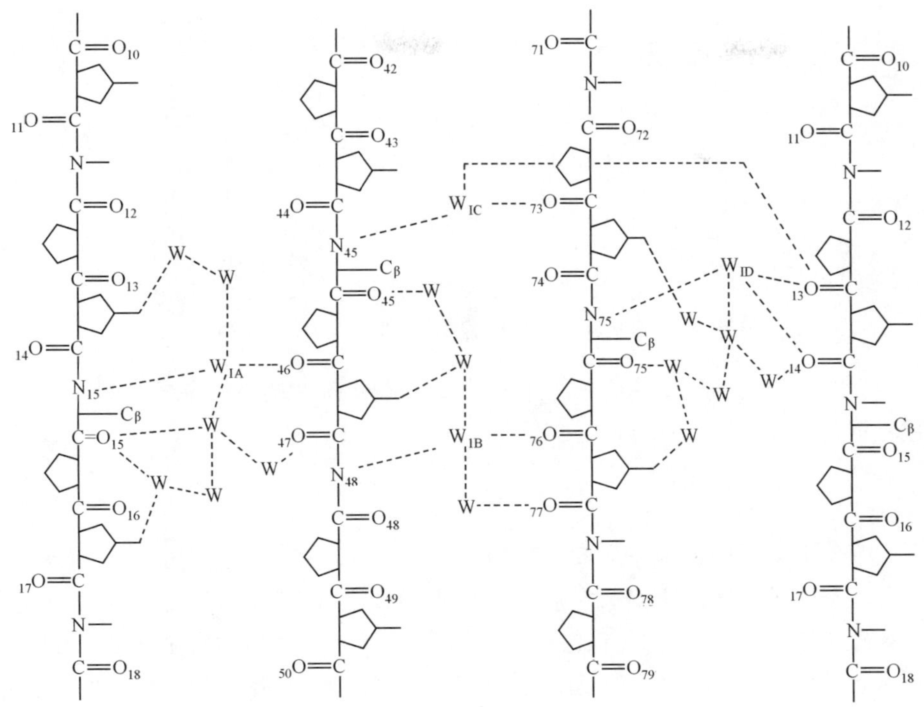

图 3.17 在四个水分子间形成的氢键网络

四个氢键网络分别标注为 W_{IA}、W_{IB}、W_{IC}和 W_{ID}

2. 离子键

胶原分子链中含有大量的极性侧基,氨基酸残基中的碱性基团和酸性基团常以阴离子和阳离子的形式存在。当这些极性侧基相互靠近时,静电引力可以使阴离子和阳离子间形成作用力较强的离子键。

通常带电荷的氨基酸残基分布在胶原的表面,受溶液中盐的影响极大。例如,若溶液中含有 NaCl,则带正电荷的赖氨酸吸引邻近带负电荷谷氨酸的能力会大大削弱。这是由于 Na^+ 及 Cl^- 具有极高的可移动性,且对于氨基酸残基来说其电荷密度极高,因此 Na^+ 及 Cl^- 与胶原表面的带电荷的氨基酸残基产生竞争,削弱氨基酸残基之间的相互作用力(图 3.18),这对胶原分子的稳定性影响极大。

3. 疏水键

疏水键是由胶原侧链的疏水基团相互接近而形成的一种作用力。在熵的驱动下,胶原的非极性氨基酸侧链倾向于卷曲在胶原的螺旋结构的内部。研究发现,胶原分子的三股螺旋链内部全部都呈疏水性,几乎找不到极性氨基酸残基,但是螺旋

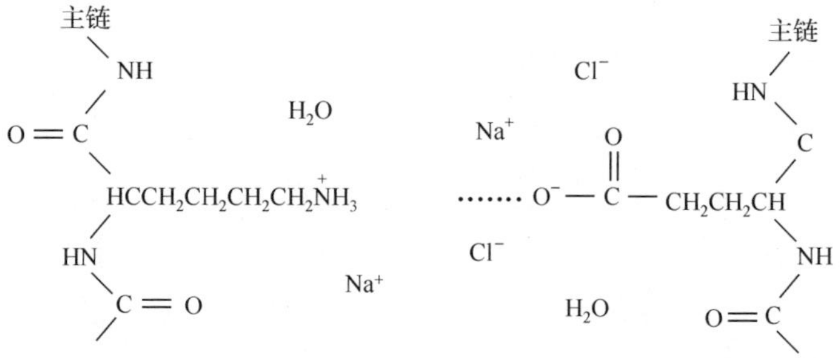

主链
NH
H_2O
O=C
$HC CH_2CH_2CH_2CH_2\overset{+}{N}H_3$
HN
Na^+
C=O

主链
Cl^-
HN
Na^+
C
O
‖
······ O^-—C—CH_2CH_2CH
Cl^-
NH
H_2O
O=C

图 3.18 肽链间的离子键在 NaCl 溶液中受到影响

链的表面既有极性基团又有非极性基团。这种疏水键对维持胶原的三级及四级结构起着重要的作用。

4. 范德华力

范德华力是由中性原子之间通过瞬间静电相互作用产生的弱的分子之间吸引力。当两个原子之间的距离为它们范德华力半径之和时,范德华力最强。强范德华力的排斥作用可以防止原子之间相互靠近。单个范德华力键能较弱,为1.2~4.0 kJ/mol,但是数量众多的范德华力的加和作用使胶原蛋白质的结构保持稳定。

3.2.3 胶原的聚集态结构

不同类型的胶原纤维在不同组织中的排列方式不同,与其生理功能相关。胶原原纤维的结构功能和力学性能似乎与原纤维的直径、分子间的交联程度和特征、原纤维所组成的更高级有序结构以及原纤维与其他基质成分之间的相互作用有关。在皮肤中,原纤维直径较为均一(约 100nm),具有独特的三分子交联结构。在眼角膜中,胶原原纤维的直径分布较窄,且较小(约 40nm),以 90°的夹角交替堆积以形成层状结构。原纤维的直径以及堆积排列方式十分一致,呈交叉排布的光滑片层,使光的散射最小化,从而为产生该组织所需的透明性提供了必要的结构。在肌腱中,胶原纤维需要在一维方向上承受张力,肌原纤维的直径变化范围比较大(50~500nm),其高度交联并平行堆积形成纤维束,然后扭结成束。这些肌原纤维的特征使肌腱具有高抗张强度和不同的应力-应变曲线。这种具有方向性的胶原纤维的抗拉强度可高达 5~10kg/mm^2,提供组织所需的力学强度。图 3.19~图 3.22为不同组织中胶原纤维的聚集态结构[91]。

尽管已经开展了很多工作,人们对胶原的聚集态结构仍存在很多困惑,而且对体内胶原是否结晶尚存在争议[92]。多年来,Hulmes 等[93,94]、Fraser 等[95]、Wess 等[96]、Fertala 等[92]都对胶原的有序排列和结晶结构进行了探讨,获得了很多有价值的结果。胶原纤维在偏光显微镜下呈现明显的亮区,表明分子链中存在

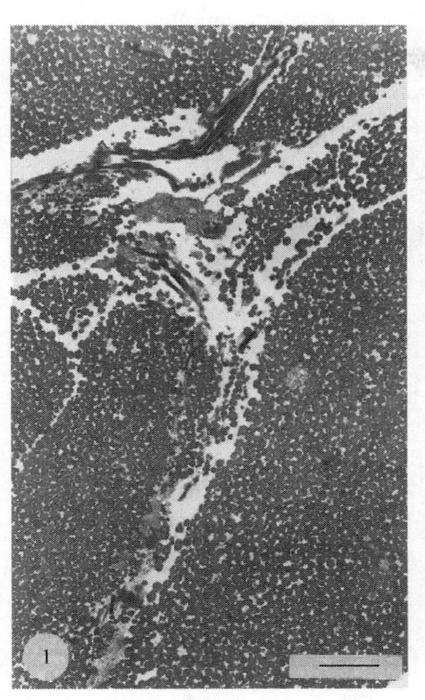

图 3.19　牛巩膜胶原纤维横截面的 TEM 图

眼球周围形成的球状腱组织中的胶原纤维排列紧密。图中标尺为 2μm

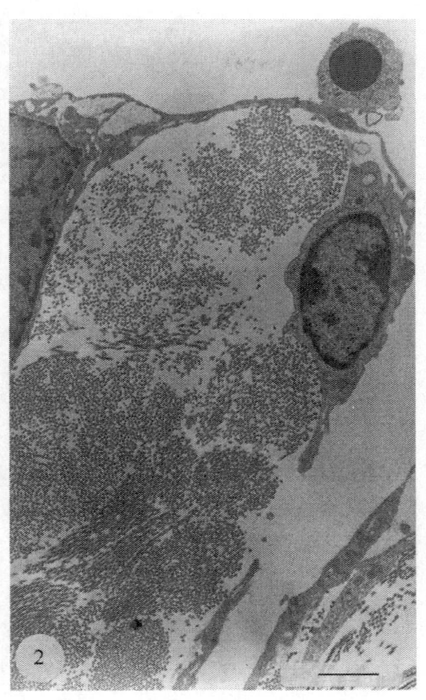

图 3.20　牛脑膜中胶原纤维横截面的 TEM 图

胶原纤维直径较小，直径均一。图中标尺为 2μm

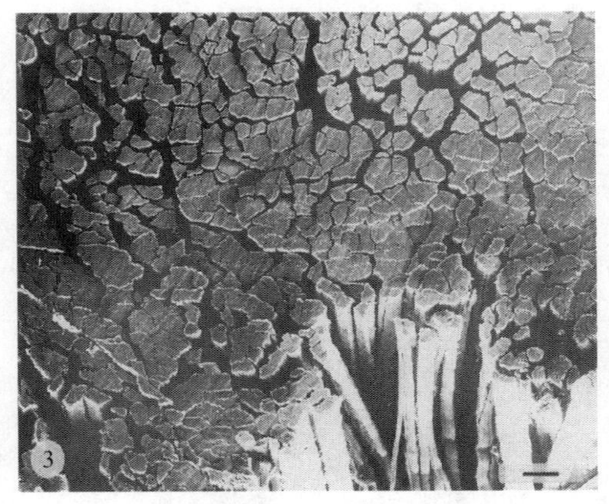

图 3.21　肌腱横截面的 SEM 图

胶原束形成直径较大、直而相互平行的簇。图中标尺为 50μm

图 3.22　小肠中连接内膜的 SEM 图

图中标尺为 50μm

大量的有序或结晶结构。研究表明，胶原中的结晶结构与样品中水分的含量有密切的关系。

图 3.23 是在偏光显微镜下观察到的不同湿含量的皮纤维的偏光显微照片[97]。当皮纤维的湿含量增加时，偏光显微镜中的亮区明显增加，表明胶原纤维中的晶区增多。这可能是胶原中的晶区和水分子之间形成了氢键，使纤维内部的有序程度进一步提高。但是，氢键形成的这种物理交联与鞣制在胶原分子间产生的化学交联不同，氢键并不是一种稳固的交联作用，其键能较低，在空气介质中受到热的作用时，皮胶原纤维在较低的温度下(70℃)就会发生收缩变性，伴随着其中一部分晶区的消失，而另外一部分则到 235℃以后才逐渐消失。因此，可以认为，胶原纤维内部的晶区至少应该有两种：一种是水敏性的晶区；另外一种是非水敏性的晶区。水敏性晶区是由胶原纤维中的基团与水分子的相互作用产生的。这种作

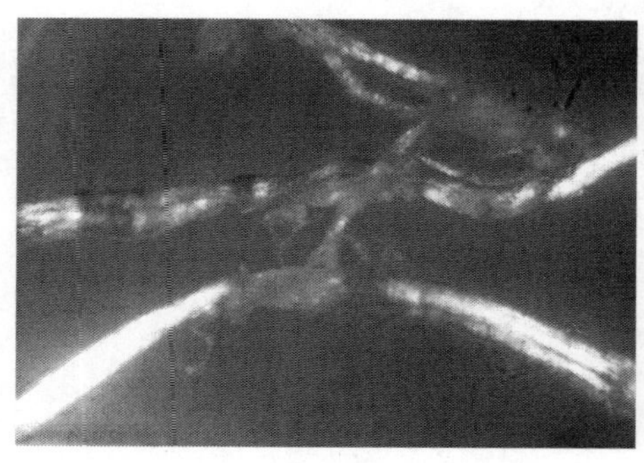

(a)

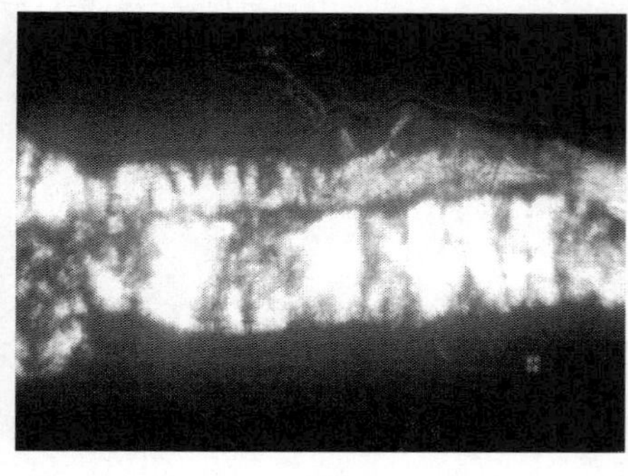

(b)

图 3.23　牛皮胶原纤维的偏光显微镜照片(×125)

(a) 干态；(b) 湿态

用降低了皮胶原纤维的耐热稳定性，纤维的收缩变化就是这种晶区向非晶区转化的结果。形成非水敏性晶区的机理，与皮纤维中水分的含量关系不大，主要取决于胶原纤维自身的相互作用，需在较高的温度下才向非晶区转变。

如图 3.24 所示，牛皮胶原纤维的 X 射线衍射图上主要有 3 个衍射峰。在 2θ 角为 7°～8°处出现一个比较尖锐的峰，这个峰反映的是胶原纤维分子链之间的距离；第二个峰出现在 2θ 角为 20°附近，是一个非常宽的馒头峰，代表了胶原纤维内部众多结构层次所引起的漫散射；第三个峰出现在 2θ 角为 31°附近，为一个小而宽的弱峰，代表了胶原三股螺旋链结构单元的高度[98]。

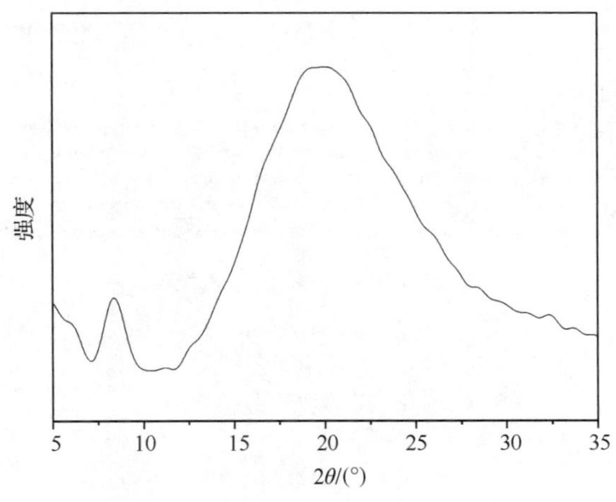

图 3.24　牛皮胶原纤维的 X 射线衍射谱图

作为胶原重要的变性产物，明胶纤维的 X 射线衍射也得到了充分的研究。Djabourov 等[99]将明胶凝胶纺丝获得明胶纤维，用 X 射线衍射手段研究了胶原和明胶纤维在干态和溶胀状态下的结构。研究表明，在干态下，明胶纤维的 X 射线衍射图案与胶原纤维的类似，表明在干态而取向的明胶中存在部分三股螺旋区域。X 射线衍射图案中的赤道间距 D 代表三股螺旋链之间的水平距离，对水分含量非常敏感，因此可以利用 X 射线衍射对干态明胶和溶胀态明胶进行表征，研究明胶溶胀的实质。研究发现，当试样中的水分增加时，X 射线衍射中的赤道间距 D 增大。这表明水分子进入到胶原或明胶的三股螺旋结构内部后，迫使纤维分离，水合作用使纤维间的排列更加完善。

3.2.4　研究胶原结构的手段与方法

对于胶原的多级结构，可根据不同的目的选用多种手段对其进行观察和表征（图 3.25）。胶原纤维（fiber）的直径较粗，为 50～300μm，用光学显微镜便可进行观察。胶原中的结晶区域在偏振光下呈现亮区，因此可用偏光显微镜对其进行观察。对胶原纤维中的微纤维(fibril),直径为 50～500nm,可利用电子显微镜(如扫描电子显微镜或透射电子显微镜)进行观察。对于直径约为 1.5nm 的胶原原纤维(tropocollagen),原子力显微镜、透射电子显微镜和 X 射线衍射是最好的表征手段。

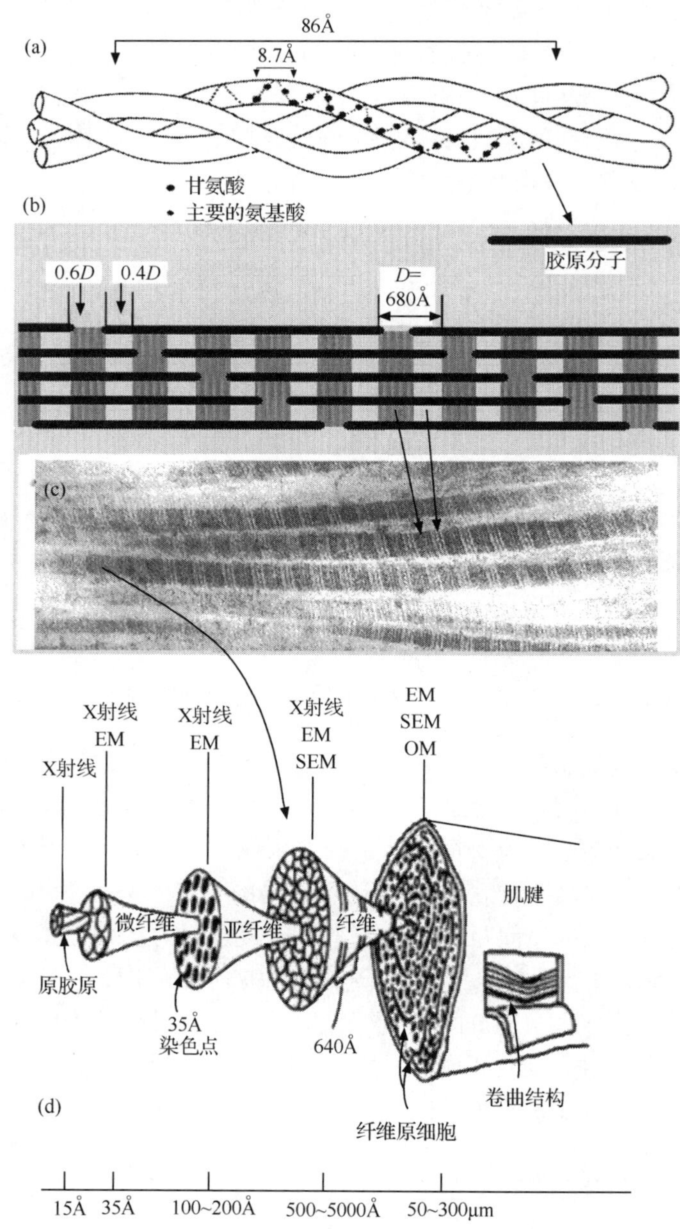

图 3.25　观察胶原不同尺度的结构常用的手段与方法

(a) 胶原分子的三股螺旋结构示意图;(b) 胶原原纤维的分子间交错;(c) 胶原的 TEM 图像;(d) 各种表征手段对应的结构与尺度

3.3　测定胶原的相对分子质量及其分布的方法

胶原是相对分子质量很大的生物大分子，相对分子质量的变化为 5000～1 000 000或更大的一些。相对分子质量是蛋白质的主要特征参数之一，也是胶原的主要特征参数之一。对于一种新的胶原，首先就要准确地测定其相对分子质量。胶原在溶液中的稳定性易受各种物理化学因素的影响，所以常用的测定相对分子质量的方法，如蒸气密度法、沸点法等均不能用于胶原相对分子质量的测定。又由于胶原的相对分子质量很大，即使浓度很高的胶原溶液，其冰点下降的数值也很小，因此，使用冰点下降法测定胶原相对分子质量也是不准确的。胶原相对分子质量的测定方法有很多种，如渗透压法、光散射法、超速离心法、凝胶色谱法及聚丙烯酰胺凝胶电泳法等。目前，在实验室中应用最多的是聚丙烯酰胺凝胶电泳法。近年来质谱技术日益完善，电喷雾离子化技术也日益成熟，现在质谱技术已经可以准确地测定小分子物质的相对分子质量，而且对于测定生物大分子物质的相对分子质量还具有较高的灵敏度和准确度。

胶原的相对分子质量受提取条件如温度、提取工艺、pH 等的影响。

3.3.1　影响胶原相对分子质量及其分布的因素

1. 温度

温度对胶原的相对分子质量及分布影响较大。酸法提取胶原，当温度低时，提取的胶原相对分子质量大并且分布窄；当温度较高时，提取的胶原相对分子质量较低并且分布较宽并呈弥散分布。图 3.26 是不同温度下提取胶原的 SDS-PAGE 图。在较低温度时，乙酸不能作用于胶原的肽链，它只是把皮胶原中的可溶性部分

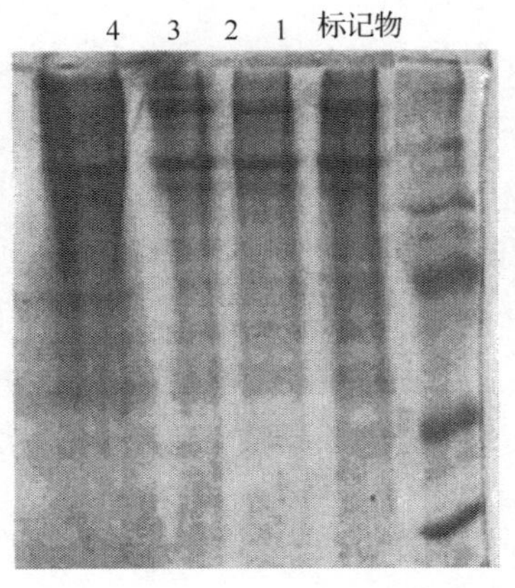

图 3.26　不同温度下酸法提取胶原的 SDS-PAGE 图

溶解在溶液中;但是在温度较高时,乙酸作用增强,能随机地作用于肽链间,生成相对分子质量较小的胶原水解产物[100]。

2. 提取工艺

胶原的相对分子质量及其分布也受提取工艺因素的影响。由 SDS-PAGE 图可知,在高温时用酸法提取胶原,其相对分子质量分布较宽并呈弥散分布,而利用酶法提取胶原时,在高温下从 SDS-PAGE 图上看到的胶原分子质量分布虽然宽,但分布不是弥散的,如图 3.27 所示。

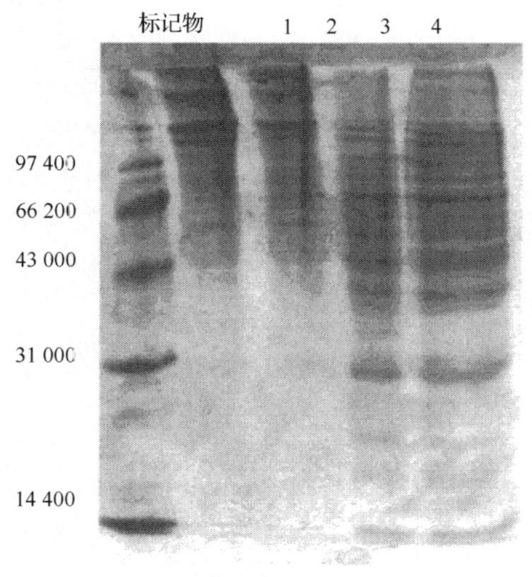

1为4℃条件下胃蛋白酶提取的胶原蛋白
2为14℃条件下胃蛋白酶提取的胶原蛋白
3为24℃条件下胃蛋白酶提取的胶原蛋白
4为34℃条件下胃蛋白酶提取的胶原蛋白

图 3.27 不同温度下酶法提取胶原的 SDS-PAGE 图

3. 其他条件

此外,提取时间和 pH 对提取胶原的相对分子质量及其分布也有一定的影响。在同一工艺条件下,提取时间对胶原的相对分子质量及分布的影响较小。在不同的时间,提取的胶原其相对分子质量及分布基本相同。pH 对提取胶原的相对分子质量及分布的影响也较小。当用酸法提取胶原时,在低温下加大乙酸用量,虽然乙酸强度增强,但仍然不能水解胶原的肽链,在合适的 pH 范围内,提取胶原的相对分子质量及其分布不会有太大的变化。在实际生产中,如果把 pH 调得过小时,会造成生产成本加大,把 pH 调得过大时,又会造成胶原提取率降低太多。因此在生产中,不能通过控制提取时间和 pH 来控制提取胶原的相对分子质量。

3.3.2　胶原相对分子质量及其分布的主要测定方法

1. 渗透压法

由于胶原的相对分子质量大,不能透过半透膜,而水、小分子物质及无机离子等则可以通过半透膜。把胶原蛋白溶液装在半透膜袋中,袋外溶剂便向袋内扩散,使袋内压力逐渐升高,直到压力与胶原蛋白的渗透压恰好相等,此时溶剂分子进出半透膜的扩散速率达到动态平衡。当胶原蛋白溶液与纯溶剂用理想的半透膜隔开时,为了使纯溶剂不渗入溶液就必须在溶液面上施加压力,此压力就是胶原蛋白的渗透压[101]。

由于稀溶液的性质接近理想气体,因此可用理想气体状态方程来计算胶原蛋白的相对分子质量:

$$\pi/c = RT/M + Kc$$

式中,π 为渗透压;c 为溶质浓度;R 为摩尔气体常量;T 为热力学温度;M 为相对分子质量。可以同时测定几个不同浓度溶液的渗透压,以 π/c 对 c 作图,并外推到胶原蛋白浓度为零时得到截距,从而求出相对分子质量 M。为了避免 pH 的影响,在溶解度允许的范围内,尽量采用等电点或者接近等电点的缓冲液,并增大溶液中无机盐的浓度。

渗透压法测定胶原的相对分子质量受很多因素的影响,其中分子数就影响渗透压。同一样品的分子数相同时,渗透压取决于相同的相对分子质量的分子总数。如果两样品的分子数相同,渗透压则相同。测定的结果还与 pH 有关。溶液的 pH 在等电点附近时,溶解度最低,不受无机离子的干扰;当不在等电点附近时,会受到无机离子的干扰,渗透压增加。

用渗透压法测定胶原的相对分子质量,实验装置简单,准确性较高。此方法只与胶原的分子数有关,而与胶原蛋白分子的形状、水化作用无关,因此用此法测不出胶原分子的均一性情况。渗透压法要求胶原溶液较稀,且为胶体溶液,必须用特殊仪器测量渗透压,测定时间也比较长。

2. 凝胶电泳法

用凝胶电泳法测定蛋白质的相对分子质量是 20 世纪 60 年代末发展起来的一项新技术,用这种方法测定蛋白质的相对分子质量具有快速灵便,设备简单等优点。蛋白质的电泳迁移率在一般的电泳方法中,主要取决于它在某 pH 下所带的净电荷量、分子大小(即相对分子质量)和形状的差异性,而十二烷基磺酸钠(SDS)-聚丙烯酰胺凝胶电泳法对大多数蛋白质,主要取决于蛋白质的相对分子质量,与原有的电荷量和形状无关。

SDS是一种阴离子表面活性剂，在一定的条件下，它能打开蛋白质的氢键和疏水键，并按比例结合到这些蛋白质分子上形成带负电荷的蛋白质-SDS复合物，每克蛋白质一般结合1.4g SDS，SDS与蛋白质的定比结合使蛋白质-SDS复合物均带上相同的负电荷，其量远远超过蛋白质原有的电荷量，因而掩盖了蛋白质间原有的电荷差异。在水溶液中，蛋白质-SDS复合物具有相同的构象，近似雪茄烟形的长椭圆棒(短轴均为1.8nm，长轴则随蛋白质的相对分子质量成正比变化)，克服了蛋白质间原有的形状差异。这样蛋白质-SDS复合物在凝胶中的迁移率不再受原有电荷和形状的影响，而只是蛋白质相对分子质量的函数。蛋白质相对分子质量与电泳迁移率间的关系可以表示为

$$\lg M_r = K - bm$$

式中，M_r为相对分子质量；K为常数；b为斜率；m为迁移率。因此，用该法测定蛋白质的相对分子质量只需根据待测蛋白质在已知相对分子质量的标准蛋白质的$\lg M_r$-迁移率图中的位置，就能得知相对分子质量。用该法测得的相对分子质量，除单链蛋白质外，均不是天然蛋白质的完整相对分子质量，而是组成这些蛋白质的亚基或肽链的相对分子质量。

SDS-聚丙烯酰胺凝胶电泳按照凝胶电泳系统中的缓冲液、pH和凝胶孔径的差异可分为SDS-连续系统电泳和SDS-不连续系统电泳两类；按照所制成的凝胶形状和电泳方式又可以分为SDS-聚丙烯酰胺凝胶垂直管型电泳和SDS-聚丙烯酰胺凝胶垂直板型电泳两类。

1) 十二烷基磺酸钠(SDS)凝胶电泳法

SDS凝胶电泳法多用于测定的是相对分子质量在15 000～100 000的胶原，但是对于相对分子质量小于10 000的胶原蛋白不太适用。经过改进，用强电解质离子为前导离子和拖尾离子，这样SDS凝胶电泳法就可以对相对分子质量低于10 000的胶原蛋白进行测定。对胶原相对分子质量的测定经常用到十二烷基磺酸钠凝胶电泳法。

胶原蛋白分子中同时具有羧基和氨基。羧基可给出H^+，氨基可以接受H^+，因此胶原蛋白具有两性性质。胶原蛋白的羧基和氨基可互相作用形成双极离子。在H^+浓度大的溶液中胶原蛋白分子中的正电荷多于负电荷，以正离子存在；而在OH^-浓度大的溶液中胶原蛋白分子中的负电荷多于正电荷，以负离子存在。若溶液中的pH为某一数值时胶原蛋白以中性的双极离子形式存在，此时的pH是胶原蛋白的等电点，在等电点时因为胶原蛋白分子整体不带电，所以在电场中也不会移动。带电胶原蛋白分子在电场的作用下将做定向移动，其移动的速度v可表示为

$$v = Eq \cdot 6\pi r\eta d$$

式中，q为分子(或离子)所带的净余电荷；E为两电极间的电位差；d为两电极间

的距离；r 为球形分子的半径；η 为溶液的黏度。从上述表示式可以知道，在其电场介质黏度不变的情况下，胶原蛋白在凝胶中的迁移速率受分子所带净电荷与分子大小两个因素的影响。人们经过长期的研究发现，在SDS的存在下胶原蛋白的电泳速率和它们的相对分子质量的对数成直线关系，这主要是因为SDS能与胶原蛋白的疏水区相结合，并把绝大部分胶原蛋白分离成组成它们的亚单元。SDS的结合还使变形的、随机盘曲的多肽链得到大量负电荷，这种负电荷基本上掩盖了无SDS存在时正常带有的任何电荷，也就是说，不同相对分子质量的胶原蛋白都带上了基本相同的电荷，所以使得胶原蛋白分子的电泳速率和相对分子质量的大小有了一定的关系：相对分子质量大，泳动迁移率小；相对分子质量小，泳动迁移率大，具体表现为 $\lg M\text{-}d$ 的直线关系。

在用SDS凝胶电泳法测定胶原蛋白的相对分子质量时，应事先准备好至少4种以上标准的已知相对分子质量的胶原蛋白，绘制标准 $\lg M\text{-}d$ 曲线，然后对待测样品进行电泳实验，在标准曲线上找到待测胶原蛋白的位置就可以确定其相对分子质量。在实际操作中，可供电泳的电泳槽有圆盘电泳槽和板型电泳槽。通常选用板型电泳槽，板型电泳槽便于对多种实验样品进行对比，因为所有的样品都存在于同一凝胶中，各样品的电泳条件又是完全一致的，另外在操作上更简便，易于进行染色、脱色等泳后过程。

2）十二烷基硫酸钠-聚丙烯酰胺（SDS-PAGE）凝胶电泳法[102]

从蛋白质混合物中辨别出胶原蛋白的SDS-PAGE分析方法，这对胶原类蛋白质的鉴定以及特性分析非常重要。目前，SDS-PAGE方法在测定胶原蛋白的相对分子质量上已逐渐成熟，成为对胶原蛋白进行量化、比较及特性鉴定的一种经济、快速并且可以重复的方法。

SDS-PAGE法测定胶原蛋白相对分子质量的主要原理是通过SDS与胶原蛋白的疏水部分相结合，破坏其折叠结构，使胶原蛋白能稳定地存在于广泛均一的溶液中。SDS胶原蛋白复合物的长度与其相对分子质量成正比，由于在样品介质和聚丙烯酰胺凝胶中加入离子去污剂和强还原剂后，胶原蛋白亚基的电泳迁移率主要取决于其亚基的相对分子质量大小，而电荷因素就可以忽略了。在对样品进行测定时，也需要准备一系列的已知相对分子质量的标准胶原蛋白样品。SDS-PAGE电泳法是实验室中应用最普遍的方法，分为还原电泳和非还原电泳，非还原电泳中二硫键未打开，还原电泳中二硫键被还原，蛋白质分子能充分伸展，二者相比，还原电泳的测定结果更为准确。

用SDS-PAGE法对胶原的蛋白相对分子质量测定时，pH、反应时间、反应温度对相对分子质量的测定都有一定的影响。随着pH的升高，胶原蛋白的相对分子质量先增大后减小[103]。另外在pH 8.0、反应温度为70.0℃的条件下，随着反应时间的延长，胶原蛋白的相对分子质量也是先增大后减小，在反应时间为1.5h

时,测定的胶原相对分子质量最大。在 pH 8.0、反应时间为 1.5h 时,随着反应温度的升高,胶原的相对分子质量也呈现出先增大后减小的趋势,在 60.0℃时,测定的相对分子质量最高。分析认为这主要是因为在 60.0℃时,胶原蛋白的乳化性和乳化稳定性最好。

3) 十二烷基硫酸钠-毛细管(SDS-CGE)凝胶电泳法

十二烷基硫酸钠-毛细管凝胶电泳法是近年发展起来的一门新技术,与 SDS-PAGE 法相比,它具有微量、快速、定量准确、易自动化等特点。在 SDS-CGE 中,高黏度交联胶(如交联聚丙烯酰胺胶)或低黏度非交联聚合物网络(如葡聚糖、聚环氧乙烷、支链淀粉)可被用作筛分介质。廖海明等[104]以葡聚糖为分离介质,以涂线形聚丙烯酰胺的毛细管柱为支持介质,在柱上 214nm 处检测,进行蛋白质的分离,结果被分离的蛋白质其相对分子质量的对数与其相对迁移率之间具有良好的线性关系(r=0.997);涂渍毛细管柱可以使用多达 100 多次而不出现分离效率降低的情况;同一毛细管柱和不同毛细管柱迁移时间的 RSD 分别小于 1.0%和 1.3%;用 SDS-CGE 方法测定的 15 种蛋白质的相对分子质量与用平板 SDS-PAGE 法测定的相对分子质量具有良好的一致性。因此,毛细管电泳法可以用于蛋白质分子的相对分子质量的测定。

另外,也可以用聚丙烯酰胺梯度(SDS-PAGGE)凝胶电泳法对胶原的相对分子质量进行测定。

3. 质谱法

传统的测定胶原相对分子质量的方法是应用 SDS-PAGE 及高效液相色谱,这些方法仅能给出表观相对分子质量。此外,这些方法不仅受多种实验条件的限制,而且误差也较大,灵敏度较差,样品用量大,操作起来比较复杂,往往难以得到令人满意的结果。激光微探针飞行时间质谱仪和基质辅助激光解吸质谱(MALDI)法在测定生物大分子的相对分子质量方面已经成为一种强有力的分析手段,是测定大分子相对分子质量的常规方法所无法比拟的。基质辅助激光解吸电离飞行时间质谱是 20 世纪 80 年代发展起来的一个新的质谱学分支,特别是在生物大分子的分析方面有了重大突破。

可以利用电喷雾离子化(ESI-MS)法对胶原的相对分子质量进行测定。目前电喷雾质谱法是测定蛋白质相对分子质量最准确的方法之一。例如,牛胰蛋白酶的实际相对分子质量是 23 290,质谱的测定结果是 23 293,系统误差在 0.02%以内。但是质谱仪价格昂贵,不宜做常规分析手段。待测蛋白质流动注射进样(FIA),电喷雾离子化正离子方式(ESI^+),毛细管电压为 3.95kV,锥电压为 62V,雾化气流速为 70L/h,干燥气流速为 427L/h,干燥气温度为 150℃,采集质量为 500~2500(m/z)。最后由仪器软件计算出相对分子质量。

4. 色谱法

凝胶色谱法是在 20 世纪 60 年代出现的测定蛋白质相对分子质量的方法。可利用高效凝胶过滤色谱法对胶原蛋白的相对分子质量进行测定。高效凝胶过滤色谱法测定胶原蛋白相对分子质量时，对标准胶原蛋白与待测样品分子形状的一致性要求较高，只有二者的分子形状一致时，测定结果才可靠。如果分子形状差别较大会影响到测定结果，使测定结果不太准确。

5. 凝胶柱层析法

凝胶柱层析法一般与凝胶电泳法相结合来测定胶原蛋白的相对分子质量。首先对样品溶胀后再装柱，用蒸馏水过洗，再用缓冲液平衡，取部分水解液，上样后用缓冲液洗脱，用蛋白核酸仪在 220nm 处检测[105]。同样条件下也要以标准样品为相对分子质量参照物作标准曲线。

一般在选用 SDS-PAGE 法时，由于胶原蛋白分子结构的特殊性，用 SDS-PAGE 法推算相对分子质量时存在着一些不准确的因素。在选用凝胶柱层析法时，又由于其检测的灵敏度，也会影响到结果的准确性。毛细管区带电荷是按照物质的荷质比进行分离的，在分离过程中加入 PEG 后可以起到无胶筛分的作用，从而使有着同样荷质比的胶原蛋白，按照相对分子质量的大小得以分离[106,107]。可以用高效毛细管电泳法来弥补上述的一些不足。

参 考 文 献

[1] 王碧，贾冬英，舒子斌，等. 色谱法在胶原蛋白分离、分析中的应用（Ⅰ）——胶原及其水解多肽的分离纯化. 化学通报，2002，65：1-6.

[2] Rhodes R K，Miller E J. Physicochemical characterization and molecular organization of the collagen A and B chains. Biochemistry，1978，17(17)：3442-3448.

[3] Kresina T F，Miller E J. The Petides Acetyl-(Gly-3(S)Hyp-a-4(R)Hyp) 10-NH_2 and Acet-yl-(Gly-Pro-3(S)Hyp)10-NH_2. Biochemistry，1978，18：3089-3097.

[4] 郭云，张景锡，彭必先. 各类型胶原的分离方法. 明胶科学与技术，2005，25(3)：113-122.

[5] 李玉瑞. 细胞外间质的生物化学及研究方法. 北京：人民卫生出版社，1988：59-71.

[6] 永井裕藤，本大三郎. 胶原蛋白实验方法. 刘平译. 上海：上海中医学院出版社，1992：20-29.

[7] 王琳，刘宇，魏泓. 高效液相色谱法制备Ⅰ型胶原蛋白及其性质研究. 氨基酸和生物资源，2004，26(2)：35-37.

[8] 王新禾，张月娥，张锦生，等. 人Ⅰ、Ⅲ型胶原的提取及其抗血清的制备. 上海医科大学学报，1994，21(6)：405-408.

[9] 李成章，樊明文. 胚胎骨Ⅰ型胶原的提取与鉴定. 生物化学与生物物理进展，1996，23(4)：373-375.

[10] Ward A G，Courts A. The Science and Technology of Gelatin. London：Academic Press，1977：13-21.

[11] 崔凤霞，薛长湖，李兆杰，等. 仿刺参胶原蛋白的提取及理化性质. 水产学报，2006，30(4)：549-553.

[12] 刘晓宁，刘安军，曹东旭，等. 鱼鳞胶原蛋白的提取鉴定初探. 食品研究与开发，2007，128(1)：56-59.

[13] Smith B D, Martin G R, Miller E J, et al. Nature of the collagen synthesized by a transplanted chondrosarcoma. Arch Biochem Biophys，1975，166(1)：181-186.

[14] Broom N D, Poole C A. Articular cartilage collagen and proteoglycans their functional interdependency. Arthritis & Rheumatism，1983，26(9)：1111-1119.

[15] 黄国强，赵新娥，李玉瑞. 人Ⅱ型胶原的提取和纯化. 卫生研究，1986，15(2)：6-9.

[16] 王彦宏，朱平，冷南，等. Ⅱ型胶原蛋白的提取纯化和鉴定. 第四军医大学学报，2002，23(19)：1820-1821.

[17] 沈杰，鲍建芳，何东仪，等. 乌梢蛇Ⅱ型胶原提取及其诱导大鼠关节炎特性的研究. 现代免疫学，2007，27(3)：223-227.

[18] 梅焕平，张源潮，李华. Ⅱ型胶原微量提取与纯化. 泰山医学院学报，1999，20(4)：342-343.

[19] 姜旭淦，陈盛霞，丁建霞，等. 猪软骨Ⅱ型胶原蛋白的提取纯化与鉴定. 江苏大学学报(医学版)，2006，16(5)：389-391.

[20] 李斯明，叶春婷. 高纯度猪软骨Ⅱ型胶原蛋白的提取与鉴定. 生物医学工程杂志，2001，18(4)：592-594.

[21] Arias L M. The Liver Biology and Pathbiology. New York：Raven Press Ltd，1988：707.

[22] 刘秉慈，尤宝荣，刘玉英，等. 大鼠Ⅱ型胶原的提取方法. 卫生研究，1985，14(1)：5-8.

[23] Fujii T, Kiihn K. Isolation and characterization of pepsin-treated type Ⅲ collagen from calf skin. Chem Bd，1975，356(2)：1793-1801.

[24] Chung E, Miller E J. Collagen polymorphism：characterization of molecules with the Chain Composition [α1(Ⅲ)]3 in human tissues. Science，1974，183：1200-1201.

[25] Herrmann H, von der Mark K. Isolation and characterization of type Ⅱ，Ⅲ collagen from chick stain. Physiol Chem Bd，1975，356(2)：1605-1611.

[26] 秦定一，单英，熊诗松，等. 从胎儿及家兔皮肤中提取、纯化Ⅲ型前胶原肽方法探讨. 河南医科大学学报，1997，32(2)：80-81.

[27] 林丁，刘兴明，李伟道，等. 羊Ⅲ型前胶原的分离纯化. 生物技术，2002，12(2)：33-34.

[28] Mayne R, Zettergren J G. Type Ⅳ collagen from chicken muscular tissues. Isolation and characterization of the pepsin-resistant fragments. Biochemistry，1980，19(17)：4065-4072.

[29] Rhodes R K, Miller E J. Physicochemical characterization and molecular organization of the collagen A and B chains. Biochemistry，1978，17(17)：3442-3448.

[30] 姚敏捷，寇丽筠，王天成，等. 人Ⅳ型胶原蛋白提取及其单克隆抗体的制备与鉴定. 细胞与分子免疫学杂志，1996，12(2)：4-6.

[31] Lochner K, Gaemlich A, Südel K M, et al. Expression of decorin and collagens Ⅰ and Ⅲ in different lyaers of human skin in vivo：a laser capture microdissection study. Biogerontology，2007，8：269-282.

[32] 朱明华，刘彦仿. 人胎盘中Ⅰ、Ⅲ、Ⅳ型胶原的提取. 生物化学与生物物理进展，1990，17(1)：79-80.

[33] Miller E J, Rhodes R K. Preparation and characterization of the different types of collagen. Methods Enzymol，1982，82：33-64.

[34] 许祖德，张月娥，陈忠年，等. Ⅴ型胶原的提取. 上海医科大学学报，1994，21(1)：71-79.

[35] Triieb B, Schreier T, Bruckner P, et al. Type Ⅳ Collagen represents a major fraction of connective tissue collagens. Eur J Biochem，1987，166(3)：699-703.

[36] Mayne R, Burgeson R E. Structure and Function of Collagen Types. Orlando: Academic Press, 1987.

[37] Kapoor R, Bornstein P, Sage E H. Type Ⅷ collagen from bovine Descemet's membrane: structural characterization of a triple-helical domain. Biochemistry, 1986, 25(13): 3930-3937.

[38] Wu J J, Eyre D R. Cartilage type Ⅸ collagen is cross-linked by hydroxypyridinium residues. Biochem Biophys Res Commun, 1984, 123(3): 1033-1039.

[39] Quarto N, Cancedda R, Descalzi-Cancedda F. Purification and characterization of the low-molecular-mass(type Ⅹ) collagen from chick-embryo tibial cartilage. European Journal of Biochemistry, 1985, 147(2): 397-400.

[40] Dublet B, van der Rest M. Type Ⅻ collagen is expressed in embryonic chick tendons. Isolation of pepsin-derived fragments. J Biol Chem, 1987, 262(36): 17724-17727.

[41] Aubert-Foucher E, Font B, Eichenberger D, et al. Purification and characterization of native type ⅩⅣ collagen. J Biol Chem, 1992, 267(22): 15759-15764.

[42] 王志杰，彭立新. 胶原蛋白的提取及其配抄纸张的物理性能. 纸和造纸，2006，25(5)：35-36.

[43] 蒋挺大. 铬革渣资源化处理研究Ⅱ由铬革渣提取蛋白质和铬(Ⅲ). 环境科学学报，1989，9(3)：346-351.

[44] 何小维，谢世其，黄强，等. 铬革屑脱铬提取胶原蛋白的研究进展. 皮革科学与工程，2006，16(1)：43-45.

[45] 王坤余，王碧，但卫华，等. 铬革屑的高值利用研究. 中国皮革，2003，32(13)：25-28.

[46] Cabeza L F, Taylor M M, Brown E M, et al. Isolation of protein products from chromium-containing leather waste using two consecutive enzymes and purification of final chromium product: pilot plant studies. Journal of the Society of Leather Technologists and Chemists, 1999, 83(1): 14-19.

[47] Pachence J M. Process for extraction of type Ⅰ collagen from an avian source and applications therefore: US, 5138030, 1992-08-11.

[48] Piez K A, Eigner E A, Lewis M S, et al. The chromatographic separation and amino acid composition of the subunits of several collagen. Biochemistry, 1963, 2(1): 58-66.

[49] 徐新宇. 胶原的提取、改性、交联及其应用. 透析与人工器官，2004，15(3)：38-45.

[50] 胡二坤，郭兴凤，谭凤艳，等. 猪皮中胶原蛋白的提取. 河南工业大学学报(自然科学版)，2006，27(1)：50-53.

[51] 王娜，林炜，穆畅道. 皮胶原的结构、性质与提取方法皮革科学与工程. 2006，16(2)：42-47.

[52] 戴红，张新申，李珍义. 胶原水解产物的分离研究. 皮革科学与工程，2002，4(12)：46-49.

[53] 王碧，贾冬英，舒子斌，等. 色谱法在胶原蛋白分离、分析中的应用(Ⅱ). 化学通报，2003，66：1-5.

[54] Butler W T, Piez K A, Bornstein P. Isolation and characterization of the cyanogen bromide peptides from the alpha-1 chain of rat skin collagen. Biochemistry, 1967, 6(12): 3771-3780.

[55] Miller E J. Isolation and characterization of the cyanogen bromide peptides from the l(Ⅱ)chain of chick cartilage collagen. Biochemistry, 1971, 10(16): 3030-3035.

[56] 金桂仙，彭必先. 胶原/明胶的结构(构象)与性能研究Ⅱ. 酸溶胶原(SLK)的四种不同构象的分离. 感光科学与光化学，1993，11(3)：204-209.

[57] Piez K A. Molecular weight determination of random coil polypeptides from collagen by molecular sieve chromatography. Anal Biochemistry, 1968, 26(2): 305-312.

[58] Miksik I, Deyl Z, Herget J, et al. Binding of lead to collagen type I and Ⅴ and α_2(Ⅰ)CNBr(3,5)fragment by a modified Hummel-Dreyer method. Journal of Chromatography A, 1999, 852(1): 245-253.

[59] 陈丽娟，彭必先. 改性明胶沉降剂的等电点极其分布的研究. 感光科学与光化学，1984，(4)：13-19.

[60] Deyl Z，Rohlicek V，Adam M. Separation of collagens by capillary zone electrophoresis. J Chromatogr，1989，480：371-378.

[61] Novotna J，Deyl Z，Miksik I. Capillary zone electrophoresis of collagen type I CNBr peptides in acid buffers. J Chromatogr B：Biomedical Appl，1996，681(1)：77-82.

[62] Hammikova I，Miksik I，Deyl Z，et al. Binding of proline-and hydroxyproline-containing peptides and proteins to the capillary wall. J Chromatogr，A，1999，838：167-177.

[63] Deyl Z，Novotna J，Miksik I，et al. Micropreparation of tissue collagenase fragments of type I collagen in the form of surfactant-peptide complexes and their identification by capillary electrophoresis and partial sequencing. J Chromatogr A，1998，796(1-2)：181-193.

[64] Miksik I，Deyl Z. Separation of proteins and peptides by capillary electrophoresis in acid buffers containing high concentrations of surfactants. J Chromatogr A，1999，852(1-2)：325.

[65] Schroeder W A，Honnen L，Green F C. Chromatographic separation and identification of some peptides in partial hydrolysates of gelatin. Proceedings of the National Academy of Sciences of the United States of America，1953，39(1)：23-30.

[66] Jones E Y，Miller A. Analysis of structural design features in collagen. J Mol Biol，1991，218(1)：209-219.

[67] Ottani V，Martini D，Franchi M，et al. Hierarchical structures in fibrillar collagens. Micron，2002，33(7-8)：587-596.

[68] 法内斯托克 S R，斯泰因比歇尔 A. 生物高分子(第8卷). 绍正中，杨新林译. 北京：化学工业出版社，2005：117-118.

[69] Ramachandran G N，Kartha G. Structure of collagen. Nature，1955，176：593-595.

[70] Ramachandran G N. Structure of collagen. Nature，1956，177：710-711.

[71] Crick F H C，Rich A. Structure of polyglycine Ⅱ. Nature，1955，176：780-781.

[72] Rich A，Crick F H C. The structure of collagen. Nature，1955，176：915-916.

[73] Rich A. Crick F H C. The molecular structure of collagen. J Mol Biol，1961，3(5)：483-506.

[74] Orgel J，Miller A，Irving T C，et al. The in situ supermolecular structure of type I collagen. Structure，2001，9(11)：1061-1069.

[75] Prockop D J，Fertala A. The collagen fibril：the almost crystalline structure. Journal of Structural Biology，1998，122(1-2)：111-118.

[76] Okuyama K，Takayanagi M，Ashida T，et al. A new structural model for collagen. Polymer J，1977，9(3)：341-343.

[77] Orgel J，Wess T J，Willer A. The in situ conformation and axial location of the intermolecular cross-linked non-helical telopeptides of type I collagen. Structure，2000，8(2)：137-142.

[78] Israelowitz M，Rizvi S W H，Kramer J，et al. Computational modeling of type I collagen fibers to determine the extracellular matrix structure of connective tissues. Protein Engineering，Design & Selection，2005，18(7)：329-335.

[79] Jiang F Z，Khairy K，Poole K，et al. Creating nanoscopic collagen matrices using atomic force microscopy. Microscopy Research and Technique，2004，64(5-6)：435-440.

[80] Harrington W F，Rao N V. Collagen structure in solution. I. Kinetics of helix regeneration in single-chain gelatins. Biochemistry，1970，9(19)：3714-3724.

[81] Kadler K E, Holmes D F, Trotter J A, et al. Collagen fibril formation. Biochem J, 1996, 316(1): 1-11.

[82] Berisio R, Vitagliano L, Mazzarella L, et al. Crystal structure of the collagen triple helix model [(Pro-Pro-Gly)$_{10}$]$_3$. Protein & Science, 2002, 11(2): 262-270.

[83] Bella J, Eaton M, Brodsky B, et al. Crystal and molecular structure of a collagen-like peptide at 1.9Å resolution. Science, 1994, 266(5182): 75-81.

[84] Kronman J H, Goldman M, Habib C M, et al. Electron microscopic evaluation of altered collagen structure induced by N-chloroglycine (GK101). Dent Res, 1977, 56(12): 1539-1545.

[85] Bella J, Brodsky B, Berman H M. Hydration structure of a collagen peptide. Structure, 1995, 3(9): 893-906.

[86] Kramer R Z, Vitagliano L, Bella J, et al. X-ray crystallographic determination of a collagen-like peptide with the repeating sequence(Pro-Pro-Gly). J Mol Biol, 1998, 280(4): 623-638.

[87] Kramer R Z, Berman H M. Patterns of hydration in crystalline collagen peptides. J Biomol Struct Dyn, 1998, 16(2): 367-380.

[88] Nomura S, Hiltner A, Lando J B, et al. Interaction of water with native collagen. Biopolymers, 1977, 16(2): 231-246.

[89] Fullerton G D, Amurao M R. Evidence that collagen and tendon have monolayer water coverage in the native state. Cell Biology International, 2006, 30(1): 56-65.

[90] Mogilner I G, Ruderman G, Grigera J R. Collagen stability, hydration and native state. Journal of Molecular Graphics and Modelling, 2002, 21(3): 209-213.

[91] Handgraaf J W, Zerbetto F. Molecular dynamics study of onset of water gelation around the collagen triple helix. Proteins, 2006, 64(3): 711-718.

[92] Prockop D J, Fertala A. The collagen fibril: the almost crystalline structure. J Struct Biol, 1998, 122(1-2): 111-118.

[93] Hulmes D J, Miller A. Quasi-hexagonal molecular packing in collagen fibrils. Nature, 1979, 282: 878-880.

[94] Hulmes D J, Holmes D F, Cummings C. Crystalline regions in collagen fibrils. J Mol Biol, 1985, 184(3): 473-477.

[95] Fraser R D, MacRae T P, Miller A. Molecular packing in type I collagen fibrils. J Mol Biol, 1987, 193(1): 115-125.

[96] Wess T J, Hammersley A, Wess L, et al. Type I collagen packing, conformation of the triclinic unit cell. J Mol Biol, 1995, 248(2): 487-493.

[97] Tang K Y. Heat Transition of Hide and Leather, Seminar in Eastern Regional Research Center(ERRC) of United States Department of Agriculture Center, 2008, 6.

[98] Giraud-Guille M, Besseau L, Chopin C, et al. Structural aspects of fish skin collagen which forms ordered arrays via liquid crystalline states. Biomaterials, 2000, 21(9): 899-906.

[99] Pezron I, Djabourov M, Bosio L, et al. X-ray diffraction of gelatin fibers in the dryad swollen states. Journal of Polymer Science: Part B: Polymer Physics, 1990, 28(10): 1823-1839.

[100] Fenn J B, Mann M, Meng C K, et al. Electrospray ionization for mass spectrometry of large biomolecules. Science, 1989, 246(4926): 64-71.

[101] 叶易春，但卫华，曾睿，等. 酸法提取猪皮胶原的工艺条件与分子质量及其分布的关系. 中国皮革，

2006，35(15)：15-17.

[102] 郭君著. 蛋白质电泳. 北京：科学出版社，2003：98-105.

[103] 张龙翔. 生化实验方法和技术. 北京：高等教育出版社，1997：137-146.

[104] 廖海明，杨昭鹏，徐康深. 用 SDS-填充胶毛细管电泳法测定蛋白质相对分子质量. 药物分析杂志，1999，19(6)：363-366.

[105] Zhu M D，Hansen D L，Burd S，et al. Factors affecting free zone electrophoresis and isoelectric focusing in capillary electrophoresis. J Chromatogr，1989，480：311-319.

[106] 李克，袁倚盛，赵飞浪. 高效毛细管区带电泳法分离人血清蛋白质的研究. 色谱，2000，18(2)：152-154.

[107] 李天铎，崔凤霞，刘素清，等. 蛋白酶水解铬革屑所得胶原蛋白产物相对分子质量的研究. 中国皮革，2003，32(5)：4-6.

第4章　胶原的物理性质

4.1　胶原的两性

氨基酸是一种两性电解质(即同时带有可解离为负电荷和正电荷基团的电解质)。因此,由多个氨基酸组成的胶原是一种两性聚电解质。胶原肽链具有许多酸性或碱性的侧基,并且胶原每个肽链两端有 α-羧基和 α-氨基。羧基有给予质子的能力,氨基有接受质子的能力。在溶液中,随着溶液 pH 的不同,胶原成为带有许多正电荷或者负电荷离子的蛋白质。

$$\underset{\text{正离子}}{HOOC—P—NH_3^+} \underset{+H^+}{\overset{-H^+}{\rightleftharpoons}} \underset{\text{两性离子}}{^-OOC—P—NH_3^+} \underset{+H^+}{\overset{-H^+}{\rightleftharpoons}} \underset{\text{负离子}}{^-OOC—P—NH_2}$$

当溶液在酸性条件下,胶原分子链上的正电荷多于负电荷,在外加电场作用下,胶原向负极移动;当溶液在碱性条件下,胶原分子链上的负电荷多于正电荷,胶原在电场作用下向正极移动。当在某一 pH 下,胶原分子链所带的正负电荷恰好相等,也就是说胶原的净电荷为零,此时胶原在电场作用下既不向负极移动,也不向正极移动,这时的 pH 就称为胶原的等电点(isoelectric point, pI)。胶原的端基和可解离侧基都有自己的 pI(表 4.1)。胶原肽链侧基的 pK (解离常数)与其组成氨基酸侧基的 pK 有些不一致,这是由于在胶原分子中受到邻近电荷的影响,也有一些可解离基团由于被埋藏在三股螺旋分子内部或参与氢键形成而被抑制。

表 4.1　胶原可解离基的 pK

基团	pK(25℃)	基团	pK(25℃)
α-羧基	3.0～3.2	α-氨基	7.6～8.4
β-羧基(天冬氨酰)	3.0～4.7	ε-氨基(赖氨酰)	9.4～10.6
γ-羧基(谷氨酰)	约 4.4	巯基(半胱氨酰)	9.1～10.8
咪唑基(组酰胺)	5.6～7.0	酚羟基(酪氨酰)	9.8～10.4
胍基(精氨酰)	11.6～12.6		

胶原分子实际上是一个多价离子,所带电荷的性质和数量由胶原分子中可解离基团的种类和数目以及溶液的 pH 决定。处于等电点的胶原具有一些特殊的物理化学性质,其电导率、渗透压、黏度、溶解度以及膨胀度等都为最低值[1]。

4.1.1 等电点的测定

有很多方法可测定胶原的等电点。根据等电点的定义，胶原在等电点时其溶液或悬浮物在电场中不移动。因此，可用电泳方法直接测定胶原的等电点。此外，胶原在等电点时的物理化学性质有很大的变化，如黏度最小、膨胀度最小、渗透压最低、电导率最小、浊度最大等。通过测定一系列这些物化性质数据，然后将数据对 pH 作图，便可计算出胶原的等电点[2,3]。

1. Zeta 电位法测定

Zeta 电位(又称 ζ 电位)是描述胶粒表面电荷性质的物理量，是距离胶粒表面一定距离处的电位。若胶粒表面带有某种电荷，其表面就会吸附相反符号的电荷，构成双电层[4]。Zeta 电位是在滑动面处产生的动电位，也是我们通常所测的胶粒表面的电位，可以通过电泳或电渗速度的测定计算出 Zeta 电位值。如果胶粒表面的正电荷数和固定层吸附的负离子数相等，Zeta 电位就变成零，此时溶液对应的 pH 就是等电点[5]。胶原可在极性溶剂中形成胶体，又由于胶原自身带有可解离的极性基团，因此在溶液中是带电的。从界面化学可知，带电的胶原胶体必然在胶体外层吸附一层带相反电荷的溶液分子，从而在胶原胶体和溶液之间形成界面，由于这个界面而形成了一个界面电位差，那么这个界面电位差就是 Zeta 电位。

测定方法如下[5]：将胶原纤维和明胶用稀乙酸(0.05mol/L)或氢氧化钠溶液溶解后，以 10 000r/min 的转速离心 5min，取上清液 2mL 用蒸馏水稀释至 15mL。开启 Zeta 电位测定仪及自动滴定系统，校正 pH。用“自动滴定”模式并对温度进行设定，自溶液所处的 pH 起滴定：酸性溶液用 0.25mol/L 氢氧化钠溶液滴定，碱性溶液用 0.25mol/L 的盐酸溶液滴定，每隔 0.5 个 pH 自动测定电位，并作 Zeta 电位随 pH 变化曲线，便可得所测样品的等电点。在用此法对胶原等电点进行测定时，温度需控制在 25～40℃，在这个温度范围内，温度对 Zeta 电位法测定胶原等电点的影响不大，其偏差在 0.1 个 pH 范围内。在用 Zeta 电位法进行测定时，胶原蛋白溶液的质量浓度一般控制在 0.2～0.5mg/mL。此法测得的等电点数值与等电聚焦法测得的数值比较吻合。

2. 荧光光度法

荧光是一种发光现象，当外源光辐射分子后，光子和分子相互作用，分子吸收光辐射能，价电子在 10^{-15}s 的时间内由基态轨道跃迁到高一级的能级轨道，于是分子就处于激发态；受激分子以光物理辐射的形式来释放能量而返回基态时所发出的光线就是荧光。

荧光是由单态到单态的跃迁而产生的。胶原分子中具有天然荧光效应的氨基酸，如酪氨酸。由于 pH 会影响到胶原分子在溶液中的存在状态，而胶原分子在伸展或收缩状态下的荧光强度有很大的差别。当胶原分子在伸展状态时，分子侧链上的相邻酪氨酸残基距离较远，因此荧光强度较小；当在等电点附近时，胶原分子链处于收缩状态，此时，不仅同一分子侧链上相邻的酪氨酸残基间距离缩小，分子间的酪氨酸基团之间距离也由于相邻分子靠得更近而变小甚至产生层叠，引起胶原分子侧链上酪氨酸残基间相互作用的增强，从而导致分子内旋转受阻。所以，在等电点时荧光强度增大。另外，由于分子带电使胶原分子变形，胶原蛋白溶液的黏度在不同的酸碱条件下也有不同的变化。在等电点附近，胶原分子处于电中性，分子收缩，所以黏度最低；当偏离等电点时，由于胶原分子的净电荷增加，静电排斥力使胶原分子链展开，因此黏度增加。在一定的 pH 范围内，胶原的荧光强度和黏度之间呈现相反的变化趋势。所以，测定不同 pH 下一定浓度的胶原溶液的荧光强度，并测出对应的黏度值，那么荧光强度最大处和黏度最小处应对应于同一 pH，此时的 pH 即为该胶原的等电点。

唐世华等用荧光光度法测定了胶原的变性产物——明胶的等电点[6]。首先，固定明胶浓度，调节样品至不同的 pH 并用酸度计测定，得到相同明胶浓度在不同 pH 下的样品浓度。分别测定同一 pH 下明胶的荧光光谱。测定样品溶液的黏度时首先要利用比重瓶测定同温度下明胶溶液的密度，利用公式 $\eta=A\rho t-B\rho/t$ 计算黏度。式中，A、B 为黏度计常数；ρ 为样品液体的密度，kg/m^3；t 为液体流经毛细管的时间，s。在 20℃±0.1℃下测定样品流经毛细管所需的时间 t，最后利用公式得出黏度值 η，mPa・s。在室温下分别测得浓度为 0.125%（$g/100cm^3$）的生化试剂明胶、浓度为 0.150%（$g/100cm^3$）的化学纯明胶溶液的黏度与 pH 的关系（图 4.1），图中黏度最低点处为 pH 5.4～5.7。此外，还分别测定了这两种明胶的荧光强度与 pH 的关系。在 pH 4～10 的范围内，明胶的荧光强度出现极大值，而且该点处的 pH 与最小黏度值的 pH 完全一致。此即为该明胶的等电点。

3. 中和法电位滴定

根据中和法电位滴定的原理，当电位发生突变时所对应的 pH 就是溶液中酸的物质的量与碱的物质的量相等时的 pH。对于蛋白质分子，突变时的 pH 就是电离的氨基数与电离的羧基数相等时的 pH，也就是蛋白质的等电点。胶原的等电点也可用中和法电位滴定来测定。

配制一定浓度的不同胶原蛋白及多肽溶液，移取适量溶液，分别用经邻苯二甲酸氢钾标定的氢氧化钠溶液滴定，然后绘制电位滴定曲线并做一次微商曲线，首先，确定各胶原蛋白及多肽溶液的滴定终点，进而再确定氨基（$—NH_2$）和羧基

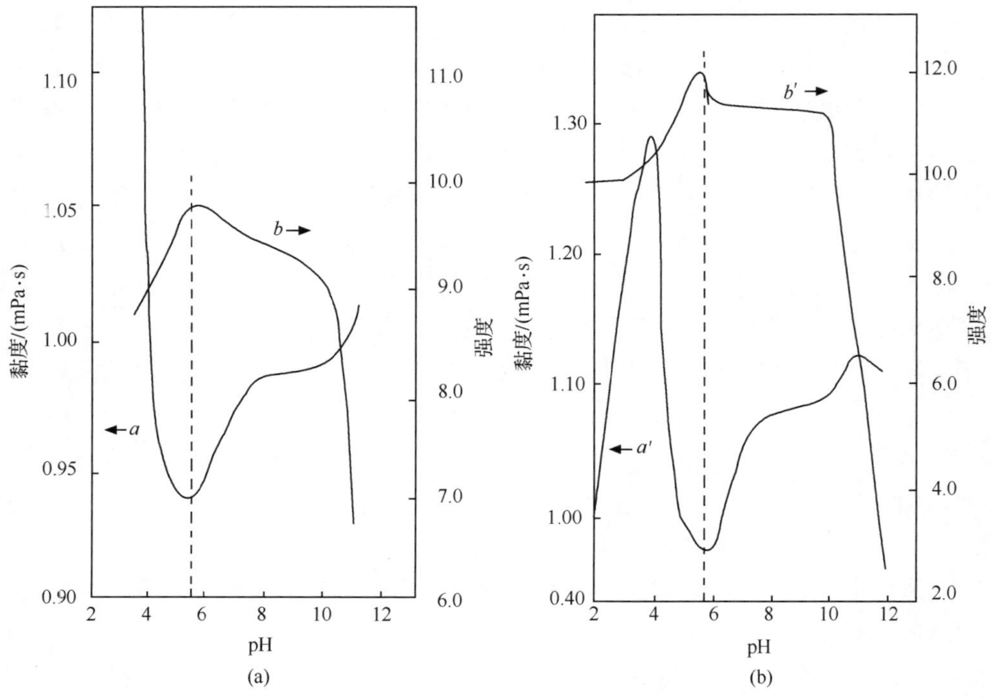

图 4.1　pH 对明胶的黏度(a 和 a')和荧光强度(b 和 b')的影响

(a) 生化试剂明胶;(b) 化学纯明胶

(—COOH)的表观平衡常数 K_1 和 K_2。根据公式 $pI=(pK_1+pK_2)/2$,可计算得到胶原蛋白样品的等电点 pI[7]。

4. 等点聚焦圆盘电泳法

等点聚焦圆盘电泳法也可测定胶原的等电点[5,8]。首先,用 1.67mL 30%丙烯酰胺、0.5mL 两性电解质载体(pH 3.5～10)、20μL 400g/L 过硫酸铵、4.67μL TEMED 和 0.2mL 蛋白溶液进行制胶。成胶后在原盘电泳槽中进行电聚焦电泳(每支管 2mA),先恒流,当电压达到 250V 时再恒压,聚焦到电流为 1mA 时将电压升高到 400V,当电流接近于零时停止电泳。电泳后,将量好长度的凝胶放入培养皿中,加入 12%三氯乙酸溶液直至凝胶柱被淹没,固定 2h 以上,即可看见白色蛋白质带出现。记录经三氯乙酸固定后的凝胶长度及凝胶条正极端到蛋白质白色沉淀区带(或染色带)中心的距离。将一条未经三氯乙酸溶液固定的凝胶平放在玻璃板上,按照从正极端到负极端顺序用刀片切成 5mm 长的小段,分置于有 1mL 蒸馏水的试管中浸泡过夜,第二天测其 pH,作出 pH 梯度曲线,可据此算出样品的等电点。

4.1.2　胶原在等电点时的物化性质

1. 黏度

pH 对胶原稀溶液的黏度影响较大，这主要是由于稀溶液中的大分子链因带电荷而发生一定程度的变形。图 4.2 是一种等电点为 7.0 的胶原蛋白溶液的黏度与 pH 的关系曲线。溶液黏度先随 pH 的升高而减小，达到最低值后又随 pH 的升高而增大，在等电点的 pH 处出现黏度最小值。胶原蛋白肽链端的氨基和羧基以及侧链上的酸性基和碱性基在水中都可以离解，从聚电解质的分子形状分析，胶原蛋白在水溶液中可以电离为高分子离子和抗衡离子，其电离程度由电离平衡常数决定。因此，胶原分子的荷电状态影响着胶原蛋白的柔性链状分子形状。在等电点时，胶原蛋白整个分子的净电荷为零，分子呈电中性，因不带电的高分子一般趋向于卷曲状态，另外，因为氢键之间的作用也变小，卷曲的分子运动阻力小，所以表现出溶液黏度最小的性质。而当 pH 高于或低于等电点时，胶原蛋白的净电荷不为零，分子链带有负电荷或正电荷，电离的聚电解质分子会由于电荷斥性而使分子伸展，胶原分子在偏离等电点的溶液中也处于伸展状态，在伸展状态下，大分子的侧链基团暴露的比较多，因而分子链间容易发生相互缠结和黏结，刚性结构逐渐增大，溶液的黏度也逐渐增大。通常偏离等电点越远，分子上所带的净电荷也就越多，则电荷密度就越大，斥力也就越大，因而黏度也越大[9]。但在 pH 进一步增大时，加进去的离子的影响克服了分子上的总电子数，所以分子重新卷得更紧，结果反而使溶液的黏度降低。在水溶液中，由于电荷和水化层的稳定作用，胶原蛋白胶

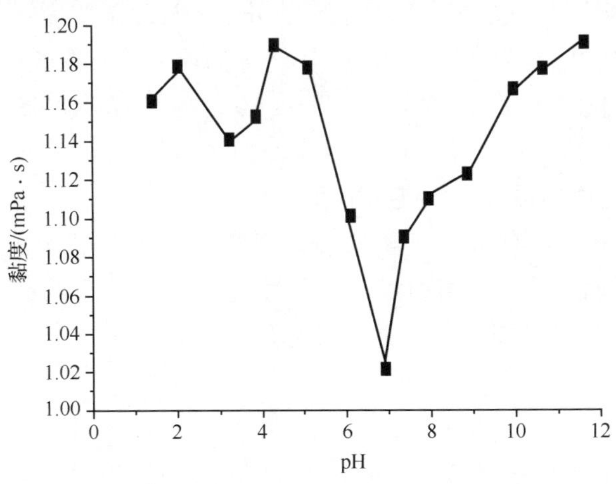

图 4.2　等电点 7.0 的胶原蛋白溶液黏度-pH 关系曲线

体粒子不会相互凝聚而沉淀，胶原颗粒之间的斥力势垒不为零，因此，它们很难靠分子的热运动而达到聚沉。但是当 pH 上升到 12 时，会产生明显的絮凝现象。这是因为当碱性很高时，水溶液中的胶原蛋白分子上的净负电荷总数增多，同性电荷相斥，斥性强烈作用的结果使胶原蛋白的各种次级键断裂，二级、三级及四级结构被破坏，分子的紧密构象变成了松散的无序状态。而且碱性的提高，使粒子所具有的动能大于斥力势垒的高度，这时就会发生聚沉，因而可以观察到明显的絮凝现象。

2. 膨胀度

具有两性特征的胶原在酸性或碱性介质中的膨胀对于制革生产过程特别重要。制革时生皮浸泡发生膨胀，其实质就是生皮中的胶原肽链间的氢键和离子键乃至共价键在酸或碱的作用下有所破坏，使胶原结构松散。胶原在等电点附近时的膨胀度最小。

对于胶原的酸碱膨胀机理有不同观点。一种观点认为是热力学的平衡造成渗透膨胀，电解质溶液中的离子向胶原内部渗透，当渗透达到平衡时，可扩散离子在胶原的内部和外部造成浓度差，从而产生渗透压，水分子由外向内渗透产生膨胀。另外一种观点是静电排斥说，认为胶原在偏离等电点的酸性或碱性溶液中时，肽链侧基上会带同一种电荷，同种电荷互相排斥，增大了胶原肽链间的距离而发生膨胀[10]。

对于不同的酸，对胶原的膨胀度的影响是有差异的，有些酸不会造成胶原的膨胀。在浸泡的前 10h，有机酸引起的胶原膨胀度的变化比无机酸引起的胶原膨胀度的变化要大得多；在 10h 以后，规律就不太明显了。

在碱性条件下，当 $7<pH<10$ 时，随着 pH 的升高，膨胀度变化很大，当 $pH>10$ 时，随着 pH 的升高，膨胀很缓慢，膨胀度达到最大值。在酸性条件下，膨胀度随 pH 的变化而快速地变化，当 pH 1.7～2.0 时，胶原的膨胀度达到最大值，为 94%；当 pH 2.0～5.0 时，胶原的膨胀度从 94%急剧下降到 8%；当 pH 5.0～6.0 时，胶原的膨胀度处于最低点，之后，随着 pH 的升高而缓慢增大。另外，温度对胶原的酸膨胀（H_2SO_4）也有明显影响，在较高温度下（32℃），胶原在开始的一段时间内膨胀比较剧烈，能很快达到最大值，所需时间仅为 10h，在较低温度下（4℃），胶原膨胀比较温和平缓，大约 25h 后膨胀度才能达到最大值。

3. 其他性质

在等电点时，胶原分子上所带的净电荷为零，所以电导率最小；在偏离等电点时，胶原的电导率增大。在等电点附近，由于净电荷最少，其渗透压和浊度也都最小。

4.2　胶原的变性

胶原具有蛋白质完整的四级结构：氨基酸组成、肽链形成的三股螺旋结构、由胶原分子形成的胶原纤维结构以及胶原纤维的空间排列。蛋白质的天然结构取决于蛋白质本身的性质和它所处的环境。胶原这种天然的蛋白质结构是蛋白质分子内部各种基团相互作用以及蛋白质分子与其他非蛋白质成分相互作用的共同结果。在生理条件下，蛋白质的最稳定状态是它的天然状态，此时的吉布斯自由能最低。当蛋白质所处的条件发生改变，参与蛋白质分子空间结构形成的次级键遭到不同程度的破坏，蛋白质分子内部各基团的相互作用、蛋白质分子与其他成分间的作用也会随之改变或丧失，这种现象称为蛋白质的变性。在热、光、辐射、酸、碱、盐溶液等的作用下，胶原纤维的排列方向发生改变、多肽链发生异构化、三股螺旋链结构发生破坏，使胶原的二级、三级和四级结构发生改变。

4.2.1　影响胶原变性的因素

1. 紫外线照射[11]

Kaminska 等[12]研究了紫外线照射后的鼠尾腱胶原红外光谱的形状。发现经紫外线照射后，胶原中氨基化合物的红外光谱吸收峰向低频移动，表明蛋白质的结构发生了变化。这些变化显示出胶原间水键的丧失，其氨基化合物上主链的断裂和降解，CH_2—N、$=CH_2$ 和 C $=$O 键的断裂，并发现—COOH、—C $=$O 以及—COO^- 基团含量有所减少。这引起了分子内和分子间反应的减少，也导致了胶原分子间氢键的减少，使三股螺旋结构有所削弱，而无规线团结构在该条件下只能缓慢产生。此外，随着光降解反应中 β-键的断裂，形成了较大的自由基（图 4.3 和图 4.4）。在这些过程中，发生了降解和结构的变化，胶原分子中的三股螺旋结构转变成无规线团结构。

Sionkowska 等[14]研究了胶原溶液、胶原膜以及鼠尾腱胶原经紫外线照射后胶原的热转变行为。将样品于 254nm 的紫外线下照射一定时间，用 DSC 和乌氏黏度计等研究了胶原的热变性行为。胶原的水合程度对胶原的热变性行为影响很大。紫外线辐射引起胶原分子的构象转变，胶原分子内和分子间部分氢键断裂，控制 H—O—H—胶原键（如键的数量和肽键间的距离）中的水被释放，导致部分三股螺旋链结构转变成无规形态。紫外线照射对胶原的热螺旋-无规转变影响很大。光化学变化使胶原溶液、胶原膜及鼠尾腱胶原中的三股螺旋的热稳定性降低。紫外线照射后的胶原其热变性取决于水合程度和辐射量的大小。

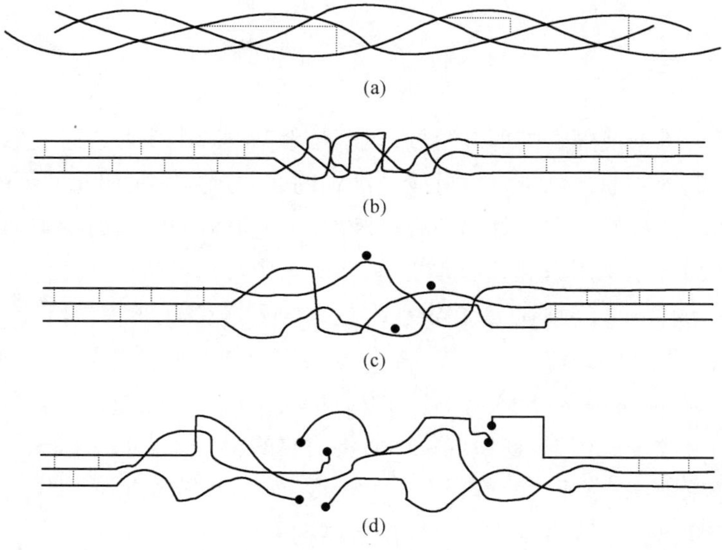

图 4.3　紫外线照射下三股螺旋向无规线圈的转变

(a) 胶原的三股螺旋结构；(b) 部分氢键断裂；(c) 产生部分无规线团结构；(d) β键断裂产生光降解

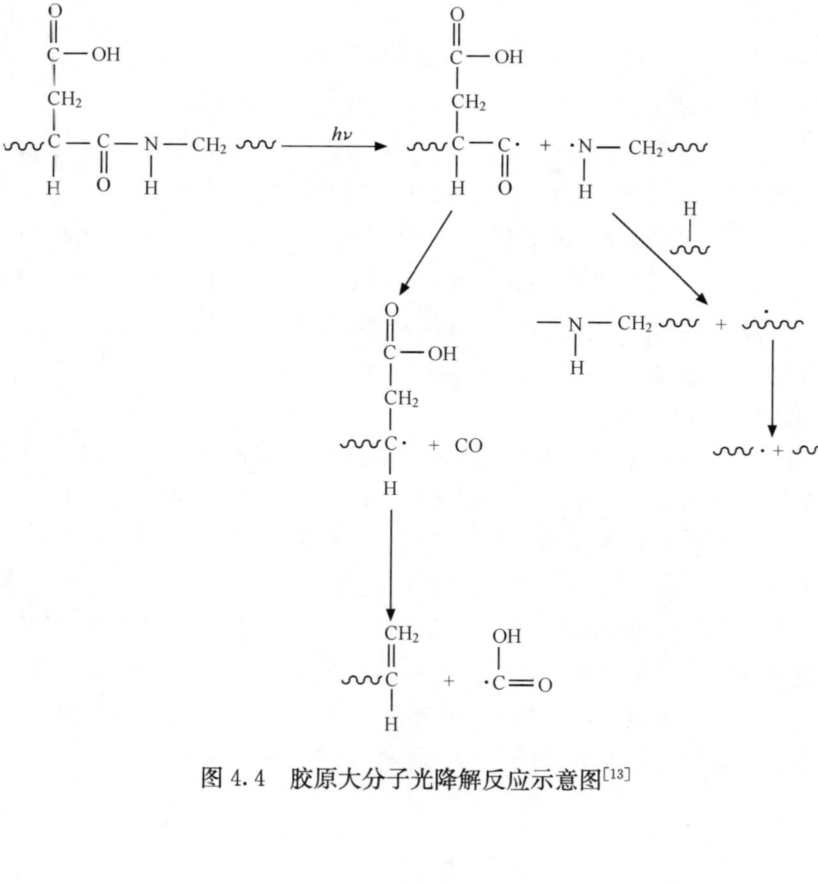

$$\sim\!\!\sim CH(CH_2COOH)-C(=O)-NH-CH_2\sim\!\!\sim \xrightarrow{h\nu} \sim\!\!\sim CH(CH_2COOH)-\dot{C}(=O) + \cdot NH-CH_2\sim\!\!\sim$$

$$\sim\!\!\sim CH(CH_2COOH)-\dot{C}(=O) \longrightarrow \sim\!\!\sim \dot{C}H(CH_2COOH) + CO \longrightarrow \sim\!\!\sim CH(=CH_2) + \cdot C(=O)OH$$

$$\cdot NH-CH_2\sim\!\!\sim \xrightarrow{H-\sim\!\sim} -NH-CH_2\sim\!\!\sim + \dot{\sim\!\!\sim} \longrightarrow \sim\!\!\sim\cdot + \sim\!\!\sim$$

图 4.4　胶原大分子光降解反应示意图[13]

Sionkowska[15]将鼠尾腱中提取的胶原浸于水中以保证胶原充分水合，然后用 302nm 左右的紫外线对其进行辐照，用 DSC 研究了辐照前后胶原的热变性行为。未经照射的胶原的热变性温度 T_D 在 64.1℃，热焓变值 ΔH_D 为 61.1J/g。经过 1h 和 3h 照射后（图 4.5），其 T_D 略有升高，为 66.1℃和 67.0℃；热焓变值 ΔH_D 略有降低，为 52.9J/g 和 52.6J/g。这说明较短时间的照射使胶原分子间形成更多的交联结构。这 3 个样品的 DSC 曲线光滑，峰形尖锐，形状为单峰，表明胶原分子链中的三股螺旋链结构未被破坏。在紫外线照射 20～36h（图 4.6、图 4.7）后，样品的 DSC 曲线发生了很大变化。不仅胶原的热变性温度降低，而且峰很宽，出现了很多小峰。以照射 66h 为例（图 4.8），此时胶原的热变性温度 T_D 在 39.3℃，DSC 曲

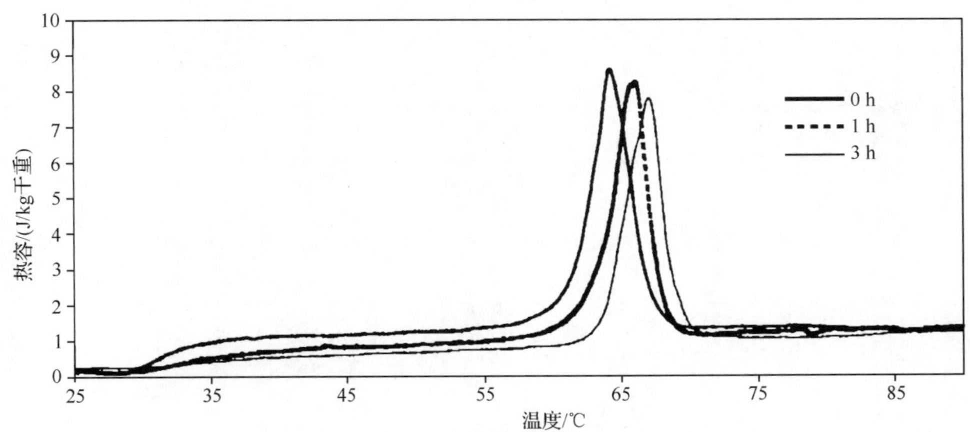

图 4.5　浸入水中的胶原在紫外线照射 1h 和 3h 前后的 DSC 曲线

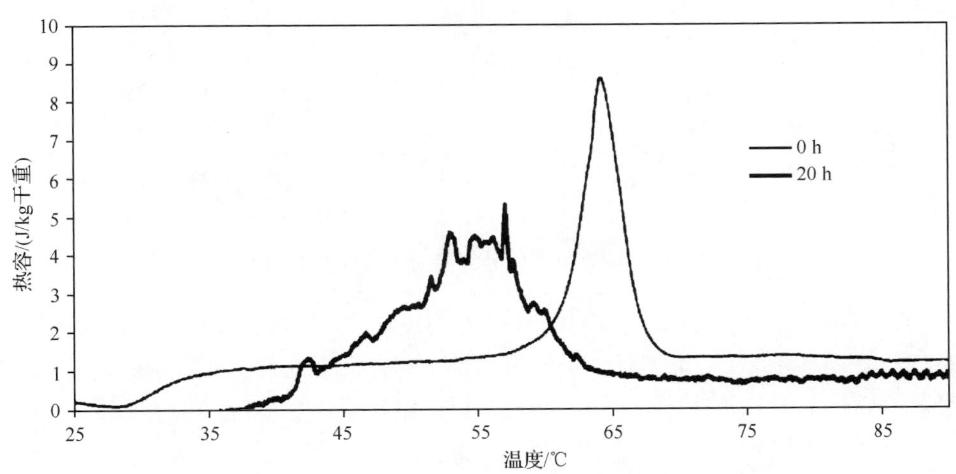

图 4.6　浸入水中的胶原在紫外线照射 20h 前后的 DSC 曲线

线上出现了 7 个峰。这表明胶原在经过长时间照射后，分子链在紫外线的作用下发生断链，胶原已经降解为具有不同链长的多肽链。紫外线对胶原的光降解和光老化起着重要的作用。

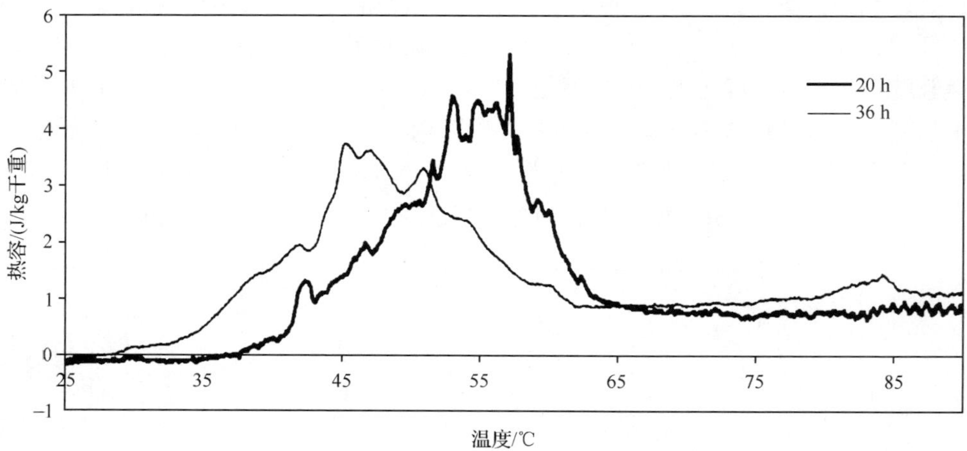

图 4.7　浸入水中的胶原在紫外线照射 20h 和 36h 后的 DSC 曲线

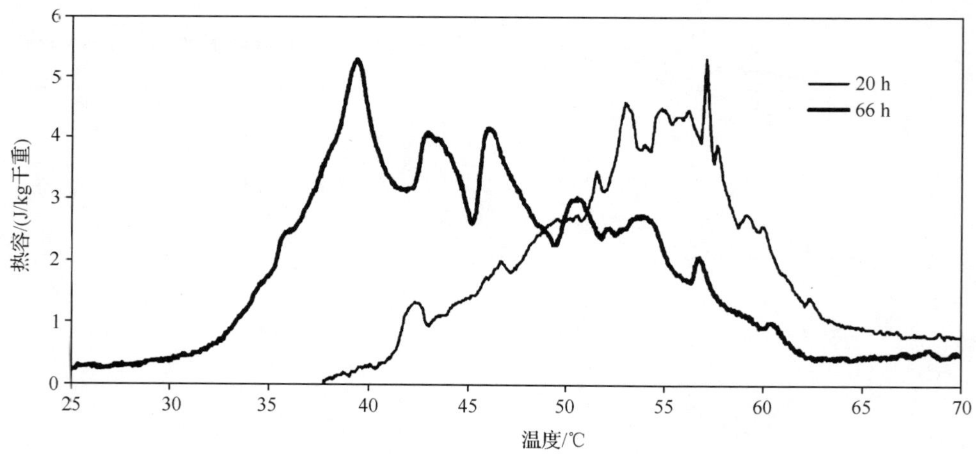

图 4.8　浸入水中的胶原在紫外线照射 20h 和 66h 后的 DSC 曲线

Sionkowska[16]用波长为 254nm、强度为 0.263J/(cm^2 · min)的紫外线对胶原/聚乙二醇(PEG，重均相对分子质量为 6000)共混物进行了照射，表征了紫外线照射前后样品的红外光谱、紫外分光光谱以及溶液黏度的变化，并对照射前后的样品的表面形貌进行了观察。胶原/聚乙二醇共混物的光学稳定性与纯胶原和纯聚乙二醇的光学稳定性均不同。胶原/聚乙二醇共混物的稳定性低于纯胶原的稳定性。聚乙二醇对胶原光化学稳定性的影响取决于该物质在混合物中的浓度。经紫外线照射后，胶原/聚乙二醇共混物的表观形貌没有发生明显的变化。傅里叶变换红外光谱（FTIR）分析表明，经 2h 和 8h 的紫外线照射后，胶原的红外吸收峰位置并未发生显著变化（图 4.9）。然而，溶液的相对黏度变化显著（图 4.10）。胶原溶液的相对黏度变化主要是由构象的转变（即三股螺旋链到无规卷曲链的转变）引起的。经紫外线照射后，胶原的黏度迅速下降，照射 3h 后，胶原的相对黏度降低了 1/3，此后胶原的黏度变化不大。作者分析认为，胶原中的酪氨酸和苯丙氨酸可以吸收 300nm 以下波长的光波，这些氨基酸是敏感的发色基团，可能通过侧基的分裂而导致胶原分子链的光降解和断链（图 4.11）。

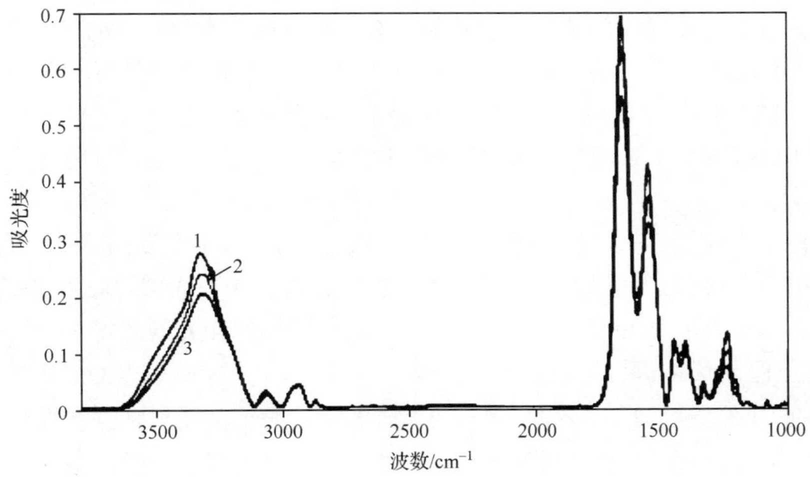

图 4.9　胶原在紫外线照射前（曲线 1）及分别照射 2h（曲线 2）和 8h（曲线 3）后的 FTIR 谱图

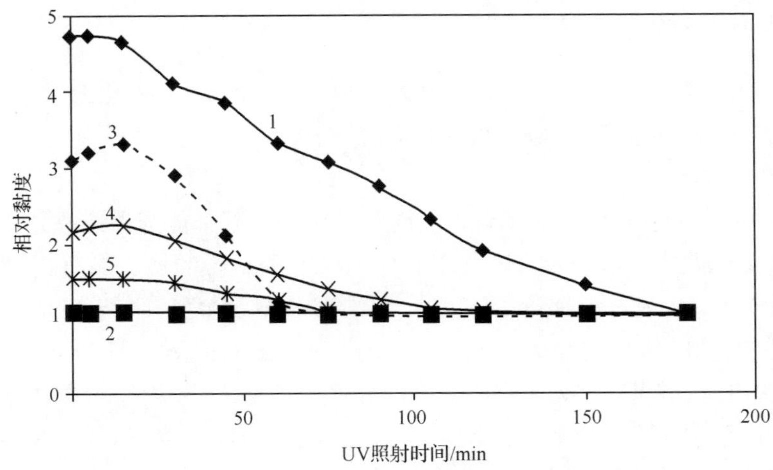

图 4.10　紫外线照射对胶原、PEG 及胶原/PEG 共混物相对黏度的影响

曲线 1-纯胶原；曲线 2-纯 PEG；曲线 3-胶原/PEG（3∶1，质量比）；曲线 4-胶原/PEG（1∶1，质量比）；曲线 5-胶原/PEG（1∶3，质量比）

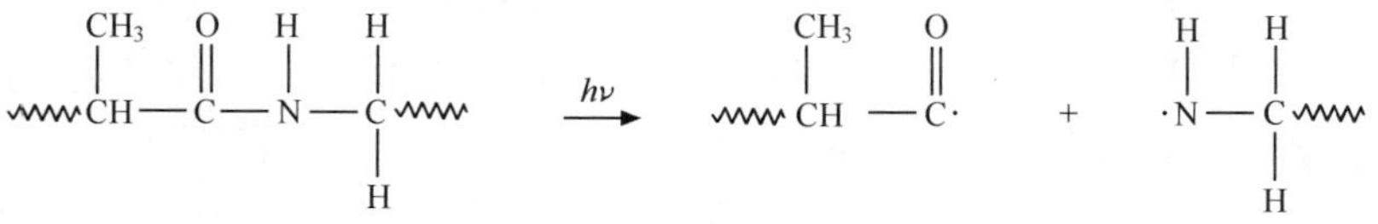

$$\text{\sim CH(CH_3)-C(=O)-NH-CH_2 \sim} \xrightarrow{h\nu} \text{\sim CH(CH_3)-\dot{C}=O} + \text{\cdot NH-CH_2 \sim}$$

图 4.11　紫外线照射下可能发生的胶原分子链断链示意图

郑学晶等[17]将皮胶原经不同时间的紫外光照射，采用热重法(TG)和微分热重分析(DTG)研究了照射前后皮胶原的热降解行为，用 Horowitz-Metzger 法和 Coats-Redfern 法计算了其热降解活化能，得到未照射皮胶原和经过不同紫外线照射时间处理后的皮胶原的热降解活化能。紫外线照射可对皮胶原的热降解活化能产生重要的影响。在较短时间(0～4h)的照射后，皮胶原的热降解活化能略有增大；在较长时间(8～64h)的照射后，皮胶原的热降解活化能大幅降低。这可能是由于在紫外线照射的过程中，皮胶原分子链发生了以交联为主和以断链为主的复杂光化学反应。

高能辐射波被吸收之后，导致胶原构象发生改变、二硫键断裂，甚至可能会氧化氨基酸残基，使共价键断裂、离子化等。可以通过加入一些鞣制剂和对胶原进行共混处理来抑制胶原在光照下发生变性。Li 等[18]用分光光度测定法研究了纳米 TiO_2 对胶原的紫外辐射屏蔽效果的影响。纳米 TiO_2 对紫外辐射的屏蔽效果有显著的影响，质量分数为 2.5%的 TiO_2 对紫外光的屏蔽效果要远远强于质量分数为 0.5%的 TiO_2。此外，该研究指出，在鞣剂中添加纳米 TiO_2 有望制备一种对紫外辐射具有屏蔽功能的新型鞣剂，以抑制胶原发生光降解和光老化。

2. 无机试剂的处理

使胶原变性的无机试剂主要有强酸、强碱、无机盐类，无机盐类又包括重金属盐、易溶盐类(如钠盐和钾盐)以及硫氰酸盐等。

1) 酸与碱

在酸或碱溶液中，胶原分子链上的酸性基和碱性基都能与碱或酸结合，其结合量用碱容量或酸容量来表示，即 1g 干胶原与碱或酸结合的最大毫克当量①。胶原的酸容量为 0.82～0.9mequiv(1g 干胶原)，碱容量为 0.4～0.5mequiv(1g 干胶原)。胶原的碱性基和酸性基结合后，分子内和分子间的离子键和氢键被部分打开，胶原因充水而膨胀。胶原经酸或碱的长时间作用，其分子间的交联键被破坏，胶原即能溶于水转变成明胶。在酸性溶液中，胶原的羧基离子($—COO^-$)与氢离子结合生成不带电荷的羧基(—COOH)，而留下带正电荷的氨基离子($—NH_3^+$)，

① 克当量(equiv)为非法定用法。为遵从学科及读者阅读的习惯，本书仍沿用这一用法。

所以，在酸性溶液中胶原带正电荷。在碱性溶液中，胶原的氨基离子（$—NH_3^+$）与羟基作用形成不带电荷的氨基（$—NH_2$），所以，此时胶原带羧基离子的负电荷。胶原的羧基离子变为羧基，或氨基离子变为氨基的过程，称为“封闭”羧基离子或“封闭”氨基离子。由于胶原具有的羧基离子或氨基离子并非各只有一个而是各有若干个。因此，被封闭的羧基离子的数量或氨基离子的数量是由溶液的 pH 来决定的，溶液 pH 越低，被封闭的羧基越多，此时，氨基离子的活性也越大；同理，溶液 pH 越高，被封闭的氨基越多，此时，羧基离子的活性也越大。当 pH 2.0～1.5 时，胶原的羧基离子全被封闭。在 pH 13 左右，胶原的氨基离子全被封闭。因此，在生产中可以通过调整溶液或裸皮 pH 的办法来调整胶原活性羧基（羧基离子），或活性氨基（氨基离子）的数量以达到控制生产的目的。

胶原在酸碱溶液中会发生膨胀，关于胶原在酸碱溶液中的膨胀理论主要有三种解释。

第一种解释是 Dannan 平衡渗透膨胀（osmotic swelling）理论[19]。Donnan 平衡理论要点在于：

(1) 蛋白质溶液具有胶体性质，所以就具有半通透性，蛋白质不能透过半透膜；

(2) 任何溶液都具有从高浓度向低浓度稀释的性质；

(3) 生皮蛋白质在酸碱溶液中，被认为是一种很难通过的半透膜，膜内电离的蛋白质不能渗透到膜外，而膜外的电解质（如酸碱盐等）却能自由地通过半透膜，渗入到膜内的酸有一部分与蛋白质的氨基结合，其余部分能自由移动；当渗透达到动态平衡时，渗透到皮内的电解质多于皮外（膜外）的电解质，也就是皮内电解质浓度大于皮外，进而水分从膜外渗入到膜内，发生膨胀。

事实上，在 pH 偏离等电点较大的情况下，这种观点难以解释上述结果。例如，渗透膨胀应与温度有关，而升温的结果反使膨胀度降低，这是众所周知的现象，少量的盐酸即可使膨胀度达到最大，也使酸对胶原的作用失去渗透膨胀解释的意义。

第二种解释是感胶离子膨胀（lyotropic swelling）[20]，但这只限于在中性条件下或等电点状态下的胶原。

第三种解释为静电排斥理论。静电排斥理论认为在偏离等电点情况下，胶原多肽链因侧基带上相同电荷而产生排斥作用，从而增大了胶原纤维间的距离，使其结构松散进而使其肿胀，这种理论若跟偏离等电点联系起来，并加以推广，也能很好地解释各种膨胀和抑制现象。

Russell[21] 比较了酸性 pH 环境对不溶性胶原、酸可溶胶原溶液经加盐沉淀出的胶原纤维以及酸可溶胶原溶液热稳定性能的影响。发现随着 pH 的减小，不溶性胶原纤维和盐沉淀胶原纤维在热稳定性方面表现出极大的波动，然而稀释的可溶性胶原的热稳定性基本上没有受到影响(图 4.12)。pH 对溶液中单个分子的稳定性影响较小,这是由于分子表面的相对两侧带有相同的碱性基团的正电荷,它们相互排斥,使分子在酸性 pH 下发生膨胀。不同溶液中的纤维包含的一系列分子之间存在不同的相互作用,尤其是在晶区内的定向偶极区内的多肽链的急剧增加,增强了纤维的稳定性。在等电点时,羧基在酸性 pH 下急剧减少,大量电荷的相互作用,使胶原纤维的稳定性增强。

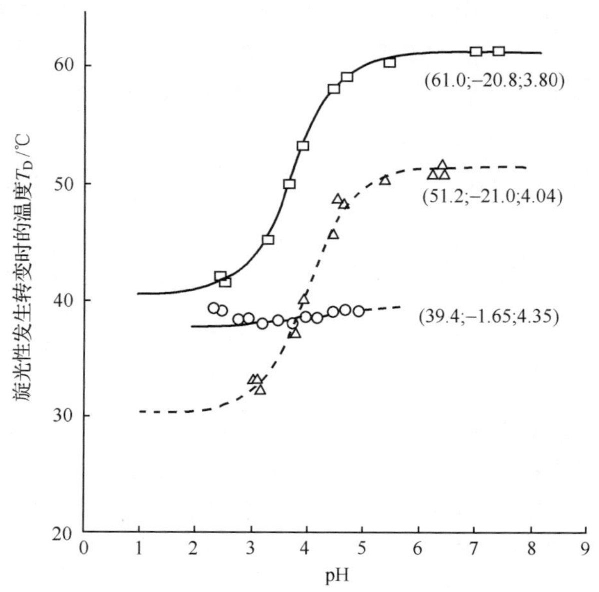

图 4.12 pH 对胶原溶液和胶原纤维热稳定性能的影响

○ 酸溶性小牛皮胶原溶液的旋光性发生转变时的温度;△ 盐沉淀小牛皮胶原纤维的分解温度;□ 不溶性绵羊皮胶原的收缩温度

Hattori 等[22]研究了碱处理对胶原性能的影响,发现用 3%氢氧化钠和 1.9%单甲胺溶液处理Ⅰ型胶原后,其等电点从 9.3 降低至 4.8。其原因是胶原分子中的天冬酰胺(Asn)、谷氨酰胺(Gln)转化成了天冬氨酸(Asp)和谷氨酸(Glu)。随着等电点的酸性化,经 20d 处理后胶原的变性温度从 42℃降低到 35℃。与酸溶胶原不同,碱处理胶原在生理条件下、中性 pH 时失去了形成原胶原纤维的能力,甚至 4h 的处理就会使此能力丧失;然而在 30℃、酸性条件下,会形成直径为 50～70nm 的纤维状沉淀。

碱处理后,胶原的等电点向酸性区域偏移[23-25]。Jacoby 等[25]研究了饱和氢氧化钙溶液对胶原的作用,发现作用时间越长,胶原的等电点越低。这可能是因为在碱性环境中,胶原侧链酰胺基水解,释放出羧基,天冬酰胺和谷氨酰胺分别水解成天冬氨酸和谷氨酸,从而使胶原等电点向酸性范围迁移。

2）无机盐

各种中性盐与胶原的作用不一致，有的使胶原脱水，有的则引起胶原膨胀（充水）。根据这些作用，可将盐分成 3 类：

第一类盐包括硫氰酸盐、碘化物、钡盐、钙盐、镁盐和锂盐等。胶原在这些盐的任意浓度的水溶液中都会产生剧烈膨胀，使纤维束缩短、变粗、收缩温度显著降低。

第二类盐的典型代表是氯化钠。胶原在这类盐的稀镕液中只略微膨胀。当盐的浓度较大时发生脱水作用，此时胶原的收缩温度略为提高。

第三类盐是脱水性大而吸附性小的盐，如硫酸盐、硫代硫酸盐和碳酸盐等。

盐的膨胀是因为胶原肽链间的离子键被盐打开，导致充水。按照各种离子对胶原膨胀能力的大小，可以排列成下面的顺序：

阳离子：$Ca^{2+} > Li^{+} > Na^{+} > K^{+} > Rb^{+} > Cs^{+}$

阴离子：$CNS^{-} > I^{-} > NO^{3-} > Cl^{-} > CH_3COO^{-} > SO_4^{2-}$ > 酒石酸根 > 柠檬酸根

盐类对胶原分子中盐键的破坏作用与盐分子的离子特性有关。决定溶液中离子特性的主要因素有：

(1) 阳离子的力场。阳离子的半径越大，或化合价越大，其力场越强，则破坏盐键的作用力也越大。

(2) 阴离子的变形。阴离子的半径越大，其变形也越大，因而对盐键的破坏也越大。制革生产过程中应用中性盐效应的地方很多。例如，浸水时为了使干皮很快恢复到鲜皮状态，常在水中加入中性盐效应较强的物质（如多硫化钠）作促进剂；硫酸盐处理裸皮，可使裸皮脱水，增加纤维间空隙，有利于鞣剂迅速透入皮内；植物鞣剂中加入适量氯化钙或氯化镁时，可使胶原因盐的感胶离子膨胀作用而增大肽链间空隙，有利于植物鞣质进入皮纤维内而结合。

具有弱的水合离子的盐，如硫氰酸盐，会被胶原从溶液中强烈吸收；而具有强水合离子的盐，如硫酸盐，由于胶原的脱水效应而显示出负吸收[26]。硫氰酸钠在浓度超过 1mol/L 时会被胶原强烈吸收，具有很强的膨胀效应，大量的胶原蛋白被带入溶液中。2mol/L 的硫氰酸钠溶液将使胶原纤维产生 3 倍的膨胀，同时使胶原纤维的收缩温度显著降低。产生这种效应主要是由于盐的分子作用而不是离子作用。具有感胶离子效应的盐都是在高浓度的溶液中部分的离子化，如氯化钙、氯化钡等。当天然胶原用氯化钙或氯化镁溶液处理时，胶原将在低温处出现强烈的收缩。而氯化钾或氯化钠具有相反的效应，它们使胶原的收缩温度提高。高浓度中性盐的存在使胶原结构稳定的原因可能是由于静电力相互作用、疏水相互作用以及氢键和脯氨酸的吸电子特性。

Russell[27]研究了碱金属的卤化物和硫酸盐在酸性到中性 pH 范围内对不溶和沉淀胶原纤维的热稳定性影响。结果显示，氟盐和氯盐使胶原稳定，而溴盐和碘盐只在酸性、低浓度时表现出稳定胶原的性质，当在高浓度时对结构的稳定有破坏作用。卤素效应有很强的 pH 依赖性，如饱和氯化钠溶液在中性 pH 条件下只有轻微的稳定胶原的作用，而在酸性 pH 时对胶原的稳定作用很大。此外，碱金属的硫酸盐在所有 pH 范围内对胶原的稳定作用都很强。

Chien 等[28]利用小角光散射技术(SALS)详细研究了不同种类、不同浓度的离子对胶原超分子结构的影响。他们将牛皮胶原溶解在中性盐中，制得再生胶原膜，并对胶原膜进行辐照使其交联。由于胶原膜很薄，厚度只有约 30μm，因此，棒状的胶原分子大多排列在薄膜的平面层。将胶原膜浸泡在盐溶液中使之溶胀 24h 后发现，大多数样品的厚度增加了 2 倍左右。经 Ca^{2+} 和 CNS^- 浸泡后的样品，其厚度增加了 3～4 倍。NaCl 被认为是胶原的惰性盐，对胶原的折叠结构起到稳定或者破坏的作用。NaCl 对胶原膜的形态结构影响极大，SALS 的强度随着 NaCl 浓度的增大而降低，该过程是可逆的。若对膜进行充分冲洗以除去 NaCl，则 SALS 图案恢复到未经 NaCl 处理的胶原膜图案。经过辐照交联后的胶原膜的 SALS 强度均低于原胶原膜，说明交联使得棒状的胶原分子对溶液的影响更敏感。

汤克勇等[29-31]研究了汗液浸泡皮胶原纤维的热稳定性能。从鞣制和汗液作用对皮胶原纤维的干热收缩行为的影响方面看，发现铬鞣皮胶原纤维的耐汗性能较好。从热降解行为方面看，戊二醛鞣皮胶原纤维的耐汗性能较好。汗液对皮胶原纤维的干热收缩行为与热降解行为的影响是不一致的，说明皮胶原纤维的干热收缩机理与热降解机理完全不同。前者是聚集态结构发生的变化，后者则是其在热的作用下分子链发生断裂引起的变化。羊皮成革在经过多次汗液浸泡后，其透湿性能、收缩温度以及收缩率均有较大变化，说明浸汗明显影响了鞣制效果。对于所研究的几种复鞣剂，经 TGR 复鞣剂复鞣的皮胶原纤维耐汗性较好。而对于所研究的几种加脂剂，合成牛蹄油加脂剂加脂皮胶原纤维的耐干热性能以及耐汗性均较好。

Bianchi 等[32]研究了 pH、温度、盐的种类和盐的浓度对胶原的结晶、螺旋、无规旋卷结构的影响。他们指出在等电位的情况下，盐溶液胶原蛋白反应的机理是反应引起了晶体结构的变化，发生了从无规旋卷结构到晶体结构，乃至最后形成螺旋结构的转变。

Komsa-Penkova 等[33]研究了 I 型牛皮胶原在盐溶液中的热稳定性。他们采用了高灵敏度差示扫描量热测定仪研究了 I 型牛皮酸溶胶原在盐溶液中的热稳定性(表 4.2)。采用 3 个浓度区间来研究离子浓度对胶原热稳定性的影响。当盐的浓度低于 20mmol/L 时，所有研究的盐溶液都能降低胶原的变性温度，大约每降低 1mmol/L，变性温度降低 0.2℃。造成这种结果的原因是静电的相互作用使胶原蛋白更加稳定。在较高的浓度范围(20～500mmol/L)内，不同种类的盐是提高还是降低胶原的稳定性与它在感胶离子序中的位置有关。阴离子的作用占主要地位，并且基本上遵循如下的顺序：$H_2PO_4^- \geqslant SO_4^{2-} > Cl^- > SCN^-$，但 SO_4^{2-} 会出现倒置的现象。这一效应被称为霍夫施塔特效应，这与间接蛋白质盐通过铁分子和表面蛋白质对水分子的争夺所表现出的竞争作用有关。在持续的高浓度下(对于

表 4.2　胶原在不同浓度盐溶液中的变性参数(加热速率为 0.5℃/min)*

盐的种类和浓度/(mmol/L)		T_d/℃	ΔH_d/(cal/g)	ΔH_{tot}/(cal/g)	$\Delta T_d^{1/2}$/℃	T_p/℃	ΔH_p/(cal/g)
未加盐溶液胶原		40.8	10.89	12.11	2.8	35.2	1.21
LiCl	5	39.4	10.14	11.97	2.8	34.1	1.83
	10	38.6	9.94	11.78	2.7	34.0	1.84
	20	38.4	9.39	11.54	2.8	34.0	2.15
	50	37.6	9.96	11.52	2.9	33.9	1.56
	200	36.1	7.63	11.37	2.5	33.2	3.74
	400	35.1	9.60	11.00	2.6	32.3	1.40
	600	34.7	6.67	10.91	2.6	32.1	4.24
	800	39.7	8.18	8.18	2.8	—	—
NaCl	5	39.4	10.84	11.75	2.8	34.2	0.91
	10	38.7	9.95	11.70	2.7	33.8	1.75
	20	38.1	9.77	11.67	3.0	33.2	1.90
	50	37.0	9.16	11.30	2.8	33.0	2.13
	200	34.7	7.79	11.06	2.7	32.2	3.26
	400	33.1	8.83	10.89	2.6	30.8	2.06
	450	33.7	7.73	10.44	3.3	31.0	2.71
	500	40.3	7.83	9.81	5.9	32.9	1.98
	1000	46.0	4.88	6.72	6.3	—	1.85
KCl	5	39.4	10.11	11.97	2.8	34.1	1.86
	50	35.8	8.35	11.13	2.8	32.2	2.78
NH_4Cl	10	38.5	9.89	11.81	2.8	33.8	1.91
	20	36.8	9.05	11.33	2.9	32.1	2.28
	50	35.9	7.52	11.12	2.7	32.7	3.60
	200	33.8	8.67	11.06	2.7	31.5	2.39
	400	32.0	8.14	10.74	2.7	30.1	2.60
	600	32.2	7.95	10.53	2.4	30.1	2.58
	750	40.3	6.12	8.00	4.2	36.4	1.88

* 表中的“p”和“d”分别是根据制样和变性过程而定的。

不同种类的盐为200～800mmol/L)，胶原的变性和溶液变浑浊的温度明显上升，这是由被研究的蛋白质盐的分级和聚合现象造成的。盐类析出胶原蛋白的能力与它们自身在感胶离子序中的位置有关。特别是 SO_4^{2-} 与胶原质之间的相互作用，减少了蛋白质在浓度为100～150mmol/L Na_2SO_4 溶液和300～750mmol/L Li_2SO_4 溶液中分解成两部分的变质反应。中低浓度的胶原变性所需的焓变与其变性温度的线性增长相一致。$d(\Delta H)/dT$ 大约同单独测量时得到的变性热容量与正常热容量之差相等，即 $\Delta C_p = C_p^D - C_p^N \approx 0.1\text{cal}/(\text{g}\cdot\text{K})$。

3. 交联改性

交联改性通常使胶原的变性温度(收缩温度)大幅度提高，这对胶原的应用十分重要。在制革工业中，胶原的改性过程被称为鞣制。

Charulatha等[34]用戊二醛(GTA)、二甲基辛二亚酰胺化物(DMS)、二甲基3,3′-二硫代双丙亚氨酸二甲酯二盐酸盐(DTBP)对胶原膜进行交联改性，探讨不同改性方法对胶原结构与性能的影响。研究发现，GTA产生的交联点最多，DMS产生的最少。在两种二亚氨酸酯(DMS和DTBP)中，由于DTBP含有二硫键，因此，DTBP是更有效的交联剂。几种交联方法均使胶原的收缩温度提高，其值如表4.3所示。

表4.3　几种交联对胶原收缩温度和交联点间相对分子质量的影响[34]

试样	收缩温度 T_s/℃	交联点间的平均相对分子质量(M_c)
未交联胶原	58.0±0.4	200 000±1320
GTA交联	81.0±0.9	3900±270
DMS交联	70.0±0.6	7000±430
DTBP交联	80.0±1.0	4920±290

天然皮的耐热性很差，在60℃左右的水中就会发生收缩，使皮料面积减少，体积缩小。皮革在生产和使用过程中也要经受很多热的作用，如果在生产过程中发生热收缩，则会导致面积减少，革身变硬，轻则造成极大的经济损失，重则使其失去使用性能，产品报废。皮革制品在使用过程中发生热收缩，也会失去其使用价值。因此，对皮革收缩行为的影响因素进行系统研究是十分必要的[35-37]。

鞣制过程中，鞣剂分子渗透进入皮胶原纤维内部，破坏了分子间原有的部分极性作用和氢键作用，并与胶原纤维分子发生某种形式的结合，起到稳定皮胶原纤维结构的作用。鞣剂的进入和结合，势必会破坏其中原有的某些物理作用(分子间力和氢键作用)。如果鞣制对其结构稳定性的贡献大于氢键破坏对其结构稳定性的降低，则其耐热稳定性对外显示为升高，反之则降低。由于氢键作用和极性作用等物理作用的能量远远小于化学键的键能。因此，判断鞣制过程的好坏有两个标准：

其一,鞣剂渗透入皮胶原纤维内部的均匀程度;其二,鞣剂与皮胶原纤维发生结合的程度。由此可见,与鞣制前相比,鞣制后皮胶原纤维的热稳定性有以下 4 种情况:

(1) 鞣剂渗透均匀、结合牢固,则整体结构均匀,耐热稳定性好,收缩发生在一个较窄的温度范围内,收缩温度较高;

(2) 鞣剂渗透均匀、结合不够牢固,则整体结构均匀,耐热稳定性不好,收缩发生在一个较窄的温度范围内,收缩温度不高;

(3) 鞣剂渗透不均匀,但结合牢固,则整体结构不均匀,收缩发生在一个较宽的温度范围内,平均收缩温度高;

(4) 鞣剂渗透不均匀,结合也不够牢固,则整体结构不均匀,收缩发生在一个较宽的温度范围内,平均收缩温度低。

4. 溶剂的处理

很多有机溶剂都是蛋白质的变性剂,如乙醇、丙酮、尿素、苯酚及其衍生物等。它们和蛋白质的多肽链竞争氢键,从而破坏维持蛋白质分子高级结构的氢键,并通过改变溶液的介电常数来改变维持蛋白质分子高级结构的疏水相互作用。非极性有机溶剂还能渗入蛋白质分子的疏水性区域,破坏维持蛋白质分子高级结构的疏水相互作用。这些因素都可能导致蛋白质变性。乔金锁[38]研究了一些有机溶剂对蛋白质变性的影响,发现乙醇和丙酮对水的亲和力很大,能破坏蛋白质胶粒的水化膜,使蛋白质沉淀析出。沉淀后迅速将蛋白质与脱水剂分离,仍可保持蛋白质原性。若时间稍久,则蛋白质变性,不溶于水。通常,乙醇用于消毒,就因为它能沉淀细菌的蛋白质。无水乙醇、95%的乙醇吸水力较强,能使细菌表面的蛋白质立即沉淀,而使乙醇不能继续扩散到其内部,所以细菌虽暂时失去活力,但并不死亡,小于75%的乙醇溶液沉淀能力又太弱,75%的乙醇使蛋白质变性凝结能力最强,所以,医用消毒酒精溶液浓度为 75%。40%甲醛(已有部分聚合为固体)或用回流方法解聚的甲醛溶液,都可使蛋白质变性凝结。

USha 等[39]采用 DSC、圆二色性法和黏度法研究了脲和 n-丙醇对胶原变性的影响。圆二色谱图在 220nm 和 200nm 附近分别出现了 1 个正峰和 1 个负峰,这是胶原三股螺旋结构的特征峰。摩尔椭圆率随着尿素浓度的增加而减少。随着 n-丙醇浓度的增加,摩尔椭圆率线性减少。用黏度法研究了尿素和 n-丙醇处理的纯胶原溶液中胶原的变性温度。尿素和 n-丙醇这样的添加剂使胶原溶液和鼠尾腱胶原纤维中的三股螺旋的热稳定性降低。尿素和 n-丙醇处理过的胶原从螺旋到无规线团的热转变是由水合度和这些添加剂的浓度决定的。

郑学晶等[40]将加脂皮革在酸雨中浸泡一段时间后,皮胶原纤维的干热收缩率明显增大。这可能是因为酸雨的浸泡导致胶原分子内与分子间的部分氢键断裂,使分子间的作用力减小，在热的作用下只需较小的能量就使皮纤维结构遭到破坏，使其耐热稳定性能变差。

5. 热

影响胶原变性温度的因素很多，大致可以分为生物学因素和非生物学因素。生物学因素与动物的种类、生活条件、环境、动物的年龄以及动物的部位有关。不同学者的研究结果证实胶原的收缩温度（T_s）与胶原中的氨基酸含量、氨基酸在主链中的位置以及氨基酸的羟基化作用有关。例如，鱼皮中亚氨基酸的含量较低，其收缩温度就比哺乳动物低。非生物学因素包括加热介质的性质、离子环境、盐、鞣剂和老化因素等[41]。

Flory 和 Garrett 指出，加热时胶原的变性是不可逆的，这是其三股螺旋的特征性行为。尽管这个转变究竟有着什么样具体的机理仍在争论之中，但根据 Flory 和 Garrett 的模型[42]，皮和革的收缩是由其中胶原内部的晶区熔融引起的，收缩温度即是熔融温度。

Kronick 等[43]采用 DSC 法研究了牛皮纯胶原的变性过程。根据在 68℃和 85℃分别出现的窄峰和宽峰提出了核壳理论，该理论认为在生皮胶原中存在着两种类型胶原，平常所测定的收缩温度只是其中热稳定性差的胶原的变性温度。并且胶原的变性过程会由于两种胶原的相对量而呈现不同的变化。

Miles 等[44]认为变性是一个速率过程。Boghosian 等[45]认为从拉曼光谱得到的结果来看，变性过程确实会导致最终的整体形态变化，此外，如果皮纤维经过了收缩或者曾经降解会降低热转变的峰值温度（T_{max}），而脱水、交联以及矿化则能提高 T_{max}。T_{max}的增加同时伴随着转变焓（ΔH）的增加，这样会得到转变熵降低的结果。Miles 和 Gelashvilli 发展了这个理论，提出脱水胶原热稳定性提高的原因是干燥减少了供胶原 α 链运动的自由体积[46]。他们的理论能够解释矿化（如铬鞣）为什么会如此明显地提高胶原纤维的热稳定性[47]，即无机物的存在以及与胶原分子的结合能够对胶原分子进行更进一步的限制，使之丧失更多的运动能力。

此外，NMR、WARD 等研究手段也曾用来研究影响热性能，尤其是变性过程的因素及影响的原因[48]。

6. 机械作用

机械作用主要是高速剪切（如搅拌、揉搓、挤压和高频振动等）对胶原分子的破坏，引起胶原变性。食品在加工过程中经挤压、均质和高速搅拌处理，胶原都可能发生变性。剪切速率越高，胶原变性程度越大。

7. 超声波

超声波是频率为 $2\times10^4\sim1\times10^9$ Hz 的声波。超声波对溶液中胶原的作用是通过多方面的作用机理来体现的，这些机理可分为热机理和非热机理两个方面。超声波在介质中传播时，能量中的一部分不断地被胶原蛋白所吸收并转变为热能，而使溶液的温度升高；超声波传播时的振动对胶原产生剪切作用。另外，超声波在溶液中传播时，若声强足够大，溶液受到的压力足够大，溶质分子间的平均距离就会增大以至超过临界距离，从而破坏胶原的完整结构，出现空穴，在空化泡剧烈收缩和崩溃的瞬间，泡内可产生上百个大气压的高压，而高压对胶原会有不同程度的影响。

4.2.2 表征胶原变性的方法

测定胶原变性的方法很多，通常有测定胶原的超离心沉降特征、特征黏度、电泳特征、旋光性、圆二色性、X 射线衍射特征、紫外光谱和红外光谱分析、热性质、免疫学性质、酶的比活力、表面疏水性和某些官能团的特征反应。核磁共振波谱分析(^{1}H NMR)和激光共聚焦显微技术能够记录胶原变性的空间结构变化和三维立体图像。

1. 黏度

在应用中，胶原溶液的流变学特性直接影响到其性能。作为流变学性质的一个重要指标，黏度的变化在一定程度上可以反映出蛋白质分子物理化学特性和结构的变化[49]。通过测定胶原黏度的变化来测定胶原变性的程度，是一种间接的测量方法。胶原蛋白相对分子质量越大，溶液胶体性质越明显，分子扩散越慢，溶液黏度越大，加入变性剂以后，分子间次级键作用力变化显著，黏度相应变化。影响蛋白质流体黏度性质的因素主要有：溶解度、蛋白质浓度、温度、pH、盐和剪切速率等[50]。

下面介绍两种常用的黏度测定方法。

1) 毛细管黏度计

液体在毛细管黏度计(capillary viscosimeter，CV)内因重力作用而流动，当毛细管半径较细，溶剂流出时间大于 100s 时，可忽略动能液体流出速度的影响，黏度正比于流出时间和密度。常用的毛细管黏度计有两种：乌氏黏度计和奥氏黏度计。

Sai 等[51]利用奥氏毛细管黏度计研究了温度和浓度对虎皮蛙中皮胶原蛋白黏度的影响，并通过黏度变化确定了胶原蛋白的变性温度。Fathima 等[52]采用奥式黏度测试计研究了紫外照射对铬处理胶原溶液和天然胶原溶液黏度的影响。发现经过紫外照射后，天然胶原溶液和铬处理胶原溶液的黏度都有所降低，但降低程度不同。天然胶原溶液经过 1h 的照射，其黏度降低了 52.5%，而铬处理过的胶原溶液经过 1h 的照射，其黏度仅降低了 31.8%。这表明铬处理后的胶原比未处理的胶原对紫外光照射有更好的抵抗性。Sionkowska 等[14]采用乌氏黏度计研究了溶液中胶原分子的热变性行为。发现随着温度的升高，溶液的黏度发生变化。用相对黏度的一阶导数与温度作图，将 $d\eta_{rel}/dt$ 发生急剧变化时对应的温度定义为溶液中胶原的热变性温度。在未经过紫外光照射时，溶液中胶原的 T_D 为 40.2℃，经过 2h 照射后，已经观察不到 T_D，此时胶原的三股螺旋链结构已经完全解体，成为无规卷曲的线团。Usha 等[39]通过黏度曲线得出纯胶原溶液和用尿素及 n-丙醇处理的胶原溶液热稳定性的差异。把黏度变为最大值的一半时的温度定为变性温度。纯胶原溶液、尿素(0.1mol/L)和 n-丙醇(1μmol/L)处理的胶原溶液的变性温度分别为 37℃、35℃和 36℃(图 4.13)。尿素和 n-丙醇降低了胶原溶液和胶原纤维中的三股螺旋的热稳定性。尿素和 n-丙醇处理的胶原由螺旋结构向无规线团转变是由水合度和添加剂的浓度决定的。变性剂的加入使纯Ⅰ型胶原溶液的黏度减小，黏度的变化是由这些特殊添加剂的浓度决定的。

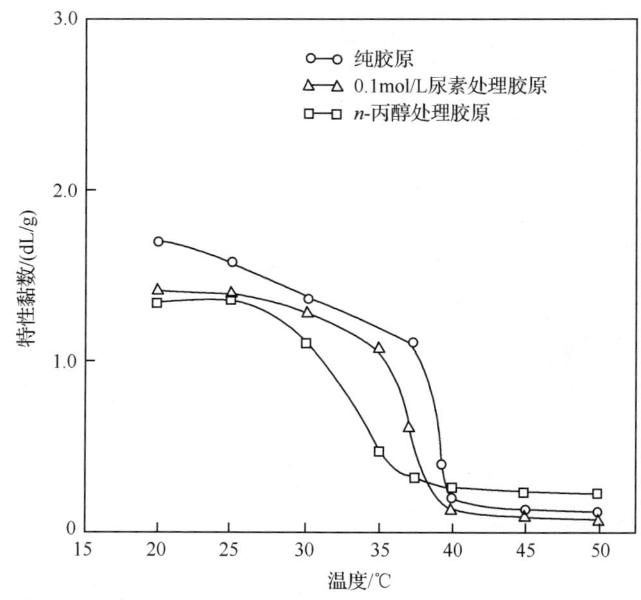

图 4.13　不同温度下纯胶原、尿素(0.1mol/L)和 n-丙醇处理过的Ⅰ型胶原的黏度曲线

2) 旋转黏度计

旋转黏度计(rotating viscosimeter，RV)是一种测量各种牛顿型液体的绝对黏度和非牛顿型液体表观黏度的精密仪器。其原理为：使圆筒或球在流体中旋转，或者流体做同心状旋转流动，而物体静止时，这些物体均受到流体的黏性力矩的作用。若旋转速度等条件相同，黏度越大力矩也越大，所以通过测量力矩可得到流体黏度。可通过此方法测定胶原溶液黏度的变化，进而了解胶原变性的程度。

2. 拉曼光谱

拉曼光谱(Raman action spectrum，RAS)谱线的变化能提供胶原蛋白结构改变的微观信息。拉曼光谱具有需要样品量小、对样品无损坏、实时监测等优点，因此，拉曼光谱在测量生物材料的变性特征方面比其他检测手段更方便、准确、有效，近年来越来越受到研究者的重视。董瑞新等[53]利用激光显微共聚焦拉曼光谱从分子水平研究了胶原蛋白的特性，在不同温度下对Ⅰ型胶原蛋白进行了拉曼光谱测定。随着温度的升高，多数谱线向低波数移动；同时还给出了拉曼谱线强度随温度变化的关系，得到了0℃、40℃、68℃、90℃4个变性峰，其中40℃、68℃的峰与差示扫描量热法(DSC)和二次谐波法(SHG)的测量结果一致：0℃的峰为冰冻相变，90℃的变性峰为胶原的二级结构被破坏所致，当温度达到150℃时，谱线强度显著降低，大部分谱线消失，胶原的一级结构遭到破坏；胶原纤维在低温区具有较好的复性特性。

3. 傅里叶变换红外光谱法

傅里叶变换红外光谱法(Fourier transform infraredspectroscopy，FTIR)可提供与蛋白质变性有关的信息。红外光谱的形成是以分子振动为基础，这些振动(化学键的伸缩、弯曲、旋转等)能定位到分子中特殊的键和基团。许多振动模型并不是由单一键和基团的振动形成的，而是由许多邻近键的叠加形成的。蛋白质的红外吸收光谱主要由一系列酰胺模型的吸收区组成，即酰胺Ⅰ区、酰胺Ⅱ区、酰胺Ⅲ区、酰胺A、酰胺B等。在蛋白质和合成聚合物的红外光谱分析中，出现了大量的缩氨酸峰[54-57]，它们的峰值位置对分子构象的变化十分敏感[58]。这些波段具有十分复杂的轮廓，这也说明波段中有好几个组成部分[59]。氨基化合物的峰型，与其他峰的位置和半峰值一样，取决于氨基酸的组成、三股螺旋中残基的排列次序、化合物的集结状态、湿度和溶剂的类型[60]。胶原中Ⅰ氨基化合物的峰常出现在1650～1665cm^{-1}。所有的具有不同数量微结构的胶原蛋白，在该峰处都出现不对称的情况，在1635cm^{-1}处常发现一个较弱的峰。这些小峰和与羰基相连的氢键的量有关。胶原蛋白中Ⅱ型氨基化合物的峰值集中在1530～1550cm^{-1}，在较低的频率上有较小的峰。Ⅱ型氨基化合物具有不同的振动源，具有—N—H—变形和—C—N—伸缩模式，所以其峰值复杂。

利用FTIR对蛋白质二级结构的研究运用较多的方法有两种[61]：一是借助重水、采用去卷积和二阶导数的酰胺Ⅰ区归属方法，它能给出α螺旋、β折叠及无规则卷曲等多种结构信息；二是直接采用去卷积和二阶导数的酰胺Ⅲ区归属方法。李二凤等[62]利用FTIR对提取的猪皮胶原结构进行了鉴定，检测到的伸缩和弯曲振动峰的波数符合胶原酰胺Ⅰ区、Ⅱ区、Ⅲ区、A区等的吸收峰情况，推测提取的为胶原蛋白。Kaminska等[12]利用FTIR对紫外线照射后的胶原结构进行了研究。胶原膜在紫外线照射后，红外光谱中氨基化合物的峰值向低频方向移动，如表4.4所示，表明在光变性过程中蛋白质的有序结构发生了变化。

表 4.4 紫外照射前后胶原 FTIR 特征峰的变化

官能团波段	照射剂量/(J/cm²)						
	0	16	32	64	80	96	128
酰胺 A 带	3336	3336	3335	3333	3331	3331	3328
酰胺 B 带	3082	3081	3080	3080	3080	3079	3078
酰胺 I 带	1661	1660	1659	1658	1658	1657	1656
酰胺 II 带	1538	1538	1537	1537	1537	1536	1536

4. *差示扫描量热法*

差示扫描量热法(differential scanning calorimetry,DSC)可提供与蛋白质热变性有关的大量信息,如蛋白质空间构象的变化、热稳定性、热变性的原因、热变性动力学、热稳定性与生理活性的关系等,近年来广泛运用于生物大分子的研究[63]。DSC 图谱中的吸放热过程可提供有关结构稳定性的信息,测定蛋白质构型变化的热效应。热转变包括熔融、重结晶、分解裂解、释放气体与热容变化、热焓变化等。DSC 可分析同一物质不同样品的差异以及辅料对物质热性质的影响。可以将 DSC 与其他分析手段联用,如与傅里叶变换红外光谱法、圆二色谱法(CD)、X 射线衍射法联用,可更准确地反映蛋白质的二级结构变化等方面的信息。

早在 19 世纪 60～70 年代,McClain 等[64]就探讨了利用 DSC 法对胶原的热转变进行表征的可能性。研究发现,热转变时的焓变值 ΔH_f 基本不受样品尺寸及制备方法的影响,因此,可客观地对胶原的热性质进行表征。

Sionkowska 等[14]采用 DSC 法研究了胶原的热变性行为(图 4.14)。未经紫外照射时,鼠尾腱胶原的热变性温度 T_D 为 101.9℃,变性热焓值 ΔH_D 为 257.3J/g;经过 2h 照射后,T_D 为 78.8℃,ΔH_D 为 240.0J/g;若将鼠尾腱胶原在乙酸中充分溶胀后进行紫外照射,胶原的 T_D 降低到 40℃。胶原膜经紫外照射后,T_0、T_D 和 ΔH_D 值也有不同程度的降低。这说明紫外辐射使胶原的分子间交联发生改变,导致胶原热稳定性能的降低。

将牛皮胶原纤维从室温至 325℃进行 DTA 测试,DTA 曲线呈现两个峰,峰值分别在 80℃和 215℃左右,分别对应皮胶原纤维中的水分丧失及热变性。将发生热变性后的胶原纤维冷却后,再次进行 DTA 测试,此时 DTA 曲线只呈现 1 个峰,对应试样中水分丧失,而胶原纤维的热变性峰消失(图 4.15)。这充分说明了胶原纤维的热变性是不可逆的[65]。

Chahine[66]用差示扫描量热仪对皮革和羊皮纸的老化行为进行了研究。发现在污染较重的环境中,皮革主要发生水解;在污染较轻的环境中,皮革主要因氧化过程而发生老化。同时他们指出,变性温度和热焓变化可有效地评价胶原材料的

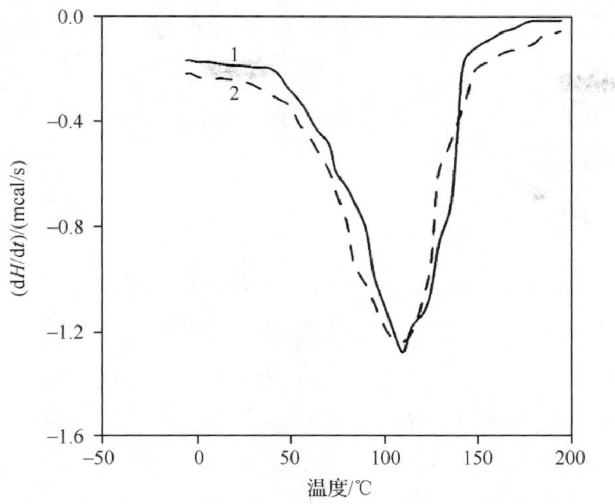

图 4.14　用 DSC 法测试胶原膜在紫外线照射 8h 前(曲线 1)后(曲线 2)的热转变

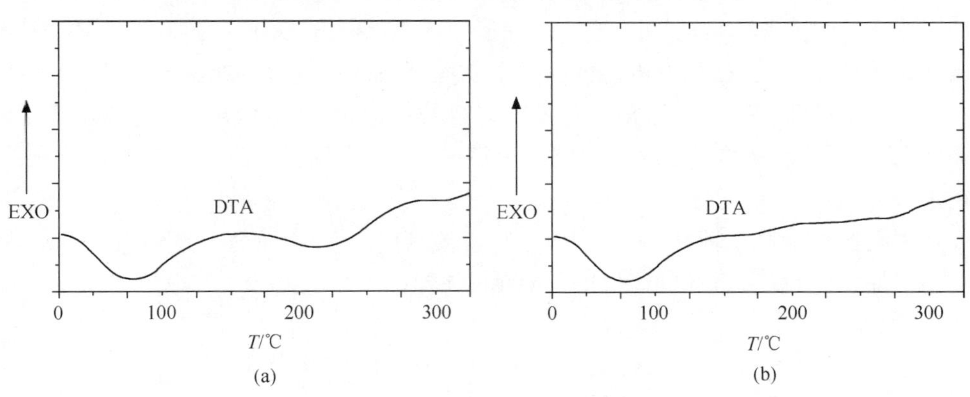

图 4.15　牛皮胶原纤维的 DTA 曲线

(a) 胶原纤维；(b) 热变性后的胶原纤维

变化，但对于不同的材料应慎重看待这两个参数反应的变化。例如，羊皮纸可能同时发生交联和分子链破坏，在 DSC 测试中变性温度变化不大，其老化主要表现在热焓变化大幅降低。

Tang 等[67]用多种植物多酚对浸酸绵羊皮进行鞣制处理，用 DSC 法研究了这些植物多酚的相对分子质量、多酚的种类对绵羊皮胶原热性质的影响。他们认为，用传统的湿热收缩方法测定胶原的热转变温度时，所测得的是胶原中耐湿热稳定性最差的那部分胶原的热稳定性质。而 DSC 法是更客观的方法，而且能够提供更多的信息。DSC 曲线中的热转变峰温度及半峰宽(fwhh)都能提供胶原的热稳定性信息。他们发现，用栎木素和 castalagin 鞣制的绵羊皮在 DSC 曲线上出现了多个热转变峰，而用栗木栲胶和橡木栲胶鞣制的绵羊皮在 DSC 曲线上仅出现单峰。

他们认为,DSC 曲线中的不同转变峰所对应的是热稳定性能(或热转变性质)不同的分子,这表明栎木素和 castalagin 鞣制的样品中,胶原具有不同的热稳定性质。而 DSC 曲线的半峰宽所显示的是鞣制的均匀程度。半峰宽越窄,说明鞣剂渗入样品越均匀,鞣制效果越均一。

5. 圆二色光谱法

圆二色(circular dichroism,CD)光谱可表征蛋白质的三股螺旋结构。在蛋白质或多肽中,主要的光活性基团是肽链骨架中的肽键、芳香氨基酸残基及二硫桥键。当平面圆偏振光通过这些光活性的生色基团时,光活性中心对平面圆偏振光中的左、右圆偏振光的吸收不相同,产生吸收差值,由于这种吸收差的存在,偏振光矢量产生了振幅差,圆偏振光变成了椭圆偏振光,这就是蛋白质的圆二色性。将吸收值对波长作图就得到圆二色光谱。蛋白质的 CD 光谱一般分为两个波长范围[68]:178～250nm 为远紫外区 CD 光谱;250～320nm 为近紫外区 CD 光谱。远紫外区 CD 光谱反映肽键的圆二色性。在蛋白质或多肽的规则二级结构中,肽键是高度有规律排列的,排列的方向性决定了肽键能级跃迁的分裂情况。因此,具有不同二级结构的蛋白质或多肽所产生 CD 谱带的位置、吸收的强弱都不相同。Usha 等[39]以 20nm/min 的速度对蛋白质溶液扫描 5 次,得到 CD 图谱。图谱显示胶原在 220nm 处有一个正峰,200nm 处有一个负峰的三股螺旋的特征光谱。摩尔椭圆率随尿素的浓度减少而减小,直到一个特定浓度后,其又会增加。随着胶原变性程度的增加,其正峰和负峰的峰值的绝对值都减小。

4.3 胶原的胶体性质

胶体是一种分散质粒子直径介于粗分散体系和溶液体系之间的一类分散体系,是一种高度分散的多相不均匀体系。按分散剂的不同可将胶体体系分为气溶胶、固溶胶和液溶胶。习惯上,将分散介质为液体的胶体体系称为液溶胶或溶胶,将介质为固态的胶体体系称为固溶胶。按分散质的不同可将胶体体系分为粒子胶体和分子胶体。例如,血液和蛋白质都是液溶胶,而云和雾是气溶胶;土壤是粒子胶体,而淀粉和蛋白质胶体都是分子胶体。分散相粒子的大小是胶体体系的重要特征之一。通常规定小于 1nm 的颗粒为分子或离子分散体系,大于 100nm 的为粗分散体系,而胶体颗粒的大小为 1～100nm。只要不同聚集态分散相的颗粒大小为 1～100nm,则在不同状态的分散介质中均可形成胶体体系。

胶体与溶液、浊液在性质上有显著的差异,这是由分散质粒子大小不同造成的。胶体的重要性质主要有:

(1) 丁达尔效应。当一束光通过胶体时,从入射光的垂直方向上可看到一条光带，这是由于胶体粒子对光线散射而形成的，称为丁达尔效应。利用此性质可鉴别胶体与溶液、浊液。

(2) 电泳现象。胶粒具有很大的比表面积，因而有很强的吸附能力，使胶粒表面吸附体系中的离子，这使胶粒带有电荷。不同的胶粒可吸引不同电荷的离子。一般情况下，金属氢氧化物和金属氧化物的胶粒吸附阳离子，使胶粒带正电荷；非金属氧化物和金属硫化物的胶粒吸引阴离子，使胶粒带负电荷。胶粒带有相同的电荷，互相排斥，所以胶粒不容易聚集，这使胶体保持一定的稳定性。又由于胶粒带有电荷，在外加电场的作用下，胶粒就会向阴极或阳极做定向移动，即电泳现象。

(3) 可发生凝聚。加入电解质或加入带相反电荷的溶胶或加热均可使胶体发生凝聚。电解质的加入可中和胶粒所带的电荷，使胶粒形成大颗粒而沉淀。一般情况下，电解质离子电荷数越高，胶体凝聚的能力越强。

胶原蛋白质和明胶是生物大分子，由于相对分子质量很大，胶原在水溶液中容易形成稳定的胶体颗粒，具有胶体性质。在水溶液中，胶原分子链上的亲水基团容易与水发生水合作用，在胶原颗粒外面包含一层水膜，水膜可以将各个颗粒相互隔开，而且胶原和明胶分子间的静电相互作用也使颗粒不会凝聚下沉，因而胶原和明胶在水中能形成稳定的胶体溶液。

利用胶原胶体粒子的电泳现象可以方便地对胶原的相对分子质量进行测定。已在 4.1.1 节进行了详细的介绍，在此不再赘述。

胶原是两性离子，在一定 pH 溶液中，胶原颗粒表面都带有相同的电荷，并和它周围电荷相反的离子构成稳定的双电层。带有相同的电荷使胶原颗粒间相互排斥，可以阻止它们相互聚集，这增强了蛋白质溶液的稳定性。利用这个性质，胶原和其重要变性产物明胶常在食品工业被用作稳定剂。另外，明胶是强有力的保护胶体，乳化能力强，进入胃后能抑制牛奶、豆浆等蛋白质因胃酸作用而引起的凝胶作用，从而有利于食品的消化和吸收。

胶原或明胶胶体的微粒在一定条件下会发生聚集，称为聚沉。所有破坏胶体稳定的条件都可能引起胶原或明胶胶体的聚沉，如升高温度、加入电解质、加入带相反电荷的溶胶、光学作用及长期渗析等，其中最主要的是加入电解质。升高温度能减弱胶粒对离子的吸附，破坏胶团的水化膜，使胶粒运动加快，增加胶粒间的碰撞机会，从而使胶粒聚沉。加入电解质后，增加胶体溶液中的离子浓度，使胶粒吸附相反电荷，会减少或中和所带的电荷，削弱胶粒之间的静电斥力，使之因碰撞而聚沉。其中，通过加入大量电解质使高分子化合物聚沉的作用称为盐析；胶体分散系中的分散质从分散剂中分离出来的过程称为溶胶聚沉。聚沉只需加入少量的电解质；而盐析除中和胶原或明胶胶体所带的电荷外，更重要的是破坏其水化膜，需加入大量电解质。胶原胶体的可凝聚性质使其在多个领域得以应用。例如，明胶能与丹宁生成絮状沉淀，静置后呈絮状的胶体微粒可与浑浊物吸附、凝聚、成块而共沉，再经过滤而去除。利用该性质可将胶原和明胶用作饮料澄清剂。

4.4 胶原的热性质

胶原分子是由三股螺旋组成的，外形呈棒状，受热后其二、三、四级结构遭到破坏而导致变性。当升高到一定温度时，其一级结构被破坏，受热分解成为明胶(gelatin)。随着温度的不断上升，会继续发生不同的反应，使抽出物的状态、色泽发生变化。下面根据皮胶原受热时所发生的变化来探讨胶原的热性质。

4.4.1 胶原热稳定性能的表征方法

1. 热收缩法

将皮胶原纤维缓慢加热到一定温度时，胶原纤维会沿着纤维的纵轴方向发生突然收缩，即长度减小而直径增大，此时的温度定义为胶原的收缩温度，或称变性温度。皮胶原纤维收缩后，分子链结构的排列发生了变化，导致力学性能大幅度降低。生皮鞣制的一个重要目的就是提高胶原的结构稳定性，收缩温度则是衡量皮革结构稳定性的重要指标。测定皮革收缩温度的意义重大，它有助于确定皮革的可加工性，有助于判断皮革的鞣制程度，还能通过它检验某一化工材料对皮革的耐湿热稳定性是否产生影响[69,70]。因此，收缩温度通常用来表征皮胶原的热变性临界温度，有时在宏观上也用来表征其湿热稳定程度。

从热力学的角度看，皮胶原热收缩的过程是一个焓增、熵增的过程。胶原中水分含量的多少对胶原纤维收缩温度的影响极大。为了消除水分含量对收缩温度的影响，通常将皮革浸泡在水或甘油中测试其收缩温度。按照标准《皮革收缩温度的测定》(QB/T 2713—2005)、《皮革物理性能测试厚度的测定》(QB3812.4—1999)及《皮革样品部位和标志》(QB3812.1—1999)的要求，以水或甘油作为加热介质，测定皮革收缩温度。由于皮革收缩的起点难以确定，以试样长度缩短0.3%时的温度为皮革收缩温度。

然而，以水或甘油为加热介质测试皮革的湿热收缩温度存在明显的缺点[71,72]：

(1) 测试误差大。由于温度的确定是通过观察指针的偏转而确定的，存在绳索的摩擦力、绳索的伸缩对测量结果的影响及人为的视觉和读数误差，即便在相同的测试条件下，结果也会不同，有较大的主观性，易造成实验误差。

(2) 加热的非均匀性。在加热过程中，热量由底部向上传递，使试样在不同位置上的受热程度不一致，试样底部的链结构首先发生变化，从而使测量结果偏高。同时，这种测量方法对测试所用温度计的位置也要求苛刻。

(3) 加热介质不适所造成的误差。酸皮遇水易膨胀，导致纤维更松散，实验测定结果偏低；虽然可通过加入食盐来防止膨胀的发生，但此时所测定的结果不能正确反映试样的真实收缩温度。另外，以水为介质时，铝鞣革和植鞣革遇水易脱鞣，使实验测定结果偏低。以甘油为介质测量铝鞣革的收缩温度时，三价铝离子与胶原羧基形成外轨型配位化合物，配合物键能较弱。以甘油为介质测量铬鞣革的收缩温度时，由于甘油含有 3 个羟基，它可作为配体与金属离子配位，在测定温度下会与铬配合，从而使革脱鞣；同时甘油还能与胶原中的某些基团形成氢键，具有一定的鞣制作用；另外，甘油的羟基还会与革样中的水作用使其脱水，从而影响收缩温度的测定。以甘油为介质测量植鞣革的收缩温度时也存在很多问题：植物鞣质与皮的结合形式既有物理吸附和凝结作用，又有化学结合。但是，这些结合形式并不能使植物鞣质结合得十分坚固。高温下水分子的剧烈运动可以削弱鞣质与胶原之间的氢键、电价键等，这样就减弱了鞣质和胶原的交联，使革的鞣制效果减弱，力学性能降低。

为了克服以水或甘油为加热介质测试皮革湿热收缩性能的缺点，马建中等[73]提出以水蒸气作为加热介质测定皮革收缩温度的方法。以水蒸气作为加热介质有以下特点：不与革内组分发生反应或反应很少，不给革试样带来新的杂质；价格低廉，对环境无污染；温度可控制在皮革收缩温度变化的范围内(35～150℃)，可缓慢升温。在用水蒸气对革试样逐渐加热的过程中，开始时水蒸气会在冷的试样上凝结，随着温度的升高，冷凝的水会越来越少，这样，与革试样接触的水并不多，这些水只能洗去鞣革试样表面的鞣剂，不足以对革试样内部的交联结构产生破坏。所以，用水蒸气处理鞣革，不会削弱革的鞣制效果，对其力学性能的影响也较小。而热量会随着水蒸气的介质传给试样内部，因此，试样仅在温度的影响下逐渐发生收缩。这种测试方法能较真实地反映皮革的耐湿热稳定性能，且对各种方法鞣制的皮革均适用。因此，以水蒸气作为测定收缩温度的加热介质，虽然传热较慢、升温速度不易控制，但可排除以甘油或水作为加热介质所带来的种种误差，使测定结果更真实可靠。

然而，制革工业生产的皮革还不是最终的消费产品，在随后的处理过程中还要经受不同程度的干热作用。以制鞋工业为例，低耗、高速生产模压鞋和注塑鞋的方法要求皮革具有较高的耐干热稳定性。在制革工业生产出的皮革要经过干热处理，干热处理温度高达 120～130℃[74]；在某些固定操作中使用的温度更高(170℃)[75]。这就要求制革工业生产出的成品皮革能够经受住较高温度的干热作用而不致变性收缩，因此，以空气为介质测试干态皮革胶原的热稳定性能是一项重要的内容。为此，汤克勇等提出了皮胶原耐干热性能的概念[76]，并采用干热收缩温度来表征皮胶原的耐干热性能，这对实际生产和应用具有重要的意义。胶原纤维典型的干热收缩曲线如图 4.16 所示，其中收缩温度定义为基线和收缩率急剧上扬处曲线切线的交点，收缩率定义为试样不再收缩时的收缩率。值得注意的是，由于试样中的水分含量直接影响到所测收缩温度的高低,因此,在以空气为介质测试试样的干热收缩温度和收缩率时,必须对试样进行严格的调湿处理,使试样中的含水量保持一致,所得的结果方具有可比性。

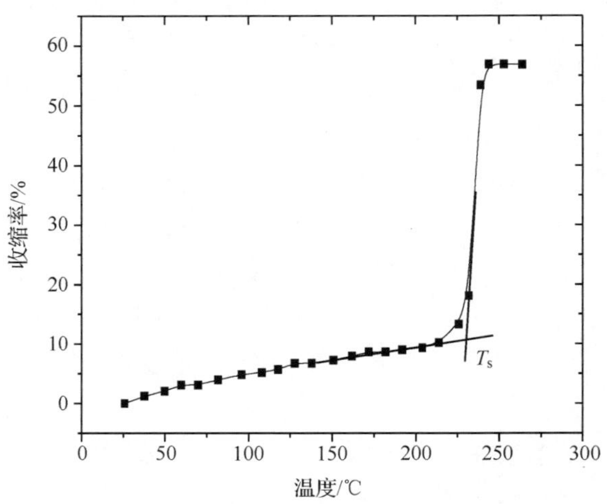

图 4.16 胶原纤维典型的干热收缩曲线

2. DSC 法

早在 20 世纪 70 年代,就有研究者尝试用 DSC 方法来对胶原的变性温度进行表征[77,78]。

DSC 方法被许多不同的研究者用来阐明胶原的天然结构以及胶原分子如何与鞣剂进行作用[39,78-83]。在这些研究中,变性被定义为从三股螺旋到无规链的转变,这种转变发生在交联之间的区域。稳定胶原结构的作用力包括氢键、疏水键、范德华力以及不同侧基之间的极性作用。典型的 DSC 曲线如图 4.17 所示。大体来说,DSC 通过测量样品与参比物的功率差与温度的关系,从而得到一个温度谱图。实际上,温度谱图上显示出一些特定的温度点,如起始温度 T_i、外推起始温度 T_E、顶点温度 T_P 以及回复温度 T_R(图 4.17)。胶原的收缩温度通常与 DSC 曲线的 T_i 有关[84,85],其他相变的热力学参数如比热值(C_p)和焓变(ΔH)以及动力学参数如活化能(E_a)以及反应顺序也能从谱图中获得。

关于用 DSC 法表征胶原的热转变性质的详细介绍参见 4.2.2 节。

3. 黏度法

该法适用于胶原溶液的变性温度的表征。通常将酸可溶胶原或中性盐可溶胶原配置成溶液,在不同温度下用乌氏黏度计测试溶液的黏度。在某一温度下,胶原分子链从三股螺旋结构转变为无规卷曲，溶液的黏度会突然降低(图 4.18)，此时的温度即为胶原溶液的变性温度。

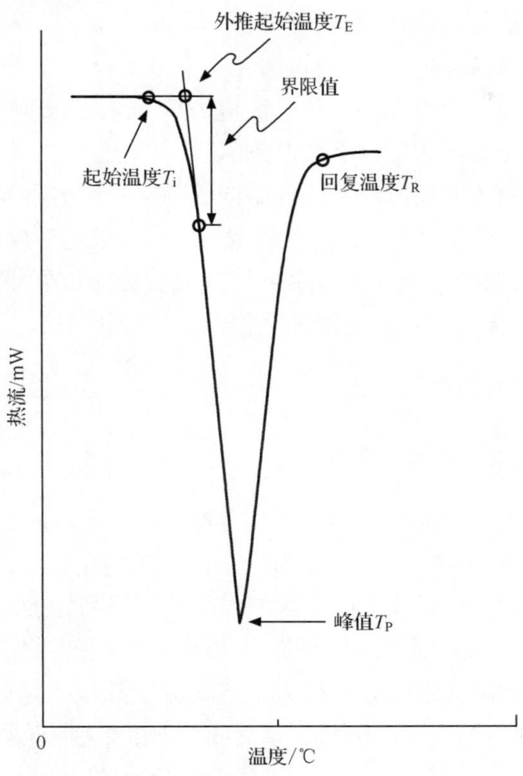

图 4.17　典型的 DSC 曲线

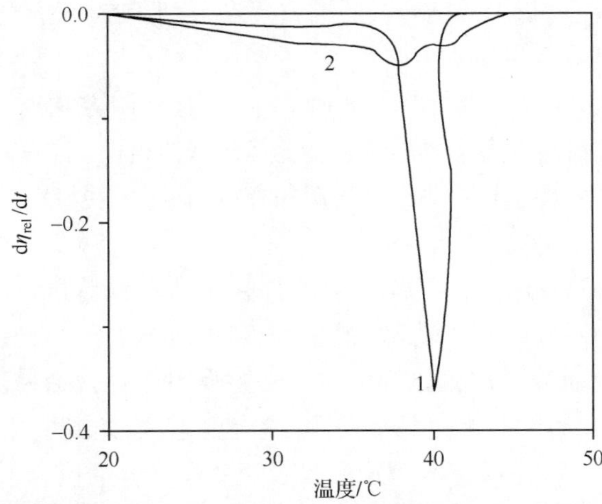

图 4.18　紫外线照射前(曲线 1)和后(曲线 2)胶原蛋白溶液的变性曲线相对黏度一阶导数的平均值对温度的函数曲线图

4. 其他方法

不同生长期的动物皮，由于其肽链间的交联数量和性质不同，理应有不同的耐湿热稳定性，但这在收缩温度上的表现却并不十分明显[86]。蛋白质包括胶原的耐热稳定程度可以更好地用等温应力及等温应力松弛来进行研究，因为这种应力及其松弛与蛋白质中交联键的数量和性质有关[87,88]。王玉兰[89]研究了等温应力松弛的检测方法及使用此方法对皮胶原的耐湿热稳定程度的研究。此方法可反映出皮胶原交联键的相对数量及性质。等温应力松弛及等温应力与皮的老幼有密切的关系，等温应力及等温应力松弛可以用来反映皮胶原中交联键的多少和性质。在这一点上，这种方法优于用收缩温度来反映胶原的交联状况。

4.4.2 影响胶原热稳定性的因素

1. 水分对皮胶原热性能的影响

皮革中存在的水分对皮革的热性能具有重要影响。水的含量在材料中极大地影响着胶原的收缩温度(T_s)。一般情况下，水分含量越低，T_s 越高。此现象可归结为干燥过程中在酸和碱基团之间形成的强的分子间和分子内的离子键增强了分子链的热稳定性[82]。最高温度和强度在很大程度上与试样预处理时的条件有关，这种条件的影响比鞣制处理的影响还大。熔化温度随湿含量的降低而升高，并且在低湿含量下，皮的收缩温度可能高于革的收缩温度，这种现象仍未有令人信服的解释。此外，发现含胶原多的组织熔化温度随湿含量的降低而升高，在植物鞣和甲醛鞣中也发现类似的结果。

研究表明，水在皮革中的结合模式非常复杂。利用热分析研究水的结合模式，发现皮革中的水可分为以下类型：

(1) −70℃不可冻水，含量为 0.3g 水/g 干物，鞣制方法对其含量略有影响，湿态整理采取胶原纤维化学修饰，能否改变其含量值得研究。

(2) −40℃～−20℃可冻水，但其溶解焓小于纯水，鞣制方法对其含量影响较大。

(3) −20℃～0℃可冻水，溶解焓与纯水相同，但冻结温度低于纯水。

(4) 0℃可冻水，为自由水，其性质完全与纯水相同。

汤克勇等[90,91]研究了皮胶原纤维对水分的吸附行为。结果发现，皮胶原纤维吸附水分一般在 9h 后就基本达到平衡，环境湿度越大，达到吸附平衡所需的时间越长。采用 Lagergren 一级速率模型和二级速率模型分别拟合了皮胶原纤维吸附水分的实验数据，发现二级速率模型与实验数据比较吻合。将皮胶原纤维 t 时刻的水分含量 M_t 对 $t^{0.5}$ 作图，得到的曲线由三条线段组成(图 4.19)。皮胶原纤维吸附水分的过程包含三个相互独立的阶段，各阶段的反应速率常数大小顺序为 $k_{id,1}>k_{id,2}>k_{id,3}$，且 k_{id} 值随环境相对湿度的增加而增加。$k_{id,1}$、$k_{id,2}$ 和 $k_{id,3}$ 的变化可归因于吸附过程中不同的速率控制因素：初始部分比较陡峭，此时，试样表面与环境的水蒸气分压差较大，吸附过程主要受外部膜扩散的控制；第二阶段略微平缓，为逐步吸附阶段，此时，受颗粒内扩散因素的控制，速率可能受胶原试样上微孔的大小、水分子与胶原之间的亲和力等因素的制约；第三阶段的平台，意味着最终的吸附平衡。吸附过程中包含颗粒内扩散阶段，但它并不是唯一的速率控制因素。整个吸附过程中大约有 4h(中间阶段)是颗粒内扩散机理在起着支配作用。

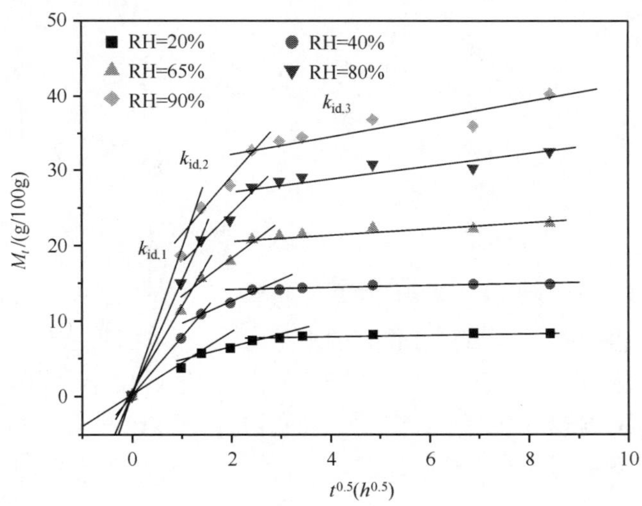

图 4.19　胶原纤维水分吸附的颗粒内扩散模型

采用 DSC 和 TG 分析铬鞣牛皮的热行为，测定皮革网络间胶原的玻璃化转变温度、结晶转变温度和变性温度，发现在低湿含量下仅有一个与胶原变性和水分蒸发有关的吸热峰，而在高湿含量下分裂成两个峰，且随着湿含量的增加，较低温度下的吸热峰降低。DSC 测定在室内条件平衡过的皮革的玻璃化转变温度为 45℃。但由于试样的差异，此数据并不具有广泛的意义。动物种属、组织来源、提取方法、交联、稀释剂、热历史等都对其玻璃化转变产生影响。

图 4.20 为铬鞣皮胶原试样的吸附-解吸等温线。解吸与吸附曲线并不重合，在所研究的整个湿度范围内存在明显的滞后环。Kelvin 公式的滞留回环模型认为：在吸附过程中，开始在较低的压力下，吸附质气体的吸附是单分子层的吸附，随着压力的增加，开始转变成多层吸附，最终气体吸附质凝聚下来，形成液体；而在解吸的过程中，相界面的形态发生了变化。除此之外，可能造成胶原纤维试样对水气吸附作用滞后现象原因还有：①被脱水的皮胶原纤维表面吸附有空气，妨碍了后来复吸水时对水分子的吸着；②烘干试样的过程中，胶原纤维内部产生了某种不可逆

的变化，这种变化也降低了胶原的吸附能力。

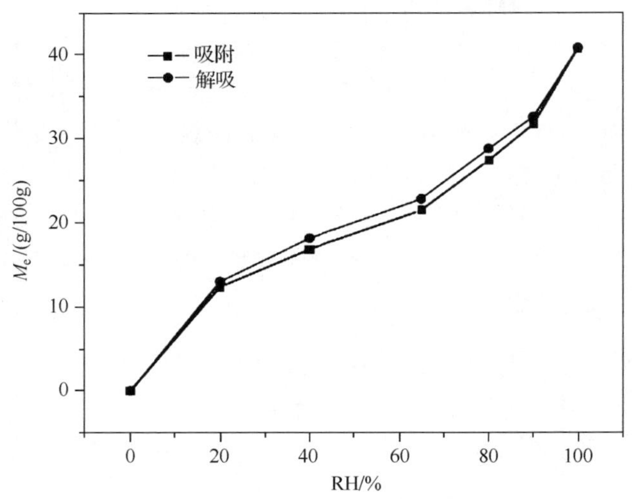

图 4.20　铬鞣皮胶原的吸附-解吸等温线

皮胶原在不含水或水分含量很少时，其极性基团间容易形成静电吸引力和氢键作用，稳定性得以提高。当含有较多的水分时，皮和革的胶原分子会发生水合作用，与水分子间形成的氢键使胶原分子链间的静电引力和氢键作用减弱，使胶原分子的稳定性减小。当其中含有足够量水分时，胶原中可以被取代的氢键已经全部被取代，则湿含量的增加对干热收缩温度不再产生明显的影响(图 4.21)。

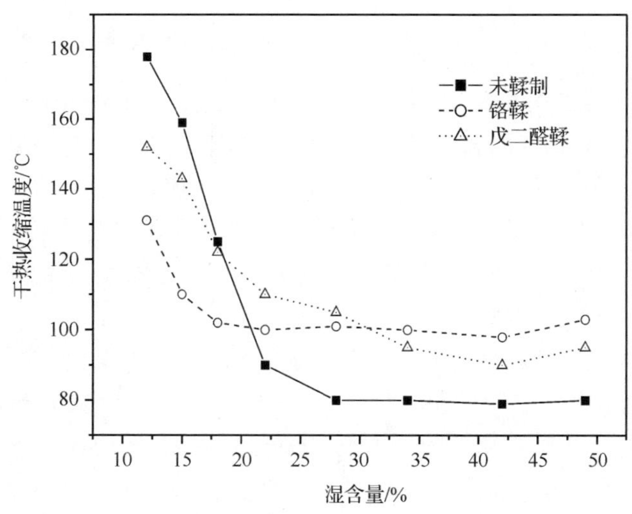

图 4.21　皮革干热收缩温度与湿含量的关系

当皮纤维的湿含量增加时，可能会使其内部晶区变多。这说明其中的晶区和水分子之间形成了氢键，使皮纤维内部的交联点增加，有序程度提高。但这种交联和铬鞣在胶原分子间产生的交联不同，它并不是一种稳固的交联，因此，在受到热的作用时，皮纤维在较低的温度下(70℃)就会发生收缩变性，伴随着其中一部分晶区的消失，而另一部分则到 235℃以后才逐渐消失。因此，可以认为在皮纤维内部至少应该有两种晶区：一种是水敏性的晶区，这种晶区是由皮纤维胶原纤维上的基团与水分子的作用产生的，这种作用降低了皮纤维耐热的稳定性。皮纤维的收缩变化就是这种晶区向非晶区转化的结果。另外一种形成晶区的机理则主要取决于胶原纤维自身的相互作用，与皮纤维中水分的含量关系不大，要在较高的温度下才向非晶区转变。表现在收缩温度上则为其收缩温度由于其中水分的减少而增加了[92]。

2. 交联对胶原热稳定性的影响

对于不同的交联试剂，其交联机理对胶原热稳定性影响有很大不同。铬盐在皮革内起到的作用主要是多核铬离子与蛋白质羧基化侧链的配位作用[93-97]，其结合方式和机理已经比较清楚。醛鞣则是主要发生在醛基与赖氨酸上的 ε-氨基间的反应，详细的机理已有文献报道[84,98,99]。对于胶原内部自身的交联，存在着醇醛、席夫碱和醇醛组氨酸等交联形式，有些交联还与动物的生长期有关，这类使胶原肽链以共价形式牢固地联结在一起。国外学者采用热分析法从胶原热变性温度和热稳定性的角度，揭示了动物年龄和成熟期与胶原交联结构之间的关系[100]。

以 Covington 等为代表的一批学者，从动力学和热力学出发，利用现代研究测试手段，结合胶原和鞣剂的化学结构，从空间构象上讨论了鞣制皮革内部交联键问题和湿热稳定性[84]。Covington 等首先从胶原的收缩温度着手，比较了铬鞣和铝鞣皮纤维的湿热收缩起始温度的差别，认为胶原分子经铬和铝鞣剂处理后，胶原分子原有结构和分布发生了很大变化，鞣剂产生的交联极大地改变了胶原纤维的分散状态，破坏了原有的氢键，并与胶原分子形成新的交联。在热的作用下，胶原肽键之间的氢键就会趋向减弱，即受热的程度越大，氢键发生断裂的量就越多。因此，经鞣制处理的胶原肽链间的氢键少，对热的敏感性就小，发生湿热收缩变形就小，体现出收缩温度上升慢。Covington 等用 NMR 验证了半个世纪前的氢键断裂假说的合理性，并提出了“协同体”和“活性配合物”理论，认为收缩反应可以看成是胶原体系内部的化学反应，用此理论分析讨论了鞣制改变湿热稳定性的机理。

Ramasami 等[101]研究了碱式硫酸铬(BCS)和甲醛对作为生物材料使用的胶原的热性能和热机械性。结果表明，BCS 鞣制胶原纤维比甲醛和未经鞣制的胶原纤维在 DSC 谱图上表现出峰值温度的提高和焓值的变化。他们认为这可能是由于 BCS 在鞣制过程中产生了更多数量的纯粹的分子间交联数目。

Takenouchi 等[98]对被蒙囿的铬配合物对皮胶原的湿热稳定性作用进行了详

细研究,发现被蒙囿配合物的种类影响皮革的热稳定性,铬含量为 1%~5%(质量分数),由甲酸盐、乙酸盐和乙二酸盐蒙囿的铬鞣液鞣制皮纤维的 DSC 峰值温度分别为 80~100℃、70~100℃及 80℃左右。并提出鞣制过的皮纤维在热稳定性方面表现出更大的不均一性,且认为不均匀性在干态时比在湿态时表现得更为明显。

汤克勇等[102]研究了甲醛、戊二醛、铝鞣剂以及葡萄糖还原铬鞣液四种鞣剂对皮胶原干热稳定性的影响(图 4.22)。甲醛鞣制皮胶原纤维的干热收缩温度从 224℃下降到 220℃,收缩率也从 44%升高到 49%;而经研究的其他 3 种鞣剂鞣制后,皮胶原纤维的干热收缩温度都显著降低了,收缩率也明显下降。例如,对于铬鞣过的试样,收缩温度从 224℃升高到 250℃,收缩率从 44%降低到 31%。此外,从图 4.22 中还可以看出,与未鞣制的皮胶原试样相比,铬鞣过的皮胶原纤维其收缩曲线明显变得平缓,收缩过程出现在一个较宽的温度范围内。天然胶原纤维的热稳定性是由其分子链上众多的极性基团之间的极性作用以及形成的氢键提供的。铝鞣对皮革的作用也是由于铝离子与胶原蛋白分子发生了络和结合。醛鞣结合则主要是由于胶原纤维分子上赖氨酸上的 ε-氨基与醛基之间发生了反应[84,99,103]。因而,鞣制显然是这样一个过程:鞣剂分子渗透进入皮胶原纤维内部,破坏了分子间的部分极性作用与氢键作用,并与胶原纤维分子发生某种形式的结合。由于氢键作用以及极性作用的键能远远小于化学键的键能(氢键键能为 13~29kJ/mol,而化学键键能可以到数百千焦每摩尔,例如,C—C 键能为 347kJ/mol),所以,鞣制过后皮胶原纤维将具有更好的热稳定性。因而,判断鞣制过程的好坏,有两个标准:其一,鞣剂渗透进入皮胶原纤维内部的均匀程度;其二,鞣剂与皮胶原纤维发生结合的程度。在所研究的几种鞣剂中,甲醛分子较小,能够比较容易进入

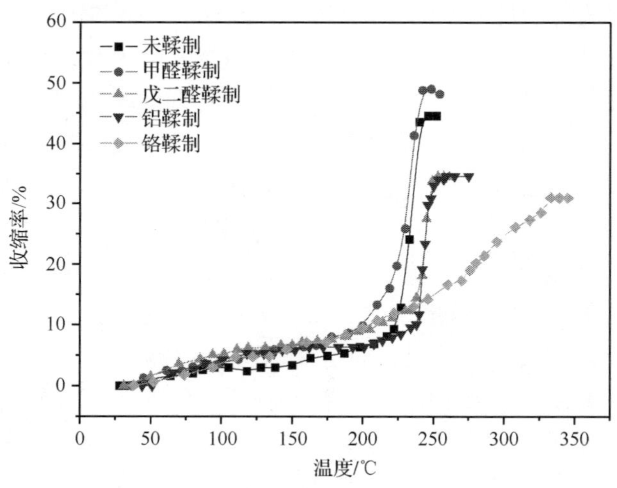

图 4.22 鞣制皮胶原纤维的干热收缩曲线

皮胶原纤维内部，但可能由于其与皮胶原纤维的结合能力比其他三种鞣剂差，因而对皮胶原纤维的热稳定性的提高贡献不大。而铬鞣过后收缩范围变宽的现象则可以理解为铬鞣过后，皮胶原纤维有些部位与铬发生交联的程度较高，而另外一些部位与铬发生交联的程度较低，在升温过程中，交联程度差的部位不稳定，在较低温度下就发生收缩变形，而交联程度高的部位要在较高温度下才发生收缩变形。

3. 化学改性对皮胶原热性能的影响

除了鞣制在胶原中引入外加交联结构外，制革过程中还经常需要使用复鞣、加脂等步骤赋予皮革良好的使用性能，这些化学物质的引入也会对皮胶原的热温度性能产生显著影响。

汤克勇等[102]研究了不同加脂剂对皮胶原热稳定性的影响。加脂后皮胶原纤维的干热收缩曲线都向低温方向移动，收缩温度下降；且在同样温度下，加脂皮试样有更高的收缩率。这表明加脂使皮胶原纤维的热稳定性能降低。这可能是因为皮革的稳定性在很大程度上依赖于分子之间的氢键以及极性作用，而皮革加脂剂的主要成分是改性过的天然动、植物油或者矿物油，这些组分含有的极性基团很少，加脂剂主要在皮革胶原纤维分子之间聚集，使胶原分子链之间的距离变大，降低了分子间的作用力，并在分子链间起到润滑作用，使分子之间容易相互滑移。分子间氢键以及极性力的削弱导致皮胶原纤维的热稳性降低，在宏观上表现为干热收缩温度降低、收缩率增大。

4. 热处理对胶原热稳定性的影响

刘捷等[104]研究了热处理对皮胶原热稳定性的影响。将未经鞣质的皮胶原试样在 60℃下分别热处理 1h、2h、3h、4h、5h 后在烘箱中自然降温，置于干燥器中至恒重，测试其干热收缩性能。经过长时间干燥的皮纤维试样在受到干热作用时最终收缩率基本上逐渐降低。这种现象可用收缩变性的不可逆性来解释：胶原的变性是有序态向无序态的转变过程，并且这种转变是不可逆的，因此胶原有其一定的收缩率；如果收缩到一定程度后，皮胶原就保持在这种状态，不会恢复到原来的有序态，如果在受到使其变性的外界作用时，会继续以前的状态发生变化，最终达到一定的收缩率，在干热收缩曲线上表现为经过干燥的皮革的收缩率较小。不同的降温方式会导致最终收缩率和半收缩温度 $T_{1/2}$（即达到最终收缩率一半时温度）发生变化（表 4.5）。烘箱中的缓慢降温和在－10℃下急骤冷却得到皮胶原纤维的干热最终收缩率降低，而在空气中冷却试样的最终收缩率与干热前最终收缩率相比变化不大。环境-湿度对胶原纤维的影响极大。在含湿量大的环境中胶原内部失去的水分能及时得到补充，从而部分恢复材料内部氢键，因此，在空气中冷却的试样最终收缩率变化不大。在烘箱中降温会使皮胶原纤维较长时间受到较高温度作用，导致更多水合水的丧失以及部分胶原发生变性，从而导致最终收缩率降低。低温环境下同样难以补充失去的水分，结果使最终收缩率降低。在烘箱中降温、在空气中降温及在低温下降温的降温速率是逐渐增加的，随着降温速率的增加，一个明显的趋势是半收缩温度($T_{1/2}$)降低，可能的原因是冷却速率提高会使皮胶原内部晶区或有序区域减少，从而再次经受干热作用时会更早地发生熔融变性。

表 4.5 未鞣制的皮胶原纤维在 $T_{1/2}$ 时的收缩率

加热和降温方式	最终收缩率/%	收缩 50%时的温度 $T_{1/2}$/℃
150℃，12h，烘箱中缓慢降温至室温，干燥器中恒重	16	240
150℃，6h，烘箱中缓慢降温至室温，干燥器中恒重	21	220
150℃，12h，空气中冷却，干燥器中恒重	53	225
150℃，6h，空气中冷却，干燥器中恒重	50	222
150℃，12h，急冷，放置 12h，干燥器中恒重	39	212
150℃，6h，急冷，放置 12h，干燥器中恒重	19	210

5. 变性剂处理对胶原热稳定性的影响

胶原内的蛋白多肽在很多情况下是借助氢键的作用牢牢地结合在一起，从而使之具有特定的性能。脲能够通过取代皮胶原纤维间和纤维内的氢键从而影响皮革的热稳定性能。

汤克勇等[105,106]采用热重分析和热态显微镜法研究了尿素浓度和处理时间对皮胶原纤维变性的影响(图 4.23)。皮胶原纤维经尿素处理 7d，皮胶原纤维的干热收缩温度随尿素浓度的增大而降低；胶原纤维的干热收缩率随尿素浓度的增加先增大而后减小，当尿素浓度为 3～4.5mol/L 时，干热收缩率达到最大。皮胶原纤维的收缩是胶原三股螺旋结构发生破坏的宏观表现。在尿素浓度较低的情况下，尿素对皮胶原纤维干热收缩的影响是可逆的。水洗后尿素处理皮胶原纤维的干热收缩行为和未处理皮胶原纤维一致。尿素浓度较大时，对收缩率的影响是不可逆的。胶原蛋白的三股螺旋结构主要是依靠三条肽链之间存在的氢键作用而维持的，氢键的键能不高，只有 13～29kJ/mol，但由于胶原内部氢键的数目以及密度都很大，且断裂的氢键还可能在某种情况下重新形成，一部分氢键的断裂不会导致胶原分子丧失其稳定性。但是，由于氢键的强度与温度成反比，在热的作用下其强度会削弱，当温度足够高时，三股胶原纤维内部大量的氢键断裂，破坏了其稳定性，导致其热稳定性降低，从而使其发生了热收缩。胶原内部众多的氢键作用可以分为两类：一类是同一个三股螺旋内部三条肽链之间的氢键，简称为分子内氢键的作用；另一类是不同三股螺旋分子之间的氢键，简称为分子间氢键作用。尿素分子为极性分子，从尿素分子的结构可知，它和其他分子形成氢键时，既可作为质子供体，又可作为质子受体。具体来说,尿素分子中的 4 个氢原子可作为质子供体,一个氧原子可作为质子受体。蛋白质与尿素分子之间的相互作用主要表现为氢键作用形式,通过分析可以得出这种结合应是多氢键结合形式[107],尿素分子与蛋白质肽链上的两个相邻肽段间可形成一个环状结构,这种双氢键结合形式较单氢键结合更稳定[108]。尿素分子可与胶原蛋白肽键的羰基氧原子形成双氢键,这表明尿素分子将与胶原肽链上原子竞争结合位点,这将破坏胶原内原有的分子内和分子间的氢键。当尿素的浓度较低时,可能只破坏部分分子间氢键,导致收缩温度降低;随着尿素浓度的增大,分子间的氢键破坏程度增大直至达到一种平衡(浓度为 3mol/L 左右),干热收缩温度稳定在 120℃左右。尿素分子的进入可能也起到填充的作用,所以,随着尿素浓度的增大,胶原纤维的收缩率有一个增大的过程;高浓度的尿素可能会对胶原分子即三股螺旋内氢键造成破坏,导致三股螺旋结构被部分破坏,从而使胶原纤维的收缩率减小。

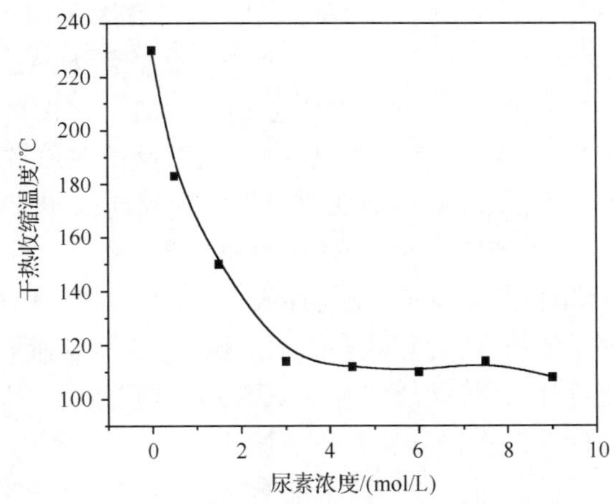

图 4.23　不同浓度尿素溶液处理 7d 后皮胶原干热收缩温度的变化

4.4.3　胶原的热降解

作为经典动力学最好的研究手段之一,热重分析(TG)已在大量材料的动力学研究方面得到了广泛的应用,在此领域最早的研究始于 20 世纪五六十年代,Madorsky等对纤维素的高温裂解的研究是建立现代动力学模型的基础,随后被用于多种多样材料的同类研究之中[109]。另外,现代计算机技术的飞速发展也为热分析的数据处理提供了有力的帮助。此外,近年来人们将 TG 与红外、质谱、气相色谱等联用,用于分析材料的热降解机理,也获得了极大的成功[110]。热重法测定聚合物热降解反应动力学参数的方法,主要分为定温法、非定温法和高解析法三类,而每一类中又包括几种方法,处理数据的方法又有微分法、积分法等[111,112]。

影响皮胶原热降解动力学的因素很多，如含湿量、传热系数、无机物含量、升温速率等[113-115]。而且，皮革材料的复杂性使不同种类皮革的热降解行为具有一定的偏差，寻找其中的共性，需要对其热降解机理进行更进一步的研究和探索。胶原在受到热的作用时，会发生热变性直至热降解，其中涉及内部的氢键和疏水键的断裂、肽链的断裂等化学变化，具体研究内容详见第 5 章相应部分。

4.4.4 胶原/明胶的玻璃化转变

在高分子科学中，聚合物的玻璃化转变是一个重要的物理现象。高聚物的玻璃化转变温度是链段开始运动（或被冻结）时的温度，用 T_g 表示。链段的运动主要是通过主链单键的内旋转来实现的，因此，玻璃化转变温度与高分子链的柔性以及分子间的作用力有关。T_g 是材料的一个重要特性参数，研究明胶或胶原的玻璃化转变温度具有十分重要的意义，它将在结构表征、胶原或明胶的改性、胶原及明胶基复合材料研究等方面发挥十分重要的作用[92]。胶原蛋白链段由 6～20 个肽键组成。链段运动由冻结向解冻的转变，宏观上会带来热力学性质、力学性质的突变，同时材料的许多特性都在 T_g 附近发生急剧的变化[99]。玻璃化转变时，高聚物的化学热容、热膨胀系数、黏度、折光率、自由体积以及弹性模量等都会发生突变。采用膨胀计法、动态黏弹谱、DSC 等方法都可以测定胶原或明胶的 T_g。

作为胶原重要的变性产物，明胶既是一种蛋白质，又是一种高分子生物材料。胶原蛋白的基本构成单位是氨基酸，动物种属不同，氨基酸的组成不同。如表 4.6 所示，哺乳类动物胶原蛋白中，含有较多的脯氨酸(Pro)和羟脯氨酸(Hyp)；而深冷水域鱼类胶原中，亚氨基酸(脯氨酸和羟脯氨酸)含量则较低。此类亚氨基酸中的吡咯环结构的存在，使构成胶原主链的 C—N 键不能自由旋转，主链刚性增大；另外，吡咯环上的氮原子还能与肽链上的碳基形成氢键，分子间的作用力增强。主键刚性和键间作用力的协同作用，导致亚氨基酸含量高的胶原具有较高的玻璃化转变温度。此外，胶原和明胶的提取、分离方法不同，会造成组成结构的差异、相对分子质量大小不同等，这将显著影响其玻璃化转变温度。

表 4.6 不同种类胶原的亚氨基酸含量(每 1000 个氨基酸残基中所含个数)

亚氨基酸	小牛皮胶原	公牛皮胶原	猪皮胶原	鳄鱼皮胶原	梭子鱼皮胶原
脯氨酸	138	129	130.4	102	129
羟基脯氨酸	94	92	95.5	53	70

对于蛋白质来说，链与链之间作用力的变化是影响其玻璃化转变温度的主要因素。所有影响分子链之间相互作用的因素都将影响胶原或明胶的玻璃化转变温度，如增塑剂、极性溶剂、变性处理等都会使胶原或明胶的 T_g 发生较大改变。胶原分子间存在着醇醛、席夫碱和醇醛组氨酸等交联形式，分子内也有不同程度的交

联。交联使分子链刚性增加，阻碍了胶原分子的链段运动，从而提高其玻璃化转变温度。例如，非交联明胶的 T_g 为 175℃，而经脱水交联后，T_g 升高到 196℃。

水、甘油、乙二醇、二甲基亚砜等极性溶剂对玻璃化转变温度的影响，从高分子自由体积理论上来说，就是降低自由体积的作用。它们大多数对胶原（明胶）起到了分子间增塑作用。这些小分子溶剂本身的 T_g 大小及其含量对胶原（明胶）T_g 都有一定的影响。有文献指出[116]，水的 T_g 为－138℃。在低水分范围内，水分含量每增加 1%，明胶的 T_g 约下降 5℃；当水分含量低于 1%时，造成胶原（明胶）间发生脱水共价交联反应[117]，使其玻璃化转变温度升高。

卢行芳等[118]分别用碱液和过氧化氢溶液对明胶进行处理，用 DSC 方法研究了处理后明胶的玻璃化转变行为。发现只用碱溶液处理后的明胶的玻璃化转变温度为 77.6℃，而用含过氧化氢的碱溶液处理后的明胶其玻璃化转变温度上升为 105.0℃。过氧化氢的作用使明胶肽链间产生新的交联，这种交联使得肽链的活动受到约束，表现出玻璃化温度升高的现象。

除以上因素外，尚有一些物理和实验条件方面的因素影响 T_g 的测定。不同测试方法所得结果不尽相同。即使同一方法，实验条件不同也会产生误差。热分析的升温速率、动态黏弹谱法中的测试频率都对测定结果有一定程度的影响。

4.5　胶原的力学性能

胶原的力学性能主要由它的化学组成（chemical constitution）、交联（cross links）和螺旋结构（helical structure）所决定。胶原的交联键是由赖氨酸或羟赖氨酸的氨基和醛基在赖氨酰氧化酶的作用下进行氧化脱氨反应形成的，所得联赖氨酸（syndesine）式的共价键非常稳定。天然胶原的螺旋结构对胶原高强度的力学性能起重要作用。应力-应变实验表明，天然胶原表现出弹性态和黏弹态两个阶段的力学行为；而变性胶原（螺旋结构已被破坏）仅表现出少许弹性态性质，其断裂拉力仅为天然胶原的一半。由此可见，胶原的天然结构是维持胶原力学性能的关键。

4.5.1　单根胶原纤维的力学性能

从生物力学的角度来说，胶原纤维为黏弹性体，有明显的滞后、应力松弛特性，很小的应变就会引起很高的应力，刚性很强。在拉伸实验中，胶原纤维在开始稍有伸长，但随着载荷的增加，其强度迅速增大直至到达屈服点，其后就发生非弹性变形。正常情况下，胶原纤维的变形范围为 6%～8%，破坏时的最大应变也只有 10%～15%，可见，胶原纤维韧性大，抗张力强。

Fratzl 等[119]根据胶原纤维的应力-应变曲线的特点，将其划分为 3 个区域，如图 4.24 所示。

(1) 脚趾区(toe region)。施加一个小的张力便可去除胶原纤维的皱褶部分。此区域用偏光显微镜便可观察到[120]。

(2) 脚跟区(heel region)。一般当应变超过 3%时,胶原结构中的扭结部分受拉变直。首先是胶原的纤维结构变直,随后伴随着分子链的伸展,分子的横向堆积的有序程度会增加[121]。

(3) 线性区(linear region)。更大的应变导致胶原的三股螺旋链或螺旋之间的交联伸展,微纤中的分子链可能发生滑移。

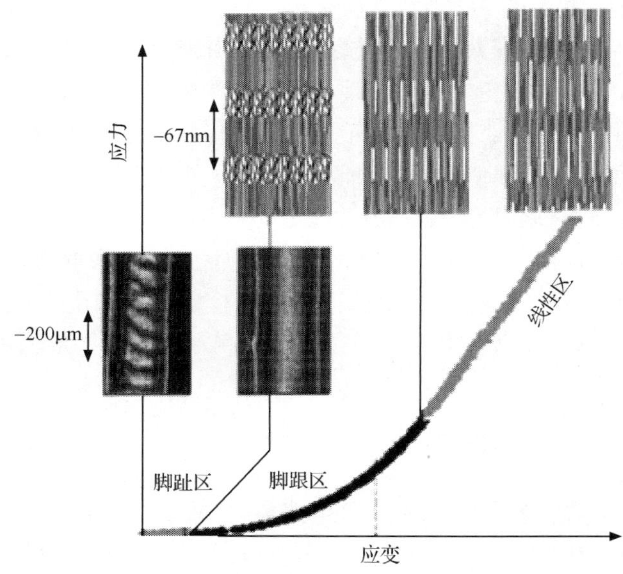

图 4.24　鼠尾腱的应力-应变曲线[119]

由于胶原在动物组织中的多级结构,胶原的力学行为表现出复杂性。长期以来,人们一直希望能较精确地测得单根胶原纤维的力学性能数据,而不只是得到肌束、肌腱或韧带的力学性能数据。然而,从活体组织中分离出微米级甚至亚微米级的单根胶原纤维并进行力学性能测试是一项极富挑战性的工作。Miyazaki 等[122]通过一个独特的微拉伸测试系统研究了兔子髌骨腱中胶原纤维的力学性能。这个微拉伸系统由恒温测试室、倒置显微镜、微型操纵器、直接驱动线性驱动器、悬臂型测力传感器和视频分析仪组成,专门用来研究细胞和纤细纤维生物组织。从兔子髌骨骨腱取下胶原肌束(直径大约为 300μm),然后把胶原肌束浸入生理盐水中并加以搅拌,得到棉花状的蓬松絮状物,然后小心地用圆头玻璃棒将胶原纤维分散,最终得到直径约为 1μm 的胶原纤维。取长为 300～500μm、直径为 1μm 左右的胶原纤维,用氰基丙烯酸酯黏合剂连接到玻璃微管(外径为 15～20μm)上,玻璃微管一端连接到传感器,另一端连接到直接驱动线性驱动器上,然后进行力学性能测试，得到了单根胶原纤维的应力-应变曲线。所得胶原纤维的正切模量(应变为2%～6%时应力-应变曲线的斜率)、拉伸强度和断裂伸长率分别为(54.3±25.1)MPa、(8.5±2.6)MPa 和 21.6%±3.0%。这与 Yamanoto 等[123]此前对兔髌骨腱分离出的胶原肌束的力学性能数据相差很大(图 4.25)。Yamamoto 等所得的正切模量、拉伸强度以及断裂伸长率分别为(216±68)MPa、(17.2±4.1)MPa 和 10.9%±1.6%。显然，单根胶原纤维的力学性能不同于胶原肌束，更不同于大块的髌骨腱。这些结果说明，胶原肌束和韧带的力学性能主要取决于胶原纤维以及胶原纤维与基质间的相互作用。

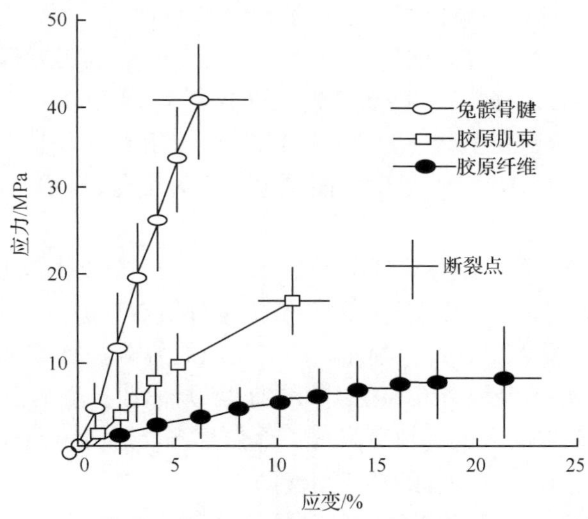

图 4.25　单根胶原纤维、胶原肌束以及兔髌骨腱的应力-应变曲线的比较[123]

van der Werf 等[124,125]用原子力显微镜对从牛跟腱析出的单根胶原纤维进行了微观力学弯曲测试，研究了戊二醛交联前后及用 PBS 缓冲溶液处理前后胶原纤维的力学性能。发现用戊二醛交联后的单个胶原纤维的弹性模量明显增加；单个胶原纤维的弯曲模量范围为(1.0～3.9)GPa，剪切模量为(33±2)MPa，并且弯曲模量随着直径的增大而降低，用 PBS 处理过的也同样出现这种情况。当浸入 PBS 缓冲溶液处理后，弯曲模量和剪切模量分别降到 0.07～0.17GPa 和(2.9±0.3)MPa。剪切模量和弯曲模量相差两个数量级，说明单个胶原纤维力学性能存在各向异性。用碳化二亚胺水溶液交联胶原纤维并没有显著地影响弯曲模量；然而胶原纤维的剪切模量增加到(74±7)MPa，浸入 PBS 缓冲溶液后变为(3.4±0.2)MPa。用碳化二亚胺交联后，剪切模量变化较大，而用 PBS 处理过后交联前后剪切模量没有明显的差异。这种交联前后、在不同环境剪切模量增加的变化，可能是由于原纤维不同的亲水性。在胶原纤维内的分子间的交联主要发生在端肽部位。用碳化二亚胺进行交联导致胶原纤维的分子间和分子内的交联。可以设想，当微纤维间的距离较近时，其间可以形成交联。然而，活性基团对微纤维表面的改性所产生的摩擦力可能阻碍微纤维之间的位移。在 PBS 缓冲液中表面的改性不能阻碍微纤维间的位移。交联后，胶原分子间的位移变得更为困难。然而，缓冲溶液处理过的天然和交联胶原纤维具有相似的剪切模量，说明微纤维间的位移可能是影响单个胶原纤维的剪切模量的主要影响因素。

4.5.2 胶原纤维束的力学性能

Bernard 等[126]研究了应变、拉伸速率和温度对鼠尾腱胶原(RTT)的载荷——应变和应力松弛性能的影响。当应变小于 4%时，拉伸后若马上去除载荷，几分钟后样品的力学行为便可得以恢复。如果应变超过 4%，RTT 就越来越容易被拉伸，但是每次拉伸后，它的长度仍然可以回复到原来的长度。用这种方式多拉几次，应变最多可以达到 35%以上。在 0～37℃，温度不影响力学性能。而在略高于此温度范围(41℃)时，RTT 的力学性能发生了显著变化，显示出温度对胶原生理学的重要意义。

Sionkowska 等[127]对紫外线照射前后 RTT 胶原腱的力学性能进行了研究。将 RTT 在空气中干燥后，用波长为 254nm 的紫外线对其进行持续照射处理，然后对样品进行力学性能测试。结果显示，RTT 胶原的力学性能(如极限抗张强度、断裂伸长率和弹性模量)受紫外线照射时间的影响强烈，胶原腱的极限抗张强度和延伸率随着紫外线照射时间的延长而降低。他们推测，紫外线照射后力学性能的降低是光化学作用导致的交联和断链所引起的。

Wu 等[128]研究了从不同年龄段老鼠尾部提取的胶原纤维制得的胶原凝胶的力学性能，从 1 个月、4 个月和 8 个月年龄段的老鼠的尾部提取出胶原纤维制得胶原凝胶，分别用流变仪和动态热机械分析仪研究了胶原凝胶的剪切性能和压缩性能。作者用流变仪研究了胶原凝胶的黏弹性，用动态热机械分析仪对胶原凝胶进行了压缩测试，并涉及了表面张力对压缩实验的影响，另外，分别用通过流变仪的剪切模式和动态热机械分析仪的压缩模式研究了胶原凝胶的蠕变行为。结果显示，胶原水凝胶的模量和黏性随着母体年龄的增加而明显增加，从月龄较大的老鼠尾部提取的胶原凝胶拥有更大的弹性模量，这可能与胶原凝胶的微观结构有关。用原子力显微镜观察到，年轻的胶原凝胶网络结构更疏松、直径更大，这是由交联度不同造成的。研究表明，这些不同与纤维生长机理有关，交联度随着年龄的增长而增加。对于胶原纤维的物理和力学性能以及稳定的网络构成来说，分子间的交联是一个首要条件。图 4.26 为用流变仪做的动态机械图谱，G'为储能模量，G''为损耗模量，可以发现胶原凝胶的储能模量和损耗模量显然随着年龄的变化而增加，这是由于年龄的增加引起交联度的增加。储存模量比损耗模量大一个数量级，表示凝胶有更多的固相黏弹性能。另外，年龄大的胶原凝胶的储能模量有较大的增长率，在较低剪切频率时，缠绕的胶原纤维能较自由地互相滑动。然而，随着摆动频率的增加，胶原纤维易于保持缠绕状态，由于没有足够的时间来松弛，导致储能模量增加。因此，有着更大缠绕度的较老的胶原凝胶，随着摆动频率的变化，产生更大的储能模量。胶原凝胶的储能模量代表储存弹性和阻止变形的能力，储能模量越高，凝胶硬度越大。如果胶原拥有较大的弹性，就能承受较大的收缩力以避免形变，并且对细胞的生长提供较大的力学支撑。

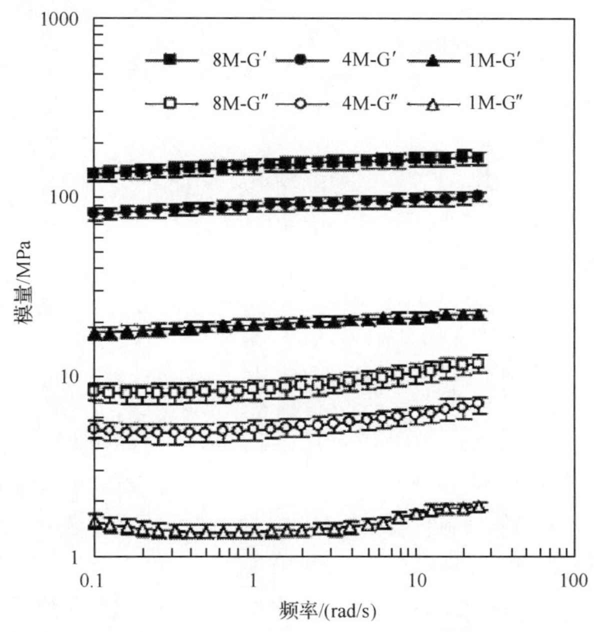

图 4.26　不同年龄胶原凝胶的动态剪切性能[128]

实心线和空心线分别代表储能模量和损耗模量

4.5.3　皮革的力学性能

胶原是皮革的主要成分，皮革内的胶原以纤维束的形式存在，皮革是由无数胶原纤维束编织而成的。皮革的性能是由胶原纤维的力学性能及其编织方式来决定的。皮革力学性能和皮革的质量是息息相关的。通过对皮革力学性能的研究，可以对皮革的加工及生产工艺提供参考和指导，优化皮革的生产工艺，从而获得高质量、高产量的皮革，提高制革业的经济效益，同时也为皮革质检提供科学依据。

1. 形变

应力-应变研究是研究材料力学性能的基本方法。与其他许多生物材料相似，皮革的应力-应变曲线呈“J”型(图 4.27)[129]。在拉伸的初始阶段显示很低的模量，应力增加很慢，但随着拉伸应变的不断增加应力增长越来越快，直至断裂。至于为什么会呈现如此形状，目前存在两种观点：一种观点认为胶原纤维在拉伸过程中逐渐定向；另外一种观点认为胶原纤维束的连接中可能会有不同的紧固程度，当皮革被拉伸时，越来越多的纤维变紧，导致应力增加。

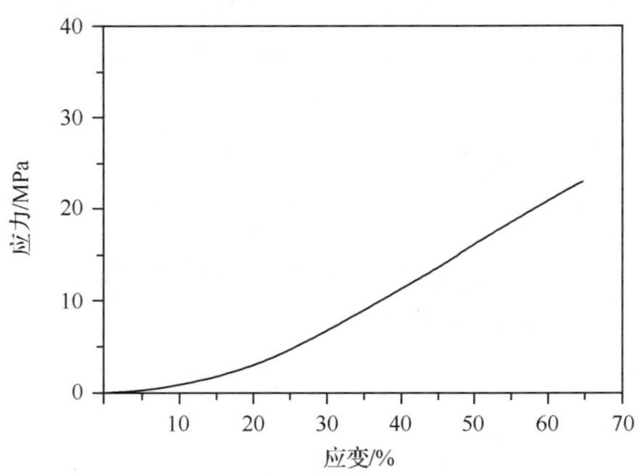

图 4.27　蓝湿革典型的应力-应变曲线图[130]

谭宏源等[131]研究了猪革蓝湿革和复鞣加脂后样品的单向拉伸性能，并对得到的应力-应变曲线进行处理，推导出其工程应力-应变方程。拟合出的数学表达式含有几个参数，并试图将这些参数与力学性能参数以及猪革的生理学参数联系起来。在数据拟合时他们利用了一个重要的参数 $dT/d\lambda$ 对 T 作图所得的斜率 α，其中，T 为应力，λ 为伸长率，即拉伸过程中样条长度除以原始长度所得值。他们发现应变量小于 30％时，$dT/d\lambda$ 对 T 作图呈近似直线，他们的方程推导也基于这样的一个关系：$dT/d\lambda=\alpha(T+\beta)$，为了求得对上式积分的积分常数，取了某一点的应力 T^* 和应变值 λ^*，得出拉格朗日应力-应变的方程，并经过理论推导得到了欧拉(Eulerian)应力与应变关系方程：

$$T=(T^*+\beta)e^{\alpha(\lambda-\lambda^*)}-\beta \tag{4-1}$$

$$\sigma=\sqrt{2\varepsilon+1}\left[\left(\frac{\sigma^*}{\sqrt{2\varepsilon+1}}+\beta\right)e^{\alpha\left(\sqrt{2\varepsilon+1}-\sqrt{2\varepsilon^*+1}\right)}-\beta\right] \tag{4-2}$$

式中，λ 为型变量；λ^* 为特定 λ 值；α、β 为常数；T 为拉格朗日应力；T^* 为特定应力值；σ 为欧拉应力；ε 为欧拉应变。

汤克勇和吴大诚[132]对猪皮软革的应力-应变行为进行了系统研究，认为应力-应变曲线按形状不同可分成 3 个阶段：阶段Ⅰ为初始阶段，在该阶段的拉伸过程中，皮革在较小的应力作用下就会产生较大的应变。皮革样品明显变细，说明其抵抗变形的能力较小，弹性模量较小。随着应变的增加，弹性模量呈线性增加的趋势。其弹性模量随着应变的增加而增加，说明了其抵抗变形的能力随着应变的增加而增加。阶段Ⅱ为线性增长阶段,在该阶段的拉伸过程中,应力基本随应变的增加而呈线性规律增加。处于该阶段的猪皮软革抵抗变形的能力较强,在应力-应变曲线上则表现为其弹性模量(应力-应变曲线上点的切线斜率)较大。阶段Ⅲ为应力保持和断裂阶段,处于该阶段的试样的应力首先保持为只有较小的应力变化,而应变则极为明显,直至发生断裂。

皮革纤维的交联网络模型,皮革的纤维之间通过其纤维本身的纵横编织及各种交联键的作用而形成一个纵横交错的体系。皮革纤维之间为鞣剂、复鞣剂、加脂剂和填充剂等充斥。在未受到力的作用时,其中的纤维都是处于松弛状态。

皮革制品一般都是在较小的应力作用下使用。此时,皮革的应力-应变行为处于阶段Ⅰ(初始拉伸阶段),产生的应变较大,皮革制品对人体穿着部位的反作用力(压力)较小,可根据人体穿着部位的形状而变形,在未受到过多挤压作用的前提下,给人一种充实感和舒适感;当外力去除后,皮革纤维逐渐回复到松弛状态,整个纤维网络也逐渐回复,从而保证了皮革制品一定的定型性。如果应力作用时间过长,如长时间穿着,整个纤维网络会产生一定的塑性变形,还可进一步减少对人体穿着部位的挤压作用。

由于皮革按面积出售,因此,如何利用加工过程提高得革率,同时又不至于过多地影响到皮革的质量是制革工作者高度关注的问题。提高得革率的方法之一是在干燥过程中使皮革处于应力伸展状态,但此过程可能会对皮革的硬度和强度产生一定的影响。Attenburrow 等[129]对单轴拉伸状态下干燥的牛皮蓝湿革的残余形变量以及形变后的机械性能进行研究。将按平行于脊背线取样的试条在拉伸应变从 0 到 30%(每 5%为一个阶段)下进行干燥。完成后停止拉伸,一天后测定各应变下的残余形变量,结果如图 4.28 所示,其中直线是拉伸应变量,方点是直接拉

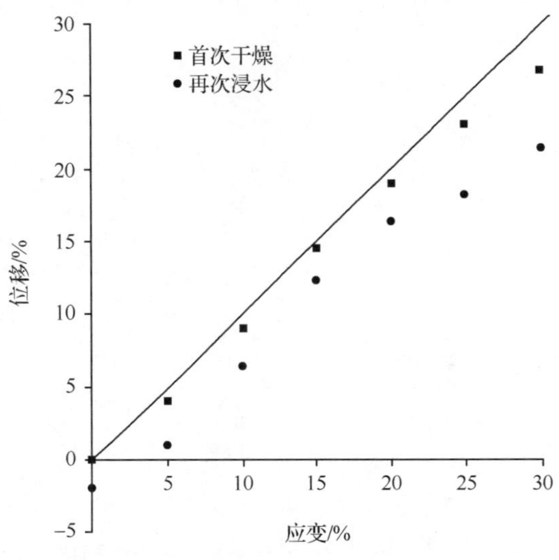

图 4.28　拉伸干燥后的残余形变量

伸干燥后测定的残余形变量，圆点是将拉伸干燥后的试条再次浸水、干燥后的形变量。他们接着从拉伸干燥后的试条上取样进行了应力-应变测试(图 4.29)。按同样方法他们也对蓝湿革上垂直于脊背线方向进行了取样并拉伸干燥，最后绘制出了在两个方向上模量随残余形变量的关系(图 4.30)。图 4.31 是利用纤维铰链模型解释残余形变与模量增长的关系。

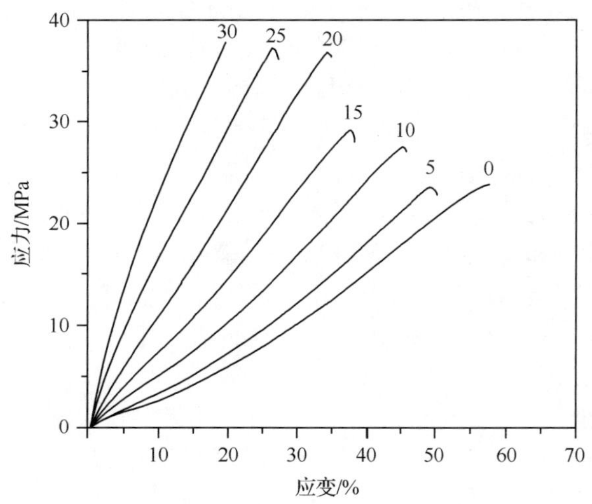

图 4.29　不同拉伸应变幅度干燥后样条的应力-应变曲线
图中各曲线对应的数字为干燥时的应变幅度(%)

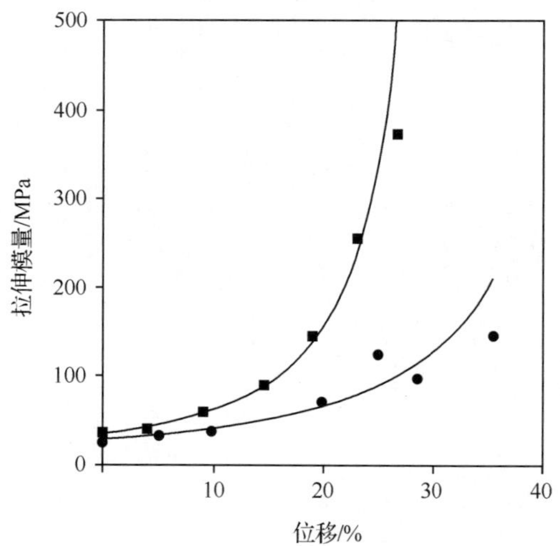

图 4.30　不同拉伸应变幅度干燥后样条的拉伸模量
方块表示平行于脊背线方向的试样，圆点表示垂直于脊背线方向的试样，曲线是根据纤维铰链模型理论生成的曲线

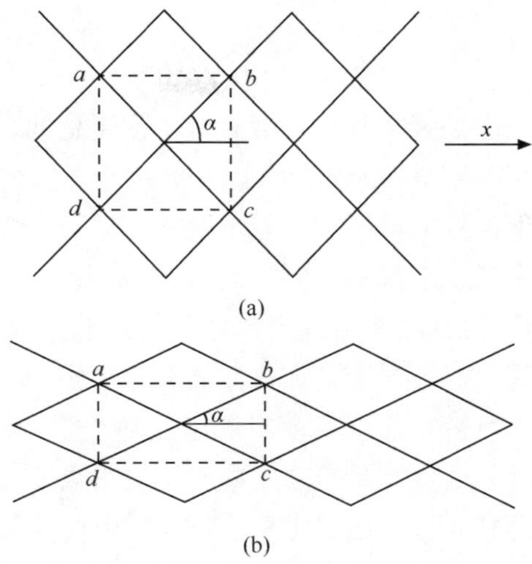

图 4.31　纤维铰链模型示意图[129]

(a) 形变前；(b) 形变后

Boote 等[133]研究了铬鞣革在单轴拉伸下干燥的情况，用广角 X 射线衍射研究了拉伸中胶原纤维对形变的贡献，用微结构模型模拟了纤维运动后大形变(30%)下，纤维呈现伪仿射。发现随着形变量的增加，皮革的硬度有显著增加。随着单轴应变增加，纤维越来越多地沿应变轴取向，这些纤维取向与模量的提高有密切联系。他们采用双轴拉伸设备对方形皮革试样进行了拉伸实验，研究了皮革在双轴拉伸时纤维取向与模量变化[130]，并且用广角 X 射线衍射对皮块的结构变化进行了观察。他们对分别对 3 块蓝湿革试样以 10%、14%和 20%的形变量按矩形方向拉伸，保持拉伸状态下干燥 48h，随后进行模量测定。结果显示干燥后模量显著提高(图 4.32)。

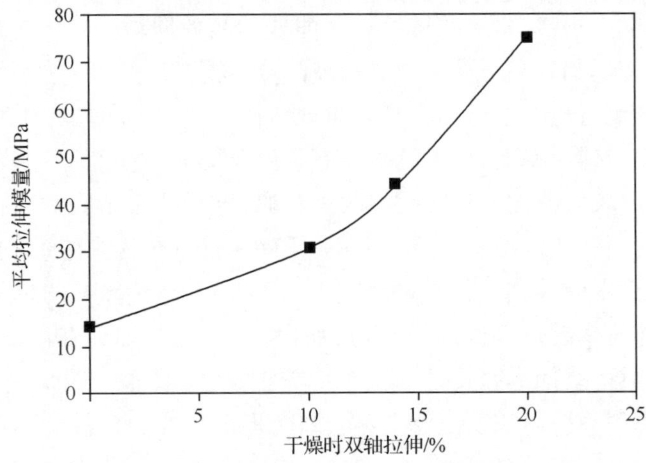

图 4.32　双轴拉伸干燥下的拉伸模量曲线变化

2. 强度

抗张强度和撕裂强度是表征材料强度的两个重要指标。抗张强度是指试样在受到轴向力拉伸而断裂时,单位横截面积上所受的力。测试抗张强度的目的在于了解试样在外力作用下的变形情况和所能承受的作用力。皮革的质量及耐用性能可在很大程度上用抗张强度来判断。测试时,应当在规定的部位沿背脊线做纵向和横向取样,分别测定。在这两个方向上取样测得的数据可能很不相同,其原因是皮内纤维束的走向不同。撕裂强度是在规定条件下,测试外力作用于裂口处再被撕开时所能承受的最大负荷。由于革在制件过程中常用针缝或胶粘,外力往往施加于已有裂口的局部,因此,皮革撕裂强度的测定也很重要。测试时规定切取试样长边与背脊线平行,粒面向上,采用拉力机测试。成革的撕裂是革中纤维受到轴向拉力时所产生的一种变形。皮革是由纤维束编织而成的各向异性的非均一材料,当发生撕裂变形时,张力在纤维束上的分布很不均匀,纤维束一根一根地受到最大负荷而发生撕裂变形,主要取决于纤维束编织紧密程度和均匀程度。

在对猪皮软革的拉伸破坏进行研究时发现,皮革纤维在应力承受达到极限时发生逐步断裂。先是较脆弱的猪皮软革纤维断裂;随后载荷集中于未断裂的纤维上,直至发生全部断裂。而且猪皮软革破坏从粒面层开始,逐渐发展到网状层直至全部破坏,这说明猪皮软革的粒面层拉伸强度不如网状层高。除了与纤维构造相关外,革的抗张强度还受到其他因素的影响,如革的水分含量、加脂剂和填充剂的种类和含量等。在研究加脂对成革机械性能的影响时发现[134],应当根据加脂剂特性以及成革的要求来改进工艺,获得质量较好的成品。

拉伸速度及湿含量对皮革力学性能具有重要的影响。图 4.33 是不同拉伸速率下猪蓝湿革应力-应变曲线的对比。在曲线的初始阶段(小于 10%的应变下),拉伸速率位于较低和较高时都出现了较高的拉伸模量。这可能是因为在较低的拉伸速率下,皮纤维有比较充分的时间取向,取向后皮革纤维的拉伸模量相对有所提高;而在较高的拉伸速率下,皮革纤维没有足够的时间发生松弛,因此也会造成较高的模量。速率较低的曲线具有明显的齿状峰,这说明猪革在高应变时存在着纤维补充的现象,当一些纤维受力被拉断后,还存在着另外一些在此之前没有承受应力的纤维束继续承受应力。另外,断裂伸长率在 120mm/min 的拉伸速率下达到最大,而在拉伸速率超过 200mm/min 后明显下降,这是因为在高的拉伸速率下,纤维滑移及链段运动都不够及时,缺陷发展较快,因而断裂伸长率变低。

汤克勇等[135]系统研究了皮革受热收缩变形前后在力学性能方面所发生的变化,探讨和分析了收缩对皮革力学性能的影响。收缩后,皮革的拉伸初始模量比未收缩的试样大得多,抗张强度和断裂伸长率都有很大程度的提高,表现出较好的力

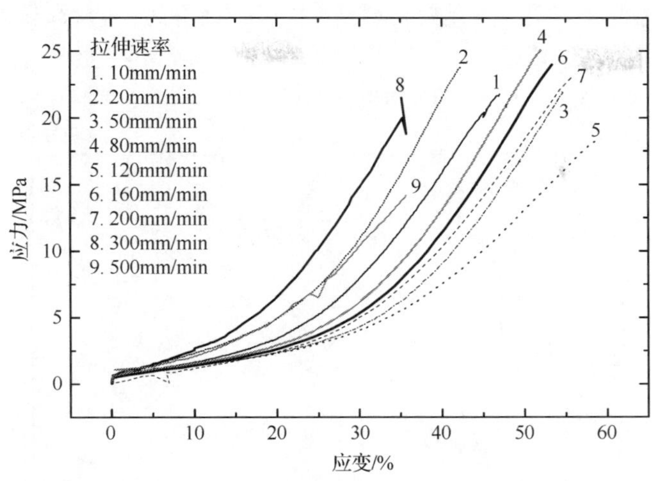

图 4.33　不同拉伸速率下猪蓝湿革的应力-应变曲线

学性能。收缩后，皮革体积变小，使皮胶原纤维分子链之间的距离缩短，很可能在分子链间产生了某些形式的交联，增强了分子间的相互作用力，从而提高了皮革的力学性能。该研究对于认识皮革及其中胶原材料的结构特征和收缩机理、改进制革生产工艺以及生产高性能皮革材料，具有重要的意义。

胶原蛋白中含有大量亲水基团，与潮湿空气接触时能吸取空气中的水分；当空气水分含量少而温度高时，蛋白质中水分又向空气中扩散达到平衡。同一张革放在不同湿度的空气中其水分含量不同。在一定温度下，空气的相对湿度越大，革中水分含量越高。在皮革试样中，水分子往往起到润滑剂的作用，水分含量的多少直接影响到皮革试样的力学性能。图 4.34 是猪蓝湿革在不同相对湿度的空气中调节后进行拉伸的应力-应变曲线的对比，其中湿含量由低到高分别是在 30%、50%、65%、80%和 100%的相对湿度的环境中调节两周后样品的水分含量。从图 4.34 中可看出，在应力-应变曲线的初始阶段，拉伸模量随湿含量的升高而降低，随后随着应变增加又出现相反趋势，而断裂伸长率却随着湿含量的降低而明显增加。这可能是由于在不同干燥程度(或含湿量)下猪蓝湿革的收缩比例不同。收缩比例越高，纤维卷曲程度越大，相应拉伸时有较多的伸展空间，而高水分含量时纤维的卷曲程度较小，其结果就是随水分含量增加断裂伸长率的减小以及拉伸模量的升高。同时，水分子在皮革中还具有润滑的作用，水分子的存在能使皮革纤维的滑动变得容易，这样水分含量高的纤维更容易取向，也造成拉伸模量随水分含量的增大而升高。在相对湿度为 65%的空气中调节的试条(湿含量为 17.9%)拉伸强度最高，而在其余湿含量下相差不太大。湿度对试条的拉伸强度的影响主要有两个方面：一方面随着水分含量的增加，皮纤维之间的氢键由于水分子的进入而遭到破坏或减弱，这将会一定程度地降低试样的拉伸强度；另一方面，随着水分含量的下降，纤维之间的黏结增强，相互滑动的能力减弱，纤维在拉伸中相互补充困难，造成缺陷迅速扩大，不利于拉伸强度的提高。

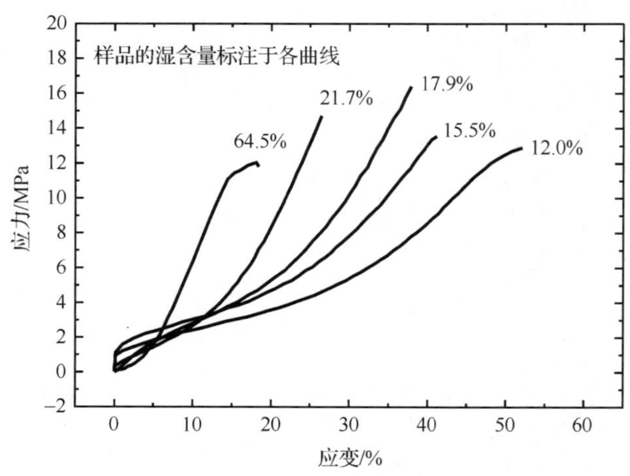

图 4.34　不同湿含量下猪蓝湿革应力-应变曲线

刘成功等[136]对皮革的抗张强度和撕裂性能进行了研究，提出利用断裂能来代替抗张强度和撕裂强度以评价皮革力学性能的方法。断裂能即断裂需要的能量，能反映皮革的抗断裂性能。他们认为应用断裂能与抗张强度或断裂伸长率一起来衡量皮革的物理性能。他们还研究了抗张强度和撕裂强度的关系，结果表明，拉伸速度对撕裂强度影响不大，但对抗张强度有一定影响。随皮革水分含量的增加，抗张强度和撕裂强度都增加；但当皮革水分含量达到某一水平后，水分含量再增加时抗张强度和撕裂强度均开始下降。同时发现，取样角度对撕裂强度影响不大，但对抗张强度影响较大；断裂能与撕裂强度有重要的关系，二者变化有相同的趋势。

常规的强度测试方法多在拉力机上进行，而声波法也可用于材料强度的表征。声波法是材料缺陷无损检测的方法，其原理是声波在经过材料缺陷时波形、振幅和频率等参数将发生一定的变化，通过对这些变化进行测试就能判断出缺陷的存在及其方位。声波法又分为穿透波法和反射波法。Kronick 等[137]利用测量生牛皮在拉伸状态下发出的声波脉冲研究牛皮在溶剂中干燥后的纤维黏结情况。测量内容包括声波脉冲的发射速度以及能量。他们发现分别在丙酮、石油醚和含石油醚的加脂剂下干燥的生皮的声波在振幅和频率上形状类似。他们对纤维中的黏结和纤维对声波的影响分别进行了分析，并借此描述了加脂剂对纤维的润滑作用。他们的研究还表明，在不破坏样品的情况下，如果能探测到声波能量的突然增加，就能预测皮革的断裂时间。

3. 压缩

皮革的压缩性能是皮革力学性能的重要组成部分。柔软度是评价皮革质量的重要指标之一，通常进行感观评价。也可以把皮革的压缩性能同感官柔软度联系起来，用负载同压缩形变之间的关系来表征柔软度。以猪蓝湿革为研究对象，把皮革压缩时的负载同猪革样品厚度之间的关系用式(4-3)进行描述。

$$\frac{1}{T_m}=a_3L^3-a_2L^2+a_1L+a_0 \tag{4-3}$$

式中，T_m 为样品厚度；L 为压缩应力；a_0，a_1，a_2，a_3 为系数。

负载与压缩率之间的关系用式(4-4)来描述，可评价皮革的压缩性能[138]。

$$R=b_3L^3-b_2L^2+b_1L+b_0 \tag{4-4}$$

式中，R 为压缩应变；L 为压缩应力；b_0，b_1，b_2，b_3 为系数，其中 b_3 与猪革的柔软度具有相关性，b_3 越大，革越柔软。

4. 黏弹性

皮革力学性能的最大特点是黏弹性，独特的黏弹性赋予皮革优异的使用性能，使皮革制件在保持形状的同时又使穿着者获得良好的穿着舒适性。研究皮革的黏弹性有着重要的意义。高聚物产生一定形变后，在保持变形量不变的情况下，应力随时间的发展逐渐减小，产生应力松弛现象。应力松弛过程中，高聚物分子链构象起始时为相互搭连的蜷曲链，变形到某一长度时，分子链被拉直，其中分子处于不平衡的构象，要逐渐过渡到平衡的构象，当变形量恒定时，一段时间后，链段发生运动，调整构象，使应力消失，分子链又处于稳定的蜷曲构象状态。

Zhang 等[139]对皮革的应力松弛行为进行了系统研究，探讨了广义 Maxwell 模型对猪皮鞋面革的应力松弛行为的实用性。皮革结构的复杂性使单个 Maxwell 模型无法较好地描述整个松弛过程，因此，常采用由包含一个 Maxwell 单元的广义 Maxwell 模型开始，逐渐增加 Maxwell 模型的个数，以观察模拟的精确程度。当模拟单元达到 5 个以上时，拟合的精度已经很高。对猪皮鞋面革的应力松弛时间谱进行求解[139]，能比较精确地描述猪皮鞋面革的应力松弛行为。表 4.7 是由 12 个 Maxwell 单元的广义 Maxwell 模型对应力松弛数据进行拟合得到的各个单元的弹性模量和松弛时间。从表 4.7 中可以看出，不同松弛单元的松弛时间从 0.265s 到 5 496 892s，差别非常大。这说明由于皮革结构上存在一定程度的交联，应力若要完全松弛，则需要经历非常长的时间。利用二阶近似应力松弛时间谱求解公式和广义 Maxwell 模型得到的应力松弛模量表达式，可求解出猪皮鞋面革的连续应力松弛时间谱。通过对这个时间谱精确程度的检验，发现它能较好地用于描述猪皮鞋面革的应力松弛行为。

表 4.7　12 个 Maxwell 单元的广义 Maxwell 模型流变常数

E_1/MPa	τ_1/s	E_2/MPa	τ_2/s	E_3/MPa	τ_3/s	E_4/MPa	τ_4/s
1.384	0.265	0.744	1.721	0.622	7.261	0.552	26.43
E_5/MPa	τ_5/s	E_6/MPa	τ_6/s	E_7/MPa	τ_7/s	E_8/MPa	τ_8/s
0.720	144.4	0.512	802.7	0.295	2 969	0.264	4 853
E_9/MPa	τ_9/s	E_{10}/MPa	τ_{10}/s	E_{11}/MPa	τ_{11}/s	E_{12}/MPa	τ_{12}/s
0.150	44 130	0.315	138 971	0.324	353 022	8.416	5 496 892

以牛皮鞋面革为研究对象，Zhang 等[139]研究了如何通过有限次应力松弛实验得到数据，并通过合适的曲线拟合方法补充数据点来建立牛皮鞋面革应力松弛的三维曲面图(图 4.35)。该图以应力-应变-时间为坐标，能够用来预测牛皮鞋面革在相当大的应变和宽广的时间范围内的应力值。

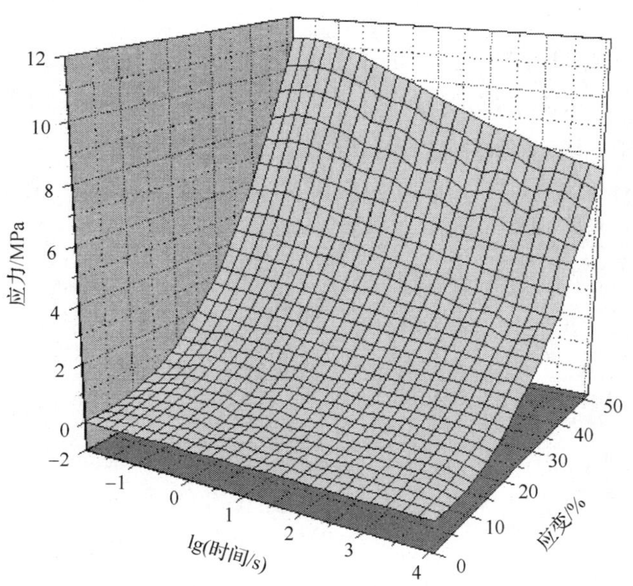

图 4.35　牛皮鞋面革应力松弛曲面图

汤克勇等研究了猪软革应力松弛行为[140]，建立了时间与应力松弛模量的关系，用 4 个 Maxwell 模型相并联的模型对其进行了模拟，模拟的相关指数越高，可信度越高。如图 4.36 所示的应力松弛时间谱中存在一个较短的应力松弛时间，这可保证猪皮软革在穿着初期极短的时间内完成其大部分应力松弛，从而减小对人体穿着部位的挤压力。谱图中应力松弛模量未能很快地达到零，这可以保证皮革制品具有良好的定型性，不至于因长时间的穿着使皮革制品发生较大的变形而影响美观。这是软革类皮革制品能具有良好穿着舒适性及美观性的重要保障。

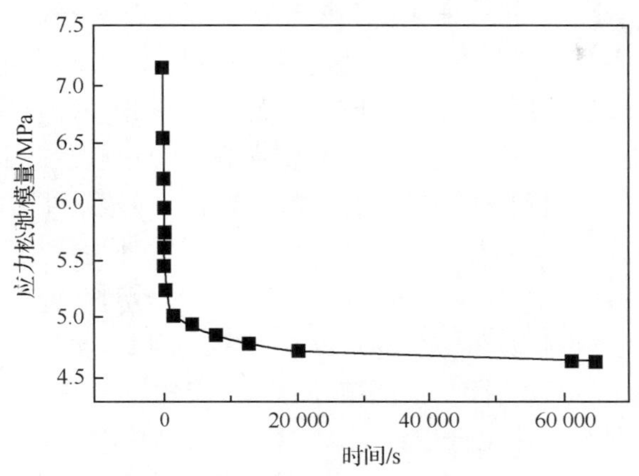

图 4.36　平行于脊背线方向试样应力松弛模量与时间的关系

Komanowsky 等[141]用 3 个并联的 Maxwell 元件成功地描述了拉伸 20%的皮革的应力松弛。当拉伸 9%时，可用 5 个元件进行描述。他们发现该模型的参数与温度、湿度和皮革的取样方向有关，并且应力松弛模量和松弛时间都随加脂剂含量、温度和湿度的增加而降低。

由于皮革结构的复杂性和多级性，皮革的动态力学响应行为非常复杂，聚合物填充、湿度和加脂剂对皮革粒面层的复数模量具有重要影响[142]，含有加脂剂(质量分数为 3%)的皮革粒面层的弹性模量与损耗模量在－100～130℃内随温度的变化趋势基本一致，在 40℃左右两者都出现最小值。不含加脂剂的皮革的动态力学性能对温度的依赖性要小一些。

动态黏弹性分析在皮革力学性能以及结构研究上将会有广泛的应用前景。由于在进行动态机械测定时形变振幅非常小，材料不会因为机械作用而发生结构破坏，这给试样制备提供了一个宽松的条件。皮革加工过程中，有很多关键性操作步骤，如鞣制、加脂等都会对结构带来一定的变化，进而会在动态黏弹谱图上清晰地反映出来。另外，由于动态黏弹谱仪能在宽广的温度范围内对材料进行动态机械测定，因此，可以用来研究皮革的聚集态结构和热性能等。例如，皮革在热收缩时，储能模量一般会有明显的变化，这些变化很容易在谱图上反映出来。同时，动态黏弹性研究还可以评价皮革的性能，如对皮革在不同条件(温度、湿度、溶剂环境等)下的使用性能以及老化性能等。

4.5.4 胶原蛋白和明胶基复合材料的力学性能

胶原蛋白和明胶是胶原的重要变性产物，在食品、纺织、农业、生物医用材料等领域具有广泛的用途。由于胶原蛋白和明胶的力学性能较差，通常需要对其进行交联改性、与其他高分子材料进行共混或引入增塑剂、增强剂等复合材料以提高材料的使用性能。交联在胶原蛋白和明胶材料的制备过程中非常重要，交联能有效地提高材料的机械性能和热稳定性。胶原蛋白和明胶成膜后较脆，通常需要加入增塑剂来减小分子间的相互作用力，提高膜的弹性。增塑剂主要是破坏蛋白质的链间氢键，减少蛋白质分子间的相互作用，使分子链在外力作用下易于移动，从而赋予材料良好的韧性。水是胶原蛋白和明胶的有效增塑剂，能显著提高材料的韧性。但是，由于水在材料中不稳定，易迁移、易挥发，因此，实际应用中所选用的增塑剂主要是一些多元醇，如甘油、甘露糖、山梨醇、聚乙二醇等。

陈武勇等[143]研究了热拉伸定型温度、拉伸倍数以及热拉伸定型时间对胶原蛋白/PVA复合纤维的断裂伸长率、断裂强度、模量等物理机械性能的影响。制备过程中的热拉伸定型对复合纤维的力学性能具有重要影响。纤维热拉伸是在热的作用下使大分子链相互平行取向排列，提高纤维的力学性能。拉伸热定型后复合纤维的强度随着拉伸温度的升高而增大，到220℃时达到最大值，之后略有下降。纤维在拉伸过程中，大分子取向和结构的重建过程由拉伸倍数决定，而拉伸倍数又和纤维的力学性能等有直接关系。复合纤维的干热拉伸倍数越大，纤维的断裂伸长率越小，强度和模量越大。这应该是大分子链取向度和结晶度增大的原因。另外，复合纤维的热拉伸定型时间越长，其强度和初始模量越高。这是因为纤维的力学性能取决于纤维的分子结构和超分子结构，超分子结构是用结晶度和取向度等来表征的，而热定型的条件对结晶度的影响很大。定型时间越长，越有利于纤维的结晶，所以纤维的强度和模量越大。而伸长率热定型后纤维的延伸度有所提高，但经过拉伸后，纤维伸长率变小。所以，热定型时间超过2min后，即在很小范围内波动。

郑学晶等[144]用戊二醛作交联剂对皮革下脚料中提取的胶原水解物进行交联改性，并以改性胶原蛋白为基体、剑麻纤维为增强相，制备了剑麻纤维/胶原蛋白复合材料。剑麻纤维的表面处理对复合材料的形貌及力学性能有很大影响。当剑麻纤维经碱处理后，纤维表面的蜡质被除去，纤维素分子链中大量的羟基使得纤维表面和微孔内部呈亲水性，胶原蛋白溶液容易进入到剑麻纤维的微孔内，形成镶嵌结构的形态，这极大地增加了复合材料界面间的黏合。同时，适度的碱处理还可溶去剑麻纤维表面的果胶、半纤维素和木质素及其他杂质，使纤维产生粗糙的表面形态，纤维表面出现细小沟壑，使得纤维与聚合物进行混合时，胶原可以充分渗入纤维之间的细小沟壑，有利于纤维与基体的界面结合。另外，剑麻纤维的含量及长度对复合材料的力学性能有较大影响。随着剑麻纤维含量的增加,复合材料的拉伸强度和弹性模量呈现先增大后减小的趋势,而断裂伸长率随纤维含量的增加持续下降,符合一般天然纤维增强聚合物复合材料的力学性能的变化规律。剑麻纤维的长度对复合材料的力学性能也存在一个最佳值。当剑麻纤维长度为 7～8mm 时,复合材料的拉伸强度和弹性模量为最大值,这表明该长度的剑麻纤维对胶原能够起到较好的增强作用。一般认为,在复合材料中,纤维末端不传递应力。只有当纤维长度大于有效长度时,才能使纤维承受最大的应力,充分发挥纤维的增强作用。在相同纤维含量下,较长纤维末端数少于较短纤维末端数,因而较长纤维增强的复合材料的应力集中少于较短纤维复合材料。在裂纹扩展时,较长纤维增强复合材料中的裂纹遇到纤维的概率大于较短纤维,裂纹被终止的概率大,应力集中点少。因此,在所加纤维质量分数相同时,较长纤维所制得的复合材料比较短纤维所制得的复合材料的拉伸强度和模量高。但是,若纤维太长,会使纤维在材料中发生搭接和缠绕而不能均匀分散,使体系中缺陷增加、应力不能有效地传递给基体,此时,会使复合材料的力学性能呈现降低的趋势。由于胶原蛋白和剑麻纤维均为天然高分子材料,能在环境中自然降解,这种成本低廉、易加工、具有生物可降解性的新型复合材料可望在绿色包装方面得以应用。

万怡灶等[145-148]采用溶液浸渍法和溶液浇注法制备了不同形式的碳纤维增强明胶复合材料。所采用的增强体包括连续长碳纤维、短碳纤维和编织纤维布。他们采用戊二醛为交联剂、甘油为增塑剂对体系进行了改性,对所制备的复合材料进行了拉伸强度、剪切强度、弹性模量和断裂应变的表征,用扫描电子显微镜对复合材料的形貌进行了观察,并对复合材料的溶胀动力学进行了研究。纯明胶的拉伸强度为 30MPa,加入 5.8%的碳纤维后,长碳纤维/明胶复合材料的拉伸强度增加到 101MPa,约为纯明胶的 3.3 倍,说明长碳纤维的增强效果显著。此外,随着纤维含量的增加,拉伸强度不断增加。从纤维含量与剪切强度的关系可以看出,剪切强度和弹性模量与纤维比的关系同拉伸强度与纤维比的关系大致相似,均随着纤维比的增加而增加。在以戊二醛为交联剂、甘油为增塑剂对明胶改性的体系中发现,戊二醛浓度越高,明胶材料的拉伸强度、剪切强度和模量越大,断裂伸长率越小。随戊二醛浓度的提高,强度和模量的增加速率明显降低。这是由于戊二醛中醛基与明胶酰胺中的氨基发生交联反应,形成了多个蛋白质分子交接的网络结构,从而强度和模量增大,断裂伸长率减小;甘油起到增塑的作用,甘油的浓度越高,明胶材料的强度和模量越低,断裂伸长率越高;明胶浓度的改变对明胶材料的力学性能的影响程度较小,随着明胶浓度的增加,明胶材料的拉伸强度、剪切强度和模量增大,而断裂伸长率减少。另外,作者还对明胶材料的断口特征进行了研究,发现甘油含量对明胶材料的断口形貌有较大的影响,即塑性不同的明胶材料,其断口特征显著不同。

4.6　胶原的光学性能

4.6.1　胶原和明胶的荧光特性

荧光是物质吸收了光能以后，价电子跃迁到先前未被占据的单重激发电子态，再经振动迅速到达该激发电子态的振动基态，然后以光物理辐射形式返回基态时所发出的光线。荧光现象早在16世纪即被发现，但荧光分析法则是在最近几十年才建立起来。与通常的分光光度计法相比，该方法具有显著的优点，在多种学科的科研工作中得到了较为广泛的应用。

分子生物学中，荧光分析常用来进行大分子构象、体积以及电荷转移机理的测定，并可利用能量转移测量分子内(间)两基团的距离。荧光法用于蛋白质分析，主要是研究其在水溶液中的构象。此外，还可以考察色氨酸、酪氨酸和苯丙氨酸所处的微环境、酶的活性部位结构以及蛋白质的变性等。组成蛋白质的基本氨基酸有20余种，只有含苯环的氨基酸(苯丙氨酸、色氨酸、酪氨酸)才是荧光性物质，其相对荧光强度比为100∶9∶0.5[149]。

胶原是动物皮肤中的重要组成部分，占皮肤含量的30%左右。测试皮肤中荧光团的荧光光谱，可以区别正常皮肤与病态皮肤，并可区分正常老化皮肤与光老化皮肤(如持续经受紫外光照射的皮肤)。Kollias等[150]用UVB紫外光对4～45周的不同年龄的小鼠进行一定时间的照射，研究了照射前后小鼠皮肤的荧光激发光谱，比较了不同鼠龄的小鼠皮肤的荧光光谱，并研究了自然衰老与光老化皮肤的荧光光谱的区别。结果发现，6周龄小鼠皮肤的最大激发峰出现在295nm、340nm和360nm处，以295nm处的峰为主。295nm处的峰主要来源于表皮中的色氨酸，而340nm和360nm处的峰主要来源于真皮，其中340nm处的峰属于胃蛋白酶可溶胶原的交联荧光峰，360nm处的峰归属于胶原蛋白酶可溶胶原的交联荧光峰。对自然衰老的小鼠，随着年龄的增加，295nm处的峰强度降低而340nm处的峰强度增加。相反，经长时间的UVB照射后，小鼠皮肤胶原中295nm处的峰的强度大幅度增加，340nm和350nm处的峰不再清晰，而在270nm与305nm处出现了两个新峰。这表明自然衰老后表皮与真皮的变化是可预测的，而长时间经受紫外光照射会导致新的荧光生色团的出现。

水解胶原的荧光及其变化直接反映了水解胶原中酪氨酸残基本身和周围环境的变化。Cr(Ⅲ)是一种很好的荧光猝灭剂，Cr(Ⅲ)离子对蛋白质的猝灭属于静态猝灭。这是由于过渡态金属离子和蛋白质在基态发生配合反应时，形成的配合物通常是不发光的，但是，配合物可以在激发态时离解而产生发光的形体，此离解过程较为缓慢，属于静态猝灭。陈武勇等[151]用荧光光度法对水解胶原蛋白与铬配合物作用进行了模拟研究，用硫酸铬、甲酸钠及甲酸与水解胶原作用，为认识铬鞣及铬鞣机理提供了更多的证据。结果表明，Cr(Ⅲ)离子可能和水解胶原蛋白分子的羧基发生了配位作用，是荧光猝灭作用的重要因素。水解胶原蛋白中酪氨酸的酚羟基也可通过氢键与铬配合物有机配体作用，而产生一定的荧光猝灭作用。水解胶原蛋白随 pH 的降低，荧光猝灭作用逐渐明显，这可能说明 pH 对水解胶原疏水性变化有较大影响，据此作者推测，pH 的变化对铬鞣机理的影响更大。

孙崇敏等[152]对三种明胶进行了荧光分析，发现在 285nm、305nm 和 395nm 附近均有一个荧光峰，它们的最大激发波长分别位于 260nm、275nm 和 235nm 附近。根据相关文献报道，可以判断上述荧光光谱中位于 285nm 和 305nm 附近的两个峰分别为明胶中苯丙氨酸和酪氨酸(残基)的荧光峰。但 395nm 附近的荧光峰，经推断为非 α-氨基酸类的、具有荧光性质的物质。该物质还具有较强的还原性，在足量的 H_2O_2 作用下，此杂质的荧光显著减弱。在较低的浓度下，胶液浓度与其荧光强度呈很好的线性关系，而且在低于 1.5mg/mL 的明胶浓度下，这一线性关系良好。

徐绪国等的研究表明[153]，pH 对明胶水溶液荧光有显著影响，且对不同荧光物质的影响程度也不相同。当 pH 在已知的两种荧光物质等电点附近(pH5～6)时，明胶分子呈偶极结构，处于紧缩的线团构象，荧光最强；而在其两侧，荧光强度都显著降低，但在 pH 5～9 时，荧光都较显著。有趣的是，荧光杂质的荧光强度随 pH 变化规律与上述两种荧光物质类似，只是最大荧光峰在 pH 8.5 附近。这表明该杂质具有与氨基酸相类似的两性性质。在其 pH 下，其分子也表现为同时带有相同量正负电荷的偶极结构，即该杂质的等电点在 pH 8.5 附近。介质的 pH 不仅影响荧光物质的荧光强度，还对其激发光谱强度、峰位置及形状产生极大影响，特别是对荧光杂质的激光光谱影响较大。数据还表明，随着溶液酸度的增加，240nm 附近的激发峰不断减弱，但在所测的几种 pH 条件下，该峰一直是最强的激发峰。根据该峰的位置和形状尖窄的特征，可以推断该峰属于未知物分子中基团 R 的 π-π 电子的跃迁。因此，该物质分子中具有不饱和结构特征，不可能为明胶的无机盐分。而且，由于明胶中核酸及其降解产物天然碱基等杂质的荧光量子效率又很低，一般观察不到荧光，因此，明胶中的未知荧光杂质也不能为核酸及其降解产物，更不可能为碳水化合物或脂类，因为它们没有产生荧基团。温度对荧光强度的影响较为显著，在 0～60℃的温度范围内，每升高 5℃，荧光平均减弱 6%左右。这主要是温度升高加剧了分子碰撞，增强了内转换效应所致。因此，可以利用荧光分析对明胶进行分析测定，尤其明胶溶液的分析测定具有较高的灵敏度，且不必严格控制溶液的 pH，只要在较为恒定的温度下，便能得到较满意的结果，并且重现性好，既经济又快捷。

4.6.2 明胶在感光材料中的应用

明胶在感光材料中具有重要的应用。明胶具有许多显著的特性:在高离子强度的溶液中,能阻止卤化银晶体的絮凝;能使乳剂凝固、储藏复溶,而不产生卤化银的沉淀作用;它的快速凝固的特性使涂布容易进行;能使潜影稳定等。明胶的这些性质使明胶在照相工艺上的应用具有得天独厚的优势。感光产品中,明胶具有很多不同的功能(表 4.8)。表 4.9 归纳出明胶分子产生这些功能所需的特性。

表 4.8 明胶在感光材料中的功能[154]

<table>
<tr><th colspan="2">过程</th><th colspan="2">明胶的功能</th><th>机理</th></tr>
<tr><td rowspan="9">感光材料的加工过程</td><td rowspan="4">卤化银乳剂</td><td>混合(沉降)</td><td>胶体保护作用
结晶核的控制</td><td>吸附作用和亲水胶体
电离化</td></tr>
<tr><td>一次成熟</td><td>卤化银晶体的生长控制
避免凝聚</td><td>吸附作用
大的相对分子质量的影响</td></tr>
<tr><td>脱盐</td><td>凝聚和分散可逆转换的性质</td><td>电离化
等电点
盐类的渗透性</td></tr>
<tr><td>二次成熟</td><td>感光性
核和灰雾核的陈化控制</td><td>吸附作用
还原性(特别是由于金增感性形成配位体)
大的相对分子质量的影响</td></tr>
<tr><td>成色乳化剂</td><td>乳化</td><td>乳剂的加速
控制乳剂免受破坏
保护胶体的影响</td><td>吸附作用
表面活性剂相互作用
电离化
大的相对分子质量的影响</td></tr>
<tr><td>彩色增感剂</td><td>分散</td><td>保护胶体的影响
黏度的提高</td><td>吸收
表面活性剂的相互作用
电离
大的相对分子质量的影响</td></tr>
<tr><td>混合</td><td colspan="2">保护胶体的影响</td><td>大的相对分子质量的影响
表面活性剂的相互作用</td></tr>
<tr><td>预涂布</td><td colspan="2">乳化性能的相容性和分散性</td><td>表面活性剂的相互作用
吸附作用</td></tr>
<tr><td>涂布</td><td colspan="2">增加适当的黏度
形成胶体
形成均一的软化体</td><td>大的相对分子质量的影响
表面活性剂的相互作用
活化性能(增稠剂)</td></tr>
</table>

续表

过程		明胶的功能	机理
感光材料的加工过程	干燥	水分的扩散 膜的强度	水分的渗透性 大的相对分子质量的影响
	切条	卤化银/成色剂 抗静电性能	保水性能
使用	储藏	保护感光性能 控制灰度	吸附作用
	曝光	接受卤化物 防止潜影的退化	还原性 氧化抑制剂
	冲洗加工	增加潜影对显影性能的选择性 在加工中保持影像(坚膜剂)	吸附作用 电离化 反应性(坚膜剂)
	保护	保持影像持久 保持胶片的稳定性 避免划痕	反应性(坚膜剂)

表 4.9　明胶的功能与分子特性[154]

功能	分子特性
大的相对分子质量的影响(黏度和保护性)	高相对分子质量
吸附和相互作用(氢键)吸收水分,保水功能,表面活性	具有亲水基团和憎水基团
由溶胶到凝胶的转变	由氢键连接的螺旋化合物
吸附和相互作用(离子键)离子渗透性	具有阴离子和阳离子基团(两性电解质)
分子之间的桥梁(坚膜剂)	具有化学反应活性

照相明胶是组成乳剂层的主要成分之一,占乳剂层成分的 55%左右,在感光乳剂中发挥着多种重要的作用[155]。明胶的结构、明胶中的含硫氨基酸及其氧化物、微量金属离子等可对感光材料的性质产生重要影响。

1. 明胶的结构和组成对感光材料性质的影响

明胶的平均相对分子质量及相对分子质量分布决定明胶的物理机械性能。平均相对分子质量越大,黏度越大,明胶质量越好。对明胶的很多物化性能来说,明胶的 α-结构含量越高,其质量越好,因此,要求明胶的相对分子质量分布窄,分布曲线中覆盖 α-结构部分应占优势。明胶中的小于 α、α_1、α_2、β、γ 以及大于 γ 这 6 个不同构象组分的相对含量，对乳剂涂层的物理性能，如胶冻强度、黏度等都有很大的影响[156]。明胶中含有过多的小于 α 的分子或大于 γ 的分子都会给乳剂涂布过程带来弊端。只有这 6 个不同的构象组分按一定的比例分布时，才有可能满足多种物理性能的要求。对 Ag 在照相明胶中相对分子质量的分布情况进行研究发现[157]，Ag^+ 完全分布于相对分子质量较小的 α 大分子蛋白质组分，γ 组分、β 组分中均不存在 Ag^+。

明胶的组分和相对分子质量分布是由其生产原料和工艺决定的，其生产原料和工艺会对颗粒的晶体性质、晶体大小及分布产生影响。因此，优质的明胶应具有较窄的相对分子质量分布，尤其是 α 组分含量越高，质量越好。在提高明胶质量方面，国内外明胶制备工作者开展了许多工作。为克服传统方法制备工艺的不足，提高明胶的质量，很多研究者将酶应用在制胶工业中，利用其专一性强、催化效率高、作用条件温和等显著特点来解决明胶制造业中的环保问题，提高明胶产品的质量[158]。用酶解制胶方法不仅提高了明胶的质量和产率，而且大大缩短了生产周期，环境污染也有所减小。

2. 明胶中含硫氨基酸及其氧化产物对感光材料性质的影响

明胶中存在的无机硫化物和有机硫化物可在乳剂颗粒表面形成 Ag_2S 敏化斑，对乳剂照相性能有很大的影响[155,159]。明胶中的活性硫主要以蛋氨酸中的 S 基团、蛋氨酸砜中的 SOO 基团、蛋氨酸亚砜中的 SO 基团 3 种化学形态存在。明胶大分子中的蛋氨酸残基及其氧化产物蛋氨酸砜、蛋氨酸亚砜的相对含量不仅与明胶对 Au^{3+} 的还原能力有较好的相关性，而且它们还是曝光时溴的受体，有配位 Ag^+、Au^+ 的能力，从而间接地影响 AgX 的溶解性和化学增感过程。

照相明胶对化学增感过程的影响也主要表现为蛋氨酸及其氧化物、蛋氨酸亚砜和蛋氨酸砜与不同化学增感剂之间的相互作用[160]。低蛋氨酸含量的明胶能制得晶体形态比较高的高氯 T 颗粒乳剂[161]。由于在明胶含硫基团中，蛋氨酸及其氧化产物的含量远远高于无机含硫化合物和其他含硫氨基酸，因此，随着照相明胶质量的逐渐规范化，明胶中的活性硫基本除净，明胶大分子本身所含有的蛋氨酸残基、蛋氨酸亚砜残基在明胶还原性方面成为主要的影响因素。

3. 明胶中的微量金属离子对感光材料性质的影响[155]

在卤化银乳剂中加入某些金属离子可改善乳剂的照相性能。Ca^{2+}、Cu^{2+}、Fe^{3+} 等均能与明胶中的蛋白组分发生键合作用，明胶中微量金属离子对乳剂照相性能的影响可通过改变明胶的蛋白质结构、与明胶的多肽链主链及侧链外游离的氨基和羧基上的氧原子和氮原子形成多齿配位体、改变明胶中硫的 3 种化学形态之间的相对含量等来实现。

钙盐不仅能抑制卤化银乳剂的化学成熟，还影响其物理成熟，抑制晶体的生长。明胶中的钙在一定的条件下可能生出黄色灰雾。照相乳剂中含有一定量的 Ca^{2+} 可以改善卤化银乳剂的感光性能，但过多的 Ca^{2+} 在微晶表面吸附或掺杂，不利于卤化银乳剂的光谱增感。

明胶中的铜对卤化银乳剂具有较强的减感作用，是造成潜影衰退的主要因素之一。明胶络铜虽然不改变乳剂微晶体的离子电导，但却强烈地降低乳剂微晶体的光电导，这里金属离子是强烈的光自由电子的陷阱。铜（Ⅱ）可以与明胶的多肽链主链及侧链外游离的氨基和羧基上的氧原子及氮原子形成多齿配位体，配位形成五元环或六元环的结构，对明胶乳剂的感光性能产生影响。由于铜（Ⅱ）与明胶间强烈的配位作用，明胶分子的荧光随明胶中铜（Ⅱ）含量的增加而迅速消失。

作为一种金属杂质，尽管铁在每克明胶中的含量只有几至几十微克，但具有较强的减感作用。铁杂质中心是深的电子陷阱，它们的存在会缩短光电子的寿命，缩小光电子沿卤化银晶体表面的迁移距离，使潜影中心光电子的捕获横截面相对缩小，从而降低潜影中心的形成概率，导致乳剂感光性能降低。明胶对 Fe^{3+} 有很强的还原能力，Fe^{3+} 掺杂使乳剂的感光度和灰雾降低。感光度下降的主要原因是 Fe^{3+} 的深电子陷阱作用，导致光电子捕获截面变窄，减少可显潜影形成。同时，Fe^{3+} 对明胶的照相性能及储存的稳定性产生影响。Fe^{3+} 的存在既降低了彩色单层片的感光度，又降低了卤化银乳剂的敏度，同时还降低了影像染料的稳定性。而且存在于明胶中的铁具有减感作用，这很可能与 Fe^{3+} 自身作为氧化剂或具有氧化作用有关。在明胶生产过程中由设备、试剂（盐酸、石灰）或环境所带入的铁可能与明胶蛋白结合，且明胶的基本成分氨基酸、氨基酸的—COOH 和—NH_2、半胱氨酸的—SH 以及酪氨酸等与 Fe^{3+} 和 Fe^{2+} 都有较强的结合力，因此，必须消除铁对乳剂性能产生的不良影响。

4. 明胶与 Ag^+ 和 Br^- 的相互作用[155]

明胶能吸附在 AgX 微晶上，这对乳剂的制备和感光性能有着重要影响。在卤化银晶体表面牢牢吸附着一层明胶，甚至用胰蛋白酶处理也不能去除这些明胶，其胶层的厚度为 30～200nm。对于明胶吸附的研究是多方面的，包括吸附力的本质、吸附层的厚度及数量、乳剂制备时介质的 pH 及强度对吸附的影响等。目前，AgX 与明胶之间可能的相互作用大致认识为：AgX 晶体边角上的缺陷 Ag^+ 与明胶大分子功能团之间的相互作用；AgX 某些晶体边角或晶面上的卤素位点与明胶的相互作用；AgX 晶体疏水部分与明胶疏水侧链的相互作用。

明胶可通过 COO^- 与 Ag^+ 产生静电吸引，还可通过来自氨基、咪唑基及酰胺基的 N 或来自蛋氨酸及蛋氨酸亚砜的 S 与 Ag^+ 发生化学键合。明胶无序地以螺旋状形式的单分子层被卤化银晶粒所吸附，吸附作用的本质可能与明胶蛋白分子中某些氨基酸残基与 Ag^+ 的化学作用有关。照相明胶中的蛋氨酸、蛋氨酸亚砜残基均能通过 S 原子与 Ag^+ 作用生成 Ag—S 键，主要是蛋氨酸亚砜残基与 Ag^+ 的键合作用。明胶大分子中的蛋氨酸(Met)对颗粒表面的 Ag^+ 有很强的吸附作用，当 Met 含量较高时，Met 便与溶液中的 Ag^+ 竞争，吸附在颗粒的边缘及位错处，从而阻碍晶体的各向异性生长。不同蛋氨酸含量的明胶对{100}面 T 颗粒的形成具有调控作用，具有低蛋氨酸含量的明胶用于成核阶段时可以制备出具有较高 T 颗粒投影面积比率的乳剂，用于乳剂生长阶段时可以缩短乳化时间。在碱性溶液中明胶可能通过蛋氨酸与 Ag^+ 形成配合物，这种配位作用在控制感光过程中银的还原速度和聚集过程中都起着极其重要的作用，与明胶水溶液相似，卤化银表面的银离子与明胶多肽链中的侧基结合，而这种相互作用又影响着定影过程中的银颗粒形成。

明胶作为卤素的接受体可与卤素结合而生成稳定的产物。明胶中的酪氨酸、组氨酸、蛋氨酸等几种氨基酸都会与卤素反应。明胶作为卤素的接受体可与卤素结合而生成稳定的产物。明胶中的酪氨酸、组氨酸、蛋氨酸等几种氨基酸都会与卤素反应。用红外光谱法探讨明胶与卤素离子 Br^- 之间的相互作用，结果表明，Br^- 首先与 α 组分的蛋白质结合，Br^- 在明胶中不是以游离态存在而是分布于胶原蛋白中，这说明外加的 Br^- 与明胶间存在某种亲和力。因为 Br^- 是阴离子，明胶就可能依靠其带正电荷的基团通过静电作用与之结合。明胶与 AgBr 之间除了上面提及的化学亲和力和静电吸引力之外，还存在有其他作用力，如库仑力和范德华力。范德华力的存在意味着 AgX 晶体颗粒表面的某些区域具有疏水性。

Br^- 首先与 α 组分的蛋白结合，Br^- 在明胶中不是以游离态存在而是分布于胶原蛋白中，这说明外加的 Br^- 与明胶间存在某种亲和力。因为 Br^- 是阴离子，明胶就可能依靠其带正电荷的基团通过静电作用与之结合。明胶与 AgBr 之间除了上面提及的化学亲和力和静电吸引力之外，还存在有其他作用力，如库仑力和范德华力。范德华力的存在意味着 AgX 晶体颗粒表面的某些区域具有疏水性。

4.6.3 明胶在微光学元件的化学裂解刻蚀方法上的应用

由于明胶材料在可见光范围内的光学吸收很低，而且光谱响应非常平坦，可以直接用于制作微光学元件(MOE)，无需进行向基底的图形传递。这不仅能够极大地简化 MOE 的制作过程，也可很大程度地降低制作成本。正因为如此，重铬酸盐明胶(DCG)直接制作 MOE 引起人们极大的兴趣，并在光学系统中得到应用。利用明胶水显的二值化特性，庄思聪等[162]通过熔融法制作了大孔径的微透镜列阵。将水显用于制作连续浮雕微光学元件，即使元件口径非常大(接近毫米量级)，面形保真情况也不尽如人意。因此，只有彻底改变水显工艺，才能将明胶真正用于连续浮雕微光学元件的制作。

重铬酸盐明胶(DCG)体系由明胶和重铬酸盐构成,可以通过烘烤、紫外辐射、或用化学方法(即加入一定量的硬化剂)来硬化明胶构成预硬化。蓝紫外线照射 DCG 使其中六价铬离子还原成三价铬离子,与明胶分子主链上的亚胺基和羰基形成配位键,使分子间形成网状的交联结构,成为更牢固的三维网状结构。未硬化的 DCG 是用温水进行显影,未曝光区域的低相对分子质量明胶被溶解。而对于光照预硬化的 DCG,因为交联已使其相对分子质量增大,不利于溶解,可以通过酶溶液对明胶蛋白质的裂解作用,使明胶肽键产生断裂、相对分子质量减小。由于曝光后的曝光区域比预硬化的 DCG 又多一层光致交联,在同样的裂解程度下,预硬化的 DCG 未曝光区域明胶的溶解度远远大于曝光区,造成未曝光区域明胶不断溶解进入显影液,浮雕像便显现出来。对比负性光致抗蚀剂的曝光显影机理可知,它们均是曝光导致了交联,使原来可溶于显影液的部分变为不可溶;曝光量不同,交联程度不同,溶解度也不同。因此,重铬酸盐明胶可以用作负性光致抗蚀剂来制作浮雕像。

4.6.4　明胶的浊度

明胶溶液的浊度是评价明胶质量的关键指标之一,它不但是明胶纯度的直观反映,而且直接影响到其使用效果。

色泽和透明度是明胶重要的质量指标。质量好的明胶,其外观应为无色或淡黄色,是透明或半透明且略带光泽的粉粒或薄片,溶于热水后成为澄清透明的、有黏性的、无异味的液体。明胶的提取工艺对明胶的色泽和透明度具有一定的影响。王斌等[163]研究了提胶温度和提胶时间对鸡皮明胶色泽和透明度的影响。他们分别在 55℃、60℃、65℃、70℃、75℃、80℃、85℃、90℃温度下提胶 3h,将所得明胶配制成 1.5%的胶液,分别在 450nm 和 630nm 波长处测定其吸光值,明胶溶液在 450nm 处的吸光值即为明胶的色泽;在 630nm 处的吸光值即为明胶的透明度(图 4.37)。将提胶温度恒定在 60℃,分别提胶 1～7h,将所制备的胶液配制成 1.5%

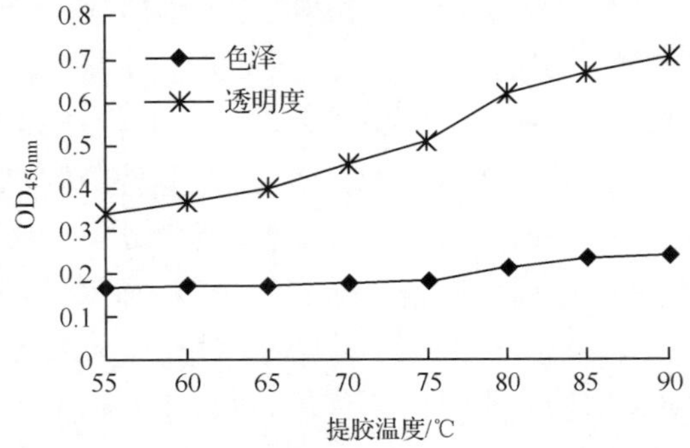

图 4.37　提胶温度对明胶色泽和透明度的影响

的胶液，分别在 450nm 和 630nm 波长下测定其吸光值(图 4.38)。提胶温度和时间对明胶的色泽和透明度有一定程度的影响，其中对色泽的影响较小。随着提胶温度的升高，明胶的色泽和透明度都下降，特别是透明度受提胶温度的影响较大。当提胶温度超过 75℃、提胶时间超过 5h 时，透明度显著下降。

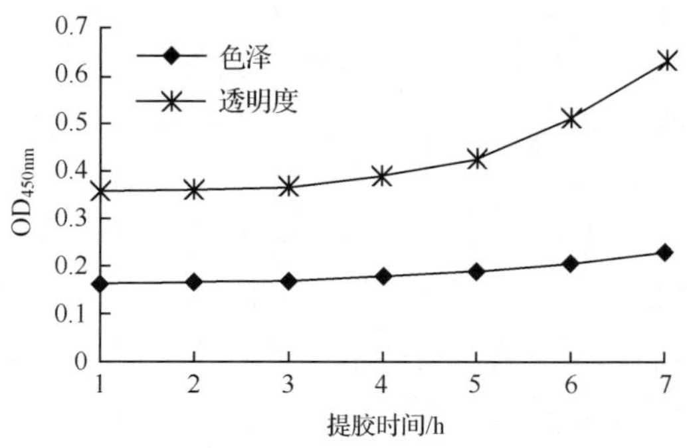

图 4.38　提胶时间对明胶色泽和透明度的影响

影响明胶溶液浊度的因素很多，机理复杂。目前，关于这方面的研究报道甚少，内容主要局限在通过灰分、杂蛋白的分离方法来提高明胶溶液透明度。灰分主要来源于两个方面：一方面是来源于明胶原料生理存在的无机离子，包括钠、钙、镁、铁的氯化物和磷酸盐；另一方面则是明胶在原料处理和生产过程中所引入的杂质，如酸、碱、盐及多种无机盐[164]。杂蛋白主要是指胶原蛋白中所含的一些小分子蛋白、黏多糖以及一些变性蛋白质等。如何降低明胶的浊度始终是科研部门及生产厂家致力研究的问题之一。

可用活性炭、壳聚糖、铝盐(明矾)和胃蛋白酶对明胶进行澄清[164]。活性炭中吸附的杂质属于物理吸附。用活性炭处理明胶溶液时，温度的变化对透过率的影响很显著，随着温度的升高，明胶溶液的透过率逐渐增大。在温度为 60℃时，明胶分子链间的氢键完全遭到破坏，大分子链充分舒展，有利于活性炭的吸附及杂质的分离。活性炭不仅可以吸附大量杂质，对其他分子也具有较好的吸附能力，可以除去大量异味，同时还具有一定的脱色能力。壳聚糖中含有大量的羟基和氨基，可以和其他有机分子、明胶溶液中的金属离子形成氢键、共价键和配位键而牢固结合，从而降低明胶溶液中的杂质和金属离子含量，这是其他吸附剂所不具有的。铝盐絮凝一般是指水中的胶体在加入铝盐进行脱稳之后，相互接触碰撞，在吸引力作用下合并成长为大絮凝体的过程。铝盐对明胶溶液有很好的澄清效果，特别是对于杂蛋白等杂质的絮凝，但采用此法提纯明胶时，对其冻力和黏度有一定损失。在 pH1～2 时，蛋白酶对蛋白质具有水解的作用，可以将蛋白质大分子链水解成小分子；但在 pH 偏离弱酸性的条件下，酶会失去一定的活性，此时可以起到对杂蛋白的絮凝作用。通过胃蛋白酶对明胶溶液进行絮凝，不仅可以明显降低明胶溶液的浊度，同时还可以在一定程度上提高明胶溶液的冻力。

参 考 文 献

[1] 张洪渊. 生物化学教程. 成都：四川大学出版社，1988：95-105.

[2] Righetti P G. Determination of the isoelectric point of proteins by capillary isoelectric focusing. Journal of Chromatography A, 2004, 1037: 491-499.

[3] Gustavson K H. The Chemistry and Reactivity of Collagen. New York: Academic Press Inc, 1956: 87-97.

[4] 沈钟，赵振国，王果庭. 胶体与表面化学. 北京：化学工业出版社，1994.

[5] 程海明，王磊，王睿，等. Zeta电位法测定胶原及其降解物的等电点. 皮革科学与工程，2006，16(6)：40-43.

[6] 唐世华，张宁. 荧光光度法研究明胶的等电点. 明胶科学与技术，2000，20(2)：69-73.

[7] 王碧，王坤余，贾冬英，等. 胶原蛋白及多肽的黏度特性. 中国皮革，2003，32(11)：22-25.

[8] 郭晓君. 蛋白质电泳试验技术. 第二版. 北京：科学出版社，1999.

[9] 付丽红，孙彩霞，邱化玉，等. 胶原蛋白在不同条件下的黏度变化. 日用化学工业，2002，12(32)：29-32.

[10] 蒋挺大. 胶原与胶原蛋白. 北京：化学工业出版社，2006.

[11] 王堃，郑学晶，孟卓君，等. 影响胶原结构与性能的因素研究进展. 化工进展，2010，29(1)：88-96.

[12] Kaminska A, Sionkowska A. Effect of UV radiation on the infrared spectra of collagen. Polymer Degradation and Stability, 1996, 51: 19-26.

[13] Li H, Wang D, Chen H, et al. The shiedlding effect of nano TiO_2 on collagen under UV radiation. Macromol Biosci, 2003, 3: 351-353.

[14] Sionkowska A, Kaminska A. Thermal helix-coil transition in UV-irradiated collagen from rat tail tendon. International Journal of Biological Macromolecules, 1999, 24: 337-340.

[15] Sionkowska A. Thermal denaturation of UV-irradiated wet rat tail tendon collagen. International Journal of Biological Macromolecules, 2005, 35: 145-149.

[16] Sionkowska A. The influence of UV light on collagen/poly(ethylene glycol) blends. Polymer Degradation and Stability, 2006, 91: 305-312.

[17] 郑学晶，王堃，刘捷，等. 紫外光照射对皮胶原热降解活化能的研究. 高分子通报，2010，(3)：74-80.

[18] Li H, Wang D, Chen H, et al. The shielding effect of nano TiO_2 on collagen under UV radiation. Macromol Biosci, 2003, 3: 351-353.

[19] 米哈依洛夫 A H. 皮革工艺学的物理化学原理. 张孝传，吕绪庸译. 北京：中国财政经济出版社，1963，145-156

[20] 单志华，张魏然. 胶原的酸膨胀与抑制. 中国皮革，1999，28(3)：18-19.

[21] Russell A E. Effect of pH on thermal stability of collagen in the dispersed and affregated states. Biochem J, 1974, 139: 277-280.

[22] Hattori S, Adachi E, Ebihara T, et al. Alkali-treated collagen retained the triple helical conformation and the ligand activity for the cell adhesion via $\alpha_2\beta_1$ Integrin. J Biochem, 1999, 125(4): 676-684.

[23] 金桂仙，陈丽娟，彭必先. 胶原/明胶的结构(构象)与性能研究：Ⅳ. 酸溶胶原的四种构象(α_1、α_2、β_{11}和β_{12})的两性电解质特性研究. 感光科学与光化学，1994，12(1)：11-16.

[24] Hitchcock D I. The isoelectric point of a standard gelatin preparation. The Journal of General Physiolo-

gy,1931,14:685-699.

[25] Theis E R, Jacoby T F. The acid-base-binding capacity of collagen. Journal of Biological Chemistry, 1942,146:163-169.

[26] Gustavson K H. The Chemistry and Reactivity of Collagen. New York: Academic Press,1956.

[27] Russell A E. Salt-pH effects on collagen thermal stability in pickling and curing. Society of Leather Technologists and Chemists,1975,59(1):6-13.

[28] Chang E P, Chien J C W. The effect of ions on the superstructures of reconstituted collagen. Biopolymers,1973,12:1063-1069.

[29] 汤克勇,贾鹏翔,刘京龙,等.汗液处理对复鞣皮革胶原纤维干热收缩性能的影响.中国皮革,2006,35(9):11-15.

[30] 汤克勇,刘京龙,秦树法,等.汗液对皮革耐热稳定性的影响.陕西科技大学学报,2004,22(3):72-75.

[31] Jia P, Zheng X, Liu J, et al. Influence of swart-soaking on the thermal stability of retanned and fatliquored cattlehide collagen fibers. JALCA, 2007, 102: 227-233.

[32] Bianchi E, Conio G. The role of pH, temperature, salt type, and salt concentration on the stability of the cystalline, helical, and randomly coiled forms of collagen. Biological Chemistry, 1967, 7: 1361-1369.

[33] Komsa-Penkova R, Koynova R, Kostov G, et al. Thermal stability of calf skin collagen type Ⅰ in salt solutions. Biochmica et Biophysica Acta, 1996, 1297: 171-181.

[34] Charulatha V, Rajaram A. Influence of different crosslinking treatments on the physical properties of collagen membranes. Biomaterials, 2003, 24: 759-767.

[35] 汤克勇,王芳,秦树法,等.鞣制对皮革热收缩行为的影响.中国皮革,2008,37(15):8-10.

[36] 王芳,郑学晶,秦树法,等.复鞣对皮革热收缩行为的影响.中国皮革,2008,37(11):7-9.

[37] 王芳,秦树法,郑学晶,等.加脂对皮革干热收缩行为的影响.中国皮革,2008,37(13):15-17.

[38] 乔金锁.有机试剂使蛋白质变性实验研究.实践与创新思维,2006,1:11-12.

[39] Usha R, Ramasami T. The effects of urea and *n*-propanolcollagen denaturation: using DSC, circular dicroism and viscosity. Thermochimica Acta,2004,409:201-206.

[40] 郑学晶,秦树法,王芳,等.酸雨浸泡对加脂皮革性能的影响.中国皮革,2008,37(3):21-24.

[41] Flandin F, Buffevant C, Herbage D. A differential scanning calorimetry analysis of the age-related changes in the thermal stability of rat skin collagen. Biochim Biophy Acta, 1984, 79(2): 205-211.

[42] Flory P J, Garrett R R. Phase transition of collagen and gelatin systems. J Am Chem Soc, 1958, 80(12):4836-4845.

[43] Kronick P L, Buechler P R. Uneven natural cross-linking in hide fibrils. J Am Leather Chem Assoc, 1990, 85(4): 122-127.

[44] Miles C A, Burjanadze T V, Bailey A J. The kinetics of the thermal denaturation of collagen in unrestrained rat tail tendon determined by differential scanning calorimetry. J Mol Biol, 1995, 245(4): 437-446.

[45] Boghosiam S, Garp T, Nielsen K. Study of the chemical breakdown of collagen and parchment by Raman spectroscopy. In: Larsen R. Methods in the Analysis of the Deterioration of Collagen Based Historical Materials in Relation to Conservation and Storage. Copenhagen,1999:73-88.

[46] Miles C A, Gelashvilli M. Polymer-in-a-box mechanism for the thermal stabilization of collagen molecules in fibres. Biophys J, 1999, 76: 3243-3252.

[47] Kronick P L, Cooke P. Thermal stabilization of collagen fibres by calcification. Connect Tissue Res, 1996, 33(3): 275-282.

[48] Covingtong A D, Lampard G S, Hancock R, et al. Studies of the origin of hydrothermal stability: a new theory of tanning. J Am Leather Chem Assoc, 1998, 93(2): 107-120.

[49] 罗永康,潘道东,沈慧星. 蛋白质浓度、pH、离子强度对鲢鱼肌原纤维蛋白粘度的影响. 食品与发酵工业,2004,30(7):52-54.

[50] 黄友如,华欲飞,裘爱泳. 醇洗豆粕对大豆分离蛋白溶液粘度影响. 粮食与油脂,2005(4):18-21.

[51] Sai K P, Babu M. Studies on Rana tigerina skin collagen. Comparative Biochemistry and Physiology Part B, 2001, 128: 81- 90.

[52] Fathima N N, Suresh R, Rao J R, et al. Effect of UV irradiation on stabilized collagen: role of chromium(Ⅲ). Colloids and Surfaces B: Biointerfaces, 2008, (62): 11-16.

[53] 董瑞新,闫循领,江山,等. 胶原蛋白温度效应的 Raman 光谱研究. 光谱学与光谱分析,2004,24(11): 1367-1369.

[54] Nevskaya N A, Chirgadze Y N. Infrared spectra and resonance interactions of amide-Ⅰ and Ⅱ vibrations of α-helix. Biopolymers, 1976(15): 637-648.

[55] Chirgadze Y N, Brazhnikov E V, Nevskaya N A. Intramolecular distortion of the alpha-helical structure of polypeptides. J Mol Biol, 1976(102): 781-792.

[56] Lazarev Y A, Lazareva A V, Shibnev V A, et al. Infrared spectra and structure of synthetic polytripeptides. Biopolymers, 1978(17): 1197-1214.

[57] Lazarev Y A, Labochov V M, Grishkovski B A, et al. Formation of the collagen-like triple-helical structure in oligopeptides during elongation of the molecular chain. Biopoiymers, 1978(17): 1215-1233.

[58] Miyazawa T, Fukushima K, Ideguchi Y. Molecular vibrations of high polymers Ⅲ. J Polym Sci, 1962(62): 362.

[59] Susi H, Ard J S, Carroll R J. The infrared spectrum and water binding of collagen as a function of relative humidity. Biopolymers, 1971(10): 1597-1604.

[60] Ramachandran G N, Doyle B B, Blout E R. Single-chain triple helical structure. Biopolymers, 1968, 6: 1771-1775.

[61] 王建华,卫亚丽,文宗河. 蛋白质结构的 FT-IR 研究进展. 化学通报,2004,7:482-486.

[62] 李二凤,何小维,罗志刚. 胶原蛋白的提取工艺研究. 食品研究与开发,2006,27(3):64-65.

[63] 易薇,胡一桥. 差示扫描量热法在蛋白质热变性研究中的应用. 中国药学杂志,2004,39(6):401-403.

[64] McClain P E, Wiley E R. Differential scanning calorimeter studies of the thermal transitions of collagen: implications on structure and stability. The Journal of Biological Chemistry, 1972, 247(3): 692-697.

[65] Tang K Y. Heat Transition of Hide and Leather. Seminar in Eastern Regional Research Center (ERRC) of United States Department of Agriculture Center, 2008, 6.

[66] Chahine C. Changes in hydrothermal stability of leather and parchment with deterioration: a DSC study. Thermochimica Acta, 2000, 365: 101-110.

[67] Tang H R, Covington A D, Hancock R A. Use of DSC to detect the heterogeneity of hydrothermal stability in the polyphenol-treated collagen matrix. Journal of Agricultural and Food Chemistry, 2003, 51: 6652-6656.

[68] 沈星灿,梁宏,何锡文,等. 圆二色光谱分析蛋白质构象的方法及研究进展. 分析化学评述与进展,2004,

32(3):388-394.

[69] 蒋维棋.皮革成品理化检验.北京:中国轻工业出版社,1999:82-91,96-102.

[70] 成都科技大学,西北轻工业学院.制革化学与工艺学(上册).北京:轻工业出版社,1992:190-193.

[71] 马令坤,马建中,张震强,等.皮革收缩温度的检测与实现.中国皮革,2004,33(21):43-46.

[72] 陈新江,马建中,刘福朝.新型精密收缩温度仪的研究.中国皮革,2002,31(9):39-42.

[73] 陈新江,马建中,卢燕,等.加热介质对皮革收缩温度的影响.中国皮革,2003,32(17):18-24.

[74] Michael K. Thermodynamic analysis of thermal denaturation of hide and leather. J Am Leath Chem Assoc, 1992, 87: 52.

[75] Attenburrow G B. 皮革流变学.黄育珍译.皮革科学与工程,1994,4(3):32-38.

[76] 刘捷,汤克勇,杨林平,等.皮革耐干热性的研究.中国皮革,2001,30(7):19-21.

[77] McClain P E, Wiley E R. Differential scanning calorimeter studies of the thermal transitions of collagen. The Journal of Biological Chemistry, 1972, 247: 692-697.

[78] Privalov P L, Tiktopoulo E I. Thermal conformational transformation of tropocollagen Ⅰ. calorimetric study. Biopolymers. 1970,9:127-130.

[79] Finch A, Ledward D A. Shrinkage of collagen fibers: a differential calorimetric study. Biochim. Biophys, Acta,1972,278:433-439.

[80] Menashi S A, Finch P J, Gardner D A. Enthalpy changes associated with the denaturation of collagens of different amino acid content. Biochem Biophys Acta,1976,144(5):623-625.

[81] Mclain P E, Wiley E R. Differential scanning calorimeter studies of the thermal transitions of collagen. J Biol Chem,1972,217(8):692-697.

[82] Komanowsky M. Thermodynamic analysis of thermal denaturation of hide and leather. Journal of the American Leather Chemists Association,1992,87(1):52-66.

[83] Young G S. Thermodynamic characterisation of skin, hide and similar materials composed of fibrous collagen. Stud Conserv,1998,43(2):65-79.

[84] Covington A D,Hancock R A,Ioannidis I A. Mechanistic studies of mineral tanning. Ⅰ. Solid-state Al-27 NMR-studiesand the thermodynamics of shrinking. J Soc Leather Technol Chem,1989,73:1-8.

[85] Covington A D. Explanation of a hydrothermal stability anomaly in some chrome tanned leathers. J Soc Leather Technol Chem,1988,72:30.

[86] Rigby B J. Thermal transitons in different mammalian collagen-bearing structures. Biochim Biophys, Acta,1963,75:279-281.

[87] Traub W, Piez K A. The chemistry and structure of collagen. Adv Protein Chem,1971,25:243-352.

[88] Kedlaya K J, Ramanathan N, Nayudamma Y. Studies on shrinkage phenomenon: Part XIV. Apparent volume shrinkage of leather and linear shrinkage of tanned collagen fibres. Leather Science,1973,20:6-11.

[89] 王玉兰.等温应力及等温应力松弛.中国皮革,1994,23(1):20-22.

[90] Tang K, Zheng X, Yang M, et al. Influence of retanning on the adsorption capacity of water on cattlehide collagen fibers. JALCA,2009,104:367-375.

[91] 涂连梅,郑学晶,汤克勇.皮胶原纤维吸附水分动力学.高分子材料科学与工程,2009,25(8):33-36.

[92] 邵双喜,周慧.胶原和明胶的玻璃化转变.皮革科学与工程,1996,6(3):31-36.

[93] Bowes J H, Carter C W. The interaction of aldehydes with collagen. Biochim Biophys Acta,1968, 168(5):341.

[94] Caldwell J R, Milligan B. The sites of reaction of wool with formaldehyde. Textile Research Journal, 1972,42:122-124.

[95] Bosch T, Manich A M, Carilla J, et al. Collagen thermal transitions in chrome leather -Thermogravimetry and differential scanning calorimetry. J Am Leath Chem Assoc, 2002, 97(11):441-450.

[96] Gustavson K H. The Chemistry and Reactivity of Collagen. New York: Academic Press, 1956.

[97] Przepiorkowska A. Investigation of the influence of tanning-fatliquoring preparations on collagen by infrared spectroscopy. J Soc Leather Technol Chem, 2002, 86(4):143-147.

[98] Takenouchi K, Konda K, Nakamura F. Effect of masked chromium complexes on thermal stability of collagen. J Soc Leather Technol Chem, 1995, 79(2):188.

[99] Wintrode P L, Privalov P L. Energetics of target peptide recognition by calmodulin: a calorimetric study. Journal of Molecular Biology, 1997, 266(5):1050-1062.

[100] Conrat F H, Cooper M, Olcott H S. Action of aromatic isocyanates on proteins. Journal of the American Leather Chemists Association, 1945, 67:950.

[101] Ramasami R U. Effect of crosslinking agents (basic chromium sulfate and formaldehyde) on thermal and thermomechanical stability of rat tail tendon (RTT) collagen fibre. Thermochimica Acta, 2000, 356:59-66.

[102] 刘捷,汤克勇,杨林平,等. 皮革耐干热性的研究. 中国皮革,2001,30(17):19-21.

[103] Takenouchi K, Konda K, Nakamura F. Effect of masked chromium complexes on thermal stability of collagen. J Soc Leather Technol Chem, 1995, 79(2):188.

[104] 刘捷. 皮革高分子材料的通透性能和耐热性能研究. 郑州大学硕士学位论文,2003.

[105] 潘洪波. 尿素和盐酸胍处理皮胶原纤维的热稳定性研究. 郑州大学硕士学位论文,2008.

[106] 冯文坡,王芳,汤克勇,等. 尿素处理对皮胶原纤维干热收缩行为的影响及其可逆性. 中国皮革,2010, 39(11):19-21.

[107] Makhatadze G I, Privalov P L. Protein interaction with urea and guanidinium chloride: a calorimetric study. J Mol Biol, 1992, 226:491-505.

[108] Roseman M, Jecks W P. Interaction of urea and other polar compounds in water. J Am Chem Soc, 1975, 97:631-640.

[109] Madorsky S L, Hart V E, Straus S J. Pyrolysis of cellulose in a vacuum. Journal of Research of the National Bureau of Standards, 1956, 56:343-354.

[110] 陆昌伟,奚同庚. 热分析质谱法. 上海:上海科学技术文献出版社,2002.

[111] 刘元俊,贺传兰,邓建国,等. 热重法测定聚合物热降解反应动力学参数进展. 工程塑料应用,2005, 33(6):70-72.

[112] 胡荣祖,史启祯. 热分析动力学. 北京:科学出版社,2001.

[113] Piskorz J, Scott D, Westerberg I. Flash pyrolysis of biomass. Ind Eng Chem Process Des Dev, 1986, 9: 293-315.

[114] Aroguz A Z, Onsan Z I. Pyrolysis of solid waste materials. Chimica Acta Turcica, 1987, 15(3): 415-429.

[115] Tang K, Wang F, Liu J, et al. Preliminary studies on the thermal degradation kinetics of cattlehide collagen fibers. JALCA, 2004, 99, 401-408.

[116] Sugisaki M, Suga H, Seki S. Calorimetric study of the glassy state. Ⅳ. Heat capacities of glassy water and cubic ice. Bulletin of the Chemical Society of Japan, 1968, 41: 2591-2599.

[117] Yannas I V, Tobelsky A V. Cross-linking of gelatine by dehydration. Nature,1967:215-509.

[118] 卢行芳,章川波,张晓镭. 过氧化氢对胶原性质的影响. 陕西科技大学学报,2003,21(2):6-9.

[119] Fratzl P, Misof K, Zizak I, et al. Fibrillar structure and mechanical properties of collagen. J Struct Biol,1997,122:119-122.

[120] Diamant J, Keller A, Baer E,et al. Collagen: ultrastructure and its relation to mechanical properties as a function of ageing. Proc R Soc Lond B Biol Sci,1972,180:293-315.

[121] Gutsmann T, Fantner G E, Kindt J H,et al. Force spectroscopy of collagen fibers to investigate their mechanical properties and structural organization. Biophysical J,2004,86:3186-3193.

[122] Miyazaki H, Hayashi K. Tensile tests of collagen fibers obtained from the rabbit patellar tendon. Biomedical Microdevices, 1999, 2(2): 151-157.

[123] Yamamoto N, Hayashi K, Kuriyama H,et al. Mechanical properties of the rabbit patellar tendon. J Biomech Eng,1992,114:332-337.

[124] Yang L, van der Werf K O, Fitie C F C,et al. Mechanical Properties of native and cross-linked Type I collagen fibrils. Biophysical J,2008,94:2204-2211.

[125] Yang L, van der Werf K O, Koopman B F J M,et al. Micromechanical bending of single collagen fibrils using atomic force microscopy. Journal of Biomedical Materials Research Part A,2007,82(1): 160-168.

[126] Bernard J R, Nishio H, John D S,et al. The mechanical properties of rat tail tendon. The Journal of General Physiology,1959,43:256-283.

[127] Sionkowska A, Wess T. Mechanical properties of UV irradiated rat tail tendon(RTT) collagen. International Journal of Biological Macromolecules,2004,34:9-12.

[128] Wu C C, Ding S J, Wang Y H,et al. Mechanical properties of collagen gels derived from rats of different ages. J Biomater Sci,2005,15(10):1261-1275.

[129] Wright D M, Attenburrow G E. The set and mechanical behaviour of partially processed leather dried under strain. Journal of Materials Science,2000,35:1353-1357.

[130] Sturrock E J, Boote C, Attenburrow G E,et al. The effects of the biaxial stretching of leather on fibre orientation and tensile modulus. Journal of Materials Science,2004,39:2481-2486.

[131] 谭宏源,刘宗惠,魏德卿. 猪革单向拉伸性能的研究. 皮革化工,1998,15(1):3-9.

[132] 汤克勇,吴大诚. 猪皮软革的应力-应变行为研究,中国皮革,1998,27(6):10-11.

[133] Boote C, Sturrock E J, Attenburrow G E,et al. Pseudo-affine behaviour of collagen fibers during the uniaxial deformation of leather. Journal of Materials Science,2002,37:3651-3656.

[134] 黄新霞,陈慧. 加脂对成革机械性能影响. 皮革科学与工程,2006,16(5):28-30.

[135] 汤克勇,郑学晶,秦树法,等. 收缩对皮革力学性能的影响. 中国皮革,2008,37(7):16-18.

[136] 刘成功,马建中,杨建军. 皮革物理性能研究. 中国皮革,2001,30(17):30-33.

[137] Kronick P L, Thayer P. Fiber adhesion in solvent-dried calfskin studied by acoustic emission spectroscopy. Journal of the American Leather Chemists Association,1989,84(9):257-265.

[138] 谭宏源,刘宗惠,魏德卿. 猪革压缩性能的研究. 皮革化工,1998,15(3):1-8.

[139] Zhang C, Zheng X, Tang K. Study on the three-dimensional stress-relaxation diagram of cattlehide shoe upper leathers. Materials Science and Engineering: A,2009,499:167-170.

[140] 汤克勇,吴大诚. 猪皮软革应力松弛行为研究. 中国皮革,2000,29(21):20-23.

[141] Komanowsky M, Cooke P H, Damert W C,et al. Stress-relaxation behavior of leather. Journal of the

American Leather Chemists Association, 1995, 90(8): 243-256.

[142] Kronick P L, Buechler P, Scholnick F, et al. Dynamic mechanical properties of polymer-leather composites. J Appl Polym Sci, 1985, 30(7): 3095-3106.

[143] 杨璐铭，唐屹，陈武勇，等. 热拉伸定型对胶原蛋白/PVA 复合纤维结构与性能的影响. 皮革科学与工程，2007，17(3)：8-13.

[144] 郑学晶，秦树法，马力强，等. 剑麻纤维增强胶原基复合材料. 复合材料学报，2008，25(3)：12-19.

[145] 万怡灶，王玉林，成国祥，等. 炭纤维增强明胶复合材料的性能研究. 高分子材料科学与工程，2001，17(4)：86-89.

[146] 万怡灶，王玉林，成国祥. 碳纤维增强明胶(C/Gel)生物复合材料的溶胀动力学研究. 复合材料学报，2002，19(4)：33-37.

[147] Wan Y Z, Wang Y L, Luo H L, et al. Carbon fiber-reinforced gelatin composites. I. Preparation and mechanical properties. J Appl Polym Sci, 2000, 75: 987-993.

[148] 万怡灶，王玉林，董向红，等. 明胶材料的力学性能及断口特征. 材料工程，2000，02：19-21.

[149] 唐世华，黄建滨. Cu^{2+} 和 Fe^{3+} 与明胶的相互作用. 物理化学学报，2001，17(10)：873-878.

[150] Kollias N, Gillies R, Moran M, et al. Endogenous skin fluorescence includes bands that may serve as quantitative markers of aging and photoaging. The Journal of Investigative Dermatology, 1998, 111: 776-780.

[151] 王应红，陈武勇，辜海斌，等. 荧光光度法对水解胶原蛋白与铬络合物作用的模拟研究. 皮革科学与工程，2006，16(5)：14-16.

[152] 孙崇敏，徐绪国，阎天堂. 明胶荧光性能的研究. 明胶科学与技术，1995，15(4)：169-176.

[153] 徐绪国，王娟，孙崇敏，等. 照相明胶荧光特性的研究. 化学物理学报，2000，13(5)：576-580.

[154] Toda Y. 感光工业用的最好的明胶. 宋小岩译. 明胶科学与技术，2001，21(3)：142-148.

[155] 崔海萍，闫军，万红敬. 照相明胶在卤化银感光乳剂中的作用. 材料导报，2006，20(9)：68-72.

[156] 李河冰，阎天堂，李碧林. 明胶氧化产物的分子量分布. 感光科学与光化学，1999，17(2)：164.

[157] 董永平，黄碧霞，岳军. Ag^{+} 在照相明胶不同分子量组分中的分布. 化学物理学报，2003，16(1)：75.

[158] 宋小岩，黄雅钦，黄明智. 酶法制胶工艺研究. 化工科技，2003，11(3)：1

[159] 赵翔，崔卫东，彭必先. 明胶水溶液中银离子的光还原. 中国科学院研究生院学报，1999，16(2)：114.

[160] 张宜恒，冯少红，宫竹芳，等. 蛋氨酸与化学增感剂的相互作用机理. 感光科学与光化学，2001，19(1)：19.

[161] 史京京，滕淑华，吴珊. 氯化银 T-颗粒乳剂制备专用的氧化明胶的研究. 感光科学与光化学，2004，22(1)：43.

[162] 庄思聪，朱瑞兴. 重铬酸铵明胶微透镜阵列的研究. 光学学报，1997，17(11)：1576-1579.

[163] 谢苗，邓海燕，王斌，等. 鸡皮明胶的制备及性质研究. 中国食品学报，2007，7(1)：100-106.

[164] 宁雅楠，李伟，黄明智. 改进明胶浊度的研究. 明胶科学与技术，2001，21(3)：120-130.

第 5 章　胶原的化学性质

胶原、明胶和胶原水解物可从动物的皮、骨、肌腱等组织中提取制备，因而它们在氨基酸组成和某些性能上具有相似的地方，但在二级及高级结构和生物性能方面却有很大的差别。在向明胶转变的过程中，胶原由原来规则的三股螺旋结构向无规卷曲转变，从而使其在性能上发生了巨大的变化，发生变性，变得易于溶解、不耐酶解，同时，其许多生物活性也逐渐丧失。胶原水解物的化学组分和氨基酸的组成与胶原和明胶没有大的差别，只是相对分子质量一般比上述二者更小，不存在胶原规整的三股螺旋结构，极易溶于水，也没有明显的生物活性。

除了上面提到的差别之外，胶原、明胶和胶原水解物都具有一般蛋白质的化学性质，在分子中保留有自由末端氨基和末端羧基以及侧链上的各种官能团。它们的一些化学性质与氨基酸相同。例如，侧链官能团的化学反应，分子的两性电解质性质等。但是，它们的性质又不等同于氨基酸性质的简单加和。胶原分子侧链上的官能团有羧基、氨基、胍基、酰胺基、羟基、咪唑基、酚基、甲硫基等，其中相对数目较多的有羧基、氨基、胍基、羟基和酰胺基，它们也是最重要的反应基团，表 5.1 给出了胶原中这几种主要基团的含量[1]。在多肽和蛋白质分子中，氨基酸的绝大多数氨基和羧基参与肽链的形成，出现了肽键。此外，胶原及其衍生物还具有胶体性质、变性和降解等现象，都与胶原的化学性质密切相关。

表 5.1　每克胶原中含有主要活性基团的量

基团	氨基	羧基	胍基	羟基	酰胺基
胶原/(mmol/g)	0.39	1.24	0.52	1.68	0.47

胶原的化学性质与胶原的改性及应用密不可分，无论是胶原医用材料的交联、皮胶原的鞣制、明胶的改性，还是胶原类材料在感光等领域的应用等，胶原上官能团的化学反应和胶原的化学性质都至关重要。因此，了解和认识胶原的化学性质具有非常重要的意义，本章将从胶原的酸碱性质、胶原的基本反应和胶原的复杂反应等方面，详细介绍胶原的化学性质及相关化学反应。

5.1　胶原的酸碱性质

5.1.1　两性电解质

蛋白质由许多氨基酸组成，虽然绝大多数的氨基与羧基形成肽键，但是总有一定数量自由的氨基与羧基，以及酚基、巯基、胍基、咪唑基等酸碱基团。因此，蛋白质和氨基酸一样，是两性电解质。蛋白质所带电荷的性质和数量是由蛋白质分子中的可解离基团的种类和数目以及溶液的 pH 所决定的。在不同的 pH 水溶液中解离所带的正、负电荷不同。调节溶液的酸碱度，达到一定的氢离子浓度时，蛋白质分子所带的正电荷和负电荷相等，以两性离子状态出现，在电场内该蛋白质分子既不向阴极移动，也不向阳极移动。这时溶液的 pH，称为该蛋白质的等电点(pI)。当溶液的 pH 低于蛋白质的等电点时，即在 H^+ 较多的条件下，蛋白质分子带正电荷，成为阳离子；当溶液 pH 大于等电点时，即在 OH^- 较多的条件下，蛋白质分子带负电荷，成为阴离子。

在水溶液中，明胶和胶原蛋白都是两性聚电解质，能与酸或碱发生反应。在胶原、明胶和胶原蛋白大分子中，可解离的基团主要是来自其侧链上的基团，如羧基、ε-氨基、巯基、苯酚基、胍基、咪唑基等。此外，还有肽链两端的羧基和氨基，以及胶原的辅基部分所包含的可解离基团。在特定的 pH 范围内，这些可解离基团会发生解离而产生带正电荷或负电荷的基团。一般蛋白质分子可解离基团的 pK_a(酸碱解离常数)与自由氨基中相应基团的 pK_a 略有不同，但很接近。这是由于在蛋白质分子中这些基团受到邻近基团上电荷的影响，也有可解离的基团被埋藏在三股螺旋分子内部或参与氢键的形成而被抑制。

在 pH 小于等电点的溶液中，胶原蛋白带正电荷或呈阳离子性质，在电场中向阴极移动；在 pH 大于等电点的溶液中，胶原蛋白带负电荷或呈阴离子性质，在电场中向阳极移动。胶原蛋白的等电点与它所含有的酸性氨基酸残基和碱性氨基酸残基的数量比例有关。采用毛细管等电聚焦法或者观察的方法都能测定胶原蛋白的等电点。不同的蛋白质等电点不同，例如，胶原蛋白的等电点在 4.8～5.2，其他蛋白质的等电点，如血纤蛋白原(fibrinogen)为 4.8，角蛋白类(keratins)为 4.6～4.7，白明胶(gelatin)为 4.0～4.1，胃蛋白酶(pepsin)为 8.1。

5.1.2　胶原在酸碱介质中的膨胀

在酸碱介质中，胶原会发生膨胀，这个性质在生物材料、食品工业以及制革工业中都具有重大的意义。胶原纤维是通过胶原纤维束的不断聚集而形成的，在胶原纤维分子内和分子间存在着氢键等次级键以及十分稳定的交联键，如醛醇缩合交联键、醛胺缩合交联键等，醛醇缩合交联结构如下式所示(用 Col—代表胶原大分子链)：

$$\mathrm{Col{-}\!(CH_2)_2{-}\underset{\displaystyle CHO}{\underset{|}{C}H}{-}\underset{\displaystyle OH}{\underset{|}{C}H}{-}(CH_2)_3{-}Col}$$

醛胺缩合交联结构如下：

$$\mathrm{Col{\leftarrow}CH_2{\rightarrow}_2\underset{\displaystyle OH}{\underset{|}{C}H}{-}N{=}CH{\leftarrow}CH_2{\rightarrow}_3Col}$$

这些次级键和交联键将胶原分子紧密地连接在一起,使胶原束和皮肤具有极大的强度和韧性;充斥在胶原纤维之间的纤维间质增强了其强度、韧性和弹性。在制革的加工过程中,如果缺少纤维、胶原分子之间交联键的作用,成革的物理化学性能就无法达到实际应用的要求。制革过程中,碱和酸膨胀等工序使胶原部分的次级键被打开,适当削弱其结构的稳定性和强度,使胶原纤维获得适当的松散,并释放出更多的胶原活性基,可为鞣剂分子(如铬离子、铝离子等)进入到皮胶原纤维之间并与皮胶原分子的结合打下良好的基础。

碱和酸膨胀工序是制革工业中的重要内容,解释生皮胶原酸、碱膨胀机理的观点有以下几种[2]。

一是 Donnan 隔膜平衡理论,其主要观点是:一个含有两个可扩散离子的电解质溶液与另一种含有一个不可扩散离子(如大分子蛋白质等)的盐的溶液,当达到平衡时可扩散离子在膜两边的分布是不均匀的;如图 5.1 所示,由于 P^{z-} 不可扩散离子的存在,从始态到平衡态,可扩散离子 Na^+、Cl^- 在膜两边分布不均匀。图 5.1 中 zc、c、c'、$zc+x$、x、$c'-x$ 等分别为对应离子的浓度。

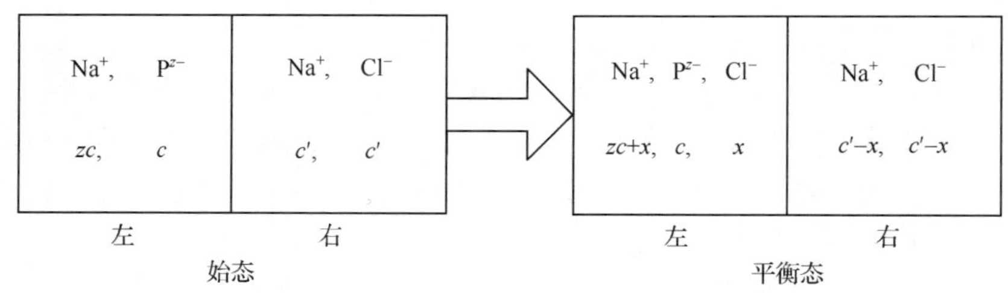

图 5.1　Donnan 平衡示意图

c:初始状态蛋白质钠盐的浓度,z:不可扩散离子价态,c':初始状态膜另一侧可扩散离子(Na^+ 和 Cl^-)的浓度,x:由膜外(右侧)进入膜内的离子浓度

二是电荷理论,其观点是:在酸溶液或碱溶液中,生皮中胶原肽链侧基带同一种符号的电荷,而这些同号电荷互相排斥,增大了胶原肽链间的距离使生皮发生膨胀。

三是感胶离子的膨胀[3](lyotropic swelling),但是只限制在中性条件下或者说等电点状态下的胶原中,是偶极离子的补充水合作用造成的。该理论能够很好地解释温度上升、膨胀度下降的现象。其实,前两种理论都比较全面,而且在解释很多现象时殊途同归,但最全面最具有理论价值的是 Donnan 隔膜平衡理论,它成功地解释了大量的实验现象。

单志华和王冬英等[4]通过对生皮胶原在酸性、碱性介质中的膨胀情况的研究,绘制出了皮胶原在不同 pH 条件下的膨胀曲线(图 5.2)。该曲线由酸性部分(pH<7,以硫酸为作用物)和碱性部分(pH>10,以氢氧化钠为作用物)组成。从图 5.2 中可知,当 pH>10 时,随着 pH 的升高,膨胀很缓慢,膨胀达到最大值;当 7 < pH < 10 时,随着 pH 的升高,膨胀比较剧烈。在酸性条件下,膨胀随 pH 的变化而快速变化。当 pH 1.7～2.0 时,膨胀达到最大值,膨胀率为 94 %;当 pH 2～5 时,膨胀急剧下降,从 94%下降到 8%;当 pH 5～6 时,膨胀处于最低点;之后,膨胀随 pH 的升高而缓慢增加。

在不同的温度下,胶原的膨胀情况也不同,在相同浓度的不同的酸或碱溶液中,胶原的膨胀情况也不相同。

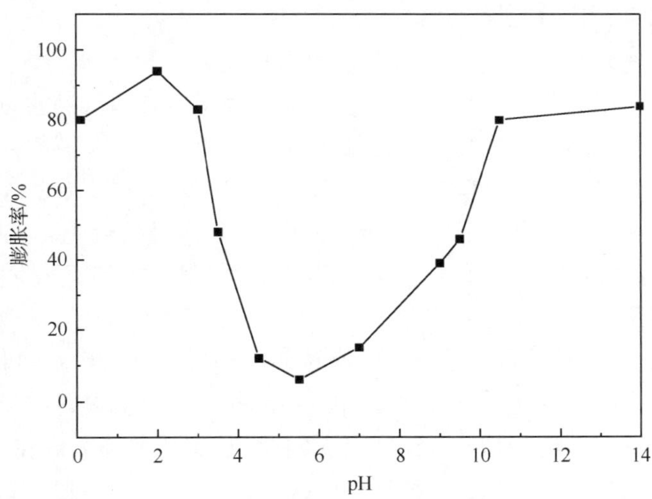

图 5.2　皮胶原在不同 pH 下的膨胀率

5.1.3　胶原及其衍生物在盐中的行为

在盐溶液中,胶原肽链间的离子键会被盐解离,阴、阳离子被打开,从而产生盐膨胀。在制革工业中,用到盐的作用的地方很多,其重要的作用和酸碱膨胀相同。因此,认识胶原及其衍生物在盐中的行为具有重要的应用价值。同时,研究盐对胶原物理和化学性质的影响,对于深入研究胶原结构和性能,开发胶原基复合材料及其应用都具有十分重要的意义。

第 4 章中已经提及,各种离子对胶原膨胀能力的大小影响如下:

$$\begin{cases}\text{阳离子}\quad Ca^{2+} > Li^{+} > Na^{+} > K^{+} > Rb^{+} > Cs^{+} \\ \text{阴离子}\quad CNS^{-} > I^{-} > NO_3^{-} > Cl^{-} > CH_3COO^{-} > SO_4^{2-} > \text{酒石酸根} > \text{柠檬酸根}\end{cases}$$

Komsa-Penkova 用高分辨 DSC 研究了牛皮 I 型胶原在盐溶液中的热稳定性。结果表明,盐的浓度不同,对胶原产生的影响也不尽相同,可以大致分为三个范围:

当浓度低于 20mmol/L 时，所用的盐都会减小胶原的变性温度（1mmol/L，约 0.2℃），这是由盐对胶原间静电相互作用的屏蔽效应引起的；在 20～500mmol/L，不同的盐可能会对胶原产生增加或破坏胶原稳定性的效果，和感胶离子顺序略有不同，如硫酸根的影响比上述序列更为稳定；当盐浓度更高时（200～800mmol/L）时，所有的盐溶液都明显提高了胶原的变性温度。

在皮革工业中，广泛采用的铬盐鞣法会产生大量对动物体和环境有害的废弃物。近年来，由于环境保护的呼声越来越高，从可持续发展的角度来看，铬鞣由于其自身难以克服的缺点，急需有更环保、更清洁、更绿色的鞣法来代替。人们也为此做了很多努力。例如，近年来，无铬鞣法的研究一直处于炽热状态，有关盐鞣的报道也越来越多。陈慧和单志华对 THPC（四羟甲基氯化鏻）盐与皮胶原作用机理进行过系统的研究[5]。他们用白皮粉作为胶原蛋白模拟物与四羟甲基氯化鏻（THPC）反应，系统研究了 THPC 与胶原蛋白的反应特点。通过研究 THPC 与聚己内酰胺、聚乙烯醇、乙二胺的酰胺基、羟基、氨基的反应，间接证明了 THPC 主要与胶原蛋白的氨基结合，可与氨基以 $n(\mathrm{P}):n(\mathrm{N})=1.0:2.2$ 的比例形成交联，THPC 与羟基和酰胺基均有少量结合，并在 pH 8.0 时结合量最高。通过 NMR 分析表明，三羟甲基氧化膦（THPO）与氨基没有反应活性，与胶原蛋白结合的结构形式主要是四羟甲基氢氧化鏻（THPOH）或三羟甲基膦（THP）。

在有中性盐的存在下，胶原蛋白的滴定曲线的形状和等电点可以发生明显的变化，这是由于胶原分子中的有些可离解基团与中性盐中的阳离子（Ca^{2+} 或 Mg^{2+}）或阴离子（Cl^- 或 HPO_4^{2-}）相结合。因此，观察到的等电点在一定程度上取决于介质中的离子组成。胶原的盐析作用就是这样发生的，所以，有些多元酸盐如硫酸钠、硫酸铵、磷酸二氢钾、磷酸氢二钾都可以作为胶原的沉淀剂。

明胶溶液的盐析效应在感光化学和工艺学中具有重要的地位。陶淳和徐绪国[6]研究了几种明胶[骨明胶、皮明胶、PA 改性明胶（邻羧基苯甲酰化明胶）]在明胶-卤化银系统中的盐析沉降效应，发现明胶的盐析效应与所使用的盐的性质、浓度，明胶的性质（种类、化学改性程度）、浓度以及溶液的初始 pH 有关。表 5.2 和表 5.3 分别表示了不同明胶和不同盐的盐析效应。

表 5.2 各种明胶-卤化银乳剂的盐析效应

盐溶液 pH / 明胶	Na_2SO_4(1.86mol/L) pH 4.45		$(NH_4)_2SO_4$(3.72mol/L) pH 4.32		KH_2PO_4(1.86 mol/L) pH 4.28		Na_2HPO_4(1.86 mol/L) pH 8.72	
	初始	沉降	初始	沉降	初始	沉降	初始	沉降
骨明胶	5.72	5.25	5.72	5.25	5.75	4.30	5.75	8.63
皮明胶	5.28	5.04	5.28	5.07	5.28	—	5.28	8.60
PA 改性明胶	6.33	5.87	6.33	5.60	6.33	4.70	6.33	8.72

表 5.3 不同硫酸盐沉降效果比较(PA胶)

盐溶液	Na_2SO_4 (1.86mol/L)	$(NH_4)_2SO_4$ (1.86 mol/L)	$(NH_4)_2SO_4$ (3.72 mol/L)
终点时溶剂中盐浓度/(mol/L)	0.575	0.655	0.649
盐用量/(g/L)	118.3	131.6	104.9

盐的存在会影响到胶原纤维的热稳定性。Russell等的研究表明,氟盐和氯盐使胶原稳定,而溴盐和碘盐只在酸性条件、低浓度时表现出使胶原稳定的性质,当在高浓度时其对胶原的结构具有破坏作用。Chien等利用小角光散射(SALS)技术分析了牛皮胶原膜,他们认为NaCl是胶原的惰性盐,对胶原的折叠结构起到稳定或者破坏的作用,同时会对胶原膜的形态结构产生明显的影响。

5.2 胶原的基本反应

5.2.1 氨基的反应

胶原肽链上的氨基,尤其是ε-氨基,具有很强的反应活性,可以进行一系列的反应;亚氨基的活性虽小,在一些活性较强的试剂作用下,也能发生反应,既可以用来修饰胶原蛋白,使其改性;也可以用来保护氨基,使氨基在随后进行的反应中不与别的试剂反应。

1. 脱氨基反应

在常温下,亚硝酸可以和胶原蛋白中的侧链氨基或端基氨基起反应,定量放出氮气。其反应方程式如下,反应过程中胶原上的氨基被氧化成羟基。

$$\underset{\displaystyle\mathrm{NH_2}}{\mathrm{Col{-}\underset{|}{CH}{-}COOH}} + \mathrm{HNO_2} \longrightarrow \underset{\displaystyle\mathrm{OH}}{\mathrm{Col{-}\underset{|}{CH}{-}COOH}} + \mathrm{N_2}\uparrow + \mathrm{H_2O}$$

由于反应放出的氮气,一半来自于蛋白质分子,一半来自于亚硝酸,因此在一定条件下测定反应释放出的氮气体积,即可计算出参与反应的氨基的含量,这是定量测定胶原上的氨基的方法之一。此法较精确,在室温下10min内可完成,广泛用于胶原上的氨基的定量测定。由于亚硝酸不稳定,在实际操作中用加入亚硝酸钠与冰醋酸的方法制备亚硝酸。在研究皮革的鞣制机理时,为了确定其中的胶原功能基与鞣剂的反应性,常采用对胶原分子进行修饰的方法。对氨基进行修饰普遍采用的方法就是上述的将氨基转化为羟基的办法,其优点是试剂为水溶性好的小分子试剂,便于修饰后样品的提纯,同时,修饰过程中不引入复杂基团,便于修饰后样品的光谱分析。

胶原蛋白中含有较多的脯氨酸和羟脯氨酸，这两种氨基酸都是环状氨基酸，其中的亚氨基不能与亚硝基反应。

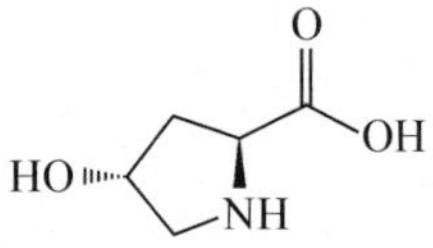

羟脯氨酸 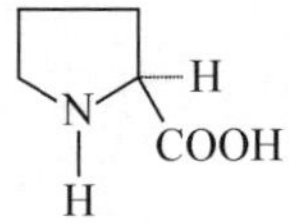　　脯氨酸

王鸿儒和杨宗邃[7]通过亚硝酸钠对皮胶原侧链氨基进行修饰，具体修饰方法以皮胶原粉为例。

皮胶原粉的制备：取黄牛浸酸皮中层，经复浸酸、去酸、盐水浸泡、自来水洗、蒸馏水透析、丙酮脱水、50℃烘干后粉碎。

去氨基反应过程：25g 皮胶原粉用 250mL 蒸馏水浸泡，加入 125mL 含 25g $NaNO_2$ 的水溶液，振荡 1h。在搅拌下，慢慢加入 21.3g 冰醋酸，再振荡 4h。静置 24h，静置过程中每 2h 振荡 30min。倾去上层溶液，用自来水流水冲洗 4h。将皮粉转入抽滤器中用蒸馏水洗涤 5 次，丙酮脱水 3 次。室温干燥后，放入烘箱，在 50℃下干燥。

用氨基酸自动分析仪对去氨基反应前后胶原的氨基酸组成进行分析的结果如表 5.4 所示[8]。

表 5.4　去氨基反应前后胶原的氨基酸组成

组分	未修饰胶原	去氨基胶原
天冬氨酸(Asp)	42.0	44.4
苏氨酸(Thr)	15.2	15.2
丝氨酸(Ser)	26.0	27.2
谷氨酸(Glu)	76.0	77.0
甘氨酸(Gly)	297.0	297.0
丙氨酸(Ala)	105.6	106.7
胱氨酸(Cys)	1.8	1.3
缬氨酸(Val)	22.4	22.5
蛋氨酸(Met)	0.9	0.7
异亮氨酸(Ileu)	11.6	11.9
亮氨酸(Leu)	27.7	28.6
酪氨酸(Tyr)	3.6	25.2
苯丙氨酸(Phe)	11.6	11.3

续表

组分	未修饰胶原	去氨基胶原
赖氨酸(Lys)	26.8	2.7
组氨酸(His)	5.4	5.3
精氨酸(Arg)	53.7	52.4
羟脯氨酸(HyP)	107.4	96.1
脯氨酸(Pro)	164.4	176.3

注：表内残基个数/1000 个残基。

在表 5.4 中，胶原与亚硝酸钠反应后赖氨酸的量由 26.8 减少到 2.7，减少了 90%。羟脯氨酸由 107.4 减少到 96.1，减少了 10.5%。脯氨酸由 164.4 增加到 176.3，增加了 11.7%。

从理论上说，乙醛酸中的羰基活性较强，易于与胶原侧链的氨基反应，从而可增加胶原的羧基数量，明显提高铬的吸收和成革的收缩温度，但实际应用结果不如理论分析的结果好。李国英等[9]研究了乙醛酸与胶原的作用机理，他们采用红外光谱和核磁共振研究发现，pH 是直接影响乙醛酸与胶原作用的主要因素。当 pH 较低时 (pH<4 时)，乙醛酸的羰基与胶原的氨基作用较弱，它们之间只发生一定程度的反应：当 pH 较高时(pH 6～7)羰基与氨基作用大大增强，能基本反应完全。

2. 与醛类的反应

一般条件下，不能直接用酸碱滴定的方法来测定氨基酸。NH_4^+ 是一种弱碱离子，它完全解离时的 pH 12～13，可以用甲醛滴定法测定氨基酸和蛋白质的含量，在 pH 呈中性和常温条件下，甲醛能很快与氨基酸上的氨基结合，使氨基酸的解离平衡向 H^+ 解离方向移动，促使氨基上的 H^+ 释放出来，从而使溶液酸性增强，使氨基成为更强的酸。这样，就可以用酚酞作指示剂，用氢氧化钠来滴定。每释放出一个质子，就相当于有一个氨基氮。氨基与两个分子的甲醛反应，生成二羟甲基衍生物并释放质子。释放的质子可以在中性条件下滴定，这就是甲醛滴定法的原理，也称为间接滴定法。反应如下：

$$\text{Col}-\underset{\underset{^{+}NH_3}{|}}{\overset{\overset{COO^-}{|}}{CH}} \rightleftharpoons \text{Col}-\underset{\underset{NH_2}{|}}{\overset{\overset{COO^-}{|}}{CH}} + H^+$$

$$\Big\updownarrow \text{HCHO}$$

$$\text{Col}-\underset{\underset{NHCH_2OH}{|}}{\overset{\overset{COO^-}{|}}{CH}} \xrightleftharpoons{\text{HCHO}} \text{Col}-\underset{\underset{N(CH_2OH)_2}{|}}{\overset{\overset{COO^-}{|}}{CH}}$$

该方法虽然不够精确，但简单快速，不仅可用于快速测定氨基酸的含量，也常用来测定蛋白质的水解程度。甲醛也是常用的胶原改性剂，甲醛反应可以在亚氨基和酰氨基上发生，形成一羟甲基衍生物，随后发生亚甲基化反应，使胶原蛋白分子之间形成交联[10]。甲醛、乙醛、苯甲醛、戊二醛等活性较大的醛类都可以和胶原中的 ε-NH_2 发生缩合反应（如下反应式所示），形成席夫碱，从而形成交联，使胶原纤维更稳定，强度更好。

$$\mathrm{Col{-}\underset{COOH}{\overset{H}{C}}{-}NH_2} + \mathrm{O{=}\underset{H}{C}{-}R'} \rightleftharpoons \mathrm{Col{-}\underset{COOH}{\overset{H}{C}}{-}N{=}\overset{H}{C}{-}R'} + \mathrm{H_2O}$$

明胶是胶原的部分变性产物，Shigenobu 等对明胶的己醛修饰做了初步的研究，其可能的修饰机理如图 5.3 所示。

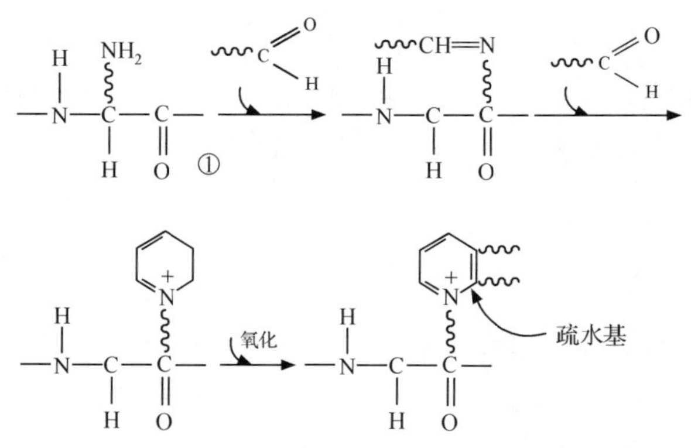

图 5.3　醛修饰明胶示意图

① 表示明胶分子中的一个赖氨酸

杜敏等[11]用己醛对明胶进行修饰，实验方法如下：称取明胶 15g，溶于 150mL 水中，冷冻干燥后粉碎，分为 5 组，每组 3g，置于培养皿中，每组分别加己醛 0mL、1mL、2mL、3mL、4mL。盖严后，于 40℃温箱中保温 3 天。结果表明，经己醛改性的明胶产物具有较好的乳化性质。

在胶原纤维的功能化研究中，廖学品[12]采用皮胶原纤维作为基质，分别选择黑荆树、落叶松和毛杨梅单宁作为固化用单宁，首先，使单宁通过氢键与胶原纤维结合，然后，用交联剂戊二醛使单宁以共价结合方式固化在胶原纤维上，制备出了具有优良物化性质和高吸附容量的吸附材料。其制备方法如下：将制备的皮胶原纤维 15g、单宁 9g 加入 400mL 蒸馏水中，25℃下反应 24h，反应物经过滤并洗涤后，放入 300mL 戊二醛质量浓度为 20g/L 的水溶液中，调至 pH 6.4～6.6，在 25℃下反应 1h，然后在 50℃下反应 4h，反应物用蒸馏水洗涤后在 60℃下真空干燥

12h 即得固化单宁。

3. 酰基化反应

胶原蛋白上的氨基和亚氨基可以进行一系列的酰化反应。常用酰化试剂主要有酸酐和酰氯。酰化反应常与反应体系的酸碱度有关。在碱性条件下，邻苯二甲酸酐开环与明胶(Gel)分子链上的自由氨基(主要是赖氨酸残基上侧氨基)结合形成酰胺键，同时使明胶大分子带上相应的羧基[13]：

$$\text{Gel—NH}_2 + \text{C}_6\text{H}_5\text{—N=C=O} \xrightarrow{\text{pH 9.0}} \text{C}_6\text{H}_5\text{—NH—C(=O)—NH—Gel}$$

$$\text{Gel—NH}_2 + \text{C}_6\text{H}_4(\text{CO})_2\text{O} \xrightarrow{\text{pH 9.0}} \text{C}_6\text{H}_4(\text{—C(=O)—NH—Gel})(\text{—COO}^-)$$

$$\text{Gel—NH}_2 + {}^-\text{OOC—C}_6\text{H}_3(\text{CO})_2\text{O} \xrightarrow{\text{pH 9.0}} {}^-\text{OOC—C}_6\text{H}_3(\text{—C(=O)—NH—Gel})(\text{—COO}^-)$$

反应降低了明胶的等电点，并使明胶的渗透压、黏度等性质发生变化。但是，苯环的引入大大增加了明胶分子链的憎水性。明胶经邻苯二甲酸酐改性后的酰化产物，称为 PA 明胶，被用作感光乳剂沉降剂[14]。明胶还可以用顺丁烯二酸酐进行酰化改性，酰化后的产物再与丙烯酸接枝共聚，可制得一种低成本、高效能的阴离子型改性明胶，作为纸张增强剂应用于造纸工业中。

影响明胶酰化反应氨基取代度的因素主要是酸酐的用量、明胶浓度、反应 pH、反应温度、反应时间等[15]。在低酸酐用量范围内，随着酸酐用量的增加，取代度逐渐上升，但取代度永远不能达到酸酐 100%反应的理论值。这主要与酸酐在水溶液中易发生水解有关。在高酸酐用量范围内，取代度变化不大，但存在一个极大值。当酸酐用量≤5%时，取代度随其用量的增加而迅速增加，但当酸酐用量超过 7%以后，取代度反而随着酸酐用量的增加而稍微有所下降。酸酐的用量、明胶浓度、pH 对取代度有较大的影响，反应温度和时间对取代度的影响较小。

刘琼等[16]用乙二胺四乙酸酐(EDTAD)对明胶进行了酰化改性，制备出一种快速溶胀、溶胀率高的 pH 敏感性明胶水凝胶，该水凝胶在药物控释领域具有潜在的应用价值。其基本方法如下:用去离子水配制一定浓度的明胶溶液,微微加热使其溶解,冷却到室温(25℃),用 NaOH 溶液调节明胶溶液的 pH,在磁力搅拌下逐步等量加入 EDTAD(加入过程中保持明胶溶液的 pH 不变),反应 2～3h 后,用去离子水透析过夜,冷冻干燥备用。产物的乙酰化程度由 2,4,6-三硝基苯磺酸法确定,EDTAD 改性明胶和未改性明胶中羧基含量,由电滴定法测定。

其基本反应如下所示:

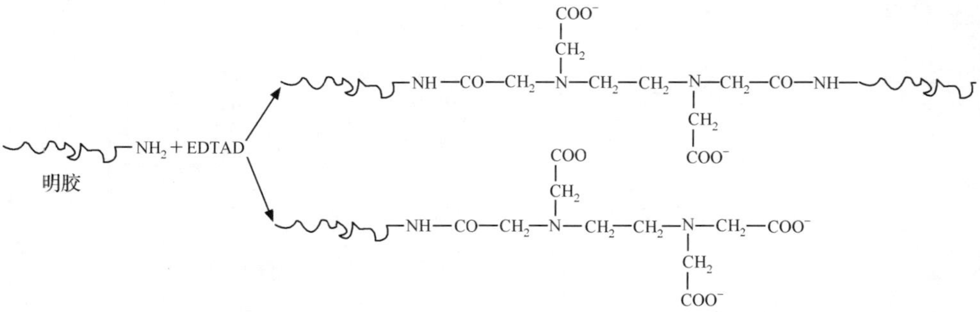

$$\text{明胶}\sim\sim NH_2 + EDTAD \rightarrow \sim\sim NH-CO-CH_2-N(CH_2COO^-)-CH_2-CH_2-N(CH_2COO^-)-CH_2-CO-NH\sim\sim$$

$$\text{明胶}\sim\sim NH_2 + EDTAD \rightarrow \sim\sim NH-CO-CH_2-N(CH_2COO)-CH_2-CH_2-N(CH_2COO^-)-CH_2-COO^-$$

4. 胍基化反应

明胶肽链的侧 ε-NH_2 有很大的活性,可与 *O*-甲基异脲或 *S*-甲基异脲反应,生成胍基:

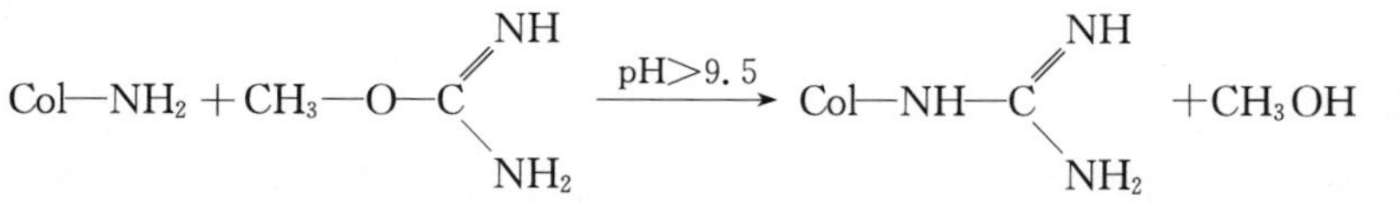

$$Col—NH_2 + CH_3—O—C(=NH)NH_2 \xrightarrow{pH>9.5} Col—NH—C(=NH)NH_2 + CH_3OH$$

5. 甲基化反应

胶原蛋白的氨基可与甲基化试剂如重氮甲烷、硫酸二甲酯等发生甲酯化反应:

$$Col—NH_2 + CH_2N_2 \longrightarrow Col—NH—CH_3 + N_2\uparrow$$

$$Col—NH_2 + CH_3—O—SO_2—O—CH_3 \longrightarrow Col—NH—CH_3 + CH_3—O—SO_3H$$

这个反应可以用来保护胶原蛋白的氨基。甲基化反应不但会发生在胶原蛋白的氨基上,也可以与其羧基反应生成甲酯,重氮甲烷还可以与胶原蛋白的羟基、酰氨基、酚羟基等反应。

6. 与氮丙啶的反应

氮丙啶是一个三元氮杂环化合物,开环后可以和胶原蛋白侧链上的氨基发生反应:

$$\text{Col—NH}_2 + \underset{\diagdown\ \text{NH}\ \diagup}{\text{CH}_2\text{—CH}_2} \longrightarrow \text{Col—NH—CH}_2\text{—CH}_2\text{—NH}_2$$

氮丙啶同时也可以和胶原蛋白上的羧基或羟基发生反应。

7. 巯基化反应

1) 胶原氨基巯基化的方法

(1) 与 *N*-乙酰基高半胱氨酸代内酯反应，pH 7.5，用 Ag^+ 作催化剂：

$$\text{Col—NH}_2 + \text{CH}_2\text{—S—C=O (ring: CH}_2\text{—CH—NH—C(=O)—CH}_3) \longrightarrow \text{HS—CH}_2\text{—CH}_2\text{—CH(CONH—Col)—NH—C(=O)—CH}_3$$

(2) 与 *S*-乙酰基硫代丁二酸酐反应：

$$\text{Col—NH}_2 + \text{CH}_3\text{COS·CH—C(=O)—O—C(=O)—CH}_2 \text{ (ring)} \longrightarrow \text{CH}_3\text{COS·CH(—CONH—Col)—CH}_2\text{—COOH}$$

2) 巯基化明胶的反应机理

(1) 4-丁巯内酯法改性明胶是利用咪唑(imidazole)的催化作用使 4-丁巯内酯分子开环，再与明胶分子上的氨基等活性基团反应，形成巯基化改性明胶：

$$\text{Gel—NH}_2 + \text{(4-丁巯内酯, 五元环 O=C—S)} \xrightarrow{\text{咪唑}} \text{Gel—NH—C(=O)—CH}_2\text{—CH}_2\text{—CH}_2\text{—SH}$$

(2) 硫二丙酰二肼法改性明胶，先通过碳化二亚胺的[碳化亚胺，1-(3-dimethylaminopropyl)-3-ethylcarbodiimide，EDAC 或 EDC]活化作用加速明胶分子上的羧基与酰肼上的活泼氨基反应形成酰胺键，在明胶的大分子链上引入二硫键，接着二硫键在碱性条件下与二硫苏糖醇(DTT)反应，使二硫键断开形成自由巯基，从而得到巯基化明胶。反应式如下所示：

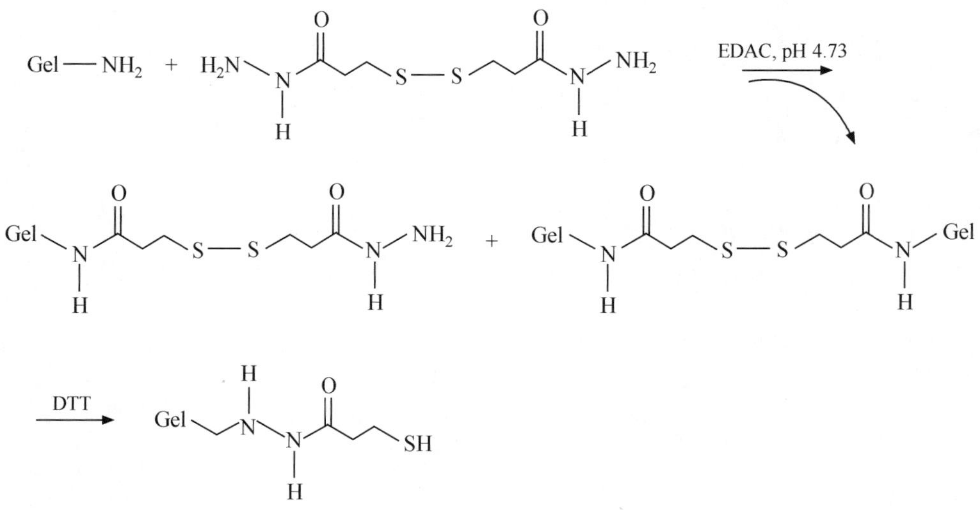

$$Gel—NH_2 + H_2N—NH—CO—CH_2CH_2—S—S—CH_2CH_2—CO—NH—NH_2 \xrightarrow{EDAC,\ pH\ 4.73}$$

$$Gel—NH—CO—CH_2CH_2—S—S—CH_2CH_2—CO—NH—NH_2 + Gel—NH—CO—CH_2CH_2—S—S—CH_2CH_2—CO—NH—Gel$$

$$\xrightarrow{DTT} Gel—CH_2—NH—NH—CO—CH_2CH_2—SH$$

8. 与环氧化合物(EC)的反应

环氧化合物是指分子中含有单个、两个或多个环氧基的化合物,包括环氧乙烷、环氧氯丙烷、缩水甘油醚(酯、胺)、脂肪(环) 族环氧化合物等。由于环氧基中电荷的极化和环氧环张力的存在,因此环氧基具有极高的反应活性。它易与含有活泼氢原子的基团,如氨基、酚羟基、羧基、巯基、羟基、酰胺基等发生反应。

胶原蛋白上的氨基可以与环氧化合物反应,不过在室温下的反应速率很慢,需要几天的时间。

$$Col—NH_2 + R—\underset{\diagdown O \diagup}{CH—CH_2} \longrightarrow Col—NH—CH_2—\underset{OH}{\underset{|}{CHR}}$$

在碱性条件下,胶原的氨基与 EC 作用生成 C—N 键。碱性越强,氨基亲核能力越强,[$P—NH_2$]/[$P—NH_3^+$]增大。当 pH 从 8.0 升至 10.5 时,胶原中氨基数量减少速率加快,反应速率加快。pH 8.5～9.0 时改性胶原 T_s 最高,此时,EC 具有较高的交联效率,而 pH 10.5 时交联胶原的 T_s反而降低,这是胶原碱性水解与过高 pH 下交联效率降低所致。胶原在强酸和强碱性条件下都会发生水解。因此,既要保证一定的反应速率和交联程度,又要避免胶原的过度水解,应该合理地选择反应的 pH。

9. 与乙烯砜的反应

乙烯砜中的双键可以与胶原蛋白的氨基发生加成反应:

$$2\text{Col—NH}_2 + \begin{matrix} H_2C{=}CH \\ \quad\diagdown \\ \qquad SO_2 \\ \quad\diagup \\ H_2C{=}CH \end{matrix} \longrightarrow \begin{matrix} \text{Col—NH—}CH_2CH_2 \\ \qquad\qquad\diagdown \\ \qquad\qquad\quad SO_2 \\ \qquad\qquad\diagup \\ \text{Col—NH—}CH_2CH_2 \end{matrix}$$

这个反应可以用来对胶原蛋白进行交联改性。

5.2.2　羧基的反应

氨基酸羧基的反应活化能很高，一般难以发生反应。但是，胶原蛋白中有较多的谷氨酸，这样的二元酸，其中一个羧基参与形成肽键，另一个则成为侧链羧基，因此，胶原蛋白肽链上的侧链羧基较多，胶原蛋白的等电点在 7.0 以上。胶原蛋白中的羧基活性比较大，可以和许多化合物反应。因此，通过对胶原蛋白羧基的反应，可以合成出许多胶原蛋白的衍生物，也可以通过化学修饰的方法将胶原蛋白的羧基保护起来。

1. 酯化反应

所有的氨基酸在无水乙醇中通入干燥氯化氢，然后加热回流，可生成氨基酸酯，胶原的侧链羧基也可以进行这些反应：

$$\underset{\displaystyle NH_2}{\text{Col—}\underset{|}{CH}\text{—COOH}} + C_2H_5OH \xrightarrow[\text{回流}]{\text{干燥 HCl}} \underset{\displaystyle NH_2\cdot HCl}{\text{Col—}\underset{|}{CH}\text{—}COOC_2H_5} + H_2O$$

王鸿儒和杨宗邃[7]用甲醇和硫酸二甲酯钠对皮胶原侧链羧基进行了修饰，甲醇修饰胶原的主反应为

$$\text{Col—COOH} + CH_3OH \longrightarrow \text{Col—}COOCH_3 + H_2O$$

实验取 20g 皮胶原粉，加入 2000mL 含有 15mL 浓盐酸的甲醇，振荡 12h。以后，间歇振荡，反应 7 昼夜。加入与 15mL 浓盐酸等量的 10mol/L 的氢氧化钠溶液，振荡 1h，抽滤，用 2000～4000mL 蒸馏水反复抽滤、洗涤，洗涤过程在 30min 内完成。立即用丙酮脱水 4 遍，室温下风干。皮胶原块的操作与皮胶原粉相同，只是水洗时要加以强烈振荡。

胶原的羧基也可以与硫酸二甲酯发生酯化反应，反应式如下：

$$\text{Col—COOH} + CH_3\text{—O—}SO_2\text{—O—}CH_3 \longrightarrow \text{Col—}COOCH_3 + CH_3\text{—}\underset{\displaystyle SO_3H}{\underset{|}{O}}$$

实验取 25g 皮胶原粉，用 500mL、pH 7.69 的磷酸二氢钠缓冲溶液浸泡，放入 0～5℃冰箱内 12h。倾去上层溶液，加入 250mL、pH 7.69 的磷酸二氢钠缓冲液和 17g 硫酸二甲酯，振荡 1h。循环 16 次，再经自来水抽滤洗涤 3 次，蒸馏水洗涤 5

次,丙酮脱水 3 次,室温下风干。皮胶原块的操作相同,只用硫酸二甲酯反复处理 17 次,采用强烈振荡水洗。

王鸿儒和杨宗邃[7]测定了甲醇和硫酸二甲酯钠对皮胶原侧链羧基进行修饰后胶原中一些氨基酸的变化(表 5.5)。

表 5.5 酯化反应前后胶原的氨基酸组成

组分	未修饰胶原	甲醇甲酯化胶原	硫酸二甲酯化胶原
天冬氨酸(Asp)	42.0	43.4	42.7
苏氨酸(Thr)	15.2	15.1	14.5
丝氨酸(Ser)	26.0	20.4	20.9
谷氨酸(Glu)	76.0	78.0	76.3
甘氨酸(Gly)	297.0	297.0	297.0
丙氨酸(Ala)	105.6	104.6	103.5
胱氨酸(Cys)	1.8	1.8	1.8
缬氨酸(Val)	22.4	23.1	22.7
蛋氨酸(Met)	0.9	0	0
异亮氨酸(Ileu)	11.6	12.4	11.0
亮氨酸(Leu)	27.7	29.2	26.3
酪氨酸(Tyr)	3.6	0	0
苯丙氨酸(Phe)	11.6	12.4	11.0
赖氨酸(Lys)	26.8	27.5	9.1
组氨酸(His)	5.4	5.3	0
精氨酸(Arg)	53.7	53.2	51.8
羟脯氨酸(Hyp)	107.4	96.1	85.7
脯氨酸(Pro)	164.4	161.4	158.0

注:表内残基个数/1000 个残基。

可以看出,用甲醇修饰胶原,对羧基的修饰程度可达 90%以上,羟脯氨酸损失 21.6%,酪氨酸和蛋氨酸全部损失。用硫酸二甲酯修饰胶原,对胶原的修饰程度也达 90%以上,羟脯氨酸损失 20.2%,赖氨酸损失 66.0%,酪氨酸、组氨酸及蛋氨酸全部损失。两种羧甲基试剂相比,甲醇的专一性较好。

在胶原或明胶分子上引入脂肪酸是改性胶原和明胶的可行途径,能够引入疏水基降低其亲水性。引入脂肪酸,第一步可以将脂肪酸用 *N*-羟基-琥珀酰亚胺酯化,然后以它为酯化剂将蛋白分子酯化,途径如图 5.4 所示。

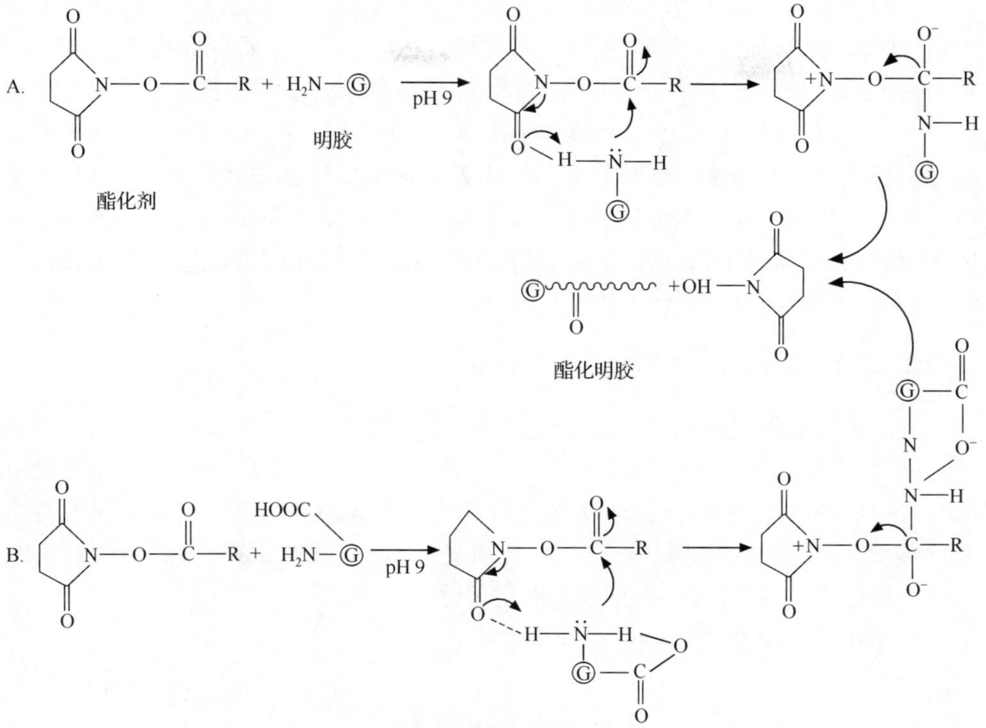

A. 酯化剂 + 明胶 $\xrightarrow{pH\ 9}$ …… → 酯化明胶

B. …… $\xrightarrow{pH\ 9}$ …… → 酯化明胶

酯化可能通过A　B两种途径

图 5.4　明胶酯化原理图

氨基酸的分离和准确快速定量研究在理论和实践上都具有重要的意义。Gehrke 等提出了对氨基酸在酸性介质中用正丁醇酯化，三氟乙酐酰化的衍生化方法。在此基础上，师治贤等在利用毛细管气相色谱测定胶原蛋白和卵清蛋白氨基酸的过程中，对胶原蛋白水解产物在酸性介质中用正丁醇进行了酯化；然后对反应产物用三氟乙酐酰化。其反应式如图 5.5 所示。

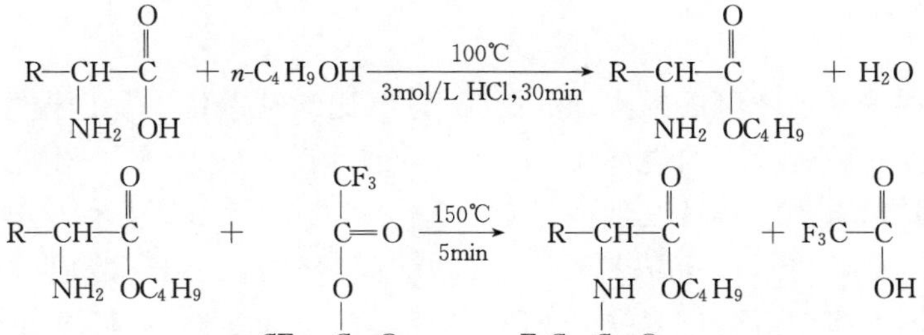

$$R-CH(NH_2)-COOH + n\text{-}C_4H_9OH \xrightarrow[\text{3mol/L HCl,30min}]{100℃} R-CH(NH_2)-COOC_4H_9 + H_2O$$

$$R-CH(NH_2)-COOC_4H_9 + (CF_3CO)_2O \xrightarrow[\text{5min}]{150℃} R-CH(NHCOCF_3)-COOC_4H_9 + F_3C-COOH$$

图 5.5　胶原蛋白水解产物的酯化和酰化示意图

实验方法如下：准确取 0.5mL 混合标准胶原蛋白水解氨基酸溶液，置于带盖的微量反应瓶中，加入 0.5mL 正亮氨酸内标。在氮气流中，将标准液置于 60℃沙浴中慢慢挥发盐酸至干。加入 1.5mL 的 3mol/L 盐酸正丁醇溶液，盖紧盖并摇匀后，在 100℃ 的油浴中加热 30min，每隔一段时间摇动一次。小心取下微量反应瓶，放至室温，打开瓶盖，置于 60℃沙浴中并在氮气流中除尽多余试剂，冷却到室温。加入 1.0mL 三氯甲烷和 0.5mL 三氟乙酐，盖紧瓶盖，在 150℃±1℃油浴中反应一段时间，冷却至室温，放在 4℃冰箱中备用。他们经过上述处理得到的衍生物，在 DB-1 毛细管柱上的分离和定量是成功的。

2. 酰胺化反应

胶原中的侧链羧基可以和碳化二亚胺(EDAC)反应。通常，EDAC 先与羧基(需处于质子化状态)反应，生成不稳定的中间产物 *O*-异酰脲，此中间产物在没有加入亲核试剂的条件下，通过环状电子取代重排形成稳定的 *N*-酰脲，此时没有交联反应发生；而在有伯胺(可来自于蛋白质分子)作为亲核试剂时，*O*-异酰脲将被亲核试剂进攻，在胺和酸之间形成酰胺键，从而产生交联。

胶原用 EDAC 酰胺化的反应如下[12]：

$$\text{Col—COOH} + \text{R}^1\text{—N=C=N—R}^2 \xrightarrow{\text{H}^+} \text{Col—}\overset{\overset{\text{O}}{\|}}{\text{C}}\text{—O—C}(\text{—NHR}^1)(\text{=NR}^2) \xrightarrow{\text{重排}} \text{Col—}\overset{\overset{\text{O}}{\|}}{\text{C}}\text{—}\overset{\overset{\text{R}^2}{|}}{\text{N}}\text{—}\overset{\overset{\text{O}}{\|}}{\text{C}}\text{—NHR}^1$$

$$\xrightarrow{\text{Col—NH}_2} \text{Col—}\overset{\overset{\text{O}}{\|}}{\text{C}}\text{—NH—Col} + \text{R}^1\text{NH—CO—NHR}^2$$

3. 与环氧化合物(EC)的反应

胶原中的羧基可以和环氧化合物发生反应：

$$\text{Col—COOH} + \text{R—}\underbrace{\text{CH—CH}_2}_{\text{O}} \longrightarrow \text{Col—COO—CH}_2\text{—}\underset{\underset{\text{OH}}{|}}{\text{CHR}}$$

EC 在酸碱条件下都能发生开环反应，碱性比酸性条件下反应速率快，交联度高。在酸性条件下，胶原的羧基与 EC 反应生成酯键。酸性越强，环氧基的氧原子质子化越强，越有利于亲核试剂的进攻。当 pH 4.5～5.0 时，大部分羧基是去质子化的(pK_a 4.4～4.6)，反应速率相对较快。而此时的—NH_2 变成 NH_3^+，亲核性降低，几乎不发生反应(pH < 6.0 时)。然而，在酸性条件下，环氧基会发生酸性水解，变成羟基，影响交联作用。

4. 与氮丙啶的反应

氮丙啶可以和胶原中的羧基发生反应：

$$\text{Col—COOH} + \underset{\text{NH}}{\text{CH}_2\text{—CH}_2} \longrightarrow \text{Col—COO—CH}_2\text{—CH}_2\text{—NH}_2$$

5.2.3 甲硫基的反应

胶原蛋白中的甲硫基可以和过氧化氢、卤代烷、叠氮化合物、β-丙内酯等发生反应：

$$\text{Col—S—CH}_3 + \underset{\text{O—C=O}}{\text{H}_2\text{C—CH}_2} \longrightarrow \text{Col—}\underset{\text{CH}_3}{\text{S}}\text{—CH}_2\text{CH}_2\text{COO}^-$$

5.2.4 胍基的反应

在强酸介质中，胶原精氨酸中的胍基可以和1,3-二羰基化合物反应[17]：

$$\text{Col—NH}_2\cdot\text{C}(\text{=NH})\text{NH}_2 + \text{O=C(R)—CH}_2\text{—C(R')=O} \longrightarrow \text{Col—NH}_2\cdot\text{C}\begin{matrix}\text{N=C(R)}\\ \text{N—C(R')}\end{matrix}\text{CH} + \text{H}^+ + 2\text{H}_2\text{O}$$

在碱性介质中，胶原精氨酸中的胍基也可以和1,2-二羰基化合物反应：

$$\text{Col—NH}_2\cdot\text{C}(\text{=NH})\text{NH}_2 + \begin{matrix}\text{O=CR}\\ |\\ \text{O=CH}\end{matrix} \longrightarrow \text{Col—NH}_2\cdot\text{C}\begin{matrix}\text{NH—C(R)(OH)}\\ |\\ \text{NH—CH—OH}\end{matrix} + \text{OH}^-$$

$$\xrightarrow{-\text{H}_2\text{O}} \text{Col—NH=C}\begin{matrix}\text{NH—CHR}\\ \text{NH—CH=O}\end{matrix}$$

碱性条件下，次溴酸钠可以和胍基反应并将其转化为氨基，对胶原进行修饰，可称为去胍基反应：

$$\text{Col—NH}_2\cdot\text{C}(\text{=NH})\text{NH}_2 + \text{NaBrO} \longrightarrow \text{Col—NH}_2 + \text{N}_2\uparrow + \text{CO}_2 + \text{H}_2\text{O} + \text{NaBr}$$

这类修饰方法在研究胶原的交联、鞣制机理等方面也有重要作用。Bose、王鸿儒等对皮胶原粉和皮胶原块进行了去胍基的研究，以皮胶原粉为例，去胍基反应的实验步骤如下：

吸取5g纯溴，用冷的5%氢氧化钠水溶液溶解并定容至250mL，放入5℃冰箱内存放备用。取皮胶原粉加入300mL蒸馏水，放入冰水浴中搅拌15min。加入50mL上述配好的次溴酸钠溶液，搅拌15min，在15min内等速地加完150mL 1mol/L的氢氧化钠溶液，搅拌15min。在3h内滴加完冷的次溴酸钠溶液，搅拌15min。过滤，将皮粉在0.5mol/L乙酸溶液中浸泡5min。过滤后浸泡在0.5mol/L乙酸溶液中，放入0～5℃冰箱内过夜。第二天早晨经自来水洗，蒸馏水抽滤洗涤，丙酮抽提，室温风干，放入烘箱内在50℃下干燥。

在修饰后，根据氨基酸的变化发现用0～5℃的次溴酸钠修饰胶原，对胍基的修饰程度只有26.3%，而组氨酸损失了61.1%，羟脯氨酸损失17.7%，酪氨酸全部损失。这说明在此条件下反应的专一性较差(表5.6)。

表5.6 修饰反应前后胶原的氨基酸组成[7]

组分	未修饰胶原	去氨基胶原	去胍基胶原	甲醇甲酯化胶原	硫酸二甲酯化胶原
Asp	42.0	44.4	41.5	43.4	42.7
Thr	15.2	15.2	15.0	15.1	14.5
Ser	26.0	27.2	22.4	20.4	20.9
Glu	76.0	77.0	78.0	78.0	76.3
Gly	297.0	297.0	297.0	297.0	297.0
Ala	105.6	106.7	103.3	104.6	103.5
Cys	1.8	1.3	1.1	1.8	1.8
Val	22.4	22.5	23.7	23.1	22.7
Met	0.9	0.7	2.1	0	0
Ilc	11.6	11.9	13.8	12.4	11.0
Leu	27.7	28.6	28.7	29.2	26.3
Tyr	3.6	25.2	0	0	0
Phe	11.6	11.3	12.8	12.4	11.0
Lys	26.8	2.7	24.5	27.5	9.1
His	5.4	5.3	2.1	5.3	0
Arg	53.7	52.4	39.4	53.2	51.8
Hyp	107.4	96.1	88.4	84.2	85.7
Pro	164.6	176.3	155.4	161.4	158.0

注：残基个数/1000个残基。

张丽平[18]通过丁二酮法，对胶原的胍基进行修饰，测定了修饰前后胶原中氨基酸组分的变化(表 5.7)：

表 5.7　丁二酮法对胶原胍基修饰前后的氨基酸组成

样品序列	未修饰胶原氨基酸含量	胍基修饰胶原氨基酸含量
天冬氨酸(Asp)	7.854	6.914
苏氨酸(Thr)	1.933	1.685
丝氨酸(Ser)	2.848	2.449
谷氨酸(Glu)	9.701	8.773
脯氨酸(Pro)	13.256	11.454
甘氨酸(Gly)	8.644	8.343
丙氨酸(Ala)	7.813	7.057
胱氨酸(Cys)	—	—
缬氨酸(Val)	2.267	1.988
蛋氨酸(Met)	0.541	0.580
异亮氨酸(Ile)	1.148	1.113
亮氨酸(Leu)	2.451	2.219
酪氨酸(Tyr)	0.618	0.342
苯丙氨酸(Phe)	1.975	1.727
赖氨酸(Lys)	3.269	2.565
组氨酸(His)	0.793	0.588
精氨酸(Arg)	6.792	1.158

注：计量基准为每 100 个氨基酸残基组成中所含的个数。两个样品均含有羟脯氨酸和羟赖氨酸。

可以看出，经双乙酰修饰胍基后，精氨酸残基由 6.792 减少到 1.158，减少了 83%；组氨酸由 0.793 降到 0.588，降低了 25.8%；赖氨酸由 3.269 减少到 2.565，减少了 21.5%；酪氨酸由 0.618 降到 0.342，降低了 44.7%；而脯氨酸则由 13.256 降至 11.454，减少了 13.6%；另外，还有一些氨基酸稍有增减。上述氨基酸的减少说明在去胍基的同时，这些氨基酸残基受到了不同程度的破坏，而在用次溴酸钠(NaBrO)处理的反应中，只有 70%的精氨酸被破坏，且还有约 17%的组氨酸遭到破坏[8]。总之，双乙酰修饰胍基的反应专一性不强，但操作过程相对简单，对蛋白质结构也没有太大的损害。

5.2.5 羟基的反应

胶原蛋白中的羟基可以和重氮甲烷反应：

$$\text{Col—OH} + CH_2N_2 \longrightarrow \text{Col—O—}CH_3 + N_2\uparrow$$

其中的羟基也可以和氮丙啶反应：

$$\text{Col—OH} + \underset{\diagdown\ NH\ \diagup}{CH_2\text{—}CH_2} \longrightarrow \text{Col—O—}CH_2\text{—}CH_2\text{—}NH_2$$

5.3 胶原的复杂反应

5.3.1 胶原与金属离子的作用

胶原分子中的活性基团，如氨基、羧基、胍基、羟基等在一定的条件下可以和金属离子发生配位反应，生成胶原-金属的配位化合物，从而达到对胶原改性的目的。由于胶原容易变性，因此，关于胶原的降解产物——明胶与金属离子之间化学反应的研究相对较多。

胶原中的氨基酸和金属离子配位时，一方面利用分子中—COO^-的氧原子与金属离子发生共价结合；另一方面是由胶原中的—NH_2中的氮原子提供孤对电子与金属离子形成配位键。丝氨酸、苏氨酸和酪氨酸中的—OH，也能进行配位。另外，组氨酸的咪唑基、半胱氨酸的—SH以及蛋氨酸的—S—C—(硫醚)都是重要的配位基团[19,20]。

1. 胶原与银离子的螯合

银是元素周期表中的47号元素，它的外电子层结构为$4d^{10}5s^1$，银的特征氧化态是+1。Ag(Ⅰ)可与单齿配体形成配位数为2、3、4的配合物，其中以配位数为2的直线形配离子最为常见。例如，$[Ag(S_2O_3)_2]^{3-}$、$[Ag(CN)_2]^-$、$[Ag(CN)(PR_3)_2]$和$[Ag(CN)(PR_3)_3]$，后两者的几何构型分别为三角形和四面形体。Ag(Ⅰ)还能生成配位数为5的配合物。

胶原的降解产物明胶与银离子作用可以形成S—Ag键，同时也有N—Ag键形成[21]，明胶与银离子可通过蛋氨酸和蛋氨酸亚砜残基中的S原子与银离子的作用实现。用分光光度计法测得的实验结果表明，在pH 7.6～8.4的水溶液中，银离子可以和明胶完全配合。明胶与银离子在pH 10～12、温度低于60℃时形成一种较为复杂的多核配位化合物。蛋氨酸(Met)与银形成配合物的结构图如下：

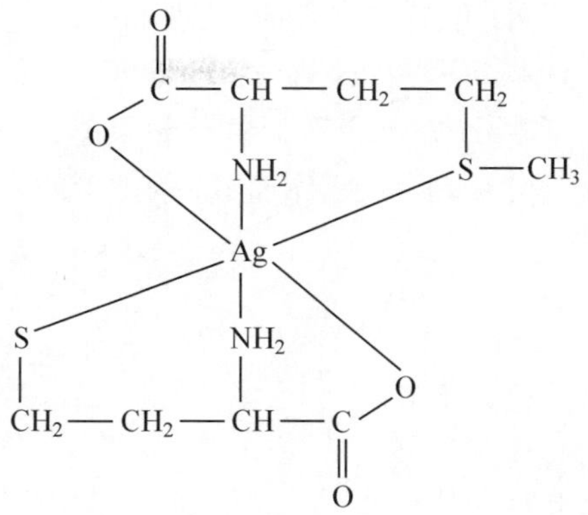

O
‖
C — CH — CH$_2$ — CH$_2$
O　　NH$_2$　　S — CH$_3$
Ag
S　　NH$_2$　　O
CH$_2$ — CH$_2$ — CH — C
‖
O

Vicky 等[22]还用动力学方法测得了 Ag(Ⅰ)离子、Cu(Ⅱ)离子以及质子与明胶中多种氨基酸的相对结合能(表 5.8)。

表 5.8　银离子、铜离子以及质子与明胶中 α-氨基酸的相对结合能

氨基酸	$\Delta G^{\ominus}_{Ag}$	$\Delta H^{\ominus}_{Cu}$	$\Delta GB^{\ominus}$
Gly (G)	0.0	0.0	0.0
Ala (A)	1.4±0.0	1.7	3.7
Val (V)	2.4±0.2	3.7	5.8
Leu (L)	2.5±0.1	4.1	6.8
Ileu (I)	2.8±0.0	4.3	7.6
Asp (D)	3.0±0.2	5.0	5.4
Ser (S)	3.2±0.4	3.1	6.8
Thr (T)	4.6±0.1	4.6	8.8
Glu (E)	4.6±0.1	7.2	6.4
Pro (P)	5.0±0.1	4.8	8.1
Asn (N)	8.3±0.3	6.7	9.4
Phe (F)	9.5±0.3	8.0	8.8
Tyr (Y)	9.6±0.1	8.3	9.6
Gln (Q)	10.7±0.2	9.8	11.4
Met (M)	13.1±0.1	10.4	11.8
Trp (W)	14.5±0.2	11.5	15.0
His (H)	18.0±1.0	13.3	23.1
Lys (K)	19.8±1.2	>13.3	23.6
Arg (R)	>26.8	>13.3	36.9

2. 胶原与铜离子的螯合

在一定的 pH 下,胶原可以和二价铜离子形成配位化合物。

对 Cu^{2+} 与明胶的紫外-可见光谱研究发现，在 pH 7.3 和 pH 10.0 时，在 259nm 处出现了新的吸收峰，证明在这两个 pH 下，Cu^{2+} 和明胶发生了反应，形成了基态配合物[23]。Cu^{2+} 和明胶在 pH 7.3 和 pH 10.0 时能够形成基态配合物是因为明胶为两性蛋白质大分子，明胶在不同 pH 条件下的带电现象如下所示[24]：

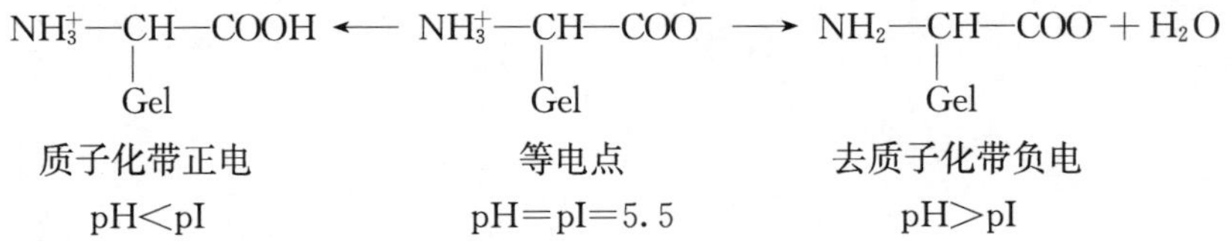

$$\underset{\text{Gel}}{\underset{|}{NH_3^+\text{—}CH\text{—}COOH}} \longleftarrow \underset{\text{Gel}}{\underset{|}{NH_3^+\text{—}CH\text{—}COO^-}} \longrightarrow \underset{\text{Gel}}{\underset{|}{NH_2\text{—}CH\text{—}COO^-}} + H_2O$$

质子化带正电　　等电点　　去质子化带负电

$pH<pI$　　$pH=pI=5.5$　　$pH>pI$

当溶液的 pH 大于等电点时，明胶大分子去质子化带负电，使明胶大分子侧链上暴露出来的—NH_2 和—COO^- 增多，从而可与金属离子螯合形成基态配合物；随着 pH 的增大，Cu^{2+}/明胶的结合常数增大(表 5.9)。

表 5.9　二价铜离子/明胶在不同温度和 pH 下的结合常数 *K* 及其相关系数 *R*

pH	T/K	K(Cu)/($\times 10^{-4}$ dm³/mol)	R
7.3	297	1.231	0.9999
	305	2.010	1.0000
10.0	297	3.698	0.9980
	305	4.666	0.9950

对配合物显微红外光谱研究表明[25]，纯胶原中的(—CONHR)特征吸收峰，由于 Cu^{2+} 的加入，发生了明显的偏移，Cu^{2+} 与明胶中的酰胺键发生了键合作用。由于酰胺键可能发生烯醇化的共振作用[26]，Cu^{2+}(或 Fe^{3+})与明胶形成螯合物的简单结构式如图 5.6 所示。

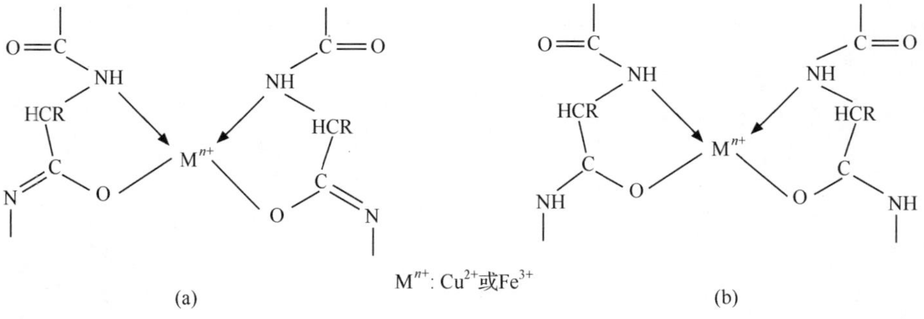

M^{n+}: Cu^{2+}或Fe^{3+}

(a)　　(b)

图 5.6　Cu^{2+}(或 Fe^{3+})/明胶螯合物的简单结构示意图

(a) 烯醇化结构；(b) 未烯醇化结构

3. 胶原与钙离子的作用

作为软骨胶原，Ⅱ型胶原在软骨的成骨、钙化中起着一定的作用。人们的研究发现，Ⅱ型胶原 C 端前多肽的含量与细胞富集 Ca^{2+} 是同步增加的[27]，且它与羟基磷灰石有较强的结合能力[28,29]。还有研究发现，Ⅹ型胶原富集的地方 Ca^{2+} 的浓度也很高[30]。因此，研究Ⅱ型和Ⅹ型胶原与 Ca^{2+} 的结合作用将有助于人们了解胶原在软骨内成骨过程中的作用[31-33]。Ca^{2+} 的电荷与离子半径之比较大，易与氧结合，它的配位适应性很强，多齿配体容易在它周围结合。适于与 Ca^{2+} 结合的基团有蛋白质侧链提供的天冬氨酸、谷氨酸或 γ 羧基谷氨酸的羧基氧、磷酸丝氨酸的磷酸基氧、糖羟基氧以及肽链的羰基氧。胶原中大量存在这些能结合钙离子的官能团。

郭媛、魏立平等[34]通过实验得到Ⅱ型、Ⅹ型胶原与 Ca^{2+} 的相互作用的实验数据(表 5.10、表 5.11)，并计算出了胶原结合 Ca^{2+} 的结合部位数及结合常数。

表 5.10　Ⅱ型胶原与 Ca^{2+} 作用的实验数据

$c(CaCl_2)/(\times10^{-5}mol/L)$	Ca^{2+}结合浓度/($\times10^{-5}$mol/L)	r	$(r/c)\times10^{-4}$
0.735	0.21	0.20	2.80
1.50	0.39	0.37	2.47
2.30	0.64	0.60	2.60
3.02	0.76	0.74	2.47
3.80	0.83	0.79	2.03
4.67	1.00	0.95	2.03
6.43	1.13	1.07	1.67
8.17	1.28	1.22	1.48

注：r 为每摩尔胶原结合 Ca^{2+} 的平均摩尔数；C 为 Ca^{2+} 的平衡浓度。

表 5.11　　型胶原与 Ca^{2+} 作用的实验数据

$c(CaCl_2)/(\times10^{-5}mol/L)$	Ca^{2+}结合浓度/($\times10^{-5}$mol/L)	r	$(r/c)\times10^{-4}$
0.81	0.13	0.34	4.21
1.65	0.24	0.61	3.68
2.45	0.39	0.98	3.98
3.30	0.48	1.22	3.69
4.10	0.63	1.58	3.86
4.95	0.72	1.82	3.68
6.56	0.91	2.31	3.47
8.40	1.05	2.65	3.20
20.6	2.09	531	2.57

注：Tris-HCl 缓冲溶液，pH 7.4，$\mu(NaCl)=0.1$；c(Ⅱ型胶原)$=1.053\times10^{-5}$mol/L；c(Ⅹ型胶原)$=3.960\times10^{-6}$mol/L；r 和 C 的含义同表 5.10。

研究结果表明,无论是Ⅱ型胶原还是Ⅹ型胶原,它们与 Ca^{2+} 的结合都只有一类结合部位,其结合部位数分别是 2.5 和 11;结合常数分别是 1.1×10^4 和 3.9×10^3。进一步分析得出,在相同的 Ca^{2+} 的浓度下,Ⅹ型胶原结合的 Ca^{2+} 的量大于Ⅱ型胶原结合的 Ca^{2+} 量。这与这两种胶原的氨基酸成分上的差异有关,与Ⅱ型胶原相比较,Ⅹ型胶原在其非螺旋结构的 C 端含有相对高含量的酸性氨基酸,如天门冬氨酸、谷氨酸等[35]。这些酸性氨基酸与 Ca^{2+} 有较强的配位能力,增大了Ⅹ型胶原与 Ca^{2+} 结合的结合部位数,也增大了其与 Ca^{2+} 的结合量。

4. 胶原与其他金属离子的作用

由于 Tb(Ⅲ)和 Ca^{2+} 的离子半径相似,二者都易与硬碱配位,都无强的配位方向性,且 Tb(Ⅲ)在溶液中有相当强的荧光发射,因此,它被广泛用来作为 Ca^{2+} 的荧光探针,探测其与蛋白质分子的结合情况[31-33]。在 $Tb(ClO_4)_3$ 稀溶液中加入Ⅱ型胶原后,其荧光光谱发生了明显的变化,原来 $Tb(ClO_4)_3$ 溶液在 300～400nm 范围内的 3 个激发峰消失,而在 280～320nm 范围内出现了 1 个新的激发带,其中心激发波长位于 295nm 左右。若以这新产生的激发带波长为激发波长,则其发射谱仍然表现为上述的 Tb(Ⅲ)的 3 个特征带,但在其荧光强度上则大约增强了两个数量级。这说明Ⅱ型胶原与 Tb(Ⅲ)发生了明显的相互作用。Tb(Ⅲ)主要与Ⅱ型胶原中的酸性氨基酸如天门冬氨酸、谷氨酸等配位[36]。

唐世华等[37]利用荧光猝灭法对 Mn^{2+}、Ni^{2+}、Co^{2+} 和 Hg^{2+} 4 种金属离子与明胶的相互作用进行了研究,发现这 4 种离子与明胶中的酰胺键发生了作用,形成基态螯合物(表 5.12),可见 3 种离子与明胶的结合强度为:$Mn^{2+}>Ni^{2+}>Co^{2+}$。

表 5.12 金属离子与明胶在不同温度下的螯合平衡常数和结合位点数

金属离子	T/K	$K/(\times10^{-4}dm^3/mol)$	n	R
Co^{2+}	297	0.228	0.86	0.9963
	350	0.280	0.85	0.9957
Mn^{2+}	297	2.414	1.08	0.9990
	305	3.010	1.09	0.9967
Ni^{2+}	297	1.899	1.12	0.9916
	305	2.273	1.11	0.9968

廖洋等[38]研究了改性皮胶原纤维对水体中 Cd^{2+}、Cr^{3+}、Pb^{2+}、Ni^{2+}、Co^{2+} 等痕量重金属离子的吸附作用,金属离子随着体系 pH 的增大,富集量均增大,重金属离子与改性皮革胶原纤维配位的过程中与 H^+ 存在竞争,当 H^+ 浓度降低时,重金属离子与改性皮革胶原纤维的配位作用增大。当 pH 继续增大时,Ni^{2+}、Co^{2+} 的富集量降低了,说明这两种离子与其他金属离子对改性皮革胶原纤维配位的竞争降

低了(表 5.13)。

表 5.13　不同 pH 混合溶液中金属离子的吸附量(μg/g)

pH	Cd^{2+}	Pb^{2+}	Ni^{2+}	Co^{2+}	Cr^{3+}
4	4.96	—	13.0	25.9	104
5	19.4	18.0	16.6	76.3	112
6	172	135	423	512	409
7	456	454	383	391	—
8	583	489	113	169	—

5.3.2　胶原的显色反应

和一般蛋白质一样,胶原蛋白也可以发生显色反应。由于胶原蛋白中亚氨酸残基含量特别高,又不含色氨酸,酪氨酸的含量也特别低,因此胶原蛋白的显色反应具有特殊性。

1. 与茚三酮的显色反应

水溶胶原蛋白与茚三酮的水合物在弱酸性溶液中一起加热,引起氧化、脱氨反应,生成物呈蓝紫色,在 570nm 处有最大吸收。茚三酮本质上是与 α-氨基酸反应,温度过高时茚三酮被氧化成红色。

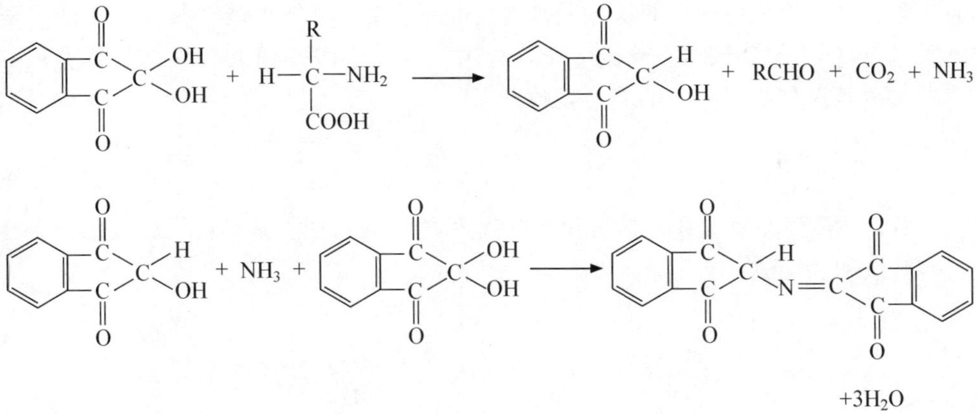

$$+ RCHO + CO_2 + NH_3$$

$$+3H_2O$$

脯氨酸和羟脯氨酸与茚三酮的生成物呈黄色,最大吸收波长为 440nm[17]。

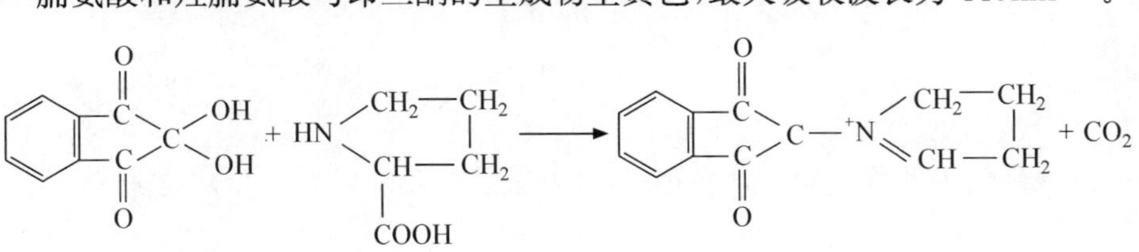

$$+ CO_2$$

与其他蛋白质的反应相比，胶原蛋白与茚三酮的显色反应在定量时会出现10%的偏差，如果用胶原蛋白的标准溶液来制作标准曲线，就不会出现这种偏差。

2. 与双缩脲反应

在碱性溶液中，胶原蛋白中的两个肽键可以和铜离子反应，生成紫红色或青紫色的配位化合物。该反应与双缩脲在碱性条件下和铜离子的反应相似，所以被称为双缩脲反应。双缩脲显色反应是二价铜离子与游离出质子的肽键中的氮原子发生配位，生成紫红色的配位化合物：

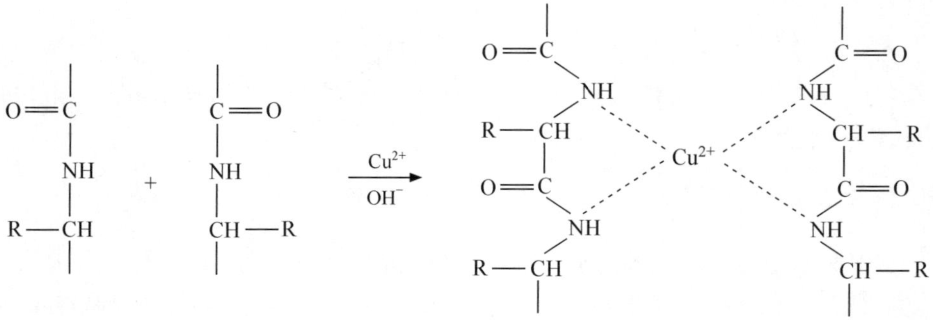

$$\mathrm{O{=}C\!-\!NH\!-\!CH(R)} \;+\; \mathrm{C({=}O)\!-\!NH\!-\!CH(R)} \xrightarrow[OH^-]{Cu^{2+}} \mathrm{[O{=}C\!-\!NH\!-\!CH(R)\!-\!C({=}O)\!-\!NH\!-\!CH(R)]_2 \cdots Cu^{2+}}$$

显色反应色泽的深浅在一定范围内与蛋白质的含量成正比，可以用作蛋白质的比色定量。胶原蛋白中亚氨基残基的含量较高，该部分在碱性条件下不能电离出质子，也就不能和铜离子形成配位化合物。因此，用分光光度计测定胶原蛋白的消光系数要比某些蛋白质的消光系数低[17]。

3. 酚试剂反应

所谓的酚试剂就是能与酪氨酸的酚基和色氨酸的吲哚基作用生成蓝色化合物的磷钨酸和磷钼酸：

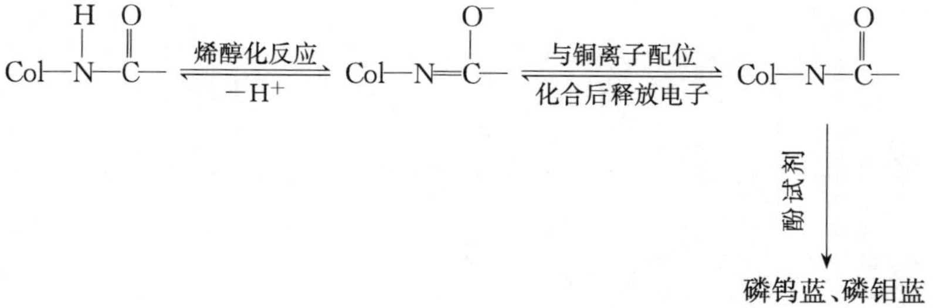

$$\mathrm{Col{-}N(H){-}C({=}O){-}} \underset{-H^+}{\overset{\text{烯醇化反应}}{\rightleftharpoons}} \mathrm{Col{-}N{=}C(O^-){-}} \underset{\text{化合后释放电子}}{\overset{\text{与铜离子配位}}{\rightleftharpoons}} \mathrm{Col{-}N{-}C({=}O){-}} \xrightarrow{\text{酚试剂}} \text{磷钨蓝、磷钼蓝}$$

胶原蛋白中的酪氨酸的含量很低，因此该显色反应较其他蛋白质弱。

5.3.3　胶原与表面活性剂的作用

胶原蛋白或明胶与表面活性剂的作用分为物理作用和化学作用，化学作用是指明胶和与表面活性剂发生反应，形成共价键。明胶可以和阳离子、阴离子和非离子型表面活性剂复合。

在偏碱性条件下，明胶的氨基与环氧丙基三甲基氯化铵反应，生成阳离子化明胶：

$$\text{Gel—NH}_2 + \underset{\diagdown\ \text{O}\ \diagup}{\text{CH}_2\text{—CH}}\text{—CH}_2\text{—N(CH}_3)^+ \cdot \text{Cl}^- \longrightarrow \text{Gel—NH—CH}_2\text{—}\underset{\text{OH}}{\underset{|}{\text{CH}}}\text{—CH}_2\text{—N(CH}_3)^+ \cdot \text{Cl}^-$$

纪云等[39]以十六烷基三甲基溴化铵(CTAB) /明胶/ H_2O 混合溶液为体系，研究了明胶 CTAB 聚集体形成以及 CTAB 浓度对 CTAB/明胶复合物结构的影响，并提出了 CTAB 与明胶相互作用的机理和作用模型。在 CTAB/明胶/水体系中，明胶浓度的增大使得 CTAB 分子的第一临界聚集浓度(cac_1)、第二临界聚集浓度(cac_2) 和临界胶束浓度(cmc)值均上升，胶束的生成自由能减小，也反映了胶束的聚集数下降(表 5.14)。冷冻蚀刻透射电镜实验 (FFTEM)的结果证实了明胶分子与 CTAB 分子之间形成了复合物，随着 CTAB 浓度的增加，结构从线状、卷曲、珍珠项链状、棒状[39,40]至网状依次变化(图 5.7，图 5.8)。

表 5.14　CTAB/明胶/水体系中 CTAB 的 cac_1、cac_2、cmc 及胶束生成的吉布斯自由能

明胶(质量分数)/%	cac_1/(mmol/L)	cac_2/(mmol/L)	cmc/(mmol/L)	ΔG
0.0	—	—	1.27	—
0.2	0.38	1.94	8.10	$-1.43RT$
0.5	0.564	2.66	11.0	$-1.42RT$
0.7	0.684	3.20	11.5	$-1.28RT$
1.0	0.828	4.11	12.5	$-1.11RT$

cac_1 为 CTAB 分子以疏水基明显与明胶缔合所对应的浓度；cac_2 为 CTAB 分子在明胶分子链上聚集形成球形聚集体的复合物所对应的浓度[41]；cmc 为 CTAB 分子形成胶束的浓度。随着明胶浓度的增加，cac_1、cac_2、cmc 均增加。显然，随着明胶浓度的增加，以静电作用吸附在明胶分子链上的 CTAB 分子数增多，CTAB 分子开始以疏水基与明胶缔合所对应的浓度增加，即 cac_1 值增大；随着明胶浓度的增加，与明胶分子开始聚集形成球形聚集体复合物所需的 CTAB 浓度增大，即 cac_2 值增大；同样，形成胶束所需的 CTAB 浓度也增大，即 cmc 值增大。

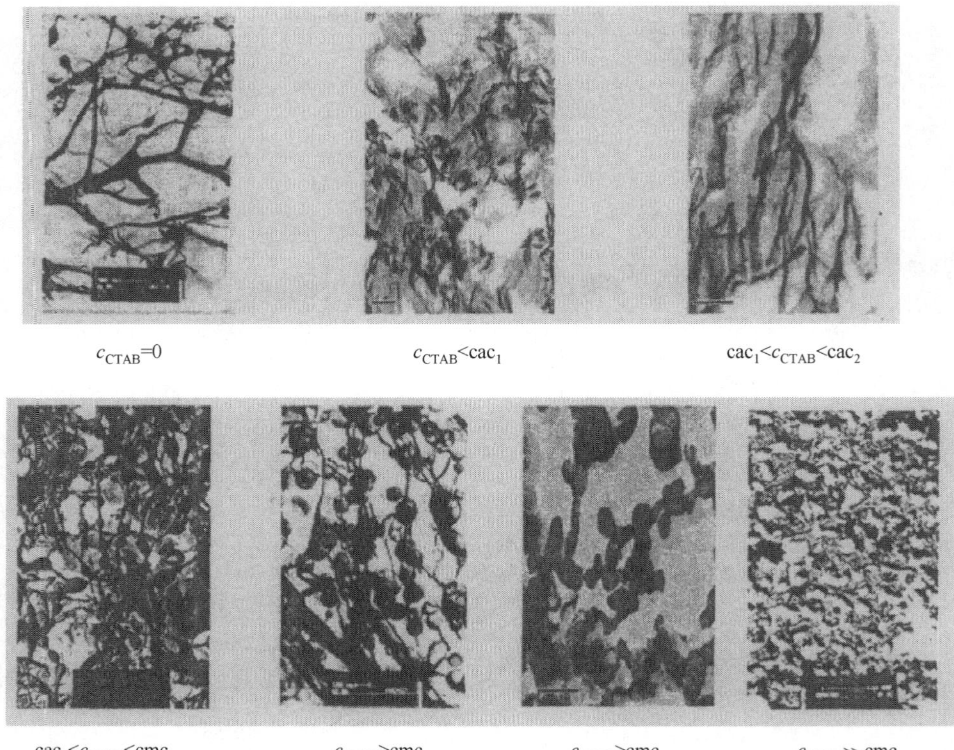

图 5.7 CTAB/明胶(0.5,质量分数)/水体系 FFTEM 照片

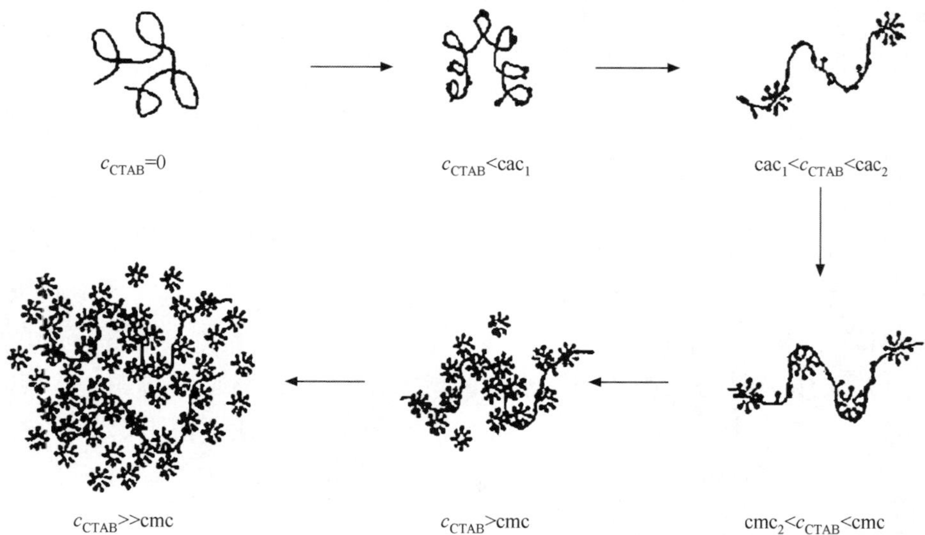

图 5.8 不同 CTAB 浓度与明胶的相互作用模型

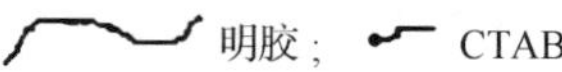

纪云等[39]在明胶和阳离子表面活性剂CTAB相互作用研究的基础上，研究了明胶对阴离子表面活性剂十二烷基硫酸钠(SDS)聚集体形成以及SDS浓度对SDS/明胶复合物结构的影响，提出了SDS与明胶相互作用的机理和作用模型。研究结果表明，SDS与明胶的相互作用模型与CTAB体系一致。

早期的理论认为，非离子表面活性剂与明胶间缺乏静电引力而不能相互作用。但是，近来的研究表明，非离子表面活性剂与明胶间也存在着相互作用。这种相互作用影响了吸附层的性质，对乳液的稳定性尤为重要。Saxena等[42]研究了非离子表面活性剂 *p*-1,1,3,3-四甲基丁基酚聚氧乙烯醚(Triton X-100)与明胶的相互作用，提出了疏水作用机理以及它们的相互作用模型。

5.3.4　胶原水解产物明胶的氧化和还原性

明胶的氧化是一个复杂的过程。在不同的pH条件下，采用不同的氧化剂，可以使明胶分子的不同部分被氧化，主要是半胱氨酸和蛋氨酸[43]。半胱氨酸在低氧化电位下，被氧化为胱氨酸，其氧化电位与体系的pH有关，在pH>2的条件下，用过氧化物氧化半胱氨酸只能生成胱氨酸，而在1mol/L的盐酸中则继续氧化成磺基丙氨酸。胱氨酸在碱性介质中不稳定，能生成磺基丙氨酸和半胱氨酸。

明胶中含有约1%的蛋氨酸，如果氧化反应按主氧化电位进行，蛋氨酸也被氧化成蛋氨酸亚砜。在pH 2时，蛋氨酸的氧化快于半胱氨酸，随着pH的提高，半胱氨酸的氧化将超过蛋氨酸。在明胶的氧化过程中，蛋氨酸和半胱氨酸的数量都在下降。李迅和彭必先[44]通过对不同类型的照相明胶的氨基酸分析结果表明，所有的照相明胶中都含有蛋氨酸砜；绝大多数照相明胶中都含有蛋氨酸亚砜。

明胶的氧化能改变照相明胶的性能，如卤化银在不同氧化明胶中的沉淀颗粒尺寸也不同；照相明胶中的蛋氨酸以及氧化物对其还原性有很大的影响。

明胶的还原性在照相过程中有着非常重要的作用。明胶大分子链上的某些具有还原性的残基以及与明胶大分子结合的脂类等物质的存在，使明胶具有还原特性。在这众多的还原性物质中，以蛋氨酸的还原性最强。明胶的还原性在乳化剂的感光过程中起着非常重要的作用。例如，亚硫酸盐、亚硝酸盐、醛类和糖类等起着增强还原的作用；硫代硫酸盐起增感剂的作用；蛋氨酸、酪氨酸和组氨酸等起卤素受体的作用。蛋氨酸还具有配位和还原银离子和金离子的能力，影响化学增感作用。

明胶的还原性是一个非常重要而复杂的问题。测定明胶还原性的方法很多，有Vogel反应法、金值法[45-47](或称为三氯化金法)、Fe^{3+}/Fe^{2+}系统以及卤素反应法等[48,49]。其基本原理都是基于明胶与氧化剂之间的反应来实现的。

一般采用的金值法是用氯金酸溶液对明胶溶液进行电位滴定的方法。在室温条件下，明胶与Au^{3+}反应，Au^{3+}被还原为Au^{+}，并根据滴定所消耗的

$HAuCl_4 \cdot 4H_2O$的量来计算金值(在 pH 2 时,一定量的明胶结合确定浓度的氯金酸盐的量),金值(μmol/g)为 2.43V。

李河冰等[50]对氧化明胶的还原性进行了测定,如表 5.15 所示。

表 5.15　国内外不同明胶的金值

编号	胶号	类别	来源	金值/(μmol/g)
1	1781	惰胶	BBG	37.1
2	1-2-1	碱法骨胶	KD	26.7
3	1-3-1	碱法骨胶	KD	26.7
4	1-4-1	碱法骨胶	KD	25.5
5	8739	碱法骨胶	KPG	38.9
6	AG-1	活性胶	FRG	34.0
7	1482	活性胶	BBG	42.5
8	4322	LAG	NP	19.4
9	1-1-1	氧化明胶	KD	0.5
10	1-2-1	碱法骨胶	KD	25.5
11	3641	氧化明胶	BTG	0.5
12	4111	氧化明胶	BTG	4.9
13	600	去离子胶	BTG	34.0
14	1481	活性胶	BBG	40.1

注:表中缩写为生产厂家,原文也未做标注。

表 5.15 给出了国内外不同来源和不同类型的明胶的还原性(金值)的数据。由表 5.15 中的数据可以看出,来源和类型不同的明胶的金值是不同的,而且有的还相差较大。一般来说,明胶还原能力(金值)的变化范围为 20～30μmol/g。氧化明胶的金值很小,还原能力大大下降。

表 5.16、表 5.17 说明,明胶经过氧化处理后,其还原能力都毫无例外地降低。在一定条件下,明胶还原能力的下降随着氧化剂 H_2O_2 加入量的增加和氧化时间的延长而加剧。

表 5.16　明胶金值随 H_2O_2 加入量的变化

序号	1	2	3	4	5	6
H_2O_2 加入量/mL	0	0.1	0.5	1.0	1.5	2.0
金值/(μmol/g)	34	32.8	29.2	26.7	23.1	<12.2
金值降低/%	0	3.5	14.0	21.5	32.1	>64

表 5.17 明胶金值与氧化时间的关系

序号	1	2	3	4	5
氧化时间/h	0	4	12	24	48
金值/(μmol/g)	34.0	34.0	31.6	26.7	25.5
金值降低/%	0	0	7.1	21.5	25

陈丽娟和彭必先[51]研究发现，明胶的还原性(金值法)和其中的蛋氨酸含量之间存在着一个大致的线性关系(图 5.9)。

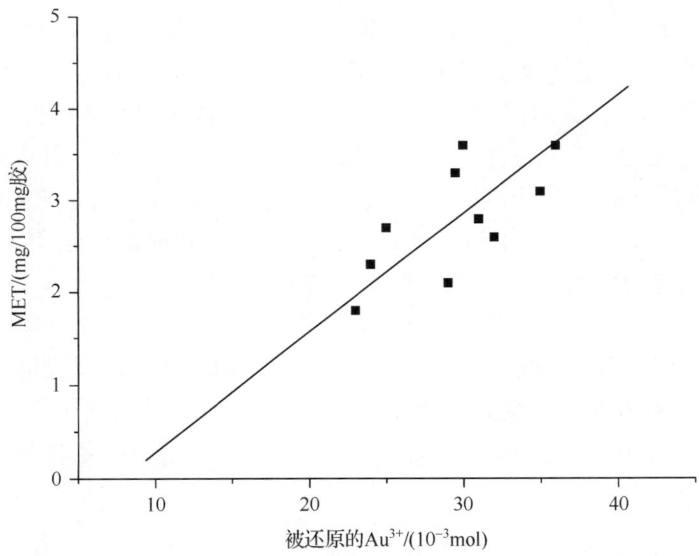

图 5.9 明胶的 Au^{3+} 还原性与蛋氨酸含量的关系

李迅和彭必先[44]研究了明胶中的蛋氨酸及其氧化物对明胶还原性的影响，发现蛋氨酸(Met)和蛋氨酸亚砜(metsox)含量之和与明胶的还原性仍呈正相关性，这表明亚砜虽然是一种氧化态，但不是完全的氧化态，由于它仍保留有一对非共用电子，它的存在，对明胶大分子的还原性仍有一定的作用；蛋氨酸砜(metson)与明胶大分子的还原性呈相反性，这表明蛋氨酸完全氧化成砜时，已经对明胶大分子的还原能力起抑制甚至破坏的作用。明胶中的砜含量越多，对明胶大分子的还原能力的抑制和破坏能力越大，还原能力就变得越小，这种还原能力势必要影响明胶大分子的照相性质。

5.3.5 胶原的交联反应

胶原的交联[52](cross-linking)是指胶原分子内部和胶原分子间通过共价键结合实现提高胶原纤维的张力和稳定性的目的。胶原的交联涉及其中赖氨酸、羟赖氨酸、组氨酸等残基。

自然交联:第一步,是赖氨酸或羟赖氨酸残基通过赖氨酰氧化酶转变为相应的醛,交联的第二步为1个赖氨酸醛或羟赖氨酸醛与第二个赖氨酸或羟赖氨酸反应,构成席夫碱或醛亚胺型化合物。醛也可同第二个赖氨酸醛反应构成醛醇缩合物(ACP)。ACP基于α_1链(残基9)和α_2链(残基5)之间胶原分子的氨基末端非螺旋区,成为分子内交联。然而,席夫碱型交联出现于胶原分子之间,为分子间交联。在胶原中,还有1种复合型交联为组氨酸-羟开链赖氨素[52],由1个羟赖氨酸残基或1个组氨酸残基加入胶原中的1个ACP构成,这种异常的多功能交联区是由于原纤维内胶原分子的1/4错位排列,导致重叠区不同链的所有3种成分接近。

为了使胶原组织中的胶原纤维更加稳定,需要使用外来交联方法使胶原分子发生个别螺旋区内的分子内交联、邻近不同分子间交联或原胶原和其他分子间交联。常用的有物理方法致其交联和化学方法致其交联。例如,紫外线照射、重度脱水等是物理致其交联的方法;用化学交联剂致其发生化学交联时,需要用到化学交联剂,常用的交联剂有甲醛、乙醛、戊二醛、己异二氰酸酯、碳化二亚胺、叠氮二苯基膦、京尼平等,这些交联剂在赖氨酸、羟赖氨酸、精氨酸等残基之间通过单体或多聚物的形式交联而成[53]。这部分知识实际涉及本章前一部分的很多基本化学反应,但更为复杂。

1. 胶原的物理交联

物理交联方法虽然提供的交联度低,但可避免外源性物质进入胶原内,若与其他方法联合应用,则能促进交联及改善胶原的性能。物理交联虽然不引入新的化学物质,但仍然能够使胶原之间和胶原内部发生化学键的变化。目前常用的方法包括紫外线照射(UV irradiation)和重度脱水(DHT)。

紫外线照射可以引起胶原的芳香氨基酸残基(如酪氨酸和苯丙氨酸)内不成对电子的形成,经其照射后在相邻的胶原蛋白分子上产生的离子可导致胶原蛋白分子间交联的形成。Rubin等[54]用波长为254nm的紫外线照射交联胶原膜。经UV照射后,定位于胶原分子酪氨酸、苯丙氨酸等芳香残基上的未配对基团之间发生交联,胶原分子3156处残基中,大约51个芳香残基在交联反应中可以利用。这里采用的物理交联方法,没有任何毒性物质和杂质引入到胶原膜中,但是交联度小、稳定性差。Weadock等[55]对紫外线照射的胶原膜进行了机械性能检测和胶原酶实验,交联胶原膜的收缩温度$T_s=(76.2\pm1.8)$℃,显著高于未交联胶原膜的

T_s[T_s=(67.7 ± 5.9)℃];交联胶原膜的抗胶原酶降解能力也显著高于未交联胶原膜。该研究组同时报道[56]了 UV 交联虽然也可提供有效的交联,达到较大的拉伸强度(50MPa),但可能使胶原纤维发生部分变性。Koide 等[57]在 UV 交联胶原膜的应用方面也得出了相似的结果,随着时间的延长,胶原膜的弹性模量增加,断裂延伸率减小,但拉伸强度增加。

在正常情况下,胶原被大量的水和网状物所包围。这种网状物对纤维组织和三股螺旋结构的稳定是很重要的。明胶也是类似的水合物。已有研究发现,在高真空下加热能去除明胶中的水而交联明胶。脱水加热交联的机理是通过羧基和伯胺侧基而形成酰胺键,快速地去除酰胺缩聚反应的水合产物能引起涉及赖氨酸和天冬氨酸或谷氨酸残基的分子间酰胺键(肽键)的形成。与此过程有关的氨基酸残基,如天冬氨酸、谷氨酸、丝氨酸、苏氨酸、α-精氨酸以及赖氨酸残基,占胶原分子上 3156 个残基中的 745 个,这也提示出了处理后游离羧基和氨基数目的减小。

热交联(DHT)能提高胶原的解螺旋结构温度即变性温度(denature temperature, T_d)。胶原脱水后,导致胶原的分子间发生交联,可以显著改善胶原的机械性能。有人将胶原材料用 DHT 处理后,发现其拉伸强度增加、弹性模量增加,分别达到 91.8 MPa 和 896MPa。这可能是胶原的带电基团和极性氨基反应,通过限制胶原纤维之间的相对滑动,提高了胶原纤维拉力及限制胶原分子的膨胀率,从而提高胶原在湿态下的拉伸强度。DHT 交联的最佳温度为 110℃。有研究表明,胶原交联与变性同时发生,110℃时,以胶原的交联为主,而在 140℃时,则以胶原的变性为主。

2. 胶原的化学交联

物理方法虽然不引入外源性物质,但是交联度低。目前,已广泛应用各种化学试剂交联胶原,以提高其交联度、机械性能及生物相容性。所谓交联剂,是指一类分子两端各有一个相同或者不同的活性基团,它们可与蛋白质侧链上的氨基、巯基、羟基等发生共价结合,在相隔较近的两个氨基酸残基间搭桥,形成多肽链内、链间或者蛋白质分子间的交联,而不引起蛋白质构象的重大改变的试剂。常用的化学试剂有戊二醛、二异氰酸酯、碳化二亚胺、叠氮二苯基磷、京尼平、无机金属离子以及一些复合交联剂等。

1) 醛类交联剂

甲醛、乙醛、戊二醛和丙烯醛等都可以和胶原发生交联(表 5.18)。

表 5.18　胶原与不同醛的结合

处理醛	条件 pH	M_c	交联数（每 10^3 个胶原）	结合的醛 /(mmol/10^3g)
未鞣制		200 000	0.2	
甲醛	8.0	8900	6	80
乙二醛	8.0	5900	8	62
戊二醛	8.0	5600	9	170
	6.5	3900	13	94
	4.0	7000	7	68
丙烯醛	8.0	4500	11	129
	6.0	9000	6	
	4.0	10500	5	

注：醛过量，胶原是袋鼠尾腱，在 20℃下反应 16h，M_c 表示每个交联链段的平均相对分子质量。

戊二醛（GTA）为目前应用最广泛的交联剂，是一种同型双功能交联剂。GTA 主要与蛋白质中的氨基结合，其中存在着单点结合，单点结合可能转变为双点结合，从胶原分子链活性氨基距离远大于单分子 GTA 分子长度看，似乎是以分子内结合或成为环状结构产物为主。GTA 对蛋白质交联有分子内和分子间两种形式，一般认为，当蛋白质溶液浓度低时，主要产生分子内交联，这样产物是可溶的；而分子间交联会使蛋白质分子变大，溶解性降低。GTA 与蛋白质分子中的 ε-氨基、肽链 N 端氨基等伯氨基、杂环上亚氨基、巯基、及酰胺基反应，其中与赖氨酸 ε-氨基结合最为牢固。但 GTA 与蛋白质反应主要是其中的羰基与胶原的氨基发生反应，且发生不可逆结合，它能使水解反应中赖氨酸含量显著降低。戊二醛与蛋白质可能发生类似结合，3 个 GTA 分子和蛋白质中 1 个赖氨酸侧链结合，可以生成如下所示的结构[58]：

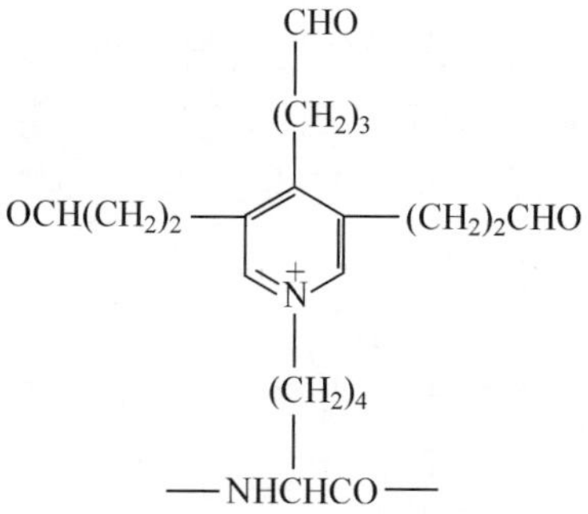

CHO
$(CH_2)_3$
$OCH(CH_2)_2$ —— $\overset{+}{N}$ —— $(CH_2)_2CHO$
$(CH_2)_4$
—NHCHCO—

然后，再结合另外赖氨酸侧链及另外两分子 GTA，在蛋白质分子中产生交联：

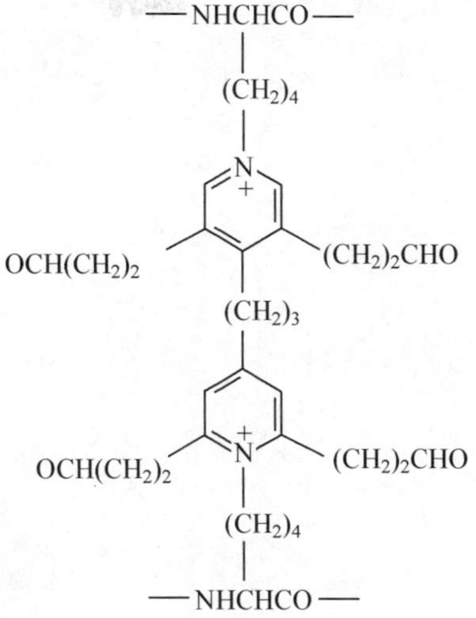

—NHCHCO—
$(CH_2)_4$
N^+
$OCH(CH_2)_2$　　$(CH_2)_2CHO$
$(CH_2)_3$
$OCH(CH_2)_2$　　N^+　　$(CH_2)_2CHO$
$(CH_2)_4$
—NHCHCO—

或

CHO　　CHO
$(CH_2)_3$　　$(CH_2)_3$
$OCH(CH_2)_2$　　CH_2　　$(CH_2)_2CHO$
N^+　　N^+
$(CH_2)_4$　　$(CH_2)_4$
—NHCHCO—　　—NHCHCO—

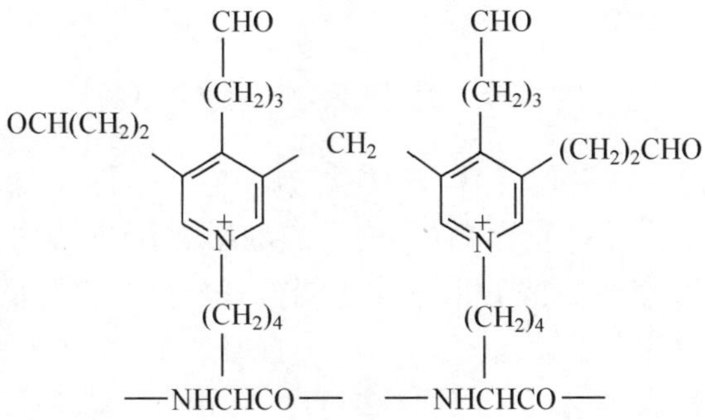

接下来的一步反应，就是羰基和氨基缩合生成席夫碱，以形成的共轭结构、环状结构来稳定这种结合[58]。

戊二醛的两个醛基可分别与胶原的两个相同或不同分子的伯氨基形成席夫碱，将两个分子以五碳桥连接起来。高浓度的 GTA 与胶原分子的赖氨酸或羟赖氨酸残基的 ε-氨基反应，形成分子间交联。其中的 3156 个残基中约有 85 个活化；低浓度的 GTA 与胶原分子形成分子内交联(表 5.18)。对胶原进行交联改性时，可以观察到，随着 GTA 的加入，溶液颜色由浅黄色逐渐变为暗黑色。颜色的变化是由 GTA 的自聚合作用造成的[54]。GTA 不仅可以交联胶原上相邻的 ε-氨基，也可以通过自聚合而交联不相邻的氨基。GTA 交联胶原的示意图如图 5.10 所示[59]。

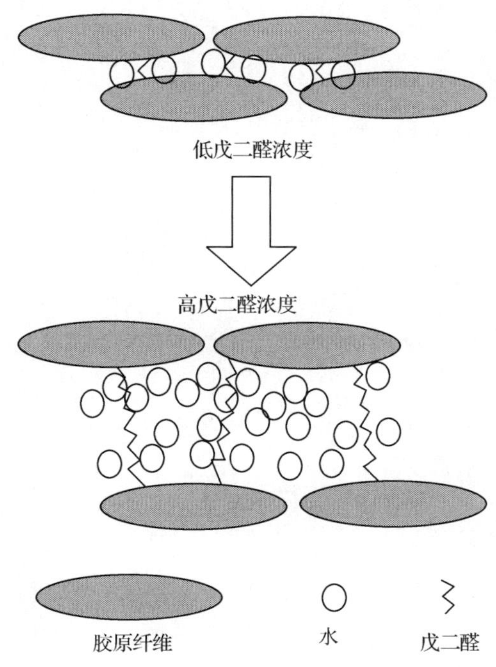

图 5.10　戊二醛交联胶原的示意图

GTA 的浓度达到一定程度后，交联反应即趋于饱和，增加的 GTA 被其自身交联所消耗。GTA 的浓度对交联作用有一定的影响，高浓度的 GTA 比低浓度的 GTA 交联效果差，增加戊二醛的用量并不能提高材料的交联度。因此，交联材料的力学性能不会随着戊二醛用量的增加而一直增加，而是与胶原量有一个最佳的比例。低浓度的 GTA 不会改变胶原纤维的原始形态，但对其物理、化学稳定性有明显的改变。与未进行交联的胶原纤维相比，用浓度等于或高于 0.0075％的 GTA 处理过的胶原纤维在中性溶液中的溶解度明显下降，而用浓度为 0.0075％的 GTA 处理过的胶原纤维对蛋白的分解抵抗能力明显加强[60]。

Thompson 等[61]对交联胶原的机械性能的研究发现，其弹性模量由 20～30MPa 增加到 55～60MPa，衰竭应变减小，而对断裂应变无影响；Goissis 等[62]对不同浓度 GTA 交联胶原进行生物相容性和生物降解性能的研究表明，各种浓度 GTA 交联胶原膜都有相似的炎症反应，但与交联度无关，而与反应时间有关；未发现有体内组织细胞改变、矿化、接触坏死等；膜降解发生在 30 天到 60(>60)天，显示出良好的生物相容性。

虽然 GTA 能提供有效的交联，改善胶原的机械性能和生物相容性，但大量研究证实其有一定的细胞毒性[63]。

2）碳化二亚胺

碳化二亚胺(EDAC)是化学性质极为活泼的化合物，能使氨基和羟基之间形成酰胺键，既可与加上胶原的羧基结合，也可与其氨基结合，通常羧基与 EDAC 反应生成中间产物，再与另一分子的氨基反应而形成偶联物。EDAC 反应的环境为 pH 5～9，一般胶原交联条件选择为 pH 7～10、反应温度为 4℃、反应时间为 24h。

与一些传统的化学交联剂如戊二醛不同，EDAC 在相邻分子之间形成异构肽键；EDAC 不作为连接的一部分滞留在交联物分子中，而是转变为具有极低细胞毒性的水溶性脲衍生物，这就可以避免解聚作用和残留有毒物质的释放[64]。因此，利用 EDAC 对胶原及其衍生物进行改性，可不引入外源性物质，即能提供有效的交联。

目前最常见的碳化二亚胺是 1-乙基-3(3-二甲丙氨基)碳化二亚胺(EDAC)和羟基琥珀酰亚胺(NHS)。它们的结构式如下：

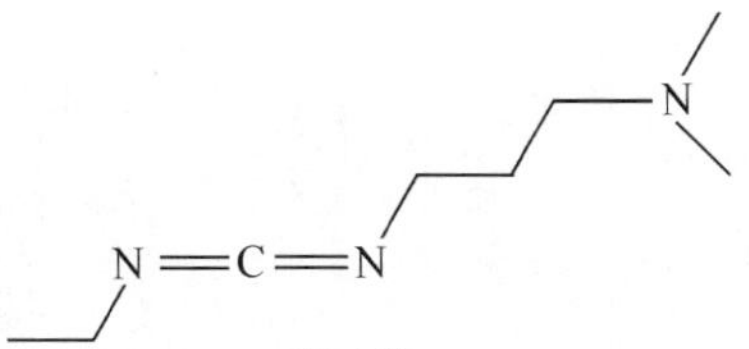

N=C=N

EDAC

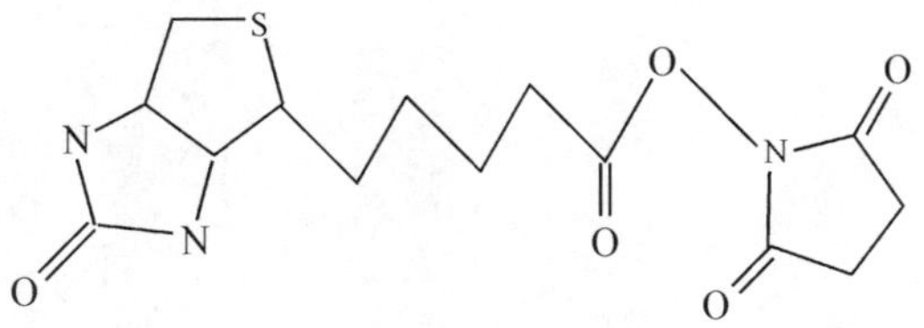

NHS

Olde Damink 等[65]用 EDAC 处理过的胶原与未进行交联的羊皮胶原相比发现，前者的酶降解速度和机械强度的下降速度均比后者慢。这是由于交联的作用使酶无法和胶原分子充分接触，酶的分解作用只能在胶原分子表面进行。因此，减缓了胶原的分解和机械强度的下降速度。Park 等[66]采用 EDAC 和戊二醛交联胶原/透明质酸多孔支架材料，通过酶解试验和细胞毒性试验，得到的用 EDAC 处理的材料具有很强的抗酶解能力，且无明显的毒性。刘玲蓉等[67]研究了以 EDAC 为交联剂交联胶原-硫酸软骨素(CS)支架材料构建人工真皮的方法。对交联前后的支架材料理化性能进行表征后发现，交联后的材料强度增加，延缓了其在体内的降解速度；成纤维细胞的黏附和生长加快，细胞外基质的生成增强，使基质成分更接近正常细胞外基质组成，有利于细胞生长、增殖及细胞外基质的形成。

王金涛等[68]用 EDAC 对来自于皮革废弃物的胶原蛋白水解物进行了改性，研究了 EDAC 用量、温度、pH、反应时间对交联反应的影响，确定了获得胶原蛋白水解物最佳乳化性和乳化稳定性的改性条件，并对改性前后胶原蛋白水解产物在乳化性、乳化稳定性、分子质量、吸水性、吸油性和保水性方面的差别进行了比较研究。EDAC 交联剂与皮胶原蛋白质反应的特点是：可以显著提高其收缩温度；有更好的抗分解能力；交联性能好；交联产物性质稳定。

其交联改性方法如下：称取 1.5g 胶原蛋白水解物，溶于 50mL 水中，室温下静置 0.5h，使其充分溶解，在一定温度的水浴中，静置 30min 后，用盐酸调 pH 到所需值，加入一定量的 EDAC，在同样的温度下，搅拌一定时间，最后过滤，减压浓缩，真空干燥获得 EDAC 改性胶原水解物产物。改性后胶原产物的相对分子质量变大(图 5.11)，但其中的亲水性基团数量减少，导致其吸水性降低，吸油性比改性前好。

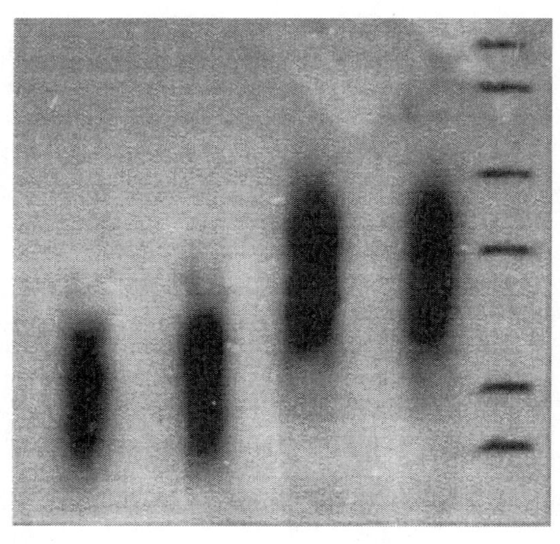

图 5.11 改性前后胶原蛋白水解产物的相对分子质量分布

3) 二异氰酸酯

二异氰酸酯(HDI)是一种双官能团交联剂，其两个异氰酸基可以分别和两个胶原分子上的活性基团反应，以不同碳链长度的桥基将两个胶原分子偶联。pH>7 时，异氰酸基主要与胶原肽链的氨基反应，形成取代脲；pH<7 时，异氰酸基主要与胶原肽链的羟基反应，形成氨基甲酸酯衍生物，水溶液中的副反应可能为通过疏水作用引起蛋白质分子聚合的反应[69]。

HDI 与胶原的交联过程是：赖氨酸残基上主要的 ε-氨基酸和亲核试剂反应后形成脲，然后游离的异氰酸基团进一步和伯胺残基反应形成交联。Naimark 等[70]报道，HDI 能对胶原进行有效的交联，且 HDI 能被有效地萃取，不形成能缓慢释放的聚合物，在胶原中没有残余的 HDI。与用戊二醛处理的材料相比，HDI 交联的材料为细胞的向内生长提供了一个更好的环境，并且可降低钙化的程度。然而，HDI 交联虽然能显著提高胶原的机械性能，但有研究证实其有细胞毒性。van Luyn 等[71]利用甲基纤维素培养系统研究了 HDI 交联胶原、未交联胶原提取液的外细胞毒性，发现 HDI 交联引起中度细胞毒性反应，而未交联胶原只引起轻微毒性。HDI 交联产生两期细胞毒性，第一期毒性是由材料中可提取物质的存在造成的，而二期细胞毒性可能是由细胞酶与材料相互作用产生毒性产物造成的。因此，用 HDI 交联胶原后，最好用蒸馏水、4mol/L NaCl 溶液反复冲洗，以减少毒性产物。

4) 京尼平

京尼平(Genipin)是一种新型的交联剂，可用于交联胶原材料制备毒性低、稳定性好、生物相容性好的交联产品。京尼平[72]是由传统中药杜仲的活性成分之一——京尼平苷经水解、分离、提纯而来，它是一种环烯醚萜类化合物，具有羟基、羧基等多个活性官能团，其结构式如下：

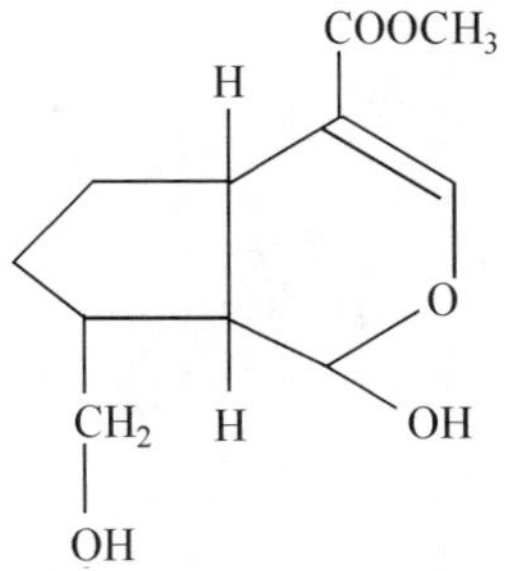

$COOCH_3$
H
O
CH_2　H　OH
OH

京尼平

目前，京尼平与胶原的反应机理还不清楚。根据以往的研究可知，京尼平能自发地与氨基酸或蛋白质发生反应并生成蓝色色素，这种蓝色色素中最简单的复合物是一个 1/1 的加合物[52]。据此推测，京尼平先与胶原中的氨基酸反应生成一个环烯醚萜的氮化物，随后经过脱水作用形成一个芳香族单体，该单体通过自由基反应的二聚作用而形成环状的分子间和分子内的结构[52,73]。

Sung 等[53]用 Genipin 交联牛心包胶原，在 25℃下反应 3 天，同时与 GTA、环氧化合物比较，观察其对胶原的影响。他们发现，Genipin 交联牛心包胶原的变性

温度 T_d =(76.6 ±0.9)℃,而未交联的牛心包胶原的变性温度 T_d =(63.9±0.7)℃;Genipin 交联胶原较其他交联方法表现出最大的收缩温度、弹性模量和拉伸强度。同时,他们通过体外使用成纤细胞研究了其细胞毒性,以 GTA 交联为对照组,MTT 比色法研究结果表明,其细胞毒性是 GTA 交联的牛心包胶原的千分之一,而细胞增殖能力是 GTA 交联的牛心包胶原的 5000 多倍[74]。Huang 等通过鼠植入实验研究其生物相容性,发现 Genipin 交联的胶原组织炎症反应显著低于 GTA、环氧化合物交联的胶原,钙化物含量低[75]。

5) 1,4 -二(3,4-羟基苯)-2,3-二甲基丁烷(NDGA)

Thomas 等[76]利用 NDGA 成功地交联了胶原,并且和 GTA 或 EDAC 交联的胶原进行了比较,结果表明用 NDAG 交联的胶原比用 GTA 交联的胶原的张力和弹性系数都有明显的提高。GTA 是与胶原中的自由氨基结合形成化合物,EDAC 是在胶原相邻的分子之间形成异构肽键,NDGA 则是通过将邻苯二酚官能团氧化成醌来进行交联反应。GTA 对细胞的毒性极强,少量的残留物会对周围的细胞产生有害的影响;EDAC 的交联产物具有很低的毒性,生物兼容性也很好,但降解速度偏快。在 NDGA 交联过程中使用乙醇,一方面能对材料进行消毒,另一方面能清除未参加反应的物质。体外实验表明,用 NDGA 交联的产物为成纤维母细胞提供了一个优越的附着、移动和增殖的环境。

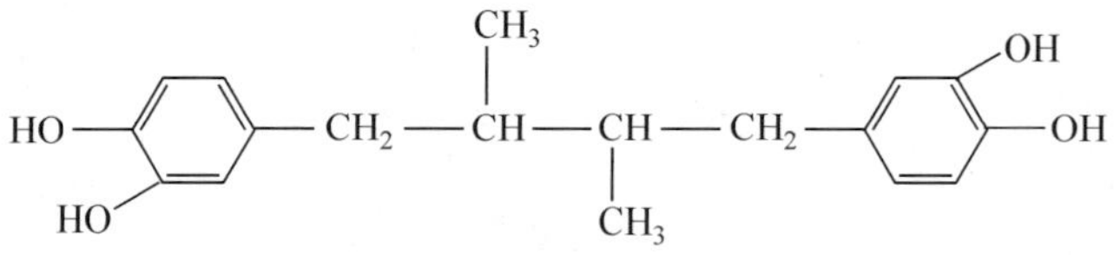

HO—C₆H₃(OH)—CH_2—CH(CH_3)—CH(CH_3)—CH_2—C₆H₃(OH)—OH

NDGA结构式

6) 环氧化合物

环氧化合物对于某些胶原材料也能起到交联剂的作用,与 GTA 相当,在某些方面上甚至还更好。

研究表明[77],在碱性条件下,胶原中赖氨酸的 ε-氨基是胶原氨基酸残基侧链中最具反应活性的官能团。氨基属强亲核试剂,含活泼氢,在室温下就能与环氧基发生反应。在反应活性方面,伯氨基比仲氨基的反应活性大得多。碱催化开环主要靠试剂活泼氨基作为强亲核试剂进攻环氧基中取代基较少(空间位阻较小)的环碳原子。这是一个双分子亲核取代反应(S_N2 反应),C—O 键的断裂与亲核试剂和环碳原子之间键的形成几乎同时进行[78],如下所示:

$$^{-}OOC—P—NH_2 + H_2C\underset{O}{—}CH—R \longrightarrow \left[^{-}OOC—P—\overset{H}{\underset{H}{N}}{}^{\delta+}\cdots CH_2—CH—R,\ O^{\delta+} \right] \longrightarrow {}^{-}OOC—P—NH—CH_2—\underset{OH}{CH}—R$$

（P代表胶原大分子链）

Zeeman 等认为，在酸性条件下，环氧化合物如环氧氯丙烷（EC）易受到胶原中谷氨酸或天冬氨酸中亲核羧基阴离子的进攻，形成酯键[79]。首先，环氧基的氧原子被酸质子化，带正电荷，会吸引环碳原子上的电子，削弱 C—O 键，并使环碳原子带上部分正电荷，增加与亲核试剂结合的能力，胶原中羧基就向 C—O 键的碳原子背后进攻，发生 S_N2 反应。由于环碳原子上的给电子基（一般为烷基）分散了碳上的正电荷而更稳定，因此羧基进攻取代基较多的环碳原子，生成 β 开裂的异常加成物[77]：

$$H_2C\underset{O}{—}CH—R + H_2O^{+} \longrightarrow H_2C\underset{O^{\delta+}—H}{—}CH—R$$

$$\xrightarrow{NH_3^{+}—P—COO^{-}} NH_3^{+}—P—COO—\underset{CH_2OH}{CH}—R$$

（P代表胶原大分子链）

Alferiev 等研究发现，EC 在室温、pH 为中性的条件下，就能与脂肪族的烷基硫化物（包括甲硫氨酸及其衍生物）反应，生成稳定的硫化物[80]。EC 与羟基（如 Ser、Thr 和 Try 等中的羟基）的反应，一般需要在较高的温度和催化剂的作用下才能进行。

环氧基的化学性质相对较活泼，胶原中可与之发生反应的基团还有很多，如巯基（Cys）、酰胺基（Asn、Gln）等。EC 对胶原的改性，包含多种基团的竞争反应，只是在某个特定的条件下，某一种反应才可能起到主导作用。由于胶原侧链中氨基和羧基含量较高，且胶原改性的温度较低，因此，在酸性条件下，EC 主要与羧基反应，而在碱性条件下，EC 则主要与氨基反应。

Sung 等[81]研究报道,用环氧化合物交联的猪跟腱部位胶原与用 GTA 交联的试样相比,其外观更接近于天然的猪胶原。Sung 等[82]还研究了外界环境对环氧化合物-胶原交联反应的影响。他们发现,随着 pH 的升高,用环氧化合物固化猪跟腱部位胶原的固化指数也随着升高,说明在碱性环境下,会有更多的氨基化合物与环氧化合物反应;随着反应温度和交联剂浓度的升高,其固化指数和变形时间都增加;但随着 pH、反应温度和交联剂浓度的升高,固化后猪跟腱部位胶原的水分含量降低,并且有使组织硬化的趋势。因此,要根据胶原的使用要求来选择适当的反应条件。

赵金超等[83]和张卫达等[84]用环氧氯丙烷(EC)和戊二醛处理猪主动脉瓣,研究表明:EC 处理的猪主动脉瓣(EC 瓣) 部分胶原纤维变性,纤维明暗相间的横纹结构消失,纤维结构模糊不清,热收缩温度为 82℃左右。而 EC 改性的戊二醛交联的猪瓣(GTA 瓣) 能保持瓣膜结构的完整性,并提高了瓣膜组织的稳定性,具有更好的抗张强度和抗钙化能力。但是,环氧氯丙烷不溶于水,有毒性和麻醉性,且有致突变性,可导致细胞系统的基因突变和染色体损害。简单 EC 不宜直接用于胶原类医用生物材料的改性。Sung 等[73]进行了将甲基缩水甘油醚(EX2131)、苯基缩水甘油醚(EX2145)、月桂醇缩水甘油醚(EX2171)等用于猪心包的改性的研究。研究发现,EX2131、EX2145 改性心包的 ΔT_s 分别为−3.9℃和−5.1℃,这是因为柔性短链单环氧化合物接枝于胶原上,改变了胶原的规整性,同时反应时胶原发生降解,导致湿热稳定性降低。而 EX2171 改性的 ΔT_s 为 11℃,这是因为相对分子质量大的长链阻碍了主链的分子热运动,并可能在分子间形成次级键(氢键),从而提高了胶原的湿热稳定性。

7) 含有二硫官能团的二羧酸化合物

二硫键在蛋白质分子中起着很重要的作用。正是由于二硫键的稳定性,蛋白质分子才能保持自己的结构和生化特性。Nicolas 等[85]利用交联二硫键来改善胶原的重要特性,周磊等[86]则采用 γ-硫代丁内酯对胶原进行了硫代交联改性。在氧化的条件下,硫醇键很容易生成二硫键。为了把硫醇基团置入蛋白质分子中,可将二硫键和硫氢酸键断开,在双键中添加 H_2S,将丝氨酸转化为半胱氨酸,用合适的反应物对氨基等基团进行硫醇化。其反应是反应物的硫醇官能团和赖氨酸的 ε-NH_2 之间的反应。

目前,人们应用包含着二硫官能团的活化二羧酸化合物进行交联反应,其反应过程容易控制,应用广泛。该化合物能用 N, N'-双琥珀酰胱胺和 1, 1-羰基二酰亚胺反应生成。将生成的反应物加入由二甲基亚砜变性的原胶原溶液中,在反应物及羧基和蛋白质中的 ε-NH_2 生成氨基化合物。在与 1,4-二硫苏糖醇反应时,二硫官能团将断开形成—SH。控制反应物和胶原的计量能产生不同修饰程度的复合物。例如，将赖氨酸和羟赖氨酸完全硫化，将得到最大量为 0.33mmol/g 的—SH 蛋白质。

反应大致可以分为三步：

第一步

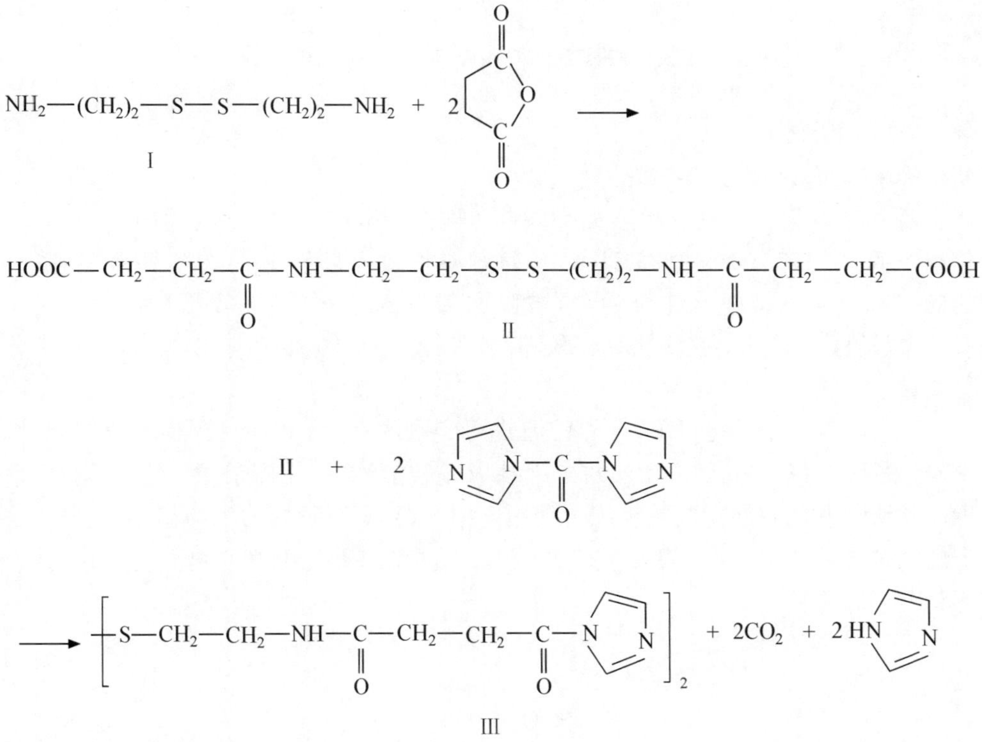

$$\underset{\text{I}}{NH_2-(CH_2)_2-S-S-(CH_2)_2-NH_2} + 2\,(\text{琥珀酸酐}) \longrightarrow$$

$$\underset{\text{II}}{HOOC-CH_2-CH_2-\underset{\underset{O}{\|}}{C}-NH-CH_2-CH_2-S-S-(CH_2)_2-NH-\underset{\underset{O}{\|}}{C}-CH_2-CH_2-COOH}$$

$$\text{II} + 2\,(\text{咪唑基})-\underset{\underset{O}{\|}}{C}-(\text{咪唑基})$$

$$\longrightarrow \underset{\text{III}}{\left[-S-CH_2-CH_2-NH-\underset{\underset{O}{\|}}{C}-CH_2-CH_2-\underset{\underset{O}{\|}}{C}-(\text{咪唑基})\right]_2} + 2CO_2 + 2\,\text{HN}(\text{咪唑})$$

第二步

$$Col-NH_2+\text{III}\longrightarrow Col-NH-\underset{\underset{O}{\|}}{C}-CH_2-CH_2-\underset{\underset{O}{\|}}{C}-NH-CH_2-CH_2-S-S-R$$

$$R= -CH_2-CH_2-NH-\underset{\underset{O}{\|}}{C}-CH_2-CH_2-\underset{\underset{O}{\|}}{C}-(\text{咪唑基})$$

或 $-CH_2-CH_2-NH-\underset{\underset{O}{\|}}{C}-CH_2-CH_2-\underset{\underset{O}{\|}}{C}-NH-Col$

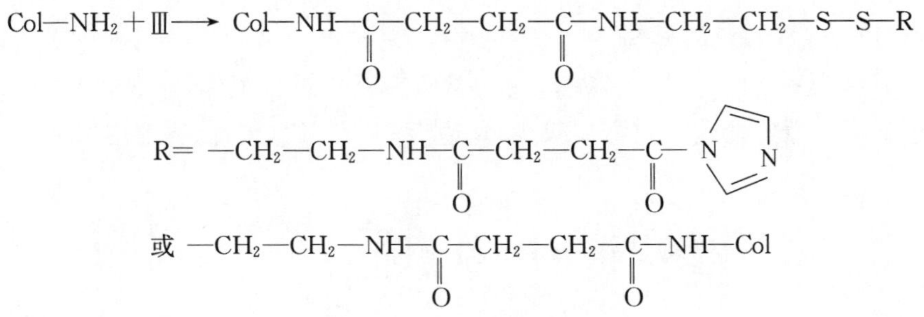

第三步

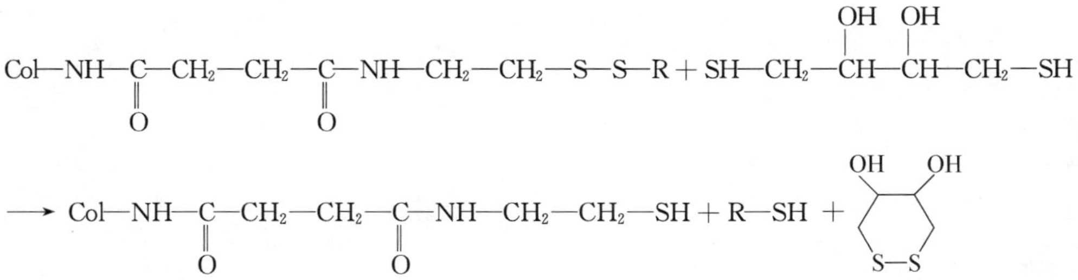

$$\begin{array}{l} Col-NH-\underset{\underset{O}{\|}}{C}-CH_2-CH_2-\underset{\underset{O}{\|}}{C}-NH-CH_2-CH_2-S-S-R + SH-CH_2-\overset{\overset{OH}{|}}{CH}-\overset{\overset{OH}{|}}{CH}-CH_2-SH \end{array}$$

$$\longrightarrow Col-NH-\underset{\underset{O}{\|}}{C}-CH_2-CH_2-\underset{\underset{O}{\|}}{C}-NH-CH_2-CH_2-SH + R-SH + \text{(环状二硫化物，含两个 OH，S—S)}$$

8）酰基叠氮及二苯基磷酸盐

酰基叠氮化合物是一种新型交联剂，被广泛用于交联富含胶原的组织，如心包组织等。二苯基磷酸盐(DPPA)是通过肼把胶原肽链上的天冬氨酸、谷氨酸的侧羧基变成酰基叠氮化合物，再与胶原邻近的赖氨酸、羟赖氨酸的 ε-氨基反应，形成酰胺交联。用酰基叠氮交联，需要进行几天以上的反应和洗涤，工艺十分复杂。

Roche 等[87]研究了 DPPA 对胶原进行交联改性：将 0.8g 胶原浸泡在蒸馏水中，再浸泡在含有 25μL DPPA 的二甲基甲酰胺溶液中，室温静置 24h 后，加压消毒。此法交联的胶原做成的组织工程用支架材料，具有很好的生物相容性、机械稳定性和抗降解能力。与 GTA 交联的胶原相比，酰基叠氮的交联物不易钙化，并且不具有细胞毒性。

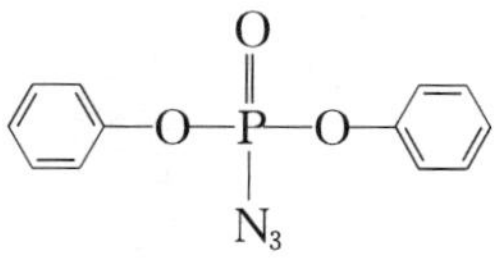

$$C_6H_5-O-\underset{\underset{N_3}{|}}{\overset{\overset{O}{\|}}{P}}-O-C_6H_5$$

DPPA 的结构式

9）THP 盐(有机膦鞣剂)

THP 盐是一种特殊的季鏻盐，它的显著特点是只有短侧链(只含有一个碳原子)，这就意味着它的化学键种类较少，反应专一，THP 盐的化学结构如下所示：

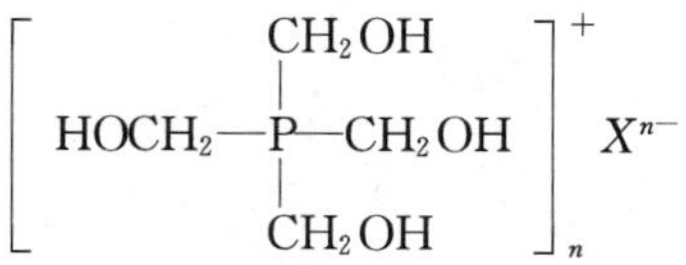

$$\left[HOCH_2-\underset{\underset{CH_2OH}{|}}{\overset{\overset{CH_2OH}{|}}{P}}-CH_2OH \right]_n^+ X^{n-}$$

式中，X^{n-} 代表 Cl^-，OH^- 或 SO_4^{2-}。

通过结构可以看出，由于磷碳键极性较强，中心磷原子带有正电荷，使得和它邻近的碳原子均带负电荷，因而官能团羟甲基具有较高的化学反应活性。可与许多其他含活泼氢原子的化合物（如 *N*-羟甲基化合物、苯酚、多元酸、胺等）反应[88-91]。

膦盐是一种新型的无铬鞣剂，被称为 21 世纪最有前途的鞣剂。有机膦鞣制的革具有优异的性能，手感柔软丰满，弹性极佳，可以和铬鞣革相媲美。目前，关于四羟甲基季鏻盐与皮胶原的作用机理有多种说法。Edward[92]、Windus 等[93]认为真正起到交联作用的是三羟甲基氧化膦，即 THPO。但是，由于 THPO 的活性较低，因而先用活性较高的 THP 盐浸渍皮胶原，然后将反应体系的 pH 升高至 5 甚至是 10 以上，在 pH 升高的过程同时生成的 THPO 可同皮胶原上的氨基进行交联，推测反应机理和交联结构分别如下所示：

$$P^+(CH_2OH)_4 + OH^- \longrightarrow (HOCH_2)_3P{=}O + CH_2O + H_2\uparrow$$

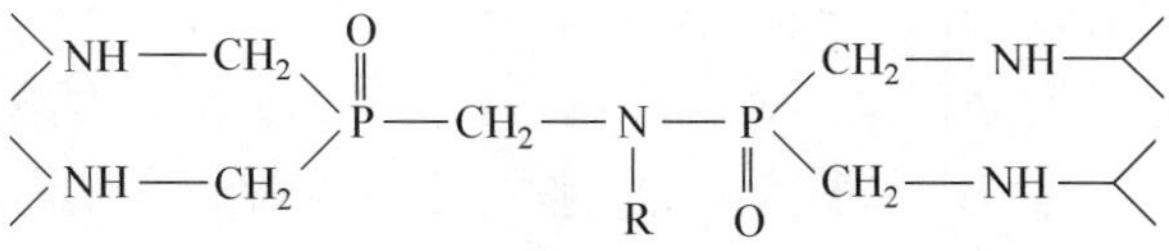

$$\begin{array}{c} \rangle NH-CH_2 \\ \rangle NH-CH_2 \end{array} \!\!\!> \overset{O}{\overset{\|}{P}} - CH_2 - \underset{R}{\underset{|}{N}} - \underset{O}{\underset{\|}{P}} < \!\!\! \begin{array}{c} CH_2 - NH-\langle \\ CH_2 - NH-\langle \end{array}$$

其中，上式为生成 THPO 的示意图，下式为 THPO 交联胶原大分子的结构示意图。

此外，科林斯等却认为 THPO 不是有效的交联剂，而且 THP 盐也不是有效的交联剂，真正起到交联作用的是 THP 或 THP 缩合物[94]。这种有效的交联剂必须现场生成才最为有效。即首先用 THP 盐在基本上不存在能与 THP 盐起反应的单体或预聚物的条件下浸渍胶原，然后再将体系的 pH 提高到 5 以上，他们推测反应机理和交联结构如下所示：

$$P^+(CH_2OH)_4 \longrightarrow (HOCH_2)_3P + CH_2O + H^+$$

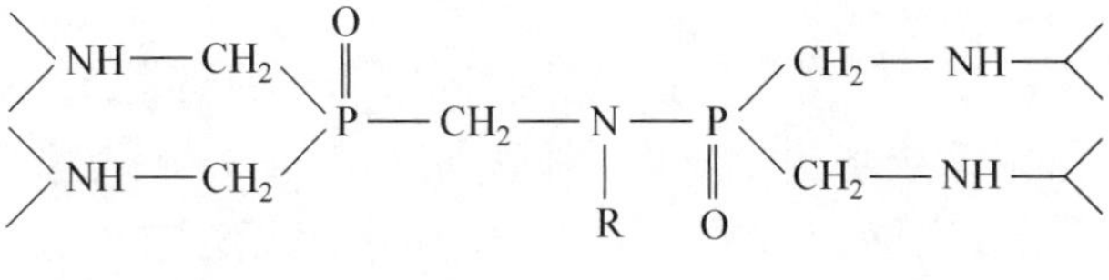

$$\begin{array}{c} \rangle NH-CH_2 \\ \rangle NH-CH_2 \end{array} \!\!\!> \overset{O}{\overset{\|}{P}} - CH_2 - \underset{R}{\underset{|}{N}} - \underset{O}{\underset{\|}{P}} < \!\!\! \begin{array}{c} CH_2 - NH-\langle \\ CH_2 - NH-\langle \end{array}$$

而最为人们广泛接受的膦盐交联鞣制机理可简单描述为：四羟甲基季鏻盐中的羟甲基可与皮胶原纤维上的氨基发生缩合反应形成化学结合，从而产生鞣制作用，如下式所示：

$$\sim NH—H_2C—P(=O)(CH_2OH)—CH_2—NH\sim$$

10) 无机交联剂(无机鞣剂)

无机交联剂主要是指金属配合物,包括铬、锆、铝、铁等。其中应用最广的是碱式三价铬盐。不同的交联剂与胶原的作用不同,交联反应的机理不一,但能在胶原分子链间生成交联键这点则是一致的。

(1) 铬鞣剂。铬阳离子 Cr^{3+} 在水溶液中与水发生反应形成 $Cr(H_2O)_6^{3+}$。从鞣制化学的观点来看,这种离子最重要的性质是它的配位体上的水分子能与其他离子发生交换,如酸的残余物或氢氧基被交换,可以认为后者是羧酸反应的一种情况。由于这种羧酸反应,配合物的正电荷变少。

Cr^{3+} 在水溶液中形成的结构式为 $[Cr(H_2O)_5(OH)]^{2+}$ 的配合物,具有 33.3%的碱度(盐基度)。具有 100%碱度的配合物是不带电荷的氢氧化铬,且不溶于水。碱度也是铬配合物和其他复杂化合物所带电荷数目的一种表示方法,它可能不仅有以下值:33% (1/3)、66% (2/3)、100%(3/3),也可能是中间的各种值。制革厂所用的铬化合物的碱度通常为 30%~50%,也就是说每个铬原子中结合有 1~1.5 个羟基。低碱度的化合物不能吸附到胶原分子上,或者形成非常弱的键。

三价铬配合物的配位数为 6,能形成八面体结构。它们的配位键指向规整的八面体的各个角[95]。因此,从 $[Cr(H_2O)_6]^{3+}$ 开始,通过不断地增加 1 个水分子直到生成 $[Cr(OH)_3X_6]^{3-}$ 可以得到 7 种类型的配合物。羟基可以被其他的配位体取代,因此阳离子配合物接着阴离子基团(一个接三个)和 1 个未带电子的基团(X 是 1 个阴离子)。用阳离子和阴离子配合物进行鞣制得到的结果是不同的,因为它们进攻的胶原官能团是不同的。

胶原与铬(Ⅰ)的主要反应是发生在天冬氨酸(Asp)和谷氨酸(Glu)残基侧链离子化的羧基位置上的[96,97]。Cr(Ⅲ)与羧基的结合(铬的固定)能以 3 种方式进行[98]:①铬离子与 1 个羧基共价反应,即单点固定;②1 个铬离子至少与两个羧基交联,即多点固定;③铬配合物与蛋白质之间形成氢键,尤其是沿着多肽链骨架。

铬(Ⅲ)与胶原的共价交联反应,主要是指铬(Ⅲ)与胶原结构中 2 个或 2 个以上相邻活性基的结合。铬(Ⅲ)与胶原反应时,在碱化后期,铬配合物的碱度较高,部分硫酸根被排至配位界外。产生的桥键将蛋白质相邻侧链连接起来,成为交联键。再提高 pH 时，碱度增加，配聚羟基可把两个或更多的铬离子连接起来。

因此，铬(Ⅲ)与胶原反应时形成交联的过程为[99]：①铬配合物与胶原分子侧链的羧基反应；②提高 pH，—OH 取代配位硫酸根，—OH 并起羟配聚的作用将铬离子连接起来；③干燥时，铬配合物放出 H^+，形成更稳定的氧配聚配合物。

这 3 种作用的反应可示意如图 5.12 和图 5.13 所示。

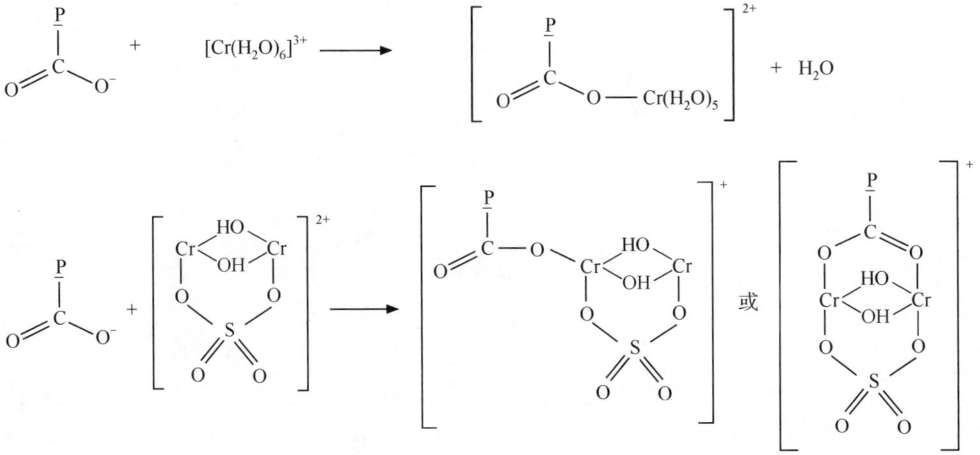

$$\text{P—COO}^- + [Cr(H_2O)_6]^{3+} \longrightarrow [\text{P—C(=O)—O—}Cr(H_2O)_5]^{2+} + H_2O$$

图 5.12　胶原的羧基离子进入铬配离子配位示意图

P 代表胶原大分子链

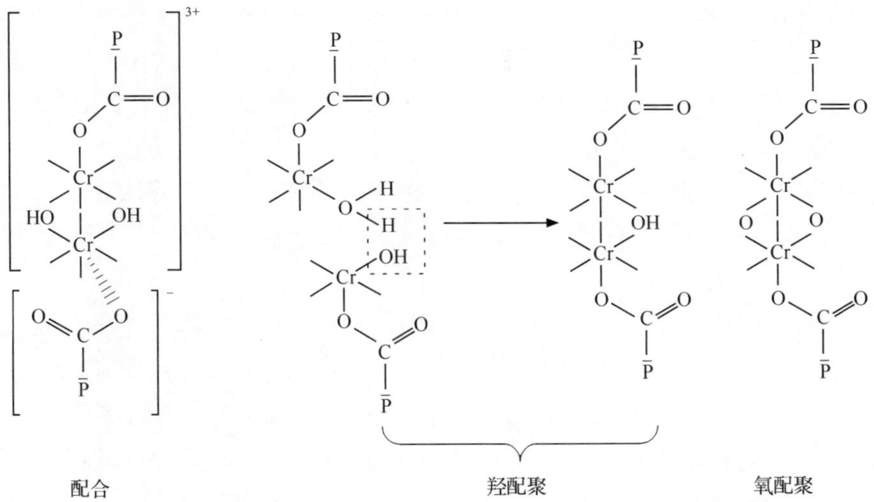

图 5.13　铬配合物与胶原羧基离子生成交联键示意图

根据交联键生成位置的不同，交联有 3 种可能性，即单根螺旋链内的交联、三股螺旋内的交联和三股螺旋间的交联，见图 5.14 [100,101]。

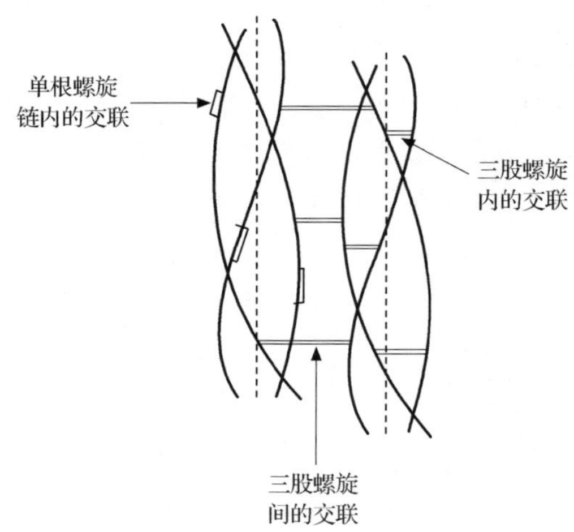

图 5.14　无机鞣制中胶原交联的类型模型

Gustavson 早在 1953 年通过实验证明，胶原中结合的铬只有 10％起到交联作用[102]，也即多点固定。Covington 以此为依据，粗略计算了与铬交联反应的酸性氨基酸残基数[99]。他以铬鞣革中含有 2.5％Cr（干革重）和铬配合物至少是双核计算（实际他是以双核计算），则 2.5％Cr＝ 0.5g 原子/kg＝ 0.25mol 分子/kg。又以 1kg 干胶原含有 1mol 羧基计算，则只有 1/4 的羧基与铬分子反应，其中只有 1/40 的羧基与铬交联。已经知道，Ⅰ型胶原每条链有 1052 个氨基酸残基，其中含有 4.4％Asp 残基和 7.2％Glu 残基，也就是每条链含有 1052× (4.4＋7.2)％＝120 个酸性氨基酸残基，等价于每个三股螺旋有 360 个羧基。因此，原胶原分子每根三股螺旋交联反应的羧基数为 9。

以已知的Ⅰ型胶原 α（Ⅰ）和 α（Ⅱ）链的氨基酸顺序，可计算出各种交联类型的数目。表 5.19 列出了天然胶原和脱氨基胶原含有的这三种交联类型的数目[98]。

这种计算假定 Asp 和 Glu 侧链羧基的反应性相同。值得注意的是，皮胶原通过碱处理，Asp 和 Glu 侧链的酰胺基确实发生了水解，约 50％转变成羧基[99]。计算结果表明，脱氨基胶原的交联数比天然胶原的交联数增加了将近 1 倍。

但是，在实际铬鞣反应中，交联有偶然巧合的因素。胶原与铬的相互作用至少需要考虑以下因素：① 活性位置的数目；② 它们在反应中的有效性；③ 反应的结合能。

表 5.19　天然胶原和脱氨基胶原可能的交联分布计算结果

	单根螺旋内交联	三股螺旋内交联	三股螺旋间交联
天然胶原			
Asp-Asp	5	15	6
Asp-Glu	15	7	15
Glu-Glu	13	34	18
交联总数	33	56	39
所占比例/%	0.26	0.44	0.30
脱氨基胶原			
Asp-Asp	22	24	7
Asp-Glu	38	10	26
Glu-Glu	34	52	33
交联总数	94	86	66
所占比例/%	0.30	0.35	0.27

在研究关于铬鞣剂配合物在皮革中的沉淀作用的技术问题的过程中，通过电子显微镜观察可以看到鞣制过的胶原纤维中铬配合物的一些簇[103]，研究者在研究这些簇的掩饰效应后得到的结论是在某种情况下，这些簇阻止了纤维黏结在一起。由于脂肪的分散作用，这种效应取决于具有这种作用的鞣液。同时铬盐沉淀在纤维上。形成的这些簇增强了革的机械强度。

Lasek[104]提出了另一种铬鞣理论。这个理论的重点在从双核配合物形成多核配合物过程中参与的硫酸根离子，并和原先的胶原羧基结合。鞣质碱度的决定作用体现在内层和外层，最后一个过程实际上是碱式盐的沉淀过程。

(2) 锆盐鞣剂。用锆来鞣制最初是由于技术上的好奇，以及在很多国家新发现了大量的锆资源，使得锆鞣在 20 世纪四五十年代取得了很大的进步。锆鞣能够制出白色、丰满的轻革，与铬革相比，这种革具有好的耐磨性，同时很轻、有较好手感和外观(除颜色外)。四价锆是一种弱的带正电荷的金属，形成的盐能生成很多种不同的配合物。很难得到它们的结晶形态，从鞣制化学的角度来说，更重要的是四价锆离子的性质及其在水溶液中与其他离子反应的能力。这个问题 Hock[105]讨论过。他的观点和前苏联的一些研究者的观点相当一致[106]。简单地说，锆的配位数为 8，在棱角处和氧原子结合。水分子的参与使配位数达到了 8。假如参与反应的氧原子与锆的反应活性比与水分子的强，就有可能在溶液中形成新的锆离子键。例如，硫酸根离子通过氧原子和锆反应；在溶液中存在于结晶化合物中的锆氧基团好像并没有出现。在水溶液中，并没有发生锆离子间的直接反应。含锆离子倾向于呈现四核结构，4 个锆原子在立方体的角上，每个锆原子通过形成双氧桥的羟基中的氧与相邻的两个锆离子相连，一个在正方形的下方，一个在下面，这也和 Metelkin 等[107]的观点一致。

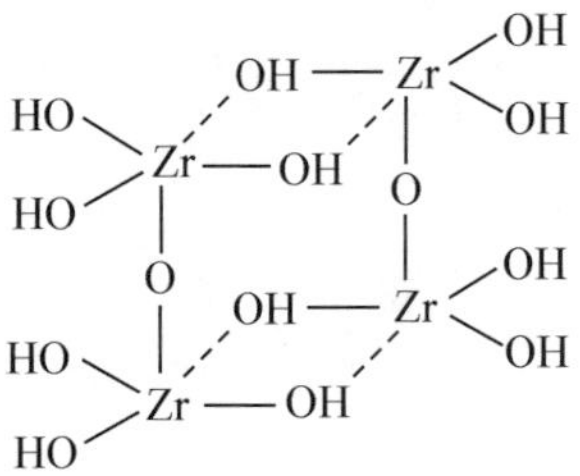

在该结构中，单一的羟基可能被酸根取代，按照物质的量比形成带有一定数目电荷的空间体系。例如，当 4 个羟基被碳酸根离子取代时电荷数为 4(物质的量比为 1∶1)。

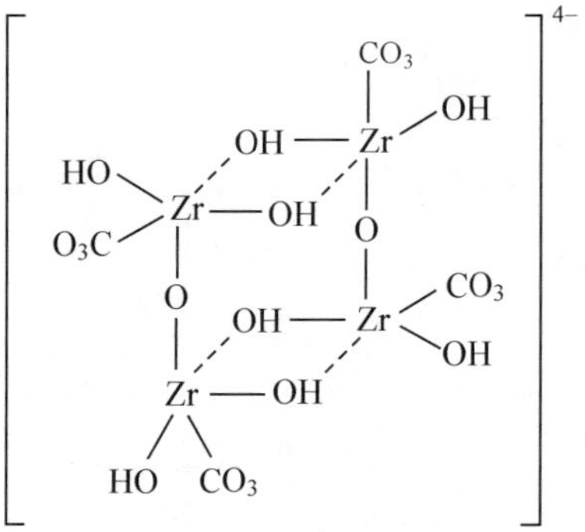

锆鞣剂的鞣制机理和铬鞣剂不同。

胶原侧链上的氨基基团参与锆鞣反应是正确的，但不是唯一的一个。实验已经证明了锆的阳离子、阴离子和中性化合物在溶液中是共存的。加入的阳离子(Na^+，NH_4^+)和阴离子(Cl^-，SO_4^{2-})的浓度影响水解度和配合物的形成，SO_4^{2-} 直接和锆结合。锆与胶原的结合至少存在 3 种机理：① 锆配合物的阴离子的极点与氨基结合。② 锆配合物的阳离子的极点与羧基结合。③ 中性离子的共价点和胶原羧基中的氧原子结合，没有氨基和亚氨基的参与。

通过电子显微镜对天然的和改性的(脱氨基、胍基化和乙酰化)胶原的观察研究，发现锆鞣的胶原纤维中有交叉条纹[108]。在没有改性的锆鞣胶原中的黑色条纹密度增加的最大，这种增加可以用在纤维“表面”形成的锆盐来解释。这表明在胶原和锆盐之间存在很强的反应，并且存在着一种鞣制机理，而不是依靠“表面”的形成。

(3) 铝鞣剂。铝鞣是最古老的鞣制方法之一。铝鞣仅是用来生产手套革和与其他鞣制方法一块使用。铝盐鞣制可以得到白色、柔软可延伸的皮革。

铝离子形成的配合物和铬配合物比起来很不稳定，因此与胶原的结合力也十分弱。这就是铝盐为什么被用作结合鞣剂时总是要和其他鞣剂共同进行鞣制。

硫酸铝溶液即使在冷的制备条件下也能够发生酸性反应。对它们进行加热会引起 pH 的进一步减小。冷却溶液之后几乎可以回复到它的最初值。铬和铝在水解反应中的不同之处在于 Al^{3+} 不能和配合物中的硫酸根结合[109]：

$$Al_2(H_2O)_{12}(SO_4)_3 \rightleftharpoons 2H^+ + SO_4^{2-} + [Al(OH)_2(H_2O)_{10}]^{4+} 2SO_4^{2-}$$

在带负电荷的铬配合物形成的条件下有可能得到相似的铝配合物。当 SO_4^{2-} 浓度等于或小于 0.3mol/L 时，SO_4^{2-} 是不能进入到配合物中的。这解释了在相同的条件下，和铝盐溶液相比，能在较高的碱度下得到铬盐溶液，而在较高的碱度下不能得到铝盐溶液。硫酸铝溶液的临界析出点和 pH 受溶液中无机盐的影响。低浓度的硫酸钠和氯化钠会引起 pH 的增加。等物质的量的硫酸盐比氯化物有更强的影响。同时，可以很容易看到钾矾溶液的 pH 要比硫酸铝的低得多。不过，假如硫酸钾溶液加入到这种溶液时，其下一步的 pH 将会增加而不是减小，在明矾形成的过程中，就存在这种情况。当硫酸铝的碱度为 22%～33%时，可以形成这种类型的配合物：

$$\left[Al_2 \begin{matrix} (OH)_2 \\ (SO_4) \\ (H_2O)_8 \end{matrix}\right]^{2+} SO_4^{2-}$$

(4) 铁盐鞣剂。在铬比较缺乏时，用三价铁盐进行鞣制的方法引起了人们的兴趣，如在两次世界大战时的德国就是如此。可以证明，在 Fe^{3+} 和 Cr^{3+} 形成配合物和配位键的能力上存在很多的相似之处。但是，工业上用 Fe^{3+} 制得的革比较薄、脆且不具有耐候性。原来人们认为铁鞣革耐候性差是由于铁盐在有机物的影响下发生了分解，而后来发现其原因是其中的铁盐经过氧化还原反应后，铁配合物与皮胶原之间的结合力弱，也就是形成了具有强酸性的配合物。当鞣制在 pH 1.8～3.0 时，得到的革的 T_s 为 65～91℃。在 pH 3.0～5.4 时，用柠檬酸当配合物的蒙囿剂制得的革中含 Fe_2O_3 的量达到了 28%。一些科学家认为，在胶原氧化体系当中铁盐的水解接触反应是铁鞣革抵抗力弱的首要原因[110]。

(5) 钛鞣剂。四价钛盐可作为皮革鞣剂。根据前苏联的科学家和技术专家的报告，他们详细论述了硫酸钛铵盐 $TiO \cdot SO_4(NH_4)_2SO_4 \cdot 2H_2O$（稳定的、水溶性的白色盐）大量应用的过程[111]。这种盐可单独使用，也可与铬或锆的化合物混合，既可用于轻革，又可用于重革。用微量的鞣剂鞣制的重革时间为 6～9h，所得到钛鞣革的 T_s 高达 100℃。他们提出用 2%～3%的鞣质盐（根据 TiO_2 的量来计算），接着用锆鞣剂（3%～6%，根据 ZrO_2 的量来计算）鞣制 20～24h。经过中和后，用合成鞣剂进行复鞣。他们所得到的革具有很好的柔韧性，颜色鲜艳，具有很高的抗磨损性，并且很紧实[112]。

尽管有不少有关钛鞣剂鞣制的过程，但对其鞣制机理还不十分清楚，而且没有涉及鞣剂的结构及其作用的方式。对钛盐和离子交换树脂结合情况的研究表明[113]：鞣剂优先进攻胶原上的氨基和亚氨基，接着是磺酸基和羟基；溶液中有很多阴离子配合物。如果加入 0.3%的柠檬酸进行蒙囿(既提高配合物的稳定性，又减缓配合物的鞣制过程，称为鞣革配合物的蒙囿作用)配合物，钛化合物就更容易进攻官能团。一般钛鞣剂在酸性条件下或有机酸存在的情况下使用，如柠檬酸、酒石酸和乳酸被用来作蒙囿剂并且能增大 pH；乙酸、甲酸和乙二酸则没有效果。

(6) 复合交联剂(植-醛交联剂)。植物单宁是一类多酚化合物，可以分为水解和缩合两种类型。典型的水解和缩合类单宁的分子结构如图 5.15 所示。植物单宁的多个酚羟基能够和皮胶原纤维产生多点氢键结合，在胶原纤维间产生交联，从而使胶原的热稳定性增加。此外，植物单宁还具有一定的疏水性，能够和皮胶原发生疏水缔合，而且疏水缔合和氢键作用有协同效应[114-116]，这是植鞣的化学基础。

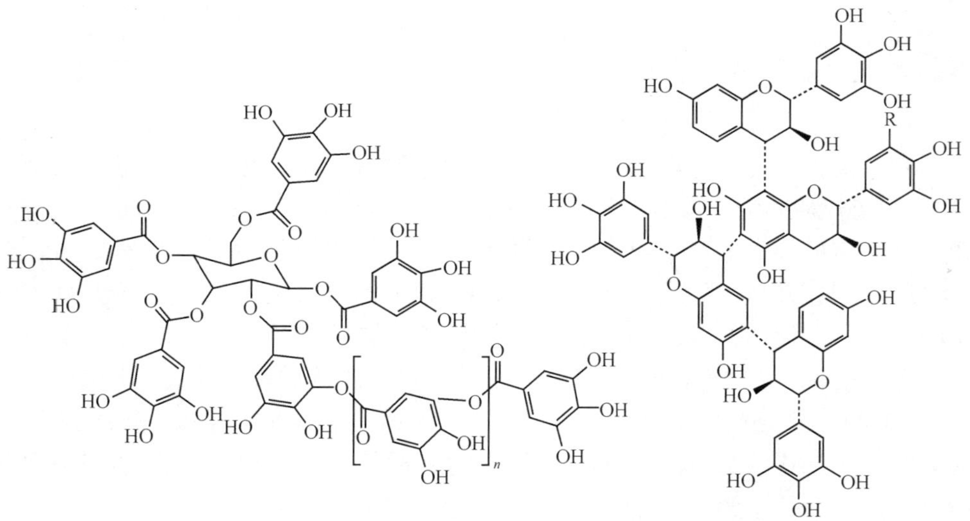

水解类单宁　　缩合类单宁

图 5.15　典型单宁的分子结构

醛类化合物的羰基能够和胶原纤维的侧链氨基等活性基团反应，在胶原纤维间形成共价交联。噁烷也可以通过开环反应和胶原纤维发生类似于醛的共价交联，从而提高胶原的湿热稳定性[117]。反应如下所示：

$$\text{(}C_2H_5\text{-bicyclic oxazolidine: O, N, O)} \xrightarrow{H_2O} (HOH_2C)(CH_2OH)C(C_2H_5)\text{—}N(CH_2OH)_2$$

$$HOH_2C\text{—}C(C_2H_5)(CH_2OH)\text{—}N(HOH_2C)(CH_2OH) + 2Col\text{—}NH_2\ (\text{皮胶原}) \longrightarrow HOH_2C\text{—}C(C_2H_5)(CH_2OH)\text{—}N(H_2C\text{—}NH\text{—}Col)(CH_2\text{—}NH\text{—}Col)$$

植物单宁可以和醛类化合物发生酚醛反应。水解类单宁桔酞基中的羧基具有很强的吸电子能力，对苯环的亲电取代反应有钝化作用，不易与醛类反应。缩合类单宁具有黄烷-3-醇类结构，其 A 环上 6，8 位为亲核中心，能够和醛类反应形成交联。B 环相对不活泼，在较高的 pH 下形成负离子或在二价金属离子的催化下才能活化起来[118]。唑烷同样可以和缩合类单宁发生类似反应[119]。

植物单宁-醛结合鞣法最有可能替代铬鞣，它具有成革湿热稳定性高、生产成本适宜和排放物可生物降解等优点。

5.3.6　胶原的水解和热降解

胶原是蛋白质的一种，其水解包括酸水解、碱水解、酶解等，受到热或光的作用也会发生降解。水解和降解都涉及化学键的断裂或形成过程。

1. 水解

胶原的水解方式分为化学水解法和酶解法。

1）化学法

化学法是用酸、碱等化学试剂在一定温度下促使蛋白质分子的肽链断裂形成小分子物质。胶原或明胶是由不同氨基酸多肽链结构组成的蛋白质生物大分子，在酸、碱等水解促进剂的作用下，其肽链会进一步断开，变成低相对分子质量的多肽或氨基酸。胶原肽链中的端基和侧链可以和酸或碱结合，使胶原部分次级键被打开，同时一些交联键也可能被破坏，随着酸碱浓度的增大、反应时间的延长和温度的升高，胶原由大分子的多肽变成小分子的多肽，最终变成氨基酸。

丁志文和张铭让研究了皮胶原在不同的酸、碱体系中的水解情况[120]。有人用比色法测定了废液中羟脯氨酸的含量，从而反映出皮胶原纤维被水解的程度[121,122]；研究发现，不同种类的酸和对皮胶原水解的影响不一样，硫酸的作用最大,甲酸和盐酸对皮胶原的水解作用较小;和其他碱相比氢氧化钠对皮胶原的水解作用较大(表 5.20 和表 5.21)。

表 5.20　不同酸液中胶原的水解

酸	用量/%	pH	废液中羟脯氨酸含量/(mg/L)
甲酸(85%)	1	3.0	27.6
	2	2.8	32.4
	4	2.6	32.7
硫酸(98%)	0.5	3.8	34.7
	1	2.4	49.5
	2	1.2	46.3
盐酸(36.5%)	1.5	3.0	18.2
	3	1.2	31.2
	4.5	1.0	32.0

表 5.21　不同碱液中胶原的水解

碱	用量/%	pH	废液中羟脯氨酸含量/(mg/L)
氢氧化钙	2	13.0	23.7
	4	13.0	30.3
	6	13.0	30.9
氢氧化钠	1.5	14.0	37.5
	3	14.0	77.5
	4.5	14.0	116.0
硫化钠(100%)	0.9	10.4	34.6
	1.3	11.5	46.4
	1.7	12.0	55.6

在长时间的碱水解过程中,胶原中的酰胺氮会遭受损失,有些精氨酸会转化成鸟氨酸,碱水解前胶原的含氮量为 18.6%,强烈的碱水解后得到的明胶,含氮量不到 8%。胶原或明胶的碱水解,最后得到的是 D-氨基酸或外消旋氨基酸[123]。

在同样的条件下,强酸引起的水解比强碱强烈,常会发生氨基酸的破坏,如谷氨酰胺、天冬酰胺和色氨酸残基会遭到彻底破坏。其他氨基酸受到破坏的程度与酸水解的条件有关,若温度高,酸浓度大,则蛋氨酸部分地氧化为蛋氨酸亚砜,丝氨酸和苏氨酸损失高达 10%,胱氨酸和半胱氨酸部分地氧化为磺基丙氨酸。

与碱水解不同,酸水解产生的氨基酸都是 L-氨基酸。唐世华等[124]选择柠檬酸这样的弱酸研究了明胶的酸水解。实验证明,在固定的明胶溶液浓度和酸的浓度下,随着温度的升高,反应的初速率增大,温度每增加 10℃,反应初速度约增大 10 倍。在 60℃,反应初速度与明胶浓度近似于线性关系。酸浓度与明胶反应的初速率呈线性关系。由截距不为零可知,在不加酸的情况下,明胶的水溶液也有轻微的水解发生。

2）酶法

胶原的酶解,有两层意思:一是体外的酶解;二是体内的酶解。能使胶原酶解的只有胶原酶,水解明胶和胶原蛋白的主要有胰凝乳蛋白酶、胰蛋白酶、胃蛋白酶、木瓜蛋白酶和胶原酶。胶原酶是一种可在体内特异水解胶原的酶,它作用于胶原分子,使其在离氨基端 3/4 处断裂成为两部分。原胶原分子一旦断裂,在 32℃以上即可自动变性,易于被其他蛋白酶进一步水解。

胶原酶对各型胶原都有作用,但水解速度有所区别,Ⅱ型胶原水解比Ⅰ型胶原慢。研究表明,36℃时的水解速度比 30℃时大 10 倍,39℃时比 37℃时大 2.9 倍。

明胶和胶原蛋白被胰凝乳蛋白酶水解时,主要切断由酪氨酸等带有芳香族侧链基团的氨基酸的羧基形成的肽键,且其邻近不能有自由羧基存在。此酶除水解肽键外,还能水解酯键,水解酯键的速度大于肽键。

胰蛋白酶水解的键必须是碱性氨基酸所形成的肽键、酯键或酰胺键。被水解的部分临近有酸性侧链则不利于水解。胰蛋白酶水解酯键的速度远比水解肽键快。胰蛋白酶水解明胶和胶原蛋白的最适条件是 pH 8.1～8.2,温度是 37℃。

胃蛋白酶只作用于由芳香族氨基酸(酪氨酸、苯丙氨酸)的氨基与酸性氨基酸(谷氨酸、天冬氨酸、蛋氨酸)的羧基形成的肽键,且酸性氨基酸的侧链羧基是未被取代的,临近氨基酸上不能有自由氨基。胃蛋白酶不能水解酯键和酰胺键。胃蛋白酶水解胶原蛋白的最适 pH 条件是 1.65～1.70,温度是 37℃。

作为植物性的木瓜蛋白酶,不能将明胶水解为氨基酸,只能水解成小肽。唐世华等[125]的研究表明,木瓜蛋白酶的最适 pH 为 7.0,最适反应温度为 60℃,酶用量为明胶量的 0.24%～0.4%时,反应初速度增加最大,但酶用量达到一定值后,反应初速度增加不大,此时已达到了酶饱和状态。随着明胶浓度的升高,反应液黏度增大,反应物分子扩散变慢,导致反应速率下降;过量的反应物跟酶的激活剂(一般为金属离子)结合,使激活剂的浓度降低,反应速率下降。在反应开始一段时间内(10min),反应液的黏度下降较快,24h 后,反应液的黏度基本不变,一方面说明反应时间对明胶降解是有影响的,但反应时间过长,水解效果并不明显;另一方面说明木瓜蛋白酶只能在较短时间内发挥其最大的活性作用。

在利用酶提取水解胶原蛋白方面,Taylor 等[126]采用酶解的方法,处理铬鞣革屑,先通过脱铬,再进行酶解,制备了可用于肥料和动物饲料添加剂的酶解胶原蛋白,并对其分子质量分布进行了测定。曹健等[127]对木瓜蛋白酶和复合蛋白酶水解胶原蛋白进行的研究表明,两种酶的反应时间和加酶量对胶原蛋白水解的影响情况大致相同,都是随着反应时间和加酶量的延长或增加,水解度增大,产物相对分子质量变小。其中酶的用量,尤其是复合蛋白酶用量在控制胶原蛋白水解产物相对分子质量方面作用更为明显。利用木瓜蛋白酶水解胶原蛋白时，反应条件为pH 5.0时有利于促进水解反应的进行；反应温度在40～60℃时可将胶原水解产物的分子质量控制在6500～20 000Da。利用复合蛋白酶水解胶原蛋白时，较高的pH有利于水解的进行，但差异不明显；反应温度在40～50℃时水解效果较好，而温度进一步升高后水解效果较差。

陈秀金等[128]研究了碱性蛋白酶(2079碱性蛋白酶)水解脱铬革屑制备胶原水解产物的最佳条件，提出最佳水解条件为：酶用量为0.12%，温度为50℃，时间为10min，pH 10.0。在最佳条件下胶原水解率为62.9%。他们还研究了碱性蛋白酶[129](2.4AU/L，诺维信公司)处理脱铬革屑制备胶原水解产物的条件，指出影响酶法水解脱铬革屑制备胶原水解物的各个因素中，反应pH的影响最大，酶用量的影响次之，反应温度的影响最小。酶用量0.16%(体积：质量)、pH9.5、温度为65℃、反应时间为40min、水-渣比为5时收获率达到最高，为66.2%。

2. 热降解

胶原在受到热的作用时，首先会发生热变性，胶原的三股螺旋结构被破坏，内部的氢键和疏水键断裂；温度继续升高，胶原会发生热降解，胶原的肽链发生断裂，氨基酸残基被破坏。

Kaminska和Sionkowska研究了紫外线辐照对胶原膜的改性作用，并通过DSC、SEM、IR等手段分析了紫外线对胶原热性能和其他物理性能的影响。结果表明，紫外线辐照能够使胶原大分子链的某些部位发生改变，还能够造成分子间以及分子和水分子之间氢键的断裂，并提出了具体的反应机理[130]。

Caballero等用TG和DTG研究了铬鞣革废弃物的热降解行为，对无氧和有氧情况下的热降解分别进行了研究，发现氧气的加入能够额外产生一个碳燃烧的放热过程，碳则是由前两个热裂解过程产生的。他和Font、Esperanza用TG和DTG研究了铬鞣废屑的热降解动力学，采用不同氧含量的气氛研究了气氛中氧对热降解的影响，结果认为氧的加入在热重曲线上产生了意外的新变化，此过程被解释为热解过程中产生的碳的燃烧。他们认为在曲线上前两个过程是附加有氧化或燃烧的热解过程，而第三个过程的主要原因是燃烧[131]。

汤克勇等[132-134]初步研究了牛皮胶原纤维的热降解动力学，采用Flynn-wall-Ozawa和Šatava-Šesták两种方法处理了不同升温速率下未鞣制皮胶原纤维、铬鞣皮胶原纤维和戊二醛鞣制皮胶原纤维的热重数据。结果表明，未经鞣制皮胶原纤维的热降解活化能为130～160kJ/mol，经铬鞣后，皮胶原纤维的热降解活化能增加至225～255kJ/mol，经戊二醛鞣制皮胶原纤维的热降解活化能与未鞣制皮胶原纤维相比变化不大，为120～163kJ/mol。进一步的研究发现，经模拟汗液浸泡后，未鞣制皮胶原纤维和戊二醛鞣制皮胶原纤维的热降解活化能变化都不大，未鞣制皮胶原纤维的热降解活化能由原来的 130～160kJ/mol 升高到 148～163kJ/mol；戊二醛鞣制皮胶原纤维的热降解活化能由原来的 63～120kJ/mol 降低到 120～148kJ/mol[57]。而铬鞣皮胶原纤维的情况却大不相同，其热降解活化能由原来的 225～255kJ/mol 降低到 93～182kJ/mol。这说明汗液处理对皮胶原的热降解活化能也有一定的影响。但皮胶原的降解机理，如化学键的断裂情况、降解速度等还需要进一步的深入研究。

贾鹏翔等[135]研究了铬鞣皮胶原纤维、复鞣皮胶原纤维的热降解行为，采用 TG、DTG 对其进行分析。皮胶原纤维在热作用下的降解失重主要有两个阶段，第一阶段在 150℃之前，第二阶段则在 300～500℃。随着升温速率的提高，在两个阶段最大失重速率所对应的温度都有所升高。此外，随着升温速率的增加，在两个阶段所对应的峰面积均有所增加，说明升温速率增大，失重基本上有增大的趋势。对戊二醛复鞣皮胶原纤维在不同升温速率下的 TG 及 DTG 结果进行分析发现，各种复鞣皮胶原纤维的变化情况与铬鞣皮胶原纤维近似，随着升温速率的提高，两个失重阶段最大失重速率所对应的温度都有所升高。此外，随着升温速率的增加，在两阶段所对应的峰面积均有所增加。图 5.16 为皮胶原纤维在空气以及氮气气氛中的 TG 以及 DTG 曲线，升温速率为 5℃/min。从图 5.16 中可以看出，在氮气气氛中，皮胶原纤维在第一阶段的失重较多，而在空气气氛中皮胶原纤维的总失重则更多一些。从 DTG 曲线上可以看出，在氮气气氛中第二失重阶段无论开始降解温度还是失重速率最大值处的温度都要比在空气气氛中高，说明在氮气气氛中热降解不容易发生，需要在较高温度下进行。此外，还可以发现，在空气气氛中，第二阶段的失重有一部分向高温区移动，这可能是由于在氧气存在条件下，胶原纤维表面发生一定程度的碳化，其热稳定性也略有提高。

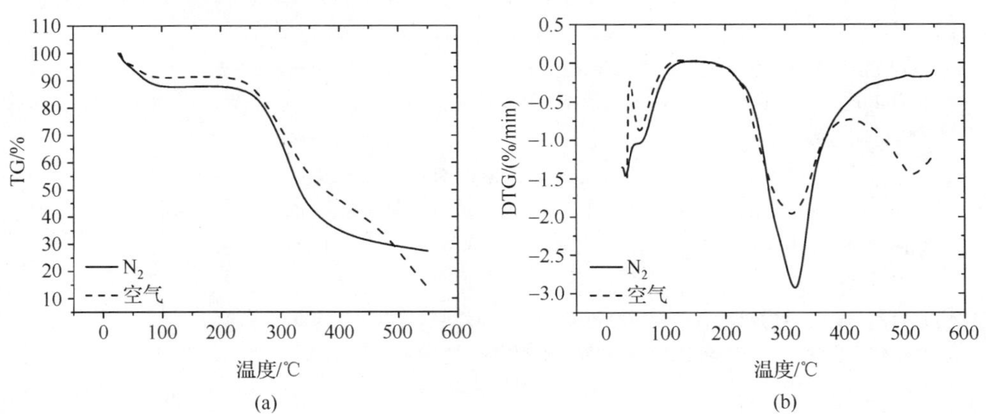

图 5.16　皮胶原纤维在不同气氛下的 TG(a)以及 DTG(b)曲线

参考文献

[1] Olivannan S M, Nayudamma Y. Studies in sulphonyl chloride tannages(Ⅺ): reactions of sulphonyl chloride with modified proteins and model compounds. Leather Science, 1979, (26): 54-61.

[2] 成都科技大学，西北轻工业学院. 制革化学及工艺学(上册). 北京：中国化学工业出版社，1992：152-155.

[3] 王群智. 无盐浸酸助剂及工艺研究. 四川大学硕士学位论文，2000.

[4] 单志华，王冬英. 胶原在部分酸碱介质下的膨胀规律研究. 皮革科学与工程，2001，111(3)：42-48.

[5] 陈慧，单志华. THPC与皮胶原作用研究. 四川大学学报，2007，39(1)：88-92.

[6] 陶淳，徐绪国. 明胶——卤化银系统的盐析沉降. 感光材料，1987，5：27-30.

[7] 王鸿儒，杨宗邃. 胶原的几种分子修饰反应的专一性的研究. 皮革科学与工程，1992，2(2)：10-15.

[8] Goverdhan Rao D P, Ramanat H. Effect of chemical modifications on the friction of collagen fibers. Leather Science, 1986, (15): 331-333.

[9] 李国英，罗怡，张铭让. 乙醛酸与胶原的作用机理研究. 皮革科学与工程，2000，10(2)：12-17.

[10] 黄惠君，程晋生. 胶原与明胶分子的化学基础和明胶的凝胶化. 明胶科学与技术，2005，25(2)：82-86.

[11] 杜敏，赵利. 新型改性明胶. 食品基础科学，1993，11：47-50.

[12] 廖学品. 基于皮胶原纤维的吸附材料制备及吸附特性研究. 四川大学博士学位论文，2004.

[13] 铃木启仁，深多浩三，西尾敏一. 化学改性明胶物理抑制性的变化. 明胶科学与技术，1996，16(3)：133-138.

[14] 陈砥，彭必先. 改性明胶沉降剂研制及应用的发展概况. 明胶科学与技术，1987，7(1)：9-22.

[15] 任俊莉，付丽红，邱化玉. 明胶酰化氨基取代度影响因素的研究. 皮革化工，20(6)：1-4.

[16] 刘琼，范晓东. 快速溶胀pH敏感明胶水凝胶的研究. 精细化工，2005，22(10)：739-743.

[17] 蒋挺大. 胶原与胶原蛋白. 北京：化学工业出版社，2006：60-65.

[18] 张丽平. 胶原修饰反应的专一性. 北京服装学院学报，2004，24(4)：32-36.

[19] 何凤姣. 无机化学. 北京：科学出版社，2001：93-94.

[20] 徐绍龄，徐其亨，田应朝，等. 无机化学丛书. 北京：科学出版社，1995：169-170.

[21] Huang B X, Dong Y P, Yue J, et al. Sci. Study on interaction between Ag^{+} ion and gelatin. Technol (Japan), 2002, 65(5): 319-322.

[22] Lee V W M, Li H B, Lau T C, et al. Relative silver(I) ion binding energies of α-amino acids: a determination by means of the kinetic methed. J Am Soc Mass Specrtom, 1998, (9): 760-766.

[23] Chen G Z, Huang X Z, Xu J G, et al. Fluorescence Analytical Method. 2nd ed, Beijing: Science Press, 1990: 112-119.

[24] 唐世华，张宁. 荧光光度法研究明胶的等电点. 明胶科学与技术，2000，20(2)：69-73.

[25] 唐世华，黄建滨. Cu^{2+}和Fe^{3+}与明胶的相互作用. 物理化学学报，2001，17(10)：873-878.

[26] Strickland R D, Freeman M L, Gurule F T. Copper binding by proteins in alkaline solution. Anal Chem, 1961, 13(4): 545-547.

[27] Hinek A, Reiner A, Poole A R. Association of an extracellularprotein(chondrocalcin) with the calcification of cartilage in endochondral bone formation. J Cell Biol, 1987, 104: 1435-1438.

[28] Choi H O, Tang L H, Johnson T L, et al. Isolation and characterization of a 35000 molecular weight

subunit fetal cartilage matrix protein. J Biol Chem，1983，258：655-657.

[29] Poole A R，Pidoux I，Reiner A，et al. Cartilage link proteins. Biochemical and immu-nochemical studies of isolation and heterogeneity. J Cell Biol，1984，98：54-59.

[30] Iyama K I，Ninomiya Y，Olsen B R，et al. Spatiotemporal pattern of type X collagen gene expression and collagen deposition in embryonic chick vertebrae undergoing endochondral ossification. The Anatomical Record，1991，229：462-465.

[31] Brittain H G，Richardson F S，Martin R B. Terbium（Ⅲ）emission as a probe of calcium(II) binding sites in proteins. J Am Chem Soc，1976，98：8255-8260.

[32] Curmingham L W. Methods in Ezymology(Part A). Vol. 82. New York：Academic Press，1982 .

[33] Mikkelsen R B，Wallach D F H. High affinity calcium binding sites on erythrocyte membrane proteins. Use of lanthanides as fluorescent probes. Biochim BiopHys Acta，1974，363：211-215.

[34] 郭媛，魏立平，许善锦，等. Ⅱ，X 型胶原与 Ca^{2+} 的相互作用. 科学通报，1996，41(4)：364-366.

[35] Benya P D，Shaffer J D. Dedifferentiated chondrocytes reexpress the differentiated collagen phenotype when cultured in agarose gels. Cell，1982，30：215-219.

[36] 郭媛，许善锦，周德建，等. Tb(Ⅲ)与Ⅱ型胶原的相互作用. 生物化学杂志，1997，13(5)：552-555.

[37] 唐世华，黄建滨. 过渡金属离子与明胶相互作用的研究. 化学学报，2001，59(8)：1258-1264.

[38] 廖洋，何春光，赵仕林，等. 改性皮革胶原纤维对水体中 Cd^{2+}、Cr^{3+}、Pb^{2+}、Ni^{2+}、Co^{2+} 等痕量重金属离子的富集与测定. 分析试验室，2006,25(7):10-13.

[39] 纪云，张晓红，郭荣. 明胶和阳离子表面活性剂 CTAB 的相互作用. 化学学报，2004，62(4)：345-350.

[40] 肖进新，赵振国. 表面活性剂应用原理. 北京：化学工业出版社，2003：467-470.

[41] Chatterjee A，Moulik S P，Majhi P R，et al. Studies on surfactant-biopolymer interaction. I. Microcalorimetric investigation on the interaction of cetyltrimethylammonium bromide (CTAB) and sodium dodecylsulfate (SDS) with gelatin (Gn)，lysozyme (Lz) and deoxyribonucleic acid (DNA). Biophysical Chemistry，2002，98：313-315.

[42] Saxena A，Antony T，Bohidar H B. Dynamic light scattering study of gelatin-surfactant interactions. PHys Chem B，1998，102(26)：50-63.

[43] 张宜恒，谭戟，闫天堂，等. 照相明胶与化学增感剂相互作用的 XPS 研究. 感光科学与化学，1999，17(2)：120-127.

[44] 李迅，彭必先. 明胶分子的照相性质的研究：Ⅰ. 明胶中的氨基酸砜及亚砜测定. 感光科学与光化学，1993，11(2)：40-44.

[45] J Pouradier J A，Maillet M. Conservation des documents photographiques sur papier：influence du thiosulfate résiduel et des conditions de stockage. J Photogr Sci，1981，28：111-114.

[46] 郭明勋，项文涛. 明胶与氧化明胶还原性(金值)的研究. 明胶科学与技术，2003，23(2)：68-71.

[47] Borginon H，Ketallapper L W，Derouck A. A comparison of different methods for the determination of the reducing properties of photographic gelatin. J Photogr Sci，1989，33：28-33.

[48] 陆明湖. 卤素转换感光乳剂的研究. 华东理工大学学报，1987，13(6)：703-708.

[49] Nishiyama S，Berg W F. Kinetic study of the conversion of silver bromide sol to iodide. Photogr Sci Eng，1973，17(3)：299-305.

[50] 李河冰，徐绪国，饶秀芝，等. 氧化明胶还原性的测定. 明胶科学与技术，1998，18(3)：123-126.

[51] 陈丽娟，彭必先. 明胶的还原性与蛋氨酸含量之间的关系的初步研究. 明胶科学与技术，1989，9(1)：

9-16.

[52] 曹正国，李成章. 常用蛋白交联方法及其对胶原的影响. 国外医学·生物医学工程分册，2001，24 (4)：187-191.

[53] Sung H W，Chang Y，Chin C T，et al. Crosslinking characteristics and mechnical properties of a bovine pericardium fixed with a naturally occurring crosslinking angent. J Biomed Mater Res，1999，47(2)：116-126.

[54] Rubin A L，Riggio R R，Nachman R L，et al. Collagen materials in dialysis and implantation. Trans Am Soc Art of Intern Organs，1968，14(2)：169-175.

[55] Weadock K S，Miller E J，Keuffel E L，et al. Effect of physisical crosslinking methods on collagen fiber durability in protelytic solutions. J Biomed Mater Res，1996，32(2)：221-226.

[56] Weadock K S，Miller E J，Bellincampi L D，et al. Physical crosslinking of collagen fibers：comparison of uiltraviolet irradiations and dehydro thermal treatment. J Biomed Mater Res，1995，29 (11)：1373-1379.

[57] Koide T，Daito M. Effect of various collagen crosslinking techniques on mechanical properties of collagen film. Dent Mater J，1997，16(1)：129-133.

[58] 李临生，张淑娟. 戊二醛与蛋白质反应的影响因素和反应机理. 中国皮革，1997，26(12)：78-81.

[59] Masanori K B，Hiroko N，Matsumoto，et al. Glutaraldehyde cross-linked hydroxyapatite/collagen self-organized nanocomposites. Biomaterials，2004，2(5)：63-69.

[60] McPherson J M，Ledger P W. The preparation and physico chemical characterization of an injectable form of reconstituted，glutaraldehyde cross-linked，bovine corium collagen. Journal of Biomedical Materials Research，1986，20(1)：79-92.

[61] Thomposn J I，Czernuszka J T. The effect of two types of cross-linking on some mechanical properties cf collagen. Biomedical Materials and Engineering，1995，5 (1)：37-48.

[62] Goissis G，Marcantonio E，Marcantonio R A C，et al. Biocompatibility studies of anionic collagen membranes with different degree of glutaraldehyde cross-linking. Biomaterials，1999，20 (1)：27-34.

[63] 薛新顺，罗发兴，罗志刚，等. 胶原的化学交联改性研究进展. 化工新型材料，2004，36 (9)：27-33.

[64] 张雪雁，顾其胜. 透明质酸与胶原蛋白复合材料的制备及其应用. 上海生物医学工程，2003，24(1)：26-28.

[65] Olde Damink L H H，Dijkstra P J，Van Luyn M J A，et al. In vitro degradation of dermal sheep collagen crosslinked using a water-soluble carbodiimide. Biomaterials，1996，17(7)：679-684.

[66] Park S N，Park J C，Kim H O，et al. Characterization of porous collagen/hyaluronic acid scaffold modified by 1-ethyl-3-(3dimethylaminopropyl) carbodiimide cross-linking. Biomaterials，2002，23(4)：1205-1212.

[67] 刘玲蓉，张立海，马东瑞，等. 碳化二亚胺交联的胶原-硫酸软骨素支架材料构建人工真皮的研究. 中国修复重建外科杂志，2003，17(2)：83-88.

[68] 王金涛，曹健，汤克勇. 胶原蛋白水解戊二醛改性研究. 皮革化工，2006，23(2)：1-7.

[69] Van Luyn M J. Relations between in vitro cytotoxicity and crosslinked dermal sheep collagens. J Biomed Mater Res，1992，26 (8)：1091-1094.

[70] Naimark W A，Pereira C A，Tsang K，et al. HMDC crosslinking of bovine pericardial tissue：a potential role of the solvent environment in the design of bioprosthetic materials. Journal of Materials Science：Materials in Medicine，1995，6：235-241.

[71] Van Luyn M J A, Van Wachem P B L, Damink O, et al. Relations between in vitro cytotoxicity and crosslinked dermal sheep collagens. Journal of Biomedical Materials Research, 1992, 26 (8): 1091-1110.

[72] 黄治本，顾其胜. 新型交联剂京尼平在生物医学中的应用与发展. 上海生物医学杂志，2003，24(1)：21-25.

[73] Sung H W, Liang I L, Chen C N. Stability of a biological tissue fixed with a naturally occurring crosslinking agent (genipin). J Biomed Mater Res, 2001, 55: 538-546.

[74] Sung H W, Huang R N, Huang L L, et al. Feasibility study of a natural crosslinking reagent for biological tissue fixation. Journal of Biomaterials Science, 1998, 42 (4): 560-567.

[75] Huang R N, Sung H W, Tsai C C, et al. Biocompatibility study of a biological tissue fixed with a naturally occurring crosslinking reagent. Journal of Biomedical Materials Research, 1998, 42 (4): 568-576.

[76] Thomas J K. Enhanced functions of osteoblasts on nanometer diameter carbon fibers. Biomaterials, 2002, 23: 203-212.

[77] 邢其毅，徐瑞秋，周政，等. 基础有机化学. 北京：高等教育出版社，2000：417.

[78] Tu R, Shen S H, Lin D, et al. Fixation of bioprosthetic tissues with monofunctional and multifunctional polyepoxy compounds. J Biomed Mater Res, 1994, 28: 677-680.

[79] Zeeman R, Dijkstra P J, van Wachem P B et al. Crosslinking and modification of dermal sheep collagen using 1,4-butanediol diglycidyl ether. J Biomed Mater Res, 1999, 46 (3): 424-428.

[80] Alferiev S, Hinson J T, Ogle M, et al. High reactivity of alkyl sulfides towards epoxides under conditions of collagen fixation a convenient approach to 2-amino-4-butyrolactones. Biomaterials, 2001, 22: 2501-2505.

[81] Sung H W, Shih J S, Hsu C S. Crosslinking characteristics of porcine tendons: effects of fixation with glutaraldehyde or epoxy. Journal of Biomedical Materials Research, 1996, 30 (3): 361-367.

[82] Sung H W, Hsu C S, Lee Y S, et al. Physical properties of a porcine internal thoracic artery fixed with an epoxy compound. Journal of Biomedical Materials Research, 1996, 31(4): 511-518.

[83] 赵金超，易定华，魏旭峰，等. 环氧氯丙烷对戊二醛鞣制的猪主动脉瓣防钙化化学改性的实验研究. 中国实用医药，2008，3(6)：1-3.

[84] 张卫达，段大为，刘维永，等. 经戊二醛与环氧氯丙烷处理后猪瓣的形态与组织结构变化. 第四军医大学学报，2003，24(3)：196-199.

[85] Nicolas F L, Gagnieu C H. Denatured thiolated collagen. II. cross-linking by oxidation. Biomaterials, 1997, 18(11): 807-813.

[86] 周磊，陈敏，程海明，等. 胶原蛋白硫代改性方法的研究. 皮革科学与工程，2005，5(3)：12-16.

[87] Roche S, Ronziere M C, Herbage D, et al. Native and DPPA cross-linked collagen sponges seeded with fetal bovine epiphyseal chondrocytes used for cartilage tissue engineering. Biomaterials, 2001, 22(1): 9-18.

[88] Kasem M A, Riehards H R, Walker C C. Preparation and characterization of phosphorus-nitrogen polymers for flameproofing cellulose, part Ⅰ: polymers of tetrakis (hydroxymethyl) phosphonium chloride (THPC) and amine. Tetrahedr on Letters, 1971, 13(9): 1468-1479.

[89] 杨栋梁. 涤棉混纺织物的磷氮系阻燃整理综述. 印染，1998，24(5)：45-49.

[90] 沈勇，朱毓芷. 涤棉混纺织物的阻燃剂及阻燃工艺研究. 上海工程技术大学学报，1995，9(2)：42-48.

[91] 徐寿昌. 有机化学. 北京：高等教育出版社，1993：477-482.

[92] Edward M F. Tanning with Tetrakis (hydroxymethyl) phosonium：US，2732278，1956.

[93] Windus W，Happieh W F. A New Tannage Tetrakis(hydroxymethyl)phosphonium-resorcinol. J Am Leath Chem Assoc，1977，68(6)：738-753.

[94] 科林斯 G R，琼斯 C R，塔尔波特 R E，等. 皮革的鞣制：CN，1278304A，2000.

[95] 成都科技大学，西北轻工业学院. 制革化学及工艺学. 北京：轻工业出版社，1987：191.

[96] 魏庆元. 皮革鞣制化学. 北京：轻工业出版社，1979：232-235.

[97] Covington A D. Chrome tanning：explod-ing the perceived myths preconceptions and received wisdom. Leather Science and Engineering，2002，12(1)：3-10.

[98] 林炜，穆畅道，张铭让. 与铬鞣有关的胶原化学研究进展. 化学进展，2000，12(2)：218-227.

[99] Covington A D. Modern tanning chemistry. Chem Soc Rev，1997，26(2)：111-126.

[100] Covington A D，Lampard G S，Hancock R A，et al. Studies on the origin of hydrothermal stability：a new theory of tanning. JALCA，1998，93(3)：107-120.

[101] Covington A D. The use of aluminium to improve chrome tannage. JALCA，1986，70(2)：33-38.

[102] Gustavson K H. Uni-and multi-point binding of chromium complexes by collagen and the problem of cross-linking. J Am Leath Chem Assoc，1953，48(9)：559-578.

[103] 林海，但卫华，王坤余，等. 无铬多金属配合鞣剂的研究进展. 皮革科学与工程，2003，13(6)：30-36.

[104] Lasek W. Investigation of the chemistry and tanning action of extremely basic sulfates of chromium and aluminum. Ⅲ. Reaction of extremely basic chromium sulfates with collagen. J Am Leath Chem Assoc，1967，62(7)：487-490.

[105] Hock A L. The chemistry of zirconium tannage. Leath Chem，1975，59：181-188.

[106] 王伟，马建中，杨宗邃，等. 皮革鞣剂及鞣制机理综述. 中国皮革，1997，26(8)：27-32.

[107] Metelkin A J，Kolesnikova N J，Kuzmina E V. Zirconium Tannage. Moscow："Legkaya Industriya" (Light Industry)Publishing House，1972：56-60.

[108] 蒋维祺，张铭让，王彬，等. 含稀土鞣剂的应用研究应用工艺的研究(I). 中国皮革，1998，27(10)：15-17.

[109] 陈武勇. 鞣制化学(修订版). 北京：中国轻工业出版社，2005：20-30.

[110] 张汉波，程凤侠. 铁鞣研究的历史进展. 中国皮革，2004，33(11)：39-42.

[111] Johnson B F G，Davis R，McAuliffe C A，et al. Inorganic Chemistry of the Transition Elements. London：Chemical Society. Specialist periodical reports，1977，5：149-201.

[112] Strakhov I P. Chemistry and Technology of Leather and Fur. Moscow："Legkaya Industriya" (Light Industry) Publishing House，1979：101-130.

[113] 彭必雨，何先祺. 钛鞣剂、钛鞣法及鞣制机理的研究(Ⅰ)钛(Ⅳ)盐鞣性的理论分析及钛鞣法的发展前景. 中国皮革，1999，28：7-10.

[114] 石碧，何先祺，张敦信，等. 植物鞣质与胶原的反应机理研究. 中国皮革，22(8)：26-31.

[115] 石碧，狄莹. 植物单宁在制革工业中的应用原理. 皮革科学与工程，1998，8(3)：5-29.

[116] Haslam E. Vegetable tannins-renaissanee and reappraisal. J Leath Technol Chem Soc，1988，72：45-64.

[117] Yammguehi H，Higuehi M，Sakata I. AdsorPtion machanism of Heavy-metal ion by microspherieal tannin resin. Journal of Applied Polymer Science，1992，45：1455-1462.

[118] 石碧，狄莹. 植物多酚. 北京：科学出版社，2000：55-60.

[119] Shi B，He Y J，Fan H J，et al. High stability organic tanning using plant polyphenols. Part 2. the

mechanism of the vegetable tannin-oxazolidine Tannage. J Soc Leather Tech Chem，1999，83(1)：8-13.

[120] 丁志文，张铭让. 生皮胶原膨胀公式的推导及其应用. 中国皮革，2000，29(21)：24-27.

[121] 西北轻工业学院. 皮革理化分析(中). 北京：中国轻工业出版社，1979.

[122] Heideman E. The determination of hydroxyproline in materials containing collagen. JSLTC，1980，64：57.

[123] Linder M，Rozan P，Lamghari E K，et al. Nutritional value of veal bone hydrolysate. Food Sci，1997，62(1)：183-189.

[124] 唐世华，张宁，时文中. 明胶的酸水解反应动力学研究：Ⅰ. 影响明胶酸水解反应的因素. 明胶科学与技术，1999，19(3)：113-116.

[125] 唐世华，曾锡瑞，郑忠. 明胶的酶降解反应动力学研究：Ⅰ. 影响明胶酶降解反应的因素. 明胶科学与技术，1994，14(4)：199-203.

[126] Cabeza L F，Taylor M M，DiMaio G L，et al. Processing of leaher waste：pilot scale studies on chrome shavings. Isolation of potentially valuable protein products and chromium. Waste Management，1998，18：211-218.

[127] 曹健，李卫林，张磊，等. 酶解胶原蛋白产物分子量的控制研究. 食品工业科技，2006，27(8)：85-88.

[128] 陈秀金，侯颖，张敏，等. 2709 碱性蛋白酶水解脱铬革屑的研究. 中国皮革，2007，36(19)：47-50.

[129] 陈秀金，曹健，魏明，等. 碱性蛋白酶水解脱铬革屑制备胶原水解物的研究. 中国皮革，2004，33(1)：42-46.

[130] Kaminska A，Sionkowska A. Effect of UV radiation on the infrared spectra of collagen. Polymer Degradation and Stability，1996，51(1)：19-26.

[131] Caballero J A，Font R，Esperanza M M. Kinetics of the thermal decomposition of tannery waste. Journal of Analytical and Applied Pyrolysis，1998，47(3)：165-181.

[132] 汤克勇，刘捷，王芳，等. 牛皮胶原纤维热降解活化能的研究. 中国皮革，2004，33(7)：25-27.

[133] 刘捷. 皮革高分子材料的通透性能和耐热性能研究. 郑州大学硕士学位论文，2003.

[134] Tang K Y，Wang F，Liu J，et al. Preliminary studies on the thermal degradation kinetics of cattlehide collagen fibers. JALCA，2004，99(10)：401-408.

[135] 贾鹏翔. 皮革中胶原的聚集态结构及热稳定性研究. 郑州大学硕士学位论文，2006.

第 6 章　胶原改性的意义、方法与助剂

6.1　胶原改性的意义

在生物体内，胶原以胶原纤维的形式存在。在低温下提取得到的胶原，仍然保持其三股螺旋结构，形成的材料具有较好的柔韧性、弹性和强度。在模拟生理条件下，能再形成纤维，并可明显激活细胞的生长。由于胶原具有优异的生物学特性与功能，来源丰富，种类繁多，因此胶原蛋白已成为最重要的生物材料之一，在生物医用材料、日用化工、造纸、食品及包装等领域具有广泛的用途。胶原易加工成型，纯化的胶原蛋白可制成许多不同形式的材料，如膜、带、薄片、海绵、珠体等，其中以膜形式应用最多。

从生物体内提取的胶原，不经过改性而直接作为材料使用，存在以下缺点：胶原的分离纯化及加工处理过程比较复杂，分离的胶原具有多样性（交联密度、纤维尺寸、痕量杂质等）；纯胶原干燥后，质地较脆，成膜能力弱；膜延展性低，易干裂，抗水性差，遇水易溶胀，在体内易降解，在潮湿环境中易受细菌侵蚀而变质。因此，在实际应用中，常通过一定的方法对胶原进行改性，提高胶原材料的拉伸强度及抗降解能力，降低其膨胀率，改善胶原的抗水性等，从而获得新型的多功能材料。胶原材料经适当改性后，可以在许多领域得到广泛的应用。

经过改性处理后，胶原可用于烧伤和创伤的治疗、美容、矫形、组织修复、创面止血等医药卫生领域。在临床上，改性胶原已被用作烧伤、创伤治疗的胶原膜，美容矫形的胶原医用注射剂[1]，胶原基多孔支架材料[2]、胶原真皮支架[3]以及创伤止血的胶原止血海绵[4]等。同时，作为一种天然的生物资源，胶原在护肤品中具有滋润、调理和保湿等功效，还可应用于食品、医药、组织工程、化妆品等领域[5]。

明胶是胶原的水解产物，在食品、医药卫生等方面也有重要的应用价值[6]。明胶是一种营养价值较高的低热量保健食品，在食品工业中应用广泛。明胶可用作糖果添加剂，使糖果更富弹性、韧性和透明性；明胶作为冷冻食品的胶冻剂添加到肉制品中可以显著提高产品的质量；也可将明胶用于乳制品添加剂、食品涂层材料，还可用于蛋糕制作。在医药卫生方面，明胶主要用于制作药物胶囊。

水解胶原蛋白也是胶原的水解产物，具有更小的相对分子质量，且更易降解。所以，在营养保健品和日用化学品开发方面，水解胶原蛋白拥有一定的市场。水解胶原蛋白可用于生物发酵培养基，也可以作为一种高蛋白饲料营养添加剂替代进

口鱼粉用于混合饲料的生产。

6.2　胶原的改性方法

胶原蛋白的改性方法很多,其中主要的改性方法有溶解-再生、共混、掺杂、分子组装、衍生化、接枝、共聚、互穿聚合物网络(IPN)等。根据改性过程的实现方法,也可将胶原的改性方法大致分为化学改性法、物理改性法及将其与其他材料的共混改性法。

6.2.1　胶原改性的化学方法

化学改性法可分为化学交联改性、侧链修饰改性和接枝共聚合改性等[7]。

1. 胶原的化学交联

胶原的化学交联改性,是指通过化学试剂在胶原肽链的端基或侧基间生成新化学键而形成交联的改性方法。由于交联剂的性质不同,在胶原多肽链之间以及胶原分子之间可形成不同的连接,如酯连接、化学可逆的二硫键连接、酰亚胺基和较稳定的酰肼基连接等。在胶原分子中,交联的形式主要以同一螺旋结构内和不同螺旋结构间形成交联的两种形式存在。同一螺旋内的交联主要影响胶原的变性时间和张力特性;不同螺旋结构间的交联则主要影响胶原的体积膨胀和表面扩张。有些交联剂能使胶原蛋白在不同的微管间产生交联。

化学交联法改性胶原蛋白能获得均匀一致的交联,可有效调节、改进胶原的性质,提高其交联度、力学性能及生物相容性。

在胶原的化学交联中,常用的化学试剂有无机交联剂、戊二醛、己异二氰酸酯、碳化二亚胺、叠氮二苯基膦、京尼平等。这些交联剂在赖氨酸、羟赖氨酸、精氨酸等残基之间,通过单体或多聚物的形式交联[8]。其中,戊二醛是目前应用最广泛的试剂之一,能提供有效的交联,但有一定细胞毒性。酰基叠氮化物、聚环氧化物或京尼平作为交联剂,既不会引入明显的细胞毒性,又有较强的交联效果[9],是较理想的交联剂。

在化学交联中,大多使用一种交联剂对胶原蛋白进行改性。有时,为提高材料的某些性能,也可用几种交联剂结合对胶原进行改性。例如[10],在解决人工心脏瓣膜晚期钙化问题时,用环氧丙烷和改性戊二醛处理生物瓣膜,可以明显降低瓣膜组织胶原蛋白末端的游离羧基含量。改性后的瓣膜组织能保持较好的稳定性和机械抗张强度,免疫原性测试为阴性,符合临床应用。

胶原的化学交联在制革业中通常称为鞣制,是经几代制革科技工作者不懈努力得到的,用于改进皮革胶原的稳定性的基本方法。鞣制的重要作用是,使胶原纤维分散，并将这种分散的结构保持下来，可提高胶原结构的均一性和热稳定性。

鞣制过程，一方面进入胶原纤维之间的大分子鞣剂将胶原分子撑开而使其分散，从而破坏分子间的部分氢键，使胶原的结晶部分转变为无定型非晶相，另一方面，又与胶原发生多点结合形成网络结构，并将部分构象固定而引起新的胶原结构分布，提高了胶原的热稳定性。这样，无论从形态上，还是从热稳定性上，都使胶原的分布变得更均一。通过鞣制，一方面通过提高非晶相胶原的交联密度并让晶相转变为无定形非晶相，另一方面，又促进了非稳定胶原的变性，使稳定胶原的相转变减少或消失[11]。在制革工业中，有许多材料可用于胶原的鞣制交联，如铬鞣剂、醛鞣剂、油鞣剂、杂环化合物鞣剂、树脂鞣剂、植物鞣剂及除铬外的其他金属鞣剂等。

1）铬鞣交联

铬鞣不但能赋予皮革诸多优良性能，如湿热稳定性高、柔软性和丰满性好、机械强度高、耐水洗等，而且成本低、工艺成熟、操作简单。自 1893 年建立一浴鞣法以来，铬鞣法一直是轻革生产的主要鞣法[12]。

自从铬鞣法发明以后，在相当长的时间里，制革生产企业一直使用自配的铬鞣液，在配制铬液时，Cr^{6+} 不仅会对环境造成严重的污染（Cr^{6+} 的毒性远甚于 Cr^{3+}），而且在鞣制过程中铬不能达到高吸收的效果，同时废液中残留铬的浓度相当高。

1959 年，德国 Bayer 公司的 H. Spahrkas 和 H. Schmidt 发明了用硫酸盐蒙囿的 Chromosal B 铬粉进行鞣制的 Chromosal 法；此后，又出现了自碱化铬鞣剂及自碱化蒙囿铬鞣剂，如 Bayer 公司的 Baychrom A、Baychrom F，BASF 公司的 Chromitan MS。这不仅简化了鞣制操作，而且成革柔软性和丰满性均得到改善，废液铬含量也得到降低。为了进一步改善铬的吸收，又对自碱化蒙囿铬鞣剂进行了改性，出现了高吸收铬鞣。其中，最早的产品是 Bayer 公司生产的 Baychrom C 系列[13,14]。中国于 20 世纪 80 年代末期才逐步采用商品铬粉。利用这些标准铬粉，废液中 Cr_2O_3 含量可由常规的 3～5g/L 降至 0.5～1g/L。该方法主要是在铬鞣剂中加入蒙囿剂、提碱剂，或者在铬鞣剂中加入异金属鞣剂或稀土等其他助剂促进铬鞣剂的吸收。

铬鞣的交联是在铬中心离子与胶原相邻的羧基之间形成配位键。当 pH 3～4 时，铬配合物能与胶原分子上的酸性残基作用，形成稳定的金属有机配合物，大幅度地提高胶原的力学性能和稳定性。根据皮革鞣制的原理，可以对胶原及其产品进行改性。例如，利用三价金属（如铬）的盐类作为交联剂来改性胶原，可用作可吸收的兽肠手术缝合线[15]。

在水溶液中，三价铬离子的构型为正八面体，由中心离子和配位体两部分组成。在复杂的配合物分子溶液平衡体系中，内界配位的各种离子与分子对中心离子的配位亲和力大小，决定了配合物的稳定性。不同配位体的反应机理也不尽相同，配位可能由静电力和给体-受体两种作用引起，后者稳定性较高。

目前，用价键理论来解释铬配合物的化学特性还不成熟，但可解释铬配合物的某些化学特性。铬(Ⅲ)在形成配合物时，发生 d^2sp^3 轨道杂化，由于内层 d 轨道参与杂化，形成内轨型配合物，所以铬配合物的化学稳定性高，对亲核取代反应(S_N1 和 S_N2)呈惰性。通过研究氯化铬、硝酸铬和高氯酸铬鞣液的组成，从配位体的角度研究了铬配合物化学，认为高氯酸根不能参与铬(Ⅲ)的配位，硝酸根与氯离子的配位能力也相当低。在上述三种鞣液中，均以$[Cr(H_2O)_6]^{3+}$占优势[16]。

有人认为，胶原电离的羧基进入铬(Ⅲ)的内界发生配位作用是铬鞣机理的基础。鞣制作用的一个必要条件是，鞣剂分子必须与胶原结构中两个以上的反应点作用，生成新的交联键。在充水胶原中，其羧基含量大约与浓度为 0.3mol/L 的酸溶液相同。沿胶原分子长度的羧基间的平均距离为 33Å(1Å$=10^{-1}$nm)，铬配合物达到两点结合，分子必须足够大，即通过提高碱度，促进配合物的配聚作用，使配合物分子变大，增加多点结合的可能性。另外，铬(Ⅲ)与硫酸根生成的配合物在鞣革化学上具有很特别的意义。硫酸根与铬(Ⅲ)形成配位体时，通常会占据两个配位点，从而可能成为多核配合物中的桥键。也正是由于占据配位点数目的不同，氯化铬鞣制的胶原收缩温度低于硫酸铬鞣制的胶原。

在铬鞣阶段，铬配合物向裸皮内渗透和进入裸皮内的铬配合物与裸皮活性基团的结合两个过程同时进行。经过鞣前处理的裸皮，由于胶原纤维束的适度松散分离，其肽链侧链上存在较多的羧基和氨基。鞣制初期，控制鞣液的 pH 相对较低(2.5～3)，一方面封闭了部分胶原羧基，抑制其电离；另一方面抑制了多核铬配离子的形成，铬配合物体积较小，有利于铬配合物以较快的速度向裸皮内渗透；待渗透达到均匀平衡后，用适量碱液($NaHCO_3$ 溶液)提高铬鞣液的 pH 至 4 左右。这样，一方面有利于被封闭的胶原羧基的电离，使肽链侧链上存在较多离子态的羧基，另一方面促进多核铬配离子的形成，使铬配合物分子变大。在转鼓间歇转动的机械作用下，通过皮-液的不断接触，这些渗透进裸皮内的铬配离子即与胶原侧链上带负电荷的羧基离子互相吸引，当它们距离接近到一定程度时，胶原羧基离子便进入铬配合物内界，取代水分子与中心铬离子配位，生成牢固的配位键。这种配位键主要发生在相邻肽链间。一个铬配合物分子在相邻肽链间与两个或两个以上羧基离子结合而产生交联键，使胶原纤维与铬配合物结合成新的立体网状结构，大大增强了胶原纤维的整体稳定性，耐湿热能力显著提高(如一般生皮的收缩温度为 60～65℃，而铬鞣革的收缩温度可达 120℃)，抗微生物能力、抗化学药剂和耐储存能力等也明显改善。

铬鞣可分为预鞣、主鞣和复鞣，其中预鞣能使皮胶原纤维形成更适应主鞣的状态条件，以利于铬鞣剂更好地渗透。而烯酸树脂、醛树脂、噁唑烷、铝鞣剂、醛鞣剂等预鞣，均可使铬鞣剂吸净率得到显著提高，减少铬鞣剂的用量，铬鞣废液中

Cr_2O_3 含量甚至能降到 0.3g/L 以下，而且成革丰满、柔软，收缩温度高，物理性能好[17,18]。

白云翔等[19]介绍了提高铬鞣的进展情况。双官能团或多官能团的助鞣剂先与皮胶原作用，增加胶原侧链羧基的数量。在铬鞣过程中，三价铬有了更多的结合点，增加了多点结合的数量，使铬鞣废液中铬含量降低，皮胶原纤维之间结合更牢固。Taylor 等[20]研究了羧乙基丙烯酸酯与胶原侧链氨基发生的 Michael 反应，水解后增加了胶原上的羧基数目，铬吸收率明显提高。刘镇华等[21]利用含铬废皮屑加工成一种助鞣剂 Mx，该助鞣剂含有多种活性基，如羧基、氨基、亚砜基，其中羧基能增加鞣剂的化学反应性，与铬配位；氨基可以在适当的条件下逐渐进行酰胺缩合反应，使其相对分子质量增大而牢固地存留于革中。铬的吸收率达到 80.7%。彭必雨等[22]研究的 YL 助鞣剂是一种丙烯酸类聚合物，它可赋予成革丰满而有弹性的手感，能提高皮革的柔软性，并能增加铬的吸收和固定。它是通过羧基和胶原中的铬配位结合的。

段镇基[23]研制成功的 PCPA 是一种含多元羧基、多元氨基和多元羟基的高分子化合物。在一定相对分子质量和浓度下，PCPA 能与铬盐形成稳定的水溶配合物，即使 pH>7，铬盐也不会产生沉淀。这就可以在鞣制后期，进一步提高鞣液的 pH，有利于铬盐被革吸收，加强结合。在不同的条件下，PCPA 的高分子官能团与皮胶原纤维之间有不同的结合方式，可以使高分子-铬配合物尽可能地被皮胶原所吸收，而不会发生表面过鞣。成革柔软丰满，富有弹性，铬的利用率可提高到 95%。

Gustavson[24]用丁二酸酐与裸皮的氨基等基团反应，丁二酸酐的一端与皮胶原的氨基形成酰胺键，另一端则引入羧基，反应如下式所示。但是，由于形成的酰胺键不是中性的，改变了皮胶原的电荷，反而不利于铬鞣[25]。

$$\text{Col—NH}_2 + \text{(丁二酸酐)} \longrightarrow \text{Col—NH—}\overset{\overset{\displaystyle O}{\|}}{C}\text{—CH}_2\text{CH}_2\text{COOH}$$

Bowes 等[26]利用 Mannich 反应，用氨基酸与甲醛和胶原反应，以增加铬的利用率。该反应在胶原酰胺基或胍基位置上进行，反应式为

$$\text{Col—}\overset{\overset{\displaystyle O}{\|}}{C}\text{—NH}_2 + \text{CH}_2\text{O} + \text{H}_2\text{NCH}_2\text{COOH} \longrightarrow \text{Col—}\overset{\overset{\displaystyle O}{\|}}{C}\text{—NHCH}_2\text{NHCH}_2\text{COOH} + \text{H}_2\text{O}$$

这个反应同样也引入了羧基，使铬的吸收率和皮革的收缩温度都显著提高。

Feairheller 等[27]利用丙二酸、甲醛与皮胶原发生 Michael 反应，提高了皮革的收缩温度和铬的吸收率，而且这种方法处理皮胶原的最合适 pH 是 4，与常规铬鞣

法的 pH 条件很接近，容易在生产中实施，反应的机理如下：

$$\text{Col—NH}_2+\text{CH}_2\text{O}+\text{CH}_2(\text{COOH})_2\longrightarrow\text{Col—NHCH}_2\text{CH(COOH)}_2+\text{H}_2\text{O}$$

$$\text{Col—NH}_2+2\text{CH}_2\text{O}+2\text{CH}_2(\text{COOH})_2\longrightarrow\text{Col—N}[\text{CH}_2\text{CH(COOH)}_2]_2+2\text{H}_2\text{O}$$

Ebel 等[28]用三聚氰胺、乙二醛、乙醛酸等化合物合成了一种醛酸铬鞣助剂。该醛酸铬鞣助剂具有多个醛基和羧基，用它对胶原进行改性后，再进行铬鞣，成革收缩温度达到 92℃以上，而且色浅，耐光耐热。

乙醛酸可与胶原肽链中的胍基发生反应[29]。乙醛酸是双官能团化合物，其醛基和羧基直接相连，醛基有较大的反应活性，而羧基的强吸电子效应使醛基的活性增强。这样，醛基与胶原的碱性基团作用，使胶原带上新的羧基，而羧基与金属离子具有形成配位化合物的趋势。在铬鞣中，Cr(Ⅲ)可以与乙醛酸和精氨酸胍基形成非常稳定的配合物。20 世纪 90 年代，Heidemann 等[30]采用乙醛酸代替部分硫酸用于浸酸，可使铬的吸收率接近 99%。目前，作为一种增进铬吸收的助鞣剂，乙醛酸已被皮革界广泛接受。但是，乙醛酸主要是用作生产香料等一些物质的原料，其产量较少，价格较高。国内只有少数几家工厂生产，这使乙醛酸在皮革生产上的应用受到限制。

范浩军等[31]用戊二醛、乙二醛以及一种带 α-H 的有机酸反应合成了一种醛酸助鞣剂，引入了羧基，由于羧基和醛基的协同作用，增进了铬的吸收和交联。该鞣剂用于复鞣，既使成革保留了原戊二醛鞣革的轻、软、飘的特点，又使成革更加紧实丰满，而且有固定栲胶，增进铬的吸收和交联作用。但是，由于戊二醛分子中含有双键，容易造成皮革发黄，对人体也有一定的危害，价格也较贵。李国英等[32]做了乙醛酸改性猪皮胶原的应用实验，将乙醛酸用于猪皮的浸酸，在用量小于皮重的 3.5%时，随着乙醛酸用量的增加，铬的吸收率逐渐增大。用量为 3.5%时，铬的吸收率接近 85.7%，继续增加乙醛酸的用量，铬的吸收率增加并不明显。这是由于乙醛酸酸性较强，在使用中将乙醛酸直接用于浸酸，一般浸酸为 pH 2.5～3.0，铬鞣结束时也只有 pH 4.0 左右，在此 pH 条件下，乙醛酸的醛基和胶原的氨基作用相对较弱。李国英等以醛和酯作为原料，在碱作催化剂的条件下进行反应，制备的 LL-1 醛酸助鞣剂主要是与胶原的氨基反应，可使铬鞣革的收缩温度增加到 101℃，并增加了铬与皮胶原结合的稳定性。在 pH 6～7 时，这种醛酸助鞣剂与皮胶原的作用很强，铬的吸收率接近 90%。这种醛酸助鞣剂呈中性，用于软化后的裸皮，保证了醛基和胶原氨基的最大结合，在相同条件下，更有利于铬的吸收。

2）醛鞣交联

从化学的观点来看，醛基与皮胶原相互作用的实质，是醛基与蛋白质中氨基等活性基团反应形成共价键。醛基与氨基之间的反应，是由亲核加成和 β-消除反应构成的两步反应，最终生成席夫碱[33]。

研究表明[34]，赖氨酸和羟赖氨酸侧链的 ε-氨基，是蛋白质分子中亲核能力最强的基团之一，它们与醛基之间可在室温反应形成席夫碱，获得共价键的连接。

人们很早就发现，甲醛能使动物的组织变硬，于是产生了醛鞣。醛类鞣剂的鞣制机理是，醛基与皮胶原蛋白质的侧链氨基等活泼基团反应，形成共价交联。含双官能团的醛比较容易在胶原间形成交联而具有较好的鞣性。

醛的种类很多，多年来，人们对甲醛、乙醛、丁醛、戊醛、己醛、十一醛、丙烯醛、丙酮醛、巴豆醛等脂肪醛，苯甲醛、糠醛等芳香醛以及乙二醛、丙二醛、丁二醛、戊二醛、甲基戊二醛、双醛淀粉等二醛进行了系统的鞣革性能比较。研究发现，只有甲醛、丙烯醛及含 2～5 个碳原子的二醛及双醛淀粉具有良好的鞣性。甲醛、戊二醛及其衍生物等已广泛应用于制革工业，乙二醛、双醛淀粉和丙烯醛也已逐步受到皮革界的重视。醛类物质及其衍生物在皮革工业中使用时，主要用于预鞣或复鞣[35]。其中，甲醛鞣性最强，戊二醛鞣制效果最好，二者在皮革和毛皮鞣制过程中被广泛地应用。

甲醛结构简单，相对分子质量小，与皮胶原反应主要是与蛋白质中碱性氨基酸中的大部分中性氨基、亚氨基发生反应，即与肽链上—NH_2、RNH—生成单点、双点结合，也可与两肽链上的—NH_2 发生肽链间双点结合，起到“缝合”的作用[36]。

甲醛鞣剂适合于预鞣、复鞣、结合鞣，也可与铬、铝、锆、钛等无机鞣剂及各种合成鞣剂配合使用；甲醛鞣制的革的收缩温度在醛鞣剂中是最高，可达 90℃；甲醛鞣制的最佳条件为 pH 8.0；甲醛鞣革色白、耐碱、耐汗、耐氧化剂，但会降低染料结合的牢固度，很少单独用于鞣制。

关于甲醛鞣制的机理，有两种不同的观点。一种观点认为，具有鞣性的是多聚甲醛而非单体甲醛；另一种观点则相反，认为起鞣制作用的是单体甲醛而非多聚甲醛。唐惠儒[37]以 ^{13}C 原子跟踪反应，利用核磁共振对甲醛与明胶的交联反应进行了研究。结果表明，与蛋白质反应的主要成分是甲醛单体，而不是多聚甲醛，反应在赖氨酸（或羟赖氨酸）的侧链氨基和精氨酸的侧链胍基之间形成了亚甲基桥，是一个典型的 Mannich 反应。另外，还有少量的精氨酸胍基的羟亚甲基衍生物生成。

相对于甲醛来说，戊二醛鞣剂的研究相对较多。戊二醛曾经是应用最为广泛的胶原改性剂之一，其双醛基可以分别与两个相同或不同的伯氨基形成 Schiff 碱，将两个分子以五碳桥的形式连接起来。经过改性后，胶原的抗胶原酶降解能力显著提高，亲水和膨胀率明显降低。然而，深入的观察研究发现，经过戊二醛改性的胶原类生物医用材料，容易发生钙化现象。同时，也发现了戊二醛的生物相容性有所欠缺。Charulatha 等[38]对比研究了多种交联剂，包括戊二醛、二亚酰胺酯、酰基叠氮化合物等。结果表明，戊二醛可以生成最多的交联，使胶原材料具有最高的断裂能，达到 1.97MJ/m^3，抗张强度也达到最高，为 12.4MPa。而且，经过改性处理的胶原基质材料，都具有良好的耐胶原酶水解作用。戊二醛分子两端各有一个醛基，与皮胶原的碱性氨基、羟基可以形成牢固的结构间桥键，因此可单独使用，是一种多性能的优良鞣剂。它与胶原交联的特点是交联性能好，结合量多，结合牢固性较大，且能保持胶原原有的构型。其鞣制机理反应式为

$$\text{Col—NH}_2 + \text{OHC—(CH}_2)_3\text{—CHO} + \text{H}_2\text{N—Col} \longrightarrow$$
$$\text{Col—N} = \text{CH—(CH}_2)_3\text{—CH} = \text{N—Col} + \text{H}_2\text{O}$$

戊二醛鞣制的成革耐汗、耐洗涤，使用性能接近于铬鞣革。但成革为黄棕色或棕色，不适用于生产白色革或浅色革；因戊二醛鞣制的皮板发黄，毛被色泽较深，它也不能用于鞣制毛皮[39]。为了改善戊二醛鞣革所带来的黄棕色或棕色，用甲醛、甲醇对戊二醛进行改性，这样不仅可以改变气味，也可改变鞣制后皮板和毛被的颜色。同时，因部分醛基被封闭，鞣革初期的渗透过程中，不会发生强烈反应，在 H^+ 或 OH^- 条件下慢慢释放出醛基，使之与内层的胶原活性基结合，使其鞣制作用缓和，内外均一。

国拥军等[40]的研究发现，改性戊二醛鞣制的机理主要是戊二醛与胶原氨基进行交联，与酪氨酸和组氨酸残基也发生不可逆结合，与羟基、胍基反应及形成氢键。李临生[41]对改性戊二醛在水溶液中的形成、性质及鞣制机理进行了深入的研究。他们以甲醛改性戊二醛，所得的鞣剂保留了戊二醛的优点，还可用于制造纯白色革。戊二醛与蛋白质的反应是二级反应，介质 pH 对其反应的速率及产物有明显影响。戊二醛与蛋白质的反应产物是相当复杂的，其结构随反应条件的不同而异。戊二醛可与蛋白质分子中的 ε-氨基、肽链 N 端氨基等伯胺基，杂环上的亚胺基、巯基、羟基以及酰胺基反应。其中，与赖氨酸的 ε-氨基的结合最为牢固。反应的第一步是，戊二醛的羰基与胶原氨基的缩合生成 Schiff 碱，共轭结构和环状结构稳定了这种结合。反应并不停留在形成醛亚胺的结构这一步，在某些条件下会有进一步的反应，形成更复杂的产物。其中，吡啶高价正离子盐的衍生物是一种相当稳定的结合，是蛋白质氨基酸分析时赖氨酸损失以及水解液出现新的紫外吸收峰的重要原因。沈一丁[42]用线形丙烯酸树脂改性戊二醛，所得产品具有填充性能，可用作复鞣剂，成革不松面，柔软丰满，粒面细致。

具有醛基的醛酸也是很好的醛类鞣剂，如乙醛酸鞣剂[43]、含 α-氢的有机酸和甲醛改性戊二醛所得的醛酸鞣剂。其鞣制作用温和，不仅可使皮革具有良好的耐光性质，而且还可以使皮革柔软、丰满。虽然它产生的丰满度与一般戊二醛所产生的丰满度不完全一样，但是粒纹、柔软性和着色性上的效应十分优越。从清洁化及提高革丰满、机械强度等考虑，醛酸鞣剂的研究在今后仍将是热点之一[44]。

糠醛在制革工业中常用作预鞣剂，鞣制前应该增加裸皮软化的时间，以便提高糠醛的结合量；浸酸的最终为 pH 1.8～2.2；糠醛用量为 2%～4%，温度为 28～30℃，时间为 3h 以上。经糠醛预鞣、铬主鞣的皮革得革率明显增加，粒面平滑细致，革身丰满、柔软，可节约红矾用量，减少污染。另外，糠醛鞣革还具有防霉作用。

糠醛鞣剂是无色透明的液体，其化学性质与甲醛和苯甲醛相似，表现出醛和不饱和呋喃杂环的双重化学性质。其结构中，含有醛基上的羰基和呋喃环中的双键及醚结构，因此，该物质具有很强的化学活性。在鞣制时，在无机酸的作用下，糠醛能与皮胶原中的自由氨基作用，同时，在 H^+ 作用下，也可能会使糠醛打开呋喃环的双键，发生聚合反应，生成糠醛与胶原有多点交联的高聚分子[45]。

糠醛（α-呋喃甲醛）结构式为（呋喃环，O）—CHO，含有活性醛基，因此鞣制原理与醛鞣剂类似，主要是醛基与皮胶原的自由氨基反应。同时，不饱和呋喃环还会开环自聚形成高聚分子，与胶原发生多点交联。单独糠醛鞣革，成革的耐水性和收缩温度 T_s 有明显提高，但手感弹性极差，因此无实际生产意义，生产中主要采用糠醛预鞣-铬鞣法，成革具有防霉性与芳香味。

双醛淀粉是用原淀粉经氧化剂氧化改性得到的一种醛鞣剂，其鞣制作用随醛基含量的变化而变化，醛基含量越高，鞣革效果越好。双醛淀粉是一种白色粉状固体，多以水溶液状态使用，能与醇、胺、羟胺、肼等反应。在鞣革过程中，醛基与胶原的羟基、氨基、亚氨基等反应，产生交联，对皮革产生鞣制作用。双醛淀粉鞣成革色泽洁白、粒面细致、手感丰满、断裂伸长率高、耐水耐酸碱性好。单独的双醛淀粉鞣革鞣性较差，可用于毛皮和白湿皮的鞣制，也可与其他鞣剂结合用于皮革的预鞣或复鞣。在使用时，在碱性条件下可达到最佳的鞣制效果[46]。

3）油鞣剂

油鞣剂包括海产动物油、不饱和植物油和合成的油鞣剂。油鞣是一种古老的鞣制方法，油鞣革具有独特的性能，成革纤维细致，革身柔软、丰满、透气性好，延伸率高；油鞣革密度小，质量轻，体积产率大；油鞣革耐水洗，耐皂洗，皮革晾干后不变形，能保持其柔软性和多孔性；油鞣使皮胶原成为亲油性物质，非极性液体比水更容易使油鞣革润湿，其他鞣剂不能使皮胶原结构发生类似的润湿性的变化[47,48]。传统的油鞣周期长，工艺复杂，对环境污染严重，成革收缩温度低，湿热稳定性能差。尽管制革工艺技术在近几十年发展较快，然而油鞣工艺技术改进甚微，进展缓慢，这方面的研究较少[49-51]。

动物油和不饱和植物油统称为天然油脂。天然油鞣剂主要指含高度不饱和脂肪酸（碘值为 140～160）的鳘鱼油、鱼肝油等动物油和亚麻油、橡籽油等植物油。鞣制时，油鞣剂渗透入裸皮中，沉积于皮胶原纤维上，受热空气氧化而释放出各类醛，其中部分发生聚合。醛类及其聚合物与胶原氨基或羧基发生化学反应，也和胶原肽基反应形成交联，达到鞣制目的。当油鞣剂渗透入皮胶原纤维之间时，因分子力的作用，使油脂分子大量被吸附在皮胶原纤维表面上，也可能因不饱和键被氧化，而形成牢固包围纤维表面的膜，从而使生皮变性，具有革的某些性质，这是油鞣过程中特殊的物理吸附现象；天然油脂的不饱和双键易被氧化，带上活泼的过氧基，过氧基易分解成新的官能团与胶原的极性基(氨基、肽基等)产生复杂的化学结合[52]，这是油鞣鞣制的化学过程。

在油鞣过程中，首先，油鞣剂渗透入皮胶原纤维内，包围在皮胶原纤维表面上；其次，油脂中的不饱和脂肪酸氧化成过氧化物并重排或裂解成醛类或醇类产物；最后，这些物质与皮胶原官能团之间发生复杂作用，使皮变成革。为了促使油脂氧化和与胶原结合，油鞣常需要在一定温度和湿度条件下进行。

影响油鞣的因素很多，鞣制时应注意以下几点。

(1) 鞣制温度。对天然油脂来说，温度越高，氧化越快，与皮胶原的结合也越强烈，但油脂氧化本身是放热反应，易使温度升高，掌握不当会造成皮胶原纤维的收缩。所以，一般油鞣初期温度控制在 23～25℃，末期控制在 55～60℃。

(2) pH。油鞣时，裸皮的 pH 在 7.5 左右，效果最好。

(3) 催化剂。为加速油脂的氧化和分解作用，常加入钴、镍、铅、锰等金属的松脂酸盐作催化剂。

(4) 油脂用量。大约为裸皮重的 70%，最低不得少于 50%。

合成油鞣剂又称烷基磺酰氯，分子式为 R—SO_2Cl。其中，R 为 C_{15}～C_{30} 的脂肪烷烃。烷基磺酰氯不但可作为加脂剂，也可作为鞣剂，通常是以天然中性矿物油为原料，通入 SO_2 和 Cl_2 在紫外线照射下反应得到。国内制备的烷基磺酰氯外观为浅棕色透明油状液体，微溶于水，一般和润湿剂、碳酸钠、甲醛、鱼油等混合应用。烷基磺酰氯鞣性较低，主要是磺酰氯基(—SO_2Cl)与胶原的氨基反应而生成烷基磺酰胺。烷基磺酰氯用于制造手套革、服装革及其他软革。成革结实、色白，容易为多数染料染色，耐皂洗和有机溶剂洗涤。

烷基磺酰氯鞣制时，主要以—SO_2Cl 与胶原氨基发生反应：

$$RSO_2Cl + H_2N—Col \longrightarrow R—SO_2—NH—Col + HCl \quad (\text{Col 代表胶原})$$

该反应属烷基单磺酰氯的单点结合，因此鞣性有限，能赋予皮革良好的加脂性能。

4) 杂环化合物鞣剂交联

(1) 环氧树脂鞣剂。理论上，环氧化合物可以与胶原纤维的氨基、羧基和羟基等亲核基团反应，分子中的醇羟基和环氧基也可以在三价铬配合物内形成配位结构。因而，环氧化合物能在皮内形成胶原-树脂、胶原-树脂-铬鞣剂的空间结构，加强胶原的固定，并充分利用鞣液中的铬鞣剂。有人[53]用 2,4,6-三(二甲氨基)苯酚及二甲胺基丙胺等为催化剂与环氧树脂处理裸皮，可显著提高革的收缩温度。

(2) 噁唑烷鞣剂。噁唑烷是一类由羟基化合物同醛反应得到的杂环衍生物[54]，具有活泼的双官能团，能与酚和蛋白质进行交联反应，严格来说也是一种醛类衍生物鞣剂。20 世纪初，人们已经合成了噁唑烷，50 年代以后才用于制革工业[55-58]。其官能团能与植物多酚和胶原蛋白分子中的活性基团发生交联反应，在很宽的 pH 和温度范围内使胶原的收缩温度大幅度提高。

20 世纪 70 年代，Thorpe 和 Gupta 就申请了噁唑烷鞣剂的专利。随后，噁唑烷鞣剂的应用得到了较大的发展，被认为是 20 世纪最好的无铬鞣剂。噁唑烷虽然毒性小，但价格昂贵，气雾对眼睛的刺激很大，因而未能得到广泛的应用。

噁唑烷(oxazolidine)的鞣性与所选用的原料(醛、酮)有关，只有具有鞣性的醛类合成噁唑烷才有鞣性。噁唑烷所得成革色泽洁白、柔软、丰满，单独鞣革综合性能差，一般用于预鞣和复鞣。噁唑烷能在很宽的 pH 范围内产生鞣性，最佳的鞣制 pH 是 10.0，鞣制后的收缩温度可达到 87℃。刘源森等[12]应用含羧基的噁唑烷对皮粉进行化学改性，引入的羧基增强了胶原对铬的吸收能力。例如，在 30℃、pH 为 4.5 的条件下，皮粉对铬吸收量 $w(Cr^{3+})/w$(皮粉)为 15.91mg/g，而噁唑烷改性后的皮粉对铬的吸收量达 33.57mg/g。

目前，用于鞣制的噁唑烷鞣剂主要有单环和双环结构，简称 OX-1、OX-2。其结构式为

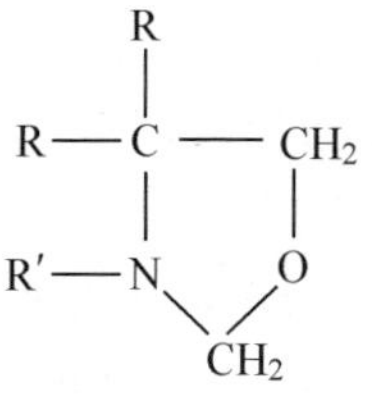

OX-1
(单环结构)

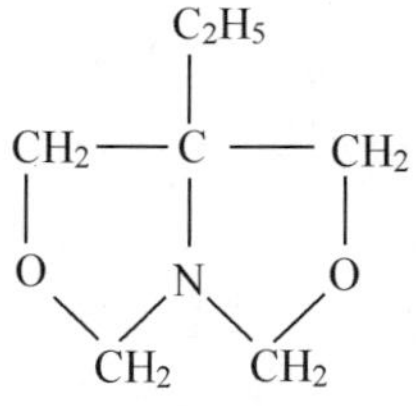

OX-2
(双环结构)

以噁唑烷为主要成分的代表产品有英国 Hodgsyn 公司的 Neosyn TX、德国 Truptan 公司的 Truptan OX 等。比较成熟的是 4，4-二甲基噁唑烷(OX-1)、3-羟乙基噁唑烷(OX-2)和 3-羟乙基噁唑烷丙烯酸(DOX)。OX-1 和 OX-2 均有良好的鞣性，能使革的收缩温度达到 85℃，与铬鞣剂结合鞣也能产生较好的效果，且能提高铬鞣剂的利用率，鞣制的革丰满而有弹性[59]。

双环噁唑烷鞣剂产品主要有 1-氮杂-3，7-二噁唑烷-5-乙基(3，3，0)辛烷(噁唑烷 E)和 5-羟甲基-1-氮杂-3，7-二噁唑烷-5-乙基(3，3，0)辛烷(噁唑烷 T)。双环噁唑烷与植物鞣剂结合使用，可以产生良好的鞣性，大大改善成革的力学性能[60]。以 OX-2 为例，其鞣制原理主要是与胶原的氨基形成共价键结合，与胶原羧基形成弱离子键结合，与咪唑基形成共价结合，与酪氨酸残基酚环以羟甲基形式发生缩合，但与胍基和醇羟基无交联反应活性。唑烷鞣革无毒、无副作用，能促进铬的吸收和结合，克服丙烯酸树脂的败色现象，成革柔软，强度好，并赋予成革一定的疏水性和耐汗性，因而极适宜生产轻、软型皮革产品，如服装革等。

几种新型的噁唑烷无铬鞣剂[61]结构如下：

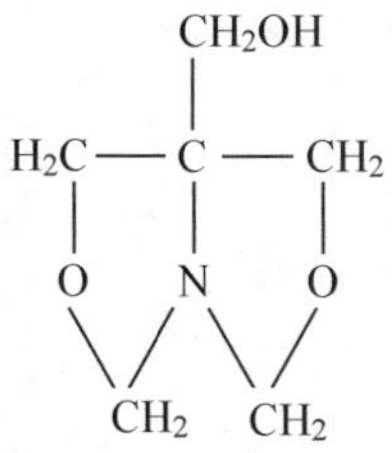

CH_2OH
$H_2C—C—CH_2$
O　N　O
CH_2　CH_2

Ⅰ

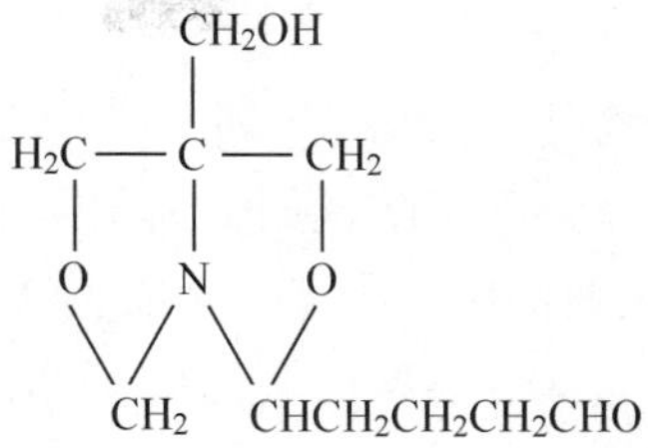

CH_2OH
$H_2C—C—CH_2$
O　N　O
CH_2　$CHCH_2CH_2CH_2CHO$

Ⅱ

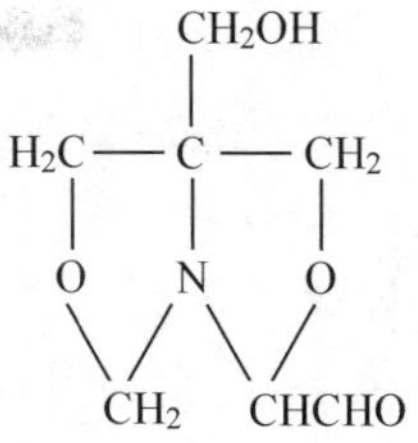

CH_2OH
$H_2C—C—CH_2$
O　N　O
CH_2　$CHCHO$

Ⅲ

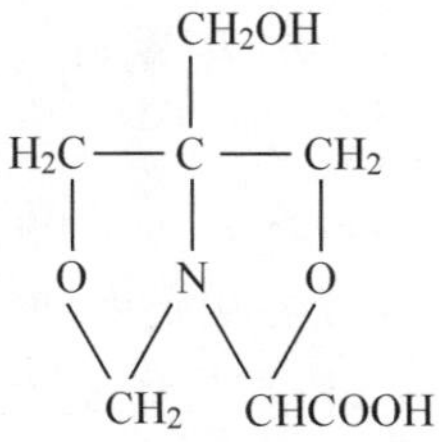

CH_2OH
$H_2C—C—CH_2$
O　N　O
CH_2　$CHCOOH$

Ⅳ

$HC—CH_2$
N　O
HOH_2CCH_2　CH_2

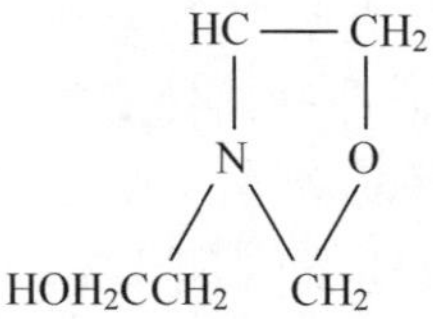

Ⅴ

5）芳香族合成鞣剂

习惯上，所谓的“合成鞣剂”多指芳香族合成鞣剂，其结构式为

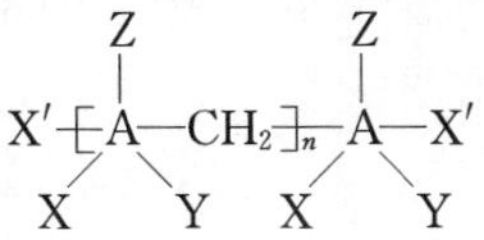

$$X'{-}\!\left[\underset{X\ \ \ Y}{\overset{Z}{A}}{-}CH_2\right]_n{-}\underset{X\ \ \ Y}{\overset{Z}{A}}{-}X'$$

X′（X 或 Y）＝H、OH、SO_3、COOH，Z＝OH、CH_2OH、NH_2

A＝芳环酚类或其衍生物、芳胺或其衍生物、芳醚及其衍生物

按其应用目的，可将合成鞣剂分为辅助性、代替性和特殊性 3 类。辅助性合成鞣剂几乎没有独立的鞣制作用，主要功能是分散植物鞣质，并提高其渗透性；代替性合成鞣剂则能与胶原大量结合而起到独立鞣制作用，提高裸皮的 T_s；特殊性能的合成鞣剂则能赋予皮革特殊的性能，如漂白性合成鞣剂和填充性合成鞣剂等。

鞣制时，合成鞣剂分子上的—OH、—SO_3H、—COOH、—NH_2 等与皮胶原分子上的—COOH、—NH_2、—CONH—等产生大量氢键结合。pH 变化时，皮胶原的电荷发生变化，不同合成鞣剂电离情况也发生相应的变化，电荷的强弱使电价结合强度发生改变，从而体现出强弱不等的鞣制效应。合成鞣剂与其他不同鞣剂配合使用，可制得符合不同要求和具有不同风格的多种类型的皮革。常用于植鞣轻革（山羊、绵羊和小牛皮）的复鞣，使成革丰满、手感好，颜色浅淡。

6）树脂鞣剂

树脂鞣剂一般是脂肪族合成鞣剂，它可以分为聚氨酯类鞣剂、含氮的羟甲基化合物类（氨基树脂类）鞣剂、苯乙烯-马来酸酐共聚物树脂鞣剂及丙烯酸树脂类鞣剂等。

(1) 聚氨酯类鞣剂。聚氨酯类鞣剂的特征是,分子中含有 $-NH-\overset{\overset{O}{\parallel}}{C}-O-$ 结构。按所带电荷情况,一般可将聚氨酯鞣剂分为阴离子型、阳离子型、两性离子型。聚氨酯类鞣剂主要作为复鞣剂使用。阴离子聚氨酯通过引入的羧基与铬鞣革中铬配位,从而起到固铬的作用。其他类型的聚氨酯则通过使分子侧链上的羟甲基与胶原的$-NH_2$反应,形成共价键。制革中,阴离子型聚氨酯主要用于复鞣,阳离子及两性离子聚氨酯主要用于助染、填充等。聚氨酯能分散胶原纤维、降低铬鞣革的结晶度,提高皮革的拉伸强度,并保持皮革的天然手感,赋予皮革较好韧性、柔性,同时具有优良的匀染、助染、助加脂等特性。

胶原在较高温度下很容易变性,而胶原的制备常以水为介质,须在低温条件下进行,难以干燥,因而,对其与聚氨酯的相互作用的研究方法上受到了很大的限制。徐社阳等[62]采用紫外法对不同离子型的聚氨酯树脂(PU)与皮胶原的相互作用进行了研究。结果表明,阴离子型、阳离子型水溶性聚氨酯树脂与胶原间有较强的静电相互作用,且形成非等量的聚电解质复合物。而非离子型水溶性聚氨酯与胶原间则观察不到明显的相互作用。聚氨酯在 280nm 处有强吸收,而胶原分子中具有芳香族侧链的氨基酸含量极小,在此处几乎没有吸收。因此,在研究聚氨酯与胶原相互作用的程度时,可先使聚氨酯与胶原充分作用,然后,沉淀出胶原与聚氨酯形成的复合物,测定溶液中残余聚氨酯的含量。残余聚氨酯含量越低,吸光度越小,就说明两者的相互作用越强。金勇等[63]研究发现,阴离子性的 PU 在与皮胶原作用时,可降低皮胶原的结晶度。高长有等[64]通过碳二酰亚胺脱水缩合技术,将明胶共价键合到经过聚甲基丙烯酸接枝改性的聚氨酯(PU-g-PMAA)薄膜表面,研究了内皮细胞在 PU-g-PMAA-g-Gelatin 薄膜表面的生长行为。结果表明,通过化学键合来固定明胶可有效促进材料表面的细胞相容性。在细胞培养及换液过程中,明胶可牢固地黏附在材料表面而不被洗脱,该固定方法同样可用于其他细胞生长因子,尤其是水溶性生长因子(如 RGD 肽、纤维粘连蛋白等)的固定化,以有效发挥这些因子在促进细胞生长中的作用。

(2) 含氮的羟甲基化合物类鞣剂。该类鞣剂俗称氨基树脂类鞣剂,主要包括脲醛树脂、双氰胺和三聚氰胺树脂鞣剂等。其结构式为

$$R-\underset{\underset{R'}{|}}{N}-CH_2OH \qquad \begin{array}{l} R'=\text{H 或其他取代基;} \\ R=\text{脂肪化合物或环状化合物} \end{array}$$

从结构式可知,其鞣制主要是利用 $N-CH_2OH$ 与胶原$-NH_2$ 脱水缩合,从而将断裂的胶原“缝合”起来。氨基树脂最大特点是填充性好,增厚明显,鞣后的革丰满、紧实,革色白、耐光。脲醛树脂鞣后的革吸水快、吸水量大,而三聚氰胺树脂鞣

后的革对湿气敏感，吸水肿胀，不耐储藏，且会缓慢释放出甲醛，影响成革的质量。

丁志文等[65]采用从含铬皮革废弃物中提取的胶原蛋白，用氨基树脂进行改性，得到了稳定的氨基树脂改性胶原蛋白复鞣剂，并将制备的复鞣剂用在羊皮的复鞣中。其制备方法可用以下反应式表示：

$$\underset{\text{(尿素)}}{H_2N-\overset{\overset{\displaystyle O}{\|}}{C}-NH_2} + HCHO \longrightarrow \underset{\text{(氨基树脂预聚体)}}{HOCH_2 \leftarrow NH\overset{\overset{\displaystyle O}{\|}}{C}NHCH_2 \rightarrow_n OH}$$

$$HOCH_2 \leftarrow NH\overset{\overset{\displaystyle O}{\|}}{C}NHCH_2 \rightarrow_n OH + \underset{\text{(不含铬胶原蛋白)}}{H_2N-Col-COO^-}$$

$$\downarrow$$

$$^{-}OOCCH_2-Col-NH-H_2C \leftarrow NH\overset{\overset{\displaystyle O}{\|}}{C}NHCH_2 \rightarrow_n NH-Col-COO^-$$

$$HOCH_2 \leftarrow NH\overset{\overset{\displaystyle O}{\|}}{C}NHCH_2 \rightarrow_n OH + \underset{\text{(含铬胶原蛋白)}}{H_2N-Col-COOCr^{2+}}$$

$$\downarrow$$

$$^{2+}CrOOC-Col-NH-H_2C \leftarrow NH\overset{\overset{\displaystyle O}{\|}}{C}NHCH_2 \rightarrow_n NH-Col-COOCr^{2+}$$

尿素、三聚氰胺和甲醛反应形成的羟甲基与胶原蛋白的氨基发生反应，将胶原蛋白的结构引入到氨基树脂的结构中，提高氨基树脂的稳定性能，并利用胶原蛋白具有两性结构的特点，制备两性氨基树脂复鞣剂，改善氨基树脂的复鞣填充性能。

(3) 苯乙烯-马来酸酐共聚物树脂鞣剂。该类鞣剂实际是苯乙烯-马来酸酐共聚物(SMA)的半钠盐或半铵盐及其衍生物，基本属于交替共聚物，其结构可示意为

X 为—OH 或—NH—CH_2—SO_3Na

由于该类鞣剂分子中带有体积庞大的苯环，因而可以填充于胶原纤维间使纤维松散。同时，分子中含大量的—COOH，可与 Cr^{3+} 和皮胶原结合，或直接与胶原

的氨基形成氢键和静电结合，起到鞣制作用。该类鞣剂鞣制的革粒面细致，毛孔清晰，革身丰满，尤其适合白色革和彩色革生产。该类鞣剂为两种硬性单体共聚物，鞣制后革身较硬，而大量—COOH 的存在，也会影响后期的染色效果[66]。

共聚物的结构不同，性能各异，对成革的性能影响也不同。苯乙烯-马来酸酐无规共聚物的鞣性、填充性、柔软性及匀染性能均优于交替性共聚物[67]。沈一丁等通过溶液转相乳液共聚法，制备了苯乙烯-马来酸酐无规共聚物，用作复鞣剂，填充于皮革胶原纤维之间，使胶原纤维松散且成革的耐热、耐寒及耐溶剂性都得到改善。这种无规共聚物可通过引入第三单体（甲基丙烯酸甲酯、丙烯酸甲酯、丙烯酸乙酯、丙烯腈、丙烯酸等），来调整其鞣性、填充性、柔软性及匀染性。

(4) 丙烯酸树脂类鞣剂。丙烯酸类聚合物鞣剂是复鞣剂的一类。其大分子侧链上的羧基能与皮胶原肽链上的多种基团以及铬鞣革中的铬盐发生化学结合，宏观上表现出选择性填充和增厚作用。复鞣后的革耐光、耐老化。线性结构的丙烯酸类聚合物分子能够更好地渗透到皮革中，鞣制后的废液具有无毒、易处理等特性。因此，丙烯酸类聚合物鞣剂自问世以来，一直受到皮革界人士的青睐和关注[68]。用于皮革的丙烯酸树脂鞣剂一般为乳液型或水溶液型。常用的单体有丙烯酸、甲基丙烯酸、丙烯腈、丙烯酰胺、(甲基)丙烯酸酯、苯乙烯、马来酸酐等，也可以加入硫酸化植物油、长链脂肪醇或动物油、醛类等单体。其中，最常用的是丙烯酸和甲基丙烯酸[69]。丙烯酸聚合物的大分子侧链上有大量羧基，能与皮胶原分子形成氢键、电价键等多种结合形式[70]，且其电离后可与铬(Ⅲ)形成配合物[71]，有利于固定皮胶原纤维及铬。以甲基丙烯酸为主的聚合物鞣剂处理过的坯革丰满、粒面细致紧实[72]；以丙烯酸为主的聚合物鞣剂处理过的坯革色浅，但粒面不如前者细致，常在制造聚合物鞣剂时，采用两种单体搭配使用。通常，甲基丙烯酸所占的比例多在 60%以上。

不同的单体及配比得到的丙烯酸类聚合物，对坯革的染色均匀性及坯革的柔软性、强度、断裂伸长率等有很大的影响。马建中等[71]研究发现，与丙烯酸共聚的单体中，含极性基团的共聚单体有利于复鞣革抗张强度、耐湿热稳定性的提高，但影响其柔软性和柔韧性；共聚单体丙烯酰胺对复鞣革的丰满性具有特殊的贡献；丙烯酸酯类单体，有利于复鞣革样柔韧性的提高，并与酯基碳链的长短有关；含甲基的共聚单体对胶原纤维的柔韧性产生不利的影响。

聚合物的相对分子质量影响其填充性能和成革的手感。丙烯酸酯类复鞣剂的相对分子质量一般为 2000～10 000。在此范围内，随着相对分子质量的增大，丙烯酸聚合物的填充能力增强，成革的手感更加丰满[73]。而甲基丙烯酸聚合物或甲基丙烯酸与丙烯酸单体的共聚物对皮革的填充效果与其相对分子质量的大小无关。小分子和中等大小的分子可赋予皮革极好的动态防水性。聚合物含 70%～80%的亲水单体时，可使皮革具有极好的吸水性，但随着相对分子质量的增大，吸水性变差。丙烯酸类聚合物含有大量的羧基,一般需要对其进行不同程度的中和。中和之后,羧基变成羧酸盐,一方面可以在调节酸碱度时起到缓冲作用,另一方面也可以促进聚合物在坯革内的渗透,增加聚合物与铬的结合概率。成革的柔软性随聚丙烯酸类聚合物 pH 的升高而增加。

丙烯酸酯类单体均含有不饱和双键。制备丙烯酸类聚合物鞣剂最常用的方法是在过氧化物引发剂或氧化还原引发体系的引发下,采用自由基水溶液聚合或乳液聚合。

丙烯酸树脂选择填充性强,尤其对边肷部位填充良好。因此,经聚丙烯酸酯类鞣剂复鞣的成革丰满、柔软,粒面细致,均匀度提高,还具有较好的耐光性和抗老化性。但是,这类树脂鞣成的皮革存在不同程度的"败色"现象。

魏德卿等[74]以明胶为胶原模型,用聚甲基丙烯酸钠和聚丙烯酸钠作鞣剂,研究了这类鞣剂的鞣性。结果表明,鞣剂分子渗入胶原内部,在胶原之间形成微环境,其主要作用为侧基-侧基型库仑相互作用。相对分子质量较小的聚合物分子渗入原纤维内部,与初原纤维发生库仑作用;相对分子质量较大的聚合物分布在原纤维间,以库仑力结合并沉积在原纤维表面;相对分子质量更大的聚合物分布在原纤维和纤维束之间,从而形成内层、中间包裹层和外部填充层。交联作用主要发生在中间包裹层,并将内层与外层联结起来,同时适当分散胶原纤维束。刘宗惠等[75]通过水溶液聚合的方法研制出了具有明显的选择填充作用的助鞣型丙烯酸类聚合物鞣剂 ART-Ⅰ、自鞣型丙烯酸类聚合物鞣剂 ART-Ⅱ、阳离子树脂复鞣剂 ART-Ⅲ,并在皮革加工过程中得到广泛的应用。王鸿儒等[76]在碱性介质中用丙烯酸接枝预处理裸皮,增加了裸皮中胶原羧基的含量。Jin[77]以丙烯酸和甲基丙烯酰氧乙基三甲基氯化铵(DMC)为原料,在水中采用自由基共聚的方法制备了两性丙烯酸树脂复鞣剂。应用结果表明,当两性聚合物中阳离子单体的摩尔分数大于 25%,复鞣时可以避免"败色"现象。

(5) 乙烯基类聚合物鞣剂。在一定条件下,丙烯酰胺衍生物交联剂与皮胶原进行交联反应,可使皮胶原的收缩温度达到 80℃以上,并可提高皮胶原的抗化学腐蚀性和抗酶作用。这些丙烯酰胺衍生物有:羟甲基丙烯酰胺(HMAA)、双羟甲基丙烯酰胺(DHMAA)、N,N'-亚甲基双丙烯酰胺(MBAA)、N,N'-三亚甲基双丙烯酰胺(TMBAA)、N,N'-六亚甲基双丙烯酰胺(HMBAA)等。李升等[78]采用红外光谱、热分析、X 射线衍射、电子显微镜、动态黏弹谱等分析测试手段,对丙烯酸聚合物鞣剂 ART 与皮胶原的相互作用进行了研究。研究发现,鞣剂的羧基与铬鞣革中的铬发生了配位结合,少量鞣剂分子渗入皮胶原分子的螺旋状肽链之间,更多的鞣剂分子则与超分子尺寸以上的各级纤维作用。

复鞣时,小分子聚合物鞣剂进入原纤维内,与铬鞣剂发生配合,增大了铬鞣剂的尺寸,使其难以迁出原纤维。大分子鞣剂进入纤维间隙后,与纤维外缘的胶原活性基结合，形成纤维的包裹膜，堵塞了铬鞣剂外迁的通道。这两种效应都促进了铬鞣剂与胶原活性基团的进一步结合，提高了铬鞣皮胶原纤维网络间的交联度，产生应力集中，导致皮革力学性能的变化，皮革的手感也得到改善。

鲍艳等[79]认为，聚合物鞣剂分子可以进入皮胶原纤维分子链间，其羧基等活性基可以与铬(Ⅲ)及胶原分子上的氨基、羧基等通过配位键、氢键结合，形成化学交联网络，聚合物与胶原纤维分子间的作用力使两者的分子链互相缠结、吸附，形成物理缠结-吸附网络，起到填充和复鞣作用。皮胶原纤维受到外力时，吸附缠结点使其应力重新分配，起到增强填充的作用。张新民等[80]借助 DSC 法，研究了皮革的热变性行为。他们认为，鞣剂分子与皮胶原的作用破坏了胶原分子间部分氢键，降低了皮胶原的结晶度；同时，鞣剂与皮胶原发生多点结合形成网络结构，使胶原的结构发生改变，提高了其热稳定性。马建中等[81]采用定量分析、复鞣革的性能测定及 X 射线衍射分析、扫描电镜观察等方法，研究了乙烯基类聚合物鞣剂与皮胶原的相互作用机理，提出了多点氢键结合、电价键结合、配位交联结合及互穿网络交联结合的机理模型。他们认为，乙烯基类聚合物鞣剂与皮胶原相互作用后，产生的鞣制效应是多点氢键结合、电价键结合、配位交联结合及互穿网络交联结合等多种结合形式的协同作用。这些多点氢键结合、电价键结合、配位交联结合，使乙烯基聚合物鞣剂与皮胶原有一定的结合量，从而提高了皮革的收缩温度和耐热稳定性。互穿网络交联结合使复鞣后的胶原纤维得到松散，细纤维及原纤维间距变大，胶原分子的统计平均间距变长，皮革的丰满性增加、断裂伸长率提高、抗张强度下降。Joseph 等将富含羧基的乙烯基类单体聚合物用于铬鞣的提碱阶段。由于其对铬配合物良好的交联与固定作用，显示出了显著的助铬吸收作用[82]。马建中等[81]对乙烯基类聚合物复鞣剂进行了深入的研究，在丙烯酸均聚物中的 α-C 上引入了叔胺基团，制备了两性丙烯酸树脂，建立了乙烯基聚合物组成结构与性能的量化关系，结合丙烯酸均聚物羧基 α-H 的 Mannich 反应，成功地开发了一系列复鞣剂。吕生华等[83]以甲基丙烯酸、丙烯酸丁酯及顺丁烯二酸酐为原料，用分子设计的原理合成制备了具有填充发泡性能的乙烯基聚合物皮革复鞣剂。该复鞣剂复鞣的皮革丰满、柔软、弹性好。林建平[84]以非极性溶剂、不饱和二元羧酸酐和乙烯基单体，经油溶性引发剂引发共聚后，逐步加入去离子水共沸，蒸出非极性溶剂，然后加入中和剂，形成水溶性的填充型皮革复鞣剂。该填充型皮革复鞣剂使皮革丰满、富有弹性。潘卉等[85]采用二乙基二烯丙基氯化铵和丙烯酸等乙烯基类单体，在水溶液中以适当的比例通过共聚合反应制得了两性乙烯基类树脂复鞣剂。经该复鞣剂复鞣后，成革色泽饱满、无“败色”现象，且成革手感丰满厚实、弹性较好。

7）植物鞣剂及结合鞣剂交联

植物鞣剂中能发生鞣制交联作用的是植物鞣质。植物鞣质是一个多组分的体系。在与胶原相互作用时，植物鞣质中参与反应的基团有酚羟基、脂肪族羟基、吡喃环上的醚氧基、酚羧酸的酚酸基，以及其他能作为氢键结合的给予体或接受体的基团。

胶原上的许多官能团都可与植物鞣质发生反应：①胶原主链上的肽基—NH—CO—，有利于形成氢键结合；②胶原侧链上的—OH，有利于作为氢键结合的给予体或接受体，其中包括在羟脯氨酸、丝氨酸、苏氨酸和酪氨酸残基上的羟基；③胶原侧链上的—NH_2，也有利于作为氢键结合的给予体或接受体，而带电荷的—NH_3^+ 则能发生静电结合；④胶原侧链上的—COOH，有利于作为氢键结合的给予体或接受体，而带电荷的—COO^- 能发生静电的结合；⑤胶原的非极性的部分，通过范德华力与植物鞣质结合。

以 Covington 为代表的一批学者，从动力学和热力学出发，利用现代的测试手段，量化了鞣制过程的变化，并结合胶原和鞣料的结构，从空间构象上讨论了交联键的湿热稳定性[86]。

由于氨基酸是蛋白质的基本组成单元，研究植物鞣质与氨基酸的反应机理，可为认识植物鞣质与蛋白质的反应机理奠定基础。石碧等[87]研究表明，氨基酸均可使 PGG(植物多酚)在蒸馏水和水-溶剂中的溶解度增加。氨基酸的浓度越大，PGG 溶解度增加越多。氨基酸中脂肪碳原子的数量越多，鞣质的溶解度越大。这是由于氨基酸中的脂肪碳原子能与鞣质中的疏水基团发生疏水缔合(如下图)，而所含的氨基和羧基与水共溶，从而使鞣质分子在水中的稳定性增强。脂肪基越大，与疏水基团的疏水结合越好，增加鞣质溶解度的效应越明显。可见，植物鞣质的疏水基团能够很好地与蛋白质分子中的疏水部分发生缔合，这应是植物鞣质-蛋白质结合的一种重要方式。含 4 个或 4 个以上疏水基团的植物鞣质分子能使明胶发生沉淀，疏水基团数目少于 4 个时，不能使明胶沉淀。植物鞣质的相对分子质量大小决定着其鞣革性能。

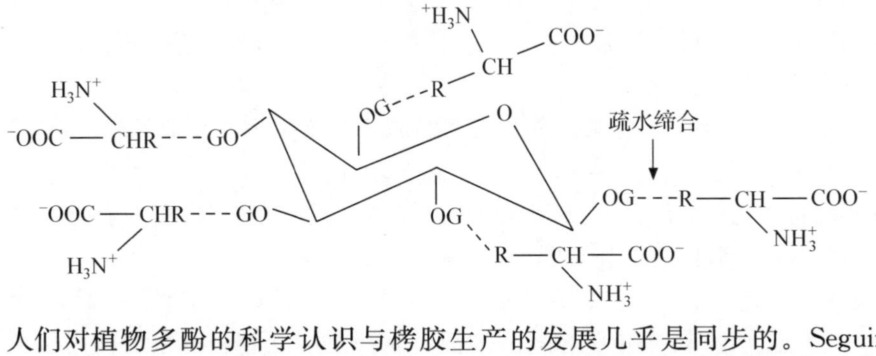

人们对植物多酚的科学认识与栲胶生产的发展几乎是同步的。Seguin 于 1796 年定义了一个专门术语 Tannin(单宁)来表示植物水浸提物中能使生皮转变成革的化学成分。后来，人们逐渐认识到，能产生鞣制作用的是一系列植物多酚化合物。对生皮产生鞣制作用的有效成分是植物浸提物(栲胶)中相对分子质量为

500～3000 的植物多酚。相对分子质量小于 500 的植物多酚几乎不能在皮胶原纤维间产生有效的交联作用，因而没有鞣性；相对分子质量大于 3000 的植物多酚则难于渗透到皮胶原纤维中。因此，确切地说，单宁是指相对分子质量为 500～3000 的植物多酚。

植物鞣剂还可与其他鞣剂协同作用提高鞣制效果。石碧等[88]在充分总结国内外学者研究工作的基础上，对植物鞣法、植-铝结合鞣法、植-醛结合鞣法及植物单宁用于复鞣的基本原理进行了较系统的研究。结果发现，植物单宁与皮胶原的结合，主要是疏水键协同作用下的氢键结合机理和胶体作用机理，而离子键和共价键结合的概率很小。植物单宁与铝盐的鞣制协同效应（可生产高湿热稳定性皮革）源于单宁的酚羟基与铝离子的配位作用。铝离子以 Al^{3+} 和 $[Al(OH)_2Al]^{4+}$ 的形式与单宁的邻位酚羟基形成稳定的五元环配合后，可再与胶原的羧基配合，从而在胶原肽链间产生交联。连苯三酚比邻苯二酚更容易发生上述配合反应，苯环上含吸电子基团时也能促进配合反应的发生。这是水解类单宁用于这种结合鞣法时，成革的收缩温度高于使用缩合类单宁的原因。

植物单宁与醛类化合物的鞣制协同效应源于醛在单宁苯环的亲核性位置上发生的交联反应。缩合类单宁的基本结构单元是黄烷-3-醇，其环的 6 位和 8 位属亲核性较强的位置，故植物单宁与醛的鞣制协同效应显著，而水解类单宁缺乏亲核性较强的位置，与醛的鞣制协同效应不明显。

植物单宁单独鞣革的鞣性大小，与其分子的空间构型密切相关。具有“体形”结构的单宁（如荆树皮单宁）的鞣性优于“线形”结构的单宁（如落叶松单宁）。

何先祺等[89]用紫外、红外等吸收光谱研究方法，对植-铝结合鞣机理的研究表明，多元酚-铝-胶原羧基三者之间可形成交联。胶原的氨基和羧基也可同时与多元酚-铝配合物中的铝原子配位形成交联，这种交联是一种网状结构。这种网状交联是铝既与植物鞣质多元酚形成多点配位，又与胶原侧链或主链上各种活性基团反应的结果。黄酮体非鞣质在植-铝结合鞣中，也能发挥同鞣质一样的作用，即可形成桥式交联和网状交联。

王远亮等[90]用聚己内酰胺模拟胶原的肽键的研究表明，多元酚-铝与肽键基团能够发生作用（配合）。由于胶原的肽键众多，这种交联模式在植-铝结合鞣中成为重要的机理之一。除此之外，用鞣酸-铝处理胶原和变性胶原后，红外光谱图分析的结果显示，鞣酸-铝与胶原的羧基、氨基和肽键区均能发生作用。正是这些桥式交联和网状交联，使植-铝结合鞣革具有很高的湿热稳定性（收缩温度高达 120℃以上）。植物鞣质-铝配合物中的铝与肽链上的羰基和氨基的作用可分为两种情况，一种是氨基和羰基处于同一肽链中，可能形成如下示意的结构：

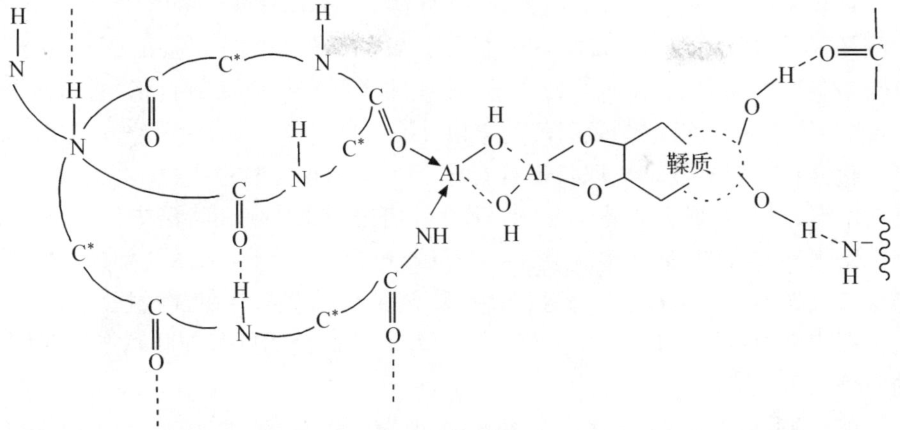

鞣质中，未参与和铝配合的酚羟基与不同肽链间的 O、N 原子之间可以形成氢键。另外一种情形是，羰基和氨基不在同一肽链中，如在肽链间，可能形成如下所示的结合形式：

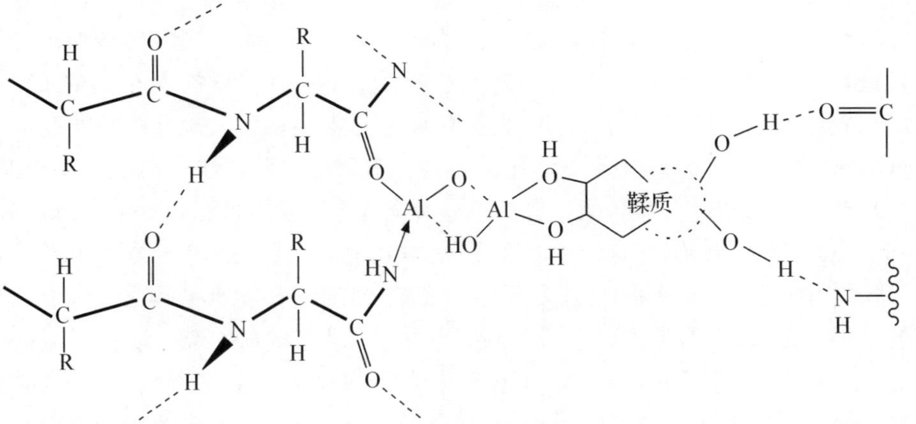

王远亮等在研究中使用的是聚己内酰胺，似乎只能说明后一种情形，因为聚己内酰胺在溶液中不可能形成胶原那样的 α 螺旋结构。前一种情形可由变性皮粉经鞣酸-铝鞣制，比较鞣制前后皮粉的红外吸收光谱，可表明鞣酸-铝能与肽基作用。

Shiner 等[91]的研究表明，在三异丙醇-铝-乙二胺的配合体系中加入丙酮，丙酮取代其中一个异丙醇的位置参与配位，形成了配合物，此时为 pH 3.5～5.0，说明铝在有氨基配位时，羰基可与氨基配位的铝原子配位。

8）金属鞣剂交联

可用于胶原交联改性的金属鞣剂，除前述的铬鞣剂交联外，常用的还有钛、铝、锆、铁和稀土金属等。

(1) 钛鞣剂交联。无机鞣剂中，钛(Ⅳ)的鞣革性能，在铬、锆之后，位于第三位。钛鞣革色白，柔软、丰满、有弹性，革身紧实，成革纵向、横向延伸率相仿，耐光、耐洗、耐储存，收缩温度可高达 95～97℃。钛的储量高，且不造成污染，易于回收。钛与锆属同族元素，但钛(Ⅳ)的离子半径比锆(Ⅳ)要小，而接近铬(Ⅲ)，一般进行 d^2sp^3 杂化。在水溶液中，钛(Ⅳ)通常以 TiO^{2+} 的形式存在，由于空轨道的存在，钛(Ⅳ)化合物对双分子亲核取代反应(S_N2)呈活性。水中的钛(Ⅳ)化合物，由于水解与配聚作用，会成为多核配合物。作为鞣剂的硫酸钛，在溶液中以阴离子为主，经持续水解与配聚，最终将变成 $TiO_2 \cdot nH_2O$ 沉淀。有人采用红外光谱法研究了硫酸氧钛铵与蛋白质凝胶的相互作用，发现其作用点主要在含氮基团和少量羰基上。在皮胶原的鞣制过程中，钛鞣剂主要和胶原侧链的氨基与胍基作用，所得成革的收缩温度达 86～89℃。

彭必雨等[92]从配位化学的角度考虑，认为 Ti(Ⅳ)能比 Zr(Ⅳ)、Al(Ⅲ)、Fe(Ⅲ)等离子形成更稳定的配合物，用于鞣革的 Ti(Ⅳ)与胶原分子形成的配合物的稳定性也高于其他金属离子，而且 Ti(Ⅳ)在水溶液中能形成大分子的聚合物。如果控制 Ti(Ⅳ)水解、配聚作用的程度，提高 Ti(Ⅳ)溶液的稳定性，使 Ti(Ⅳ)配合物的尺寸满足鞣制的需要，提高其与胶原分子的反应活性，则 Ti(Ⅳ)的鞣革性能从理论上完全可以超过 Zr(Ⅳ)鞣(成革的 T_s)。因此，提高 Ti(Ⅳ)溶液的稳定性，降低其水解程度，增加 Ti(Ⅳ)配合物的反应活性，使钛鞣能在较高的 pH 进行，增加胶原分子活性基团与 Ti(Ⅳ)的配位能力是提高钛(Ⅳ)盐鞣性的关键。

(2) 铝鞣剂交联。铝鞣是一种比较古老的鞣革法，明矾鞣法即属于铝鞣法。铝(Ⅲ)与铬(Ⅲ)的电荷相同，但二者的摩尔体积却相差很大(铝：10 cm^3/mol；铬：7.2 cm^3/mol)。所以，铝配合物中心离子的静电场强度低于铬，使铝配合物的牢度低于铬(Ⅲ)配合物。铝(Ⅲ)形成的配合物的配位键，属 sp^3d^2 杂化配键，能量较高，处于不稳定状态，这种键的形成与断裂都很快，很容易发生亲核取代反应(S_N1 或 S_N2)。因此，铝鞣革不耐水洗。丁毅等[93]的研究表明，铝配合物在与胶原作用时，在相邻肽链间形成的交联键很少，主要是单个羧基配位，形成的铝配合物分子小，对稳定胶原的结构作用不大，因而成革收缩温度低。单独使用铝鞣剂，成革为纯白色，柔软，粒面细致紧实，延伸性好。但是，由于其不耐水洗和收缩温度低的两大缺陷，目前很少单独用作鞣剂。在结合鞣法中，它与其他鞣剂共用，却有很独特的优点。由于铬盐的资源短缺及其对环境的危害，已有制革化学家和工程师们将目光转到铝鞣剂上，古老的铝鞣将在现代科技的指引下呈现新的前景。

(3) 锆鞣剂交联。锆鞣始于 20 世纪 30 年代，其鞣性在已知的金属盐里仅次于铬盐，而且没有污染，所以尽可能以锆盐取代铬盐，意义十分重大。锆鞣具有以下优点：锆鞣革颜色纯白，适宜做浅色革；锆盐填充性能好，成革丰满；耐磨性好；耐储存，耐老化，抗汗液、霉菌等侵袭。但是，锆鞣也存在成革板硬、吸水性大，收缩温度不及铬鞣革，操作时要求 pH 相当低，胶原损失大等缺陷。锆盐在水中以聚合体形式存在，一般以羟基为桥键，在硫酸盐[$Zr_2(OH)_2(SO_4)_3(H_2O)_4$]中，硫酸根也可作为桥键。锆(Ⅳ)在水中也会发生水解与配聚，且配聚化合物分子很大。锆(Ⅳ)有多种轨道杂化方式，以 sp^3、d^2sp^3、d^3sp^3、d^4sp^3 四种最为常见，相应配位数为 4、6、7、8。空间构型也多种多样，有八面体、五角双锥、正方反三棱形等。锆(Ⅳ)的轨道杂化属于内轨型，在四种常见的杂化轨道中，形成的配合物均有空 d 轨道，所以对双分子亲核取代反应(S_N2)呈活性。蒋廷方[94]认为，锆鞣的机理与铬鞣不同，胶原羧基不能与锆的中心离子配位，主要是阴离子锆配合物与胶原碱性基(赖氨酸中的 ε-氨基和精氨酸中的胍基)作用。胶原羧基不参与锆(Ⅳ)配位的证据是[95]：①把胶原羧基酯化后，不影响固定的锆盐量；②铬预鞣不影响锆鞣；③锆预鞣几乎不影响以后固定的铬盐量。锆(Ⅳ)配合物化学性质十分复杂，人们对它认识还不太清楚，但它的优点(如地壳中蕴藏量大，无污染，鞣革性能好等)将吸引人们对它进行更深入的研究，在以后的制革工业中，它势必扮演更重要的角色。

(4) 铁鞣剂交联。铁鞣最早出现在 1770 年，由于其自身的缺点一直未能得以推广。铁鞣革内铁(Ⅲ)—铁(Ⅱ)的氧化-还原不稳定性，使革内不断发生铁(Ⅱ)—铁(Ⅲ)的氧化-还原振荡，对胶原的氧化有催化作用，使得铁鞣革的耐储藏性极差。中国的铁鞣研究始于 1920 年，侯德榜曾发表多篇关于铁鞣的论文。杜春晏、管玉泉也进行过铁盐鞣革的试验。铁盐在与强配位体配位时，为 d^2sp^3 杂化；而在与水分子这样的弱配位体配位时，则采用 sp^3d^2 杂化。这种外轨型配合物稳定性较差，对于亲核取代反应(S_N1 或 S_N2)呈活性。铁盐的填充作用十分明显，这一点与锆鞣很相似，但从成革的性质看，铁鞣革更接近铬鞣革。铁(Ⅲ)的磺基配合物可使革的收缩温度达 99～100℃。铁鞣时加入柠檬酸与丙三醇，成革收缩温度可达 99℃，如用四氯化钛工厂的副产品三氯化铁，采用同样方法，成革温度可达 110℃[96]。

(5) 稀土金属鞣剂交联。稀土金属盐的鞣性在 20 世纪 50 年代末被人们发现。国内的研究工作则始于 80 年代初。稀土金属离子的极化能力弱，形成的配合物稳定性差，所鞣革的收缩温度低，耐洗性差。稀土鞣剂的助鞣、复鞣及结合鞣性能，尤其是其助染性能具有较高的应用价值。

具有鞣性的金属还有很多。例如，汞化合物可使皮的收缩温度高达 91℃；钴(Ⅳ)化合物处理的明胶膜，在沸水中可煮 5min 不收缩；用锇化合物处理的胶原，收缩温度可达 84℃；钨(Ⅵ)、钼(Ⅴ)、钒(Ⅴ)的同多酸或杂多酸虽然不能使收缩温度提高太多，而真皮却已发生变性，失去吸水性和酸胀能力；铜的鞣性研究也出现在有关文献上。

9) 其他鞣剂交联

聚偏磷酸虽不被认为是一种鞣剂，但把六偏磷酸钠等应用于铬鞣过程，结果却颇有价值。杨宗邃等曾把六偏磷酸钠用作铬鞣蒙囿剂。硅酸盐鞣革的收缩温度可达 80℃，但它的结合作用即使在成革中也还在不断进行，结果在真皮结构中生成硅酸盐构架，故硅酸盐鞣革在储存时会脆。

接枝-配位鞣制是含鞣性金属的单体，对皮胶原的接枝共聚和鞣制配位交联双重改性的统称，属于高分子化学、皮胶原蛋白改性、配位化学等学科的交叉研究领域[97]。邵双喜等[98]用丙烯酸铈(Ⅲ)配合物与丙烯酸乙酯(EA)一起对明胶进行了改性。合成聚合物与皮胶原的结合主要是通过Ce(Ⅲ)离子的配位作用来实现。他们采用乳液接枝共聚法，研究了丙烯酸铈(Ⅲ)-丙烯酸丁酯(BA)对明胶的改性，考察了乳化剂种类、用量、介质、pH、乳液固含量和铈离子浓度等因素对反应及乳液稳定性的影响，得到了接枝-配位鞣制的改性产物。研究发现，Ce(Ⅲ)离子在明胶改性中主要起鞣制作用，其含量越高，鞣制作用越强。合成聚合物与明胶的结合主要通过Ce(Ⅲ)的架桥作用来实现。乳液聚合属于一种分散相稳定体系，单体与明胶能充分接触，明胶链上的自由基引发，以及单体的链增长反应概率都很大。因此，合成聚合物与明胶的结合形式除了配位结合外，还有共价键的形式。乳液聚合改性实现了丙烯酸铈(Ⅲ)和丙烯酸丁酯对明胶的接枝共聚鞣制。适宜的反应温度50℃，反应时间6h，乳化剂(OS-15)8%～10%，介质pH 5.3～6.3，固含量6.7%～8.4%。体系中Ce(Ⅲ)的离子浓度越大，鞣制作用越强，乳液固含量越高，但对乳液的机械稳定性不利。

2. 胶原侧链的修饰改性

胶原经水解后成为多肽链，释放出很多活性侧链基。明胶就是水解后的动物胶原，有A和B两种类型。A型是酸性水解产物，B型是碱性水解产物。明胶的本质是一种蛋白质，它是由各种氨基酸通过羧基与氨基的相互连接而形成的一种多肽链。明胶多肽链的分子结构可描述为

$$\left[\!-\text{NH}-\text{CRH}-\text{CO}-\!\right]$$

其中的R基代表明胶肽链的侧链基团，如烷基、氨基、羧基、胍基、咪唑基、巯基、硫醚基、羟基及吲哚基等。这些侧链的功能性基团是明胶修饰改性的基础。

明胶的许多优良性能使其被广泛地应用于感光材料、食品、医药等领域。但是，明胶本身固有的一些缺陷，如吸水性过强、机械强度低等，使明胶的使用范围受到了限制。近年来，研究者们发现，通过选择性试剂对明胶侧链基团进行改性，可以大大地改善明胶的某些物理、化学性质，使其更好地满足某些应用要求。

明胶的修饰改性主要是其侧链基团的改性[99]，是通过低分子试剂与明胶大分子侧链上某些功能性基团发生化学反应来实现的，包括其中羧基、氨基、硫醚基、咪唑基等侧基的修饰改性。最初，人们仅局限于对赖氨酸的ε-NH_2进行改性，改性的方法也比较单一，通常是明胶分子与酰氯或酸酐起酰化作用而得到$RCON^-$(R可代表烷基或芳香烃基团)。例如，用邻苯二甲酸酐处理得到的酞酰化明胶(PA)[100]可用作感光乳剂的沉降剂，其性能比传统的水洗乳剂的性能优异。

1）明胶羧基的修饰改性

在碳化二亚胺对羧基进行改性时，明胶的物理抑制性随着酰胺化引起的羧基封闭率的上升而升高。改性方法表示为

$$\mathrm{Gel{-}C({=}O){-}O^-} + \mathrm{R^1{-}N{=}C{=}N^+H{-}R^2} \xrightarrow{H^+} \mathrm{Gel{-}C({=}O){-}O{-}C({=}N^+H{-}R^1)(NH{-}R^2)} \xrightarrow{NH_4Cl}$$

$$\mathrm{Gel{-}C({=}O){-}NH_2} + \mathrm{O{=}C(NH{-}R^1)(NH{-}R^2)} + 2H^+ + Cl^-$$

明胶分子与羧基活化剂反应，生成的产物与胺 NHR^1R^2 反应，生成酰胺（含—CO—NR^1R^2，其中，R^1 和 R^2 可以代表 H、取代或未取代的含 1～10 个碳原子的烷基，取代或未取代的含 6～14 个碳原子的芳基，取代或未取代的含 7～10 个碳原子的芳烷基）。改性反应可表示为

$$\mathrm{Gel{-}COOH} + \mathrm{AX} \longrightarrow \mathrm{Gel{-}COO{-}X}$$

$$\mathrm{Gel{-}COO{-}X} + \mathrm{NHR^1R^2} \longrightarrow \mathrm{Gel{-}CO{-}NR^1R^2}$$

AX 又称坚膜剂或肽链偶合剂。较理想的胺应既含有疏水残基，又含有可作为抗静电剂的残基。最理想的胺是金刚烷胺（adamantine amine，AA）。氟代烷基、氟代芳基、氟代芳烷基均可较好地充当抗静电剂。

羧基活化剂有很多，较典型的化合物是

$$(R_{52})(R_{53})N{-}OC{-}\overset{+}{\text{咪唑环}}{-}CO{-}N(R_{54})(R_{55})\quad X^-$$

其中，X^- 是一个离子。咪唑环可被一个含 1～3 个碳原子的烷基取代。R_{52}、R_{53}、R_{54}、R_{55}代表取代或未取代的含 1～3 个碳原子的烷基、取代或未取代的含 6～14 个碳原子的芳基、取代或未取代的含 7～12 个碳原子的芳烷基。如化合物：

$$(CH_3)_2N{-}OC{-}\overset{+}{\text{咪唑环}}{-}CO{-}N(CH_3)_2\quad Cl^-$$

R_{52}和 R_{53}或 R_{54}和 R_{55}也可共同形成一个含 C、O、N 或其组合的取代或未取代的五元或六元饱和环。如化合物

$$\text{O(六元环)N}{-}OC{-}\overset{+}{\text{咪唑环}}{-}CO{-}\text{O(六元环)N}\quad Cl^-$$

明胶的改性程度可通过其吸水性来表征。吸水性是通过称量一个 10cm×10cm 的样品在浸水前和溶胀后的质量来确定的。可由下列公式求得

$$吸水性(WA,mg/cm^2)=\frac{(软片的湿重-干重)(mg)}{100(cm^2)}$$

与纯明胶相比，加入了金刚烷胺后，明胶的交联度下降，吸水性降低。

Krasovskii 等[101]认为，明胶中的活性基团（—COO^-、—NH_2、—CONH—）与表氯醇（改性剂Ⅰ）和乙烯基缩水甘油基乙二醇醚（改性剂Ⅱ）的反应活性取决于明胶中水的含量。当水含量为 3.5%～4.0%时，反应活性急剧下降。可以在含有 10%的乙烯基缩水甘油基乙二醇醚的明胶水溶液中进行改性；也可以在 25℃下，将 4%的明胶溶液制备成低黏度的惰胶薄膜（厚度为 10～15μ），然后，在 $NH_3 \cdot H_2O$ 蒸气和表氯醇中将明胶薄膜进行处理，或在液相下用 NH_4OH 和表氯醇的水溶液处理。

羧基的改性可用红外光谱表征。借助一个热稳定的微型反应室，将金属螺旋和安瓿管与反应小室连接起来，螺旋和安瓿管是为供料而设计的。反应室还可以进行明胶样品的脱水干燥。可以使用 H_2O、D_2O、NH_3 的蒸气对明胶进行处理，也可以用表氯醇的蒸气对明胶进行改性。干燥时，采用 P_2O_5 作为干燥剂。放出水和表氯醇时的温度在 60℃（注：用螺旋将安瓿瓶压破释放出反应物）。他们研究对比 25℃下，含水量为 2.0%～2.5%、厚度为 15μ 的明胶薄膜在改性前和改性后的红外光谱图，并以此表征明胶的羧基改性。

上述表氯醇和乙烯基缩水甘油基乙二醇醚改性剂为

表氯醇：

HO—CH_2—CH—CH_2—Cl（HO 与 CH 相连成环）

（改性剂Ⅰ）

乙烯基缩水甘油基乙二醇醚：

H_2C═HC—C_2H_2O—CH_2—HO—CH_2—CH_2OH

（改性剂Ⅱ）

2）明胶氨基的修饰改性

非质子化的赖氨酸的 ε-氨基，是明胶分子中亲核反应活性很高的基团。许多化合物都可用来修饰赖氨酸残基。三硝基苯磺酸（TNBS）就是其中有效的修饰改性剂之一。TNBS 与赖氨酸残基反应，在 420 nm 和 367 nm 能够产生特定的光吸收[102]。反应式为

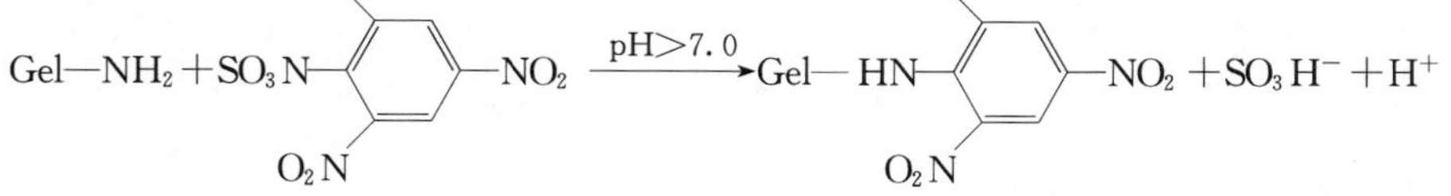

$$Gel—NH_2 + SO_3N—C_6H_2(NO_2)_2—NO_2 \xrightarrow{pH>7.0} Gel—HN—C_6H_2(NO_2)_2—NO_2 + SO_3H^- + H^+$$

化学交联试剂（坚膜剂）中的甲醛、戊二醛等，在交联之后具有稳定的交联桥，在一般情况下是不可切断的。这种试剂具有反应性活泼的醛基，可以与明胶分子

中的赖氨酸残基侧链上的 ε-氨基发生作用，从而形成交联。交联后，明胶的吸水膨胀速度和程度都有所降低，熔点升高，乳剂层的机械强度增强，这对于在不同温度、湿度下保存、加工和使用感光材料有很大意义[103]。

通过苯氨基甲醛化、邻羧基苯酰化和邻对二羧基苯酰化的方法，可对明胶的氨基进行修饰改性[104]。反应式如下：

$$\text{Gel—NH}_2 + \text{C}_6\text{H}_5\text{—N=C=O} \xrightarrow{\text{pH 9.0}} \text{C}_6\text{H}_5\text{—NH—C(=O)—NH—Gel}$$

$$\text{Gel—NH}_2 + \text{C}_6\text{H}_4(\text{CO})_2\text{O} \xrightarrow{\text{pH 9.0}} \text{C}_6\text{H}_4(\text{C(=O)—NH—Gel})(\text{C(=O)—O}^-)$$

$$\text{Gel—NH}_2 + {}^-\text{O—C(=O)—C}_6\text{H}_3(\text{CO})_2\text{O} \xrightarrow{\text{pH 9.0}} {}^-\text{O—C(=O)—C}_6\text{H}_3(\text{C(=O)—NH—Gel})(\text{C(=O)—O}^-)$$

随着苯氨基甲酰化反应引起的氨基封闭率的上升，明胶的物理抑制性得以提高。

Toledano 等[105,106]利用各种脂肪酸(C_4～C_{16})的 *N*-羟基琥珀酰亚胺酯(*N*-hydroxy-succinimide esters)与赖氨酸残基上的 ε-氨基发生共价连接，从而在明胶大分子链上引入疏水基团，形成表面活性增大的改性明胶。这种改性明胶的疏水链长度，可以通过明胶分子与含不同碳原子(C_4～C_{16}) 的脂肪酸酯反应来调节，改性度则可通过控制明胶与活性酯的最初比率来控制。通过低度改性明胶(每克明胶中含有 0.04～0.1 mmol 的 C_4～C_{16} 烷基链)和高度改性明胶(每克明胶中含有 0.24～0.34 mmol 的 C_4～C_{12} 烷基链) 的表面活性的研究与比较，他们发现，随着疏水链的增长和烷基链数目的增多，改性明胶的疏水性增大，表面张力降低，乳粒尺寸减小，乳液更稳定，起泡能力增大，泡沫稳定性增强，且在明胶分子上连接 C_8 链时，泡沫的活性达到最大。总之，在明胶分子上共价连接疏水基团(C_4～C_{16})时，可以提高明胶的表面活性。

3) 明胶硫醚基的修饰改性

明胶分子中的蛋氨酸残基是明胶天然组分中还原性的主要来源。对蛋氨酸进行氧化改性，研究蛋氨酸及其氧化产物(砜和亚砜)的相对比例与明胶的还原性的关系[107]，有助于认识明胶在乳剂中的功能，改善明胶的质量，合理选择和使用制备明胶的原材料都具有重要的意义[108]。

蛋氨酸残基的化学修饰,主要是利用硫醚的硫原子的亲核性。在温和的条件下,很难选择性地修饰蛋氨酸残基,但某些试剂,如 H_2O_2 等,能够将蛋氨酸中的二价硫原子氧化成为四价的蛋氨酸亚砜;更强的氧化剂,如过氧酸等,可将其完全氧化成六价的砜[102]。

$$\text{Gel—S—CH}_3 + \text{H}_2\text{O}_2 \xrightarrow{\text{pH}<5} \text{Gel—}\overset{\overset{\displaystyle \text{O}}{\|}}{\text{S}}\text{—CH}_3 + \text{H}_2\text{O}$$

$$\text{Gel—S—CH}_3 + 2\text{H}\overset{\overset{\displaystyle \text{O}}{\|}}{\text{C}}\text{OOH} \xrightarrow{\text{约}-10℃} \text{Gel—}\underset{\underset{\displaystyle \text{OH}}{\downarrow}}{\overset{\overset{\displaystyle \text{O}}{\uparrow}}{\text{S}}}\text{—CH}_3 + 2\text{H}\overset{\overset{\displaystyle \text{O}}{\|}}{\text{C}}\text{OH}$$

蛋氨酸的化学修饰改性,可以通过测定改性前后明胶分子中的蛋氨酸及其氧化产物(砜和亚砜)的相对含量来表征。李迅等[109]用盐酸将明胶分子链水解为游离的氨基酸,然后在氨基酸分析仪上对水解后的氨基酸(含蛋氨酸、蛋氨酸亚砜和砜)进行分离和测定。张宜恒等[110]则采用 X 射线光电子能谱技术研究了照相明胶中硫的存在形态,认为其中含有蛋氨酸砜中的 $\text{O}=\underset{|}{\overset{|}{\text{S}}}=\text{O}$ 基团、蛋氨酸亚砜中的 $—\overset{\overset{\displaystyle \text{O}}{\|}}{\text{S}}—$ 基团和蛋氨酸中的—S—基团,这 3 种化学形态间的相对含量基本上反映出蛋氨酸及其两种产物间的相对比例。

照相工业中,常用 H_2O_2 作为氧化剂。通过改变加入 H_2O_2 的量,可以控制明胶的氧化程度,使氧化明胶中蛋氨酸的含量满足不同乳剂的制备要求。Maskasky[111]用改性明胶肽链制备出了高氯{100}扁平颗粒乳剂。在乳剂制备的两个阶段,他们使用了不同蛋氨酸含量的明胶肽链,且该明胶肽链满足下列方程式:

$$\frac{\text{Pro}+\text{HyPro}}{\text{Ser}+\text{Thr}} \leqslant 4.0$$

研究发现,若在成核阶段加入满足这一不等式的明胶肽链,且每克肽链中蛋氨酸的含量不低于 40μol 时,得到的乳化剂中高氯{100}扁平颗粒所占的比例很高;若在颗粒生长阶段加入满足上述不等式的明胶肽链,且每克肽链中蛋氨酸含量低于 4μol,则可以缩短制备乳剂所需要的时间。经此法制备的乳剂中,扁平颗粒的平均厚度小于 0.3μ,且具有较大的平均颗粒圆直径(ECD)和较高的形态比。

Maskasky[112]使用一种蛋氨酸含量低于 30μol/g 的明胶肽链作为分散介质制备了氯化物的扁平颗粒乳剂。常规原胶中蛋氨酸含量远高于 30μol/g,蛋氨酸残基的硫原子对卤化银颗粒的表面有很强的亲和性,因此,使用这种明胶不能制得高形态比的扁平颗粒乳剂。用 H_2O_2 对明胶进行氧化处理,使蛋氨酸含量降低至

30μol/g 以下，就可制得合乎要求的乳剂。在所得乳剂中，扁平卤化银颗粒的平均厚度小于 0.35μ，形态比大于 8∶1，扁平颗粒占总颗粒投影面积的 50％以上。

4）明胶咪唑侧基的修饰改性

Yoichi Hosoya[113]对明胶分子中组氨酸残基末端的咪唑基进行了化学改性，并将改性后的明胶用于乳剂的制备。研究发现，所得乳剂中，分散的卤化银扁平颗粒具有较大的形态比。含有组氨酸的明胶分子的结构式，可简单表示如下[106]：

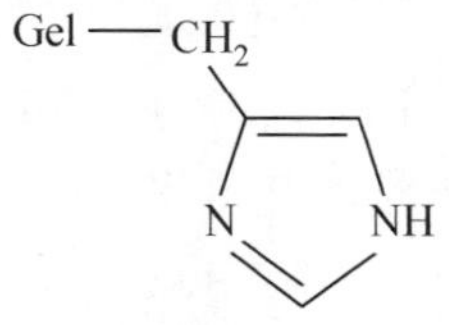

$$\text{Gel}-CH_2-\text{(咪唑环：N, NH)}$$

其中，咪唑环上的一个氮原子相连接的氢原子具有很高的反应活性，可以与改性剂发生化学反应，从而实现对咪唑基的改性。改性是在 60℃下，pH 6.0，且保持不断搅拌的条件下，向 10％的明胶水溶液中加入改性剂，反应时间为 20min。合适的改性剂有很多，在此只列举其中的一种：

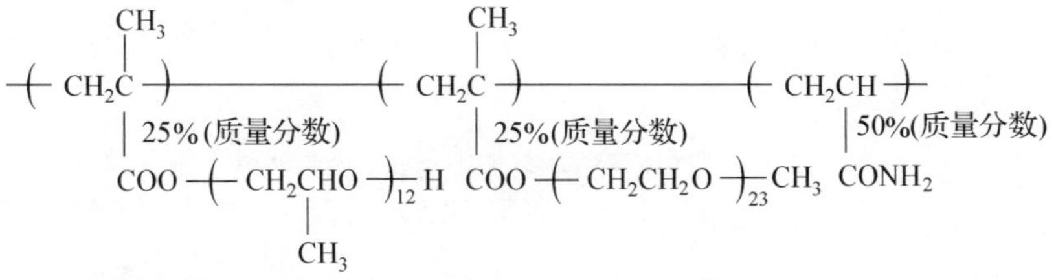

$$\left[CH_2C(CH_3)(COO\left[CH_2CH(CH_3)O\right]_{12}H)\right]_{25\%(质量分数)}\left[CH_2C(CH_3)(COO\left[CH_2CH_2O\right]_{23}CH_3)\right]_{25\%(质量分数)}\left[CH_2CH(CONH_2)\right]_{50\%(质量分数)}$$

用改性后的明胶来制备乳剂时，所得扁平卤化银颗粒的投影面积增大，厚度减小，颗粒具有较大的形态比。

3. 胶原的接枝共聚改性

胶原具有很好的亲和性和生物可降解性，来源广泛，成本较低[114,115]，通过对其进行接枝改性，可制备多种工业材料。胶原上众多的活性基团，如羟基、羧基、氨基等，也使这种接枝改性成为可能。

贾鹏翔等[116]以过硫酸铵为引发剂，以马来酸酐和丙烯酸为主要原料，通过水溶液共聚合成共聚产物，用胶原蛋白对共聚物进行接枝改性，合成了胶原蛋白改性聚丙烯酸类复鞣剂。最佳反应条件为：m(过硫酸铵)∶m(马来酸酐)∶m(丙烯酸)∶m(胶原蛋白) = 0.25∶2∶3∶0.5，共聚反应温度 80℃，反应时间 1h，加入胶原蛋白后在 60℃继续反应 3h。经该复鞣剂复鞣过的皮革与 TGR 复鞣过的皮革相比，粒面细致、丰满度高、弹性好、填充性能优良，可使皮革的收缩温度提高 6℃，皮革的透水气性能提高 20％以上。

曹健等[117]对废铬革屑进行脱铬处理，碱性蛋白酶水解，得到胶原蛋白水解产物，然后用戊二醛进行接枝改性。具体方法是：称取 3g 胶原蛋白粉，溶于 50mL 水中，室温下静置 0.5h，使其充分溶解，然后在一定温度的水浴中静置 30min，再用 NaOH 溶液调 pH 到所需值，加入一定量的戊二醛，在同样的温度下搅拌反应一段时间，最后过滤、减压浓缩、真空干燥。接枝后胶原蛋白的相对分子质量变大，吸水和保水性降低，吸油性增加。

杨晓峰等[118]通过比较胶原蛋白水解物、乙烯基类单体聚合物及胶原蛋白水解物与乙烯基类单体接枝共聚物的^{13}C NMR 谱图证明，以过硫酸铵为引发剂时，乙烯基类单体确实与胶原蛋白水解多肽发生了接枝共聚反应。他们认为反应的机理是，乙烯基类单体与胶原蛋白的多肽可以接枝共聚，在接枝共聚反应中，多肽是主链，乙烯基类单体聚合物是支链。

王再学等[119]研究了胶原丙烯腈接枝共聚物的纺丝性能。在 60℃的水浴中，将 0.5g 胶原蛋白溶解于 90.9mL 的二甲基亚砜中，得到胶原蛋白溶液。冷却至室温后，依次加入 30.6mL 丙烯腈，0.25g 偶氮二异丁腈，在一定温度下进行反应。产物用一根玻璃棒蘸到溶液表面下 1cm 处，然后在空气中迅速扯动，观察细流现象。研究发现，在胶原蛋白和丙烯腈配比为 2∶98 时，反应 8h，单体浓度为 20%时纺丝性能良好(表 6.1)。

表 6.1 胶原蛋白与丙烯腈共聚物的可纺性

胶原蛋白∶丙烯腈	转化率/%	特性黏数/s	可纺性
0∶100	81.2	141.2	良好
2∶98	78.9	138.7	良好
5∶95	57.7	134.3	差
10∶90	46.4	130.1	不能纺丝
20∶80	39.8	125.0	不能纺丝

在聚丙烯腈的红外光谱图中，2240cm^{-1}附近的吸收峰是聚丙烯腈中的特征峰，产生于腈基的伸缩振动；波数在 3100～2700cm^{-1}，最大值位于 2940cm^{-1}的吸收峰归属于 CH、CH_2 中 C—H 的伸缩振动。不同形式的 C—H 的变角振动发生在 1460～1440cm^{-1}、1370～1350cm^{-1}和 1270～1220cm^{-1}，其中在 1250cm^{-1}的吸收峰在空间构型上是有规的，这是由 CH 和 CH_2 基团的摇摆振动造成的。在胶原蛋白的红外谱图中，3200～3500cm^{-1}为 N—H 伸缩振动，1650cm^{-1}附近出现的较强吸收峰是羰基(C═O)产生的，是胶原蛋白的特征峰。在溶液共聚产物红外谱线中，2240cm^{-1}中有与聚丙烯腈相同的腈基峰，1650cm^{-1}附近还出现了胶原蛋白的特征峰，共聚物同时拥有胶原蛋白与聚丙烯腈的特征官能团，可以认为二者发生了反应。

通过 DSC 测定丙烯腈的用量对胶原蛋白和丙烯腈接枝共聚物的热性能的影响。用金属铟对仪器进行校正（铟的熔融焓为 28.451J/g，熔点为 156.4℃），调好 NETZSCH 热分析仪后，将准确称取（1～2 mg）的样品（样品尽量干燥）置于铝坩埚内，坩埚加盖密封后，以空坩埚作为参比，设定起始温度，在氮气（流量为 20mL/min）保护的情况下，按一定程序升温，设好其余参数后开始升温，由微机处理过程程序自动绘制 DSC 曲线。聚丙烯腈比例不同，溶液共聚所得产物的热性能不同。胶原蛋白和丙烯腈配比为 0∶100 时，聚丙烯腈的放热峰在 277.5℃；在胶原蛋白和丙烯腈配比为 2∶98 时，聚合物的放热峰在 275.6℃；在胶原蛋白和丙烯腈配比为 10∶90 时，为 270.4℃。说明胶原和丙烯腈之间发生了接枝聚合反应。

6.2.2　胶原改性的物理方法

胶原化学改性的效果明显，改性后的胶原蛋白应用广泛。但是，化学改性大都会引入其他化学试剂，使胶原蛋白原有的物理和化学性质发生很大的改变。化学交联剂的一个主要缺点，就是在胶原材料中残留的交联剂所带来的生物毒性。物理改性法是在不使用化学试剂的情况下，通过物理的方法使其性能有很大提高，可广泛应用于生物体。因此，胶原的物理改性在生物医学等领域具有广阔的前景。通过物理交联改性，可以显著提高胶原材料的收缩温度、拉伸强度、撕裂强度等，对蛋白酶的水解作用表现为惰性[120,121]。但是，物理方法所产生的交联也存在着胶原本身会部分变性、交联改性程度不高、均匀性有限等不可避免的缺点，交联的方法也不多。通过物理手段对胶原蛋白改性的方法有紫外线照射、重度脱水、γ 射线照射和热交联等方法。胶原溶液被紫外线等照射，将在分子间产生交联，使其黏度增加，生成凝胶。物理交联方法虽然只能提供低的交联度，但可避免外源性物质进入到胶原内，若与其他方法结合应用，则能促进胶原的交联，改善胶原的性能。目前，常用的方法包括紫外线照射和重度脱水。

1. 紫外线（UV）照射

紫外线或 γ 射线照射是引发胶原蛋白类生物材料交联的有效方法之一。紫外线照射，可以引起芳香的氨基酸残基如酪氨酸和苯丙氨酸内形成不成对电子。经其照射后，在相邻的胶原蛋白分子上产生的离子，可导致胶原蛋白分子间交联的形成。光化学方法交联不但具有快速有效、不发热、不引入毒性物质的特点，而且可以明显改善胶原膜材料的物理化学性能，包括水结合能力、力学性能以及热稳定性[122]。

Rubin 等[123]进行了用 254nm 的紫外线照射交联胶原膜的研究。研究发现，经 UV 照射后，定位于胶原分子酪氨酸、苯丙氨酸等芳香残基苯环的未配对基团之间发生交联，胶原分子 3156 个残基中，大约 51 个芳香残基在交联反应中可以利用。Weadock 等[124]对经过紫外线照射的胶原膜进行了机械性能检测和胶原酶试验，发现交联胶原膜的收缩温度（shrinkage temperature）T_s＝(76.2±1.8)℃，显著高于未交联胶原膜的 T_s＝(67.7±5.2)℃；交联胶原膜的抗胶原酶降解能力也高于未交联胶原膜。经 UV 交联后，胶原膜的拉伸强度较大(50 MPa)，但使胶原纤维部分发生变性[125]。Koide 等[126]对 UV 交联胶原的应用研究表明，随着交联时间的延长，胶原膜的弹性模量增加，断裂伸长率减小，但拉伸强度增加。

2. 重度脱水

重度脱水(dehydrathermal，DHT)也是常用的胶原蛋白物理改性方法之一。通过重度脱水，可以提高胶原的稳定性，阻止胶原基质的塌陷。通过脱水，缩短了胶原活性基之间的距离，导致胶原分子间发生交联，提高了其变性温度，降低了其自由氨基酸的含量，从而提高了胶原的机械强度。重度脱水改性后，胶原膜的生物相容性高，水溶性降低[127]。

脱水后，胶原分子间发生了交联。与交联有关的氨基酸残基有天冬氨酸、谷氨酸、丝氨酸、苏氨酸、精氨酸以及赖氨酸残基，这些残基占胶原分子 3156 个残基中的 745 个。常用的方法是，将胶原置于 22℃的真空炉中，炉内温度升高到 110℃，脱水处理数天，然后降温至 50℃以下，取出胶原。

经 DHT 处理后，胶原材料的拉伸强度、弹性模量等机械强度均有所增加。顾其胜等[128]研究表明，胶原交联与变性同时发生，DHT 交联的最佳温度为 110℃，低于 110℃时，以交联为主，高于 140℃时，则以变性为主。Weadock 等[124]用 DHT 处理胶原膜，得到了类似的结果。Scotchford 等[127]使用 DHT 交联的胶原膜做底物，培养成骨细胞，通过显微镜，观察其吸附、黏附、增殖反应。结果表明，交联胶原膜对成骨细胞无细胞毒性、膜的生物相容性提高、水溶性降低、膜与成骨细胞间的生物相容性得到改善。

6.2.3 胶原与其他高分子共混改性

为了改进胶原的使用性能，除通过化学和物理方法进行改性外，共混复合也可达到改性和提高其应用性能的目的。将胶原与其他物理、化学性质不同的合成或天然高分子共混，可以使胶原与其他高分子在性能上取长补短，互相补充，既可改善胶原材料的性能，又可制备出单一胶原材料所不具有的许多特性的新材料，从而扩大胶原材料的应用范围，并向实现发展“理想”生物材料的目标迈进。“胶原基复合材料”的概念由此产生。

1. 胶原与合成高分子共混

胶原可与许多合成高分子共混，其中有不可生物降解的聚甲基烯酸酯类、丁烯酸酯类、聚氨酯类、聚酰胺类，和可生物降解的聚乙烯醇、聚乳酸、聚谷氨酸、聚乙醇酸等。20 世纪 80 年代末至 90 年代初，这些研究主要集中于复合方法、复合机理、理化及生物学性能、材料表面和整体结构、表面修饰的方法和机理以及水凝胶的溶胀、扩散等。最有代表性的是，聚甲基丙烯酸羟乙酯(HEMA)和聚乙烯醇与胶原共混，聚甲基丙烯酸羟乙酯和聚乙烯醇主要用于与胶原复合制备水凝胶[128,129]，用作软组织替代、药物缓释等。随着人们对胶原蛋白生物功能认识的逐渐深入，利用可生物降解的聚乳酸、聚乙醇酸、聚酸酐、聚谷氨酸等与胶原共混改性，制备可吸收外科缝线、组织工程支架材料(如组织引导再生材料等)的相关研究相对增多[130,131]。

聚乙烯醇可以与胶原蛋白共混，制备胶原蛋白/聚乙烯醇复合材料，该复合材料具有广泛的用途。其中，制备胶原蛋白/聚乙烯醇复合纤维的具体方法及分析检测[132]如下：在三颈瓶中加入一定比例的 PVA-2099 和蒸馏水，在 98℃下搅拌溶解 3h，使溶液呈无色透明状；同时，将一定比例的胶原蛋白与水在 68～70℃下搅拌溶解。将分别溶解好的胶原蛋白水溶液和 PVA 水溶液按一定比例混合，加入一定量的交联剂(四硼酸钠)，在 78～82℃下处理。随后，在 75℃下脱泡，最终得到纺丝原液。采用 50℃的饱和硫酸钠水溶液为凝固浴的溶液湿法纺丝，经过 220℃热拉伸，2.5min 热定型，以及缩醛化，水洗，上油等后处理，即可制得胶原蛋白/聚乙烯醇复合纤维。图 6.1 是纯胶原蛋白和纯聚乙烯醇的 FTIR 图谱，图 6.2 是复合纤维的 FTIR 图谱。

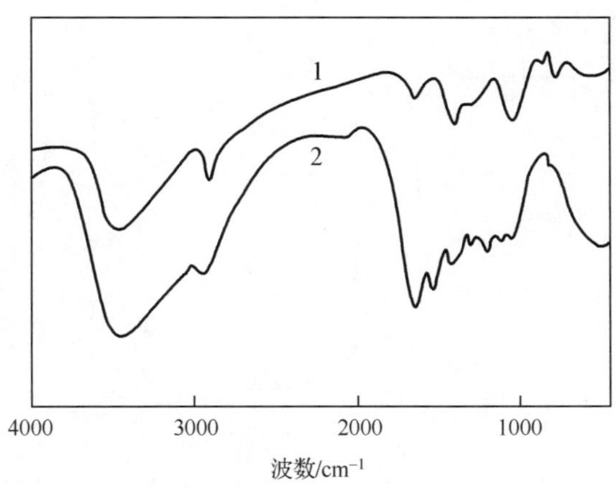

图 6.1　聚乙烯醇与胶原蛋白的 FTIR 图谱

1-聚乙烯醇；2-胶原蛋白

在纯胶原蛋白的 FTIR 图谱中，3500～3200cm^{-1} 为 N—H 伸缩振动峰，1639cm^{-1} 为酰胺Ⅰ带(羰基伸缩强峰)，1537cm^{-1} 是酰胺Ⅱ带(N—H 弯曲振动峰)，1451cm^{-1} 为 O—H 弯曲振动峰，1238cm^{-1} 为酰胺Ⅲ带(C—N 伸缩振动峰和

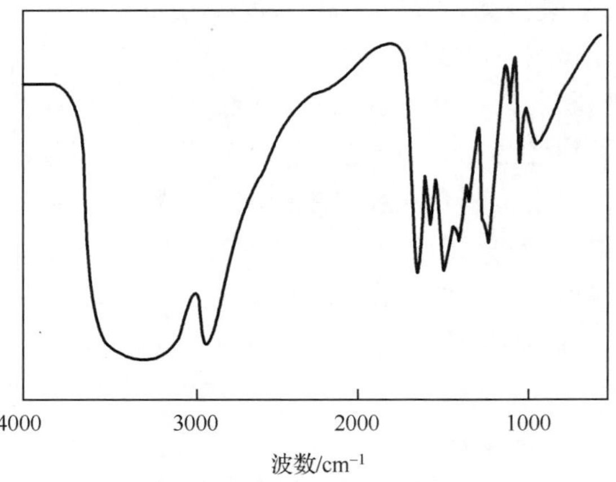

图 6.2　胶原蛋白/聚乙烯醇复合纤的 FTIR 图谱

N—H 弯曲振动峰的混合峰)。在聚乙烯醇的 FTIR 图谱中，3500～3200cm^{-1}为 O—H 伸缩振动，1642cm^{-1}应该是制备聚乙烯醇中残留原料的羰基峰，1444cm^{-1}为 O—H 弯曲振动峰，1004cm^{-1}为 C—O 伸缩振动峰，853cm^{-1}为 C—C 的伸缩振动峰。胶原蛋白/聚乙烯醇复合纤维的红外峰，在 3500～3200cm^{-1}的峰很强且波长范围扩宽，说明胶原蛋白的 N—H 和聚乙烯醇的 O—H 伸缩振动在此有叠加，只是羰基伸缩强峰(1651cm^{-1})、N—H 的弯曲振动吸收峰(1553cm^{-1})和 O—H 弯曲振动峰(1444cm^{-1})均较各自峰位向低波数移动，说明胶原蛋白与聚乙烯醇之间存在分子间的氢键作用。

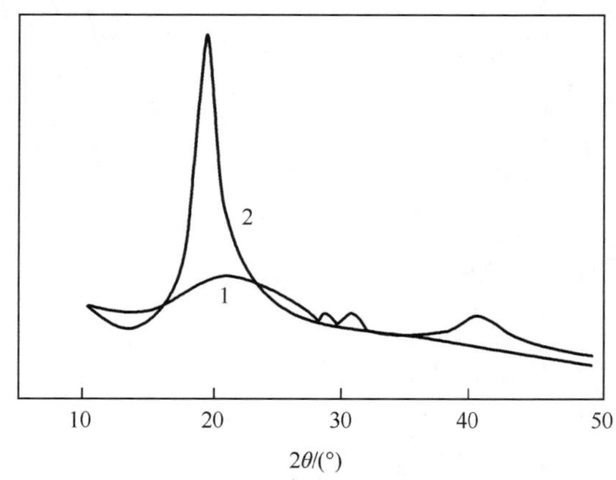

图 6.3　胶原蛋白和聚乙烯醇的 XRD 曲线[133]

1-胶原蛋白；2-聚乙烯醇

由图 6.3 可看出，胶原蛋白并无明显的结晶峰。由于胶原蛋白是多种氨基酸以肽键相连的天然高分子蛋白质，其氨基酸组成复杂、分散，绝大部分具有较大的

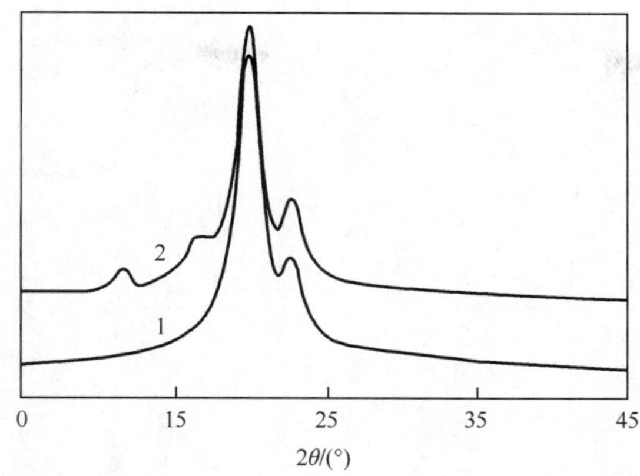

图 6.4　不同固含量纺丝得到的胶原蛋白/聚乙烯醇复合纤维的 XRD 曲线[133]
1-固含量 16%；2-固含量 18%

侧基，因此不易结晶[134]。可以认为，胶原蛋白是一种非结晶性天然高聚物。而聚乙烯醇纤维在 2θ 为 19.28°处有一个衍射峰，通过计算，其纤维的结晶度达 50.95%。根据图 6.4 胶原蛋白/聚乙烯醇复合纤维 XRD 图谱，并用 Peakfit 软件(Sigmacompany，USA)进行分峰处理，计算可得纺丝原液固含量 16%和 18%的胶原蛋白/聚乙烯醇复合纤维的结晶度分别为 47.16%、41.23%。说明胶原蛋白/聚乙烯醇复合纤维的结晶度较聚乙烯醇纤维有所下降。由于交联剂用量较少，纺丝原液固含量为 18%的复合纤维可能形成了分子内交联，分子的规整性下降，造成其结晶度较 16%的复合纤维有所下降。

胶原蛋白/聚乙烯醇复合纤维的横截面是异形截面，其形状类似于黏胶纤维，呈菊花状[135](图 6.5)。纤维的外表面不光滑，有与天然纤维的表面结构类似的褶皱和沟槽，使得该纤维具有较好的手感、蓬松性和吸湿性。

胶原蛋白/聚乙烯醇纺丝原液的固含量对复合纤维的力学性能有一定影响。如表 6.2 所示。

表 6.2　纺丝原液固含量对复合纤维力学性能的影响

拉伸倍数	强度/(cN/dtex)		初始模量/(cN/dtex)	
	固含量 16%	固含量 18%	固含量 16%	固含量 18%
2.0	3.31	2.20	59.12	38.30
2.5	4.37	3.17	71.27	51.01
3.0	4.62	4.05	67.86	56.46
3.5	5.96	4.91	83.90	70.93
4.0	7.07	4.42	108.66	68.11
5.0	5.36	4.56	94.07	66.73

注：热定型温度为 220℃，热定型时间为 2.5min。

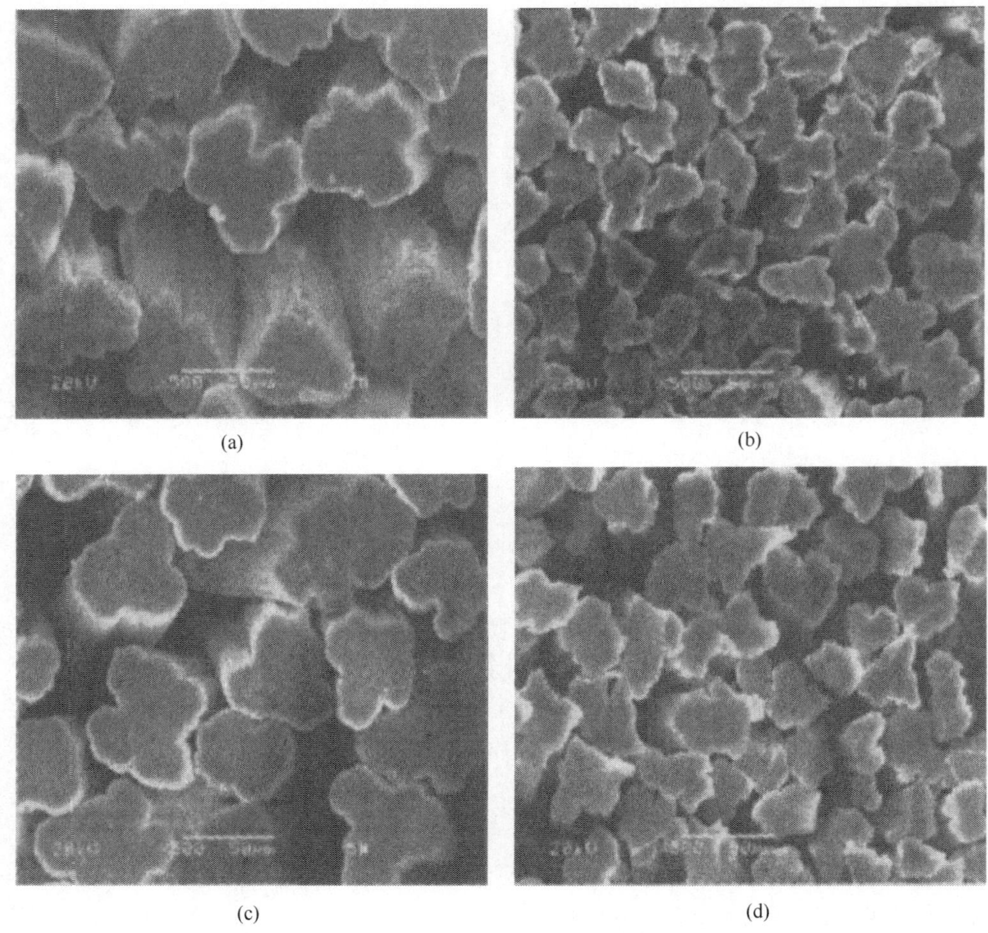

图 6.5　胶原蛋白/聚乙烯醇复合纤维横截面 SEM 照片

(a) 纺丝原液固含量 16%未后拉伸；(b) 纺丝原液固含量 16%后拉伸；
(c) 纺丝原液固含量 18%未后拉伸；(d) 纺丝原液固含量 18%后拉伸

合成高分子与胶原蛋白共混复合制备的胶原基材料应用广泛，但存在着以下问题(以膜形式的人工皮肤为例)：①聚氨酯、尼龙等难降解高分子材料，因不能进行生理代谢，与胶原蛋白复合后，只能用作外层敷料，不能永久代替皮肤；②聚酯、聚谷氨酸等可生物降解材料，生物性能好，可降解、可代谢，是目前研究组织工程的支架材料之一，但如果其相对分子质量太小，则强度不够，相对分子质量太大，又难溶于水，而溶解时会降解，影响材料的机械强度，其降解之后的产物将使其周围组织的酸度提高，出现无菌性炎症。

2. 胶原与天然高分子共混

天然高分子材料具有与有机体间良好的相容性、生物可降解性。将不同的天然高分子进行共混,互相取长补短,可以使天然高分子共混物更显示出其他材料无法替代的优良性能,成为目前研究生物材料的热点。

天然高分子材料中,最具代表性的是天然蛋白质和天然多糖。随着人们对天然多糖的生物活性及功能认识的提高,在生物医学材料领域,利用天然多糖与胶原蛋白共混复合的研究明显增多。这些研究中,所用的多糖主要有软骨素、HA(透明质酸)、壳聚糖、肝素等。目前,胶原与多糖复合材料主要用作可吸收性外科缝线、药物释放的载体、皮肤替代物、透析膜、止血剂、医用引导组织再生材料、骨替代材料、组织培养系统的支架等。其中,壳聚糖与胶原蛋白共混制备不同形式(膜、海绵、微胶囊、片、带等)材料的研究最多[136-139]。

6.3　胶原的改性助剂

6.3.1　有机改性助剂

1. 甲醛

甲醛(methanal),俗称蚁醛(formaldehyde),分子式是 HCHO,相对分子质量为 30.03,是一种无色、有强烈刺激气味的气体,易溶于水、醇和醚。甲醛在常温下是气态,通常以水溶液形式出现。35%～40%的甲醛水溶液称为福尔马林。甲醛分子中有醛基,可与苯酚发生缩聚反应,得到酚醛树脂(电木)。

甲醛与胶原的反应,主要是与蛋白质中碱性氨基酸残基中的中性氨基、亚氨基发生反应,即与肽链上—NH_2、—RNH—生成单点、双点结合,也可与两肽链上—NH_2发生肽链间的双点结合,起到“缝合作用”。

甲醛可以与胶原分子中的赖氨酸或羟赖氨酸的 ε-氨基反应,形成 Schiff 碱,达到交联的目的。在经过甲醛处理后,胶原材料在体内的吸收时间延长了,机械强度却降低了。甲醛作为交联剂处理胶原材料最主要的优点就是,甲醛能以蒸气的形式处理干燥的胶原材料。甲醛交联胶原材料后,会导致材料变脆,并且残留的甲醛对人体危害极大。因此,甲醛一般不用作胶原生物材料的交联剂[140]。

甲醛具有鞣制作用,因为甲醛能够在胶原分子间形成双点结合的交联键。甲醛只能和胶原侧链的一些氨基酸(主要是赖氨酸和精氨酸)中不带电荷的氨基和亚氨基发生结合。

根据李大平的研究[141],鞣制前介质的酸碱性大小,决定着氨基和亚氨基是否电离和电离度的大小,从而决定着甲醛能否产生鞣制作用和鞣制作用的强弱。由于胶原的等电点偏酸性，在中性或弱酸性条件下，胶原纤维肽链上的氨基和亚氨基基本不带电荷。因此，充分松散后的胶原纤维在中性条件下可直接用甲醛鞣制，就能收到良好的鞣制效果。

彭开学等[142]对甲醛鞣制兔皮的工艺进行了改进，控制浸酸过程，使甲醛鞣制效果更加显著。

2. 戊二醛

戊二醛 (glutaraldehyde，GTA)，分子式是 $C_5H_8O_2$，相对分子质量为 100.12。是带有刺激性气味的无色透明油状液体。熔点为 −14℃，沸点为 71～72℃(1.33kPa)，相对密度($\rho_{水}$ =1.0000)为 1.0600，相对蒸气密度($\rho_{空气}$ =1.0)为 3.4，饱和蒸气压为 2.27kPa(20℃)。

戊二醛是双官能醛，可以与皮胶原的碱性氨基、羟基形成牢固的桥键。因此，戊二醛可单独用于鞣革。成革耐汗、耐洗涤，使用性能接近于铬鞣革，成革为黄棕色或棕色，不能用于生产白色革或浅色革；因皮板发黄，毛被色泽较深，也不能鞣制毛皮。戊二醛可用甲醛、甲醇等改性，不但可改变气味，也可改变其鞣革的颜色。改性戊二醛的鞣制机理主要是与胶原氨基交联，也可与胶原侧链的羟基、胍基反应或形成氢键，但不能与羧基牢固结合[143]。戊二醛能在较短的时间内完成对胶原材料的交联[144]。与甲醛相比，经戊二醛交联后的胶原材料具有持久的稳定性。戊二醛的交联效果与体系的 pH、溶剂、戊二醛的浓度有关。戊二醛不仅能和 ε-氨基反应，也可与蛋白分子中的酰胺基等基团发生反应。在高浓度的情况下，戊二醛本身还可能发生自聚，自聚产物会在胶原纤维表面生长，而胶原纤维的表面是胶原分子间交联的重要场所，这就降低了胶原的交联度，同时也影响了交联剂向胶原纤维内部的渗入，进一步降低了其交联度。交联度可以通过胶原自由氨基数目的分析、胶原材料收缩温度的测定、酶解作用的惰性以及胶原材料的溶胀度来表征[145]。

戊二醛是目前应用最广泛的同型双功能交联剂之一，两个醛基可分别与两个相同或不同分子的伯氨基形成席夫碱，将两个分子以五碳桥连接起来。

王金涛等用戊二醛改性胶原蛋白水解产物[146]，探讨了改性的机理，测定了其改性产物的乳化性及稳定性，并对其吸水性、保水性和吸油性进行了测定。结果表明，胶原蛋白的吸水性、保水性和吸油性与其分子质量有很大的关系。由于改性后胶原蛋白的分子质量变大，导致其吸水性和保水性降低，吸油性却比改性前有所提高。这与曹健等[147]所得出的胶原蛋白的相对分子质量与其乳化性和乳化稳定性成正相关的结论符合。

3. 乙醛酸

乙醛酸(glyoxylic acid)，化学式是 CHOCOOH，相对分子质量是 74.04，熔点

为 98℃。溶于水，溶液为透明淡黄色液体。微溶于乙醇、乙醚和苯等。

在研究开发新型铬鞣助剂以促进铬的吸收与固定[148-151]，探索铬鞣剂与新材料相配套进行高铬吸收的应用工艺[152-155]中，应用醛酸化合物对皮胶原进行化学改性，在皮胶原大分子侧链上引入新的—COOH，可增加铬鞣剂与皮胶原纤维的结合点，促进对铬鞣剂的吸收，减少铬鞣剂用量，增加铬的吸收和固定，减少铬的排放[156-159]。

乙醛酸对铬鞣液中的铬有较强的配位作用，化学反应过程如下所示[160]。

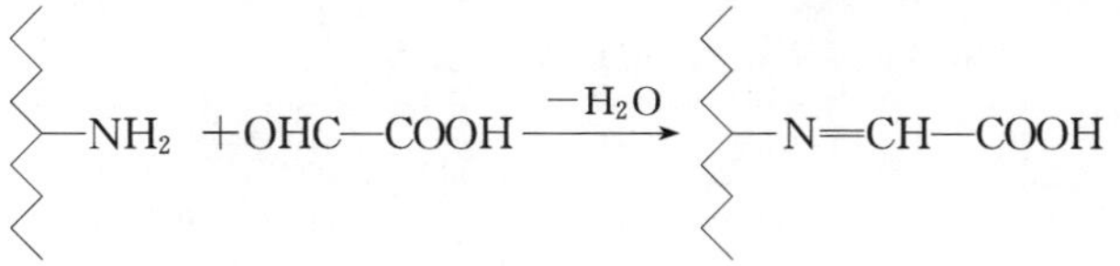

$$\text{~NH}_2 + \text{OHC—COOH} \xrightarrow{-\text{H}_2\text{O}} \text{~N=CH—COOH} \qquad ①$$

$$\text{~N=CH—COOH} + \text{Cr}\langle{}^{\text{O}}_{\text{O}}\rangle\text{Cr} \xrightarrow{\text{OH}^-} \text{~N=CH—COO—Cr}\langle{}^{\text{O}}_{\text{O}}\rangle\text{Cr} \qquad ②$$

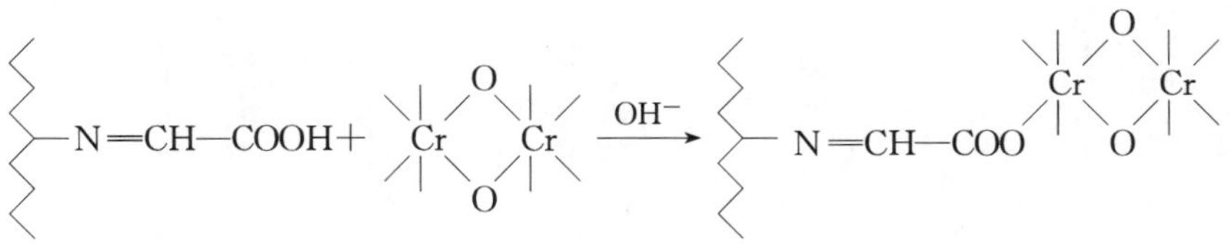

$$\text{OHC—COOH} + \text{Cr}\langle{}^{\text{O}}_{\text{O}}\rangle\text{Cr} \xrightarrow{\text{OH}^-} \text{OHC—COO—Cr}\langle{}^{\text{O}}_{\text{O}}\rangle\text{Cr} \qquad ③$$

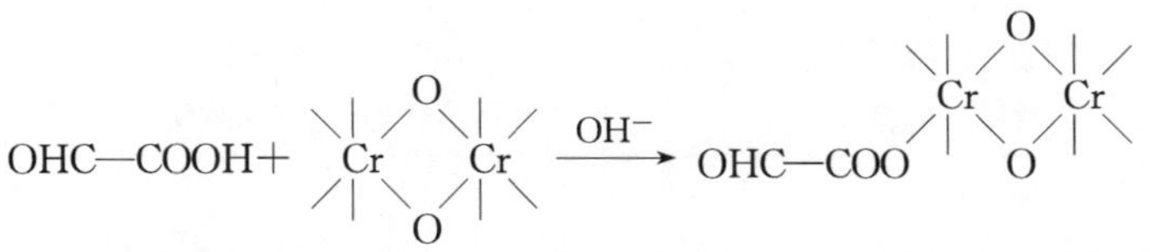

在浸酸铬鞣的过程中，乙醛酸的加入时间对铬鞣效果有较大的影响，如表 6.3 所示。

表 6.3　乙醛酸的加入时间对铬鞣效果的影响

试验结果	浸酸时加入	铬鞣 2h 加入	提碱 2h 加入
蓝湿革的 T_s/℃	104	98	96
废鞣液中铬含量/(g/L)	1.53	3.12	3.45
蓝湿革的粒面情况	粒面平细、颜色淡	粒面较粗、颜色发暗	粒面粗、颜色深暗

注：浸酸 pH 3.0，乙醛酸用量 1.5%，铬粉 6%。废鞣液中铬含量以 Cr_2O_3 计。

在浸酸时，加入乙醛酸效果最好。乙醛酸能与皮胶原的活性基反应，与皮胶原大分子上的游离氨基发生不可逆化学反应（反应①），增加了皮胶原大分子侧链上与铬鞣剂配位的羧基数目。随着铬鞣过程的进行，在皮胶原大分子侧链上的—COOH与铬鞣剂形成配位键（反应②），从而有助于铬鞣，使铬鞣革的 T_s 提高，废鞣液中铬含量明显降低，蓝湿革的色泽浅淡，粒面细致。在铬鞣初期加入，乙醛酸在铬鞣过程中将会参与两个竞争反应：一是与皮胶原的反应（反应①）；二是与铬配合物的蒙囿配位作用（反应③）。乙醛酸与铬配合物有很强的配位作用，将会使部分铬配合物的组成与结构发生变化，从而使阴离子铬配合物成分增加，不利于铬配合物的水解、配聚以及与皮胶原大分子侧链上羧基间的配位交联，从而减少铬鞣剂的吸收量，蓝湿革的 T_s 略有下降。在铬鞣后期，浴液的 pH 较高，乙醛酸分子中的醛基与皮胶原分子中的氨基反应能力加强，同时乙醛酸分子中的羧基与铬配合物的蒙囿作用也增强，从而导致了铬配合物—乙醛酸配合物以及乙醛酸在皮革表面的部分过度结合，最终使蓝湿革粒面较粗、颜色发暗。

乙醛酸浸酸与常规浸酸的对比结果如表 6.4 所示。

表 6.4　乙醛酸浸酸与常规浸酸的铬鞣效果对比

浸酸方法	乙醛酸浸酸	常规浸酸
酸用量/%	2	硫酸:1.2，甲酸:0.6
浸酸 pH	3.0	3.0
铬粉用量/%	1	1
蓝湿革的 T_s/℃	85	67
废鞣液中铬含量/(g/L)	0.144	0.158
废液的颜色	清亮，稍带灰色	很清亮，稍带浅淡蓝色
蓝湿革外观	颜色浅淡，铬渗透完全且分布均匀，粒面平细	颜色浅淡，铬未渗透完全，中间 1/3 多仍为生皮，粒面较粗

注:废鞣液中铬含量以 Cr_2O_3 计。

乙醛酸对皮胶原的化学改性作用，使皮胶原分子侧链上游离的氨基数目相对减少，羧基数目相应增加，降低了皮胶原的等电点及其纤维表面的正电性。因此，在铬鞣初期，能促进铬配合物在皮胶原纤维中的渗透，有助于铬配合物在皮中的快速渗透和均匀分布。乙醛酸浸酸的铬鞣革收缩温度明显高于常规浸酸的铬鞣革，这是由于乙醛酸增加了皮胶原大分子侧链上与铬鞣剂交联的羧基数目，铬配合物与皮胶原纤维多点交联结合增加，使铬鞣革的 T_s 大大提高，废鞣液中的铬含量明显降低。

采用乙醛酸对皮粉进行化学改性[12]的结果表明，在 303 K，pH 4.5 的条件下，白皮粉对铬的吸收量低于乙醛酸改性皮粉的铬吸收量。

4. 丙烯腈

丙烯腈，又称氰基乙烯。辛辣气味的无色易燃液体。有刺激性气味，溶于水及乙醚、乙醇、丙酮、苯和四氯化碳等一般有机溶剂。能与水形成共沸物，易挥发，有腐蚀性，熔点为 －82℃，密度为 0.806g/cm^3，闪点为 －1.1℃（开杯），自燃点为 481℃，折射率为 1.388。有氧存在下，遇光和热能自行聚合。易燃，遇火种、高温、氧化剂等有燃烧爆炸的危险，其蒸气与空气形成爆炸性混合物。极毒！不仅蒸气有毒，而且经皮肤吸入也能中毒。空气中的容许浓度为 20ppm（1ppm＝10^{-6}，体积比）。

聚丙烯腈纤维的穿着舒适性差。为了改善其穿着舒适性，人们用蛋白质改性聚丙烯腈纤维。胶原蛋白具有吸湿性，与人体皮肤的成分十分相似。但是，天然胶原蛋白存在易溶于水、容易腐败变质、不利于制成纤维的缺点。因此，要对其进行化学改性以满足应用需要。接枝改性作为天然高分子材料改性处理的一种重要手段，近年来得到了广泛的应用[161-163]。利用丙烯腈对天然蛋白质进行接枝改性，可以大大提高天然蛋白质抵抗微生物的能力[164]。同时，由于疏水的聚丙烯腈侧链的引入，可以大幅度降低胶原蛋白的水溶性。

马会芳等[165]以皮革废弃物提取的胶原蛋白为原料，经丙烯腈接枝改性后与聚丙烯腈共混纺丝，制成了胶原蛋白改性腈纶纤维。胶原蛋白改性腈纶纤维的最佳致密化温度为 110℃，低于此温度，纤维不能完全致密化，高于此温度，纤维的断裂强度有所下降；胶原蛋白改性腈纶纤维的致密化时间为 80～120 s；胶原蛋白的添加量在 20％以内时，纺丝液有良好的纺丝性能，所纺纤维具有良好的强度和丝光；当添加量大于 20％时，纤维强度明显下降。

胶原蛋白和丙烯腈接枝共聚制造纤维的方法，在理论上有比较深入的研究[166,167]。以丙烯腈改性胶原蛋白水解产物的反应为例[168]，将动物皮脱毛、洗净、甩干后，进行氧化或还原处理，再水洗、甩干，然后直接加入氯化锌水溶液溶解、过滤、加入丙烯腈和引发剂、接枝共聚、脱泡、纺丝、凝固等。纤维的各项技术指标既符合一般纺织纤维的要求，又有突出的吸湿性和优越的手感。

5. 植物单宁

植物单宁含有鞣质，能使皮变成革，具有工业利用价值的树皮、树根、木质、果实、树叶等都称为植物鞣料。植物鞣料经过粉碎、浸提、净化、浓缩和干燥，制成块状或粉状的固体物，称为植物鞣剂，又名栲胶，其主要成分为鞣质，或称丹宁。

单宁（tannine，或译为丹宁）又称鞣酸类物质，是具有鞣性的植物成分，结构复杂，鞣制作用的主体是多元酚。一般具有涩味，可使蛋白质、生物碱沉淀。单宁与重金属，特别是铁离子（Fe^{3+}）结合，会形成深绿色乃至紫色的配合物。单宁广泛分布于植物界，在许多植物的木质部、树皮、叶、果实、根等中均含有，尤其是栎、盐肤木及其他植物上形成的虫瘿中，丹宁的含量可达 80％。单宁可分为水解型单宁和缩合型单宁。从虫瘿中得到的没食子单宁（galle-tannin）是以没食子酸为主要组分的水解型单宁（hydrolysable tannin）。带黄烷（flavane）类骨架的复杂结构的单宁，称为缩合型单宁（condensed tannin）。水解型单宁水解后产生没食子酸和芥子酸（erucic acid）的化合物，在水解型单宁中，这些酸是和糖以缩酚酸的形式结合的。缩合型单宁在酸性条件下可聚合，生成红色的栎鞣红（phlobaphene）无定形沉淀。没食子酸是由莽草酸(shikimic acid)代谢途径的中间物生成的。儿茶酸类等的缩合型单宁是由莽草酸代谢途径和乙酸-丙二酸代谢途径的复合途径生成的。

可用于改性皮胶原的主要植物栲胶有橡碗栲胶、栗木栲胶、荆树皮栲胶、坚木栲胶、木麻黄栲胶、柚柑栲胶、杨梅栲胶、落叶松栲胶等。

6.3.2 无机改性剂

1. 铬

铬的元素符号是Cr,英文为chromium,银白色金属,在元素周期表中属ⅥB族,体心立方晶体,常见化合价为+3、+6和+2。铬为不活泼性金属,在常温下对氧和湿气都是稳定的,但和氟反应生成CrF_3。温度高于600℃时,铬和水、氮、碳、硫反应生成相应的Cr_2O_3、Cr_2N和CrN、Cr_7C_3和Cr_3C_2、Cr_2S_3。铬和氧反应时,开始时较快;当表面生成氧化物薄膜之后,速率急剧减慢;加热到1200℃时,氧化薄膜破坏,氧化速度重新加快;到2000℃时,铬在氧中燃烧生成Cr_2O_3。铬很容易和稀盐酸或稀硫酸反应,生成氯化物或硫酸盐。用于胶原改性的铬主要以铬矾、铬酸盐、重铬酸盐的形式存在,铬矾和重铬酸盐也可用作织物染色的媒染剂、浸渍剂及各种颜料。铬酸盐、重铬酸盐等都会对人体的黏膜起强烈的腐蚀作用。吸入含有铬化合物的粉尘和蒸气,会损坏鼻黏膜,并使鼻中软骨穿孔。受到大量铬的侵害时,会出现肾脏病。当铬化合物的作用受到吸烟的助长,特别容易促致肺癌。因此,要求含铬的生产设备密闭,有高效能除尘设施,操作场所通风良好。

铬被用作胶原改性剂的时间不算太长。1884年,A. Schultz发明了二浴铬鞣法铬盐,才作为鞣剂得以实际应用。1893年,M. Dennis发明了用碱式氯化铬(Ⅲ)鞣革的一浴铬鞣法。不久,碱式硫酸铬因其鞣革效果更好而得以普遍应用。由此,铬鞣法便逐渐取代传统的植物鞣法,被广泛应用于改性皮胶原——制革,用以生产多种类型的皮革,尤其是轻革。直到现在,它仍是铬鞣粉剂的基础成分[169]。随着铬鞣剂的普遍使用,人们逐渐认识到铬盐的毒性及其对环境造成的危害。在制革工业中,铬是一种必须治理的严重污染源。然而,由于铬鞣革具有耐湿热稳定性强、机械强度高、染色性能好、手感柔软丰满等优点,铬鞣剂在目前和今后相当长的时间内不可能完全被替代。

在皮革鞣制中,铬鞣是最成熟的无机金属盐鞣法。铬鞣革的许多独特的优越性能,使其在鞣制中占据主导地位,目前尚无一种鞣剂能完全取代铬。但是,铬鞣革在放置的过程中,三价铬会被氧化成对人体有较大毒性的六价铬。尽管目前铬鞣工艺有所改善,但大量的铬鞣废液及含铬固体废弃物,对生态环境仍构成很大的威胁[170]。

2. 铝

铝(aluminum),元素符号是 Al,相对原子质量为 26.9815,常见化合价是+3。单质密度为 2.702g/cm^3,单质熔点为 660.37℃,单质沸点为 2467℃。铝的常见化合物有 Al_2O_3、$AlCl_3$、Al_2S_3、$NaAlO_2$、$Al_2(SO_4)_3$ 和 $Al(OH)_3$。铝是银白色的轻金属,铝为面心立方结构,有较好的导电性和导热性,纯铝较软。

铝是活泼金属。在干燥的空气中,铝的表面立即形成厚度约 50 Å 的致密氧化膜,使铝不会进一步氧化并能耐水;但是,铝的粉末与空气混合,则极易燃烧;熔融的铝能与水猛烈反应;高温下,铝能将许多金属氧化物还原为相应的金属;铝是两性的,既易溶于强碱,也能溶于稀酸。铝的应用极为广泛。铝和其他高价阳离子也能够与胶原分子作用形成离子键,其稳定性相对要弱一些。

除油鞣和植鞣外,铝鞣也是最古老的鞣法之一。例如,在幼发拉底河流域古 Sumerian 国王的墓穴中,就发现了用天青石和铝鞣的皮革做装饰的王冠,其年代可追溯到公元前 3300 年。这说明,至少从那时起,以明矾鞣为主的铝鞣法就已成为一种重要的鞣制方法,尤其在装饰革的制造上。这种方法一直延续了几千年,直到 20 世纪初,铬鞣法出现后,铝鞣的重要性才逐步降低。

近年来,作为铬鞣剂的替代品,铝鞣剂又再次引起人们极大的兴趣。特别是在细杂毛皮的处理方面,铝化合物作为主鞣剂的重要作用更是无可替代。铝鞣的毛皮在氧化染色、得革率和单位面积质量等方面表现出了许多的优点。

商品铝鞣剂很多,如硫酸铝、硫酸铝钾、蒙囿的或非蒙囿的碱式氯化铝以及三甲酸铝等。其使用方法各不相同,处理后所得到的毛皮性能也存在比较大的差异。传统的铝鞣法主要使用硫酸铝和明矾。近年来,由于三甲酸铝突出的鞣制性能,其广泛地用于毛皮工业中。Kovac 等[171]通过研究发现,三甲酸铝的鞣性比明矾好,经过三甲酸铝鞣制的皮革收缩温度较高,使用较少的三甲酸铝即可得到较高的铝含量,鞣剂的用量也少。与明矾相比,在三甲酸铝中,铝离子是被完全蒙囿的,因此具有非常好的渗透能力,能迅速地渗透到皮革的内层,并且在皮革的不同部位和不同层次均匀地分布和结合。高度蒙囿的铝离子,在较高的 pH 下,也不会出现沉淀,避免了在皮革的表面形成"过鞣"。这也是三价酸铝鞣制的皮革具有更好的抗张强度和撕裂强度的原因。采用三甲酸铝为鞣剂,成品革在面积得革率、紧实性以及耐老化性等方面都具有优越的性能。

铝盐除了单独用于鞣革外,也可同其他鞣剂结合鞣革。早在 1923 年,Gustavson[172]就推荐过一种铬和铝的结合鞣法。在添加碱度 33%的硫酸铝到碱度 40%的硫酸铬溶液内,铬的利用率可达到 74%,而没有硫酸铝的铬盐利用率仅为 62%。添加硫酸铝鞣制的速度较快,而且革的性能有所改善,Gustavson 把这一效果归因于铬-铝混合配合物的形成。

近年来,铝鞣剂大多用于铬鞣革的复鞣[173]。经铝复鞣后的皮革,粒面细致,紧实,皮面丰满有弹性,染色鲜艳。铝复鞣可以加强染色效果,并且能帮助皮革吸收铬,节约红矾,降低鞣后废液铬含量。白山琢持等[174]研究了铬鞣工艺中用碱式氨基磺酸铝替代部分铬作为铬吸收剂。铬鞣后用硫酸铝复鞣,固定的铝比单独用碱式硫酸铝鞣制时要多。将碱式氨基磺酸铝加入铬鞣工艺中,能促进铬的吸收,是较好的铬吸收促进剂。Covington 等[175]对铝盐在铬鞣中的应用进行了较为深入的研究。他们认为,高铝低铬鞣,可使铬利用率达 99%,皮革的 T_s 接近 100℃;铝预鞣、铬主鞣,可使铬粉用量减少 20%,还不影响皮革中的铬含量。程风侠等[176]分别用 MTA 两性丙烯酸树脂鞣剂、改性戊二醛预鞣裸皮,再进行铬-铝结合鞣,MTA 使富含羧基、氨基和其他类型活性基团的树脂大分子,在皮胶原纤维结构中形成一些能与铬-铝鞣剂以及醛鞣剂作用的新反应点,并在胶原与树脂形成的网络结构中形成新的交联。改性戊二醛在胶原肽链上引入了大量的羧基和醛基。这两种预鞣剂都可以减少铬-铝鞣剂的用量,增强了铬-铝鞣效果。该工艺方法大大降低了鞣制中的铬盐用量(用量仅为酸皮重的 0.56%)和鞣制废液中的铬含量(折 Cr_2O_3 仅 0.21g/L)。

铬-铝鞣液的配制方法可由反应式表达如下[172]:

$$Na_2Cr_2O_7 + Al_2(SO_4)_3 + 3NaHSO_3 + HCOOH + HCOONa \longrightarrow$$
$$(CrOHAlOH \cdot SO_4 \cdot HCOO)_2SO_4 + 3Na_2SO_4$$

该反应在高浓度溶液中进行。作为蒙囿剂的甲酸钠,是在六价铬转变成三价碱式硫酸铬后加入的,此时形成的 Na_2SO_4 易通过离心法或过滤法除去。鞣液实际浓度可为 Cr_2O_3 150g/L 和 Al_2O_3 100g/L。甲酸钠蒙囿剂的存在,使这种鞣剂能以溶液形态稳定存在,鞣液即使存放一年以上,其鞣制作用仍不改变。

多核铬-铝鞣剂是将铬盐和铝盐通过“羟基配聚”形成铬-铝鞣剂。这种多核铬-铝鞣剂生产方法是将定量的重铬酸钠、硫酸铝、去离子水投入反应釜中,开动搅拌升温至 60～65℃,待完全溶解后,在不断搅拌下缓慢地滴加甲酸和亚硫酸氢钠溶液,20～25min 加完,继续反应 1～1.5h。将反应物降温至 5℃左右,使硫酸钠完全析出。经过滤分离后,即得到蓝绿色黏稠液体,经检验合格即为成品。

另外,铝也可用作铬鞣的预鞣剂。张廷有等[177]采用实验室制备的铝预鞣剂,不仅可以减少铬盐,还可显著降低铬鞣废液和固体废弃物中的铬含量,有明显的清洁化效果。所生产的皮革具有粒面平细紧实、不易松面、消皱和压花效果好、边腹部紧实、部位差小和得革率高等优点。但是,也有延伸率低、弹性和丰满性较差的缺点[178]。

在铬铝结合鞣中,铝鞣剂先加入的鞣法所生产的皮革抗张强度、崩裂强度明显高于铝、铬鞣剂同时加入的皮革,其延伸率则较低,撕裂强度的变化没有明显规律。先加铝鞣剂有增强粒面强度的效果。铝、铬鞣剂同时使用时,有利于提高皮革的延伸性。并且,用约含 0.6% Cr_2O_3 和 0.6% Al_2O_3 的铬-铝鞣剂时,革的湿热收缩温度就能达到 95℃,可以大量减少铬盐用量。

THPS(四羟甲基季鏻盐)最早是由 Hoffman 等在 1921 年于实验室中合成制备而得[179],是一种很好的鞣剂。可由磷化物[如磷化铝(AlP)]与水反应生成 PH_3 气体和 $Al(OH)_3$,而 $Al(OH)_3$ 又恰恰可以作为催化剂,促进 PH_3 气体与甲醛在酸性条件下进一步反应,从而得到所需的最终产物 THPS。同时,Al^{3+} 本身就是一种鞣剂,因而在获得 THPS 的同时,无需将 $Al(OH)_3$ 从反应产物中除去,可看成 THPS 和铝鞣剂的结合鞣剂。文献[180]报道,用此方法可使 THPS 的产率达到 90%以上。目前,制备 THPS 大多仍采用 Hoffman 法[181,182],但是,由于 PH_3 和甲醛之间属于气液反应,两相不易充分接触,从而会影响反应的进行。其化学反应机理大致如下式所示:

$$AlP + 3H_2O \longrightarrow Al(OH)_3 + PH_3$$

$$PH_3 + 4HCHO + H^+ \xrightarrow{\text{催化剂}} (HOCH_2)_4P^+$$

在酸性条件下,也可以用磷化铝和甲醛反应合成四羟甲基季鏻盐(THPS),化学结构如下式(1)所示,并和铝盐的混合物鞣剂[183],用其鞣制皮革的收缩温度(T_s)达 78℃,成革色调浅淡。

四羟甲基季鏻盐,在水和低碳醇中极易溶解。由于它的化学键种类较少,而使其成为一种特殊的季鏻盐[184,185]。从 THPS 的结构可知,由于磷碳键极性较强,中心磷原子带有正电荷,使得与其邻近的碳原子均带负电荷,因而其官能团羟甲基具有较高的化学反应活性,可与许多其他含活泼氢原子的化合物发生缩合反应[186-188]。作为一种新型无铬鞣剂,可推测其与皮胶原的结合形式如下面式(2)所示[189]。

$$\left[HOCH_2-\overset{\overset{\displaystyle CH_2OH}{|}}{\underset{\underset{\displaystyle CH_2OH}{|}}{P}}-CH_2OH\right]^+$$

(1)

$$Col\cdots NH-CH_2-\overset{\overset{\displaystyle R}{|}}{\overset{\overset{\displaystyle CH_2}{|}}{\underset{\underset{\displaystyle O}{\|}}{P}}}-CH_2-NH\cdots Col$$

Col…NH 代表胶原分子

(2)

以明矾为铝鞣剂[190],加入柠檬酸钠或邻苯二甲酸钠蒙囿铝盐,对生皮进行预鞣,在生皮收缩温度升高到 75℃以上后,进行剖层、修边和削匀。削匀后,用少量的铬进行复鞣;2h 后,再加入六亚甲基四胺作交联剂处理。此法制成的坯革粒面细致,粒纹清晰,丰满柔软,革色浅淡,具有良好的湿热稳定性。

苏秀霞等[191]以丙烯酸和氯化铝为原料,采用溶液聚合法合成丙烯酸树脂,再与铝离子配合制成一种配合物鞣剂,通过化学分析、红外光谱、差热分析、紫外光谱等手段对产物进行了表征，并将其用于预鞣和复鞣。结果表明，该鞣剂既体现了丙烯酸树脂对皮革填充性好、丰满的优点，也体现了铝鞣剂柔软、纯白、粒面细致、延伸性好的优点。

3. 铁[192]

20 世纪 80 年代初，西北轻工业学院皮革教研室根据 Mannich 反应原理，研究了铁-铬结合鞣法。他们选用酒石酸盐作为含活泼氢的物质，使之与甲醛和胶原蛋白质中的氨基缩合，反应式如下：

$$\text{HOOC—Col—NH}_2 + \text{O═CH}_2 + \text{ZH} + \text{H}_2\text{C═O} + \text{H}_2\text{N—Col—COOH}$$

$$\longrightarrow \text{HOOC—P—NH—CH}_2\text{—Z—CH}_2\text{—NH—COOH} + 2\text{H}_2\text{O}$$

HOOC—Col—NH_2 为胶原蛋白质，ZH 为酒石酸盐

通过 Mannich 反应，产生了如下效应：①在皮胶原的相邻肽链间生成了新的交联键；②在皮胶原结构中引进了新的羧基；③由于胶原的氨基被封闭，释放出更多的胶原羧基；④这些被引进的羧基与被释放的羧基，都可以与鞣剂结合。除产生更多的交联键外，也增加了皮革中鞣剂的结合量。这些效应，增加了成品皮革中铁盐和铬盐的含量，增强了胶原蛋白质结构的稳定性，提高了成品皮革的收缩温度。

铁鞣剂鞣制的皮革耐储存性差。Thanikaivelan 和 Rao 等[193]研制了一种铬-铁配合物鞣剂，并加入有机酸以提高其耐碱稳定性。鞣制试验表明，铬与铁的吸净率均在 90%以上，收缩温度在 115℃以上，即使放置很久，成革的强度与颜色也基本不变。因此，他们认为，这种铬-铁配合物鞣剂能部分取代传统的铬鞣，开启了铁鞣在少铬鞣制上的新起点。

4. 锆

锆鞣机理十分复杂。锆(Ⅳ)离子与胶原的羧基没有明显的作用，主要与胶原中的氨基和胍基起反应。pH 为 1～2.5 时，锆盐能与胶原发生牢固的结合。锆鞣革的收缩温度较高，可达 $T_s = 95℃$。锆鞣须在较低的 pH 下鞣制，在此 pH 条件下，胶原蛋白会发生酸性水解，因此锆鞣皮革难保存，易霉烂。

锆鞣剂与铬鞣剂配合应用，可提高铬的吸尽率。周继承等[194]利用废铬液对锆鞣革进行复鞣，用苯多元羧酸处理，并对其影响因素进行了研究。研究发现，废铬液复鞣能明显提高锆鞣革的收缩温度，废液中铬含量大大降低。与单一金属鞣剂相比，采用锆、钛、稀土等多金属鞣剂，可降低成本，提高成革的收缩温度，提升成革的质量和档次，增大得革率。同时，也可节约红矾 35%～50%，废液中 Cr_2O_3 的含量由纯铬鞣的 3～8g/L 降为 1g/L 以下，大大减轻了废液对环境的污染[195-199]。

6.3.3　其他改性助剂

1. 聚乙烯醇

聚乙烯醇简称 PVA，分子式是$(C_2H_4O)_n$，是一种乳白色粉末。相对密度为 1.31～1.34(结晶体)，引燃温度为 410℃，爆炸下限为 125%(体积分数)，溶于水，不溶于石油醚。主要用于制造聚乙烯醇缩醛、耐汽油管道和维尼纶合成纤维、织物处理剂、乳化剂、纸张涂层、黏合剂等。

聚乙烯醇可纺性好，经纺丝、热处理和缩甲醛化制得的纤维，具有高强度、耐磨性、抗静电性、韧性和耐化学性，用途广泛等优点。这种纤维具有吸湿性大、耐水性差、熔融加工困难和热稳定性低等缺点[200]。胶原蛋白具有很好的生物相容性和生物降解性。但纯胶原蛋白的成纤性差，强度低，纺丝困难。因此，胶原蛋白和聚乙烯醇在性能上可以优势互补。

2. 碳化二亚胺

碳化二亚胺，特别是 1-乙基-3-(3-二甲氨基丙基)碳化二亚胺(EDAC)，用作交联剂制备胶原生物医学材料，优于醛类交联剂。碳化二亚胺作为胶原的交联剂时，不是本身与胶原的活性基团反应，而是碳化二亚胺首先和羧基偶合，形成一个活化中间体(*O*-异酰基尿)，该活化中间体受亲核的伯胺进攻，形成酰胺交联。也就是说，碳化二亚胺协助胶原在羧基和氨基之间形成酰胺键，当胶原的羧基和氨基之间形成酰胺键后，该活化中间体可以被清洗掉[201]。可以通过控制反应的条件(如反应的 pH)来调节其交联度，从而调节碳化二亚胺交联的胶原生物医学材料的酶解敏感性[202]。优化的交联 pH 为 6 左右[203]。

3. 己二异氰酸酯

作为醛类交联剂的替代物，利用己二异氰酸酯(HDC)作为交联剂处理胶原材料，可以使胶原医用材料性质稳定[204]。在表面活性剂的作用下，HDC 可以溶解在水中，也可溶解在 2-丙醇中，HDC 主要与胶原的两个 ε-氨基进行反应，生成脲型的交联结构来实现对胶原的交联[205]。Van Luyn 等[206]发现，利用 HDC 交联给胶原生物医学材料所带来的毒性，与 GTA 交联所带来的毒性相比更低。

4. 有机-无机复合改性助剂

有机-无机鞣剂结合鞣革是无铬鞣使用较多的方法之一，它不仅能克服各自的缺陷，还能产生协同作用，提高和改善成革的耐湿热稳定性和力学性能。Nishad 等[207]研究 Fe-THPS 结合鞣，Fe(以 FeO 计)和 THPS 用量分别为皮重的 2.5%、

1.5%，获得的成革颜色浅，物理机械强度与铬鞣革相近，收缩温度 T_s 达 95℃。Madhan 等[208]用植物单宁分别与铝、锌、丙烯酸树脂合成鞣剂及噁唑烷等进行结合鞣。他们研究发现，以植物单宁-铝结合鞣成革效果最好，成革具有良好的物理性能、机械强度和观感；湿热稳定性好、成革的收缩温度 T_s 达 94℃。其原因在于植物单宁与铝形成化学协同效应，从而提高了成革的耐湿热稳定性。

5. 纳米材料

近年来，有关纳米复合材料的研究正逐渐兴起。纳米材料具有小尺寸效应、量子效应、隧道效应和界面效应等，被广泛用于制备红外隐身材料。但是，单一纳米材料的红外低发射率仍然很高，因而需与其他材料复合，利用不同材料间的协同效应，以制得具有优异光、电、磁等性能的新型有机-无机纳米复合红外低发射率材料[209]。纳米 TiO_2 是一种物理化学性能优异的半导体纳米材料，已被广泛用于制备高性能有机-无机纳米复合材料。

有机-无机纳米复合材料不但兼有纳米粒子自身的各种优异特性，而且还保留了作为高分子材料本身应具有的柔软、稳定、易加工等基本性能。其无机相与有机相界面间存在较强的化学键，具有很强的增强、增韧效果[210]。另外，胶原储存着较高密度的电偶极子和分子束缚电荷，具有静电、极化等性能，富含对金属氧化物有较强亲和力的氧、氮等元素，可用于修饰和稳定纳米粒子[211,212]。

关于纳米 TiO_2 或 SiO_2 和蛋白质的作用机理，以及纳米粒子尺寸和分布的控制方法的研究，为 TiO_2 或 SiO_2 改性胶原和鞣革奠定了理论基础[213,214]。但是，纳米材料，特别是纳米级填充材料，其尺寸小，表面非配对原子多，与聚合物结合能力强，易于团聚；而在常规的鞣制工艺中，化工材料的渗透与吸收是通过转鼓的机械作用完成的；化工材料易溶解于水，而无机纳米粒子不溶于水。因此，如何将其引入皮革纤维中，实现蛋白质-TiO_2 或 SiO_2 有机-无机杂化作用，是实现纳米材料鞣革的关键。

范浩军等[215]采用以聚合物或改性油脂为分散载体，借助其扩散、渗透作用，将纳米材料的前驱体引入蛋白质纤维间隙中的方法。纳米粒子的引入可显著提高成革的湿热稳定性。引入 2% 的纳米 SiO_2，可使其收缩温度从 68℃ 升高至 86.9℃。他们用纳米材料进行无铬鞣制实验，用纳米前驱体原位合成纳米级 SiO_2。然后，在合适的条件下，使纳米材料与胶原反应；并用 SiO_2/TiO_2 无机-有机纳米混合体进行鞣革实验。研究发现，采用这种纳米材料鞣制的成革，抗张强度稍差于铬鞣革，而伸长率、粒面光滑性、丰满柔软性均优于铬鞣革。以聚合物或改性油脂做分散载体，将前驱体引入蛋白质纤维间隙中后，前驱体水解产生高活性纳米微粒，它可和蛋白质侧基的—C═N—基团发生键合反应。同时，前驱体在水解产生纳米 SiO_2 或 TiO_2 的过程中，产生的中间体(Ti)Si—OH 和蛋白质分子的侧链羟基也可发生缩合反应,从而使胶原的湿热稳定性得到了大幅度的提高[216,217]。

李辉等[218]以聚合物或改性油脂作为纳米粒子前躯体的分散载体,将纳米粒子前躯体引入皮革纤维间隙;在一定的 pH 条件下,纳米前躯体水解,原位产生无机纳米粒子,通过无机纳米粒子和蛋白质间的有机-无机杂化作用,实现对生皮的鞣制。同时,他们选择黄曲霉、黑曲霉和拟青霉作为代表菌种,采用圆片培养皿法,研究了纳米粒子的引入对成革防霉性的影响。结果表明,无机纳米粒子在蛋白质纤维中分布均匀,粒径小于 150nm;纳米鞣革对黑曲霉和拟青霉生长具有明显的抑制作用,铬鞣革培养 3 天即开始有霉菌生长,而纳米 SiO_2 鞣革培养 4 天也没有霉菌生长,显示了其良好的防霉性能。Pan 等[219]分别将马来酸酐、苯乙烯通过氧化还原引发体系接枝到表面带双键的活性纳米二氧化硅微粒表面,得到了纳米复鞣剂,并将其应用于皮革的复鞣,所得到的成革粒面光滑细致,手感丰满厚实,力学性能好。孙艳青和周钰明[220]用胶原与改性 TiO_2 复合,得到了新型有机-无机复合材料,并研究了复合物中的胶原的含量随复合温度、pH 的变化规律,并考察了 TiO_2 晶型、Al_2O_3 包膜改性及戊二醛改性对复合材料红外发射率的影响。结果表明,胶原与改性纳米 TiO_2 复合的最佳温度为 50℃、pH 8.0,胶原含量最高可达 9.45%(质量分数),两者间较强的复合协同作用明显降低了材料的红外发射率,并提高了材料的热稳定性。材料经戊二醛改性后,可形成紧密有序的网络层状结构,热稳定性进一步提高,红外发射率最低可降至 0.502。

马建中等[221]选用 *N*,*N*-二甲基二烯丙基氯化铵、铬鞣革屑水解液及 1631(一种表面活性剂)等不同插层剂,对钠基蒙脱土进行了改性,并将改性蒙脱土与乙烯基聚合物在一定条件下制备了复合鞣剂,发现各种材料都能产生一定的鞣制效应。复合鞣剂与无机鞣剂结合使用,可大大减少无机鞣剂的用量,鞣后坯革增厚率明显提高,皮革的力学性能有较大的提高。

胶原是一种资源丰富、可再生、可生物降解的优质资源。胶原蛋白日益受到人们的重视和青睐,其应用领域正得到拓宽,应用力度得到加强。一方面,由于胶原蛋白有着许多独特的优点,另一方面也与人们日益强烈的环保意识有着非常密切的关系。但是,天然胶原也存在许多自身的缺陷,必须对其进行改性,才能充分发挥其使用价值。经几代科技工作者的不懈努力,已经发现许多改性方法和改性助剂,但仍存在许多不足之处,要充分高效利用胶原这一资源,还有许多改性材料和方法等待研究探索,任重而道远。让我们携起手来,共同为美好的未来而努力奋斗。

参 考 文 献

[1] 林海，但卫华，曾睿. 可注射胶原的研究进展及其应用. 材料导报，2004，18(12)：71-74，77.

[2] Ma L, Gao C Y, Mao Z W. Collagen/chitosan porous scaffolds with improved biostability for skin tissiue engineering. Biomaterials, 2003, 24: 4833-4841.

[3] 马列，高长有，沈家骢，等. 胶原基真皮再生支架的微结构控制. 生物医学工程学杂志，2004，21(2)：311.

[4] 叶春婷，陈鸿辉，李斯明. 几丁糖-胶原止血海绵的研制及其生物相容性评价. 中华创伤骨科杂志，2002，4(4)：284-287.

[5] 陈秀金，曹健，汤克勇. 胶原蛋白和明胶在食品中的应用. 郑州工程学院学报，2003，23(1)：66-69.

[6] 唐传核，彭志英. 胶原的开发和利用. 肉类研究，2000，(3)：41-43.

[7] 徐新宇. 胶原的提取、改性、交联及其应用. 透析与人工器官，2004，15(3)：38-46.

[8] Sung H W, Chang C T, Chen C N, et al. Crosslinking characteristics and mechanical properties of a bovine pericardium fixed with an aturally occurring crosslinking agent. Journal of Biomedical Materials Research, 1999, 47(2): 116-126.

[9] Sung H W, Huang L L. In vitro evaluation of cytotoxicity of a naturally occurringcrosslinking reagent for biological tissue fixation. Journal of Biomaterials Science Polymer Ed, 1999, 10(1): 63-78.

[10] 易定华，刘维永，杨景学，等. 生物心脏瓣膜钙化机理及抗钙化研究. 中华外科杂志，1996，34(10)：631-633.

[11] 张新民，刘宗惠，魏得卿，等. 丙烯酸类鞣剂作用于皮革的 DSC 研究. 高分子材料科学与工程，1995，11(1)：105-107.

[12] 刘源森，范浩军，芦燕，等. 胶原侧基修饰及铬的高吸收研究. 皮革科学与工程，2007，17(6)：18-22.

[13] Luck W H, Spahrkaes H. High-exhaustion tannage as an alternative to recycling for efficient chrome utilization. Journal of the American Leather Chemists Association, 1983, 77(4): 90-99.

[14] Hammond R. Chrome retanning for the 1990s. Leather Manufacturer, 1994, (7): 6-7.

[15] Gorham S D. Collagen//D. Byrom(Ed). Biomaterials. New York: Stockton Press, 1991: 55-122.

[16] 杨昆山. 配位化学. 成都：四川大学出版社，1987：334-337

[17] 徐士弘. 合成鞣剂. 北京：中国轻工业出版社，1986：28-30.

[18] Das Gupta S. Innovative tannages for improved leather. Journal of the American Leather Chemists Association, 1987, 82(6): 166-183.

[19] 白云翔，王鸿儒. 改性胶原的铬鞣助剂的研究进展. 西部皮革，2002，(10)：39-41.

[20] Feairheller S H, Taylor M M, Harris E H. Chemical modification of collagen for improved chrome tannage. Journal of the American Leather Chemists Association, 1988, 83: 363-368.

[21] 刘镇华，魏世林. 助鞣剂 Mx 的性能及应用. 西北轻工业学报，1989，7(4)：58.

[22] 彭必雨，单志华，何先祺，等. YL 助鞣剂与三价铬盐配位过程及其在铬鞣中的应用研究. 皮革科学与工程，1996，6(1)：1-14.

[23] 段镇基. 助鞣剂的研究与应用. 皮革科学与工程，1992，2(4)：7-19.

[24] Gustavson K H. Some reactions of succinylated collagen. Arkiv Kcmi, 1961, 17 (55): 541-550.

[25] 林炜，穆畅道. 与铬鞣有关的胶原化学研究进展. 化学进展，2000，12(2)：218-227.

[26] Bowes J H, Elliott R G, Moss J A. The composition of collagen and acid-soluble collagen of bovine skin. Biochem J, 1955, 61(1): 143-150.

[27] Feairheller S H, Taylor M M, Filachione E M. The mannich reaction with maloni-cacid and for maidehydeasapre treatment formineral tannages. Journal of the American Leather Chemists Association, 1967, 62(6): 398-422.

[28] Ebel K, Reuther W, Fikentscher R, et al. Tanning assistant：US, 4888412，1989.

[29] Chang J，Heidmann E. Einfluss reaktionsfahiger vorbehandungen auf die chromgerbung. Das Leder，1991，42(11)：229-240.

[30] Chang J，Heidmann E. Einfluss reaktionsfahiger vorbehandungen auf die chromgerbung. Das Leder，1991，42(11)：204-217.

[31] 范浩军，石碧，何有节，等. 新型醛酸鞣剂的研制. 中国皮革，1998，37(2)：11-13.

[32] 李国英，罗怡，张铭让. 高吸收铬鞣机理及其工艺技术(Ⅲ) LL-I 醛酸助鞣剂的特性及应用. 中国皮革，2000，29(23)：23-26.

[33] 金勇，董阳，魏德卿，等. 丙烯酸-丁烯醛共聚物与明胶相互作用的研究. 中国皮革，2006，35(5)：27-31.

[34] Chang J，Heidemiahn E. Glyoxylic acid：an interesting contribution to clean technology. Journal of the American Leather Chemists Association，1993，88：402-413.

[35] 单志华. 制革工艺学——皮革的染整. 北京：科学出版社，1999.

[36] 付丽红. 毛皮醛鞣剂. 皮革化工，1998，15(4)：15-16.

[37] 唐惠儒. 碳-13 核磁共振波谱法对甲醛和胶原交联反应的研究. 中国皮革，1993，22(10)：43-45.

[38] Charulatha V. Rajaram A. Influence of different crosslinking treatments on the physical properties of collagen membranes. Biomaterials，2003，24(5)：759-767.

[39] 贾长森，刘胜田. 无刺激改性戊二醛鞣剂 CT 的研究. 中国皮革，1994，23(5)：32-34.

[40] 国拥军，李临生，潘津生. 羟甲基戊二醛与胶原蛋白的反应. 西北轻工业学院学报，1992，10(4)：1-7.

[41] 李临生. 戊二醛与蛋白质反应的特点. 中国皮革，1997，12(12)：13-27.

[42] 沈一丁. 皮化材料生产的理论与实践. 西安：陕西科学技术出版社，1994.

[43] 常江，Heidemann E. 二羟基酸与胶原的反应及其参与形成稳定的胶原-铬交联键的研究. 西北轻工业学院学报，1993，6(1)：1-7.

[44] 单志华. 制革中的戊二醛与改性戊二醛. 皮革科学与工程，1999，9(4)：31-33.

[45] 何婉然. 糠醛-铬结合鞣黄牛正鞋面革的试验研究. 中国皮革，1981，(8)：1-6.

[46] 丁海燕. 国外皮革化工材料手册. 北京：中国轻工业出版社，1995.

[47] 廖隆理. 制革工艺学. 北京：科学出版社，1999.

[48] 蒋维祺. 成革成品理化检验. 北京：中国轻工业出版社，1999.

[49] 周华龙，陈家丽，张新申，等. 油鞣机理新探. 北京皮革，2002，(6)：47-49.

[50] 单志华，涂刚，郭文宇. Fe 催化油鞣技术研究. 中国皮革，2003，32(13)：17-19.

[51] 辛中印，张秀，单志华，等. 油鞣革预鞣工艺的研究. 中国皮革，2004，33(21)：24-27.

[52] Leafe M K. Leather Technologists Pocket Book. East Yorkshire：The Society of Leather Technologists and Chemists，1999.

[53] 哈笃寅. 合成鞣剂的新发展. 中国皮革化工，1991，(3)：10-15

[54] 张廷有. 鞣制化学. 成都：四川大学出版社，2003：74.

[55] 石碧，范浩军，何有节，等. 有机鞣法生产高湿热稳定性轻革. 中国皮革，1996，25(6)：5-9.

[56] 周凤文. DOX 型改性噁唑烷合成鞣剂的研究. 西北轻工业学院学报，1994，12(3)：340-345.

[57] 王鸿儒，杨宗邃. N-(β-羟乙基)噁唑烷与胶原中一些活性基的作用. 中国皮革，1997，26(2)：10-12.

[58] 马云，杨敏. 噁唑烷合成的新方法及鞣性研究. 西北轻工业学院学报，1994，12(3)：335-339.

[59] 马海明. 噁唑烷的研究概况. 中国皮革，1991，20(7)：32-35.

[60] 李广平. 皮革化工材料化学与应用原理. 北京：中国轻工业出版社，1997：166-173.

[61] 范浩军，石碧，李玲，等. 皮革无铬或少铬主鞣剂及其制备方法. 中国发明专利申请，CN 02133322.2004.
[62] 徐社阳，金勇. 水溶性聚氨酯树脂与胶原相互作用的紫外研究. 皮革化工，1999，16(4)：15-17.
[63] 金勇，旷广峰，魏德卿，等. 阴离子型水溶性聚氨酯类树脂复鞣剂与铬鞣剂的相互作用. 中国皮革，1997，26(12)：13-15.
[64] 高长有，袁峻，管建均，等. 明胶在聚氨酯表面的固定化及其对内皮细胞生长的促进作用. 高等化学学报，2002，23(6)：1211-1212.
[65] 丁志文，于淑贤，张伟，等. 氨基树脂改性胶原蛋白复鞣剂的制备和应用. 中国皮革，2007，36(9)：54-57.
[66] 王云芳，刘静. 树脂鞣剂及进展. 咸阳师范学院学报，2001，16(4)：60-61.
[67] 沈一丁，来水利. SMA 无规苯乙烯-马来酸酐树脂复鞣剂的合成及性能. 中国皮革，1999，28(7)：15-17.
[68] Kleban M. Ecological aspects of retanning agents. Journal of the American Leather Chemists Association，2002，97(1)：8-13.
[69] 兰云军，李临生. 丙烯酸树脂复鞣剂的性能及发展状况. 中国皮革，2001，30(1)：9-12.
[70] 马建中，杨宗邃，鲁德凤，等. 乙烯基类聚合物鞣剂与皮胶原相互作用的研究. 中国皮革，2000，31(4)：13-18.
[71] 马建中，王伟，杨宗邃，等. 乙烯基类聚合物鞣剂共单体种类配比与应用性能相关性的研究. 皮革化工，2000，17(5)：1-5.
[72] Anton A E. New acrylate retan agent. J Amer Leather Chemists Association，2000，95(1)：19-24.
[73] Anton A E. High exhaust acrylic chemistry. Journal of the American Leather Chemists Association，2003，98(1)：1-5.
[74] 魏德卿，张嵘，张新民. 聚甲基丙烯酸钠与明胶相互作用的研究. 高分子材料科学与工程，1995，11(3)：84-89.
[75] 刘宗惠，魏德卿，王嘉图. ART-3 阳离子树脂复鞣剂的研究. 中国皮革，2001，30(23)：14-15.
[76] 王鸿儒，王文勇，薛朝华. 丙烯酸接枝铬鞣方法的研究. 中国皮革，2002，31(5)：23-27.
[77] Jin L Q，Liu Z L，Xu Q H. Synthesis and application of an am photeric acrylic polyelectrolyte as a retanning agent. Journal of the Society of Leather Technologies and Chemists，2004，88(3)：105-109.
[78] 李升，刘宗惠. ART 丙烯酸复鞣剂对铬革改型机理的研究. 中国皮革，1990，19(5)：8-11.
[79] 鲍艳，杨宗邃，马建中. 乙烯类聚合物鞣剂的鞣制机理及新进展. 中国皮革，2004，33(23)：1-4
[80] 张新民，魏得卿，刘宗惠，等. 丙烯酸类鞣剂作用于皮革的 DSC 研究. 高分子材料科学与工程，1995，11(1)：105-107.
[81] 马建中，封麟先. 乙烯基类聚合物鞣剂与皮胶原相互作用的研究. 皮革科技，2000，29(9)：13-18.
[82] Joseph N，Lakshanamoorthy S. A multi-purpose acrylic product in leather applications. Leather Science，1985，32(4)：84-87.
[83] 吕生华，易东初，杨权荣，等. 填充发泡型乙烯基聚合物复鞣剂的制备及应用研究. 西部皮革，2005，27(4)：33-36.
[84] 林建平. 一种填充型皮革复鞣剂及其制备方法：CN，1715425A，2006.
[85] 党鸿辛，潘卉，张治军. 新型两性聚合物复鞣剂 ADV 的合成研究. 中国皮革，2004，33(7)：1-4.
[86] Covington A D. Studies of the origin of hydrothermal stability：a new theory of tainning. Journal of the American Leather Chemists Association，1998，93(3)：107-120.

[87] 石碧，何先祺，张敦信. 植物鞣质和胶原的反应机理研究. 中国皮革，1993，22(8)：26-31.
[88] 石碧，狄莹，宋立江. 栲胶的化学改性及其产物在无铬少铬鞣法中的应用. 中国皮革，2001，30 (9)：3-8.
[89] 何先祺，王远亮. 植-铝结合鞣机理的研究(Ⅴ)——多元酚-铝与羧基和氨基化合物的作用. 中国皮革，1996,25(6)：15-18.
[90] 王远亮，何先祺. 植-铝结合鞣机理的研究——模拟胶原和胶原试验. 中国皮革，1996,25(8)：11-16
[91] Shiner V J, Bunton C A. Isotope effects in deuterium oxide solution. I. acid-base equilibria. Journal of the American Chemical Society, 1961, 83(1)：42-47.
[92] 彭必雨，孙丹红，陈耀文. 超声波作用下的钛鞣研究. 中国皮革，2004，33(7)：5-9.
[93] 丁毅，刘军，赵莉，等. 有机酸蒙囿铝(Ⅲ)配合物与皮胶原反应的研究. 中国皮革，2002,31(23)：10-13
[94] 蒋廷方. 锆鞣机理. 皮革科技. 1982,(10)：42-44.
[95] 周永香，李闻欣. 锆盐在皮革中的应用及展望. 皮革化工，2005,22(3)：9-12.
[96] 王伟，马建中，杨宗邃. 皮革鞣剂及鞣制机理综述. 中国皮革，1997,26(8)：27-32.
[97] 邵双喜，刘力. 丙烯酸铈(Ⅲ)-丙烯酸丁酯对明胶的接枝共聚鞣制. 合成化学，2000，8(6)：537-540.
[98] 邵双喜，彭友林. 丙烯酸铈(Ⅲ)-丙烯酸乙酯对明胶的聚合鞣制作用. 合成化学，1996，4(1)：65-68.
[99] 刘俊来，黄明智，缪进康. 明胶的接枝共聚反应及其产物的应用. 明胶科学与技术，1996，16(1)：1-13.
[100] 刘宣亚，陈丽娟，彭必先. 改性明胶沉降剂的研制. 感光科学与光化学，1985，3(2)：19-25.
[101] Krasovskii A N, Mankov V P, Mnatsakanov A V. Modification of group in gelatin and its effect on gelatin properties. Zh Prikl Khim, 1989, 62(5)：1095-1099.
[102] 周海梦，王洪睿. 蛋白质化学修饰. 北京：清华大学出版社，1998：19-43.
[103] 天津感光胶片厂资料室. 感光材料生产基本知识. 北京：中国轻工业出版社，1975.
[104] 藤淑华，陈丽娟. 明胶的基团改性及其对明胶性能的影响. 明胶科学与技术，1996，16(3)：133-138.
[105] Toledano O, Magdassi S J. Emulsification and foaming properties of hydrophobically modified gelatin. Journal of Colloid Interface Science, 1998, 200：235-240.
[106] Toledano O, Magdassi S J. Formation of surface active gelatin by covalent attachment of hydrophobic chains. Journal of Colloid Interface Science, 1997, 193：172-177.
[107] 李迅，彭必先. 明胶大分子的照相性质研究-Ⅲ. 穆斯堡尔谱法研究铁离子与明胶蛋白的配合形态. 感光科学与光化学，1993，11(2)：45-47.
[108] 李迅. 明胶蛋白大分子的还原性研究. 明胶科学与技术. 1994,14(3)：158-159.
[109] 李迅，彭必先，肖玉霞. 明胶大分子的照相性质研究-Ⅰ型明胶中的蛋氨酸砜及亚砜的测定. 感光科学与光化学，1993，11(2)：40-44.
[110] 张宜恒，李洁，闫天堂，等. 照相明胶中硫存在形态的XPS研究. 感光科学与光化学，1998，16(4)：314-319.
[111] Maskasky J E. Process for preparing high chloride (100) tabular grain emulsions：US, 5908740, 1991.
[112] Maskasky J E. Chloride containing tabular grain emulsions and processes for their preparation employing a low methionine gelatino-peptizer：US, 4713323, 1987.
[113] Yoichi H, Nishimura R, Yokota K, et al. Silver halide photographic material and image forming method using the same：US, 7368230B2, 2008.
[114] Huc A Y. Collagen biomaterials characteristics and application. Journal of the American Leather Chemists Association, 1985, 80(7)：195-212.

[115] Meena C, Mengi S A, Deshpande S G. Biomedical and industrial applications of collagen. Proceedings of the Indian Academy of Sciences: Chemical Sciences, 1999, 111(2): 319-329.

[116] 贾鹏翔，汤克勇. 胶原蛋白改性丙烯酸类复鞣剂的制备. 精细化工，2006，23(8)：801-805.

[117] 曹健，吕燕红，常共宇，等. 废铬革屑中提取胶原蛋白的戊二醛改性研究. 中国皮革，2005(5)：21-25.

[118] 杨晓峰，李曼尼，佟永志. 13C NMR 法研究乙烯基类单体与胶原蛋白水解多肽的接枝共聚反应. 内蒙古大学学报(自然科学版)，2005，36(2)：143-147.

[119] 王再学，王艳芝，张旺玺，等. 胶原蛋白与丙烯腈共聚合的研究. 合成纤维 SFC，2007，(3)：18-20.

[120] Wang M C, Pins G D, Silver F H. Collagen fibres with improved strengeh for the repair of soft tissue injuries. Biomaterials, 1994, (15): 507-512.

[121] Weadock K S, Miller E J, Bellincampi L D, et al. Physical crossliking of collagen fibers: comparison of ultraviolet irradiation and dehydrothermal treatment. Journal of Biomedical Materials Research, 1995, (29): 1373-1379.

[122] Chan B P. A photochemical crosslinking techenology for tissue engineering-enhancement of the physico-chemical properties of collage-based scaffolds. Proceedings of SPIE, 2005, 56(95): 317-327.

[123] Rubin A L, Riggio R R, Nachman R L, et al. Collagen materials in dialysis and implantation. American Society Artificial Internal Organs, 1968, 14 (1): 169-175.

[124] Weadock K S, Miller E J, Keuffel E L, et al. Effect of physical crosslinking methods on collagen fiber durability in protelytic solutions. Journal of Biomedical Materials Research, 1996, 32 (2): 22-26.

[125] Weadock K S, Miller E J, Bellincampi L D, et al. Physical crosslinking of collagen fibers, comparison of uiltraviolet irradiations and dehydrothermal treatment. Journal of Biomedical Materials Research, 1995, 29 (11): 1373-1379.

[126] Koide T, Daito M. Effect of various collagen crosslinking techniques on mechnical properties of collagen film. Dental Materials Journal, 1997, 16(1): 129-132.

[127] Scotchford C A, Cascone M G, Downes S, et al. Osteoblast response to collagen-PVA bioartificial polymers in vitro: The of crosslinking method and collagen content. Journal of Biomaterials, 1998, 19(1-3): 1-11.

[128] 顾其胜，蒋丽霞. 胶原蛋白与临床医学. 上海：第二军医大学出版社，2003：243-247

[129] 张其清，王淳. 胶原蛋白——合成高分子复合材料的研究现状和发展方向. 中国科学基金，1995，9(4)：14-18.

[130] Zhang Q. Study of collagen-polyvinyl alcohol as a biomedical implant material. Proceeding of 10th European Conference on Biomaterials, Switzerland, 1993.

[131] 彭银仙，徐虹，陈国广，等. 新型药物载体聚谷氨酸的合成及其应用. 中国新药杂志，2002，11(7)：515-519.

[132] 段小军，杨柳，石宗利，等. 新型组织工程化人工骨的体外构建. 第三军医大学学报，2002，24(5)：553-555.

[133] 唐屹，杨璐铭，徐建军，等. 胶原蛋白/聚乙烯醇复合纤维的结构与性能. 合成纤维工业，2007，4(2)：7-10.

[134] 徐颖，陆振荣，唐人成. 国产牛奶丝纤维的结构和性能. 针织工业，2005，(2)：20-24.

[135] 高绪珊，吴大诚. 纤维应用物理学. 北京：中国纺织出版社，2001：101-104.

[136] 王晓芹，王贵波. 壳聚糖胶原生物敷料对深Ⅱ度烧伤创面 EGF 和 bFGF 表达的影响. 中国皮革，

2002，6(12)：1804-1805.

[137] 梁佩红，叶春婷，李斯明，等. 复合Ⅰ型胶原海绵创伤止血的动物实验研究. 创伤外科杂志，2002，4(5)：274-275.

[138] 王秀文，刘占龙，金桂菊，等. 胶原-壳聚糖冻干海绵的制备及其抑菌作用. 中国生化药物杂志，2002，23(4)：187-188.

[139] 夏万尧，曹谊林，商庆新，等. 壳聚糖作为组织工程软骨支架的实验研究. 中华显微外科杂志，2002，25(1)：34-37.

[140] Gao T J，Lindholm T S. Searching for a novel carrier for bioactive delivery of bone morphogenetic protein. *In*：Lindholm T S. Bone Morphogenetic Proteins：Biology，Biochemistry and Reconstructive Surgery. Austin：Landes，1996：121-130.

[141] 李大平. 甲醛鞣毛皮工艺的改进. 中国皮革，1993，22(12)：25-26.

[142] 彭开学，范江平. 甲醛鞣兔皮工艺的改进. 中国养兔杂志，1998，(6)：32-33.

[143] 国拥军，潘津生，李临生. XQ-1 型改性戊二醛鞣制性能的研究. 中国皮革，1993，22(1)：22-24.

[144] Jayakrishnan A，Jameel S R. Glutaraldehyde as a fixative in bioprostheses and drug delivery matrices. Biamaterials，1996，17(5)：471-484.

[145] Friess W，Lee G. Basic thermoanalytical studies on insoluble collagen implants. Biomaterials，1996，(17)：2289-2294.

[146] 王金涛，曹健，汤克勇，等. 胶原蛋白水解产物戊二醛改性研究. 皮革化工，2006，23(2)：1-7.

[147] 钱江，汤克勇，曹健，等. 一种新型绿色纤维-胶原蛋白与壳聚糖共混纤维. 中国皮革，2004，33(11)：4-6

[148] Francke H. Neue moglichkeiten derhochauszehrenden chromgerbung. Das Leder，1992，43(2)：21-25.

[149] 王鸿儒，吴显记，李富飞. 用铬鞣屑制备助鞣剂的研究. 皮革化工，2001，18(5)：16-19.

[150] 李国英，张铭让. 高吸收铬鞣发展论述. 见：第四届亚洲国际皮革科学技术会议论文集. 北京，1998：231-232.

[151] 强西怀，丁志文. 烷醇酰胺琥珀酸单酯磺酸二钠盐的助鞣性能研究. 中国皮革，1996，25(10)：14-17.

[152] 曾维勇，王照临，刘敏. 防铬污染皮化新材料应用探讨. 中国皮革，1998，27(1)：6-8.

[153] 张铭让，林炜，蒋维祺. 稀土在制革中的应用. 中国皮革，1997，26(1)：39-40.

[154] 程凤侠，杨宗邃，汪建根，等. 树脂鞣剂、改性戊二醛预鞣铝－铬结合少铬鞣制工艺研究. 西北轻工业学院学报，1998，(1)：60-65.

[155] 朱晔，金献华. 低铬污染鞣剂方法的研究. 中国皮革，1998，27(9)：8-10.

[156] Chang J，Heidemann E. Einfluss reaktionsfahiger vorbehandungen auf die chromgerbung. Das Leder，1991，42(11)：229-243.

[157] Fuchs K，Kupfer R. Glyoxylic acid：aninteresting contributiong to clean technology. Journal of the American Leather Chemists Association，1993，88(11)：402-409.

[158] 杨伊宏. 一种利于环境保护的清洁工艺——Feliderm CS 铬鞣法综述. 中国皮革，1994，23(10)：17-20.

[159] 范浩军，石碧，何有节，等. 新型醛酸鞣剂的研制. 中国皮革，1998，27(2)：11-13.

[160] 强西怀，李闻欣，俞从正，等. 乙醛酸助铬鞣应用工艺的研究. 中国皮革，2002，31(7)：26-30.

[161] 魏安方，许德生. 基于微波场中的接枝淀粉浆料研究与进展. 现代纺织技术，2006，14(5)：50-52.

[162] 张黔玲，任祥忠，刘剑洪，等. 酪素接枝改性的研究现状. 中国皮革，2006，35(13)：47-51.

[163] 白秀娥，陈国强，邹丽亚，等. 无引发剂存在时丝素蛋白纤维的接枝. 丝绸，2000，(12)：22-23.

[164] 谢金玉，罗宁. 酪素改性Ⅰ：乳液接枝共聚的研究. 西北轻工业学院学报，1986，(3)：34-39.

[165] 马会芳，张昭环，丁志文，等. 胶原蛋白改性腈纶纤维的纺丝及后处理工艺研究. 中国皮革，2007，36(11)：15-17.

[166] 章悦庭，沈新元，高阔. 一种腈纶-交联植物蛋白复合纤维及其制造方法. CN200510024220. 9. 2005.

[167] 胡学超，王洪，邵惠丽，等. 再生蚕丝蛋白超细纤维的制造方法：CN，200410054334. 3. 2005.

[168] 王再学，王艳芝，张旺玺，等. 胶原蛋白与丙烯腈共聚合的研究. 合成纤维 SFC，2007，(3)：18-20.

[169] 林炜，张铭让. 铬鞣剂的进展. 中国皮革，1998，27(3)：10-12

[170] Germann H P. The ecology of leather production present state and development trends: science and technology for leather into the nextmillenium. Chennai：Proceedings of the XXV IULTCS Congress，1999：283.

[171] Kovac V，Francke H. 毛皮鞣制中不同铝鞣剂的对比研究. 中国皮革，1999，28 (19)：6-7.

[172] Gustavson K H. 高浓度的铬溶液组分对皮纤维的固定. 见：赵顺生，吕绪庸，黄静，等译. 制革工业译文选. 北京：中国轻工业出版社，1985.

[173] 李广平. 皮革化工材料化学与应用原理. 北京：中国轻工业出版社，1997.

[174] 白山琢持，八巻さゆり，宇津木久芳，等. 碱式氨基磺酸铝在铬-铝结合鞣应用中的基础研究. 皮革科学，1988，34(2)：59-68.

[175] Covington A D. The use of aluminium(Ⅲ) to improve chrome tanage. Journal of the Society of Leather Technologists & Chemists，1986，70(2)：33-38.

[176] 程凤侠，杨宗邃，汪建根，等. 树脂鞣剂、改性戊二醛预鞣铝-铬结合少铬鞣制工艺研究. 西北轻工业学院学报，1998，(1)：60-65.

[177] 张廷有，何淑玲，吴子荣. 铝鞣剂使用方法的研究. 皮革科学与工程，2002，12(1)：31-32.

[178] 张廷有，陈华林，刘芳，等. 铝预鞣白湿皮技术研究. 中国皮革，1999，9(2)：18-23.

[179] Otter G P，Breen S G，Woodward G，et al. Phosphorus compounds：their manufacture and use：WO，0328018. 2002.

[180] 陈帮银. 催化法制备阻燃剂氯化四轻甲基磷新工艺：CN，88101082A. 1988.

[181] Frank A W. Quaternery ureidomethyl phosphonium salts：US，6458912. 1989.

[182] Sobororsko L Z，Bruker A B，Raver K R. Tetrakis (hydroxymethyl) phosphonium：US，194778. 1965.

[183] 郭文宇. 四羟甲基季磷-铝鞣剂的合成与应用. 中国皮革，2006，35(9)：30-39.

[184] 杨栋梁. 涤棉混纺织物的磷氮系阻燃整理综述(三). 印染，1998，24(8)：42-48.

[185] 唐泽惠. 四羟甲基鏻盐(THP 盐)综述. 见：阻燃学会. 中国化工学会全国首届阻燃学术报告会. 青岛，1987.

[186] Kasem M A，Richards H R，Walker C C. Preparation and characterization of phosphorus-nitrogen polymers for flame proofing cellulose，part Ⅰ：polymers of tetrakis (hydroxymethyl) phosphonium chloride(THPC)and amine. Tetrahedron Letters，1971，13(9)：1468-1479.

[187] 杨栋梁. 涤棉混纺织物的阻燃剂及阻燃工艺研究. 印染，1998，24(8)：46-51.

[188] 沈勇，朱毓芷. 涤棉混纺织物的阻燃剂及阻燃工艺研究. 上海工程技术大学学报，1995，9(2)：42-48.

[189] 郭文宇，单志华. 一种膦盐鞣剂的开发以及应用前景. 中国皮革，2004，33(3)：1-4.

[190] 唐惠儒，王玉兰. 新铬-铝结合鞣法. 皮革科技，1988，17(7)：42-43.

[191] 苏秀霞，李仲谨．无铬鞣剂——聚丙烯酸与铝配合物的研究与探索．皮革化工，2004，21(4)：4-7.
[192] 张汉波，程凤侠．铁鞣研究的历史进展．中国皮革，2004，33(11)：39-46.
[193] Thanikaivelan P，Geetha V，Rao R J，et al. A novel chromium-iron tanning agent：cross-fertilization in solo tannage. Journal of the Society of Leather Technologists and Chemists，2000，84(2)：82-87.
[194] 周继承，侯望奇．锆鞣与利用铬鞣废液复鞣的结合鞣工艺研究．中国皮革，1996，25(5)：17-19.
[195] 张铭让，丁爱萍，吴兴赤，等．稀土盐及铬锆铝多金属配合鞣剂在云贵路绵羊皮服装手套革上的应用研究．皮革科技，1988，17(7)：32-35.
[196] 但卫华．制革工业的清洁化生产途径．中国皮革，1998，27(6)：3-6.
[197] 蒋维祺，黄良莹．含稀土鞣剂的应用研究——应用工艺研究．中国皮革，1998，27(10)：15-17.
[198] 刘镇华，周桂法，魏世林．稀土在鞣制上的应用．中国皮革，1993，22(12)：15-21.
[199] 张铭让，林炜，李国英．稀土在制革中的应用-Ⅲ稀土助铬主鞣的难题及稀土与铬的用量．中国皮革，1997，26(3)：13-14.
[200] 武荣瑞，张天骄．成纤聚合物的合成与改性．北京：中国石化出版社，2003.
[201] Olde Daminck L H H. Structure and properties of crosslinked dermal sheep collagen. Ph. D. Thesis，Enschede：University of Twente，1992.
[202] Olde Daminck L H H，Dijkstra P J，van Luyn M J A，et al. In vitro degradation of dermal sheep collagen crosslinked using a water-soluble carbodiimide. Biomaterials，1996，(17)：679-684.
[203] Grabarek Z，Gergely J. Zero-length crosslinking procedure with the use of active esters. Analytical Biochemistry，1990，(18)：131-135.
[204] Khor E. Methods for the treatment of collagenous tissues for bioprostheses. Biomaterials，1997，(18)：95-105.
[205] Naimark W A，Pereira C A，Tsang K，et al. HMDC crosslinking of bovine pericardial tissue：a potential role of the solvent environment in the design of bioprosthetic materials. Journal of Materials Science：Materials in Medicine，1995，(6)：235-241.
[206] Van Luyn M J A，van Wachem P B，Olde Damink L H H，et al. Relations between in vitro cytotoxicity and crosslinked dermal sheep collagens. Journal of Biomedical Materials Research，1992，(26)：1091-1110.
[207] Fathima N N，Kumar T P，Kumar D R，et al. Wet White Leather Processing：a new combination tanning system. Journal of the American Leather Chemists Association，2006，101(2)：58-65.
[208] Madhan B，Narasimman R，Gunasekaran S，et al. Integrated chrome free upper leather processing. Part Ⅰ：selection of tanning system. Journal of the American Leather Chemists Association，2005，100(7)：282-290.
[209] 李浩宏，陈之荣，李俊筱，等．有机-无机杂化配位聚合物．化学学报，2005，63(8)：697-703.
[210] 路华，马建中．丙烯酸类聚合物鞣剂及研究进展．皮革科学与工程，2007，17(3)：33.
[211] 周钰明，单云，曹勇，等．胶原接枝改性用于制备红外低发射率涂层的研究．高等学校化学学报，2004，25(5)：966-970.
[212] Benedicate L，Clement S. Sol-gel derived hybrid inorganic-organic nanocomposites for optics. Current Opinion in Solid State & Materials Science，1999，4(1)：11-23.
[213] 范浩军，石碧．蛋白质-无机纳米粒子杂化机理的研究．中国皮革，2003，32(7)：21-23.
[214] 范浩军，李亚，张忠楷，等．蛋白质-SiO_2 无机粒子杂化及对蛋白质性能的影响．中国皮革，2003，32(1)：23-25.

[215] 范浩军，何强，彭必雨，等. 纳米 SiO_2 鞣革方法和鞣性的研究. 中国皮革，2004，33(21)：37-42.

[216] 范浩军，石碧，段镇基. 纳米级 TiO_2 或 SiO_2 的鞣革机理及鞣性的研究. 皮革科学与工程，2003，13(1)：18-21.

[217] 范浩军，石碧. 蛋白质-无机纳米杂化制备新型胶原蛋白材料. 功能材料，2004,(1)：344-347.

[218] 李辉，周荣清，范浩军，等. 纳米 SiO_2 鞣革的防霉性研究. 皮革科学与工程，2007，17(5)：12-15.

[219] Pan H，Zhang Z，Zhang J. The preparation and application of a nanocomposite tanning agent-MPNS/SMA. Journal of the Society of Leather Technologists Chemists，2005，89(4)：153-156.

[220] 孙艳青，周钰明. 胶原/TiO_2 纳米复合红外低发射率材料的制备与表征. 无机材料学报，2007，22(2)：231.

[221] 吕生华，马建中，吕庆强，等. 一种皮革用改性淀粉复鞣剂的合成制备方法：CN,1687462A. 2005.

第7章 胶原、明胶及胶原水解蛋白的应用

胶原蛋白是细胞外基质(extracellular matrix,EMC)的主要化合物,是一种生物高分子物质,在动物细胞中扮演结合组织的角色。随着生物化学、分子生物化学和细胞生物化学的不断发展,人们对胶原蛋白的认识逐渐深入,使其在许多领域已得到广泛的应用。其中,在生物医学工程方面,胶原展现了优秀的弱抗原性、可生物降解性、生物相容性和与生物活性成分具有协同性等特点;同时,在生物体内,胶原容易被吸收,还具有抗张强度高、亲水性强、无毒和安全性好等优点。正是由于胶原的这些生物学特性,以及它还可与其他合成材料、无机材料、有机材料及生物材料等复合的优点,使之在组织工程中的应用尤为显著。以胶原为主要或唯一组分制备的不同形式的胶原生物材料,广泛应用于烧伤、创伤、眼角膜疾病、美容、矫形、人工构建血管、创面止血等方面;可用于制备心脏瓣膜、手术缝合线,胶原海绵、人工皮肤、人工血管、人工骨骼等。国外已有相关的研究和专利报道,国内的研究论证与临床应用也已逐渐活跃起来。

胶原蛋白富含除色氨酸和半胱氨酸外的18种氨基酸,其中有人体必需氨基酸7种。胶原蛋白中,甘氨酸占30%,脯氨酸和羟脯氨酸约占25%,在各种蛋白质中含量最高;丙氨酸、谷氨酸的含量也比较高。同时,胶原蛋白中还含有一般蛋白质中少见的羟脯氨酸、焦谷氨酸,以及在其他蛋白质中几乎不存在的羟赖氨酸。因此,胶原蛋白的营养十分丰富,可广泛应用于食品行业。另外,随着人们生活水平和健康意识的提高,功能性食品逐渐为人们所关注,胶原蛋白所具有的特殊功能,必将使其成为食品界的新宠。目前,胶原蛋白已被应用于食品添加剂、饮料澄清剂、糖果乳制品添加剂、食品包装材料等。

同时,胶原的水解产物——明胶,作为感光材料的增感剂,是制备感光材料用量最大的一种原料,也具有悠久的历史。目前,胶原、明胶及胶原水解蛋白在造纸、纺织、包装及皮革加工的填充剂、复鞣剂、涂饰剂等领域也已得到广泛应用。

可见,胶原目前已成为最有用的天然生物材料之一。特别是20世纪末"绿色化学"概念的提出,使得利用天然生物质资源、采用环境友好的技术、开发高附加值的环境友好型产品意义更为重大。近年来,随着分子生物学、遗传学、材料科学与工程等学科的迅速发展,胶原的性质和生物学功能已逐步被人们更深入地认识和了解,胶原、明胶及胶原水解蛋白作为优质天然高分子的应用也必将越来越广泛。

7.1 胶原在生物医学及临床方面的应用

7.1.1 胶原用于生物医学的形态

胶原基生物医用材料的制备,已有很多报道(表 7.1)。其中,部分胶原基材料正处于人体实验阶段,部分处于动物实验阶段,有些已步入商品阶段。在某些领域使用时,因胶原的需求量或价格因素,限制了其成为商品的可能性。但是,胶原的多功能性,特别是胶原可与其他重复物因子一起成为复合体的特点,使其在某些领域的应用是合成高分子不可替代的。

表 7.1 胶原蛋白的形式及用途

形态	用途	材料提供方式
凝胶	创伤敷料	A
粉末	止血剂,药物缓释	A
纺丝纤维	人工血管,人工肌腱,人工皮肤,人工缝线	B
薄膜	角膜,药物缓释	A,B
管	人工血管,人工胆管,管状器官	B
空心纤维	血液透析膜,人工肺膜	A
海绵	创伤辅剂,止血剂	A

注:其中 A 以组织基形式(tissue-based)提供;B 以纯化过的可溶性或粉碎形式(purified collagen-based)提供。

7.1.2 胶原在生物医学方面的应用

1. 胶原手术缝合线

外科手术主要有切割、止血和缝合三个基本操作。其中,止血和缝合时必须使用纤维,即缝合线。手术缝合线有多种分类方法,根据其生物降解性能可分为两种:一种是非吸收缝合线,它在体内不降解,如不通过手术取出则作为身体异物留在组织中;另一种是可吸收缝合线,它在人体组织内可以降解成为可溶性产物,通常在 2～6 个月后从植入点消失[1]。

理想的可吸收缝合线有 4 个基本要求:①可预测的吸收性;②可忽略的毒性;③强度高,具有好的柔软性、打结性及持结性;④耐消毒,易灭菌处理[2]。由胶原制成的缝合线成纤性能好,挤压和拉伸之后仍具有良好的机械强度,可吸收性好,血小板聚集性优良,平滑性和弹性良好,且缝合结头不易松散,操作过程中不易损伤肌体组织。因此,胶原及其复合物已成为制备手术缝合线原材料的主要选择之一。

制备过程中，胶原可吸收缝合线都要进行适当的交联处理，使其具有较好的耐水性和耐热水性。根据使用需要，交联时会用到铬盐、铝盐、锆盐或甲醛、戊二醛等交联剂。为改善其性能，还要与聚乙烯醇、壳聚糖、聚丙烯酰胺等共混或复合，制成满足要求的纤维缝合线。

1）胶原-聚乙烯醇可吸收缝合线

纯胶原制作的缝合线有降解快、脆性大、柔性差、吸收期短，伤口尚未愈合缝合线就可能断开等不足之处。同时，缝合前需用无菌的生理食盐水洗去保护液，这样会造成纯胶原缝合线湿打结强度降低[3]。

为改进胶原缝合线的性能，张其清等将胶原与聚乙烯醇（PVA）复合，制成了复合纤维[4]。具体方法为：从哺乳动物的结缔组织中得到胶原蛋白溶液（0.3%～0.5%的丙二酸溶液溶胀制备）；另用0.3%的丙二醇溶液配制出20%的PVA溶液。然后，把配制好的胶原蛋白与PVA溶液按一定的比例混合，得到胶原-PVA溶液，再经高分子溶胀体成线装置、凝固浴交联成型、三价铬溶液鞣制、碳酸钠溶液定铬等，在含有二甲苯的安瓿内用γ射线照射灭菌即得到胶原-聚乙烯醇复合缝合线。

2）胶原-壳聚糖可吸收缝合线

将胶原与壳聚糖复合制备成缝合线，可提高其湿打结强度[5]。同时，壳聚糖能使缝合线具有更好的凝血性能和消炎作用，并能促进伤口的愈合。

其制备方法为：从牛腱中提取的胶原，用二氯乙酸水溶液分别溶胀胶原，溶解壳聚糖，均用120目不锈钢滤网过滤。胶原与壳聚糖及柔顺剂（豆油）在一定配比下混合搅拌均匀，离心脱泡，得到纺丝原液。在一定的氮气压力下，将纺丝原液通过喷丝板成型，再对成型的丝条加捻合股，经适当处理后，第二次加捻，在绕线辊上卷绕，即得缝合线。

口腔等需要吸收期较长的部位所用的缝合线，要求强度高，吸收期长，需进一步交联。较粗的线，在浓度为10%的硫酸铬溶液中交联20min；较细的线，在浓度为3%的硫酸铬溶液中交联15min后，再用浓度为1%的碳酸钠溶液定铬40～60min。这类胶原-壳聚糖可吸收缝合线已在临床上应用。

胶原-壳聚糖缝合线可通过铬交联来延长吸收期，而缝合线吸收后会造成在缝合部位短期内的铬的浓度较高。周波的一项授权专利对此进行了改善[6]。在胶原-壳聚糖纺丝液中，添加聚丙烯酰胺也可以延缓其分解。其方法是，取胶原10g、壳聚糖5g、聚丙烯酰胺2.5g混合，用0.9%的氯化钠注射液1000mL浸泡处理，然后用200mL庆大霉素进行净化处理，并搅拌成乳胶状，湿法纺丝，再用75%的乙醇浸泡处理，环氧乙烷灭菌消毒，即得缝合线。该缝合线满足缝合线的基本要求，超过了美国药典所规定的指标。一般在术后的5～15天自然脱掉，不需要拆线。表7.2、表7.3是美国药典所规定的胶原缝合线的技术指标和要求[7]。

表 7.2 美国药典第 23 版胶原缝合线技术指标

美国线号	公制线号	平均直径界限值/mm		单根线的打结强度/N	
		最小值	最大值	平均最小值界限	单根线样品最小值界限
8/0	0.5	0.050	0.069	0.44	0.25
7/0	0.7	0.070	0.099	0.69	0.54
6/0	1	0.10	0.149	1.74	0.98
5/0	1.5	0.15	0.199	3.73	1.96
4/0	2	0.20	0.249	7.55	3.92

表 7.3 不同线号物理指标测定结果

美国线号	打结强度/N	直径/mm	各线号平均值	
			打结强度/N	直径/mm
4/0	9.46	0.221	9.55	0.210
	9.67	0.218		
	9.76	0.227		
	9.56	0.222		
	9.29	0.206		
5/0	5.24	0.187	5.37	0.180
	5.45	0.190		
	5.20	0.179		
	5.57	0.185		
	5.40	0.182		
6/0	3.18	0.137	3.22	0.135
	3.25	0.140		
	3.43	0.131		
	2.98	0.127		
	3.26	0.139		
7/0	1.85	0.091	1.79	0.093
	1.75	0.094		
	1.80	0.097		
	1.67	0.090		
	1.87	0.092		
8/0	1.10	0.062	1.10	0.062
	1.08	0.065		
	1.06	0.060		
	1.16	0.061		
	1.12	0.062		

2. 胶原海绵

1）胶原海绵在止血和创面愈合方面的应用

海绵剂作为药剂的一种剂型，在临床中显现了重要的作用。它是由亲水性胶体溶液经发泡、固化、冻干和灭菌而制成的一种海绵状固体制剂。胶原海绵在临床上具有很好的止血作用，能够使创口流出的血液很快凝结，被人体组织逐渐吸收，一般用于内脏手术时的毛细血管渗出性出血。胶原海绵临床应用包括普通外科、心血管外科、整形外科、泌尿外科、骨科、皮肤科、烧伤科、妇科、口腔科、眼科等几乎所有的手术。

1983 年，Coln 等[8]发现胶原海绵具有良好的止血性能，此后胶原海绵很快进入临床应用。一般认为，当胶原海绵与出血创面接触时，可利用其大面积的海绵结构，破坏血小板来促进凝血过程。同时，海绵在创面的溶解或降解而产生局部黏度变化，这样也会促进凝血过程。从临床资料可知[9]，在手术创面和残腔填充止血中，胶原海绵的止血效果明显优于明胶海绵，这与胶原海绵吸附血小板的能力较强有关。与出血创面接触时，胶原海绵的接触面迅速形成凝胶而黏附在出血创面上，外面则形成连续的压迫干层，建立一种理想的止血状态和结构。另外，所形成的持续时间较长的稳定凝胶，可保证新生创面组织顺利地长入，从而达到创面修复的目的。1989 年，美国的 Gelfix 胶原止血海绵进入中国市场，但是价格昂贵，规格单一。

国内，过去多采用明胶海绵止血，但这种海绵存在亲水性差、止血效果差等缺点。武继民等[10]曾就医用吸收性胶原海绵和明胶海绵在出血创面的治疗上进行了详细的临床对比实验。与胶原蛋白制成的止血海绵相比，水溶性材料与出血创面接触时难以形成稳定的凝胶状态，因而影响止血和修复效果。在收治的 164 例病例中，通过与明胶海绵对照实验，得出胶原海绵止血时间短、创面修复效果优异的结论。这对于提高治疗水平、缩短患者住院时间和减轻患者痛苦都具有重要的意义。

胶原海绵的制法如下：将牛腱粉碎，在乙酸溶液中浸泡 5 天，过滤除去不溶物，在黏稠的滤液中加入饱和氯化钠溶液，使胶原沉淀，然后再用清水洗涤，再溶于 0.1%乙酸溶液中，配成浓度为 15～25mg/mL 的溶液，离心，得上清液，即为胶原溶液。取 50～60g 这种胶原溶液，加入甲醛 6～8mL，在 35～41℃下搅打至发泡，控制泡沫细小而均匀，最后浇模、冷冻、干燥、脱模，即得多孔松软的成品。将其切成不同的规格，在 120℃的干风下消毒 2h，密封包装，即得胶原止血海绵。朱虹和陈柳英[11]用马肌腱提取的胶原，做了最佳冻干浓度的选择，发现由 1g 肌腱制成的 60mL 胶原溶液的浓度最好。

关静等[12]用 SDS-PAGE 法对胶原海绵进行了较全面的结构分析。结果表明，酶解法制备的胶原海绵除含有α、β、γ组分以外，还有相对分子质量高于γ及相对分子质量低于α的组分；其中，γ组分是α组分的三聚体，β组分是α组分的二聚体，符合胶原蛋白的结构特征；胶原海绵的γ组分及相对分子质量高于γ组分的含量约为明胶标准品的两倍，相对分子质量低于α的组分含量较少，这与胶原蛋白的组成特征相符。

武继民等[13]首先制备出了可溶性胶原材料，并以此为原料，利用冻干工艺制备了胶原海绵。他们采用氨基酸分析和紫外光谱分析，证实了胶原海绵的结构和组成，同时，他们也证明了其制备工艺的可行性。电泳分析表明，胶原海绵中含有较多的三股螺旋结构组分，但也存在低相对分子质量组分(多肽片段)。六项生物学评价结果，均符合相关标准所规定的要求，证明胶原海绵在体外使用时，具有安全可靠性。

虽然胶原海绵在临床应用方面取得了很好的疗效，但单独应用胶原还存在力学性能差、溶解速度太快等缺点。共混复合是改善材料性能的有效手段，有关胶原与其他材料复合制备胶原海绵的研究很多[14,15]。

邹海燕等[16]将碱性成纤维细胞生长因子(basic fibroblast growth factor，bFGF)引入到胶原体系中，成功研制出了bFGF胶原海绵。该产品是一种疏松多孔的海绵状物质，不同的冻干前处理条件和冻干工艺都会对其表面结构产生一定的影响。样品的表观密度受冻干前溶液浓度的影响，可以通过调整冻干前溶液的浓度(主要是胶原蛋白的浓度)来调节胶原海绵的表观密度。吸水能力在一定程度上可以反映胶原海绵的质量，从而影响产品在创面上吸收伤口渗液的功能。含杂质(如盐分)少的样品，吸水能力强。疏松多孔的结构，较强的吸水能力，以及胶原蛋白良好的组织相容性，使以胶原蛋白为主要原料的敷料与创面结合时，具有更好的贴附能力。

梁佩红等[17]用猪脚肌腱提取的Ⅰ型胶原与一定比例的壳聚糖混合，经戊二醛交联，冻干后，制备了Ⅰ型胶原-壳聚糖复合海绵。将该胶原-壳聚糖复合海绵用于新西兰大白兔皮下出血、体表浅动静脉断裂损伤、肝损伤的止血实验，并与明胶海绵、纱布等的止血效果作比较，观察其止血时间、敷料与创面的黏合等情况，并定期观察创面的愈合和体内吸收等情况。结果表明，所得产品具有单纯胶原海绵的止血快、生物相容性好、促进伤口愈合等优点；由于壳聚糖能与胶原蛋白通过静电作用形成稳定的离子键，提高了其力学性能，使其在兔耳动脉止血时不易被冲破、冲开。

钱曼[18]用酶法提取鱼鳞胶原蛋白，制备出胶原海绵，其吸水倍数和抗张强度显著高于同浓度的明胶海绵。胶原蛋白与壳聚糖的复配可以提高胶原蛋白海绵的吸水性和抗张强度。当鱼鳞胶原蛋白与壳聚糖比为2∶8，总浓度为0.6%，pH为6.0时，制备的胶原海绵的吸水倍数提高了92倍，抗张强度为40kPa。该鱼鳞胶原蛋白复合海绵有望用于制备医用高分子材料。

壳聚糖与胶原的复合，除可促进伤口愈合外，还可能增强其力学性能[19]。壳聚糖属多糖类，胶原属蛋白质类，蛋白质和糖类的复合，可能存在氢键作用和静电作用，在氨基、羟基等之间相互交联，进一步提高其力学强度。毒理学的检测证明，壳聚糖-胶原海绵无毒副作用，具有良好的生物相容性。在临床的初步应用，也证实其具有促进愈合、阻止渗液溢出的功效，而且原材料来源丰富，价格低廉，具备推广应用的前景。

2) 胶原海绵在组织工程上的应用

(1) 用于软骨组织的修复

叶惠贞等[20]采用成年纯种新西兰兔做实验，在兔子缺损区内完全填充Ⅱ型胶原海绵，并做空白对照。术后 12 周，Ⅱ型胶原对关节软骨缺损的修复有明显的促进作用，修复结果接近正常软骨，表明高纯度Ⅱ型胶原海绵的组织相容性好，无明显的毒副作用，对关节软骨的缺损具有良好的修复作用。

Ohno 等[21]进行了Ⅰ型和Ⅱ型胶原海绵对接种软骨细胞的存活能力和基因表达的对比研究。结果表明，经过 20 天的培养后，接种的软骨细胞在两种海绵中均具有很好的分散性和成活率。

白建萍等[22]采用酶消化法分离、培养幼兔关节软骨细胞，取第三代细胞以 3×10^7g/mL 的密度均匀地接种于胶原海绵中，分别通过倒置显微镜和扫描电镜观察软骨细胞在载体材料上的生长增殖情况；将体外培养 10 天的软骨细胞/胶原海绵复合物植入裸鼠背部皮下，术后 12 周取材，进行观察和苏木精-伊红(hematoxylin-eosin，HE)染色。结果发现，软骨细胞均匀地分布于胶原海绵的孔壁和网眼内，并可分泌基质样物质；复合培养物体内植入 12 周后，可以形成新生的透明软骨组织。由此，他们认为，胶原海绵可以作为软骨细胞生长的支架载体，可异体构建出组织工程化软骨组织。

肖丹等[23]取 12 只新西兰大白兔膝关节软骨缺损模型，并体外扩增其骨髓基质细胞、双膝关节随机分成实验组、对照组。实验组用自体骨髓基质细胞与Ⅰ型胶原海绵复合物移植于膝关节软骨缺损处；对照组仅用Ⅰ型胶原海绵移植。研究发现，手术后各阶段，实验组软骨缺损由透明软骨样组织填充，对照组由纤维软骨样组织填充。结果表明，Ⅰ型胶原海绵是适合吸附骨髓基质细胞的载体材料，Ⅰ型胶原海绵吸附骨髓基质细胞能够用于修复软骨缺损。

朱如里等[24]取 3 日龄异体幼兔软骨细胞，体外培养后接种于胶原海绵支架上，再移植于兔膝关节全层软骨缺损处。在同一大白兔双膝关节内外髁分 3 组作自身对照研究，股骨内髁作软骨细胞-胶原海绵复合移植组，右膝股骨外髁作单纯胶原海绵移植组，左膝股骨外髁作空白对照组。移植术后第 4 周、第 8 周、第 12 周、第 16 周、第 20 周分批处理，进行组织学和超微结构观察。软骨细胞-胶原海绵复合移植组缺损处为软骨性修复，而单纯胶原海绵移植组和空白对照组为纤维性修复。他们发现，运用软骨组织工程的原理，以胶原海绵作为支架材料的异体软骨细胞移植，可修复兔关节软骨缺损，为治疗关节软骨缺损提供了一种有效的方法。

（2）作为支架材料用于制作人工组织

李军杰等[25]用新生大鼠原代心肌细胞为种子细胞，以Ⅰ型胶原海绵为支架材料，构建出的工程化心肌组织，于体外可长时间持续自发收缩，该细胞/胶原复合物的形态结构与生理功能均类似于成熟大鼠心肌组织。汪滋民等[26]将原代培养的人表皮细胞和成纤维细胞接种到胶原海绵膜上，构建了复合皮肤替代物。这种胶原海绵构建的表皮细胞和成纤维细胞复合移植物，可作为新型复合皮肤替代物修复全层皮肤缺损。刘爱军等[27]以ES细胞（embryonic stem cell，胚胎干细胞）源性表皮干细胞为种子细胞，与胶原海绵构建组织工程皮肤，可以修复缺损皮肤。高学军等[28]用外分离、培养、鉴定角朊细胞和成纤维细胞，制备胶原海绵作为组织工程支架材料，在成功构建人工真皮的基础上，种植表皮细胞，构建人工复合皮肤。培养的人角朊细胞和成纤维细胞种植于胶原海绵支架上，可构建出具有类似天然皮肤结构的组织工程皮肤。马忠仁等[29]用新生尕里巴牛犊皮，经脱毛、胃蛋白酶＋冰醋酸联合处理、盐析、透析、冻干后制备的胶原蛋白海绵，与岷县黑羔羊肾细胞共培养，具有很好的生物相容性。羔羊肾细胞在该胶原蛋白海绵中能够连续生长65天以上。显微连续观察吖啶橙（acridine orange，AO）染色和65天的共培养物石蜡切片HE染色，均发现有大量新生胶原纤维产生。培养AO染色显示细胞DNA，发现在胶原海绵中有大量细胞增殖，说明新生牛皮胶原蛋白海绵能够与羔羊肾细胞共培养，有望作为肾组织的生物支架材料。

3. 胶原医用敷料

敷料是能够起到暂时保护伤口、防止污染、促进愈合的医用材料。在远古时期，人们就发现创面覆盖较不覆盖愈合效果好。植物的叶子、动物皮，甚至沙土、雪等都曾用来覆盖在人体创伤的表面，起到保护受伤部位的作用，这就是最早形式的敷料。敷料有普通敷料（常用的是纱布）、生物敷料（主要成分为胶原蛋白或其改性产品以及左旋糖酐、壳聚糖、淀粉磷酸酯等）、合成敷料和复合敷料四大类。迄今为止，影响力最大、应用时间最长、目前仍占据绝大部分市场的是传统的纱布类敷料。但是，纱布类敷料存在以下缺点：无法保持创面湿润，创面愈合迟缓；敷料纤维易脱落，造成异物反应，影响愈合；创面肉芽组织易长入敷料的肉眼中，换药时会引起疼痛；敷料被浸透时，病原体易通过；换药时，易损伤新生的组织；换药工作量比较大[30]。

随着人类文明的进步和科学技术的发展，早期敷料所具有的保护和防止感染的简单功能，已远远不能满足医务人员和患者的要求。理想的创伤敷料应能与创面紧贴、有良好的亲和性，并能均匀、紧密地黏附在创面上；能防止液体和水分的损失；能抵御细菌入侵，防止感染；能吸收从创面流出的渗出液，且不会造成敷料与创面之间的积液，减轻疼痛；保持、促进肉芽和上皮组织的正常生长，促使创面愈合，不留疤痕；应有一定的机械强度，柔软，不产生变形；应透气、透水汽、保湿、生物相容性好[31]。

大量的生物学和物理学研究结果表明[32]，胶原具有活跃的生物功能，可主动参与细胞的迁移、分化和增殖，能与血液直接接触，可改善表皮细胞的微环境，促进皮肤组织新陈代谢所必需的多种氨基酸的合成，加速皮肤再生和修复。因此，胶原及其改性产物已大量用于生物敷料。这种敷料具有很多优点：①拉伸强度高，延展性低，具有类似真皮的形态结构，透水透气性好；②可进行适当的交联，可调节其溶胀性，可被组织吸收，可与药物相互作用；③低抗原性。经过交联或酶处理，可使其抗原性降低，可隔离微生物，生物相容性好，有生理活性，如凝血作用等。该敷料还具有使皮肤保持滋润、缓解皮肤过敏症状，有效阻断由过敏原自由基引起的连锁反应，从而起到清除自由基的作用，使皮肤细胞膜趋于稳定，增强皮肤的免疫体系，降低变态反应的发生。

李叶扬等[33]探讨了用胶原敷料治疗烧伤创面愈合后遗留的色素沉着。他们将 100 例患者随机分为观察组和对照组各 50 例。观察组的患者采用胶原敷料，对照组采用凡士林油膏。其结果为，采用胶原敷料的观察组有效 44 例，有效率 88%，对照组仅 8 例有效，有效率仅为 16%，两组比较差异有显著性（$P<0.05$）。可见，胶原敷料对于烧伤创面愈合后遗留的早期色素沉着，有较好的治疗效果；对消除颜面部的色素沉着，效果尤为明显。

汤玉铭[34]研究了胶原敷料治疗面部过敏性皮肤病的疗效及其安全性。选用面部过敏性皮肤病患者 30 例。其中，脂溢性皮炎 4 例，日光性皮炎 4 例，面部湿疹 14 例，接触性皮炎 8 例；男 16 例，女 14 例；年龄 18～65 岁，平均年龄 31.5 岁。将 30 例患者随机分为治疗组和对照组，各 15 例。两组病例在年龄、性别、病程及病情严重程度方面差异无统计学意义。治疗组治疗并清洁患处皮肤后，用胶原敷料贴敷，每天 1 次，每次 30min，连续 2 周。对照组治疗并清洁患处皮肤后，用 3%硼酸溶液湿敷，每天 1 次，每次 30min，连续 2 周。在治疗和随访期间，患者不再使用其他药物。表 7.4 为两组疗效的对比。结果表明，胶原敷料对面部过敏性皮炎如脂溢性皮炎、日光性皮炎、接触性皮炎、湿疹等治疗效果明显。在应用该敷料的过程中，没有发现明显的不良反应、安全性高。另外，它无色、无味、无臭，易为患者接受，值得在临床中推广使用。

表 7.4　用胶原敷料治疗面部过敏性皮肤病两组疗效观察比较

组别	例数	痊愈率/%	明显率/%	好转率/%	无效率/%	有效率/%
治疗组	15	13.3	33.3	46.7	6.7	46.6
对照组	15	0	0	20.0	80.0	0

胶原敷料应用的特殊作用和效果，都是基于其中胶原所特有的物理、化学及生物特性，如表 7.5 所示。

表 7.5　胶原的物理、化学和生物特性

物理特性	物理-化学特性	生物特性
高强度拉伸	可控制的交联	交联使抗原性降低
低延展性	可调节的溶解(胀)组织	趋化性
复合表面形态结构	吸收性、抗原性、与药物的相互作用	模拟成纤维细胞迁移血凝作用

胶原敷料有海绵型、凝胶型、薄膜型和复合型 4 种类型。关于海绵型敷料，前面已经做过介绍。以下着重介绍其他 3 种。

1) 凝胶型胶原敷料

凝胶型敷料可以与不平整伤口形成紧密的结合，消除死角，从而减少了细菌得以生长的机会。

高智仁等[35]制备了复方磺胺嘧啶银胶原凝胶和复方庆大霉素胶原凝胶。前者为乳白色凝胶，其中磺胺嘧啶银含量为 1%，胶原含量不低于 1g/L，pH 7，分装成每瓶 100mL，4℃冰箱封存；后者为柠檬色的凝胶，其中庆大霉素含量为 0.1%，胶原含量不低于 1g/L，pH 5.5～6.0，分装成每瓶 100mL，4℃冰箱封存。临床应用时，将胶原凝胶浸透纱布网眼，贴敷于创面，外用纱布包扎，每隔一天换药一次。他们的研究结果为，复方磺胺嘧啶银胶原凝胶和复方庆大霉素胶原凝胶应用于各类烧伤创面，均取得控制感染、促进创伤皮化加快、创面愈合期提前的效果。

杨小红等[36]采用Ⅰ型胶原为主要原料，研制出Ⅰ型胶原凝胶复合物(胶原凝胶)，并用于治疗Ⅱ度、Ⅲ度褥疮共 35 例。其结果为，与对照组比较，他们制得的胶原凝胶对创伤组修复的效果良好，Ⅱ度褥疮均在 2～3 周愈合，Ⅲ度褥疮在 4 周内明显好转(占 60%)。由此表明，Ⅰ型胶原可促进肉芽的生长及上皮的再生，以Ⅰ型胶原为主要材料的胶原凝胶能够明显缩短褥疮的治疗周期，是促进伤口愈合的良好生长材料。

第二军医大学曹青等[37]从猪皮中提取Ⅲ型胶原，并配成胶原霜，用于Ⅱ度(已愈面积 2%～18%)和Ⅲ度烧伤(植皮后已愈面积 1.5%～10%)创面及残余肉芽创面的治疗。其结果为，这种胶原霜不仅可使表皮细胞代谢延长，脱屑减少，而且还可促进上皮细胞的增殖，创面愈合快。对已愈合和未愈合的创面都显示表皮层增多、瘢痕平坦、创面光滑，患者感到舒适、滋润、紧迫感减少。Ⅲ型胶原对皮肤还有一定的营养作用，特别是含有足够的真皮层富有的脯氨酸和甘氨酸，吸收后作为表皮的支架可防止水分丢失，增加皮肤的光泽和弹性。

2) 薄膜型胶原敷料

胶原薄膜通常在湿态下使用，此时胶原膜很柔软。对伤口的黏合力取决于胶原的交联度，交联度越大，黏合力越小，对伤口渗出液稳定性越高，在感染伤口处分解缓慢。在胶原薄膜的应用中，一般不需要复合其他材料，因胶原薄膜结构本身就起到了防止细菌污染伤口的屏障作用。胶原薄膜呈透明状，还可直接观察伤口的治愈情况。

Yang[38]将猪皮胶原膜作为生物敷料应用于供皮区和浅表层，对未感染、干燥的烧伤具有良好的效果，能缓解伤口疼痛，使用方便且价格便宜。高智仁等[39]用酶法从猪皮中提取胶原并制成胶原膜，对大鼠背部深Ⅱ度烧伤创面早期覆盖胶原膜。研究表明，对照组 10 天的上皮愈合率仅为 24%，而实验组则为 70%，说明胶原膜对创面具有良好的保护作用，可促进创面的上皮愈合。在临床实验中[40]，胶原膜应用于烧伤患者的供皮区，供皮区创面一半覆盖胶原膜，另一半覆盖油纱布作为对照。结果表明，胶原膜覆盖创面的愈合时间为 10 天，而对照组则为 14 天。实验组胶原膜覆盖的创面达到愈合的指标，局部无感染，胶原膜呈完整的痂皮样分离脱落，其下创面上皮愈合；对照组需数次换药后方能达到创面的完全愈合。

虞俊杰等[41]自 1998 年 10 月至 2000 年 12 月对 30 例烧伤患者的创面及供皮区应用生物医用膜（胶原蛋白），取得了满意的效果。与普通使用的凡士林纱布相比，该医用生物膜渗出少，创面表面能较快形成干痂，可减少供皮区感染。医用生物膜的主要成分是胶原蛋白，透水性能较凡士林纱布差，使用时为防积血要适量打洞。该生物膜用于烧伤创面，对于伤后 48h 内创面清洁，较碘伏纱布愈合时间明显提前，且无需换药，既减轻了患者的痛苦，又节省了费用。医用生物膜无抗感染作用，因此，对创面污染重，受伤时间长，偏深的烧伤效果不理想。使用医用生物膜对全身及局部均无不良反应，由于可避免直接刺激创面，可大大减轻疼痛，因此医用生物膜对儿童烧伤可能具有特殊作用。

腊蕾等[42]制备了含有磺胺嘧啶银微晶和吲哚美辛的复方胶原蛋白烧伤膜，发现该膜可促进烧伤创面胶原的合成，促进创面的愈合，与形态学的变化基本一致。实验中，发现在伤后第 5 天、第 7 天、第 10 天和第 14 天，实验组的 G_0（DNA 细胞的静止期）/G_1（DNA 合成前期）低于烧伤对照组，而 DNA 的合成期 S 细胞百分率高于烧伤对照组，说明药物胶原膜可促进 DNA 的合成，提高细胞的分裂增殖能力。

3）复合型胶原敷料

胶原敷料的结构和性能使其具有很高的使用价值。但是，胶原敷料仍存在易散失水分、易受细菌侵蚀等不足。可以通过与其他材料复合来控制水分的损失和细菌的污染，以接近完整皮肤所具有的基本功能。

王晓芹等[43]设计了多层烧伤敷料，多孔层为戊二醛交联的胶原壳聚糖复合物，外部的控制透湿层由塑料膜制成。胶原与壳聚糖制成的复合膜烧伤敷料，机械强度好，柔软性好，无色透明，有弹性，与皮肤有良好的贴敷性，无刺激不适感。研究发现，其促进烧伤创面愈合的机制与使用胶原-壳聚糖膜敷料后创面脂质过氧化反应程度的减轻有关。

吴志谷等[44]将胶原海绵和聚氨酯薄膜复合，聚氨酯薄膜有均匀开口的微孔(5～15μm)，柔软、抗张强度大、弹性好、随形性好。内层为戊二醛交联的胶原海绵。两膜复合后仍保持其各自的特性，但复合后的胶原海绵略变薄。涂聚氨酯胶原海绵的聚氨酯膜较薄，强度虽没有前者大，但明显增加了胶原海绵的强度。复合膜的形貌如图 7.1 所示。

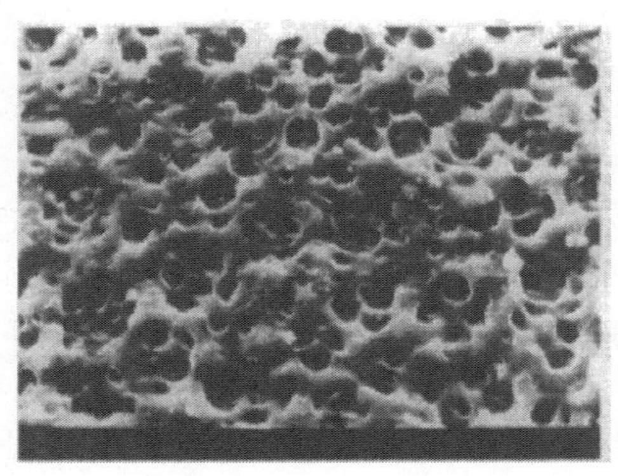

图 7.1　聚氨酯胶原海绵复合膜的电镜照片(×1000)

Chen 等[45]用羟甲基壳聚糖/胶原蛋白共混膜作为伤口敷料。将制得的共混膜分别加入软骨素或非真皮细胞物质。应用结果表明，作为一种创伤敷料，羟甲基壳聚糖/胶原蛋白共混膜能促进伤口愈合，在临床应用中具有很大的潜力。

叶春婷等[46]研制了一种新型的聚乙烯醇/胶原复合材料，并探讨了其作为创伤敷料的可行性。将聚乙烯醇(PVA)与Ⅰ型胶原以 3∶1 的比例混合，以聚乙二醇为制孔剂，风干成为膜状，并对其进行抗张强度、孔径与孔隙率、吸水率的表征及细胞生物相容性的评价。结果表明 PVA/胶原膜的抗张强度为(8.10±0.28)MPa，平均孔径为 100～150μm，孔隙率为 90%左右；吸水率为 185.42%±6.93%，3T3 细胞(一个从 Swiss 系小鼠胎儿里得到的细胞株，具有强烈的接触抑制作用)在 PVA/胶原膜上生长形态正常，增殖迅速。因此，PVA/胶原膜具有较理想的力学强度、孔径与孔隙率以及良好的细胞相容性。

4. 胶原在组织工程中的应用

1987 年，美国国家科学基金会给出了组织工程的定义：组织工程是运用工程科学和生命科学的基本原理和方法，构建一个生物装置，来维护、增进人体细胞和组织的生长，恢复受损组织或器官的功能。它融合了工程学和生命科学的基本原理、基本理论、基本技术和基本方法，在体外构建一个有生物活性的种植体，植入体内修复组织缺损，替代器官功能；或作为一种体外装置，暂时替代器官功能，达到提高生存质量，延长生命活动的目的。王远亮等[47]论述了正常和病理的哺乳动物的组织与功能之间的关系。创建了生物学替代物以恢复、维持、重建或改组组织功能的一门交叉学科。

对于组织缺损和器官衰竭这种患者，传统的医疗模式往往通过个体间的器官移植、外科再造及利用诸如肾透析器之类的机械装置来完成治疗工作。但是，这种治疗模式并不理想，主要存在以下问题[48]：①同种异体移植的供体有限。例如，美国每年需进行器官移植的患者 50 000 人，但供体仅有 7000 个；易于导致传染病（如艾滋病）的蔓延；②异体移植易引起排斥反应；③自体组织移植会造成新的创伤，且组织来源有限；④植入人工器官或组织，易引起排异反应，或导致炎症，甚至会引发癌变等；⑤外科再造术会留下后遗症。例如，治疗尿失禁时，将尿引入结肠后会增加结肠癌的发病率。这些问题的存在，使科学家们积极寻找更为理想的组织替代物，于是组织工程应运而生。皮胶原应用于组织工程的前景十分广阔。在组织工程中，胶原主要通过溶解和提纯，再按适当的形状重建和重新聚合材料。

胶原蛋白的优异特性使其在医学上得到广泛的应用，并取得了很好的效果。其中，胶原最主要的应用领域是生物医学材料。所谓生物医学材料是将材料科学与生物医学结合，研究并制造出用以取代人体器官功能的组织，如人工血管、气管、皮肤等。胶原蛋白是人体组织的主要成分，因此，在人体器官组织的修复及再生上扮演着重要的角色，使其成为一种理想的高分子生物医学材料。胶原蛋白经适当交联后，作为支架，在植入细胞或生长因子后，可发展为组织工程类的产品。

Lv 等[49]采用冷冻干燥的方法制备了三维蚕丝蛋白/胶原共混支架。他们研究发现，在冷冻干燥时，蚕丝蛋白结构有自分离组装现象，而引入的胶原与蚕丝蛋白所形成的氢键，能够阻止蚕丝蛋白在冷冻干燥过程中结构的改变。酸碱条件对共混支架有较大影响。在 pH 7.0 时，复合支架的孔隙结构尺寸均一，有较高的连通性；在其他 pH 条件下，虽然也可以成功地制备出三维复合结构支架，但其孔隙结构不均匀。力学测试表明，在 pH 7.0 的中性条件下，所制备的复合支架具有最好的力学性能，在其他条件下制备的复合支架的机械性能也都优于纯蚕丝蛋白支架。为拓展支架的功能性，在复合支架中还可以引入其他生物高分子，如壳聚糖、肝磷脂等，更好地应用于生物医学领域，如药物释放和组织工程等。他们制备的三维蚕丝蛋白/胶原共混支架形貌如图 7.2 所示。

Lv 等[50]利用溶液共混法制备了蚕丝蛋白/胶原三维支架。研究发现，随着蚕丝蛋白体系中胶原蛋白的加入，两者开始发生相互作用，共混体系的黏度增加。当共混溶液中含有 20％的胶原蛋白、4％的蚕丝蛋白时，测得浓缩物的孔隙率大于 90％，屈服强度和弹性模量分别达到（354±25）kPa 和（30±0.1）MPa。通过调节孔隙的尺寸、分布和支架的含水量，可以进一步改善支架的性能。他们还将 HepG2 细胞引入到体系中，研究了该支架材料的生物相容性。他们发现，蚕丝蛋白/胶原支架上培养细胞的数量和分散性均较单纯的蚕丝蛋白支架好(图 7.3)。

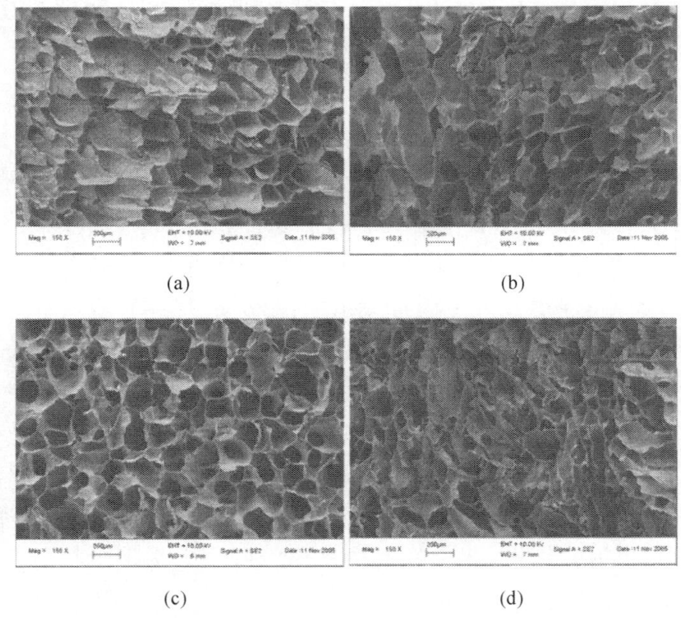

图 7.2 经甲醇处理过的蚕丝蛋白/胶原支架的形貌

(a) pH 4;(b) pH 5.5;(c) pH 7.0;(d) pH 8.5

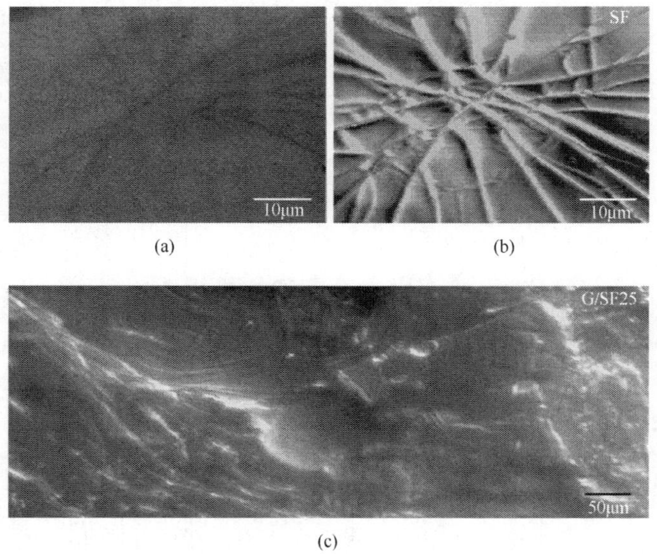

图 7.3 经甲醇在 20℃下处理 2h 的经荧光染色的蚕丝蛋白(a)和未经荧光染色的蚕丝蛋白(b)及胶原蛋白/蚕丝蛋白共混物(c)(共混比例为 25∶1)的共焦激光扫描图片

莫小慧等[51]以不同相对分子质量和醇解度的聚乙烯醇(PVA)与不同用量的GAG(糖胺聚糖)、COL(胶原)按一定的比例复合,用干燥成膜法可制备出 PVA-GAG-COL 复合支架。研究结果为,此复合支架具有高含水率和适宜的膨胀率、孔隙率、透光率和力学性能,具有良好的细胞相容性,所形成的多孔结构适合组织工程支架的细胞培养。另外,以聚乙烯醇、透明质酸和胶原蛋白为材料,也可制备组织工程复合支架[52],该复合支架具有较高的含水率和膨胀率,内部孔洞丰富,可作为组织工程支架材料。王培伟等[53]以六氟异丙醇/三氟乙酸为溶剂体系,采用静电纺制备壳聚糖/胶原蛋白复合纳米纤维。猪髋动脉内皮细胞在壳聚糖/胶原蛋白复合纤维表面贴附牢固,外形饱满,多呈长梭形,具有良好的生长形态;甲基噻唑基四唑分析(methyl thiazolyl tetrazolium assay,MTT)法结果显示,纳米纤维能够有效地促进内皮细胞在材料表面的黏附和增殖,说明静电纺壳聚糖/胶原蛋白复合纳米纤维具有良好的细胞相容性,可望成为一种新型的组织工程支架材料。

胶原工程支架材料主要用作人工皮肤、人工血管、人工瓣膜、人工骨骼等组织工程类的产品。

1) 人工皮肤

人工皮肤是指应用组织工程技术将体外培养的上皮细胞和成纤维细胞扩增后,接种于具有良好生物相容性的材料上,经体外培养,形成皮肤。然后,将其移植于皮肤创面处,以实现创伤的修复和重建[54]。

理想的人工皮肤应具备以下特点[55]:①能覆盖并封闭皮肤缺损创面,被受体永久接受和成活;②与正常皮肤相近的组织结构,具有人体皮肤的全部功能;③移植成活率高,接近正常皮肤生理的愈合质量;④经济易得,皮肤体外构建所需时间能满足临床实用性需要;⑤安全、不携带病毒。

组织工程化皮肤应包含表皮与真皮两层,能够将所缺失的真皮和表皮层同时修复。研究表明,单纯移植表皮,由于缺乏真皮结构的支持,存在移植存活率低、韧性差、瘢痕收缩严重等问题,不能获得接近生理的皮肤愈合质量[56]。而当表皮细胞与真皮组合时,表皮细胞的成熟状况和空间构成与正常组织相似。真皮的存在大大促进了表皮细胞的成活,也为血管的新生和表皮的覆盖提供了模板作用。同时,表皮层、真皮层之间的相互作用促进了彼此分化,有利于创面的修复。因此,移植的表皮和真皮共同保证了皮肤结构和功能的完整性,有助于加快皮肤的再生及限制瘢痕组织的形成。真皮支架材料是组织工程化皮肤的基础,良好的组织支架应具有适宜细胞贴壁生长,不会显著抑制细胞增殖,不会显著影响细胞功能等特点。人工真皮内层成纤维细胞分泌的生物活性物质能促进角质细胞贴壁与生长,促进患者受体部位的成纤维细胞、内皮细胞的浸润生长;抵抗病菌的侵入。Burke[57]报道了应用胶原和硅组成的人工皮具有表皮和真皮的作用。1980 年,美国麻省理工学院的 Yannes 等[58]在胶原海绵膜上覆盖一层硅橡胶,研制出双层人工皮肤(two-layered artificial skin),内层的胶原海绵结构近似于真皮而利于伤口表面的愈合。刘晓亮[59]用乙酸提取水溶性牛Ⅰ型胶原,并将其与新生儿的表皮细胞和真皮的成纤维细胞按一定比例混匀,制成一种薄的真皮层。将人体表皮细胞接种在这个真皮层上,培养出一种类似于正常皮肤的复层表皮,其移植成活率较单纯培养表皮高,创面收缩率明显降低。

已有多种胶原类真皮支架在临床上得到使用,国外采用较多的是 Life Sciences 公司开发生产的 Integra。Integra 于 1996 年被美国食品与药物管理局(FDA)批准应用于烧伤患者。它是以从牛跟腱提纯的胶原和从鲨鱼软骨中提取的 6-硫酸软骨素交联制成真皮,然后与医用硅胶膜复合而成[60]。Integra 厚约 2mm,有 70～200μm 的微孔,这种多孔结构有利于纤维血管从宿主增生。因此,移植后机体血管内皮细胞、成纤维细胞可长入真皮内,数周后人工真皮完全被新生真皮结构所取代,创面获得永久覆盖。而将自体表皮细胞种植于 Integra 膜片下面,并将成纤维细胞种植在膜片下面,进行临植覆盖皮肤缺损创面,国内外均有成功的报道。总之,胶原作为人工皮肤的真皮支架材料,既有助于表皮细胞和成纤维细胞体外与体内的生长增殖,又可增强与创面的黏附,减少出血和细菌感染,显著提高人工皮肤的移植成活率。

1981 年,Bruke 等[61]用表皮细胞种植于牛胶原和鲨鱼糖胺聚糖混合的无纺基质膜上,首次将人工复合皮肤应用于临床。Boyce 等[62]在接种了成人纤维细胞的胶原-GAG 膜上移植表皮细胞,希望建立一种完全的生物复合替代品。研究发现,新生皮肤的基底膜具有明显的棘状结构和良好的抗牵拉性,创面愈合质量优于单一的表皮细胞移植,已被成功地应用于裸鼠模型上,但在临床上还不理想,仍在进一步的研究中。第三军医大学的王旭等[63]应用新鲜牛皮,经 NaCl 盐析纯化,冷冻干燥制成固体胶原膜,然后直接在胶原膜的两面分别种植表皮细胞和成纤维细胞,经培养形成纤维母细胞-胶原膜-表皮细胞夹心式人工复合皮,该复合皮具有一定的机械强度和柔韧性,不易碎裂,便于手术操作。将其异体移植于临床患者,未发现明显的排斥现象,移植成活率为 70%。马刚等[64]将鼠成纤维细胞植入Ⅰ型胶原网上,培养一段时间后,将胶原网反转 180°,在其另一面种植鼠角朊细胞。培养 4 周后,表皮即具有完整的角质层、颗粒层、棘细胞层和基底层,真皮网状结构不明显。培养到第 6 周,其结构与正常鼠皮肤相似。朱堂友等[65]制备了壳多糖-胶原-糖胺聚糖(GAG)-成纤维细胞真皮替代物(DE),随后在“成熟”的 DE 表面接种角质形成细胞(KC),先浸没培养,再在气-液界面培养结构完整的人工皮肤。组织学分析结果表明,人工真皮浸没培养将发生一定程度的收缩,培养一定时间后,人工皮肤具有结构致密的真皮和分化良好的表皮。鲁元刚等[66]对人工皮肤进行组织学分析和毒副作用的研究,并探讨了在修复新西兰家兔全层皮肤缺损中的作用。结果表明,人工皮肤组织学观察到类似于正常皮肤,有分化良好的表皮和致密的真皮，所有家兔创面愈合良好，无一例出现移植物下积脓、出血和感染等现象，没有明显的免疫排斥反应，有一定抗感染能力，能长期覆盖创面。另外，还具有较好的弹性和抗撕拉性，便于操作。王永胜等[67]探讨了几丁质-胶原蛋白膜作为真皮支架的可行性，体外构建了包含双层细胞的复合皮。结果表明，几丁质-胶原蛋白膜对成纤维细胞、表皮细胞无明显毒性作用，有利于培养细胞的黏附、生长，可以在体外成功构建类似生理性皮肤的人工皮肤。

包括表皮和真皮成分的商品化人工皮肤之一的 Apligraf[68]，是按照 Bell 的设计思路，由美国 Organogenesis 公司注册生产的，是一种异基因双层活性皮肤替代物，也是较成熟的人工皮肤之一[69]。Apligraf 是将新生儿包皮来源的成纤维细胞和牛Ⅰ型胶原结合形成新生真皮，再将培养的同一来源的新生儿表皮细胞接种于其上，体外培养 7～10 天，使之增殖、分化，形成含上皮角化层的人工皮肤，移植在皮肤缺损创面后可成活，临床未见排斥，其治疗效果与自体刃厚皮肤移植相似。Apligraf具有可预先制备而随时应用、不需取自体皮等优点，受到临床医生的青睐，值得进一步临床试用和评估。

陈英华等[70]将在体内具有慢、中、快 3 种吸收速度的人发角蛋白组分材料编织成网孔为 1mm×1mm 的网格，与从牛跟腱中抽提的Ⅰ型胶原溶液混合后放入模具，经真空冷冻干燥后制成海绵状膜，用作复合内层敷料。用聚合法制备聚甲基丙烯酸羟乙酯，再与药物虎杖一同成膜，制备药物缓释载体膜，用作复合外层敷料。通过 SD 大鼠（Sprague Dawley 远交群大鼠）制备深Ⅱ度烧伤动物模型的实验证明，人发角蛋白-胶原海绵-聚甲基丙烯酸羟乙酯/虎杖复合生物敷料可促进深Ⅱ度烧伤实验大鼠创面的愈合，达到在体内构建组织工程化皮肤的目的。

2) 人工血管

涤纶血管是临床常用的人工血管，一般用蛋白预凝聚涂层，在使用过程中常出现弹性较差，管壁较硬，易导致接合口出血。胶原涂覆涤纶血管的力学性能良好，交联后的胶原紧密附着于涤纶血管的表面及孔隙中，植入机体后完全不渗血，不必另作预凝；胶原发挥支架作用，能促进细胞组织的生长，在血管内壁形成一层良好的新生内膜，在血管愈合过程中胶原易被吸收，并有益于宿主组织取代。刘巍的动物实验表明[71]，术后 30 天，胶原涂覆涤纶血管内壁已形成完整的新生内膜，并向涤纶纤维束之间生长，近吻合口处已有内皮细胞生长；术后 90 天，内皮细胞生长；内皮细胞覆盖面扩大，与自体动脉内膜延续。胶原涂覆涤纶血管作为主动脉移植材料已广泛应用于临床，并且在中小血管移植中也可以提高远期通畅率。

宋云虎等[72]进行了用牛皮胶原代替白蛋白涂覆涤纶血管的研究。他们从牛皮中提取胶原（其中Ⅰ型胶原 95%，Ⅲ型胶原 5%），配成浓度为 4mg/mL 的溶液，把内径为 26～28mm，长约 10cm 的涤纶血管浸泡于此溶液中，用 0.3%的戊二醛溶液交联，使用前用生理盐水洗涤。他们对 4 例马方综合征［Marfan's Syndrome,又名蜘蛛指(趾)综合征]病人进行了临床试验。手术中观察到,这种人工血管弹性良好,缝合方便,与自体动脉匹配性好,无渗血,针眼无出血,术后未发生感染,无过敏或中毒反应。随访三年,主动脉根部人工血管血流通畅,内壁光滑,无狭窄,周围及吻合口无假性动脉瘤,未发现胶原的毒性或免疫反应。

Satoshi 等[73]采用多聚环氧化合物为交联剂,在人工血管上形成明胶-肝素涂层,抑制血小板的聚集和纤维素的形成,同时有利于吻合口内膜的长大。Kito H 等[74]在血管假体内表面涂硫酸软骨素及透明质酸,外表面涂明胶层,以达到表面抗血小板、血细胞的吸附,外表面吸引周围组织长入的目的。Aruma 等[75]在内膜剥落的血管周围,放置浸有内皮细胞的明胶海绵,有利于内皮细胞的迁移及旁分泌等作用而减少内膜的增生。

为使人工血管更好地应用于临床,潘勇等[76]将从鼠尾肌腱中提取的Ⅰ型胶原配成浓度为 84g/L 的溶液,在每升该溶液中滴加 0.6mL 戊二醛进行交联。将直径为 15μm 的聚乙烯醇纤维无纺网与交联胶原溶液相混合,注入一带有中轴的特制玻璃模具中,置于序列冻干机中,真空冷冻干燥 48h。然后,仔细剥离出表层为胶原的多孔管状支架,用无菌 Tri-HCl 缓冲液漂洗 7 天后,自然干燥,再经钴射线照射 12h 灭菌,即得到组织工程血管管形支架。将浓度为 84g/L 的胶原溶液调至中性,迅速加到管形支架的内腔,并不停地旋转,使其均匀涂布于内表面,放置于 37℃的孵箱中 12h。由兔主动脉提取的兔血管内皮细胞经 2.5L 胰蛋白酶消化,计数细胞悬液浓度为 3×10^8mol/L,将其注入管形支架腔内,用 DMEM(一种含各种氨基酸和葡萄糖的培养基)培养液浸没,置于 37℃孵箱中,每 30min 旋转 90°,重复 4h,以后每 12h 旋转 180°。培养 7 天,取出,沿中轴剖开,经脱水、干燥,即得长 3cm、外径 0.6cm、内径 0.4cm,具有一定的弹性和韧性的组织工程血管。在胶原包埋的支架内表面,内皮细胞贴附生长良好,细胞伸展,排列致密,胞质丰满,形成了较为完整的内皮细胞层。

王宪东和杨春育[77]运用中国传统中药阿胶(主要成分是一种胶原蛋白)涂覆涤纶人工血管,再用内皮细胞培养,制备出了组织工程血管。在电镜下观察,血管内腔面有一层约 0.5μm 的阿胶膜,填充于凹陷处及缝隙处,纤维裸露区小于 15%,表现出 3 个特点:①阿胶的充填作用,使内膜面趋于平坦,有利于内皮细胞黏附,呈单层排列,也使内皮细胞丢失减少;②阿胶的附着作用,降低了涤纶材料对内皮细胞的排斥性;③作为胶原蛋白的阿胶,与血管基底膜成分相近,可能对内皮细胞有趋化作用。

美国弗吉尼亚联邦大学的研究人员用胶原纤维编织成直径仅为 1mm 的人工血管,并培养内皮细胞,3～6 周后便可以长成完好的可供移植的血管。这种组织工程血管植入人体后,胶原质会逐渐被人体降解吸收,最终被长出的新血管取代。

3）心脏瓣膜

随着组织工程技术的发展，构建组织工程心脏瓣膜的研究应运而生。组织工程心脏瓣膜的支架材料，即细胞外基质代用品，是瓣膜构型细胞附着、生长分化和代谢的场所，用胶原或明胶制作支架，具有良好的生物相容性，可以促进细胞的黏附和生长。汪钢等[78]对从牛腱中提取制备的Ⅰ型胶原（含少量Ⅲ型胶原）膜和聚β-羟基丁酸酯（PHB）膜在组织工程构建中的应用进行了比较。结果发现，胶原膜的组织相容性明显优于 PHB 膜。胶原膜表面部分特定的氨基酸序列，能被细胞识别，从而产生黏附作用，具有良好的生物相容性。赵东锷等[79]应用胶原-壳聚糖膜支架，体外构建了组织工程心脏瓣膜，所得到的胶原-壳聚糖膜质地柔软，外观呈黄白色网状结构，厚度为(0.27±0.02)mm，平均孔径为(103±17)μm。该膜经多次接种犬主动脉壁间质细胞和内皮细胞后，材料表面完全被种植的细胞所覆盖，内皮细胞不仅能在材料的表面黏附生长，而且还能分泌血管活性物质，使表面具有生理功能的组织工程心脏瓣膜的雏形。另外，胶原-壳聚糖支架也具有非常好的保水性，可以防止液体和营养物质的流失，对细胞的生长和组织的再生十分有利。

4）人工骨骼

随着组织工程人工骨、关节的研究与发展，胶原的作用越来越受到重视。作为一种生物材料，胶原具有其生物学功能：在成熟的组织中除起结构作用外，对发育中的组织也有定向作用；胶原的分子结构经适当修饰后，可适应特定组织的需要；胶原具有高张力、低延展性、纤维定向性、可控制的交联度，弱的甚至无抗原性、极好的生物相容性、植入体内无排异反应、与细胞亲和力高、可刺激细胞增殖分化；在体内可调控降解速度，降解产物为氨基酸或短肽；也可作为组建细胞的原料，或通过新陈代谢的途径排出体外。因此，胶原在骨修复中越来越多地受到重视。

作为一种骨缺损修复材料，Ca-P 生物活性陶瓷具有良好的生物相容性、骨传导性。它能够为新骨的沉积提供生理支架，也可与骨组织形成直接的骨性结合。但是，单独应用则缺乏可塑性，植入后易断裂，影响骨修复效果。将 Ca-P 生物活性陶瓷与胶原等天然高分子复合，则可较好地发挥各自的优势。目前，HA（羟基磷酸钙）陶瓷-胶原复合材料已得到广泛、深入的研究与开发[80,81]。Liu 等[82]用离心灌注法制备出各向异性的多孔胶原/柱状 HA 复合材料，其强度比单纯的 HA 陶瓷高 2～3 倍，复合材料植入狗股骨后仅 4 周，新骨即已充满所有大的孔隙。成骨速度和成骨量均较单纯的 HA 高。

Gao 等[83]将柱状 TCP（磷酸三钙）/胶原/sBMP（羊成骨蛋白）复合材料植入 18 只羊胫骨粉碎性骨缺损处，发现在 3～6 周，即有大面积和高结合密度的新外骨痂形成，说明这种复合材料具有骨诱导性及一定的机械强度。Hemmerle 等将 HA/胶原/黏多糖复合材料（商品名为 Biostite）植入新制的人牙槽窝中，42 个月后在部分 HA 颗粒晶体与晶体之间发现有新的类骨磷灰石晶体的形成，早期矿化较好的骨与植入的 HA 聚集体相互连接[84]。该复合材料中的胶原，在材料植入后逐渐降解并被新生骨替代，为新合成的胶原和侵入的细胞提供空间，有利于组织向内生长和血管化。Bakos 等开发出胶原/透明质酸复合材料，该复合材料的降解速度降低，在湿态下的力学特性也得以改善[85]。

Johnosn 等将三维多孔胶原/双相陶瓷复合材料作为骨支架材料，将其单独或添加骨髓后植入，用于犬桡骨大段骨缺损的修复。术后 12 周、24 周，与自体骨支架材料相比，没有添加骨髓的胶原/双相陶瓷复合材料也获得了与自体骨支架材料同样的修复效果[86]。Kneneth 等将 HA/TCP/胶原复合材料植入狗股骨缺损处，术后一年修复骨的特性与正常股骨无明显差异，有复合支架材料的骨缺损部位愈合快，而接受自体骨支架或没有支架的骨缺损部位愈合慢[87]。

Coallgraft 是 Zimmer 公司研制出的胶原/羟基磷灰石/磷酸三钙复合骨支架材料。Michael 等将 Collagraft/自体骨髓和自体骨材料用于 213 例患者的 249 处骨折修复实验中，对术后骨修复情况和并发症的发生率进行了 24 个月的观察。结果表明，自体骨和 Collagraft/自体骨髓支架材料没有明显的区别。Collagraft 支架材料安全有效，还可减少手术时间并避免自体骨支架材料植入的感染危险[88]。

生物活性陶瓷/高分子复合材料的韧性、刚性和生物活性明显优于单一陶瓷和高分子材料。研究表明[89]，陶瓷材料结晶度高、颗粒大，难以在高分子基质中分散均匀，界面结合弱，高含量的陶瓷将会导致复合材料力学性能的下降。采用的无机材料的颗粒越小，在高分子基体中的分布就越均匀。纳米无机生物活性材料和高分子复合[90]可以保证复合材料的生物活性和力学性能。纳米羟基磷灰石/高分子复合材料的构想源于天然组织，从材料学的角度来看，自然骨就是由尺寸小于 10nm 的羟基磷灰石晶体紧密地嵌入胶原基体中构成的纳米羟基磷灰石/胶原复合材料。羟基磷灰石赋予骨压缩强度，胶原纤维赋予骨拉伸强度和弯曲强度[91]。从成骨的生物矿化过程来看，自然骨可以看成是由有机高分子引导纳米羟基磷灰石定向沉积而形成，这种生物矿化过程能实现在分子水平上，精细调控复合材料的结构。天然骨是由纳米羟基磷灰石与胶原纤维规则排列、均匀有序地结合而形成的复合材料。若人工合成的磷灰石晶体与天然骨中羟基磷灰石晶体有相近的尺寸，则有助于人体细胞及大分子对其进行识别，从而可提高其生物活性。现有的羟基磷灰石/胶原人工骨，不是颗粒粗大、结晶度过高、就是两相复合不均匀，从而影响了其复合材料的力学性能和生物活性。

Koshino 等[92]在 38℃合成出针状 HA 微晶/胶原致密或多孔复合材料；Wu 等制备了纳米羟基磷灰石/胶原微球并将其用于骨修复。该复合材料具有诱导和促进骨生长的功能，复合材料最终能被吸收[93]。

崔福斋等采用控制析出法制备了纳米羟基磷灰石/胶原复合骨材料，其胶原蛋白占总质量的 35%，与天然骨成分接近，HA 的晶体尺寸为 2～10nm。在家兔的颌骨实验性骨创区植入该材料后，发现该材料明显刺激和加快了骨创愈合，骨再生活跃，10 周时形成骨岛连接，12 周时达到骨性连接；而同期空白对照组创区仅在边缘处有少量新骨形成，骨再生不活跃[94]。

Kikuchi 等[95]以 $Ca(OH)_2$、H_3PO_4、胶原为原料，用仿生共沉淀法制备出纳米羟基磷灰石晶体沿胶原纤维长轴取向排列的致密或具有三维网状多孔结构的纳米羟基磷灰石/胶原复合材料。Tampoeri 等[96]采用仿生矿化沉积法、陈际达等[97]用电化学原位沉积法，均制备出了仿生纳米羟基磷灰石/胶原复合骨支架材料，与普通的微米羟基磷灰石/胶原复合材料相比，此类材料具有骨修复能力强、生物可降解性高、生物活性强、生物相容性好等特点。然而，目前所制备的胶原-羟基磷灰石材料距离理想的骨替代材料还有一定的差距。存在如力学强度低、溶胀度高，生物降解快等问题[98]。

基于骨组织中含有多糖基质，向胶原/羟基磷灰石复合材料中加入多糖可能有助于改善胶原/羟基磷灰石复合材料的性能。为此，一些天然多糖如壳聚糖[99,100]、藻酸盐[101]、骨连接素[102]、硫酸软骨素[103]、卡拉胶[104]、透明质酸[105]等都可被用作交联剂或分散剂。利用多糖和蛋白质间自发的 Maillard 反应，形成蛋白-多糖复合物来提高胶原/羟基磷灰石复合材料的性能[106]。冯文坡等[107,108]以硝酸钙、磷酸氢二铵、酸溶胶原和阿拉伯树胶为原料，采用原位合成法制备了胶原-羟基磷灰石/阿拉伯树胶（Col-HA/Gum A）复合材料。结果表明，向胶原-羟基磷灰石复合体系中加入阿拉伯树胶，提高了复合材料力学性能而降低了其吸水性及体外酶降解性能，而不影响其细胞相容性，所以，胶原-羟基磷灰石/阿拉伯树胶复合材料有望成为一种颇有前途的骨组织替代材料。

Sundaram 等[109]制备了用于骨组织工程的明胶/淀粉/羟基磷灰石多孔支架。明胶/淀粉共混物增加了复合材料的生物降解性和机械性能。支架的孔隙是 20μm 左右，良好的互穿网络能够满足营养的交换。另外，他们还研究了明胶/淀粉网络膜与羟基磷灰石的相互作用，采用在交联过程中不会产生副产物的柠檬酸钠作为交联剂，比常规的醛交联剂安全。

重组类人胶原蛋白Ⅱ（recombinant human-like collagenⅡ，RHLCⅡ）是一种由人胶原基因的 mRNA 反转录成 cDNA 后，重组入大肠杆菌，经高密度发酵而成的蛋白，消除了动物源胶原蛋白病毒隐患的制约，并且具有成本低、能够产业化生产的特点，具有极高的应用价值和市场前景。俞园园[110]采用重组类人胶原蛋白Ⅱ，利用相分离-冷冻干燥法制备重组类胶原蛋白Ⅱ仿生人骨材料。该材料孔隙率大于 50%，孔径介于 60～300μm，孔洞相互贯通，抗压强度介于致密骨和牙本质之间，表明该复合材料与天然骨组织的结构、化学组成极其相似，而且孔径范围、孔隙率大小和力学性能参数都满足骨修复材料的要求。该材料生物毒性低，具有良好的生物相容性，符合 ISO10993—1992 和 GB/T16886—1997 关于医疗器械生物学评价标准和要求。

5）胶原角膜

胶原可以制作角膜胶原保护膜，并可作为组织工程化构建人工角膜的支架材料。角膜胶原膜是由胶原制作的可溶性角膜表面覆盖物，外形类似角膜接触镜，是半透明的柔软薄膜。角膜胶原膜不仅能够保护、促进角膜伤口的愈合，而且是良好的药物载体，能够运载、释放抗生素、抗病毒药物、皮质类固醇、抗真菌药物、抗纤维增殖药物、抗青光眼药物、免疫抑制剂等多种药物，在治疗眼科多种疾病上可以替代局部频繁的眼和结膜下的注射。

赵世红等[111]用 3 种方法进行了角膜胶原的制备并作了比较。他们取新鲜的猪巩膜，用庆大霉素溶液消毒，中性盐溶液提取，超速离心 20min，洗涤沉淀，透析除盐，于 0.3%乙酸溶液中 4℃放置 48h，然后加入胃蛋白酶处理 24h，超速离心 20min，收集沉淀物，透析，得到纯化的巩膜胶原。将 0.075mol/L 胶原溶液滴入模具中，放置好上模，旋转一周后放入干燥箱内 30℃干燥 48h 即成膜，这是充压铸膜法。膜厚薄均匀，中央厚度与周边厚度差别无显著差异（$P>0.1$），但容易产生气泡，脱模时容易破裂，膜边缘不光滑，需切削。将胶原溶液 0.3mL 滴入下模中，30℃干燥 24h 即成膜，这是静止干燥法。膜无气泡，脱模时不易破裂，膜的边缘光滑，凹面不光滑，膜中间厚、周边薄，有极显著的差异性（$P<0.01$）。离心成膜法是将下模与离心机组装，将胶原溶液 0.3mL 滴入下模中，放入干燥箱内 30℃离心 1.5h 即成膜。膜质地均匀，内外表面光滑，外观似角膜接触镜。这 3 种方法制作的胶原膜的曲率半径均为 9.0mm，直径均为 14.5mm，均为半透明的、有弹性的柔软薄膜。静止干燥法易于大量制作，但不易进行质量控制。离心成膜法制模速度快，膜均匀、光滑、重复性好，可以通过改变离心速度而改变膜中央及周边的厚度，从而获得所需形状的胶原膜，易于进行质量控制及大量制作。

韩晓梅等[112]在此基础上，在胶原溶液中加入一定比例的聚乙烯醇水溶液，用离心法制作角膜，经兔眼及人眼佩戴后，胶原逐渐溶解，胶原膜变薄，眼泪液中胶原膜的溶解时间约为 12h，经紫外线照射后胶原膜的溶解时间可达 24h、72h。在佩戴胶原膜的过程中，兔眼及人眼无不适及不良反应，兔眼及人眼的球结膜无明显的充血，角膜光滑、透明，无上皮缺损。经过长时间佩戴，在兔眼及人眼表面有少量的胶原膜的聚乙烯醇支架部分不易溶于泪液而成为黏液样残留。

Minami 等[113]认为，根据人体角膜的结构特点，组织工程角膜的核心是构建角膜细胞和生物材料构成的三维空间复合体。其方法是，将体外培养扩增的正常角膜细胞和生物细胞附于一种生物相容性好的，并可被机体降解吸收的生物支架上形成复合物，将角膜细胞-生物支架复合物植入受体眼内。角膜细胞在生物支架逐渐被机体降解吸收的过程中，形成新的具有角膜形态和功能的组织工程角膜，对病损的角膜达到永久性的修复和重建。1993 年，Minami 等在 Elsdale 和 Bard[114]

的三维培养技术的基础上，将来源于 2～3 岁的小牛角膜组织的角膜上皮、基质、内皮细胞加入三维胶原凝胶，上下表面覆盖培养的角膜上皮和内皮细胞，采用气液界面技术共同培养，体外重建出与正常生理状态的角膜结构相似的组织工程角膜，但该人工角膜的组织强度、弹性不够，透明度不高，仅能作为角膜细胞的生理环境的体外培养系统，用于基础研究，不能移植。1999 年，Griffith 等[115]在 Minami 等工作的基础上，利用含基因 E6/E7 的两性逆转录病毒，腺病毒 SV40-T 抗原和 E1A12S 基因感染人角膜细胞，建立上皮、基质、内皮永生化细胞系，通过膜片钳技术筛选出具有完整细胞电流、电生理性极近似于正常细胞的细胞系，用经 0.02%～0.04%戊二醛交联的Ⅰ型胶原和硫酸软骨素复合材料为载体进行三维培养，得到形态、透明性、生化、离子和液体通道、基因表达与正常人角膜相似的替代物。2002 年，Griffith 等[116]利用醛交联的胶原合成可降解材料，应用上述方法体外重建可缝合的全层人工角膜，借助合成可降解材料，使人工角膜在保持透明性和低光散射性的同时，增加它的机械强度，植入兔眼未引起炎症和免疫反应，显示了较好的生物相容性。陈家祺等[117]用原代培养人角膜上皮、基质及内皮细胞，通过胶原凝胶三维培养系统，体外重建了角膜结构。

从动物组织提取的胶原作为支架基质材料，在体外受到胶原酶的作用，极易降解。为了增强胶原的强度和控制其在体内的降解速度，加入壳聚糖可以弥补这些不足。而且壳聚糖与角膜细胞间质中的黏多糖有相似的结构，使其复合材料的成膜性好，强度高，外观透明，在机体内不被胶原酶降解，而是缓慢地被溶菌酶降解，可调节支架基质材料的降解率。

5. 胶原药物载体

在药物控制释放体系中，除药物本身以外，药物的载体也是重要的组成部分。一般来说，药物载体主要是高分子材料，包括天然高分子材料、半合成高分子材料和合成高分子材料。它们分别应用于不同的控制释放体系中，如凝胶控制释放、微球和微胶囊控制释放、体内埋置控制释放、靶向控制释放等。

作为一种药物载体，胶原来源丰富，具有非抗原性和生物相容性，可生物降解和吸收，无毒性，与生物活性成分具有协同性，有较高的可伸缩性和一定的可挤压性，具有生物可塑性，有促进凝血和止血作用，可制备成许多不同的形式，可通过交联调节其生物降解性，利用其中不同官能团可定向制备所需材料，与很多合成高分子材料之间也有相容性。以胶原为基质的释放系统可制备成膜剂、片剂、海绵、微粒及注射剂等剂型，用于不同的给药部位和疾病治疗。

1）明胶单独用于药物缓释

明胶可直接用于药物缓释。郑根建等[118]利用明胶制备了平阳霉素磁控缓释微球。其步骤为，取一定量的明胶与超微 Fe_3O_4 磁液混匀，配成 A 液。在 500mL

液状石蜡中加 5mL span-85,制成 B 液。取适量 B 液预热至 60℃,然后从中取少量备用。将 8mg PYM(平阳霉素)加入 2mL A 液中,超声均化 10min(60℃),制成 C 液。将 C 液以 100 滴/min 匀速滴入备用的 B 液中,搅拌 10min(1800r/min,60℃)制成 D 液,再将 D 液以 100 滴/min 匀速滴入 400mL B 液中,超声均化 10min(1800r/min,60℃)。再将上述混悬液放至 4℃水浴中,搅拌 1h 后,加入甲醛适量,再搅拌 1h。然后,在同样的条件下滴入一定量的异丙醇,搅拌 10min,静置 2h,去除沉于瓶底的较大颗粒,将上层混悬液离心 10min(2000r/min),用乙醚清洗 7 次;真空干燥,筛分称量,分装,^{60}Co 灭菌。明胶在充分水合后,伸展为纤维状,在搅拌(减压)、冷冻、脱水条件下,明胶分子开始卷曲,并由多个分子凝聚成球状微粒,在固化剂(甲醛或戊二醛)的作用下,明胶分子形成三维的网状结构,这种结构使微球的稳定性良好[119]。因为药物分子与明胶分子之间有一定的亲和力,从而使药物被明胶所吸附,并被包裹于微球中,形成一种油包固体型(S/O)乳剂。

2) 明胶与其他材料配合用于药物缓释

蔡梦军等[120]以明胶为载体材料,阿霉素为药物材料,异丙醇为凝聚剂,采用单凝聚成球法,制备得到了阿霉素明胶纳米粒子。其步骤为,将盐酸阿霉素 10mg 在生理盐水中搅拌溶解,然后定容于 100mL 的容量瓶中,配制成 100μg/mL 的盐酸阿霉素生理盐水溶液。称取 0.30g 明胶,溶解于 10mL 盐酸阿霉素生理盐水溶液中,在 50～55℃热水浴中加热溶解,并继续搅拌溶胀 30min。然后,用冰醋酸调节 pH 至 3 左右,滴加质量分数为 0.02 的 Tween20,搅拌混合均匀后,超声分散 5min,然后在磁力搅拌 200r/min 的情况下滴加 13mL 异丙醇,溶液变浑浊,再过量 1mL 左右。在磁力搅拌 800r/min 状态下加入 600μL 戊二醛,搅拌固化 1h,即可得到固化的盐酸阿霉素明胶纳米粒子。然后,将其进行测试或放入冰箱中冷藏待用。

阿霉素的含量及体外释放药物的浓度,可通过 UV-2102PC 型紫外-可见光分光光度计来进行测试。其步骤为,准确量取含阿霉素明胶纳米粒子的液体 2mL,置于 25mL 容量瓶中,并用生理盐水定容。以生理盐水为空白液,在波长 480nm 处立即对溶液进行紫外分析测试,然后,在 60℃的水浴中超声分散 120min,冷却后测定阿霉素明胶纳米粒子液体的吸光度值,然后代入标准曲线的回归方程,将两个浓度相减即可得到药物纳米粒子中阿霉素的含量。体外释放药物采用动态渗析法:准确量取含阿霉素明胶纳米粒子的液体 2mL,置于 25mL 容量瓶中,并用生理盐水定容。以生理盐水为空白液,再准确量取盐酸阿霉素明胶溶液少许装入透析袋中,置于生理盐水中,并用生理盐水作为释放介质,37℃恒温水浴,以 140r/min 的速度振荡,定时取样,并补充同量的缓冲介质溶液,然后用紫外-可见光分光光度计测定其吸光度值,通过线性回归方程计算阿霉素的含量,并求得累积释药百分率。以累积释药百分率(%)对时间(t)作图,可求得阿霉素明胶纳米粒子在生理盐水中的累积溶出百分率曲线(图 7.4)。从图 7.4 可以看出,阿霉素与明胶纳米粒子的物理混合物在透析袋中释放的速度较快,而且在开始的几个小时内有一个突释的过程,当达到一定时间后,由于透析袋中阿霉素的量减少,透析袋中阿霉素的释放速度逐渐减慢,最后趋于平衡。而阿霉素明胶纳米粒子中的阿霉素被明胶包裹,很难从球中释放出来。当药物明胶纳米粒子在释放介质中溶胀后,阿霉素才逐渐释放出来,随着时间的增加,药物的释放仍然比较平缓。图 7.4 充分说明,阿霉素明胶纳米粒子在体外具有明显的缓释作用。在单凝聚法的制备过程中,凝聚剂异丙醇的用量要适宜,过多则粒径较大且容易絮凝,过少则在体系中形成的纳米粒子太少,不利于对药物的包裹。明胶的浓度对制备工艺的影响最大。当制备阿霉素明胶纳米粒子,明胶的浓度达到 $w=5\%$时,加入少量的戊二醛就会使明胶产生凝聚而不能得到药物明胶纳米粒子,但在此情况下却能够得到空白明胶纳米粒子。明胶的浓度较大(质量分数为 5%)时,加入的异丙醇可适当减少,得到的明胶纳米粒子较大;当明胶的浓度较小(质量分数为 1%)时,异丙醇的用量可适当增加,得到的明胶纳米粒子较小,一般为 100nm 左右。阿霉素明胶纳米粒子在体外具有明显的缓释特性。

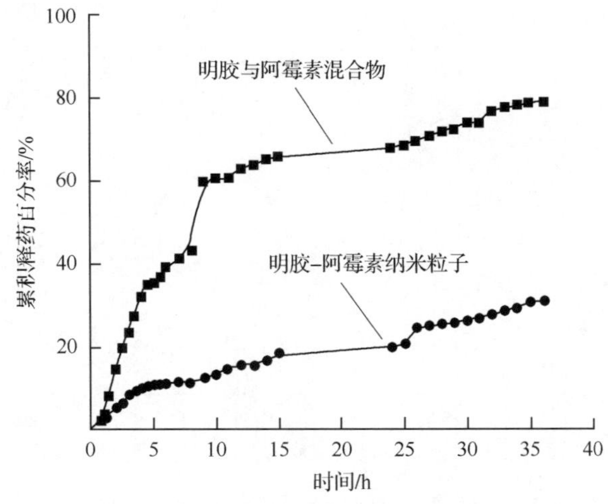

图 7.4　阿霉素明胶纳米粒子体外累积释放曲线

丁素丽等[121]以明胶为模板制备复合空腔微球,明胶/SiO_2/PAH 复合微球可以通过明胶的溶解得到空腔微球。为了得到 SiO_2/PAH 空腔微球,同时了解组装层对明胶溶出渗透性的影响,对空白明胶微球以及复合微球在不同 pH、不同温度条件下的明胶微球溶解达到溶解平衡时间进行了考察。图 7.5 为不同 pH 下明胶的溶解平衡时间随溶解温度的变化关系曲线。由图 7.5 可见,在相同的温度下,明胶微球的溶解平衡时间随着 pH 的减小逐渐减小;在相同的 pH 下,溶解平衡时间随着溶解温度的升高而逐渐减少。当高于 60℃时,再升高温度,溶解平衡时间不会发生较大的变化。这主要是由于明胶在[H^+]较大、温度较高的情况下，水解的速度加快，生成了较多的—COOH、—NH_2 和—OH，从而使其与水分子的相互作用增强，水溶性增加。可见，明胶微球较优的溶解条件为 pH 3，T=60℃。在这个条件下，对明胶/SiO_2/PAH 复合微球进行溶解，从而得到了 SiO_2/PAH 空腔微球。为了探明组装层对明胶溶出渗透性的影响，考察其缓释的效果，在pH 3，溶解温度为 38℃的条件下，对空白明胶微球和复合微球的溶解性进行了研究。实验结果如图 7.6 所示。在相同的条件下，空白明胶微球的 $t_{1/2}$=6min，在 30min 时溶解释放达到平衡，而复合微球的 $t_{1/2}$=15min，随后呈缓慢释放状态，约在 120min 时达到溶解释放平衡。采用单指数动力学模型描述了明胶/SiO_2/PAH 复合微球的缓释规律，对比空白明胶微球和复合微球，发现复合微球由于存在明胶/SiO_2/PAH 组装层，显示一定的缓释性。

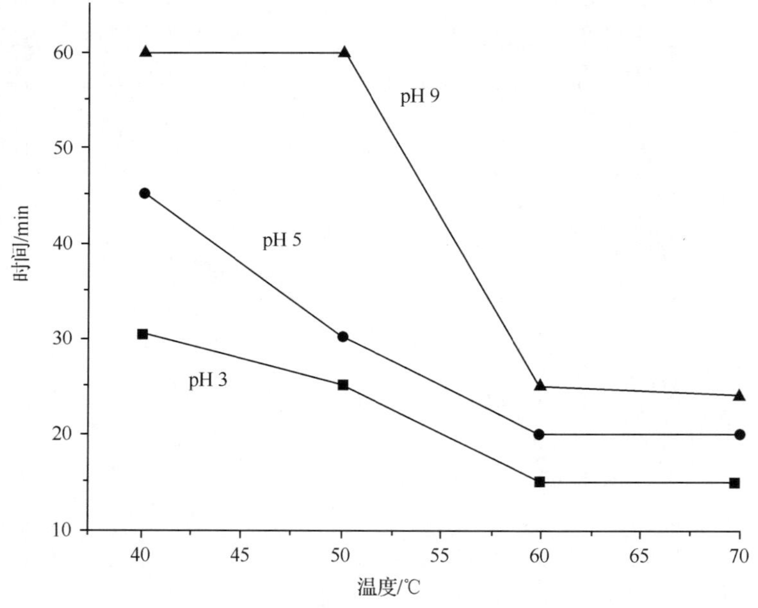

图 7.5 溶解温度、溶解 pH 与溶解平衡时间的关系图

Gao 等[122]将明胶与壳聚糖共混，做成膜体载药材料应用于眼植入缓释膜，植入脉络膜上腔。也有采用 HSS(氢化可的松琥珀酸钠，相对分子质量为 484.52)作为模型药物[123]。由于眼部对载体的特殊要求，选用壳聚糖和明胶为载体，制备 HSS-GICS 药物缓释系统。壳聚糖生物相容性好、可降解、具有止血、促进组织修复、减少瘢痕粘连等作用，对眼组织无毒，相对分子质量低于 2900 的化合物均可以通过，是药物的良载体[124]。明胶的生物相容性和降解性良好，易溶于水。两者一起制成共混膜，可改善膜的性能。高玉香等[125]制得的 GICS-HSS 药膜呈淡黄色，

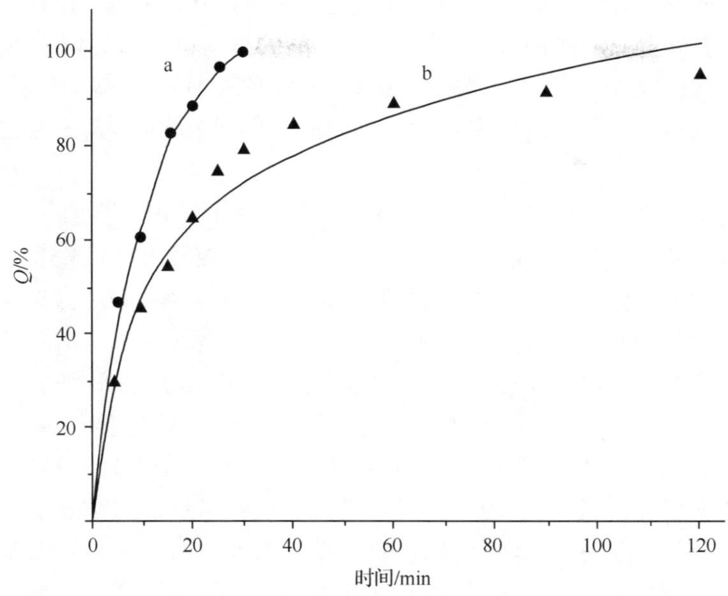

图7.6　空白明胶微球(a)和明胶/SiO_2/PAH复合微球(b)的溶解时间 t 与明胶释放率 Q 的关系图

柔韧性好，药物呈粉末状均匀分散在载体内。并可通过不同的明胶含量来控制明胶-壳聚糖的药物释放量。

3) 胶原用作药物载体

胶原微球可单独使用胶原作为成球材料。胶原多由牛跟腱、动物皮等材料中提取。研究发现[126]，胶原微球可用于搭载脂溶性药物，球体只能被特异性酶降解，热稳定性良好，其粒径范围依赖于变性的程度，即在制备过程中变性程度越高，获得的粒径越小。当脂溶性药物的载药率高于9%时，胶原微球失去亲水性。Aishwarya等[127]采用PCL(聚己内酯)为成球材料制备盐酸强力霉素微球，除其生物相容性好之外，其降解速度更缓慢。其降解不产生酸性环境，更有利于机体保持平衡。但是，由于其疏水性较强，细胞黏附性较差，难与机体融合。解决此问题的一个办法就是采用胶原对PCL微球进行包衣，因为胶原结构中具有配体，能与细胞膜表面整合蛋白结合，进而加速细胞黏附和扩散。经过胶原包衣后的PCL微球能很好地吸附细胞，并为细胞的增殖和再生提供了稳定的环境。

同样的问题也发生在PLA(聚乳酸)微球上，Hong等[128]尝试使用几种结合方法将胶原覆盖于PLA微球表面，包括共价结合、逐层组装和接枝包衣。结果发现，接枝包衣的方法能最大限度地引入生物活性大分子，意味着此方法有可能最有利于细胞的生长和分化。采用接枝包衣法将胶原覆盖于PLA微球表面进行软骨细胞黏附性的研究，发现胶原浓度越高，其细胞黏附性越好。此外，胶原包衣 PLA 微球不单对软骨细胞具有吸附性，对其他许多类型的细胞也具有相同效果。Schlapp 等[129]采用 PLGA(聚乳酸-聚乙醇酸共聚物)为成球材料制备庆大霉素微球，然后再将制备好的微球吸附于胶原海绵中，也同样达到了增强细胞黏附性的效果。此剂型可用于植入及达到长效释放的目的。

胶原本身可吸附及载送药物，在使用胶原包衣过程中进一步加入药物，还可以达到提高药物包封率的效果。Lee 等[130]在使用胶原微球载送人胚肾 293 (HEK293)细胞时发现，微球植入体内后，HEK293 细胞会从胶原微球中迁移到周围环境中。但是，他们的目标是将 HEK293 细胞群植入体内，利用其分泌的神经胶质细胞源性神经营养因子(GDNF)治疗神经性疾病，HEK293 细胞群应该浓集在微球内部，以免渗漏引起机体免疫反应。为了限制这种迁移，Lee 等设计了胶原-海藻酸钠凝胶及胶原-海藻酸钠微球两种给药剂型，用于搭载 HEK293 细胞。通过细胞迁移实验、细胞生长动力学及存活率、检测 GDNF 的分泌情况等方法检验证实，两种剂型都能有效阻止 HEK293 细胞的渗漏。由于 HEK293 细胞群在胶原-海藻酸钠微球中能够分泌更多的 GDNF，胶原-海藻酸钠微球为搭载 HEK293 细胞群植入体内治疗神经性疾病的更佳选择。胶原在吸水后能够溶胀，进而形成水凝胶。在载送水溶性药物时，药物容易因此而迅速溶出，造成突释效应。为了克服这个缺点，Chowdhury 等[131]在制备过程中加入定量明胶，所得到的胶原-明胶复合材料能够减缓水溶性药物的释放。此现象与所载药物相对分子质量的大小无关，而与药物水溶性的大小关系密切。

Dong 等[132]制备了海藻酸钠和明胶共混膜，并将其应用于药物缓释。共混膜采用溶液铺筑—溶剂蒸发成膜，并加入药物——盐酸环丙沙星，成膜后在质量分数为 5%的 $CaCl_2$ 溶液中交联，干燥制备薄膜，得到薄膜的厚度为 30～50μm。研究表明，明胶质量分数为 50%时，薄膜的力学性能最佳，拉伸强度为 105.5MPa，断裂伸长率为 19.4%。X 射线衍射研究发现，海藻酸钠的衍射峰随明胶的加入发生偏移，表明明胶和海藻酸钠发生了强烈的相互作用，改变了海藻酸钠规则晶体的形成。SEM 得到的薄膜形貌如图 7.7 所示，薄膜断面平滑均一，说明两者有较好的相容性。明胶是一种可溶性的大分子，它溶解后使体系留下许多空隙结构，有利于药物的释放。因此，随着明胶含量的增加，药物的释放量提高；随着交联时间的提高，药物的释放速率减慢。

6. 代血浆[133]

人造代血浆即血浆代用品(也称血浆容量扩充剂或血浆增容剂)是一种相对分子质量接近血浆白蛋白的胶体溶液，输入血管后依赖其胶体渗透压而起到代替和扩张血浆容量的作用。自 20 世纪 50 年代开始，明胶代血浆受到重视。明胶经过

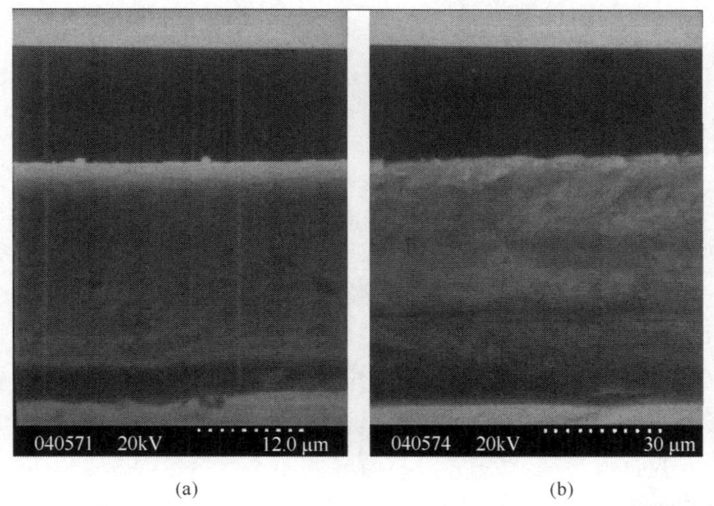

(a)　(b)

图 7.7　海藻酸钠/明胶膜断面(a)和加入盐酸环丙沙星共混膜(b)的 SEM 形貌图

纯化，把相对分子质量控制在适当的范围内，大约相当于白蛋白的相对分子质量。这种相对分子质量的明胶可维持血液必要的渗透压，更接近于血浆的天然属性，因此效果更好，国外已大量使用，中国也在推行产业化。国外明胶类代血浆有 3 种制品，即尿素交联明胶（Haemaccel），改性液体明胶（包括 Gelofusine、Physiogel、Plasmagel 和 Plasmion 等）和氧化聚明胶（Oxypolygelatin，OPG）。中国也有 3 种制品，即氧化聚明胶代血浆、血安定（Gelofusine）和血代（Haemaccel）。

7. 水凝胶

凝胶是一些由亲水大分子吸收大量的水分形成的溶胀交联状态的半固体（三维网络结构），能保持大量水分而不溶解，具有良好的溶胀性、柔软性和弹性以及较低的表面张力等特殊性质。自从 20 世纪 40 年代以来，有关水凝胶的合成、理化性质，以及在生物化学、医学领域中的应用研究，已取得了许多成果[134]。水凝胶与活体组织的结构和性质极为相似，因此，水凝胶在生物医用材料领域的应用方面具有重要的意义，如烧伤敷料、药物控制释放载体、补齿材料，乳房、鼻子、面部和缺唇的修补，替代耳鼓膜、制作人工软骨、腱以及主动脉接枝、隐形眼镜等。

用戊二醛或噁唑烷交联胶原或明胶可制成水凝胶，这种水凝胶生物相容性好，可在两个月内被降解吸收，也可被制成药物释放体系，其释放速率可人为控制。但是，这种水凝胶物理机械性较差，在应用方面受到限制。将胶原与其他高分子复合，制成性能互补的生物材料，可以提高胶原的拉伸强度及抗降解能力，改善胶原的力学性能与抗水性。现在研究较多的是，胶原-聚甲基丙烯酸羟乙基酯、胶原-聚乙烯醇、胶原-丙烯酸酯等的水凝胶。此外，胶原-聚酰胺、胶原-聚氨酯、胶原-聚乳酸、胶原-壳聚糖等水凝胶也受到重视。

7.1.3 胶原在临床诊断上的应用

1. 胶原与骨病的诊断[135]

骨基质的90%以上由Ⅰ型胶原所构成，许多疾病，如类风湿关节炎和多发性骨髓瘤等与Ⅰ型胶原的降解有关。Ⅰ型胶原羧基端末肽(carboxy-terminal telopeptide of type Ⅰ collagen，ICTP)是Ⅰ型胶原的降解产物，其作为反映骨吸收程度的血清学标志物日益受到人们的重视。测定ICTP的水平，对溶骨性疾病及骨转移瘤的早期诊断和预告有重要的意义。骨转移瘤生长及旁分泌的活性严重影响正常骨骼的生长。然而，对骨转移瘤还没有特异的实验室诊断指标[136]。Plebani等[137]认为，ICTP的测定为溶骨性转移瘤提供了非损伤性的实验诊断方法。

2. 胶原与糖尿病肾病的诊断[138]

糖尿病肾病(diabetic nephropathy，DN)是糖尿病(diabetic mellitus，DM)的主要并发症，其病理基础是糖尿病性微血管病变，表现为肾小球硬化，而肾小球基底膜的主要化学成分是Ⅳ型胶原(Ⅳ-C，type Ⅳ collagen)。因此，Ⅳ-C在DN的发生、发展过程中起着非常重要的作用。用ELISA法检测PEG-4000浓缩尿中Ⅳ-C的浓度，与健康对照组尿液中Ⅳ-C含量进行对比后发现，糖尿病患者随着尿白蛋白分泌率(albumin excretion rate，AER)的增加，血清和尿中Ⅳ-C的浓度也逐渐增加。因此，用PEG-4000浓缩尿中Ⅳ-C的效果显著，血清和尿中Ⅳ-C检测用于诊断糖尿病肾病，可作为糖尿病肾病和非糖尿病肾病的鉴别指标。

3. 胶原与甲状腺疾病的诊断[139]

Ⅳ型胶原(Ⅳ-C)及层粘连蛋白(laminin，LN)同为基底膜的主要结构成分。蔡爱玲等采用放射免疫分析法检测Ⅳ-C及LN，采用磁性分离匀相酶联免疫测定技术检测总三碘甲腺原氨酸(total triiodothyronine，TT3)、总甲状腺素(total thyroxine，TT4)、游离三碘甲腺原氨酸(free triiodothyronine，FT3)、游离甲状腺素(free thyroxine，FT4)。他们将正常人的以上各组数据与甲状腺疾病患者的数据进行比较后认为，甲亢患者的基底膜代谢有显著变化，Ⅳ-C、LN联合检测可作为甲亢与其他甲状腺疾病的鉴别诊断以及甲亢患者疗效观察的一项新的复合指标。

4. 胶原与肝病的诊断

在轻度肝纤维化患者中，肝内胶原总量增加尚不明显时，肝内Ⅳ-C含量已明显增加。因此,检测血清中Ⅳ-C 含量对于肝纤维化的早期诊断有重要意义[140]。检测血清中Ⅳ型胶原的浓度,能灵敏地反映肝脏纤维化的程度,可作为诊断肝硬化的指标[141-143]。

Ⅵ型胶原大量沉积是导致肝纤维化时肝结构破坏及肝细胞功能受损的原因之一[144]。肝纤维化时,Ⅵ型胶原含量可高达正常值的 10 倍左右。血清中原胶原Ⅲ氨基酸末端多肽(procollagen Ⅲ N-propeptide,PⅢNP)与肝纤维化的发生有关,血清中Ⅵ型胶原可能反映肝中纤维的溶解程度,波动蛋白(undulin)是在肝结构改建时被释放入血,所以,多个指标的联合检测可以通过非侵入性手段迅速、有效地评价肝纤维化的形成和降解之间的平衡,进而评价药物的抗纤维化疗效[145]。血清Ⅵ型胶原水平用来作为区分儿童有无肝纤维化的准确率接近 100%[146]。Ⅵ型胶原可使细胞周期蛋白 CyclinA,CyclinB1,CyclinD1 的表达增加,从而激活相应的细胞周期素依赖性蛋白激酶(cyclin dependent kinase,CDK)启动细胞周期[147]。可见,Ⅵ型胶原在细胞增殖和肿瘤转化方面具有一定的作用。肝细胞肝癌的基质中Ⅰ型、Ⅳ型、Ⅴ型、Ⅵ型胶原都有表达,其中Ⅵ型、Ⅳ型胶原的表达水平比Ⅰ型、Ⅴ型高。黑色素瘤和神经胶质瘤中,Ⅵ型胶原高表达的肿瘤细胞比不表达的肿瘤细胞有更高的浸润性。Ⅵ型胶原与肿瘤的转移密切相关。作为细胞黏附的基质之一,在体内Ⅵ型胶原可以促进瘤细胞的黏附和扩散。当肿瘤细胞失去产生Ⅵ型胶原的能力后,更易聚集成堆而脱离原发部位,穿透基底膜、血管壁,导致肿瘤的转移[147]。

Ⅰ型胶原是肝脏中的主要胶原,肝脏发生纤维化时,Ⅰ型胶原合成增多,胶原与吡啶并啉基交联比正常肝脏的胶原多,因此能释放比正常肝脏更多的Ⅰ型胶原羧基端末肽(ICTP)[148]。

5. 胶原与其他疾病的诊断

Bethlem 肌病是一种常染色体显性遗传性疾病,编码Ⅵ型胶原亚单位 α_1(Ⅵ)、α_2(Ⅵ)、α_3(Ⅵ)基因的突变是导致 Bethlem 肌病的主要原因[149]。Bethelem 肌病的分子缺陷是,由于Ⅵ型胶原合成下降,而不是特殊功能的丧失。对于 Bethelem 肌病,可采用基因治疗,恢复突变的基因,恢复Ⅵ型胶原的正常合成,根治 Bethelem 肌病[147]。

胶原ⅩⅤ是发现的胶原家族中的又一成员,与胶原ⅩⅧ同属一个亚型。ⅩⅤ型胶原除在连接基底膜与组织基质方面具有重要作用外,还可能具有抑制肿瘤侵袭的作用[150]。ⅩⅤ型胶原的缺失,可作为判断肿瘤侵袭、转移潜能的敏感标志。另有实验表明,血管生成过程中,不仅有血管生成因子,而且有抗血管生成因子的参与[151]。内皮抑素是胶原ⅩⅧ的 C 端的 NC11 中的内部片段。重组内皮抑素是一种特殊的血管生成抑制因子,能够抑制内皮细胞的增殖、移行和血管再生。与胶原

ⅩⅧ同一亚型的胶原ⅩⅤ，其 α_1 链中 C 端的 NC10 与胶原ⅩⅧC 端的 NC11 不仅在结构上具有很高的同源性，而且胶原ⅩⅤ的 NC10 所编码的肽段与胶原ⅩⅧC 端的内皮抑素肽段具有相似的功能。

7.2 胶原在美容化妆品中的应用

胶原蛋白在美容化妆品的应用领域发展得很快，可用作优质化妆品的新型原料及近代医学美容中皮肤组织理想的填充物。

在皮肤的成分中，胶原蛋白约占皮肤干重的 72%，其纤维结构形成支持皮肤力学性能的网络，使皮肤不但具有保护功能，而且有适当的弹性及坚硬度。胶原是由成纤维细胞（fibroblast）合成的，正如其他的生命物质一样，随着生理年龄的增长，可逆性交联向不可逆性结构转变，从而使胶原结构趋于更加稳定。与此同时，成纤维细胞的合成能力也变弱，因此皮肤就会老化。此时，胶原蛋白纤维开始变得细小，弹性蛋白的弹性也会下降，真皮中原有的胶原蛋白与弹性蛋白交互构成的有规则的网状结构会逐渐瓦解，最后导致皱纹的生成。这是从胶原的角度解释皮肤的老化。高纯度、低过敏的胶原蛋白，作为填充材料注射到皮肤的皱纹及凹洞中，可消除皱纹及松垮的轮廓。但是，胶原蛋白会在人体自然的生理状况下慢慢代谢掉，因此，平均每半年至两年需再次注射胶原蛋白[152]。

胶原蛋白是一种高级的保湿剂，具有保持水分的功效。胶原蛋白本身是相对分子质量非常大的蛋白质，若没有经过适当的处理，无法透过人体皮肤。也就是说，使用含一般胶原蛋白的产品，仅止于具有良好的保湿效果，其实皮肤是无法吸收未经处理过的大相对分子质量的胶原蛋白的。陈复生等对胶原在化妆品上的应用研究[153]，提出了不同的看法。胶原蛋白还具有抗自由基的作用，可保护细胞免受氧化，有抗老化的效用。

7.2.1 胶原蛋白用于化妆品中的特殊性质[154]

1. 营养性

胶原蛋白用于化妆品中，可以补充人体皮肤层所需的养分，补充多种对人体有益的氨基酸，增加人体皮肤中的胶原蛋白活性，保持皮肤角质层水分以及纤维结构的完整性，改善皮肤细胞的生存环境，促进皮肤组织的新陈代谢，增强循环，达到滋润皮肤、延缓衰老、美容、消皱、护发养发的目的。

2. 修复性

胶原蛋白具有独特的修复功能，胶原蛋白与周围组织具有良好的亲和性，从而具有修复组织的功能。

3. 保湿性

天然保湿因子是保持皮肤水分的重要物质。胶原蛋白中的主要成分有甘氨酸、羟脯氨酸、丙氨酸、天门冬氨酸、丝氨酸等。在水解胶原蛋白产品中，甘氨酸、丙氨酸，天门冬氨酸、丝氨酸的含量都比较丰富，质量分数分别达到 20%～23%、10%～12%、4%和 3%左右。另外，胶原分子外侧亲水基团如羧基和羟基等的大量存在，使胶原分子极易与水形成氢键。因此，胶原蛋白及其水解多肽具有良好的保水、保湿性能。

4. 配伍性

胶原蛋白可以起到调节和稳定 pH、稳定泡沫、乳化胶体的作用。同时，作为一种功能性成分，胶原蛋白在化妆品中可以减轻各种表面活性剂、酸、碱等刺激性物质对毛发、皮肤的损害。

5. 亲和性

胶原蛋白对皮肤和头发表面的蛋白质分子有较大的亲和力。胶原蛋白主要通过物理吸附与皮肤和头发结合，使其耐漂洗处理。其亲和作用的大小随其相对分子质量的增大而增强，相对分子质量较大时，结合位置较多，结合力增强，亲和力增大。较小的胶原蛋白分子，可以渗入皮肤表皮和头发，甚至皮质层，达到营养皮肤的作用。在国外，对胶原蛋白在化妆品方面的作用，已进行了深入的研究，欧美国家的很多高档化妆品中均可看到它的存在。目前，国际市场销售的化妆品中用蛋白质做原料的有近 50 种。中国现在开始使用的主要有丝蛋白、角蛋白、骨胶原等少数几种。近年来，国内利用动物皮制取胶原蛋白并将其用于化妆品中，研究工作逐渐增多，部分已投入批量生产。

7.2.2　胶原在美容矫形方面的应用

在美容、矫形方面[155]，胶原蛋白可用于皮肤缺损的修复及组织缺损的修复，是理想的医用矫形材料。20 世纪以来，人们先后使用石蜡、蜂蜡、液体硅酮作为矫形材料，但石蜡及硅胶不能被组织吸收同化，常形成纤维化包膜；在重力的作用下，移植物又常常迁移到非病变区，导致整形错位、肉芽肿、渗出等症状，使美容变为毁容。胶原不仅具有支撑和填充作用，还能诱导宿主细胞和毛细血管向注射胶原内迁移，合成宿主自身的胶原及其他细胞外间质成分。1981 年，美国已正式批准 PaLoALto 公司的注射性胶原应用于临床；刘秉慈[156]研制的人胶原医用注射剂，用于包括鱼尾纹、抬头纹、鼻唇沟、口周纹等皱纹及浅部瘢痕的治疗，没有免疫反应，比国外牛胶原制剂有了质的进步。这种胶原注射方法安全、有效，在美容中值得推广应用。

7.2.3 胶原蛋白化妆品的保养功用[157]

作为一种有效的化妆品原料，胶原蛋白可以滋润肌肤，赋予其平滑的感觉，对头发也有很好的调理作用。0.01%的胶原蛋白纯溶液就有良好的抗各种辐射的作用，且能形成很好的保水层，能供给皮肤所需要的全部水分。使皮肤中的胶原蛋白活性加强，保持角质层水分以及纤维结构的完整性，改善皮肤细胞生存环境，促进皮肤组织的新陈代谢，增强循环。在美国、德国、日本等国家，许多高档化妆品中都添加有胶原蛋白。胶原蛋白类产品性能温和、功能多、使用安全，符合当代化妆品的潮流，近几年来发展得很快。

1. 防皱

胶原蛋白保养品的主要成分为一种综合性结构体蛋白质，能有效加速皮肤真皮层细胞的生长，活化表皮细胞，保持肌肤的弹性及结实度，防止皱纹出现，使肌肤健康亮丽，呈现细致与透明感。

2. 保湿

因胶原蛋白与皮肤角质层结构的相似性，添加于化妆品中的胶原蛋白，与皮肤有很好的亲和力和相容性，能渗透到皮肤表皮层，能够形成皮膜、保护皮肤，给予肌肤滋润与柔软性，促使其细孔收缩细致；可与皮肤角质层中的水结合，形成网状结构，锁住水分，被皮肤吸收，起到天然保湿因子的作用，使皮肤丰满，皱纹舒展，有效防止老化。

3. 洁肤

胶原蛋白与人体皮肤的蛋白质相似，促进吸收、滋润及形成一层保护膜，使肌肤更加保湿柔滑。目前，在欧美国家，服用胶原进行皮肤深层养护已成时尚。用胶原蛋白作为口服类护肤品，在皮肤养护的不同环节、不同层次上可起到不同的作用。针对皮肤的不同结构和成分，可以对皮肤进行深层次的护理。

4. 美白

皮胶原蛋白是肌肤中的主要成分，占肌肤细胞中蛋白质含量的72%以上。25岁以上的女性，肌肤中原有的皮胶原蛋白会逐渐下降，令肌肤缺少水分而变得干燥，缺乏弹性，再加上生活紧张，精神压力大，环境污染及阳光中紫外线的直接照射，令细胞氧化产生游离基，促使肌肤的进一步老化。胶原蛋白可以补充皮肤损失的原有皮胶原蛋白，达到由内而外的真正的肌肤护理。

5. 修复

医用胶原注射入凹陷性皮肤缺损后，不仅具有支撑和填充作用，还能诱导受术者自身组织的构建，逐渐生成的新生组织将与周围正常皮肤共同协调，从而起到矫形作用，同时也可减轻患者的生理痛苦。

7.3　胶原在食品工业中的应用

食品是人类赖以生存的最基本的生活资料，随着生活水平的提高，人们在饮食上不仅要求色、香、味俱佳，而且还要求食品具有营养、保健和美容功效。胶原蛋白富含多种氨基酸，其中，甘氨酸占 30%，脯氨酸和羟脯氨酸共占约 25%。胶原中的脯氨酸和羟脯氨酸含量是各种蛋白质中含量最高的，羟基赖氨酸是其他蛋白质中不存在的，可见其营养十分丰富。作为胶原蛋白的降解产物，明胶和胶原多肽同样具有很多优良的性能，胶原多肽的氨基酸种类丰富，蛋白质含量高，不含脂肪，符合人们对“低脂高蛋白”的食品需求。

研究表明[158]，胶原多肽可以在肠道中直接被吸收，肽类和氨基酸以不同的途径被吸收，而且肽类比氨基酸具有更大的吸收量。作为胶原的水解产物，明胶是一种无脂肪的高蛋白，不含胆固醇，是一种营养价值高的低热量保健食品，食用后既不会使人发胖，也不会导致体力下降。明胶还是一种强有力的保护胶体，乳化力强，进入胃后能抑制牛奶、豆浆等蛋白质因胃酸作用而引起的凝聚作用，从而有利于食物的消化；明胶还能减少胃酸和胃原酶，促进胃肠结瘢，从而减少患者的疼痛。人们还研制出了能够提高人体的血清白蛋白，提高白细胞、血小板和红细胞数的明胶合剂。同时，明胶还可以促进指甲和头发的健康生长，具有明显的提高免疫功能和改善心肌功能；具有调节血胆固醇和甘油三酯含量的作用，并能使体内缺乏的某些必需微量元素的含量增高，使含量过高的元素降低，从而使其维持在正常的范围内。此外，胶原还有排除体内有害金属（如铝等）的作用。明胶能够促进儿童生长发育，使成人强筋健骨。食用胶原蛋白或明胶，还具有美容、营养和保健等功能，这使含有它们的食品越来越受到广大消费者的青睐[159]。

中医常用的补品阿胶，又名驴皮胶，是用驴皮经过一定的熬制过程制得的。它含有明胶原、骨胶原、蛋白质及钙、钾、钠、镁、锌等 17 种元素，所含蛋白质水解后能产生多种人体必需的氨基酸。现代医药专家还发现，阿胶可治疗血虚引起的各种病症，并通过补血起到滋润皮肤的作用，还能调经保胎，增强体质，改善睡眠，健脑益智，延缓衰老，有助于防治包括癌症在内的多种疾病。

7.3.1 肉制品添加剂

早在 1983 年,就有专家建议将胶原蛋白改性后,直接作为食品的一种组分。研究表明,将酸法制得的胶原蛋白粉添加到肉制品中,不仅能改善产品的品质(如口感好、多汁等),而且能提高产品的蛋白质含量,还无不良气味。将胶原蛋白粉应用于高档饮料的营养强化剂、肉制品的增味剂等方面的研究比较多。

往肉里注射胶原质,可以保持肉类营养,抑制碘和维生素 B_1 的流失。在储存和烹调的时候,肉制品可能失去一定量的碘和维生素 B_1。通过增加胶原纤维和胶原质水解产物,可以使肉里的碘化钾得到保护。这种方法比使用精制碘盐的方法更加有效。胶原能使鲜肉保持一定的营养,它也适合于冷冻储存的肉类。将胶原蛋白加入到肉球里,在储存和烹饪时,碘和维生素 B_1 的含量基本不变,肉球里的碘和维生素 B_1 都没有损失[160]。

食品工业中,胶原纤维的主要功能体现在其独特的保水性,能形成强力的蛋白基质层,有利于包埋脂肪;可改善组织结构和咀嚼感,提高总的蒸煮产率;可减少切片的损失和提高其可切片性;可延长保质期和保持颜色稳定方面[161]。

当将胶原纤维以水合形式或者干态的形式加入到产品中时,即使在室温下,胶原纤维也可吸收自重 6 倍以上的水分,这是其他纤维所无法比拟的。在特定的条件下,胶原纤维用作火腿的保水剂,可吸收 16 倍的水。这种独特的保水性和在盐水中的稳定性,使它也可在盐水中使用。胶原纤维的这种吸水性,可使肉制品减少缩水现象,有时甚至可以完全避免缩水。胶原纤维与其他类似功能的添加剂,如卡拉胶、大豆蛋白、淀粉等在保水性上有显著的区别。将非胶原纤维添加剂加入到肉制品中,随着温度上升开始溶胀,在 55℃下彻底凝胶。这意味着非胶原纤维吸水后,依靠高温凝胶保水,但温度下降后,有明显的失水现象。大多数含非胶原纤维添加剂的制品,蒸煮温度超过 72℃后添加剂凝胶化,在肉中可以发现明显的胶状物。而胶原纤维的热稳定性非常好,在 55℃下不形成凝胶,在 70℃时才开始凝胶,120℃时彻底凝胶。

胶原纤维有独特的结构,中间有一个主茎,周围附着许多微纤维。水合时,这些微纤维缠绕在一起。当斩绊和搅拌过程释放出肉中的天然肌浆蛋白包住胶原纤维时,胶原纤维形成蛋白基质层,这个蛋白基质层不仅能包被脂肪颗粒,减少脂肪损失,也能作为内部肌肉蛋白的黏合剂,限制自由水的活动。最终,蒸煮时减少水分和脂肪损失,从而提高蒸煮产率。

胶原纤维和低质量的肉一起使用,或者加入到机械脱骨肉时(这种肉几乎没有结缔组织)时,可大大改善肉制品的组织结构和咀嚼感。尤其是,当这些肉用在烟熏香肚(mortadella)、法兰克福香肠或者其他类型的碎肉香肠时,胶原纤维的加入尤其重要。

胶原纤维在食品中的具体应用范围有：烤火腿、三明治、香肠、烤肠、大红肠、香肚、台湾肠；腊肠、风干肠、萨拉米、肉枣；汉堡、贡丸、狮子头、鱼饼、模拟蟹肉、鱼丸；重组肉干、肉脯、肉棒；干燥肉粒、饺子馅、宠物食品等。

胶原纤维在该方面的应用，为肉制品带来了如下功效：①保水量可以超过自重的 6 倍以上，使产品可以长时间保持良好的结构，延长产品的货架期；②在肉制品和鱼糜制品中，胶原纤维与肉蛋白和其他物质形成强力的纤维矩阵结构，有效包裹束缚脂肪、淀粉、大豆蛋白，改善产品的结构和品质，增强其韧性和切割性；③在盐分存在和低 pH 的条件下保持稳定；④再次加热后，产品的形态不变，可有效地降低产品的硬度，增加产品的柔韧度和咀嚼度，可以烧烤、油炸、烹饪等；⑤在加工的过程中，与大豆蛋白、淀粉等添加物的协同性非常好；可直接代替猪肉、鱼糜和牛肉，蛋白含量高，在组合过程中比肉的结合好，可以降低成本，同时提高蛋白质的含量。

将明胶作为胶冻剂添加到肉制品中，用于野猪肉、肉冻、罐头火腿、口条、小牛肉、火腿馅饼、罐头肉类及镇江肴肉等制品的生产，可提高产品的产量和质量[162]。此外，明胶还可对一些肉制品起到乳化剂的作用，如乳化肉酱和奶油汤的脂肪，并保护产品原有的特色[163]。在罐头食品中，常常添加粉状明胶，也可加入 1 份明胶、2 份水配成的浓胶冻作为增稠剂。例如，在原汁猪肉罐头中加入 1.7％的明胶，可增加肉味，增稠汤汁；在火腿罐头中，添加 2％的明胶，可形成透明度良好的光滑表面；火腿罐头装罐后，在其表面撒明胶粉，可避免粘盖。

7.3.2　胶原类食品

胶原蛋白经过调浆、成型、干燥、油炸等工序，可制成口感好的胶原小食品[164]。调浆时，可根据口感的需要添加不同的香辛料。

胶原蛋白作为一种补钙剂可用于保健食品的制作[165]。血浆中，来自于胶原蛋白的羟脯氨酸是将血浆中的钙运输到骨细胞的运载工具，骨细胞中的胶原蛋白（骨胶原）则是其中羟基磷灰石的黏合剂，它与羟基磷灰石共同构成了骨骼的主体。因此，只要摄入足够的胶原蛋白，就能保证正常的钙质摄入量。因此，胶原蛋白可以制成一种补钙的保健食品。

胶原蛋白具有减少皱纹的功效，不论是内服、外用，还是注射，都值得重视。因此，对老化压力日增的现代人来说，黏度较低，而且没有膳食纤维水合后会膨胀的物理性质的胶原蛋白，可说是保持青春外貌的好选择。基本上依“缺什么吃什么、补什么”、“营养补充”及“减少从饮食中所摄取的胶原蛋白被破坏的速率”等三种概念，从饮食中摄取胶原蛋白，就已足够。构成骨骼中骨质的主要成分是胶原蛋白，在缺乏胶原蛋白的情况下，不易固定钙质，使得骨骼的钙质逐渐流失，降低骨质密度，终至产生骨质疏松症。临床显示，口服Ⅱ型胶原蛋白，可明显改善风湿性关节炎并减轻其疼痛，显见胶原蛋白能有效改善关节病及骨质疏松症。此外，胶原蛋白也能够强化关节软骨在运动摩擦时的润滑度，降低关节炎的发生率，减缓关节退化症的到来。除对关节方面有明显的生理活性外，Ⅱ型胶原蛋白也具有心血管保护剂的功能。研究显示，Ⅱ型胶原蛋白含有14.2%的软骨素硫酸盐，这是一种天然的蛋白糖，具有抗血栓及抗凝血的作用，可避免血块的产生，防止血管阻塞，同时也能有效地降低胆固醇及脂肪含量，所以富含软骨素硫酸盐的Ⅱ型胶原蛋白，对于心血管疾病有预防及治疗的效果。

有人进行了一次有效的双盲测试[166]。一部分人食用含明胶的物质，另一部分人食用含鸡蛋蛋白的物质，共试验了52个人，他们都是臀关节和(或)膝关节患有不同程度的退化疾病的患者。食用两个月后，通过制定13个方面的疼痛的等级量表，对这些疾病症状的改进进行评估。此外，通过制定相关研究标准，对止痛剂的利用以及关节的灵活性进行研究。表7.6和表7.7显示，使用明胶及胶原多肽治疗的几乎所有的病例，疼痛在各自的研究期间都得到了改善。这些研究证明，使用含明胶的物质，可对退化性关节疾病起到有利的作用，能改善该疾病相关的症状。

表7.6 含明胶物质对关节炎疾病产生的疼痛减少比例

试验人员	止痛剂使用量减少比例/%
服用明胶物质组	48.56
服用鸡蛋蛋白组	4.82

表7.7 含明胶物质对关节炎患者止痛剂使用量减少比例

试验人员	止痛剂使用量减少比例/%
服用明胶物质组	58.48
服用鸡蛋蛋白组	40.13

Beuker和Rosenfeld[167]进行了一项对100个老年病人的双盲试验。这群人员的平均年龄为62岁。其中一半给予每天10g的胶原多肽，另一半给以安慰剂。结果表明，随着时间的推移，服用胶原多肽的一组比服用安慰剂的一组在关节功能(旋转、伸展、曲折)上有明显和不断的改善。除正常治疗外，每天服用10g胶原多肽的患者，退化性骨关节有明显增长，关节胶原分解减少，甚至在完成整个试验后(服用胶原多肽及注射降血钙素的一组)，对破骨细胞还有明显的抑制作用。

7.3.3 糖果添加剂

据报道[168]，全世界的明胶有60%以上用于食品糖果工业。在糖果生产中，明胶可用于生产奶糖、蛋白糖、棉花糖、果汁软糖、晶花软糖、橡皮糖等软糖。明胶具有吸水和支撑骨架的作用。明胶微粒溶于水后，能相互吸引、交织，形成叠叠层层的网状结构，并随温度的下降而凝聚，使糖和水完全充塞在凝胶空隙内，使柔软的糖果能保持稳定的形态，即使承受较大的荷载也不变形。明胶在糖果中的一般加量为 5%～10%。在晶花软糖中，明胶用量为 6%时效果最好。在橡皮糖中，明胶的加量为 6.7%。在牛轧糖中，明胶加量为 0.6%～3%或更多。在糖果黏液的浓糖浆中，明胶加量为 1.5%～9%。糖味锭剂或枣子糖果的配料要求含明胶 2%～7%。在生产中，明胶的使用，使糖果更富有弹性、韧性和透明性，特别是生产弹性充足、形态饱满的软糖、奶糖时，需要凝胶强度大的优质明胶[169]。

7.3.4　冷冻食品改良剂

在冷冻食品中，明胶可用作胶冻剂。明胶胶冻的熔点较低，易溶于热水中，具有入口即化的特点，常用于制作餐用胶冻、粮食胶冻等。明胶还可用于制作果冻[170]，明胶胶冻在温热而尚未溶化的糖浆中不会结晶，温热的胶冻在凝块被搅碎后还可重新形成胶冻。英国的餐用含糖胶冻加量为 7%～14%。明胶作为稳定剂可用于冰淇淋[171]、雪糕等的生产。在冰淇淋中，明胶的作用是防止形成粗粒的冰晶，保持组织细腻和降低溶化速度。为获得优良的冰淇淋，明胶的含量必须恰如其分。若太少，则会产生粗、脆、弱的结构；太多则太黏稠，二者都会影响冰淇淋的质量。明胶在冰淇淋中的一般用量为 0.25%～0.6%。任何胶冻强度的明胶都可制得良好的冰淇淋，但不同胶冻强度的明胶所需的浓度不同，如勃卢姆强度 150g 的明胶 0.5%、勃卢姆强度 200g 的明胶 0.42%及勃卢姆强度 250g 的明胶 0.35%可制得同等的冰淇淋。刘福林等[172]在核桃冰淇淋的制作中，将明胶的最佳用量定为 0.4%。使用时，在 27～30℃下将明胶配制成 10%的溶液，不经过搅拌，冷至 4℃时加入混合原料内，可制成良好的冰淇淋。

7.3.5　饮料澄清剂[173-176]

明胶可作为澄清剂用于啤酒、果酒、露酒、果汁、黄酒、巴旦木果仁乳饮料等产品的生产。其作用机理是，明胶能与单宁生成絮状沉淀，静置后，呈絮状的胶体微粒可与浑浊物吸附、凝聚、成块而共沉，再经过滤去除。对于不同的饮料，可根据需要将明胶和不同的物质一起使用，达到不同的效果。例如，在桑椹汁的生产工艺中，明胶需要和单宁、硅胶共同起澄清剂的作用。对于巴旦木果仁乳饮料，明胶可与海藻酸钠一起作为复合增稠剂，制成一种风味独特且口感优良的乳饮料。

针对不同的饮料，明胶的添加量也不相同。在果汁饮料中，明胶加量为 2%～3%。在澄清杨梅果汁时，用的是含明胶 1%的水溶液。在啤酒澄清中，所用的是含明胶 0.5%的水溶液。在澄清葡萄酒中，明胶用量为 0.1～0.3g/L。如果明胶添加过量，会损害饮料的风味和理想的琥珀色。在茶饮料的生产中，对于不同的茶饮料，明胶可与不同的物质配合使用，达到改善茶饮料品质的目的。例如，在黑茶的制备过程中，明胶和硅胶的共同作用，可以防止黑茶饮料因长期存放而发生浑浊；在绿茶的制备工艺中，经明胶和乙烯吡咯烷酮的混合物处理后，绿茶冷饮可获得良好的可口性。

7.3.6 乳制品添加剂

明胶还广泛应用于各种乳制品，如酸奶(yogurt)、酸性稀奶油(sour cream)、软质干酪(soft cheese)、增香乳(flavoured milk)、低脂黄油(low-fat butter)等。明胶用于乳制品中，主要有3方面功能[177]：①抗乳清析出作用。明胶通过氢键的形成，阻止乳清析出，避免酪蛋白产生收缩作用，因而阻止了固相从液相中分离。②乳化稳定作用。酪蛋白本身就是天然的乳化剂和稳定剂，但酪蛋白在酸性环境中会失去其乳化能力和稳定能力，而明胶可为酪蛋白提供稳定条件，起到保护胶体的作用。③乳泡沫的稳定剂，所有乳泡沫均可看成空气-脂肪-水的乳化体系，明胶作为亲水胶体可与水结合形成明胶薄层覆盖脂肪球，并包裹空气泡，减少了外界条件对空气泡中空气压力的影响，达到稳定泡沫的作用，从而建立起稳定的乳化状态。在单独使用明胶无法达到所需的产品组织状态和工艺条件的情况下，可将明胶与其他亲水胶体(如琼脂、淀粉)结合使用，使其更广泛地应用于乳产品中。例如，对于酸性稀奶，依据酸酪乳中脂肪的含量和所需的组织结构状态，通常将明胶和植物胶或改性淀粉等其他稳定剂一起使用，使产品达到良好的外观、平滑适口的口感和良好的质构。和琼脂相比，明胶的凝固力软弱，凝固物质地柔软，富于弹性，口感柔软，还可改善乳制品的风味。

7.3.7 食品涂层材料

日本等国较多地将明胶用于食品的涂层[178]。食品表面涂覆明胶具有以下优点：①当两种不同的食品组合在一起时，涂覆明胶能抑制褐变反应。例如，氨基酸和糖类混合在一起会发生美拉德(Maillard)反应，使产品着色，溶解性变差，并发生异臭。添加明胶水溶液后，就能抑制美拉德反应。②防止食品吸潮及僵硬。在粉末状、颗粒状糖类的表面涂覆食用明胶，能防止糖类吸潮，避免结块现象。③可使食品表面有光泽，提高食品的质量。例如，生产葡萄奶油时，若预先在葡萄上涂覆食用明胶，则葡萄中的色素不会污染奶油，可提高葡萄奶油的质量。④可防止食品腐败氧化。浓度为10%～15%的明胶形成的涂层，适用于火腿、腌肉、香肠和干酪等，可防止食品腐败，延长食品的保存性。⑤明胶作为稳定剂，可防止产品干缩变形。例如，在生产红薯脯时，采用浸胶工艺，可防止产品干缩变形[179]。⑥保鲜作用。在浸泡水果、蔬菜的糖液中，添加明胶溶液，在果蔬表面形成明胶膜，能保证食品的新鲜度和天然风味。

7.4　胶原在包装中的应用

胶原在包装上的应用多集中于可食性包装膜。可食性包装膜是以天然可食性物质(如蛋白质、多糖、纤维素及其衍生物等)为原料，通过不同分子间的互相作用而形成的具有多孔网络结构的薄膜[180]。

各类香肠制品在肉制品中所占的比例越来越大。由于传统天然肠衣制品的产量受到多种因素的限制，市场上出现了肠衣供不应求的情况。迫于市场的需求，国内外许多食品专家开始研究天然肠衣的替代品——人造肠衣。早在 20 世纪 40 年代，德国就能够通过高压挤出的方法制作人造肠衣，但这种肠衣存在不能耐受高温等[181]缺点。国外许多食品科学工作者对动物皮生产肠衣的办法进行了研究和改进，大多数研究成果都以专利的形式出现。例如，胶原蛋白膜在抽取或染色前，用木瓜蛋白酶对其进行处理，可以提高肠衣的拉伸强度和嫩度[182]。Higgins 等在溶胀的胶原糊中加入一定量的焦糖，可以改善肠衣的外观；加入 0.05%～2%的聚山梨酸酯可改善肠衣的品质[183]。Carlini 等[184]发现，海藻酸钠也同样能改善用胶原生产的肠衣的性质。用乙二醛与戊二醛作为交联剂对胶原料或肠衣处理，可使制品的热稳定性大大提高。在 1925 年以前，用于可食性包装的肠衣材料都是由动物肠制得，该肠衣不仅可食用，而且在受热时能与肉类保持一致的收缩。但是，由于其资源严重不足，因此其使用范围受到了极大限制[185]。20 世纪八九十年代，日本学者在可食性包装膜方面开展了积极的研究，其四国工业技术试验所、林源生物化学研究所、大阪化学合金公司、三菱人造丝公司等在可食性包装膜的实际生产中做了大量的工作[186]。他们先后开发出的多种动、植物胶可食性包装膜，均具有透明、强度高、印刷性、热封性、阻气性、耐水、耐湿性较好的特点，已用于调味品、甜味料、汤料、油肠等食品的包装。

国内目前熟肉行业使用的肠衣，一小部分是天然肠衣，而大部分是塑料薄膜等代用品。这些代用品都不能食用，而且塑料肠衣不耐水煮、油炸和熏烤。以皮胶原为主要成分的胶原膜肠衣恰好可以弥补塑料肠衣的缺陷，而且胶原本身是营养丰富的高蛋白食品。目前，用胶原膜包装的肉食品在美国、日本等发达国家已经普遍。有关这方面的报道也有很多[187,188]。

国内也有利用制革下脚料制造胶原肠衣的报道[189,190]。以未鞣制的灰皮下脚料为原料，应用于制造可食用的胶原包装材料，目前技术成熟。但是，若要使用含铬下脚料制造可食用的胶原包装材料，胶原蛋白中残留的铬含量是决定因素，用于食品工业的胶原，其铬含量必须低于 1.0×10^{-2} g/kg。胶原膜具有阻油、阻氧、阻水、可携带抗氧剂及抗菌剂载体、保香等功能，可以广泛地应用于肉制品、熏鸡肉、油炸肉、酸奶、包装药粉的胶布和食品配料的包装；可用作肠衣包装香肠、冻肉等；

可制作成包装袋包装可可粉、咖啡、香料以及药用胶囊等[185]。

胶原蛋白还可作为食品黏合剂合成纤维膜，用作肉类、鱼类等的包装纸，也可作为食品保护层。Bekkulieva 等将胶原液喷到肉上，形成一层保护膜，可以减少保存期肉重量的下降。

随着人们环保意识的增强，塑料食品包装袋必将被新型的纸包装袋和可食性包装袋所代替，这也是世界范围内的大趋势。1991 年，世界食品出口大国意大利明确宣布禁止塑料食品包装袋的使用，英国也从 1991 年开始使用一种可食用、薄而透明的薄膜保鲜果蔬，德国、瑞士、澳大利亚等国也正逐渐淘汰塑料食品包装袋。中国也在“九五”期间实施了“绿色包装”工程。由此可见，胶原在食品包装上应用前景广阔。

7.5 胶原在饲料中的应用

水解胶原蛋白粉是一种非常规性动物蛋白饲料，含有较高的蛋白质(65%～80%)[191]。制革过程中，铬鞣前后削匀、剪裁产生的废渣(生皮边角料和铬革渣)量大面广，若不进行处理，则对环境污染严重。生皮边角料和铬革渣的主要成分是胶原蛋白，将此胶原蛋白提取并加工成饲料胶原蛋白粉，一方面可消除生皮边角料和铬革渣对环境的污染，另一方面又可为饲料工业提供一种新型的蛋白质资源。因此，研制开发这种新型动物胶原蛋白饲料具有重要的实际意义和可观的经济利益。

饲料用胶原蛋白粉的特点及饲养效果[192]：①饲料胶原蛋白粉有一种清香味，畜禽喜食，并且其粗蛋白的体外消化率达 91.7%，高于进口鱼粉和其他动物性蛋白。在配合饲料中，可代替大部分进口鱼粉，适当补充赖氨酸和蛋氮酸，饲料效果和综合经济效益都超过全鱼粉配方的水平。②抗病能力极强，可使鸡的死亡率从 20%以上降低到 3%以下，是其他任何一种饲料添加剂(除药物以外)所不能比拟的。③具有一定的黏结性，在颗粒饲料配方中加入 1.5%～2%的饲料用胶原蛋白粉代替等量鱼粉，可使国产饲料设备生产的颗粒饲料的破碎率，从 25%左右降低到 5%以下，且颗粒大小均匀一致，较硬实不易碎断，颗粒外表光滑无裂纹，切口整齐，可显著提高颗粒饲料的外观质量，尤其是可提高水产饵料在水中的稳定性，是理想的蛋白质黏合剂。

生皮边角料只需灭菌即可保证饲用安全，而要从铬革渣中提取胶原蛋白作饲料，则需要解决以下几个难题[193]：①鞣革用的铬鞣剂，是由红矾钠还原而得，里面还含有少量的六价铬，在鞣制时不一定能将六价铬洗除彻底，所以铬革渣中有可能残留六价铬。此外，在提取胶原蛋白的过程中，三价铬亦可能有少量被氧化成六价铬，而六价铬是毒性较大的重金属元素，且是一种潜在致癌物。同时，蛋白质中三价铬残留量太大也有毒性危害。②胶原蛋白属硬蛋白类，由胶原纤维组成，而胶原纤维的基本单位则是原胶原，它含三条相互盘绕的 α 多肽链，呈右手超螺旋结构。这种结构极为牢固，在一般条件下很难打破，不易被动物消化利用[194]。体内消化率一般只有 20%左右。③提取的胶原蛋白干燥、粉碎成蛋白粉后，在湿空气中暴露 20min 就吸潮并很快潮解，既不能长期储存，饲料厂也无法使用。④在提取、加工胶原蛋白的过程中，因胶原蛋白黏性太大，常规设备不适用，设备选型不好，很难实现低成本、大规模生产。⑤提取蛋白质后，还有大量滤渣，且铬含量很高，不予以处理，会造成二次污染，故必须回收三价铬。

利用铬革废渣提取胶原蛋白粉可以变废为宝。一方面，可以消除铬污染和革渣腐烂污染对环境的危害，环境生态效益显著；另一方面，也有利于增加蛋白质饲料资源量，对促进畜牧业的发展十分有利，社会效益和经济效益也十分显著。

20 世纪 90 年代初，蒋挺大等从铬革渣中提取饲料胶原蛋白粉，经鉴定是一种新型的饲料蛋白质添加剂，其主要营养及化学成分是粗蛋白、粗纤维、粗脂肪，总含量为 70%以上，总铬含量为 5.29mg/kg(不含六价铬)，有一定的黏结性，适口性好等特点。冯景贤[195]、冯晓亮等[196]先后用制革厂的废革屑经水解处理、脱铬，得到水解胶原蛋白，制成高效的饲料蛋白营养添加剂。该添加剂的粗蛋白含量≥90%；氨基酸总量≥79%；总铬含量≤5mg/kg；总氮量≥14%，富含 18 种氨基酸，大大高于中国的规定指标，在营养成分含量(高蛋白、高氨基酸)和铬脱尽程度上处于领先地位。研究表明[197]，用上述水解胶原蛋白替代或部分替代进口鱼粉用于混、配合饲料的生产，其饲养效果和经济价值均超过进口鱼粉。作为一种新型高效的动物性蛋白营养添加剂，胶原蛋白完全可以替代进口饲料添加剂。

饲料用胶原蛋白粉所含的主要成分为，水分 7.7%、粗蛋白 52.0%、粗脂肪 1.0%、粗纤维 10.0%、粗灰分 8.5%、无氮浸出物 32.4%、钙 0.73%、磷 0.35%、总铬含量低于 5.29×10^{-3}g/kg。蒋挺大等研究发现[198]，饲料用胶原蛋白粉饲喂猪，干物质、粗蛋白和粗灰分的消化吸收率分别为 76.6%、84.6%和 49.8%；消化能为 3.180MJ/kg，饲料用胶原蛋白粉饲喂鸡的代谢能为 12.811MJ/kg。

7.6　胶原在造纸中的应用

随着时代的进步，人们对高档生活用纸的质量要求越来越高，既要考虑纸的质量和应用性能，又要考虑人体的健康及环保的要求，如要求其舒适、柔软、滑爽、花型、色泽、强度等。为满足这些不同的需求，造纸过程中除了需要选择性能良好的木浆等植物纤维素外，还要通过对纤维充分的松散、并添加各种功能助剂等手段来达到这些要求。蛋白质和植物纤维素是两大类天然高分子，具有来源丰富、可再生、与人体亲和力强等特点，其复合材料在许多领域有着广泛的用途，已引起国内外学者的广泛关注。胶原蛋白纤维具有一些植物纤维所没有的性质，所以，有关其在造纸中的应用也比较多。

胶原蛋白在造纸中应用有以下的特点[199]：①动物胶原蛋白氨基酸的组成和人的皮肤组成非常相似，除了与人的皮肤具有高度的亲和性外，还有一定的营养、保湿性。因此，胶原纤维应用于造纸，符合人们对高档生活用纸的需求。②胶原蛋白纤维具有蚕丝般的光泽、羊绒般的手感。胶原纤维本身无色透明，与植物纤维一样都是天然高分子，两者形态相似，可混性强，可用于高档纸的开发，且胶原纤维可生物降解，是一种“绿色纤维”。③胶原用于造纸不仅丰富了纸的种类，而且可以给造纸业提供丰富的、高质量的原料和新型助剂。胶原在造纸中的应用，按其形态主要可以分为纤维形态和非纤维形态两种。纤维形态主要用于和植物纤维的复合，非纤维形态主要用作助剂填充于浆料之中。

胶原用于造纸具有良好的打浆性能、纤维分散和抄造性能等性能[200]。

1. 打浆性能

单用机械法处理皮革废弃物，胶原纤维分散不很理想，以纤维束形式存在较多，反应基团暴露少，导致基团之间结合少。而仅靠束间的堆砌，难以形成纤维间的编织，所以直接用来抄片，强度会受较大影响。因此，在对皮革废弃物进行机械处理前，最好先用化学法对废弃物进行预处理，这样不仅可以除去皮革废物中残留的油脂，减少打浆过程中起泡，而且“软化”了废皮屑，为机械法分离胶原纤维节省了能耗，也提高了胶原纤维的分散性。

胶原纤维具有亲水性，在水中的分散性良好，吸水润胀后内聚力降低，经打浆能促使胶原纤维离解成单根的原纤维，虽不能完全离解，但此操作能显著增加纤维的比表面积，有利于纤维间的交织、结合。

研究发现[201]，胶原纤维比较细长，适宜采用长纤维游离状打浆方式打浆。尽可能避免纤维切断，可使纤维保持一定的长度，提高浆料的脱水性。用这类浆料制成的纸，吸水性好，弹性好，且成纸有较好的挺度、撕裂强度和耐破度，耐干、湿热稳定性好，变形性好。同时，在打浆过程中，不同打浆时间，试样的打浆度也不同。胶原纤维较易打浆，打浆 10min 后，打浆度即可达到 47°SR，这可能与胶原纤维亲水、易吸水润胀有关。打浆 20min 后，胶原纤维打浆度的上升趋势较缓和。所以，在打浆初期要严格控制打浆时间，以免打浆度过高，造成不必要的能源消耗。随着打浆度的上升，其强度指标有较大幅度的上升，当达到 74°SR 后，强度指标开始下降，但当胶原纤维打浆度是 74°SR 时，已经容易糊网。因此，应将胶原纤维的打浆度控制在 60°SR 左右。如表 7.8 所示。

表 7.8　胶原纤维的打浆度及其纸张强度

打浆时间 /min	打浆度 /°SR	定量 /(G/m²)	耐折度 /(N·m/g)	抗张指数 /(N·m²/g)	撕裂指数 /(mN·m²/g)	耐破指数 /(kPa·m²/g)
0	18	62.66	102	32.44	7.43	0.97
10	47	63.48	389	55.44	12.04	3.49
15	60	63.25	564	62.36	12.87	3.89
20	74	62.42	591	64.57	13.11	4.11
25	80	63.51	487	58.72	12.38	3.81

2. 纤维分散

胶原纤维含有大量的羧基、氨基、羟基等活性基团，亲水性能特别强，一般能吸收 30%～35%的水；在水中的分散性可与植物纤维媲美。由于用来抄纸的胶原纤维比较细长，易发生絮聚缠绕，影响成纸的强度。因此，在与植物纤维共混前，必须先经过分散处理。均匀度要求高的纸，还可以添加合适的分散剂来保证纸张的高匀度和强度要求。

3. 抄造性能

胶原纤维保水值大，有较高的黏性，如果打浆度控制不好，不仅分散性能下降，而且会降低胶原纤维的可抄造性，造成滤水难、上网难、容易糊网等问题。因此，在上网成型时，一般宜采用低浓度上网，不易采用 100%的胶原纤维造纸。胶原纤维的实密度比水大，润湿后在水中下沉。另外，纤维具有黏性，沉降速度比植物纤维慢，滤水性较植物纤维差。因此，在与植物纤维混合抄片时，会造成网面植物纤维分布较多，而纸面胶原纤维较多，导致纸张的两面性差。因此，需要选用适合的抄片方法，以改善抄片的两面性。由于胶原纤维有独特的高耐磨性、绝热性、吸音性和高摩擦性，对于抄造某些高附加值的特种产品还有较强的优越性。

表 7.9 是不同胶原纤维配比下的纸张的强度[200]。随着胶原纤维用量的增加，纸张的强度呈先增加后下降的趋势。当胶原纤维的用量达到 10%时，各项性能达到最大值；再增加胶原纤维的用量，强度反而有所下降；当用量为 30%时，纸张强度则与未添加胶原纤维的纸张相似；胶原纤维用量在 60%以后，糊网严重，失去可操作性。值得注意的是，胶原纤维用量在 60%时，耐破指数较纯针叶木浆纸张下降不明显，因此，胶原纤维比较适于抄造低定量、耐高破度的纸张。

表 7.9　胶原纤维配比对纸张性能的影响

胶原纤维用量/%	定量/(g/m^2)	耐折度/(N·m/g)	抗张指数/(N·m^2/g)	撕裂指数/(mN·m^2/g)	耐破指数/(kPa·m^2/g)
0	60.17	495	63.00	13.28	3.68
5	61.28	864	82.01	15.71	5.05
10	60.62	1310	83.53	13.22	5.26
20	62.45	941	74.57	13.11	4.91
30	63.25	564	62.36	12.87	3.89
40	59.42	455	61.12	11.33	3.47
50	60.21	346	55.25	9.06	3.32
60	62.11	227	51.79	7.40	3.21

注：胶原蛋白纤维打浆度为 60°SR，针叶木打浆度为 40°SR。

胶原纤维根据需要可以纤维或非纤维形态应用于造纸中。以纤维形态应用于造纸可显著提高纸张的物理机械强度。付丽红等[202]对胶原蛋白与植物纤维结合的机理进行了研究。结果表明，在胶原蛋白和植物纤维间形成的化学键，使纤维间的结合力增大、键能升高，从而使纸张的物理强度提高、纸的吸水性和透气性降低。胶原纤维分子中含有大量的羧基、氨基、羟基，纤维素中含有大量羟基。正是由于这两种天然高分子中含有许多活性基团，可通过化学的方法结合为一体，也可以通过物理的方法制成复合材料，制造书面革、膜塑包装材料、壁纸、刹车制片、多孔吸附性材料、再生革、遮光纸、农副产品包装材料、生物胶原包装纸、复合生物降解材料、尿布纸类、妇女卫生巾、高档生活用纸等。

德国、日本、美国、中国等已先后将含铬皮革废弃物机械粉碎、水解，与天然纤维混合，用于造纸、再生革、无纺布等。付丽红等[203-206]在胶原纤维的提取方法、氨基酸组成的分析、胶原的纤维形态、与动植物纤维的结合机理、纸的结构与性能等方面进行了研究，为胶原纤维在造纸中的广泛应用提供了理论依据。在已有的研究中，大多数以含铬的纤维状胶原应用为主，对于非纤维状的胶原蛋白应用很少；胶原的纤维形态分散性差，直接影响了纸张的均匀度。

在造纸过程中，非纤维形态的胶原主要用作增强剂、胶黏剂、表面活性剂、絮凝剂等。

1. 增强剂

纸张中植物纤维之间的羟基以氢键结合，这种氢键结合构成了纸张的物理强度。但氢键结合能比较低，而且很容易被水分子破坏。

胶原蛋白应用于造纸中能够作为一种增强剂，是因为胶原蛋白是由 α-氨基酸通过肽键构成的多肽链，每个肽链又具有许多酸性或碱性的侧基，以及胶原每个肽链的两端有 α-羧基和 α-氨基，这些都有接收或给予质子的能力[207]，而植物纤维上有大量的羟基和少量羧基等基团，通过调节，可以使胶原纤维与植物纤维大分子以氢键、离子键以及共价键的形式结合，这些键的形成使得纸纤维间的结合力增大，键能升高，从而使纸张的物理机械强度得以提高，使纸的吸水性、透气性、紧度等物理指标得以改善。对胶原作为纸张增强剂的研究表明，对不同的浆料加入一定量的胶原，都可以使纸张的强度有较大的提高[208]。

2. 胶黏剂

胶原蛋白可作为造纸的胶黏剂，但其耐水性能较差。通常，在胶原蛋白黏合剂中加入多聚甲醛作硬化交联剂，可得到类似脲醛树脂交联的效果，并可增加其抗水能力。作为胶黏剂，胶原蛋白可用于纱布、砂纸的制造，也可用于生产胶带纸。将经过化学处理的明胶用于铸涂纸的生产，车速提高 2 倍，光泽度由 30％提高到 39％，而生产成本基本不变[209]。

3. 表面活性剂

表面活性剂的分子由性质完全相反的两部分组成，即亲水基团和憎水基团，两种基团的比例（HLB 值）决定表面活性剂的亲水性和憎水性的强弱。HLB 值越大，则亲水性越强，憎水性越弱。胶原蛋白分子结构中，既有氨基，又有羧基，在不同的介质中呈现出双亲性；各种氨基酸的组成各不相同，在结构上有不对称性，在一定程度上也有表面活性。

早在 20 世纪 60 年代[210]，就有人将胶原蛋白作为废报纸回用的脱墨剂，通过胶原蛋白和其他聚合物配合使用，可明显提高废纸浆的白度。例如，使用 3％亚硫酸钠、0.5％TPP（三聚磷酸钠）、1％脂肪酸盐和 0.2％胶原蛋白（相对分子质量为 10 000，等电点在 5.0 左右）脱墨后，废纸浆的白度达到 60％。

4. 絮凝剂

纸浆植物纤维带负电荷。纸浆中纤维颗粒的电荷和大分子间的相互作用，直接决定纸浆的絮聚性能，而纸浆的絮聚性又直接影响到纸浆的留着率和滤水性。一般情况下，无论纸浆所带静电荷为正还是负，电荷之间斥力的作用都会使之稳定性增加而不发生沉降，当所带静电荷降低时，纸浆不稳定性增加，容易沉降，而沉降速率的大小又直接影响到纸张的匀度。胶原纤维是两性聚电解质，介质不同，分子带不同的电荷。利用胶原的这一特点，通过调节介质的 pH 可改变胶原的电荷，进而改善纸浆的絮凝性，调节纸浆的沉降速率。

胶原蛋白也是一种强保护胶体。但是，在浓度极低时，它却表现出相反的作用，即能起到从分散介质中分离出絮状沉淀的凝结作用[211]。分子质量较低的胶原蛋白，难以产生絮凝作用。胶原蛋白用少量甲醛交联后，其相对分子质量明显增大，絮凝能力增强。在废水处理中，胶原的水解产物（明胶）对除去树脂酸和脂肪酸等有很好的效果，比常用的阳离子絮凝剂好。在造纸工艺中，明胶和斯维恩胶液被广泛当成辅助物保持剂来使用。斯维恩胶由1%明胶和0.1%松香胶料组成，并加入明矾调节pH至4.5，用五氯酚钠或甲醛作为防腐剂。在作为辅助物保持剂的使用效果上，明胶比斯维恩胶和某些合成聚丙烯酰胺具有较好的经济效果。

7.7　胶原在皮革化学品上的应用

7.7.1　阳离子蛋白填充剂[212]

经蛋白类填充剂填充后，皮革手感舒适自然，粒面真皮感强。可见，蛋白类填充剂是制造高档革不可缺少的一类填充剂。这类填充剂大多由酪素、蛋白干等动物蛋白或一些植物蛋白制备而成。皮革下脚料也可加工成蛋白填料，是利用其中的胶原。从废革屑中提取胶原蛋白水解物，对水解物进行酰胺基转移改性，可以制备出一种非离子型填充剂。这种方法不仅可资源化制革固体废弃物，也可以得到价格较低廉的填充剂产品，同时减少制革污染[213]。

上述这种非离子型填充剂在无水状态下将乙醇胺与蛋白水解物一起熔融，蛋白水解物在被降解为分子较小的多肽的同时，侧链和链端羧基被酰胺化。将乙醇胺与多聚甲醛缩合，可制得3-羟乙基噁唑烷。3-羟乙基噁唑烷与酰胺化蛋白水解物反应，可将叔胺结构引入肽链，该改性过程的方程式为

$$\mathrm{HOOC{-}\underset{\displaystyle R}{\underset{|}{CH}}{-}NH{-}\!\!\overset{\displaystyle NH_2}{\overset{|}{\underset{\displaystyle COOH}{\underset{|}{}}}}\!\!{-}OC{-}\underset{\displaystyle R}{\underset{|}{CH}}{-}NH_2 + HOCH_2CH_2NH_2 \longrightarrow}$$

$$\mathrm{HOCH_2CH_2NH{-}\overset{\displaystyle O}{\overset{\|}{C}}{-}\underset{\displaystyle R}{\underset{|}{CH}}{-}NH{-}\!\!\overset{\displaystyle NH_2}{\overset{|}{\underset{\displaystyle O{=}C{-}NHCH_2CH_2OH}{\underset{|}{}}}}\!\!{-}OC{-}\underset{\displaystyle R}{\underset{|}{CH}}{-}NH_2}$$

$$\mathrm{HOCH_2CH_2NH{-}\overset{\displaystyle O}{\overset{\|}{C}}{-}\underset{\displaystyle R}{\underset{|}{CH}}{-}NH{-}\!\!\overset{\displaystyle NH_2}{\overset{|}{\underset{\displaystyle O{=}C{-}NHCH_2CH_2OH}{\underset{|}{}}}}\!\!{-}OC{-}\underset{\displaystyle R}{\underset{|}{CH}}{-}NH_2 + \underbrace{\ \ \overset{\displaystyle NCH_2CH_2OH}{}\ \ }_{\displaystyle O} \longrightarrow}$$

$$\mathrm{HOCH_2CH_2NH{-}\overset{\displaystyle O}{\overset{\|}{C}}{-}CH{-}NH{-}\!\!\overset{\displaystyle NHCH_2N(CH_2CH_2OH)_2}{\overset{|}{\underset{\displaystyle O{=}C{-}NHCH_2CH_2OH}{\underset{|}{}}}}\!\!{-}OC{-}\underset{\displaystyle R}{\underset{|}{CH}}{-}NH_2}$$

通过这种改性，可制得一种弱阳离子蛋白填充剂。在染色加脂过程中，这种阳

离子填充剂对铬鞣革填充，可使皮革的厚度和丰满度明显增加，粒面变得比较紧实、细致，革对染料的吸收率显著提高。其中，在染色加脂初期使用，填充作用较强，在染色加脂后期使用，固色作用较强。

7.7.2　胶原蛋白鞣剂、复鞣剂

复鞣是制革过程中至关重要的工序之一，有皮革"点金术"之美称，是决定皮革质量和风格的关键步骤[214]。通过选择适当的复鞣剂种类和复鞣工艺，可以得到预期的皮革特性，以改变皮革的观感和内在质量，显著提高其商品价值[215]。与其他复鞣剂相比，蛋白复鞣剂有其独特的优点，能保持皮革的真皮感，发挥皮革的透水汽的卫生性能。蛋白质又是天然的两性高分子，有助于皮革染色，降低废水处理中的 COD 和 BOD 含量，改善环境[216]。

程海明等[217]研制的 LB 型蛋白鞣剂是由胶原水解物通过与醛酚磺化产物和醛类缩合改性而成。该鞣剂外观为红棕色液体，固含量约为 40%，pH 为 6.5～7.0。此种蛋白鞣剂只有微弱的鞣剂性能，不适合用于主鞣过程。当 LB 型蛋白鞣剂用量在 4%时，经其复鞣的皮革革身丰满、柔软，有较好的弹性，发泡感强，皮革增厚明显，有很好的选择填充性。经此鞣剂复鞣的成品革理化指标均能达到或超过行业标准，说明该鞣剂是一种优良的新型皮革复鞣材料。

利用铬泥制备的胶原蛋白鞣剂，可代替铬鞣剂或作为辅助性无铬鞣剂用到皮革生产中。将废革屑水解处理后，制取高附加值的胶原蛋白，是目前对废革屑较好的利用方法。但是，对于提胶后剩余的残渣——铬泥的利用，却一直未找到较好的出路，这是由于很难将铬泥中的铬、钙、镁与胶原分离开，尤其是大量铬的存在，极大地限制了所分离胶原蛋白的用途。采用碱水解和酶水解的方法，可以将铬泥进一步水解，提取胶原蛋白，用甲醛对胶原蛋白进行改性制备蛋白鞣剂，回用于制革生产中。

李闻欣等[218]将削匀铬革屑进行水解后改性，制成含铬-铝的胶原蛋白复鞣剂。这种含铬-铝的胶原蛋白复鞣剂应用于酸皮的主鞣制过程时，填充效果明显，蓝坯革丰满、柔软、有弹性，边腹部不松面，铬的吸收率高，收缩温度可达 118℃，高于相同用量的铬粉主鞣皮革的收缩温度。同时，对染料的吸收效果好，无败色现象。用这种蛋白复鞣剂复鞣时，填充作用好，成品革丰满、柔软，边腹部不松，且丰满弹性与国外同类产品 UNIFILB 和 SYNTANFP888 相当，对染料吸收均匀，无败色现象。

皮胶原蛋白、皮胶原蛋白降解产物或铬革屑水解混合物与丙烯酸共聚，也可制备蛋白复鞣剂。Cantera 等将胶原水解物与丙烯酸共聚，制备出可用于鞋面革和家具革鞣制的蛋白复鞣剂[219]。黄程雪和刘显奎将铬革屑水解混合液与丙烯酸共聚，制备了具有较强填充作用的复鞣剂[220,221]。共聚时，根据所用引发剂的不同，

丙烯酸单体可分别在胶原主链氮、主链α-碳上发生自由基型接枝聚合，在肽链上引入带有多个羧基的支链，从而增加蛋白或蛋白水解物对铬鞣革的结合与交联能力。但是，采用传统的方法接枝时，常常由于肽链上自由基的数目较少，空间位阻大，造成产物的支链数目少，支链过长，削弱产物蛋白复鞣剂的特点，而使产物具有较强的聚丙烯酸复鞣剂的特性。为了增加支链数目，降低支链长度，增强接枝产物的蛋白复鞣特性，王鸿儒等[222]先对胶原肽链进行酰化改性，然后再进行丙烯酸接枝改性，制备了新型阴离子蛋白复鞣剂。

在无水条件下，将马来酸酐与胶原水解物在少量碱的催化下一起加热，胶原水解物上的氨基可与马来酸酐发生酰化反应，使马来酸酐与胶原水解物结合。根据胶原水解物的氨基酸组成分析，每 1000 个氨基酸残基至少可与 30 个以上的马来酸酐分子结合。将酰化胶原水解物与丙烯酸单体共聚时，已经与胶原水解物结合的马来酸酐可通过双键与丙烯酸单体发生自由基聚合，将丙烯酸聚合物引入胶原水解物肽链。此改性过程的主要反应为[222]

$$\mathrm{HOOC{-}[\text{peptide chain with side groups COOH, COOH, NH_2, NH_2}]{-}NH_2} + \text{maleic anhydride} \longrightarrow$$

$$\mathrm{HOOC{-}[\text{peptide chain with side groups COOH, COOH, NHC(=O)CH{=}CHCOOH, NHC(=O)CH{=}CHCOOH}]{-}NHC(=O)CH{=}CHCOOH}$$

$$\mathrm{HOOC{-}[\text{peptide chain with side groups COOH, COOH, NHC(=O)CH{=}CHCOOH, NHC(=O)CH{=}CHCOOH}]{-}NHC(=O)CH{=}CHCOOH} + \mathrm{H_2C{=}CHCOOH} \longrightarrow$$

$$\mathrm{HOOC{-}[\text{peptide chain with side groups COOH, COOH}]{-}NHC(=O)CH_2CH(COOH){-}(CH_2CH(COOH))_n{-}H}$$
$$\text{side groups: } \mathrm{NHC(=O)CH_2CH(COOH){-}(CH_2CH(COOH))_n{-}H},\quad \mathrm{NHC(=O)CH_2CH(COOH){-}(CH_2CH(COOH))_n{-}H}$$

将胶原水解物用马来酸酐酰化，在胶原水解物肽链上引入了不饱和双键。将丙烯酸与酰化物共聚，可在肽链上引入多个支链。这种蛋白复鞣剂分子上有多个羧基，对铬配合物具有较强的结合能力。将该复鞣剂与铬一起用于铬鞣革的复鞣时，可与皮革中的铬发生配位作用，提高铬的吸收率，在胶原分子链间形成胶原-铬-蛋白复鞣剂-铬-胶原形式的网络结合，从而增加皮革的交联度，增加皮革的厚度、丰满度和粒面紧实度。当在铬复鞣前后使用时，皮革的厚度和丰满度增加幅度较大。在中和后使用时，皮革的柔软度较高。该复鞣剂对皮革的抗张强度、撕裂强度和断裂伸长率影响不大。

7.7.3　胶原蛋白改性皮革涂饰剂

当温度低于 30℃时，利用明胶改性所作涂饰剂易变成冻胶、稳定性差。同时，改性方法也比较单一。针对这些问题，范浩军等[223,224]首先用促进剂使明胶充分分散，破坏明胶分子内和分子间的氢键，有利于形成稳定的分散液，使分子链充分伸展，增加接枝点，提高接枝率；其次，选择多种功能单体，采用核-壳乳液聚合技术，对明胶进行接枝和网络互穿双重改性，最终聚丙烯酸酯树脂分子链因疏水性较强而被明胶蛋白质分子链包裹在里面而形成核，亲水的蛋白质形成壳，包裹在外面，而内层的丙烯酸树脂又有着自己独特的核壳结构，形成了丙烯酸树脂核-丙烯酸树脂壳-蛋白质外壳的互穿网络结构，赋予了改性产品的耐候性能，即软而不黏、硬而不脆，具有良好的弹性和耐磨性。

针对明胶易出现胶凝现象的难点，穆畅道等[225]适当加入了一些溶解性变性剂（如尿素、十二烷基硫酸钠），以减弱胶原分子内的疏水基相互作用，降低非极性侧链从水介质到疏水基内部的自由能，促使隐藏在分子内部、可发生改性反应的基团暴露于介质水中，增加其接枝率。另外，为制得浓度较高的明胶改性溶液而不导致凝胶，加入了一定浓度的电解质（如硫氰酸钾和碘化钾）。在合适的丙烯酸类单体和改性的石蜡作用下，借助接枝共聚、种子聚合和胶乳互穿聚合物网络等乳液聚合技术，使水解胶原通过物理改性和化学改性，可制备出新型蛋白类皮革涂饰剂。

宁红梅[226]以食用明胶及酪素为接枝混合母体，与丙烯酸丁酯、甲基丙烯酸甲酯、丙烯腈和苯乙烯 4 种混合单体，以 $K_2S_2O_4$ 为引发剂进行接枝共聚，合成了改性酪素-明胶皮革涂饰剂。

张美云等[227]通过碱法-酶法从废皮屑中提取胶原蛋白，与羧甲基纤维素（CMC）和甘油共混制成复合膜，并对复合膜力学性能的影响因素进行了研究。其结果为，在共混体系中加入一定的羧甲基纤维素，有利于提高膜的强度，且膜的力学性能显著提高。

范浩军等[228]通过溶胶-凝胶法，制备了胶原蛋白 SiO_2 有机-无机纳米杂化材料。FT-IR 研究表明，正硅酸乙酯（前驱体）水解产生的高表面活性微粒和精氨酸、组氨酸、色氨酸侧基的—CN 发生了键合反应，并生成了新的化学键 Si—C。同时，前驱体水解产生的 Si—OH 和蛋白质分子的侧基 CH—OH 间也可发生缩合反应，因而在有机相和无机相之间产生强烈的相互作用，前驱体水解后产生的 SiO_2 粒子在蛋白质中分散均匀，未发现明显的团聚现象。无机纳米粒子的引入，使得胶原蛋白的水溶性降低，耐酸碱稳定性、耐酶水解稳定性和耐热稳定性，均得到了明显的提高。

杨晓峰等[229]通过比较胶原蛋白水解物、乙烯基类单体聚合物及胶原蛋白水解物与乙烯基类单体共混聚合物的^{13}C NMR谱图发现，乙烯基类单体确实与胶原蛋白水解多肽发生了接枝共聚反应，生成了接枝共聚物。在^{13}C NMR谱图中，δ为69.6～69.8和41.1～41.5处出现的吸收峰，可认为是在该聚合条件下形成接枝共聚物对应的特征峰，而且它们可能是接枝共聚反应过程中产生的叔碳或季碳的吸收峰。在接枝共聚反应中，多肽是主链，乙烯基类单体聚合物是支链。

李伟等[230]通过胶原蛋白接枝改性聚氨酯皮革涂饰剂，探讨了接枝改性过程中反应温度、时间、成盐亲水物质量等因素对反应的影响。结果表明，在接枝反应中，成盐亲水物质为单体质量分数的5.0%、反应温度80℃、反应时间2.5h为最佳的接枝反应条件。通过研究和对比改性前后聚氨酯涂饰剂成膜后试样的吸水性、力学性能及透水气性能，发现改性后试样的断裂伸长率可高达1401%，透水气速率可达454.2mg/(10cm^2·24h)。获得最佳性能的涂饰剂时，胶原蛋白用量为异佛尔酮二异氰酸酯(IPDI)物质的量总量的15%～20%。

7.8 胶原纤维在污水处理中的应用

中国是世界上最大的皮革生产国。传统制革行业对原料皮的利用率较低，在制造过程中只有30%～35%的原料皮可以转化为可利用的皮革，其余部分主要以废弃皮屑的形式存在。中国每年约产生1.5×10^6t的废弃皮屑[231]。废弃皮屑的主要成分为皮胶原，是可回收利用的蛋白质资源。目前，对废弃皮屑的回收利用主要是利用各种化学试剂对废弃皮屑的水解过程。若能够有效地控制水解的程度，可将部分废弃皮屑转化成新型的生物质材料——皮胶原纤维。皮胶原纤维为白色的短纤维状固体，具有亲水而不溶于水的特点，在水中溶胀后可呈分散状态。皮胶原属结构性蛋白，组成胶原蛋白的氨基酸中富含—COOH、—NH_2、—OH等活性基团，其主要成分Ⅰ型胶原具有三股螺旋的特征结构。这些特点和结构说明，皮胶原纤维是一种潜在的吸附材料。对阴离子、阳离子、染料、细菌等都有很强的吸附能力。

7.8.1 胶原纤维固载吸附剂对重金属离子的吸附

廖学品等[232]将制备的皮胶原纤维15g、单宁9g加入400mL蒸馏水中，25℃下反应24h。反应物经过滤并洗涤后，放入300mL戊二醛质量浓度为20g/L的水溶液中，调节pH至6.4～6.6，在25℃下反应1h。然后，在50℃下反应4h。将反应物用蒸馏水洗涤后，在60℃下真空干燥12h，得到固化单宁的胶原纤维吸附材料。经测试，所制备的固化单宁吸附材料在水、乙醇及丙酮中浸泡后，溶剂中未检测到单宁；用差热扫描量热仪(DSC)测得固化黑荆树单宁、固化落叶松单宁和固化杨梅单宁吸附材料的收缩温度分别为 100～106℃、93～98℃及 90～96℃，即具有较高的热稳定性。固化单宁的胶原纤维吸附材料的制备过程，实际上也是"植鞣"胶原的过程，因而，获得的固化单宁的胶原纤维吸附材料具有良好的化学和热稳定性。这类固化单宁的胶原纤维吸附材料对金属离子具有良好的吸附能力。例如，固化杨梅单宁 Cu^{2+} 的平衡吸附量为 10.66mg/g。将固化单宁作为柱填料使用时，床层的有效利用率高，再生性好。因此，这类固化单宁的胶原纤维吸附材料可望用于水体中金属离子的分离富集。

王茹等[233]利用单宁易与蛋白质反应的特性，将单宁固化在皮胶原纤维上，制成胶原纤维固化杨梅单宁(BT)吸附材料，研究了这一吸附材料对 Mo^{6+} 的吸附特性。结果表明，pH 对其吸附容量有显著的影响，Mo^{6+} 的吸附容量随 pH 的降低而增加，表明其吸附机理是吸附剂与聚钼阳离子之间的静电结合。当 Mo^{6+} 的初始质量浓度为 100.0mg/L、吸附剂用量为 0.10 g、温度为 303 K、pH 为 2.0 时，BT 对 Mo^{6+} 的吸附量为 82.4mg/g。动力学研究表明，初始吸附速率很快，吸附达到平衡的时间约 600min，其吸附动力学可很好地用拟二级速率方程描述，计算所得的平衡吸附量与实测值误差很小。解吸实验表明，0.02mol/L EDTA 溶液能使吸附剂再生，并能循环使用。在酸性 (pH 2.0)条件下，BT 对 Mo^{6+} 的吸附率大于 95%，而对 Ni^{2+} 和 Cu^{2+} 的吸附率低于 5%，可用于 Mo^{6+}-Ni^{2+} 和 Mo^{6+}-Cu^{2+} 二元混合溶液中 Mo^{6+} 的分离和提取。

王茹等[234]又以胶原纤维为基质，通过醛交联剂将杨梅单宁固化在胶原纤维上，按廖学品等已建立的方法[235]制备了固化杨梅单宁(MT)吸附材料。研究了该吸附材料对 Pb^{2+}、Cd^{2+} 和 Hg^{2+} 的吸附性能。研究发现，该吸附材料对这三种金属离子的吸附容量大小顺序为：$Hg^{2+} > Pb^{2+} > Cd^{2+}$。吸附容量与 pH 有关，pH 7 时，MT 对 Hg^{2+} 的吸附容量最大；pH 3 时，MT 对 Pb^{2+} 和 Cd^{2+} 的吸附容量最大。在上述 pH 条件下，当吸附剂用量为 0.1 g，金属离子初始浓度为 200mg/L、体积为 100mL 时，MT 对 Hg^{2+}、Pb^{2+}、Cd^{2+} 的平衡吸附容量分别为 198mg/g、87mg/g 和 24mg/g。通过研究温度对吸附平衡的影响以及吸附动力学，发现 MT 对 Hg^{2+} 的吸附主要为化学吸附，对 Pb^{2+} 的吸附可能包含物理吸附和化学吸附，对 Cd^{2+} 的吸附则以物理吸附为主，这与金属离子在水溶液中的状态有关。当水体中同时存在 Hg^{2+} 和 Pb^{2+} 时，MT 对每种金属离子的平衡吸附容量几乎不受其他金属离子的影响，说明可以将其用于同时吸附除去这些金属离子。

马贺伟等[236]等将皮胶原纤维膜放入 pH 4.0 的水溶液中，加入单宁，于 25℃下反应 4h，调 pH 至 3.5，反应 1h；加入噁唑烷，55℃下反应 3h；用去离子水充分洗涤，自然干燥至水分含量为 10%～15%，片层至厚度 0.70mm，得到了固化单宁膜吸附材料，该固化单宁膜具有良好的热稳定性和机械强度，其热变性温度达 92℃，抗张强度达 119MPa，均高于普通的膜。同时，固化单宁膜具有良好的亲水性和水透过率。同时，其中的单宁能够耐水浸出。与其他膜不同的是，固化单宁膜为纤维网状膜，这是由皮胶原纤维膜本身的天然结构[237]决定的。因此，流体将以复杂的孔道通过固化单宁膜，从而提高流体与膜的接触时间，这对吸附过程非常有利。在循环使用 10 次后，该固化单宁膜的吸附性能基本保持不变[238]。用单宁-皮胶原纤维膜制备的固化单宁膜吸附材料具有良好的物理性能，对水溶液中的Pb(Ⅱ)和Hg(Ⅱ)具有较强的吸附能力，易于再生并能循环使用。因此，这种吸附膜材料可望广泛应用于废水中金属离子的去除和回收。

7.8.2 胶原纤维固载吸附剂对非金属离子的吸附

陈洁等[239]利用含铬废革屑，经多次清洗后，于 60℃下干燥 24h，再用磨碎机粉碎至直径 0.1 mm，即得含铬废革屑吸附剂。将其用硝酸和盐酸(1∶3，体积比)进行消解。该含铬废革屑吸附剂对磷酸根的吸附量受 pH 的影响非常明显。在 pH 3.0～6.0 的范围内，吸附量较大且比较接近。其中，当 pH 5.0 时，吸附量最大。当 pH>6 时，吸附量急剧下降。随着 pH 的变化，磷酸根在溶液中可能以 H_3PO_4、$H_2PO_4^-$、HPO_4^{2-} 和 PO_4^{3-} 的形式存在。当 pH 2.2～7.2 时，主要以 $H_2PO_4^-$ 的形式存在，最有利于吸附。制革化学的研究表明，铬鞣革的等电点(pI)一般为 6.0～6.5。当 pH>6 时，吸附量开始下降，这可能是因为此时的 pH>pI，吸附剂表面呈负电性，对同样带负电荷的磷酸根有排斥作用，从而阻碍了吸附过程的进行；同样，当 pH 3.0～6.0 时，吸附剂表面带正电荷，有利于磷酸根的吸附，因此吸附量较高。而当 pH<3.0 时，吸附量又明显下降。

邓慧等[240]把 15g 胶原纤维在 400mL 蒸馏水中浸泡约 4h，用 H_2SO_4 和 HCOOH 将其 pH 调到 1.5～2.0，加入 0.1mol Zr 或 Al 或 Fe 的金属盐，于常温下反应 8h。然后，用 10%（质量分数）的碳酸氢钠溶液将其 pH 缓慢调至 3.8～4.2，再在 45℃下反应 6h。反应物经反复洗涤、过滤，于 50℃下真空干燥 12h，即得到 MICF(胶原纤维负载金属离子)的吸附材料。pH 对 MICF 吸附材料的氟离子平衡吸附量的影响如图 7.8 所示。MICF 对氟离子吸附容量的大小顺序为：ZrCF > AlCF > FeCF；在 pH 为 4～9 时，MICF 吸附材料对氟离子均有较显著的吸附效果，吸附容量变化不明显。在 pH<4.0 和 pH>9.0 时，平衡吸附量均降低。这是因为，当 pH 较低时，H^+ 浓度高，氟离子的存在形态主要是未离解的 HF，因而降低了溶液中游离氟离子的浓度，使氟的吸附量减小；而当溶液 pH 较高时，OH^- 浓度也较高，OH^- 与氟离子竞争吸附材料上有限的吸附位点，从而造成氟的吸附量下降。他们还用经过吸附后的试样进行了解吸实验。图 7.9 是在 0.05mol/L 氢氧化钠溶液中 MICF 吸附材料的 F^- 解吸率随解吸时间的变化曲线。可见，解吸开始 16min 后，解吸率就达到 97%，与图 7.8 中 pH 影响氟离子平衡吸附量的结果一致。可见，用浓度为 0.05mol/L 的氢氧化钠溶液几乎可以完全将吸附的 F^- 洗脱出来。MICF 对水体中的氟离子具有较强的吸附作用，其吸附能力的大小也与金属离子的种类密切相关。ZrCF 对氟离子具有优良的吸附性能，pH、温度、氟离子的初始浓度、时间对吸附都有影响。这类吸附材料有望成为一种有应用前景的高效除氟材料。

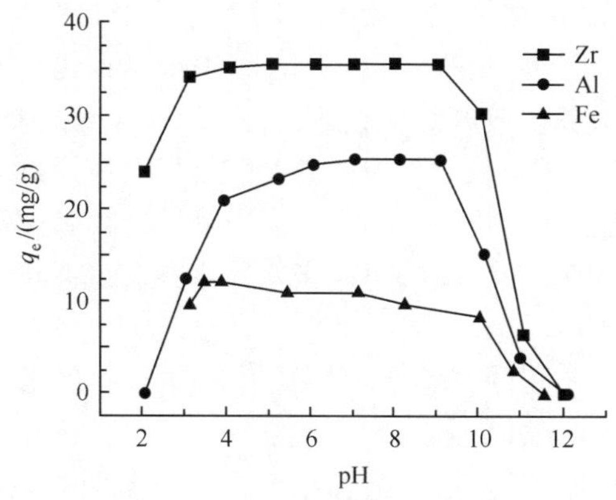

图 7.8　pH 对 MICF 吸附材料的氟离子平衡吸附量的影响

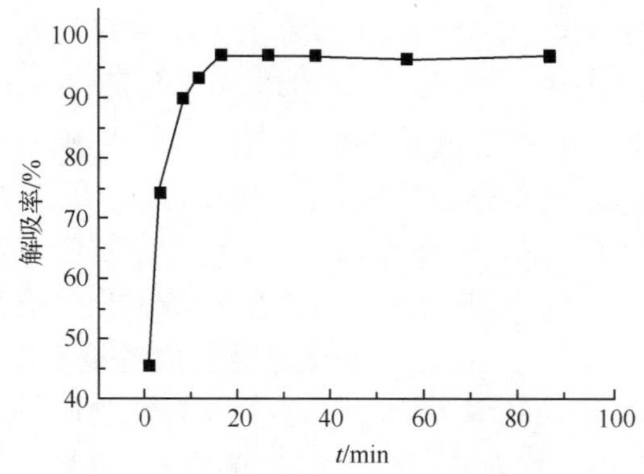

图 7.9　解吸时间对 MICF 吸附材料的 F^- 解吸率的影响

7.8.3　胶原纤维固载吸附剂对细菌的吸附

陆爱霞等[241]用 15g 胶原纤维，加入到 300mL 的去离子水中，用硫酸调节 pH 至 2.0，充分搅拌后加入 0.05mol 的 $Fe_2(SO_4)_3$，室温(25±5)℃下反应 4h 后，用碳酸氢钠溶液在 2h 内将 pH 升高 4.0，再于 45℃条件下反应 4h。反应物用去离子水洗涤后，于 50℃真空干燥 12h，即得到胶原纤维固化铁吸附材料。他们研究与比较了该胶原纤维和胶原纤维固化铁吸附材料对 *E. coli* 和 *S. aureus* 的吸附作用，发

现胶原纤维本身对 *E. coli* 和 *S. aureus* 的吸附容量远低于胶原纤维固化铁吸附材料的吸附容量。其中，*E. coli* 为革兰氏阴性细菌，其细胞壁的外层壁具有革兰氏阴性菌所特有的脂多糖，使其表面带有负电荷。*S. aureus* 为革兰氏阳性细菌，其细胞壁具有革兰氏阳性菌所特有的磷壁酸，其分子上也带有大量的负电荷[242]。由于胶原纤维侧链的氨基可以与细菌表面的负电荷发生静电吸附作用，所以胶原纤维对 *E. coli* 和 *S. aureus* 有一定的吸附作用。对于胶原纤维固化铁吸附材料，由于引入了大量的铁离子，使其正电荷数量大大增加，从而可以有效地提高其对细菌的吸附容量，与未固化铁的胶原纤维相比，其对 *E. coli* 和 *S. aureus* 的吸附容量分别增加了 6.65 倍和 11.4 倍。此外，在相同的条件下，胶原纤维固化铁吸附材料对 *S. aureus* 的吸附容量大于对 *E. coli* 的。可见，胶原纤维固化铁吸附材料对细菌有较强的吸附能力，且吸附速率很快，可用于水体中细菌的去除。

7.9 明胶在高吸水性树脂中的应用

超强吸水剂是近年来发展起来的新型高分子功能材料，也称为高分子吸水树脂。它的显著特征是，可吸收自身质量几百倍乃至几千倍的纯水。超强吸水剂应用广泛，已日益成为医疗卫生、农林园艺、食品加工、土木建筑、石油开采等领域重要的功能高分子材料。主要采用石油化工的原料——丙烯酸为单体聚合而成，其中 80%用于制造一次性婴儿尿布、妇女卫生巾等个人护理用品[243]。此外，SAP (superabsorbent polymer，高吸水树脂)作为土壤的保水剂，在农作物与植物种植、园林与道路绿化、沙漠改造等方面具有潜在的应用前景，因而被誉为继化肥、农药、薄膜之后第四大农用化学品。同所有以 C—C 键为主链的高聚物一样，高相对分子质量的交联聚丙烯酸（盐）基 SAP 是难以生物降解的[244]，也不能被土壤中的微生物和细菌所分解。作为一次性个人护理产品的主要组成部分，SAP 弃去后，若长期不能降解，势必会造成环境污染。因此，开发可生物降解的超强吸水剂，使其使用后的废物可作为堆肥处理，以减少对环境的污染，是当前国内外在这一领域的重要研究课题之一。

生物降解一般是指聚合物在生化作用下被分解为 CO_2、甲烷、生物质和水的过程。国内外学者在长期的研究和实践过程中，总结出高聚物的生物降解性能与其化学结构之间具有如下关系[245]：① 天然聚合物一般是可生物降解的；②经化学改性的天然聚合物，其生物降解性能与改性的程度、方式有关；③以 C—C 键为主链的加成聚合物，若其相对分子质量较大（$>$1500g/mol），则不能生物降解；④经分步聚合或缩聚而成的聚合物一般可生物降解，降解程度取决于其主链的化学性质、相对分子质量、亲水性及形态；⑤若加成聚合物主链上含有其他杂原子，则可以生物降解；⑥水溶性聚合物不一定能生物降解。基于上述规律，一般可通过以下三种途径来制备可生物降解 SAP：①通过化学改性以增强 SAP 的生物降解性能；②通过化学改性提高可生物降解材料的吸水性能；③采用可生物降解聚合物与非生物降解性 SAP 接枝、共混的方法制备可生物降解 SAP。

单纯的交联聚丙烯酸(盐)超强吸水剂是非生物降解的，因为它是以 C—C 键为骨架构成的高相对分子质量的聚合物，微生物一般不能释放出可将这些大分子 C—C 聚合物分解为小分子物质(摩尔质量 1500g/mol)所需的细胞外活性酶。但是，摩尔质量低于 1500g/mol 的丙烯酸(盐)低聚物却能够直接穿过微生物的细胞膜，与细胞内的活性酶接触，从而被完全降解。因此，只有那些可通过某些外部机理而被预先降解为摩尔质量低于 1500g/mol 的低聚物的合成超强吸水剂，才有可能完全生物降解。要使高相对分子质量的聚丙烯酸(盐)基 SAP 实现生物降解，必须借助于外界作用，使其 C—C 骨架初步分解。实现 C—C 骨架分解的最简单可行的方法是，在聚丙烯酸盐的主链上引入一个“弱键”，以便通过一些非生化作用(如水解)使其骨架降解。胶原中含有多种氨基酸，其中的聚天冬氨酸、聚 γ-谷氨酸、聚 L-赖氨酸这三种氨基酸聚合物才适合于制备氨基酸型 SAP。这种 SAP 具有很高的吸水性能和良好的生物降解性能，但其原料成本较高，制备技术相对复杂，凝胶强度不如交联聚丙烯酸钠 SAP。

董奋强等[246]研究了以明胶接枝共聚丙烯酸、丙烯酰胺制备高吸水性树脂，探讨了引发剂用量、交联剂用量、明胶用量、丙烯酸与丙烯酰胺的配比、丙烯酸中和度对产物吸水倍率的影响。制备时，在 50mL 烧杯中加入一定量的明胶及少量水，加热使明胶溶解，冷却至室温。按照实验条件，加入适量的丙烯酸，在冰水浴中，边搅拌边缓慢加入一定浓度的氢氧化钾溶液、丙烯酰胺、交联剂和水，最后加入引发剂，然后放进烘箱，控制反应温度为 60℃，持续 4h，再在 100℃下充分烘干。经粉碎后，即得白色或淡黄色粉状粗产品。在 0～1.0％，随着引发剂数量的增加，产品吸(盐)水倍率升高比较明显，当引发剂用量为 1.0％时，树脂的吸水倍率达到最大值。在保持其他条件不变，引发剂用量为单体质量的 1.0％的情况下，交联剂用量为单体用量的 0.019％时，产品的吸(盐)水能力达到最大，大于或小于此值时，吸(盐)水倍率均降低。因为交联剂过多时，聚合物中交联密度较大，树脂的网络结构中微孔变小，限制了水分进入树脂。在其他条件不变时，改变明胶的用量，发现当明胶用量在 0～4.0％时，树脂的吸(盐)水倍率逐渐增加，明胶用量在 4.0％时，树脂吸(盐)水倍率最大。以后，进一步增加明胶用量，会导致树脂的吸(盐)水倍率大幅降低，这是由于单体的相对含量减少，明胶分子上接枝的聚丙烯酸减少，协同作用不足以弥补树脂强吸水基团减少引起的溶胀能力的降低，致使树脂的吸(盐)水倍率降低。丙烯酸与丙烯酰胺的配比对其吸(盐)水倍率有一定影响。单一的 —COOH和 —$CONH_2$接枝共聚物的吸(盐)水倍率都较两种基团共同接枝时的吸(盐)水倍率低。—COOH 是离子型基团，而—$CONH_2$是非离子型基团，受离子的影响小，因此，两种基团协同作用可以提高树脂的吸(盐)水性。当丙烯酸与丙烯酰胺的质量比为 1.5∶1 时，树脂具有较高的吸(盐)水倍率。其他条件不变，改变丙烯酸的中和度，当丙烯酸中和度为 75%时，高吸水性树脂的吸(盐)水倍率最高，而丙烯酸中和度高于或低于 75%时，树脂吸(盐)水倍率均降低。丙烯酸活性很高，若中和度过低，其聚合反应速率不易控制，容易通过热交联反应及氢键形成高度交联的聚合物，加之内部网络中的羧酸基离解程度小，故产物的吸(盐)水倍率较低。而中和度过高时，反应不完全，树脂的可溶部分增加。

7.10 胶原在照相工业中的应用

光敏热成像(photothermographic，PTG)材料是一种经过曝光和热加工处理就可以得到影像的照相材料。它的基本组分复杂，集光敏组分以及各种加工组分于一体，与传统的 AgX 成像材料相比，表现出显著的差别以及自身的优势：①涂布总银量降低，有利于贵金属资源的节省；②后加工方法简便，无污染，能耗低。用干法(热)加工进行显影，无定影处理过程，无废液排出。因此，无污染且能耗低，有利于环境保护；③应用范围广。由于可以实时、实地获得影像拷贝资料，可以满足时效性强或者特殊环境下的影像传输要求，如航空拍摄、卫星影像数据记录、医疗数字影像硬拷贝、无损探伤、油田试掘记录、高质量照片传真等。整个 PTG 材料的乳剂层成分比较复杂，主要包括卤化银、有机酸银、显影剂、黏合剂、稳定剂、防灰雾剂、调色剂等基本组分，还包括其他的一些如防光晕染料、表面活性剂、增白剂、增塑剂和紫外吸收剂等各种助剂。

明胶是制备感光材料中用量最大、性能最复杂的一种原料。自 1871 年被用于卤化银乳剂以来，明胶以其特有的一些理化性能及微量活性杂质直接影响着感光材料的质量，在感光材料中发挥着重要的作用，使感光材料获得了飞跃式发展。近年来，随着中国感光材料工业的迅速发展，特别是自 20 世纪 80 年代中期引进的数条感光材料生产线的相继投产，对照相明胶的需求量越来越大，质量要求也越来越高。但是，由于中国明胶工业在技术水平和产品质量上与国外仍有较大的差距，所生产的明胶质量达不到彩色感光材料的要求，致使中国照相明胶长期依赖进口[247]。国外彩色感光材料用照相明胶是以新鲜牛骨为原料，采用热水脱脂新工艺生产的。国内许多厂家均用新鲜或干黄牛骨为原料进行生产。

为了进一步开发青海丰富的牦牛资源，李青凤等[248]利用牦牛骨进行了制作彩色感光材料用照相明胶的研究，取得了较好的进展。李荣等[249]分析对比了牦牛骨和内地黄牛骨的某些成分，也检测了主要辅助材料中的铁离子含量。他们首先对生产用牦牛骨进行人工挑选，去除两端的海绵骨后，将中间的硬骨破碎均匀，再进行水力脱脂、浸酸及浸灰处理。经过系统检测所用骨料在浸酸、浸灰、退灰、中和、水洗等工序中的金属离子，特别是铁离子含量的变化规律。研究发现，骨料中铁离子含量为 50～70μ/g；在浸酸过程中下降至 14～20μ/g；在浸灰和中和过程中，由于石灰中铁离子含量高，故呈上升趋势，达 30～40μg/g；在形成稀胶时又下降到 12～30μg/g。为进一步降低成品胶中的铁离子含量，对各工序中的影响因素进行了分析研究和工艺条件的实验，最后将成品中的铁离子含量控制在 6～12μg/g。为进一步去除产品中的金属离子，在采用离子交换树脂处理时，选用了不同型号的多种离子交换树脂进行了实验。实验表明，阳离子交换树脂几乎能全部除去明胶中的 Ca^{2+}、Mg^{2+}、K^{+}、Na^{+} 等金属离子，但除铁效果不明显。

1. 明胶在卤化银乳剂中的作用

在卤化银乳剂中，明胶作为卤化银晶体粒子的保护性载体，对乳剂的制备及其感光性能有着重要的影响。在乳剂的制备过程中，明胶的存在防止了卤化银核的聚集，控制了卤化银颗粒的生长速度、颗粒的形状以及颗粒的大小和均一性。因此，明胶与卤化银、明胶与 Ag^{+} 的相互作用深受人们的关注[250]。研究表明[251]，明胶的保护作用与卤化银对明胶的吸附有关，明胶无序地以螺旋状形式的单分子层被卤化银晶粒所吸附，未被吸附的部分则伸向四周环境。明胶由动物结缔组织加工而得，不仅成分复杂，而且具有很宽的相对分子质量分布（几千至几十万，或更高）。明胶相对分子质量的分布，影响着明胶的性能和乳剂特性[252]。为了全面、深入地了解 Ag^{+} 与明胶的相互作用，董永平等[253]研究了 Ag^{+} 在照相明胶不同相对分子质量组分中的分布，发现 Ag^{+} 均匀分布于相对分子质量较小的明胶组分中。当溶液中明胶与 Ag^{+} 的质量比值较大时，Ag^{+} 可完全与蛋白组分结合。然而，当该比值减小时，有一部分 Ag^{+} 可能呈游离态或与相对分子质量更小的其他组分结合。

明胶是由各种氨基酸残基以肽键形式联结起来的蛋白大分子。不同氨基酸的含量是影响明胶还原能力的主要参数之一，并在某种程度上影响着照相明胶的感光性能。所有照相明胶样品，毫无例外地都含有蛋氨酸砜[254]。例如，Borginon[255]通过测定吸附热发现，pH 3 时，Ag^{+} 主要与蛋氨酸残基结合。de Clercq[256]通过计算结合常数和 Schard 技术也得出同样结论。李东芹等[257]研究了明胶中蛋氨酸残基与 Ag^{+} 的键合特点，并利用 IR 技术进一步研究了 S—Ag 的键合特征。虽然蛋氨酸残基与 Ag^{+} 形成的 S—Ag 键的红外光谱特征（特征吸收峰 $360cm^{-1}$，$354cm^{-1}$）不同于蛋氨酸亚砜残基 Ag^{+} 形成的 S—Ag 键的红外光谱特征（特征吸收峰 $366cm^{-1}$，$361cm^{-1}$），但加 Ag^{+} 的鱼明胶不能分别显示这些红外吸收峰，只在 $365cm^{-1}$ 处出现一个较宽的吸收峰，即可能是若干特征峰的叠加峰。对于加 Ag^{+} 的骨明胶，在 $365cm^{-1}$ 附近则没有明显吸收。

X 射线光电子能谱分析（X-ray photoelectron spectroscopy，XPS）是一种高灵敏、超微量的元素定性定量及物质结构分析技术[258]。因为每一种元素的原子结构各不相同，原子内层能级上电子的结合能是元素特性的反映，具有标识性，可作为元素分析的“指纹”。由于原子内层电子的结合能随原子周围化学环境(该原子与其他原子的键合情况)的变化而变化(此现象称为“化学位移”),这样就可通过测定元素的“化学位移”来进行结构形态分析。优质的照相明胶一般为惰胶,活性硫基本除净,因此,这些明胶中的硫主要以蛋氨酸及其氧化产物蛋氨酸砜、蛋氨酸亚砜残基的形式存在。刘世宏等[258]研究了明胶中蛋氨酸和蛋氨酸亚砜残基与Ag^+键合的 XPS 特征(图 7.10～图 7.12)。

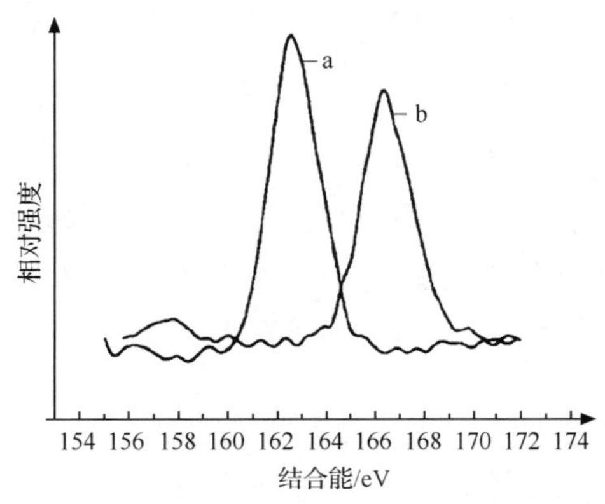

图 7.10　蛋氨酸、蛋氨酸亚砜标准样品中硫的 XPS 谱
a-蛋氨酸;b-蛋氨酸亚砜

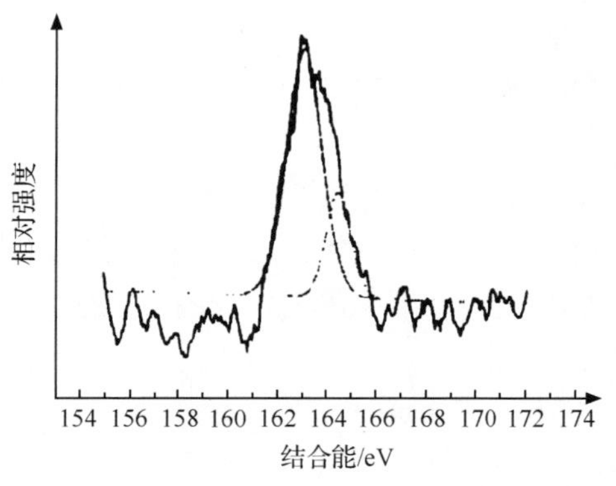

图 7.11　加Ag^+蛋氨酸样品中硫的 XPS 谱

由图 7.10 中曲线 a 可见,蛋氨酸中二价硫的 2p 峰为典型的高斯对称分布,S_{2p}电子特征结合能为 163.2eV。加入Ag^+后,谱图发生了明显变化(图 7.11)。经解叠,其由结合能为 163.2eV 和 165.0eV 的谱峰组成。163.2eV 处谱峰是游离蛋氨酸中的硫形成,结合能为 165.0eV 处谱峰的出现,标志着有新形态的硫生成,说明有部分蛋氨酸中的 S 与Ag^+键合。Ag^+的键合改变了这些 S 原子周围的化学环境,从而导致其结合能的位移。同样,比较图 7.10 中曲线 b 和图 7.12 可知,蛋

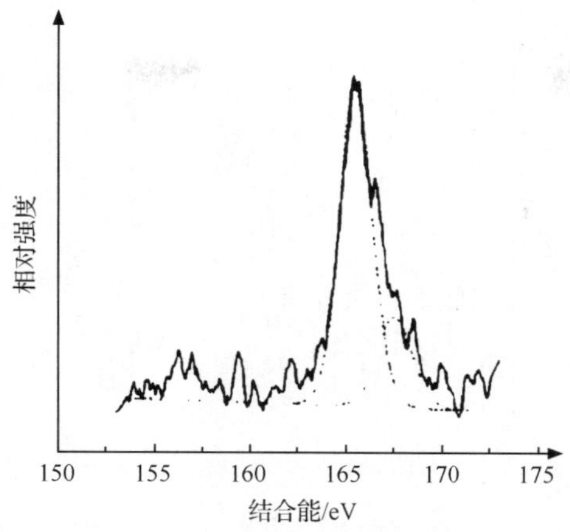

图 7.12　加 Ag^+ 蛋氨酸亚砜样品中硫的 XPS 谱

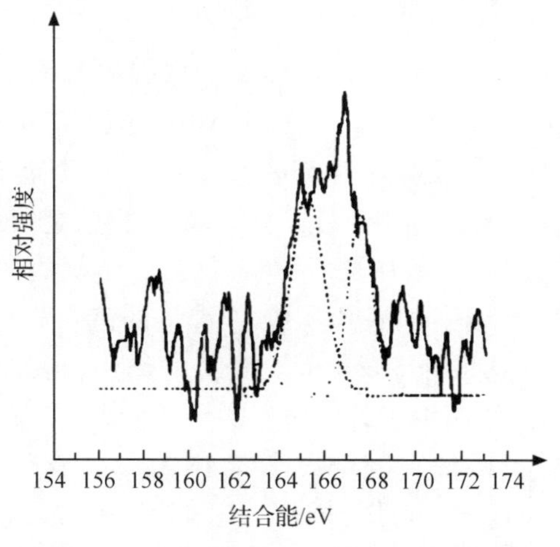

图 7.13　鱼明胶样品中硫的 XPS 谱

氨酸亚砜中四价硫 2p 电子的特征结合能为 166.0eV，Ag^+ 键合后其结合能位移到 168.0eV。从鱼明胶样品的 XPS 解叠谱图 7.13 可知，鱼明胶中硫的 XPS 谱主要由结合能为 163.2eV、166.0eV 和 168.0eV 的谱峰组成，与 Zhang 等[259]研究结果一致[260]，可确认鱼明胶中至少存在蛋氨酸残基、蛋氨酸亚砜残基和蛋氨酸砜残基三种形态的硫。所以，通过 XPS 谱计算出的 3 种不同形态硫之间的相对含量基本上反映出明胶中蛋氨酸、蛋氨酸亚砜和蛋氨酸砜残基的相对比例，其中蛋氨酸残基的相对含量较低。从图 7.14 可知，加入 Ag^+ 的鱼明胶的 XPS 谱与鱼明胶的 XPS 谱相比发生了明显变化：163.0 eV 处的蛋氨酸峰消失。解叠后发现，仅在 165.8 eV 及 167.7 eV 处有峰。163.0eV 处谱峰的消失，意味着鱼明胶中的蛋氨酸残基基本上都与 Ag^+ 键合，并对 165.8eV 处的峰有贡献。蛋氨酸亚砜与 Ag^+ 作用后，其硫

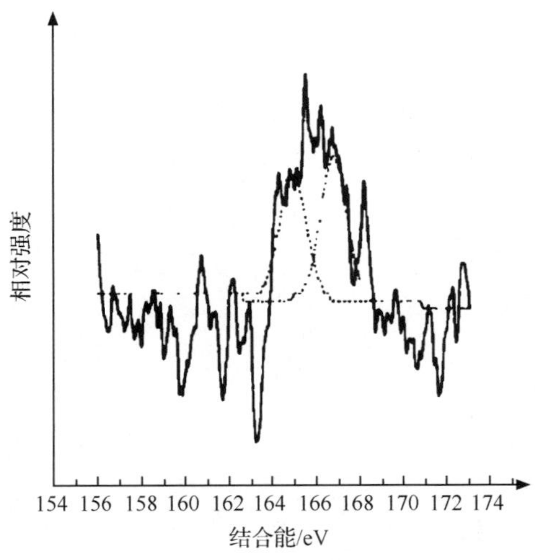

图 7.14 加 Ag^+ 鱼明胶样品中硫的 XPS 谱

峰位移到 168.0eV 处。因此,167.7eV 处峰的增强,意味着鱼明胶中的部分蛋氨酸亚砜残基也与 Ag^+ 发生了键合。这样,加入 Ag^+ 鱼明胶中硫的解叠谱中,165.8eV 处的峰由蛋氨酸亚砜残基和蛋氨酸残基-Ag^+ 贡献而得,167.7eV 处的峰由蛋氨酸砜残基和蛋氨酸亚砜残基-Ag^+ 贡献而得。总之,XPS 谱显示,鱼明胶中含有蛋氨酸残基、蛋氨酸亚砜残基及蛋氨酸砜残基,蛋氨酸和蛋氨酸亚砜残基均能通过 S 原子与 Ag^+ 键合。因此,在鱼明胶与 Ag^+ 的键合中,蛋氨酸亚砜较之蛋氨酸起着更重要的作用。由此可知,明胶与 Ag^+ 的作用,可通过蛋氨酸和蛋氨酸亚砜残基中 S 原子与 Ag^+ 的作用实现。所用的鱼明胶中,蛋氨酸亚砜残基的含量远高于蛋氨酸残基的含量,因此在与 Ag^+ 键合中前者起更重要的作用。对于骨明胶,由于其含硫氨基酸残基的含量较低[261],IR 技术无法研究其与 Ag^+ 的作用。然而,利用 XPS 技术,发现骨明胶中的含硫氨基酸残基也同样可与 Ag^+ 发生键合。

照相明胶大分子中的氨基酸残基是组成乳剂层的主要成分之一,对乳剂的制备和感光性能有很大影响。尤其是明胶中存在的微量活性杂质(如无机硫化物)对乳剂照相性能的作用不可忽视,它们可以在乳剂颗粒表面形成 Ag_2S 敏化斑,促进潜影的生成。无机硫化合物包括硫酸钠、亚硫酸钠、硫化钠以及连多硫酸钠($Na_2S_xO_6$),其中以硫代硫酸钠为主。有机硫化物如胱氨酸和半胱氨酸是一种天然的减感剂,在感光乳剂的制备中会造成感光度的下降和灰雾的增长。它们在明胶中的含量极低,但却能与金盐结合,生成一种更为稳定的配合物,影响金属盐的敏化作用,因此需要尽可能地将其除去[262]。但是,进入惰胶时代以来,明胶中的活性杂质已尽可能地被除去,剩余的活性杂质加在一起也只有 30～40μ/g 明胶。因此,研究人员逐渐将注意力转移到照相明胶大分子本身含有的功能氨基酸及其氧化产物上。蛋氨酸(Met)是明胶中主要的还原性物质,含量均高达 3000～

6000 (0.3～0.6mg/100mg)，有的明胶的 Met 含量更高，远远高于无机含硫化合物和其他含硫氨基酸。赵翔等[263]采用紫外可见吸收光谱研究了明胶含量对银胶体生成速度的影响，测定了不同明胶含量下 Ag^+ 的还原速度，发现明胶浓度越大，Ag^+ 的还原速度越快，银颗粒的粒径随着明胶浓度的增大而减小，这说明明胶参加了 Ag^+ 的还原反应。通过分析认为其机理为，明胶大分子本身在 240nm 处有吸收，明胶中一些氨基酸的残基含有 C═S 和 C═O 等还原性基团，当这些基团被紫外线激发后，Ag^+ 可以从这些基团取得电子，还原成 Ag，而且 pH 越低，这种还原能力越强。张宜恒等[264]运用 X 射线光电子能谱的化学分析用电子能谱(electron spectroscopy for chemical analysis, ESCA)扫描技术研究了蛋氨酸与不同化学增感剂相互作用的机理及其中的硫、金、碳和氧等元素的化学形态和相对含量的变化规律。研究发现，蛋氨酸与不同化学增感剂的反应机理不尽相同。蛋氨酸与 S 增感剂不会发生任何化学反应，$S_2O_3^{2-}$ 和蛋氨酸可以稳定地共存于同一体系之中，这是因为 $S_2O_3^{2-}$ 的还原性高于明胶中蛋氨酸、蛋氨酸亚砜的还原性。明胶样品与 $HAuCl_4$ 溶液反应后，蛋氨酸可以将全部的 Au^{3+} 增感剂还原为 Au^+，明胶中的蛋氨酸部分地被氧化为蛋氨酸亚砜，蛋氨酸亚砜被氧化为蛋氨酸砜，并且在蛋氨酸脱质子的羟基部位与 Au 形成 Au—O—C 结构的金属配合物。与此同时，明胶吸附的大部分 Au^{3+} 被还原为 Au^+，并且 Au^+ 以配合形态存在于明胶之中。蛋氨酸与 S+Au 增感剂的氧化还原反应发生在 Au^{3+} 和 $S_2O_3^{2-}$ 之间。因为 $S_2O_3^{2-}$ 的还原性高于明胶中蛋氨酸、蛋氨酸亚砜的还原性，因此，$Na_2S_2O_3$ 能将明胶大分子所含的蛋氨酸亚砜全部还原为蛋氨酸，此时蛋氨酸的作用是将被 S 增感剂还原的 Au 配合，亦形成具有 Au—O—C 结构的配合物。因此，在实际的金增感和硫-金增感过程中，照相明胶中的蛋氨酸残基和蛋氨酸亚砜残基也能与被明胶还原出来的 Au 形成 Au—O—C 结构的配合物。该配合物的形成，必然减少了增感过程中产生的单原子金属态 Au，或者抑制了 Au 对金增感和硫-金增感中心的贡献，从而降低了潜影的成核效率，可能最终导致乳剂感光性能的下降。所以，对乳剂进行化学增感时，应尽量选用蛋氨酸和蛋氨酸亚砜含量较低的照相明胶。明胶大分子中的蛋氨酸残基及其氧化产物蛋氨酸砜、蛋氨酸亚砜的相对含量不仅与明胶的还原能力有较好的相关性，而且它们还是曝光时溴的受体，有配合 Ag^+、Au^+ 的能力，从而间接地影响 AgX 的溶解性和化学增感过程。硫的 3 种化学状态Ⅰ、Ⅱ、Ⅲ，分别对应于以下 3 种结构：

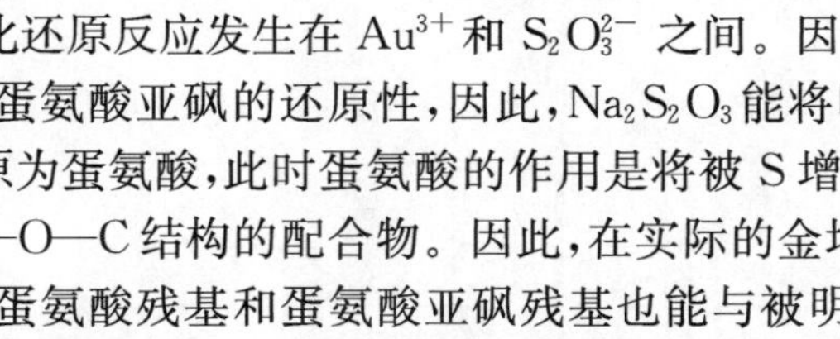

$$\underset{\text{Ⅰ(蛋氨酸砜)}}{\mathrm{R{-}\overset{\overset{\displaystyle O}{\|}}{\underset{\underset{\displaystyle O}{\|}}{S}}{-}R'}} \qquad \underset{\text{Ⅱ(蛋氨酸亚砜)}}{\mathrm{R{-}\overset{\overset{\displaystyle O}{\|}}{S}{-}R'}} \qquad \underset{\text{Ⅲ(蛋氨酸)}}{\mathrm{R{-}S{-}R'}}$$

张宜恒等[265]的研究也发现，照相明胶中硫存在的化学形态以及外来杂质铁(Ⅲ)对硫存在形态有影响。硫元素的 XPS 谱由 3 个谱峰叠加而成，这表明在包头明胶和法国明胶样品中，均存在 3 种状态的硫：状态Ⅰ、Ⅱ、Ⅲ。通过与标准样品中硫元素的 XPS 谱图的比较，可以确认未掺杂 Fe^{3+} 的明胶样品的 XPS 谱中硫的 3 种化学状态分别对应于以上 3 种结构。而明胶中与上述 3 种结构相对应的含硫物质和含硫基团依次为蛋氨酸砜及硫酸盐，蛋氨酸亚砜及亚硫酸盐和蛋氨酸残基及半胱氨酸残基。掺杂 Fe^{3+} 后，明胶中硫的存在形态仍然只有 3 种，即状态Ⅰ(蛋氨酸砜)、Ⅱ(蛋氨酸亚砜)、Ⅲ(蛋氨酸)，与掺杂 Fe^{3+} 前明胶中硫的化学形态相比，所不同的只是 3 个状态硫的相对含量发生了较大变化。蛋氨酸砜的相对含量降低，蛋氨酸亚砜的相对含量增加。如图 7.15 所示。

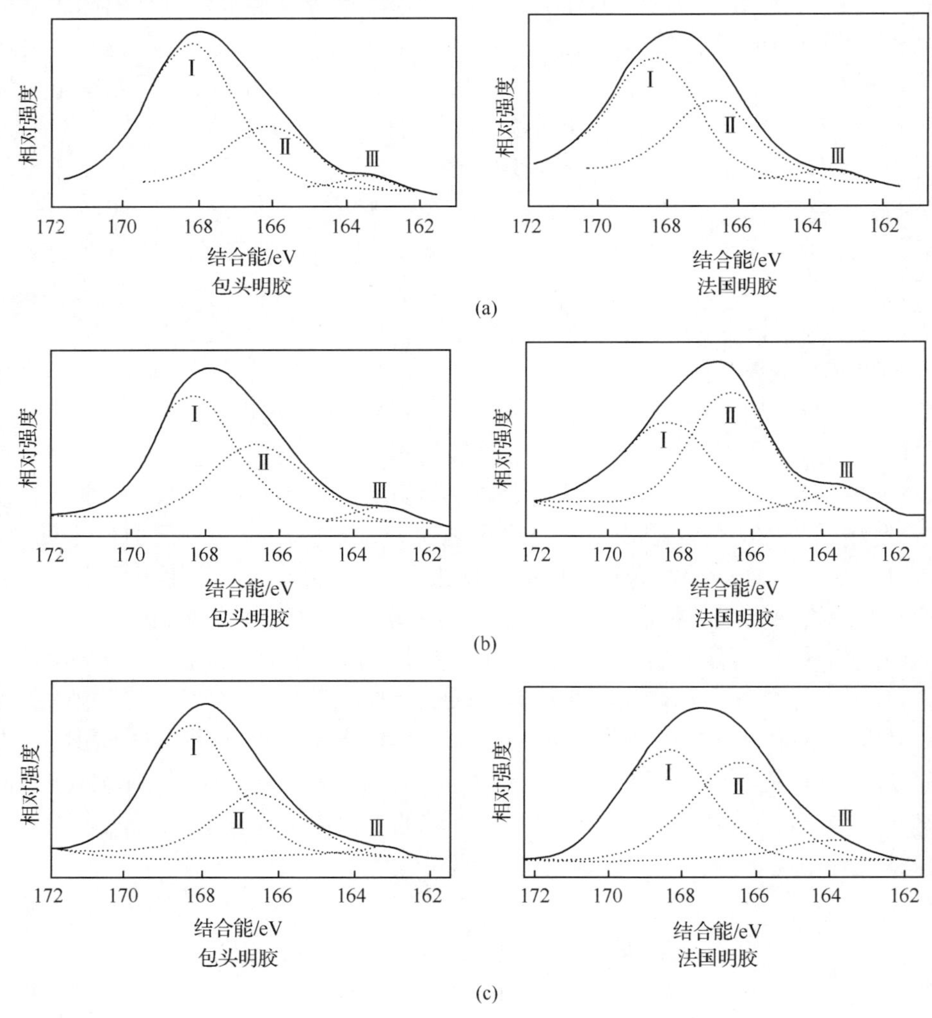

图 7.15 加 Fe^{3+} 前后明胶样品中碳的 XPS 谱

每克明胶掺杂 Fe^{3+} 的量为：(a) 0(空白明胶)；(b) 6×10^{-5}g；(c) 1×10^{-4}gz

实线-实验谱；虚线-解叠谱

在含硫基团中，蛋氨酸及其氧化产物的含量远远高于无机含硫化合物和其他含硫氨基酸[266]。因此，蛋氨酸及其氧化产物对乳剂照相性能的影响不能忽视。某些金属离子 Ca^{2+}、Cu^{2+}、Fe^{3+} 等可以改变明胶中含硫氨基酸的三种化学形态之间的相对含量，从而影响乳剂的照相性能。并且，Fe^{3+} 和 Fe^{2+} 与明胶中的氨基酸的—COOH 和—NH_2、半胱氨酸的—SH 以及酪氨酸等都有较强的结合力[267]。

明胶与 Ag^+ 的作用，可通过来自蛋氨酸及蛋氨酸亚砜的 S 与 Ag^+ 发生化学键合，也可与氨基、咪唑基及酰胺基的 N 发生化学键合。有文献报道[268-270]，明胶大分子中的蛋氨酸（Met）对颗粒表面的 Ag^+ 有很强的吸附作用，当 Met 含量较高时，Met 便和溶液中的 Ag^+ 竞争，吸附在颗粒的边缘及位错处，从而阻碍晶体的各向异性生长。Clercqm 等[271]研究发现，使用蛋氨酸含量较低的氧化明胶，可获得感光性能较好的 T 颗粒乳剂。郑彤[272]研究了明胶中蛋氨酸含量对新型感光乳剂氯化银 {100} 面 T2 颗粒乳剂生成过程的影响。研究发现，明胶中蛋氨酸含量对乳剂微晶的晶体形态和形成一定晶形的乳化时间的长短有直接影响，并推断这一作用与蛋氨酸对颗粒表面 Ag^+ 的吸附密切相关，因此，蛋氨酸可以起到乳剂晶形调变剂的作用。Maskasky 等[244]也提出，使用低蛋氨酸明胶，可能获得较多的 {100} 面 T2 颗粒。他们也考察了明胶中蛋氨酸含量对该种乳剂晶形的影响，发现在氯化银{100}面 T2 颗粒乳剂制备的过程中，不同蛋氨酸含量的明胶对{100}面 T2 颗粒的形成具有调控作用，且低蛋氨酸明胶用于乳化的不同阶段所起的作用也不同。用于成核阶段时可以制备出具有较高 T2 颗粒投影面积比率的乳剂；用于乳剂生长阶段时，则可以缩短乳化时间。陈丽娟等[273]研究表明，明胶中的酪氨酸、组氨酸、蛋氨酸等几种氨基酸，都会与卤素反应，这是因为明胶作为卤素的接受体，可与卤素结合而生成稳定的产物。

明胶的胶体具有保护能力，与明胶大分子中的某些功能基(如蛋氨酸、组氨酸、胱氨酸和精氨酸)有关。它们可以阻止颗粒的生长。这些基团中的 O、S、N 原子上的未共享电子对，可与银离子配位而形成稳定的配合物，达到保护作用，抑制颗粒的生长聚结。鱼明胶中的侧链基团（如蛋氨酸的硫醚基、组氨酸的亚氨基等）能充分显露，含 O、S、N 的残基能更快、更多地不可逆吸附在晶体表面，形成比较紧密的保护层，阻碍溶液中游离的晶格离子扩散吸附在粒子的表面，有效地抑制粒子的生长；同时，各粒子之间的吸引力也大大减小；而保护层的空间位阻还会增加粒子间的排斥力，防止粒子的聚结生长，因而增加了微晶的稳定性[274]。

生产工艺不同，所制得明胶产品的还原性亦有所不同。在明胶溶液中加入氧化剂，在浸灰或中和过程中加入氧化剂，都会使所制得的明胶的还原性变低，氧化剂浓度越高，所制得的明胶的还原性越低。若使用氧化剂不当，则会使明胶的物理力学性能恶化，同时还会影响到明胶的照相性能，有可能导致明胶的应用性能变差，甚至会给用户带来损失。郭明勋等[275]用电位滴定法测定了国内外明胶的还原性(金值),并进行了添加可被氧化剂氧化的氨基酸试验,验证了明胶的金值与明胶中的蛋氨酸呈线性正相关。此法亦可作为检验明胶是否被氧化以及氧化程度大小的判定依据。

2. 照相明胶中杂质的影响与去除

在卤化银乳剂的主要原材料中,铁是一种很主要的杂质元素,国内外许多研究人员就其对感光材料性能的影响进行了一系列研究 。王荣琴等[276]在乳化阶段将 Fe^{3+} 加入到硝酸银中,研究其对碘溴化银乳剂照相性能的影响。研究发现,Fe^{3+} 掺杂使乳剂的感光度和灰雾降低。他们根据电性质的研究结果,认为感光度下降的主要原因是 Fe^{3+} 深电子陷阱作用,导致光电子捕获截面变窄,降低了可显潜影的形成。黄碧霞等[277]以预先掺杂 Fe^{3+} 的明胶作为碘化银乳剂第二成熟时的补加胶。在不同化学敏化条件下(包括:未敏化、硫敏化和硫-金协同敏化) 分别研究了 Fe^{3+} 对乳剂照相性能的影响,结果无一例外地观察到,Fe^{3+} 在明胶中的掺杂均使乳剂感光度下降。上述研究结果都有一个共同点,即无论是明胶中的,还是硝酸银或成色剂中添加 Fe^{3+},都具有较强的减感作用,使乳剂和彩色胶片的感光度降低。另外,Fe^{3+} 还可能影响明胶的表面张力,从而影响到明胶的涂布性能[278]。相比之下,有关低价态 Fe^{2+} 的研究就很不充分。黄碧霞等[279]研究发现,Fe^{2+} 对照相乳剂感光性能的影响与明胶中的 Fe^{2+} 含量有关,仅当 Fe^{2+} 含量较高的情况下才显出减感作用,但其影响程度低于 Fe^{3+},Fe^{2+} 的减感作用与乳剂化学成熟过程中明胶中的 Fe^{2+} 部分被氧化成 Fe^{3+} 有关。

关云山等[280]采用阴阳离子树脂交替使用,除去明胶中使感光材料的照相性能恶化、感光度降低、灰雾升高、画面质量变差的铁等微量金属杂质,同时除去氯离子等阴离子杂质,发现阴阳柱不同的组合方式和前后顺序显得非常重要。效果最好的是方案是,明胶依次通过大孔型特种树脂—普通强酸性树脂—普通强碱性树脂。

3. 照相明胶的改性

明胶是影响感光胶片质量的重要因素之一,明胶性能的优劣直接影响到胶片的质量。迄今为止,在感光胶片方面还没有一种材料可以完全取代明胶。但是,明胶本身也存在一些缺陷,如脆性大、机械强度低等。为改善和提高明胶的性能,人们对其进行了许多改性研究,其中在明胶上接枝各种单体是明胶改性的重要手段之一。用丙烯酸、甲基丙烯酸甲酯、丙烯腈、乙烯基吡咯烷酮、甲基丙烯酸缩水甘油酯等单体对明胶进行二元或三元接枝改性,已有不少文献报道[281-283]。冷延国等[284]通过丙烯酰胺对明胶进行接枝改性,以提高明胶的机械强度。其接枝改性的方法是:称取一定量的明胶,于一定量的去离子水中溶胀 30min,搅拌、升温至

60℃使其完全溶解；同时，通氮气保护。升温至 80℃后，滴加溶有引发剂（$K_2S_2O_8$-KPS）的溶液；10min 后，开始滴加溶有一定量单体丙烯酰胺（实验前经纯化）的溶液，在约 30min 内滴加完毕。反应 80min 后，加入 2～3mL 1%的对苯二酚溶液，终止反应。丙烯酰胺接枝明胶能明显地产生增黑效果，可增大其最大光密度，但不影响其灰雾密度。相比而言，共混物（明胶与丙烯酰胺均聚物）的增黑效果远远不及丙烯酰胺接枝改性明胶的增黑效果，即使增大用量，改善效果也并不显著。

黄明智等[285]研究了丙烯酸丁酯（BA）和丙烯腈（AN）与明胶的接枝共聚物 Gel-g-p（BA-AN）乳液对胶片的照相性能和涂布性能的影响。研究发现，在护膜涂层中，添加 Gel-g-p(BA-AN）接枝共聚乳液，可以大幅度地提高胶片的抗划伤性能、耐折度、渗透性能等，能够降低其吸水率。但是，其中的引发剂、聚合单体残余物的存在对胶片的照相性能会有不利的影响。如果经吸附树脂分离提纯，可基本上消除引发剂、聚合单体残余物对胶片照相性能的不利影响。邓建平等[286]通过调节聚合物的结构及组成，可以既满足卤化银感光材料对物理力学性能和使用性能上的要求，对其照相性能也有明显的促进作用。使用合适的疏水性核-壳型聚合物乳液后，胶片的显影渗透性不低于使用水溶性聚合物，可保证显影的正常进行。在显影前期，照相性能即可达到较高值，从而使显影时间有可能缩短。胶片的人工老化结果显示，当结构及组成调配适当时，使用核-壳结构聚合物乳液，可以明显减缓反差特性的老化衰减，特别适用于特硬性印刷制版软片。

陈宝康等[287]采用明胶与烷基丙烯酸酯和烷基丙烯酸进行三元共聚，所制得的明胶接枝物，具有良好的乳化特性、沉降特性和溶解特性，在照相乳剂的制备时，在乳化物理成熟中，可作为卤化银微晶的分散剂和沉降剂应用。采用明胶与烷基丙烯酸酯和烷基丙烯酸进行三元共聚，所制得的明胶接枝物是良好的照相添加剂，能显著改善其物理力学性能，提高胶片的几何尺寸稳定性。在化学成熟中，使用明胶接枝物，除了能改善明胶涂层的物理力学性能外，还能提高显影银的遮盖能力，降低银量。这种效果是通过显影过程中生成的还原银结构的变化而产生的“增黑”效果。由于加入了明胶接枝物，使乳液中黏合介质的表观疏松状况发生变化，导致显影银粒投影面积的增加，从而提高了显影银的遮盖能力。

参 考 文 献

[1] Blomsetdt B，Osterberg B. Suture materials and wound infection. Acta Chir Scand，1978，144(5)：269-274.

[2] 郭敏杰. 可吸收缝合线研究进展. 天津轻工业学院学报，1999，(2)：41-46.

[3] 蒋挺大. 胶原与胶原蛋白. 北京：化学工业出版社，2006：242-245.

[4] 张其清，辛学军，王福君，等. 胶原-聚乙烯醇手术缝合线及其制作方法：中国，CN1051510 A，1991-05-22.

[5] 郭振友，温永堂. 医用可吸收生物材料缝合线的研究. 中国纺织大学学报，1999，25(2)：89-93.

[6] 周波. 高分子合成材料聚丙烯胶原可吸收性缝合线及制作方法：中国，CN1141148C，2004-03-10.

[7] 温永堂，王东光，付振刚，等. 胶原医用可吸收缝合线的研制. 天津工业大学报，1992，11(3)：1-8.

[8] Coln D，Horton J，Ogden M E，et al. Evaluation of hemostatic agents in experimental spleni lacerations. Am J Surg，1983，145(2)：256-259.

[9] 武继民，李荣，王岩. 胶原海绵作为止血和创面敷料的临床实验. 生物医学工程与临床，2003，7(3)：152-154.

[10] 武继民，苗明山，关静，等. 胶原海绵止血效果的动物实验研究. 军事医学科学院院刊，2001，25(4)：41-46，277-279，301.

[11] 朱虹，陈柳英. 胶原最佳冻干浓度的选择. 中国生化药物杂志，2000，21(6)：297-298.

[12] 关静，陈丽娟. 胶原海绵的结构分析. 医疗卫生装备，2001，22(1)：16-18.

[13] 武继民，叶萍，孙伟健，等. 胶原海绵及其止血性能的研究. 生物医学工程学杂志，1998，15(1)：63-65.

[14] Choi Y S，Hong S R，Lee Y M，et al. Study on gelatin-containing artificial skin：Ⅰ Preparation and characteristics of novel gelatin-alginate sponge. Biomaterials，1999，20(5)：409-417.

[15] Roche S，Ronziere M C，Herbage D，et al. Collagen sponges seeded with fetal bovine epiphyseal chondrocytes used for cartilage tissue engineering. Biomaterials，2001，22：9-18.

[16] 邹海燕，叶春婷，彭燕豪，等. bFGF胶原海绵的理化性质检测. 广东药学院学报，2003，19(1)：53-54.

[17] 梁佩红，叶春婷，李斯明，等. 复合Ⅰ型胶原海绵创伤止血的动物实验研究. 创伤外科杂志，2002，4(5)：274-275.

[18] 钱曼. 鱼鳞胶原蛋白的提取及胶原海绵的制备研究. 华中农业大学硕士学位论文，2008.

[19] 叶春婷，邹海燕，彭燕豪，等. 壳聚糖-胶原海绵的研制及其应用研究. 生物医学工程学杂志，2004，21(2)：259-260.

[20] 叶惠贞，李斯明，叶春婷，等. Ⅱ型胶原海绵修复关节软骨缺损的动物实验. 中国临床康复，2003，7(17)：2405-2406.

[21] Ohno T，Tanisaka K，Hiraoka Y，et al. Effect of type Ⅰ and type Ⅱ collagen sponges as 3D scaffolds for hyaline cartilage like tissue regeneration on phenotypic control of seeded chondrocytes in vitro. Materials Science and Engineering，2004，24：407-410.

[22] 白建萍，廉凯，徐建强. 关节软骨细胞复合胶原海绵异位构建组织工程化软骨组织的可能性. 中国临床康复，2002，6(8)：1111-1112.

[23] 肖丹，蔡道章. Ⅰ型胶原海绵吸附骨髓基质细胞修复关节软骨缺损. 岭南急诊医学杂志，2002，7(4)：351-352.

[24] 朱如里，高学纯，董英海. 软骨细胞-胶原海绵复合移植修复软骨缺损的形态学研究. 临床骨科杂志，2002，5(3)：161-164.

[25] 李军杰，吕安林，刁繁荣. 胶原海绵复合新生大鼠原代心肌细胞构建工程化心肌组织. 中国组织工程研究与临床康复，2007，11(9)：1609-1612.

[26] 汪滋民，焦向阳，邢新. 在胶原海绵膜上构建人表皮细胞和成纤维细胞复合移植物的实验研究. 中国烧伤杂志，2001，17(2)：108-110.

[27] 刘爱军，黄锦桃，李海标. ES细胞源性表皮干细胞与胶原海绵构建组织工程皮肤. 中山大学学报，2006，27(6)：625-629.

[28] 高学军，蔡霞，孙文娟. 应用胶原海绵构建组织工程皮肤的实验研究. 解剖科学进展，2005，11(4)：321-323.

[29] 马忠仁，冯玉萍，李明生，等. 新生牛皮胶原蛋白海绵的制备及其体外细胞相容性. 中国组织工程研究与临床康复，2007，11(26)：5147-5150.

[30] 贾赤宇，陈壁. 创面敷料的研究进展. 中华整形烧伤外科杂志，1998，14(4)：300-302.

[31] 谈敏，李临生. 敷料与人工皮肤技术研究进展. 化学通报，2000，(11)：7-12.

[32] 于淑贤. 胶原在皮肤替代物中的应用现状及研究进展. 中国皮革，2005，34(1)：8-8.

[33] 李叶扬，刘志勇，林伟华. 胶原敷料治疗烧伤创面愈合后色素沉着. 广东医药杂志，2006，27(9)：1368-1369.

[34] 汤玉铭. 胶原敷料在面部过敏性皮肤病的临床应用. 岭南皮肤性病科杂志，2006，3(3)：174.

[35] 高智仁，许云波. 复方胶原凝胶在烧伤临床的应用 62 例报告. 武警医学，1997，8(1)：17-18.

[36] 杨小红，李斯明，戴丽冰，等. 胶原凝胶复合物治疗褥疮的临床研究. 创伤外科杂志，2000，2(4)：219-221.

[37] 曹青，王韦，刘玉亮. 烧伤创面应用胶原霜的护理. 第二军医大学学报，1995，16(6)：599-600.

[38] Yang J Y. Clinical application of collagen sheet，YCMM，as a burn wound dressing. Burns，1990，16：457-461.

[39] 高智仁. 猪真皮胶原膜早期覆盖深Ⅱ度烧伤创面的实验研究. 青海医药杂志，1992，(1)：1-3.

[40] 高智仁，郝志强，李毅，等. 猪真皮胶原膜作为生物性敷料在供皮区的应用. 青海医药杂志，1992，(6)：1-3.

[41] 虞俊杰，吕国忠，顾在秋，等. 医用生物膜治疗烧伤 30 例临床观察. 江苏医药，2002，28(1)：37.

[42] 腊蕾，蒋雪涛，霍启录. 复方磺胺嘧啶银胶原蛋白烧伤膜的制备及其对大鼠深Ⅱ度烧伤的治疗作用评价. 华西医科大学学报，2001，32(3)：419-423.

[43] 王晓芹，李晓辉，王贵波. 壳聚糖胶原生物敷料对深Ⅱ度烧伤创面脂质过氧化反应的影响及意义. 中国临床康复，2002，6(14)：2075-2076.

[44] 吴志谷，盛志勇，孙同柱，等. 几种胶原型创伤敷料制作的实验研究. 生物医学工程学杂志，1999，16(2)：147-150.

[45] Chen Ray-neng，Wang Gen-ming，Chen Chen-ho，et al. Development of *N*,*O*-(carboxymethyl) chitosan/collagen matrixes as a wound dressing. Biomacromolecules，2006，7：1058-1064.

[46] 叶春婷，陈鸿辉. 聚乙烯醇-胶原创伤敷料的研制. 生物医学工程学杂志，2008，25 (3)：604-606.

[47] 王远亮，吴云鹏，蔡绍晢，等. 组织工程学及其进展. 高技术通讯，1997，7(5)：59-62

[48] 但卫华，李建民. 皮胶原与组织工程. 皮革科学与工程，2002，12(3)：12-16.

[49] Lv Q，Feng Q L，Hu K，et al. Preparation of three-dimensional fibroin/collagen scaffolds in various pH conditions. Journal of Materials Science：Materials in Medicine，2008，19(2)：629-634.

[50] Lv Q，Feng Q L，Hu K，et al. Three-dimensional fibroin. Polymer，2005，46(26)：12662-12669.

[51] 莫小慧，李沁华. 胶原用量对聚乙烯醇-糖胺聚糖-胶原复合支架性能的影响. 中国组织工程研究与临床康复，2008，12(45)：8855-8858.

[52] 李沁华，莫小慧，杜文旭. 聚乙烯醇-透明质酸-胶原组织工程支架研究. 暨南大学学报(自然科学与医学版)，2009，30(3)：319-324.

[53] 王培伟，陈宗刚. 静电纺壳聚糖/胶原蛋白复合纳米纤维的细胞相容性. 中国组织工程研 究与临床康复，2008，12(1)：5-9.

[54] 祝君梅，温庭民. 人工皮肤的研究进展. 生物医学工程与临床，2001，5(2)：111-113.

[55] 来国莉，付丽红. 胶原在组织工程人工皮肤中的应用. 陕西科技大学学报，2004，22(3)：113-117.

[56] 刘德伍，刘德明. 组织工程化人工皮肤的构建与应用. 国外医学. 生物医学工程分册，2003，26(2)：

76-80.

[57] Burke J F. Successful use of a physiologically acceptable artificial skin in the treatment of extensive burn injury. Aunals of Surgery, 1981,194(4): 413-428.

[58] Yannes I V,Dagalakis N,Flink J, et al. Design of an artificial skin. Part Ⅲ. Control of pore structure. J Biomed Mater Res,1980, 14(4): 511-528.

[59] 刘晓亮.异体组织工程皮肤修复皮肤缺损能力及免疫排斥能力的研究.第四军医大学硕士学位论文,2002.

[60] Chu C S, Manus A T, Matylevich N P,et al. Integra as a dermal replacement in a meshed composite skin graft in a rat model:a one-step operative procedure. Journal of Trauma-Injury Infection & Critical Care,2002, 52(1): 122-129.

[61] Bruke J F,Yannas I V, Quinhy W C, et al. Successful use of physiologically acceptable artificial skin in treatment extensive burn injure. Ann Surg. 1981,194:413-428.

[62] Boyce S T, Hansbrough J F. A skin autograft substitute:biological attachment and growth of cultured human keratinocytes on a raftable collagen and chondroition-6-sulfate substrate. Surgery,1988,103:421-425.

[63] 王旭,吴军,王甲汉,等.复合皮覆盖烧伤创面的实验研究.第三军医大学学报, 1996, 18(3): 191-194.

[64] 马刚,杨同书,颜纬群,等.复合培养人工皮肤的制备. 中华皮肤科杂志, 1998, 31(2): 121-122.

[65] 朱堂友,伍津津,胡浪,等.壳多糖-胶原-糖胺聚糖凝胶人工皮肤的制备.重庆医学, 2002, 31(10): 940-942.

[66] 鲁元刚,伍津津,朱堂友.复合壳多糖人工皮肤修复家兔全层皮肤缺损的实验研究.中华烧伤杂志, 2002, 18(1): 19-22.

[67] 王永胜,侯春林.表皮细胞、成纤维细胞和几丁质-胶原蛋白复合人工皮的体外构建.中华试验外科杂志, 2003, 20(6): 491-492.

[68] 谭谦,梁志为,林子豪.组织工程化皮肤重建皮肤功能的研究进展.中国临床康复, 2003, 7(4): 582-583.

[69] De S K, Reis E D, Kerstein M D. Wound treatment with human skin equivalent. Med Assoc, 2002, 92(1): 19-23.

[70] 陈英华,董为人,陈清元,等.复合生物敷料人发角蛋白-胶原海绵-聚甲基丙烯酸羟乙酯对大鼠烧伤创面的治疗作用.中国组织工程研究与临床康复, 2009, 13 (8): 1432-1437.

[71] 刘巍.构建去细胞牛颈静脉内皮化实验研究.长沙:中南大学博士学位论文,2009.

[72] 宋云虎, 朱晓东,刘秉慈. 涤纶血管胶原蛋白涂层的实验及临床研究.中华胸心血管外科杂志, 1995, 11(15): 311-313.

[73] Satoshi N, Haijimu K,Shinichi S, et al. Small piameter vascular protheses with incorporated bioabsorbable matrices. ASAIOJ, 1993,39: 750-753.

[74] Kito H,Matsuda T. Biocompatible coatings for luminal and outer surfaces of small-caliber artificial grafts. Biomed Mater Res, 1996, 30(3): 321-330.

[75] Aruma N, Matthew A H, Elazer R E. Tissue engineered perivas cular endothelial call implants legilate vascular injury. Proceedings of the National Academy of Sciences of the United States of America, 1995, 92: 8130-8134.

[76] 潘勇,艾玉峰,黄蔚,等.体外组织工程血管支架内皮化的实验研究.中国美容医学, 2002, 11(4): 300-303.

[77] 王宪东，杨春育. 阿胶预衬人工血管对内皮细胞粘附作用的影响. 中国医科大学学报，1996，25(4)：389-391.

[78] 汪钢，张其清，赵东锷，等. 胶原膜与聚-β-羟基丁酯在组织工程心脏瓣膜中应用的研究. 中国危重病急救医学，2001，13(6)：342-345.

[79] 赵东锷，李若冰，丘立成，等. 应用胶原壳聚糖体外构建组织工程心脏瓣膜的初步研究. 武警医学，2004，15(6)：414-416.

[80] Li X K，Jang C. Preparation of bone-like apatite-collagen nanocomposites by a biomimetic process with phosphorylated collagen. Journal of Biomedical Materials Research，2008，85A(2)：293-300.

[81] Suh H，Lee C. Biodegralable ceramic-collagen composite implanted in rabbit Tibiae. ASAIO Jounal，1995，41(3)：M652-656.

[82] Liu Y H，Zhang Q Q，Weng J，et al. Promotive effet of collagen in Porous HA ceramics. Biomedical Materials Researeh in the Far East(I)，Kobunshi Kankoai，1993：161-162.

[83] Gao T J，Lindholm T S，Kommonen B. Enhaned healing of segmental tibial defects. ；in sheep by a composite bone substitute composed of trcalcium phosphate cylinder，bone morphognetic protein and type Ⅳ collagen. Journal of Biomedical Materials Research，1996，32(4)：505-512.

[84] Hemmerle J，Leize M，Voegel J C，et al. Long-term behavior of a hydroxyapatite/collegen-glycosaminoglycan biomaterial used for oral surgery：a case report. Journal of Materials Sience：Materials in Medicine，1995，6：360-366.

[85] Bakos D，Soldan M，Hemandezo-Fuente I. Hydroxyapatite-collagen-hyaluronic acid composite. Biomaterials，1999，20：191-195.

[86] Johnson K D，Frierson K E，Kelller T S. Porous ceramics as bone graft substitutes in long bone defects：a biomechanical，histological，and radiohraphic analysis. Journal of Orthopaedic Research，1996，14(3)：351-369.

[87] John K R S，Zardisckas L D，Terry R C，et al. Histological and electron microscopic analysis of tissue response to synthetic composite bone graft in the canine. Journal of Applied Journal of Applied Biomaterials，1995，6(2)：89-97.

[88] Michael W C，Davis M D，Robert B M D. Treament of acute fractures with a collagen-calcium phosphate graft material. The Journal of Bone and Joint Surgery，1997，79(4)：495-502.

[89] 魏杰. 纳米类骨磷灰石晶体及其与聚酰胺复合骨修复材料研究. 四川大学博士学位论文，2003.

[90] 李玉宝. 生物医学材料. 北京：化学工业出版社，2003.

[91] Zhang W L，Cui S S. Hierarchical self-assembly of nano-fibrils inmineralized collegen. Chemistry of Materials，2003，15(16)：3221-3226.

[92] Ishikaw H，Koshino T，Takeuchi R，et al. Effects of collegen gen mixed with hydroxyapatite powder on interface between newly formed bone and grafted Achilles tendon in rabbit femoral bone tunnel. Biomaterials，2001，22(12)：1689-1694.

[93] Wu T J，Huang H H，n Lan C W，et al. Studies on the microspheres comprised of reconstituted collagen and hydroxyapatite. Biomaterials，2004，25(4)：651-658.

[94] 崔福斋，张伟，冯庆玲，等. 用于骨修复的纳米晶磷酸钙胶原基复合材料的制备方法. CN1338315. A，2001.

[95] Kikuchi M，Jkoma T，Shinomiya J T，et al. Biomimetic synthesis of bone-like nanocomposites using the self-orgennization mechanism of hydroxyaptite and collagen，Composites. Science and Technology，

2004,64:819-825.

[96] Tampoeri A, Celotti G, Landi E, et al. Biologically inspired synthesis of bone-like composite: Self-assembled collagen fibers/hydroxyapatite nanocrystals. J Biomed Mater Res, 2003, 67A(2): 618-625.

[97] 陈际达,毛远亮,蔡绍晳,等. 仿真骨材料制备的新方法. 高技术通讯,2001,(8):22-25

[98] 黄志娟,张其翼,石碧. 羟基磷灰石/胶原/植物多酚复合材料的研究. 化学研究与应用 2008, 20(12): 1601-1604.

[99] Wang X, Wang X, Tan Y, et al. Synthesis and evaluation of collagen-chitosan-hydroxyapatite nanocomposites for bone grafting. Journal of Biomedical Materials Research, 2009, 89(4): 1079-1087.

[100] Teng S H, Lee E J, Wang P, et al. Three-layered membranes of collagen/hydroxyapatite and chitosan for guided bone regeneration. Journal of Biomedical Materials Research, 2008, 87(1): 132-138.

[101] 兰小勇,周初松,田京,等. 海藻酸钙/纳米羟基磷灰石/胶原复合材料修复兔桡骨缺损. 中国医学科学院学报,2009, 31(4): 459-463.

[102] Liao S, Ngiam M, Chan C K, et al. Fabrication of nano-hydroxyapatite/collagen/osteonectin composites for bone graft applications. Biomedical materials (Bristol, England), 2009, 4(2): 25019.

[103] Schneiders W, Reinstorf A, Ruhnow M, et al. Effect of chondroitin sulphate on material properties and bone remodelling around hydroxyapatite/collagen composites. Journal of Biomedical Materials Research, 2008, 85(3): 638-645.

[104] 甘少磊,冯庆玲. 卡拉胶/纳米羟基磷灰石/胶原可注射骨修复材料的制备与表征. 中国医学科学院学报,2006, 28(5):710-713.

[105] Bakos D, Soldan M, Hernandez-Fuentes I. Hydroxyapatite-collagen-hyaluronic acid composite. Biomaterial, 1999, 20(2): 191-195.

[106] 庄海宁,冯涛. Maillard 反应合成蛋白质-多糖复合物及其应用. 中国食品添加剂,2007, 6: 136-141.

[107] 冯文坡,祁元明,汤克勇. 胶原-羟基磷灰石/阿拉伯树胶复合材料的制备与表征. 复合材料学报,2010, 27(6): 113-119.

[108] 冯文坡,祁元明,汤克勇. 阿拉伯树胶对胶原-羟基磷灰石复合材料性能的影响. 无机材料学报,2011, 26(1): 38-42.

[109] Sundaram J, Timothyd D, Wang R. Porous scaffold of gela-starch with nanohydroxyapatite composite processed via novel microwave vacuum drying. Acta Biomaterialia, 2008, 4(4): 932-942.

[110] 俞园园,范代娣,米钰,等. 重组类人胶原蛋白Ⅱ仿生人工骨材料的制备. 西北大学学报(自然科学版), 2008, 38(5): 753-758.

[111] 赵世红,张萍,王滨生. 角膜胶原膜的制作研究. 哈尔滨医科大学学报,1999, 33(4): 284-285.

[112] 韩晓梅,王滨生,杨英姿,等. 离心法制得角膜胶原膜的检测与实验研究. 哈尔滨医科大学学报,2000, 34(2): 100-102.

[113] Minami Y, Sugihara H, Oono S. Reconstruction of cornea in three dimensional collagen gel matrix culture. Investigative Ophthalmology & Visual Science, 1993, 34(7): 2316-2324.

[114] Elsdale T, Bard J J. Collagen substiate for studies on cell behavior. J Cell Biol,1972,54:626-637.

[115] Griffith M, Osborne R, Munger R, et al. Functional human corneal equivalents constructed from cell lines. Science, 1999, 286: 2169-2172.

[116] Griffith M, Hakim M, Shimmura S, et al. Artificial human corneas: scaffolds for transplantation and host regeneration. Cornea, 2002, 21(2): 54-61.

[117] 陈家祺,张胜,郭琳洁,等. 应用三维培养技术体外重建角膜组织的初步研究. 中华眼科杂志,2001,

37(4)：244-247.

[118] 郑根建，周嘉秀，李德伦，等. 平阳霉素磁控缓释微球的制备. 华西口腔医学杂志，1996，14(3)：220-222.

[119] Welz M M，Ofner III C M. Examination of self-crosslinked gelatin as a hydrogel for controlled release. J PharmSci，1992,81 (1)：85-90.

[120] 蔡梦军，朱以华，杨晓玲. 载药明胶纳米粒子的制备及体外释药特性研究. 华东理工大学学报（自然科学版），2005，31(5)：612-615

[121] 丁素丽，朱以华，杨晓玲. 以明胶为模板制备复合空腔微球. 无机材料学报，2004，19(5)：901-906.

[122] Gao Y X，Yan Y H，et al. Drug Membrane Preparation and Release Character of Gelatin-Chitosan. Journal of Wuhan University of Technology，2005，27：24-26.

[123] Sabnis S，Block L H. Chitosan as an enabling excipient for drug delivery systems I. molecular modifications. International Journal of Biological Macromolecules. 2000，27(3)：181-186.

[124] 杨操，杨述华，杜靖远，等. 骨髓基质细胞和壳聚糖/明胶共混材料生物相容性研究. 中国生物医学工程学报，2004，23(4)：294-299.

[125] 高玉香，闫玉华，金中秋，等. 明胶-壳聚糖共混载药膜的体外释药特性. 武汉理工大学学报，2005，25(11)：24-26.

[126] Rossler B，Kreuter J，Scherer D. Collagen microparticles：preparation and properties. J Microencapsulation，1995，12(1)：49-57.

[127] Aishwarya S，Mahalakshmi S，Sehgal P K. Collagen-coated polycaprolactone microparticles as a controlled drug delivery system. Journal of Microencapsulation，2008，25(5)：298-306.

[128] Hong Y，Gao C，Xie Y. Collagen-coated polylactide microspheres as chondrocyte microcarriers. Biomaterials，2005，26(32)：6305-6313.

[129] Schlapp M，Friess W. Collagen /PLGA microparticle composites for local controlled delivery of gentamicin. J Pharm Sci，2003，92(11)：2145-2151.

[130] Lee M，Lo A C，Cheung P T，et al. Drug carrier systems based on Collagen-alginate composite structures for improving the performance of GDNF-secreting HEK293 cells. Biomaterials，2009，30(6)：1214-1221.

[131] Chowdhury D K，Mitra A K. Kinetics of in vitro release of a model nucleoside deoxyuridine from crosslinked insoluble collagen and collagen-gelatin microspheres. Int J Pharm，1999，193 (1)：113-122.

[132] Dong Z F，Wang Q，Du Y M. Alginate/gelatin blend films and their properties for drug controlled release. Journal of Membrane Science，2006，280(1-2)：37-44.

[133] 杨穆，黄明智. 明胶类血浆代用品. 明胶科学与技术，2001，21(3)：114-119.

[134] Peppas N A. Hydrogels in Medicine and Pharmacy. Boca Raton：CRC Press，1986.

[135] 关明. Ⅰ型胶原羧基端末肽的测定及临床应用. 国外医学临床生物化学与检验学分册，1997，18(6)：243-245.

[136] Pecherstorfer M，Zimmer R I，Schilling T，et al. The diagnostic value of urinary pyridinium cross-links of collagen，serum total alkaline phosphatase，and urinary calcium excretion in neoplastic bone disease. Journal of Clinical Endocrinology Metabolism，1995，80：97-103.

[137] Plebani M，Bernardi D，Zaninotto M，et al. New and traditional serum markers of bone metabolism in the detection of bone metastases. Clin Biochem，1996，29：67-68.

[138] 杨沛,陈伟,梁君中,等. 尿中Ⅳ型胶原检测在诊断糖尿病肾病中的应用. 第三军医大学学报，2000，22(3)：297-298.

[139] 蔡爱玲,唐明元. Ⅳ型胶原及层粘连蛋白与甲状腺功能联合检测. 华中医学杂志，2001，25(1)：13-14.

[140] Tsutsumi M，Urashima S，Matsuda Y，et al. Changes in type - Ⅳ collagen content in livers of patients with alcoholic liver disease. Hepatology，1993，17(5)：820-827.

[141] 矦林浦. 肝病患者血清中Ⅳ型胶原肽的检测. 中日友好医院学报，1992，6(4)：31-31.

[142] Ueno T，Inuzuka S，Torimura T，et al. Significance of serum type-Ⅳ collagen levels in various liver disease,scand. J Gastroenteroal，1992，27(6)：513-514.

[143] 张涛. Ⅳ-C胶原肽在肝病血清中的变化. Ⅳ-C胶原肽在肝病血清中的变化. 北京医科大学学报，1994，26(4)：71-72.

[144] Takahawa T，Sollberg S，Muona P，et al. Type Ⅵ collagen gene expression in experimental liver fibrosis：quantitation and spatial distribution of mRNAs，and immunodetection of the protein. J Biol Chem，1995，15(2)：78-86.

[145] Sehuppan D. Connective tissue polypeptides in serum：new parameters of connective tissue synthesis and degradation in liver fibrosis. Z Gas-troenterol，1992，30(suppl 1)：29-34.

[146] Bellis S L，Miller J T，Turner C E. Characterization of tyrosine phosphorylation of paxillin in vitro by focal adhesion kinase. J Biol Chem，1995，270(29)：17437-17441.

[147] 王朝杰,管小琴. Ⅵ型胶原的研究进展. 国外医学. 生理、病理科学与临床分册，2002，22(1)：64-66.

[148] 陶耕,李永加,徐文宏,等. 肝纤维化多种血清标志物检测的分析及临床意义. 齐齐哈尔医学院学报，2000,20(1):3-4.

[149] Lamande S R，Shields K A，Kornberg A J，et al. Bethlem myopathy and engineered collagen Ⅵ triple helical deletions prevent intracellular multimer assembly and protein secretion. J Biol Chem，1999，274(31)：21817-21822.

[150] Eklund L，Piuhola J，Komulainen J，et al. Lack of type ⅩⅤ collagen causes a skeletal myopathy and cardio-vascular defects in mice. Proc Natl Acad Sci USA，2001，98(3)：1194-1199.

[151] Hanabal M D，Volk R，Ramchandran R，et al. Cloning expression and in vitro activity of human endostatin. Biochem Biophys Res Commun，1999，258：345-352.

[152] 朱蕾,余丽丽,邱辉. 对抗皮肤衰老的利器-胶原蛋白. 中国化妆品,2008,(8):88-89.

[153] 陈复生,徐风梅,陈远平,等. 一种功能性化妆品原料——全天然纯丝角蛋白. 中国化妆品,2009,(6):24-28.

[154] 陈冬英. 胶原蛋白与化妆品. 香料香精化妆品，2001，(6)：18-19.

[155] 陈国梁，贺翠莲. 胶原蛋白的研究进展. 延安大学学报，2000，19(2)：78-81.

[156] 刘秉慈. 注射用人胶原制备及应用. CN94106411. 5. 1994.

[157] 李昀. 胶原蛋白在食品和化妆品中的应用. 天津农学院学报,2005,12(2):54-57.

[158] 王丽娟. 蛋白饲料在鸡胃肠道中的肽类释放规律及其吸收特点研究. 中国农业大学博士学位论文，2003.

[159] 陈秀金，曹健，汤克勇. 胶原蛋白和明胶在食品中的应用. 郑州工程学院学报，2002，23(1)：66-69.

[160] 杜敏，南庆贤. 猪皮胶原蛋白的制备及在食品中的应用. 食品科学，1994，(7)：36-40.

[161] Harris B,王国杰，朱万良，等. 胶原纤维在肉制品中的功能性优势和应用. 肉类研究，2006，(1)：17-19.

[162] 李增利，吴菊清．镇江肴肉制作新工艺研究．食品科学，2000，21(10)：39-41.
[163] 徐润，梁庆华．明胶的生产及应用技术．北京：中国轻工业出版社，1988：254.
[164] 杜敏，南庆贤．猪皮胶原蛋白的制备及在食品中的应用．食品科学，1994，(7)：36-40.
[165] 吕艳红，汤克勇，曹健，等．从皮革废弃物中提取胶原蛋白及其在食品中的应用．皮革化工，2003，20(3)：8-11.
[166] 严意贵．胶原多肽及其保健功能．明胶科学与技术，2007，27(3)：150-154.
[167] Beuker F，Rosenfeld J. Die wirkung regelmal ziger gelatinegaben auf chronish degenerative schaden am stutz und bewegungssytem. Int Sportmed，1996，(Suppl. 1)：1-88.
[168] 谢世洲，谢永祥．冰糖母液生产晶花软糖的研究．食品与机械，1999，20 (1)：20-21.
[169] 陈秀金，曹健，汤克勇．胶原蛋白和明胶在食品中的应用．郑州工程学院学报，2002，23(1)：66-69.
[170] 陈蓓蕾．手工明胶软糖的研制．食品工业，1996，(2)：52-53.
[171] 回九珍，杨云霞．利用阿斯巴甜制作明胶果冻．食品科学，1999，(2)：26-28.
[172] 刘福林，翟胜江，杨文侠．核桃冰淇淋的研制．冷饮与速冻食品工业，1999，(1)：5-7
[173] 徐玉娟，肖更生．桑椹汁澄清工艺的研究．食品工业科技，2000，21(4)：45-47.
[174] 陈云萍，熊建生．黄酒稳定性技术的研究．食品与发酵工业，1989，(2)：11-16.
[175] 钟瑞敏，管文辉．高澄清度杨梅果汁工艺研究．食品工业科技，1997，(6)：13-14.
[176] 张淑平，周冬香．巴旦木的营养评价及乳饮料的开发．食品工业科技，2000，21(1)：36-38.
[177] 陈秀金，曹健，汤克勇．胶原蛋白和明胶在食品中的应用．郑州工程学院学报，2002，23(1)：66-69
[178] 夏恒连．食品明胶的制法及其用途．食品工业科技，1988，(3)：51-52.
[179] 邓随胜，王芮东．红薯脯的生产工艺．食品科学，1998，19(8)：61-62.
[180] 罗学刚．国内外可食性包装膜研究进展．中国包装，1999，19(5)：102-103.
[181] 黄志，许时婴．利用猪胶皮制作可食性胶原人造肠衣的研究．食品与发酵工业．1991，(5)：9-11.
[182] Miller A T. Collagen sausage casing. US 4388331. 1983.
[183] Higgins T E，Ross C B，Snella H J. Extrudable collagen casing and method of preparation. US 4115594. 1978.
[184] Carlini C R，Udedibie A B. Comparative effects of processing methods on hemagglutinating and anti-tryptic activities of canavalia ensiformisand canavalia braziliens is seeds. J Agric Food Chem，1997，45：4372-4377.
[185] 马春辉，舒子斌，林炜，等．可食性胶原包装膜的研究进展．中国皮革，2001，30(5)：8-10.
[186] 罗学刚．国内外可食性包装膜研究进展．中国包装，1999，19 (5)：102-103.
[187] 林炜，张铭让．皮胶原蛋白在化妆品与蛋白饮料中的应用//中国化学会第五届应用化学年会筹备组．中国化学会第五届应用化学年会论文集(上)．上海，1997：128-133.
[188] Stahlberger B，Dach W. Preparation for the manufacture of films comprising a collagenous material and liquid reaction product of a high molecular weight water-insoluble organic materials. US Patent 4125631. 1978.
[189] 寇柏权．用制革厂下脚料胶原制造肠衣的研究．皮革科技，1989，18(10)：38-39.
[190] 高世理．如何利用制革下脚料——介绍几种产品及生产方法．北京皮革，1994，(3)：1-6.
[191] 欧秀琼，钟正泽．水解胶原蛋白粉在生长肥育猪日粮中的应用研究．四川畜牧兽医，2000，27(5)：26-27.
[192] 张志胜，刘媛．一种新型动物蛋白源——饲料胶原蛋白粉的研究．饲料博览，2005，(11)：38-40.
[193] 蒋挺大，张春萍．饲料胶原蛋白粉的营养特点．中国饲料，1994，3：36-38.

[194] 徐子伟，章开红. 热喷胶原蛋白饲料的开发工艺，生物效价及饲用效果研究. 粮食与饲料工业，1996，5：18-21.

[195] 冯景贤. 论水解皮革胶原蛋白粉的开发利用. 湖南畜牧兽医杂志，1996，(5)：3-3.

[196] 冯晓亮，宣晓君. 水解胶原蛋白的研制及应用. 浙江化工，2001，32(1)：53-54.

[197] 张慧君，罗仓学，张新申. 胶原蛋白的应用. 皮革科学与工程，2003，13(6)：37-42

[198] 蒋挺大，张春萍. 饲料胶原蛋白粉的营养特点. 中国饲料，1994，(3)：36-38.

[199] 彭立新，王志杰. 胶原蛋白的提取及在造纸中的应用. 中国皮革，2007，36 (5)：49-51.

[200] 刘鎏，张美云，申前锋，等. 胶原纤维结构形态及造纸性能. 纸和造纸，2006，25(B06)：34-37.

[201] 刘鎏，张美云，申前锋. 胶原纤维结构形态及造纸性能. 纸和造纸，2006，(1)：34-36

[202] 付丽红，张铭让. 胶原蛋白和植物纤维结合机理的研究. 中国造纸学报，2002，(1)：68-71.

[203] 付丽红，张铭让. 氧化镁法水解含铬革屑的氨基酸分析. 张铭让. 中国皮革，2003，32(21)：6-8.

[204] 付丽红. 胶原蛋白和植物纤维的结合机理研究. 中国造纸学报，2002，17 (1)：68-71.

[205] Fu L H，Qi Y Q，Zhang M R. Study on combining and utilization of cellulose and collagen. The 5th Asian Internatinal Conference of Leather Science and Technology，Busan，Korea，2002.

[206] 付丽红，齐永钦. 动物胶原纤维与植物纤维复合抄片结构的研究. 皮革科学与工程，1999，9(4)：13-17.

[207] Fu L H. Studies on application of collagen fiber in papermarking. The 2nd ISETPP. Guangzhou，2002.

[208] 华莉. 胶原纤维用于纸张增强的研究. 咸阳：陕西科技大学硕士学位论文，2003.

[209] 杨宁，高凤娟，尹振国. 明胶的化学处理及在铸涂纸中的应用. 中国造纸，2000，19(6)：26-29.

[210] 蒋润哲. 胶原蛋白在造纸中的应用. 现代经济信息，2009，(20)：263-264.

[211] 徐润，梁庆华. 明胶的生产及应用技术. 北京：化学工业出版社，1988：264.

[212] 王鸿儒，李富飞. 阳离子蛋白填充剂的制备与应用. 皮革化工，2002，19(4)：20-22.

[213] 王鸿儒，卫向林. 铬革屑制备蛋白填充剂. 中国皮革，2001，30(19)：8-11.

[214] 程海明. LB 型蛋白鞣剂应用性能研究. 皮革科学与工程，2002，12(6)：11-14.

[215] 单志华. 制革工艺学(下册). 北京：科学出版社，1995.

[216] 孙静. 蛋白填充剂的概述. 皮革科学与工程，2001，11(3)：12-15.

[217] 程海明，李斌，陈敏，等. LB 型蛋白鞣剂应用性能研究. 皮革科学与工程，2002，12(6)：19-23.

[218] 李闻欣，程凤侠. 一种改性胶原蛋白复鞣剂的研制及应用. 皮革化工，2002，19(1)：9-12.

[219] Cantera C S，Giuste M D，Sofia A. Hydrolysis of chrome shavings：application of collagen hydrolysate and “A Crylic-Protein” in post tanning operations. JSLTC，1997，81(5)：183-184.

[220] 黄雪程，刘显奎. 阴离子蛋白复鞣剂的制备与应用. 中国皮革，1991，20(90)：27-28.

[221] 刘显奎. 利用铬鞣废革屑生产复鞣剂的可行性研究. 中国皮革，1993，22(6)：22-22.

[222] 王鸿儒，自正祥，李富飞，等. 阴离子蛋白复鞣剂的制备与应用. 皮革化工，2002，19(5)：19-22.

[223] 范浩军，石碧，李玲，等. 工业明胶精细化作系列皮革化学品. 皮革化工，1999，16(5)：12-13.

[224] 范浩军，石碧，何有节，等. 明胶改性作蛋白涂饰剂的研究. 中国皮革，1996，25(4)：19-21.

[225] 穆畅道，林炜，潘志成，等. 利用从铬革废弃物中提取的明胶研制皮革涂饰剂. 中国皮革，2002，31(5)：1-6.

[226] 宁红梅. 改性酪素-明胶皮革涂饰剂的研究. 明胶科学与技术，1997，17(4)：190-193.

[227] 张美云，刘鎏，申前锋，等. 胶原蛋白/羧甲基纤维素(CMC)膜的制备及其力学性能研究. 中国皮革，2006，35(13)：9-12.

[228] 范浩军，石碧，段镇基. 蛋白质-无机纳米杂化制备新型胶原蛋白材料. 功能材料，2004，35(3)：

373-375.

[229] 杨晓峰，李曼尼，佟永志. 13C NMR 法研究乙烯基类单体与胶原蛋白水解多肽的接枝共聚反应. 内蒙古大学学报，2005，36(2)：143-147.

[230] 李伟，秦树法. 郑学晶，等. 胶原蛋白改性聚氨酯皮革涂饰剂. 高分子材料科学与工程. 2008，24(5)：151-154.

[231] Mu C, Lin W, Zhang M, et al. Towards zero discharge of chromium-contaning leather waste through improved alkli hydrolysis. Waste Management，2003，23(9)：835-843.

[232] 廖学品，邓慧，陆忠兵，等. 胶原纤维固化单宁及其对 Cu^{2+} 的吸附. 林产化学与工业，2003，23(4)：12-16.

[233] 王茹，廖学品，曾滔，等. 胶原纤维固化杨梅单宁对 Mo(Ⅵ)的吸附. 林产化学与工业，2008，28(2)：21-26.

[234] 王茹，廖学品，侯旭，等. 胶原纤维固化杨梅单宁对 Pb^{2+}，Cd^{2+}，Hg^{2+} 的吸附. 林产化学与工业，2005，25(1)：11-14.

[235] 廖学品，石碧. 胶原纤维固化单宁吸附材料及其制备方法和对金属离子的吸附与分离. CN1410157. 2003.

[236] 马贺伟，廖学品，王茹，等. 皮胶原纤维固化单宁膜的制备及其对水溶液中铅和汞的吸附. 化工学报，2005，56(10)：1907-1911.

[237] Aksu Z，Yener J. Investigation of the biosorption of phenol and monochlorinated phenols on the dried activated sludge. Process Biochemmistry，1998，33(6)：649-655.

[238] Evanko C R，Dzombak D A. Influence of structural features on sorption of NOM-analogue organic acids to goethite. Environment Science Technology，1998，32(19)：2846-2855.

[239] 陈洁，廖学品，石碧. 含铬废革屑对水体中磷酸根的吸附性能研究. 中国皮革，2008，37(5)：1-14.

[240] 邓慧，廖学品，石碧. 胶原纤维负载金属离子对氟的吸附性能研究. 四川大学学报，2006，38(3)：76-80.

[241] 陆爱霞，焦丽敏，廖学品，等. 胶原纤维固化铁(Ⅲ)吸附材料的制备及其吸附细菌. 化工报，2006，57(4)：886-891.

[242] Prescott L M, Harley J P, Klein D A. Microbiology. 5th ed. Beijing：Higher Education Press，2002：56-60.

[243] 吴玉凯. 超强吸水剂的制备与应用综述. 商业科技开发，1997，(1)：39-42.

[244] James D S，Micheal D C，Joachim H，et al. Biodegredation of superabsent polymers in soil. ESPR，2000，7 (2)：83-88.

[245] Swift G. Directions for environmentally biodegradable polymer research. Acc Chem Res，1993，26：105-109.

[246] 董奋强，崔英德，胡军楚，等. 胶原-丙烯酸-丙烯酰胺可降解高吸水树脂的制备. 现代化工. 2007，27(11)：48-50.

[247] 谢宜风，国外民用彩色感光材料发展概述(上)——兼谈如何加速发展我国感光材料工业. 感光材料，1988，(1)：1-6

[248] 李青风. 利用牦牛骨制感光材料用照相明胶. 明胶科学与技术，2005，25(4)：183-184.

[249] 李荣，马春梅. 利用牦牛骨制感光材料用照相明胶. 青海科技，1995，2(4)：21-23，2005，25(4)：183-184.

[250] Borginon H. Photographic properties of the gelatin macromolecule. J Photogr Sci，1967，15：207-214.

[251] Ohno T, Kobayashi H, Mizusawa S, et al. Effect of impurities and molecular weight distribution of gelatin on physical ripening. J Photogr Sci，1985，3 (6)：207-211.

[252]崔海萍，阎军，万红敬. 照相明胶在卤化银感光乳剂中的作用. 材料导报，2006，20(9)：68-72.

[253] 董永平，黄碧霞，岳军. Ag^+ 在照相明胶不同分子量组分中的分布. 化学物理学报，2003，16(1)：75-78.

[254] 李迅，彭必先，肖玉霞，等. 明胶大分子的照相性质研究-Ⅰ明胶中的蛋氨酸砜及亚砜的测定感. 光科学与光化学，1993，11(2)：40-44.

[255] Borginon H，Ketellapper L W，Rouck A D. Study of fish gelatin as a carrier of silver halide nanopartides. J Photogr Sci，1980，28：111.

[256] de Clercq M D，Rolin D. Interaction between gelatin and silver ion at pH_3. J Photogr Sci，1994，42(4)：117-119.

[257] 李东芹，黄碧霞，岳军，等. 明胶与 Ag^+ 相互作用的 XPS 研究. 感光科学与光化学，2004，22(3)：169-174.

[258] 刘世宏，王当憨，潘承璜. X 射线光电子能谱分析. 北京：科学出版社，1988：67.

[259] Zhang Y H，Li J，Yan T T，et al. Study of the chemical state of sulfur in photographic gelatin by XPS. J Imag Sci & Tech，1999，43(1)：49-53.

[260] 薛昭，王翰，兰仓未. 明胶中功能氨基酸在卤化银感光乳剂中的作用. 信息记录材料，2007，8(4)：33-36.

[261] 黄碧霞，宋磊，岳军，等. 鱼明胶作为卤化银纳米粒子载体的研究. 化学物理学报，2001，14 (4)：479-484.

[262] 吴若微. 制版感光材料. 北京：印刷工业出版社，1996：75-79.

[263] 赵翔，崔卫东，彭必先. 明胶水溶液中银离子的光还原. 中国科学院研究生院学报，1999，16 (2)：114-120.

[264] 张宜恒. 蛋氨酸与化学增感剂的相互作用机理. 感光科学与光化学，2001，19(1)：19-28.

[265] 张宜恒，李洁，闫天堂，等. 照相明胶中硫存在形态的 XPS 研究. 感光科学与光化学，1998，16(4)：314-319.

[266] 陈丽娟，彭必先. 明胶大分子的还原性与抽提的关系研究. 感光科学与光化学，1993，11(4)：335-359.

[267] 陈清，卢国垠. 微量元素与健康. 北京：北京大学出版社，1989：138-140.

[268] 吴珊，史京京，郭玉龙，等. 明胶中某些氨基酸组分对 T-颗粒乳剂微晶形态的影响. 明胶科学与技术，2003，23(1)：16-17.

[269] Jole E M，Rochester N Y. High tabular high chloride emulsions with inherently stable grain faces：US，5292632. 1994：529-632.

[270] Clercq M D，Rolin D. Influence of the gelatin oxidation state on the Ag^+ gelatin interaction at pH5. Imagine Science Journal，1997，45(3)：107-111.

[271] Clercq M D，Legat J C，Rolin D. Photographic gelatin production. Journal of Imaging Science & Technology，1995，39(4)：36-39.

[272] 郑彤. 明胶中蛋氨酸含量对氯化银 {100} 面 T 颗粒乳剂晶形的影响. 感光科学与光化学，2003，21(6)：401-404.

[273] 陈丽娟，彭必先. 明胶大分子的还原性与抽提的关系研究. 感光科学与光化学，1993，11 (4)：335-359.

[274] 宋磊，岳军，饶秀芝. 鱼明胶在照相乳剂中的应用研究（Ⅰ）鱼明胶特性分析. 感光材料，1999，增刊：88-91.

[275] 郭明勋，项文涛. 明胶与氧化明胶还原性(金值)的研究. 明胶科学与技术，2003，23(2)：68-71.
[276] 王荣琴，彭必先. 金属离子对溴碘化银乳剂微晶体的掺杂效应——Ⅰ. Fe^{3+}的掺杂. 感光科学与光化学，1988，(1)：33.
[277] 黄碧霞，尹屹梅，周涛，等. 照相明胶中铁化学行为的研究. 感光材料，1996，(5)：15-19.
[278] 黄明智. 明胶浓溶液表面张力的研究. 明胶科学与技术，1989，9(2)：66-75.
[279] 黄碧霞，曹心德，许桂芬. Fe^{2+}/Fe^{3+}掺杂明胶的感官性能研究. 明胶科学与技术，1996，16(2)：67-71.
[280] 关云山，韩文斌，陈涛. 离子交换树脂在照相明胶除铁中的应用. 明胶科学与技术，1996，16(2)：72-83.
[281] Prabha R. Gelatin with hydrophilic/hydrophobic grafts and glutaraldehyde crosslinks. J Appl Polym Sci，1998，37(8)：2203-2212.
[282] 邓建平，黄明智，缪进康. 明胶接枝共聚物在胶片中的应用. 感光材料，1996，(2)：18-22.
[283] 李治崇，黄明智，缪进康. 在明胶上接枝聚丙烯酰胺. 明胶科学与技术，1994，14 (3)：119-123.
[284] 冷延国，董春玲，杨冬梅，等. 明胶-丙烯酰胺接枝物对胶片照相性能的影响. 感光材料，1999，增刊：92-96.
[285] 黄明智，邓建平，缪进康，等. 明胶接枝共聚物乳液对胶片照相性能的影响. 感光材料，1998，(3)：26-28.
[286] 邓建平，黄明智，缪进康. 明胶接枝共聚物在胶片中的应用研究//中国感光学会. 第二届全国影像科学技术青年学术大会论文集. 北京，1995.
[287] 陈宝康，钱孟平. 明胶接枝物在照相乳剂中的作用. 明胶科学与技术，1991(3)：116-119.